生物数学丛书 24

生物数学模型斑图动力学

王玮明 蔡永丽 著

科学出版社
北京

内 容 简 介

本书系统介绍了生物数学模型 Turing 系统的建立、数学分析以及斑图形成，揭示了种群在空间扩散后的分布结构和持续、灭绝等过程以及入侵、环境异质性对其变化态势的影响机制，以便人们能够有效利用和控制种群资源，同时为预防和控制传染病提供科学依据. 全书共分 6 章，第 1 章主要介绍了 Turing 系统及其广泛应用，简述了种群系统斑图动力学进展；第 2 章系统介绍了与斑图形成密切相关的分支以及在 Turing 分支处的振幅方程和斑图选择；第 3 章、第 4 章分别探讨了 Allee 效应、时滞对斑图形成的影响机制；第 5 章研究了趋食性对捕食系统的影响机制；第 6 章系统研究了空间异质性对传染病模型的影响机制. 为方便读者，附录给出了本书涉及的空间、不等式和基本定理等预备知识.

本书可作为高等院校数学、生命科学、生物学和公共卫生等专业的本科生和生物数学方向硕士研究生生物数学课程的教材，也可供教师和科研人员参考.

图书在版编目(CIP)数据

生物数学模型斑图动力学/王玮明，蔡永丽著. —北京：科学出版社，2020.12
(生物数学丛书；24)
ISBN 978-7-03-066985-8

Ⅰ.①生⋯ Ⅱ.①王⋯ ②蔡⋯ Ⅲ.①生物数学-数学模型-研究 Ⅳ.①Q-332

中国版本图书馆 CIP 数据核字 (2020) 第 230528 号

责任编辑：胡庆家 李 萍／责任校对：彭珍珍
责任印制：吴兆东／封面设计：陈 敬

科学出版社 出版
北京东黄城根北街 16 号
邮政编码：100717
http://www.sciencep.com

北京富资园科技发展有限公司印刷
科学出版社发行 各地新华书店经销
*
2020 年 12 月第 一 版 开本：720 × 1000 1/16
2025 年 1 月第四次印刷 印张：23 1/2
字数：474 000
定价：148.00 元
(如有印装质量问题，我社负责调换)

《生物数学丛书》序

传统的概念：数学、物理、化学、生物学，人们都认定是独立的学科，然而在20世纪后半叶开始，这些学科间的相互渗透、许多边缘性学科的产生，各学科之间的分界已渐渐变得模糊了，学科的交叉更有利于各学科的发展，正是在这个时候数学与计算机科学逐渐地形成生物现象建模，模式识别，特别是在分析人类基因组项目等这类拥有大量数据的研究中，数学与计算机科学成为必不可少的工具。到今天，生命科学领域中的每一项重要进展，几乎都离不开严密的数学方法和计算机的利用，数学对生命科学的渗透使生物系统的刻画越来越精细，生物系统的数学建模正在演变成生物实验中必不可少的组成部分。

生物数学是生命科学与数学之间的边缘学科，早在1974年就被联合国教科文组织的学科分类目录中作为与"生物化学""生物物理"等并列的一级学科。"生物数学"是应用数学理论与计算机技术研究生命科学中数量性质、空间结构形式，分析复杂的生物系统的内在特性，揭示在大量生物实验数据中所隐含的生物信息。在众多的生命科学领域，从"系统生态学""种群生物学""分子生物学"到"人类基因组与蛋白质组即系统生物学"的研究中，生物数学正在发挥巨大的作用，2004年 *Science* 杂志在线出了一期特辑，刊登了题为"科学下一个浪潮——生物数学"的特辑，其中英国皇家学会院士 Lan Stewart 教授预测，21世纪最令人兴奋、最有进展的科学领域之一必将是"生物数学"。

回顾"生物数学"我们知道已有近百年的历史：从1798年 Malthus 人口增长模型，1908年遗传学的 Hardy-Weinberg"平衡原理"，1925年 Voltera 捕食模型，1927年 Kermack-Mckendrick 传染病模型到今天令人注目的"生物信息论"，"生物数学"经历了百年迅速的发展，特别是20世纪后半叶，从那时期连续出版的杂志和书籍就足以反映出这个兴旺景象；1973年左右，国际上许多著名的生物数学杂志相继创刊，其中包括 Math Biosci, J. Math Biol 和 Bull Math Biol；1974年左右，由 Springer-Verlag 出版社开始出版两套生物数学丛书：*Lecture Notes in Biomathermatics* (二十多年共出书100部) 和 *Biomathematics* (共出书20册)；新加坡世界科学出版社正在出版 *Book Series in Mathematical Biology and Medicine* 丛书。

"丛书"的出版，既反映了当时"生物数学"发展的兴旺，又促进了"生物数学"的发展，加强了同行间的交流，加强了数学家与生物学家的交流，加强了生物数学学科内部不同分支间的交流，方便了对年轻工作者的培养。

从 20 世纪 80 年代初开始, 国内对 "生物数学" 发生兴趣的人越来越多, 他 (她) 们有来自数学、生物学、医学、农学等多方面的科研工作者和高校教师, 并且从这时开始, 关于 "生物数学" 的硕士生、博士生不断培养出来, 从事这方面研究、学习的人数之多已居世界之首. 为了加强交流, 为了提高我国生物数学的研究水平, 我们十分需要有计划、有目的地出版一套 "生物数学丛书", 其内容应该包括专著、教材、科普以及译丛, 例如: 生物数学、生物统计教材; 数学在生物学中的应用方法; 生物建模; 生物数学的研究生教材; 生态学中数学模型的研究与使用等.

中国数学会生物数学学会与科学出版社经过很长时间的商讨, 促成了 "生物数学丛书" 的问世, 同时也希望得到各界的支持, 出好这套丛书, 为发展 "生物数学" 研究, 为培养人才作出贡献.

陈兰荪

2008 年 2 月

前　　言

生物数学 (mathematical biology 或 biomathematics) 是生物学、生态学、农学、医学、公共卫生等学科与数学互相渗透形成的交叉学科. 进入 21 世纪, 生物数学发展迅速, 成为应用数学领域较活跃的研究方向之一.

20 世纪 20 年代, Lotka 和 Volterra 各自独立并开创性地将微分方程理论及研究方法应用于捕食行为研究, 建立了捕食者-食饵模型, 即 Lotka-Volterra 模型. 公共卫生医生 Ross 博士在疟疾研究中揭示了疟疾如何进入生物体, 为研究以及防控这一传染病奠定了基础, 特别是他提出了超时代的阈值理论: "控制疟疾流行不需要将一个地区的蚊子全部消灭, 只需要将它们的数量控制在某个临界值以下", 因此获得了 1902 年诺贝尔生理学或医学奖. 1927 年, Kermack 与 Mckendrick 构造了经典的仓室模型, 为传染病动力学的研究奠定了基础. 之后, 应用微分方程及动力系统理论和方法建立数学模型, 探究各种生命现象、预测并揭示人们所关心的自然现象等成为一种热潮, 特别是研究生命科学中的数量性质、空间结构形式, 分析复杂生物系统内在特性, 揭示在大量生物实验数据中所隐含的生物信息, 寻找传染病的防控措施等成为近年来的研究热点.

目前, 微分方程模型广泛应用于许多研究领域, 从系统生态学、种群生态学、分子生物学、系统生物学到传染病动力学等. 同时, 通过这些数学模型的研究能够发现新的数学问题, 探索新的数学研究方向, 发展新的数学理论与方法, 促进了微分方程的研究和发展.

20 世纪 80 年代末期, 笔者在兰州大学读书期间有幸跟随李自珍教授学习了"数学生态学". 2007 年与刘权兴和靳祯教授合作, 借助计算机辅助分析方法研究了反应扩散捕食系统分支问题, 首次发现比率依赖型捕食系统可以产生点斑图、线斑图以及点线混合斑图. 此后十多年来, 我们一直专注于反应扩散捕食系统和传染病模型斑图动力学研究. 本书正是这些研究成果的总结与拓展, 旨在系统介绍生物数学模型 Turing 系统的建立、数学分析以及通过数值仿真获取系统的斑图形成, 揭示种群在空间扩散后的分布结构和种群持续、灭绝等过程以及种群入侵、环境异质性对种群变化态势的影响机制等, 以便人们能够有效利用和控制种群资源, 同时为预防和控制传染病提供科学依据.

全书分为 6 章.

第 1 章主要介绍了 Turing 系统及其广泛应用, 简述了种群系统斑图动力学进展.

第 2 章以几类生物数学模型为例, 系统介绍了与斑图形成密切相关的 Turing 分支、Hopf 分支和 Turing-Hopf 分支, 以及在 Turing 分支处的振幅方程和斑图选择等.

第 3 章应用稳定性和分支理论与方法探讨了 Allee 效应对捕食系统、传染病模型斑图形成的影响机制, 阐明了 Allee 效应与扩散一起可诱导种群系统产生 Turing 失稳.

第 4 章应用稳定性和分支理论与方法研究了时滞对捕食系统、传染病模型斑图形成的影响, 揭示了时滞可诱导反应扩散系统产生两种不同类型失稳的机制.

第 5 章应用偏微分方程正则理论、分支理论等研究了趋食性对比率依赖型捕食系统动力学行为的影响, 给出了系统在 n 维有界区域上解的整体存在性和一致性, 以及稳态解的局部/全局分支, 通过渐近分析和特征值摄动方法建立了分支解的稳定性判据.

第 6 章应用算子半群理论、特征值方法、抛物方程的线性化理论, 以及分支理论等, 系统研究了几类传染病模型中的偏微分方程问题, 主要包括模型稳态解的存在性与稳定性、分支结构及鱼钩型分支和 Hopf 分支等, 并基于疫情统计数据, 探讨了空间异质性对流感、寨卡病毒传播的影响机制.

最后, 在附录中给出了本书中用到的预备知识, 主要包括本书涉及的空间、不等式和基本定理.

本书可作为数学和应用数学专业高年级本科生及有关专业研究生的教材或参考书, 也可供高等院校学生、教师、科技工作者等参考.

在本书即将付梓之际, 特别感谢我的老师谭永基教授和曾振柄教授、李志斌教授、崔尚斌教授等曾经给予我的教导和帮助, 诚挚感谢中国科学院植物研究所李镇清教授在 20 世纪 90 年代初期带领我进入科学研究之门, 衷心感谢陈兰荪教授、马知恩教授、陆征一教授、倪维明教授、毛学荣教授、李继彬教授、吴建宏教授、邹幸福教授、王稳地教授、滕志东教授、韩茂安教授、肖冬梅教授、朱怀平教授、崔景安教授、马万彪教授、赵晓强教授、阮士贵教授、王学锋教授、李万同教授、王明新教授、楼元教授、史峻平教授、王治安教授和何岱海教授等给予我在生物数学与动力系统研究中的指导和帮助.

本书撰写过程中, 得到了许多同志的帮助, 靳祯教授、柏传志教授、桂占吉教授、张凤琴教授、李学志教授、赵敏教授、唐三一教授、肖燕妮教授、林伟教授、林支桂教授、戴斌祥教授、欧春华教授、原三领教授、赵洪涌教授、姚若侠教授、宋永利教授、范猛教授、刘贤宁教授、王智诚教授、霍海峰教授、常永奎教授、杨凌教授、雷锦誌教授、刘胜强教授、刘志军教授、斐永珍教授、邱志鹏教授、衣凤岐教授、楼一均教授、高道舟教授、林国教授、刘茂省教授、孙桂全教授、王凯华教授、黄建华教授、吴付科教授、刘柄文教授、黄创霞教授、张启敏教授、李晓月教授、任景莉教授、万阿英教授、孟新柱教授、安荣教授、聂华教授、郭改慧教授、王金良教授等提供了许多参考资料; 连秀国教授和史红波教授审阅了初稿并提出了许多修改意见, 在此一并致谢.

本书材料主要来源于我们十多年来的研究, 感谢我的合作者康云、伏升茂、王开发、Banerjee、彭志行、王凯、王金凤、刘文斌、赵才地、郭正光、张学兵、赵时、曹倩和罗永博士, 以及我的学生牛赟、连新泽、汪海玲、王晓琴、张磊、饶凤、林晔智、刘厚业、管晓娜、严淑玲、祝雅娜、高晓艳和贾延飞、李鑫鑫等, 书中部分内容是与他们共同学习和讨论的结果.

感谢我的亲人——我的父亲母亲、我的岳父岳母和我的兄弟姐妹, 他们长期默默的奉献和关爱是我得以安心教学科研的源动力! 特别感谢我的夫人岳延红和我们的女儿王潇萌, 她们的至爱是我生存和奋斗的支撑!

本书的出版得到了中国生物数学会名誉理事长陈兰荪教授和科学出版社陈玉琢、胡庆家编辑的帮助, 同时也得到了国家自然科学基金 (No: 61373005, 61672013, 11601179 和 12071173)、江苏省数学重点建设学科和省高校科技创新团队, 以及淮安市 "传染病防控及预警" 重点实验室 (HAP201704)、淮阴师范学院数学重点学科的资助, 在此一并致谢!

由于作者水平有限, 书中难免有疏漏和不妥之处, 所引用的结果和文献会有所遗漏, 诚请读者批评指正.

王玮明

2020 年 10 月 1 日于运河之都淮安

目　录

第 1 章 绪　论

1.1　Turing 系统与斑图动力学

众所周知, 我们生存在一个空间世界, 大千世界中的万事万物除了受到时间因素影响外, 还受到空间因素和其他因素 (如气候、温度、海拔、降雨量等) 的影响. 而斑图 (pattern)——在空间或时间上具有某种规律性的非均匀宏观结构——普遍存在于自然界中, 例如动物体表的花纹、沙丘 (图 1.1) 以及植被的空间分布 (图 1.2) 等. 形形色色的斑图构成了多姿多彩、千姿百态的世界.

| (a) 斑马 | (b) 长颈鹿 | (c) 老虎 |
| (d) 海贝 | (e) 热带鱼 | (f) 流沙 |

图 1.1　自然界中的斑图结构 (彩图见封底二维码)

Pattern, 生态学中通常译为 "格局", 计算机学科中译为 "模式". 肖燕妮教授等[9]、唐三一教授等[7] 与林支桂教授[31] 也将其译为 "模式", 欧阳颀院士将其音译为 "斑图"[22]. 本书沿用欧阳颀院士的译法.

1952 年, 计算机科学之父 Alan Turing (阿兰·图灵, 参见图 1.3) 在其著名的论文《形态形成的化学基础》[345] 中构建了一个关于 "活化子"(activator)、"阻滞子"

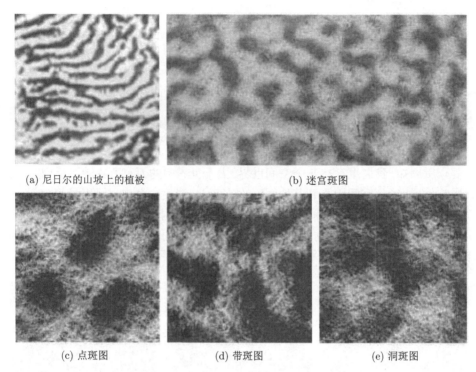

(a) 尼日尔的山坡上的植被   (b) 迷宫斑图

(c) 点斑图   (d) 带斑图   (e) 洞斑图

图 1.2   植被类型的野外观测结果 [349] (彩图见封底二维码)

(inhibitor) 的反应扩散数学模型

$$
\begin{cases}
\partial_t U = \underbrace{F(U,V)}_{\text{反应项}} + \underbrace{D_U \triangle U}_{\text{扩散项}}, & U, V \in \Omega, \\
\partial_t V = \underbrace{G(U,V)}_{\text{反应项}} + \underbrace{D_V \triangle V}_{\text{扩散项}}, & U, V \in \Omega, \\
\partial_{\mathbf{n}} U = \partial_{\mathbf{n}} V = 0, & U, V \in \partial\Omega,
\end{cases}
\tag{1.1.1}
$$

并成功解释了"水螅 (hydra) 断头 48 小时后重生新头"的再生现象 [36]. 在 (1.1.1) 中, $\partial_t := \dfrac{\partial}{\partial t}$, D_U 和 D_V 分别表示两种物质 U 和 V 的扩散系数, $F(U,V)$ 和 $G(U,V)$ 表示二元反应函数 (一般为非线性函数 [261]), $\triangle = \sum_i \dfrac{\partial^2}{\partial x_i{}^2}$ 是拉普拉斯算子. 拉普拉斯算子在数学上常常表示自由扩散过程, 既可以描述微观世界的粒子游弋, 也可以描述生物种群的迁徙、随机游走. $\partial_{\mathbf{n}} U = \partial_{\mathbf{n}} V = 0$ 是齐次 Neumann 边界条件, $\mathbf{n}$ 为边界 $\partial\Omega$ 的单位外法向量, 该边界条件表示化学物质无法离开或者扩散出区域, 且外界无新的物质进入该区域. 模型 (1.1.1) 也称为 Turing 系统.

图 1.3   Alan Turing (阿兰·图灵)

与 (1.1.1) 对应的常微分方程模型 (即扩散系数 $D_U = D_V = 0$) 为

$$U_t = F(U, V), \quad V_t = G(U, V), \tag{1.1.2}$$

其中, $U_t := \dfrac{\mathrm{d}U}{\mathrm{d}t}, V_t := \dfrac{\mathrm{d}V}{\mathrm{d}t}$. 显然, 模型 (1.1.2) 与 (1.1.1) 有相同的平衡点或称为
常数稳态解 (即方程组 $F(U, V) = 0$, $G(U, V) = 0$ 的解).

Turing 发现, 常微分方程模型 (1.1.2) 的稳定正平衡点在反应扩散系统 (1.1.1)
中当 "活化子" U (充当催化剂) 扩散很慢但 "阻滞子" V (充当抑制剂, 周期性地
关闭催化剂的表达) 扩散很快时会产生失稳, 并在空间自发地组织形成一些有规
律的结构, 即产生空间定态斑图, 这一过程被后人命名为 Turing 失稳. Turing 系
统 (1.1.1) 隐含 6 种稳定态 (图 1.4), 这取决于反应项的动力学性质和斑图的波
长 [203]. 从数学上说, 所谓 Turing 失稳就是系统 (1.1.1) 存在非常数正稳态解.

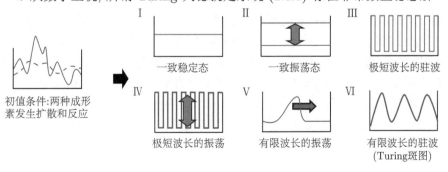

图 1.4   反应扩散系统 (1.1.1) 可能存在的 6 种稳定态 [203]. 第 VI 种是稳态 Turing 斑图
(彩图见封底二维码)

Turing 提出, 生化过程在发育的胚胎中产出了一些叫作 "成形素" (morp-
hogen) 的物质, 这些物质后来被表达为真实的蛋白质色素样品, 比如赋予动物皮

肤颜色的黑色素等. 但是, 这些 "成形素" 是怎样形成的呢? Turing 认为, 它形成于一对 "成形素" 分子 (即 "活化子" 和 "阻滞子"), 在最后成为皮肤的胚胎部分的每一点上, 成形素分子之间的相互反应, 形成其他类型的分子. 与此同时, 这些分子及其反应产物通过胚胎的相关部位在细胞间扩散, 化学信息指引着生成的色素移动到细胞中特定的位置, 这个过程导致了 "成形素" 的形成. 当胚胎发育时, 动物体表的花纹图案便呈现出来了[345].

Turing 系统 (1.1.1) 的本质是: 如果有两种能够在空间内传播 (或至少表现成这样) 的组分, 那么它们就能构成从沙子形成的沙丘波纹图案到化学物质影响的胚胎发育形态等各种各样的斑图, 关键在于这两种组分必须以不同的速度进行传播. 其中活化子 (U) 是自动激活的, 也就是说其可以通过本身的调节机制进行控制, 从而产生更多的同类组分, 一旦催化剂达到了一定的水平, 一种能够关闭激活剂的阻滞子 (V) 就出现了. 关键的一点在于阻滞子的扩散速度一定要比活化子快. Turing 系统的妙处在于其是自包含、自启动和自组织的. 当活化子产生的时候, 系统就开始运行了. 比如说形成黑色条纹, 但是随后生成的阻滞子的传播速度更快, 在某些特定的点, 它赶上了空间中的活化子, 并使其停止在一定的轨道上, 然后一个条带纹就产生了[136].

一般来说, 扩散往往使物理系统光滑化、均匀化, 即任何初始状态, 经过长时间扩散, 最终总会达到处处常数的状态[36]. 所以, Turing 的这一结果貌似 "有违常理". 但是, Turing 指出: 如果两个扩散系数相差很大, 这种现象就可能发生, 并且常数解失稳, 也就说明了依赖空间变量的非常数解的存在性. Turing 认为这种非常数解恰好能够说明生物在生长历程中为什么形态各异, 而不是单一结构, 甚至也隐含了细胞结构分裂、分化的物理化学过程[345].

Turing 的创造性研究开辟了一个新的研究领域——斑图动力学 (pattern dynamics). 斑图动力学主要研究系统在临界点附近的动力学行为的共性, 即系统失稳时表现出的时空对称性破缺, 以及由不同对称性破缺所确定的新的时空结构的自组织形成、选择和稳定性[22]. 对于反应扩散系统而言, 在系统临近平衡态时, 系统的动力学行为可以近似地用线性非平衡热力学来研究; 在系统远离平衡态时, 非线性效应变成系统动力学行为的主导因素, 这种非线性行为与系统的线性扩散行为耦合, 可以使系统产生自组织现象, 并伴随着一定的时空对称性破缺, 这就是斑图动力学研究的核心内容.

1.2 Turing 系统之例证

尽管 Turing 理论优雅而简洁, 但当时并没有得到发育生物学家的认同, 因为缺乏能够证实生命系统中 Turing 机制的实验证据. 1968 年, Zhabotinsky 在

Belousov-Zhabotinsky 反应中发现了螺旋波斑图, 引发了人们对动态斑图的时空动力学行为的研究. 1979 年, 物理化学家 Newman 和生物学家 Frisch 认为 Turing 机制能够解释鸡翅膀斑图的形成 [264]. 接着, 人们发现了越来越多的 Turing 系统的例子 [215,302,380](图 1.5). 20 世纪 80 年代末至 90 年代初, 欧阳颀院士及其合作者在非线性动力学实验研究中首次发现二维稳态 Turing 斑图, 证实了 Turing 理论的正确性 [272,273,284], 有力地推动了 Turing 斑图动力学的发展.

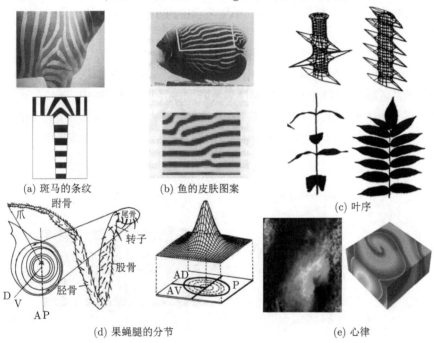

(a) 斑马的条纹　　　　(b) 鱼的皮肤图案

(c) 叶序

(d) 果蝇腿的分节　　　　　　　　　　(e) 心律

图 1.5　几种 Turing 系统的斑图形成 [380] (加利福尼亚大学洛杉矶分校屈支林教授提供原图)

发育生物学家 Meinhardt 和 Klingler [255] 应用 Turing 系统的变体研究了贝壳的花纹, 结果发现色素促使形成斜线斑图, 同时他们还发现棋盘或网状斑图形成至少要求有三种成分的系统: 一种由两种阻滞子对抗的自催化物质, 一种在空间产生图案的可扩散抑制物质和一种对图案及时负责的不可扩散物质, 而波浪线、成排的点和鱼骨状的图案是由两种图案叠加而成的.

1995 年, 日本科学家 Kondo 和 Asai [203] 研究发现神仙鱼 (pomacanthus) 身上的条纹在长大的过程中并不会变宽, 而是保持相同的间距增加条纹的数量, 也就是说条纹沿着它的身体移动 (不像成年斑马的条纹是固定的). Kondo 团队继续研究发现斑马鱼的条纹长度也可以通过 Turing 系统给出解释 [391].

2012 年, 伦敦大学国王学院的研究人员 [136] 利用老鼠晶胚进行试验, 对在老鼠上腭发现的有规律的间隔皱褶的发展进行了研究, 识别出了这一过程涉及的特殊"成形素"FGF (fibroblast growth factor, 成纤维细胞生长因子) 和 SHH (sonic hedgehog, 音猬因子重组蛋白——由于突变的果蝇胚胎呈多毛团状, 酷似受惊刺猬而得名), 并且发现, 当这些"成形素"的活性增强或减弱时, 控制着彼此的表达、激活或抑制彼此的产生, 从而控制老鼠上腭齿板斑图的形成, 与 Turing 系统预言的结果一样. 这是第一次识别出这一过程涉及的"成形素", 为证明 Turing 系统产生条纹斑图提供了第一手实验证据, 从而通过实验证实了 Turing 理论是正确的. 同时, 也证实了成形素可用于再生医学中将干细胞分化为组织, 进一步推动了再生医学的发展.

　　2018 年, 浙江大学张林教授团队把 Turing 结构与膜研究结合起来, 经过核磁共振实验, 他们发现哌嗪和均苯三甲酰氯的扩散速率差异不足以产生 Turing 结构, 而加入聚乙烯醇后, 哌嗪的扩散速率明显下降. 在界面聚合过程中, 哌嗪与均苯三甲酰氯"舞"出了不一样的路线, 最终在水净化聚酰胺膜薄膜上制造出了具有纳米尺度的 Turing 结构 (图 1.6), 这是首次面向应用领域构建 Turing 结构的研究 [329].

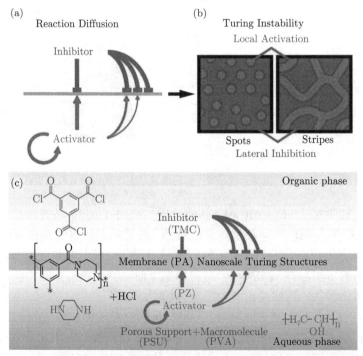

图 1.6　具有 Turing 结构的纳滤膜制备示意图 [329] (张林教授提供原图). (a) 反应扩散过程中活化剂–抑制剂相互作用示意图. 导致 Turing 结构的反应依赖于相互竞争的激活 (红色) 和抑制 (蓝色) 的动力学途径. (b) 局部激活和侧抑制的空间表现. 在二维平面中, Turing 结构通常由斑点或条纹组成. (c) 界面聚合 Turing 体系示意图 (彩图见封底二维码)

2020 年, 复旦大学徐凡教授等应用 Turing 系统首次揭示了水 (液体基底) 对植物叶片生长形貌演化有显著影响 (图 1.7). 带自由边界的 Turing 系统的理论研究和实验结果表明, 在液体基底上生长的薄膜在能量上倾向于选择边缘褶皱的构型, 而悬空的薄膜更容易形成整体屈曲的模态. 而叶茎/脉约束、生长非均匀性、几何构型和尺寸效应等对生长形貌也有着重要影响[390].

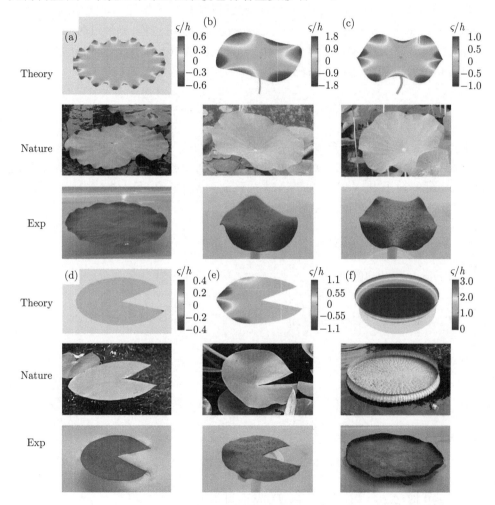

图 1.7 水分对荷叶叶片形态发生的影响[390] (徐凡教授提供原图) (彩图见封底二维码)

总而言之, 大量研究表明, Turing 系统提供了描述生物系统斑图形成的总体理论框架[204]. 尤其在近三十年, 对化学、物理学、生态学、流行病学等学科的研究内容和研究方法都产生了巨大的影响, 并成为自然科学、社会科学及工程技术领域的中心问题之一.

1.3 反应扩散种群模型斑图动力学简述

1.3.1 随机游走与扩散过程

扩散理论的出发点是 "随机游走" (random walk). 假设一个粒子 (particle) 在固定时间 Δt 内以固定步长 Δx 沿直线随机移动. 如果该运动是无偏的, 则该粒子向右或向左移动的可能性是相等的. 考虑连续的随机过程, 则经过时间 t 到达位置 x 的粒子总数近似服从正态分布 (normal distribution), 也称高斯分布 (Gauss distribution), 其密度函数可以表示为

$$f(x,t) = \frac{1}{2(\pi Dt)^{1/2}} \exp\left(-\frac{x^2}{4Dt}\right),$$

其中, D 表示粒子的扩散系数或扩散率 [31,261].

设 $N(x,t)$ 是 t 时刻在点 x 处的粒子数, 则经过 Δt 后走了一步 Δx, 从而位于 x_0 处的粒子中, 一半来自于当时位于 $x - \Delta x$ 处的, 另一半来自于当时位于 $x + \Delta x$ 处的. 于是, 可建立关系

$$N(x_0, t_0 + \Delta t) = \frac{1}{2}N(x_0 - \Delta x, t_0) + \frac{1}{2}N(x_0 + \Delta x, t_0).$$

利用 Taylor 级数展开可得

$$N(x_0, t_0 + \Delta t) = N(x_0, t_0) + \frac{\partial N}{\partial t}(x_0, t_0)\Delta t + \frac{1}{2}\frac{\partial^2 N}{\partial t^2}(x_0, t_0)(\Delta t)^2 + \cdots,$$

$$\frac{1}{2}N(x_0 - \Delta x, t_0) = \frac{1}{2}N(x_0, t_0) - \frac{1}{2}\frac{\partial N}{\partial x}(x_0, t_0)\Delta x + \frac{1}{4}\frac{\partial^2 N}{\partial x^2}(x_0, t_0)(\Delta x)^2 + \cdots,$$

$$\frac{1}{2}N(x_0 + \Delta x, t_0) = \frac{1}{2}N(x_0, t_0) + \frac{1}{2}\frac{\partial N}{\partial x}(x_0, t_0)\Delta x + \frac{1}{4}\frac{\partial^2 N}{\partial x^2}(x_0, t_0)(\Delta x)^2 + \cdots,$$

整理可得

$$\frac{\partial N}{\partial t}(x_0, t_0) = \frac{(\Delta x)^2}{2\Delta t}\frac{\partial^2 N}{\partial x^2}(x_0, t_0) + \cdots.$$

当 $\Delta t \to 0$ 时 $\Delta x \to 0$, $\dfrac{(\Delta x)^2}{2\Delta t} \to D$, 从而可得一维扩散方程

$$\frac{\partial u}{\partial t} = D\frac{\partial^2 N}{\partial x^2}.$$

进一步, 在 $[x, x + \Delta x]$ 内粒子从左到右的净移动量是

$$-\frac{1}{2}\left(N(x + \Delta x, t) - N(x, t)\right).$$

设 A 为粒子通过的管道截面积, 则单位时间内沿 x 方向通过截面的粒子数 (称为 "流", flux) 为

$$J = \frac{1}{2A\Delta t}\Big(N(x+\Delta x,t)-N(x,t)\Big).$$

用 $u(x,t)$ 表示 t 时刻位置 x 处单位体积的粒子数量, 则

$$u(x,t) = \frac{N(x,t)}{A\Delta x},$$

且

$$J = -\frac{\Delta x}{2\Delta t}\Big(u(x+\Delta x,t)-u(x,t)\Big) = -\frac{(\Delta x)^2}{2\Delta t}\cdot\frac{u(x+\Delta x,t)-u(x,t)}{\Delta x}.$$

令 $\Delta x \to 0$, 注意到 $\frac{(\Delta x)^2}{2\Delta t} \to D$, 即可得 Fick 第一扩散定律

$$J = -D\nabla u, \tag{1.3.1}$$

其中 $\nabla u = \frac{\partial u}{\partial x}$ 表示梯度, "−" 表示粒子从高密度区往低密度区扩散.

另外, t 时刻 $A\Delta x$ 部分的管道粒子数量 $N(x,t)$ 等于 $u(x,t)A\Delta x$. 假设在 Δt 时间内, $J(x,t)A\Delta t$ 个粒子从左端进入, $J(x+\Delta x,t)A\Delta t$ 个粒子从右端离开, 那么在这段时间内, 这部分管道粒子数的增加量为 $(u(x,t+\Delta t)-u(x,t))A\Delta x$. 根据物质守恒定律, 可得

$$\Big(u(x,t+\Delta t)-u(x,t)\Big)A\Delta x = -[J(x+\Delta x,t)-J(x,t)]A\Delta t,$$

即

$$\frac{1}{\Delta t}[u(x,t+\Delta t)-u(x,t)] = -\frac{1}{\Delta x}[J(x+\Delta x,t)-J(x,t)].$$

令 $\Delta t \to 0$, $\Delta x \to 0$, 则可得 Fick 第二扩散定律

$$\partial_t u = \nabla\cdot\Big(D(x)\nabla u\Big).$$

当扩散系数 D 为常数时, 如果在时刻 $t=0$、位置 $x=0$ 处的初值为 M, 则上述方程的解为

$$u(x,t) = \frac{M}{2(\pi Dt)^{1/2}}\exp\Big(-\frac{x^2}{4Dt}\Big).$$

1.3.2 反应扩散种群模型

设 $u(x,t)$ 为种群密度函数, $f(x,t,u)$ 为种群密度变化率, 则在时刻 t、区域 Ω 的任意子区域 V 上的种群总数是 $\int_V u(x,t)\mathrm{d}x$, 于是, 种群总数的变化率为

$$\partial_t\left(\int_V u(x,t)\mathrm{d}x\right),$$

从而区域 V 内种群净增长为

$$\int_V f(x,t,u)\mathrm{d}x.$$

通过边界进入的种群为 $-\displaystyle\int_{\partial V} J(x,t)\eta(x)\mathrm{d}s$, 其中 $\eta(x)$ 表示边界 x 处的单位法向量. 根据平衡法则, 即: 种群总数的变化量 = 种群内部净增长 + 通过边界进入的种群数, 也就是

$$\partial_t \left(\int_V u(x,t)\mathrm{d}x\right) = -\int_{\partial V} J(x,t)\eta(x)\mathrm{d}s + \int_V f(x,t,u)\mathrm{d}x.$$

根据 Green 公式得

$$\partial_t \left(\int_V u(x,t)\mathrm{d}x\right) = -\int_V \nabla J(x,t)\mathrm{d}s + \int_V f(x,t,u)\mathrm{d}x.$$

由区域 V 的任意性可得反应扩散种群模型

$$\partial_t u(x,t) = \underbrace{\nabla \cdot (D\nabla u)}_{\text{扩散项}} + \underbrace{f(x,t,u(x,t))}_{\text{反应项}}. \tag{1.3.2}$$

例如, 取 f 为 Logistic 种群增长函数 $f = ru\left(1 - \dfrac{u}{K}\right)$, 其中 r 表示种群内禀增长率 (intrinsic growth rate), K 表示环境容纳量 (carrying capacity), 于是得到反应扩散方程

$$\partial_t u = ru\left(1 - \frac{u}{K}\right) + D\Delta u(x,t). \tag{1.3.3}$$

当空间是一维时, (1.3.3) 称为 Fisher-Kolmagorov 方程. 关于该模型更详细的研究参见 [260, 13 章].

值得注意的是, 若扩散矩阵 D 是非对角阵 (将在 2.1.6 小节介绍), 或者是与 u 相关的 (将在 6.6 节介绍), 即

$$\partial_t u(x,t) = f(u(x,t)) + \nabla(D(u)\nabla u(x,t)), \tag{1.3.4}$$

则称 (1.3.2) 为交叉扩散系统. 例如, Shigesada 等 [309] 建立了两种群交叉扩散系统

$$\begin{cases} \partial_t u = \Delta(u(\alpha_1 + \beta_{11}u + \beta_{12}v)) + u(a_1 - b_1u - c_1v), \\ \partial_t v = \Delta(v(\alpha_2 + \beta_{21}u + \beta_{22}v)) + v(a_2 - b_2u - c_2v), \end{cases} \tag{1.3.5}$$

这是一个强耦合偏微分方程组, 通常称 α_1, α_2 为自由扩散 (free-diffusion) 系数, β_{11}, β_{22} 为自扩散 (self-diffusion) 系数, β_{12}, β_{21} 为交叉扩散 (cross-diffusion) 系数,

$\beta_{12} > 0$ 表示 u 从 v 的高密度区域向低密度区域移动, $\beta_{21} > 0$ 表示 u 从 v 的低密度区域向高密度区域移动.

在反应扩散系统 (1.3.4) 中, 如果反应项 $f(x, u)$ 中的参数或者扩散矩阵 D 与空间 x 相关, 则称为异质 (heterogeneity) 环境.

例如, 在异质环境中考虑模型 (1.3.3), 即

$$\begin{cases} \partial_t u = u(K(x) - u) + D\Delta u, & \Omega \times (0, T), \\ \partial_{\mathbf{n}} u = 0, & \partial\Omega \times (0, T). \end{cases} \tag{1.3.6}$$

若 $K(x) \equiv K$, 易知 $u = K$ 是系统 (1.3.6) 的唯一全局稳定正平衡点. 在 $K(x) \neq$ 常数但有界且 $\displaystyle\int_\Omega K(x)\mathrm{d}x > 0$ 时, 楼元教授 [242] 发现总人口严格大于最大环境容纳量 K. 产生这一结果的原因是种群的扩散和资源分布的不均匀 (即 $K(x) \neq$ 常数). 倪维明教授等 [36,155,398] 研究表明, 在异质环境中随机扩散的种群比未扩散的种群具有更高的总规模, 这一结论说明环境容纳量应该是 "动态的" —— 不但依赖于资源总量, 也与种群中个体的运动速率息息相关. 此外, 他们还发现均匀分布的资源比异质分布的资源支持更高的环境容纳量, 这一结果推翻了过去基于 Logistic 方程的推断, 揭示了资源与环境变化对物种的重要影响.

1.3.3 反应扩散种群模型斑图动力学

种群动力学是生物数学和理论生态学研究的主要问题, 其研究结果在生物资源可持续利用、多样性保护、病虫害防治、传染病防控等方面都有重要的应用价值.

Keller 和 Segel, Jackson [198-200,301] 最先将 Turing 思想应用于种群动力学研究. 在文献 [301] 中, Segel 和 Jackson 建立了反应扩散模型

$$\begin{cases} \partial_t V = V(k_0 + k_1 V - k_2 V^2) - aVE + \mu_1 \triangle V, \\ \partial_t E = bVE - dE - cE^2 + \mu_2 \triangle V, \end{cases} \tag{1.3.7}$$

并讨论了桡脚类食草动物–浮游植物相互作用的耗散不稳定性. 在 [198—200] 中, Keller 和 Segel 建立了系列反应扩散系统用以研究随机运动和趋化运动机制, 即

$$\begin{cases} \partial_t u = \nabla \cdot (\underbrace{d_1 \nabla u}_{\text{随机扩散}} - \underbrace{A(u)B(v)C(\nabla v)}_{\text{趋化运动}}) + \underbrace{f(u, v)}_{\text{细菌繁殖与死亡}}, & x \in \Omega, t > 0, \\ \partial_t v = \underbrace{d_2 \nabla v}_{\text{化学物质扩散}} + \underbrace{g(u, v)}_{\text{化学物质产生与消耗}}, & x \in \Omega, t > 0. \end{cases} \tag{1.3.8}$$

Keller 和 Segel 借由 Turing 失稳的思想研究了二维矩形区域中常数解的局部不稳定条件, 并由此得到了非常数解存在的必要条件. 需要说明的是, 模型 (1.3.8) 是研究生物学中的趋化性 (chemotaxis, 简言之, 就是某种微生物在它自身分泌的化学物质的作用下, 在经过短暂的扩散过程之后, 形成一个多细胞子实体或孢子果, 生物学上称之为聚集态形成) 现象的基本模型 [6, 11, 143, 144, 159].

1992 年, Levin 在获得 MacArthur 奖后的演讲中详细论述了生态学的核心问题——斑图与尺度, 指出生态系统所遵循的自然过程受时空尺度的严格限定, 空间异质性在不同尺度上具有不同的斑图结构, 并且生物及生态学过程对空间异质性的反应发生在不同的特定的尺度上 [217]. Murray 将 Turing 理论应用于发育生物学, 并通过数学推理解释了动物 (如老虎、金钱豹、熊猫和蛇等) 皮毛上的斑纹的形成机理, 且出版了巨著 *Mathematical Biology* [260, 261].

Alonso 等 [51] 研究表明, 反应扩散捕食系统中 Turing 失稳机制也可以用活化子-阻滞子系统来理解. 其一, 随机波动可能导致不均匀的食饵 (活化子) 密度, 这种高密度的食饵对食饵和捕食者 (阻滞子) 种群增长率都有积极的影响; 其二, 局部捕食者密度增加将对食饵和捕食者种群的增长率都有负面影响; 第三, 为了捕获猎物, 捕食者的扩散速度必须比食饵的扩散速度快. 这正是反应扩散捕食系统在一定条件下能够形成丰富的斑图的原因. 反应扩散传染病模型的斑图形成机制与此类似.

Gurney 等 [160] 发现在只考虑捕食者扩散的条件下, 初始条件对种群的空间分布结构具有重要的影响作用, 不同初始条件下, 出现了靶波、螺旋波以及时空混沌斑图. Petrovskii 及其合作者 [254] 的研究结果很好地解释了种群入侵过程中形成的波斑图、空间周期斑图以及空间混沌斑图等机理, 丰富了生态学家关于种群入侵过程中时空分布斑图结构以及对空间结构种群持续生存与灭绝等问题的理解. Tsyganov 等 [344] 利用交叉扩散方程研究了捕食系统的动力学行为, 并发现了孤立子斑图. Baurmann 等 [65] 研究了 Rosenzweig-McArthur 反应扩散捕食系统

$$
\begin{cases}
\partial_t H = rH\left(1 - \dfrac{H}{K}\right) - \dfrac{qHP}{w+H} + d_1 \triangle H, & (x,y) \in \Omega, t > 0 \\
\partial_t P = \dfrac{\eta qHP}{w+H} - mP^2 + d_2 \triangle P, & (x,y) \in \Omega, t > 0 \\
H(x,y;0) \geqslant 0, \quad P(x,y;0) \geqslant 0, & (x,y) \in \Omega \\
\partial_{\mathbf{n}} H = \partial_{\mathbf{n}} P = 0, & (x,y) \in \partial\Omega
\end{cases}
$$

的时空复杂性, 给出了系统产生 Turing 分支、余维-2 Turing-Hopf 分支以及余维-3 Turing-Takens-Bogdanov 分支的条件, 并阐释了扩散对种群的持续生存、空间结构以及稳定性的作用. 靳祯和孙桂全教授团队系统研究了空间传染病动力学模型产生稳态斑图和非稳态斑图的条件, 发现了新的传染病斑图及产生机制, 揭

示了移动或者空间维数的增加能够促使传染病更加稳定的传播, 而染病者如果在空间有高密度簇类分布, 则会导致传染病的灭绝, 这意味着即使传染率很大时疾病也会消亡, 他们的结果也解释了 1918 年 "西班牙大流感" 灭绝的原因, 从理论上证明了在天花传染病数据中观测到的波斑图的结果, 同时也为美国西南部 20 世纪 90 年代的汉坦病毒 (Hantavirus) 的分布提供了理论依据 [105, 237, 238, 322, 324–327].

2007 年, 笔者与刘权兴、靳祯教授合作, 借助计算机辅助分析方法研究了反应扩散捕食系统分支问题并首次发现比率依赖型捕食系统可以产生点状、线状以及点线混合的空间斑图 [366], 这一结果补充了 Alonso 等 [51] 关于反应扩散捕食系统斑图形成的相关论证. 此后十多年来, 我们一直专注于生物数学模型 (主要包括反应扩散捕食系统和传染病模型) 斑图动力学研究.

总而言之, 越来越多的证据表明, 生物数学模型斑图动力学的研究成果能够揭示种群在空间扩散后的分布结构和种群持续、灭绝等过程以及种群入侵、环境异质性对种群变化态势的影响机制等, 以便人们能够有效利用和控制种群资源, 同时为预防和控制传染病提供科学依据.

第 2 章　分支与斑图形成

生物数学模型通常都依赖于各种参数, 如出生率、死亡率、环境容纳量以及扩散率等, 当这些参数发生变化并经过某些临界值时, 模型的某些属性, 例如解的数目、平衡状态、周期现象和稳定性等都可能发生突变 [10]. 产生这些现象的根本原因是非线性分支作用破坏了系统解在时间和空间上的对称性, 分支的存在造成了输出的不确定性. 大量研究表明, 分支是研究反应扩散系统斑图动力学的重要工具 [3, 16, 22, 37, 75, 158, 261, 304, 305, 379, 385].

本章将以几类生物数学模型为例, 系统介绍与斑图形成密切相关的 Turing 分支、Hopf 分支和 Turing-Hopf 分支, 以及在 Turing 分支处的振幅方程和斑图选择, 以期能够进一步理解 Turing 斑图形成机制.

本章主要材料来源于 [23, 24, 28, 29, 81, 153, 188, 228, 360—368].

2.1　Beddington-DeAngelis 型捕食系统斑图动力学

2.1.1　捕食者-食饵模型与功能性反应函数

捕食者-食饵模型 (predator-prey model, 以下简称为 "捕食系统") 是一类描述 "追击和逃避" 的微分方程模型 [344]. 追击意味着捕食者要尽可能地缩短与食饵的空间距离, 而逃避则意味着食饵要尽可能地扩大空间距离 [71]. 捕食过程给捕食者带来的强大的选择压力, 以及这种过程在促进生命进化、维护生态系统平衡, 及其在生物多样性的发生、种群持续生存与绝灭等过程中扮演的重要角色, 使得捕食系统一直是生物数学家和生态学家关注的热点问题之一 [73, 217, 252, 292, 295, 299].

一般地, 描述捕食关系的数学模型为 [42]

$$\begin{cases} H_t = Hf(H) - Pg(H, P), \\ P_t = h[g(H, P), P]P, \end{cases} \tag{2.1.1}$$

这里 H 和 P 分别表示食饵和捕食者种群数量或密度, $f(H)$ 表示没有捕食行为时的食饵增长率, $g(H, P)$ 是所谓的 "功能性反应" (functional response), $h[g(H, P), P]$ 为捕食者的增长率, 也叫做 "捕食者数量反应" (predator's numerical response). 最常见的捕食者数量反应可表述为如下形式 [59]

$$h[g(H, P), P] = \varepsilon g(H, P) - \eta, \tag{2.1.2}$$

这里, η 表示捕食者的死亡率.

如果没有捕食行为时的食饵增长率 $f(H)$ 符合 Logistic 模式, 捕食者数量反应 $h[g(H,P),P]$ 采用 (2.1.2) 的形式, 则捕食系统 (2.1.1) 可重写为

$$
\begin{cases}
H_t = rH\left(1 - \dfrac{H}{K}\right) - Pg(H,P), \\
P_t = \varepsilon Pg(H,P) - \eta P,
\end{cases}
\tag{2.1.3}
$$

这就是著名的 Rosenzweig-MacArthur 捕食模型 [291].

在种群生态学中, 功能性反应函数 $g(H,P)$ 是指单个捕食者在单位时间内捕猎食饵的量 [173], 在捕食系统研究中扮演着重要的角色, 它可以决定在捕食过程中生物数量的转化和系统的动力学行为等. 生态学家基于实验或观察提出了许多功能性反应函数, 常见的主要有以下两类 [42].

(1) **食饵依赖型** (prey dependence): 由食饵密度决定功能性反应函数, 即 $g(H,P) = g(H)$. 食饵依赖型功能性反应函数主要包括以下类型.

(1-1) Holling 型功能性反应.

Holling I 型 [173,174]

$$
g(H) = \begin{cases}
\beta H, & 0 \leqslant H \leqslant H_*, \\
\beta H_*, & H \geqslant H_*,
\end{cases}
\tag{2.1.4}
$$

这里, β 表示捕获率 (capture rate) 或最大增长率 (maximal growth rate), 或最大消费率 (maximum consumption rate). Holling I 型适用于捕食效率超高, 即捕食时间几乎为 0, 例如藻类、细胞等的过滤摄食 (filter feeders) [7,75].

Holling II 型 [173,174]

$$
g(H) = \frac{\beta H}{a + cH},
\tag{2.1.5}
$$

这里, a 表示半饱和常数 (half saturation constant), c 表示狩猎时间 (handling time). Holling II 型应用广泛, 描述了捕食者需要花费时间寻找猎物时捕食者的平均摄食率 (average feeding rate) [311], 适用于无脊椎动物等 [7].

Holling III 型 [173,174]

$$
g(H) = \frac{\beta H^2}{a + cH + bH^2}
\tag{2.1.6}
$$

适用于捕食者在低密度下转向替代猎物 (alternative prey) [75]. 当 $c = 0$ 时, (2.1.6) 变为

$$
g(H) = \frac{\beta H^2}{a + bH^2},
\tag{2.1.7}
$$

称为 Sigmidal 功能性反应函数[293].

Holling IV 型 (也称为 Monod-Haldane 函数)[58]

$$g(H) = \frac{\beta H}{a + cH + bH^2}. \tag{2.1.8}$$

Holling IV 型适用于微生物系统的捕食动力学: 当养分浓度达到较高水平时, 可能会对生长率产生抑制作用. 例如, 当微生物被用于废物分解或水净化时, 这种现象经常出现. 当 $b = 0$ 时, (2.1.8) 变为[293]

$$g(H) = \frac{\beta H}{a + bH^2}. \tag{2.1.9}$$

(1-2) Ivlev 型[185]

$$g(H) = \beta(1 - e^{-\gamma H}), \tag{2.1.10}$$

这里, γ 表示捕食者捕获食饵的效率. 这是 Ivlev 在 1961 年基于饥饿对食饵数量的渐近最大值限制这一假设提出的功能性反应函数.

注 2.1 Holling I, II 和 III 型功能性反应是单调递增函数, 而 Holling IV 型则是非单调函数[178] (图 2.1).

注 2.2 Holling I, II 和 III 型函数具有如下共同性质[4]:

(C1) $g(0) = 0$;

(C2) $0 < \lim\limits_{H \to \infty} g(H) < \infty$.

而 Ivlev 型与 Holling II 型功能性反应函数的图像的几何性质几乎相同, 虽然导出的机理不同, 但是对于数学模型的性质, 重要的是功能性反应函数的几何性质而非代数性质. 因此, 若 $g(H)$ 满足 (C1) 和 (C2) 以及

(C3) $g'(0) > 0$ 且 $g''(H) \leqslant 0$ 在 $H \geqslant 0$ 时几乎处处成立,

则称 $g(H)$ 为广义 Holling II 型功能性反应函数. 在这一定义下, Holling I, II 型和 Ivlev 型功能性反应函数同属广义 Holling II 型.

另外, 若 $g(H)$ 满足 (C1) 和 (C2) 以及

(C4) $g'(0) = 0$ 且存在 H^* 使得 $g''(H)(H - H^*) \leqslant 0$ 在 $H \geqslant 0$ 时几乎处处成立, 则称 $g(H)$ 为广义 Holling III 型功能性反应函数.

(2) **捕食者依赖型** (predator dependence): 由食饵密度和捕食者密度共同决定的功能性反应函数.

(2-1) 比率依赖型[59,207]

$$g(H, P) = p(H/P) = \frac{\beta H}{P + cH}. \tag{2.1.11}$$

(2-2) Hassell-Varley 型[165,311]

$$g(H, P) = \frac{\beta H}{P^m + cH},$$ (2.1.12)

这里, $m \in [0, 1]$ 称为 Hassell-Varley 常数.

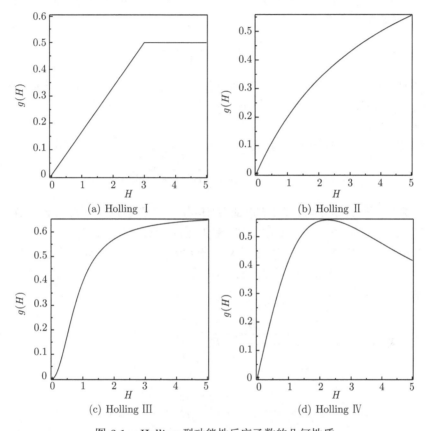

(a) Holling I

(b) Holling II

(c) Holling III

(d) Holling IV

图 2.1   Holling 型功能性反应函数的几何性质

注 2.3   当 $m = 0$ 或 $P = 1$ 时, (2.1.12) 变为 Holling II 型功能性反应函数 (2.1.5); 当 $m = 1$ 时, 则变为比率依赖型功能性反应函数 (2.1.11).

(2-3) Beddington-DeAngelis 型[66,123]

$$g(H, P) = \frac{\beta H}{a + cH + wP},$$ (2.1.13)

其中, w 表示捕食者之间的干扰程度 ($w < 0$ 表示捕食者从中受益的情形). 这是由 Beddington[66] 和 Deangelis[123] 独立地将捕食者之间的相互作用对捕食效率的影响引入功能性反应函数中的. (2.1.13) 是一个更一般的功能性反应函数[51].

注 2.4　Beddington-DeAngelis 型功能性反应函数 (2.1.13) 的分母部分细小的差别, 在生物学上区别就很大 [311]. 若 $w = 0$, 即不考虑捕食者之间的相互干扰或者它们之间的攻击总是成功的并且是瞬时的 [295], (2.1.13) 就变成 Holling II 型 (2.1.5); 若 $a = 0$, 即不考虑饱和率, (2.1.13) 就变为比率依赖型 (2.1.11); 如果 $c = 0$, 即不考虑食饵与捕食者之间的竞争关系, 仅考虑捕食者之间的捕食干扰, (2.1.13) 则变为

$$g(H, P) = \frac{\beta H}{a + wP}, \tag{2.1.14}$$

这是由 Harrison 首次提出的 [163]. 故称 (2.1.14) 为 Harrison 功能性反应函数, 3.3 节将进一步研究这类功能性反应函数的性质.

(2-4) Crowley-Martin 型 [117]

$$g(H, P) = \frac{\beta H}{(a + cH)(1 + wP)}. \tag{2.1.15}$$

注 2.5　当 $w = 0$ 时, (2.1.15) 变为 Holling II 型功能性反应函数 (2.1.5).

注 2.6　函数 (2.1.13) 与 (2.1.15) 都考虑到了捕食者之间的干扰, 但 (2.1.13) 适用于在食饵丰度较高的情况下, 捕食者干扰对摄食率的影响可以忽略不计. 而 (2.1.15) 强调了干扰对摄食率的影响不容忽视.

注 2.7　由于

$$\begin{cases} \lim\limits_{H \to \infty} \dfrac{\beta H}{a + cH + wP} = \dfrac{\beta}{c}, \\ \lim\limits_{H \to \infty} \dfrac{\beta H}{(a + cH)(1 + wP)} = \dfrac{\beta}{c(1 + wP)}, \end{cases}$$

所以, 在 (2.1.13) 中, 当食饵的数量变大时, 功能性反应函数将处在与捕食者 P 数量无关的水平渐近线 β/c 上; 而在 (2.1.15) 中, 渐近线依赖于捕食者 P 的数量. 在这两个函数中, 功能性反应与其渐近值之间的距离取决于捕食者和食饵的相对丰度, 特别是参数 β, c 和 w 的值 [311].

注 2.8　Skalski 和 Gilliam [311] 基于实验数据比较了 19 类捕食系统分别采用 3 种捕食者依赖型功能性反应函数 (Beddington-DeAngelis, Crowley-Martin 和 Hassell-Varley) 时的捕食行为, 结果发现, 捕食者依赖型功能反应能够较好地描述捕食者在捕食者–食饵丰度范围内的捕食情况, 当捕食者摄食率在食饵充足而与捕食者密度无关时, Hassell-Varley 和 Beddington-Deangelis 型功能性反应函数拟合效果更好; 当捕食者摄食率因为捕食者密度过大而降低 (即使食饵充足) 时, Crowley-Martin 型功能性反应函数更适用.

2.1.2 Beddington-DeAngelis 捕食模型

国内外许多学者研究了各类 Beddington-DeAngelis 型捕食系统 (见文献 [108, 137,162,239,305,372]), 得到了丰富的动力学性质. 特别是, Alonso 等[51] 研究了捕食者种间相互作用参数 w 的影响机理并发现捕食者种间相互作用能够促成 Turing 斑图形成.

本节将基于线性稳定性分析法研究 Beddington-DeAngelis 反应扩散捕食系统

$$
\begin{cases}
\partial_t H = r\left(1 - \dfrac{H}{K}\right)H - \dfrac{\beta H}{B + H + wP}P + d_1\triangle H, & (x,y) \in \Omega, t > 0 \\[3mm]
\partial_t P = \dfrac{\varepsilon\beta H}{B + H + wP}P - \eta P + d_2\triangle P, & (x,y) \in \Omega, t > 0
\end{cases}
\tag{2.1.16}
$$

的斑图动力学, 其中, $d_1\triangle N$ 和 $d_2\triangle P$ 是扩散项, 表示捕食者和食饵都不表现出任何协调或合作的运动行为, 而只是随机运动, d_1 和 d_2 为扩散系数. 其余变量和参数的含义如前所述.

模型 (2.1.16) 具有非负初值条件

$$
H(x,y;0) \geqslant 0, \quad P(x,y;0) \geqslant 0 \qquad (x,y) \in \Omega = [0, Lx] \times [0, Ly], \tag{2.1.17}
$$

其中, Lx 和 Ly 分别表示系统在 x 和 y 方向上的尺度. 定义 $\mathbf{n}$ 为光滑边界 $\partial\Omega$ 上的外法向量且 $\partial_{\mathbf{n}} := \dfrac{\partial}{\partial_{\mathbf{n}}}$, 则齐次 Neumann 边界条件为

$$
\partial_{\mathbf{n}}H = \partial_{\mathbf{n}}P = 0, \quad (x,y) \in \partial\Omega. \tag{2.1.18}
$$

因为本书所关注的是斑图的自组织行为, 而齐次 Neumann 边界条件意味着没有外界输入[261,270], 因此, 齐次 Neumann 边界条件也称为零流 (zero-flux) 边界条件. 如果施加固定的边界条件, 斑图有可能是边界条件的直接结果[261].

在没有扩散的情况下, 即 $d_1 = d_2 = 0$ 时, 与 (2.1.16) 对应的常微分方程模型为

$$
\begin{cases}
H_t = r\left(1 - \dfrac{H}{K}\right)H - \dfrac{\beta H}{B + H + wP}P := F(H,P), \\[3mm]
P_t = \dfrac{\varepsilon\beta H}{B + H + wP}P - \eta P := G(H,P).
\end{cases}
\tag{2.1.19}
$$

为了便于叙述, 以下总称 (2.1.19) 为常微分方程 (ordinary differential equations, ODE) 模型, 称 (2.1.16) 为偏微分方程 (partial differential equation, PDE) 模型.

显然, 模型 (2.1.19) 有三个平衡点 (图 2.2).

(1) 灭绝平衡点 (捕食者 P 和食饵 H 灭绝): $E_0 = (0,0)$ 是系统的一个鞍点.

(2) 无捕食者平衡点 (捕食者 P 灭绝, 仅存食饵 H): $E_1 = (K, 0)$, 当 $\varepsilon\beta < \eta$ 或当 $\varepsilon\beta > \eta$ 且 $K < \dfrac{\eta B}{\varepsilon\beta - \eta}$ 时是稳定结点; 当 $\varepsilon\beta > \eta$ 且 $K > \dfrac{\eta B}{\varepsilon\beta - \eta}$ 时是鞍点; 当 $\varepsilon\beta > \eta$ 且 $K = \dfrac{\eta B}{\varepsilon\beta - \eta}$ 时是鞍结点.

(3) 正平衡点 (捕食者 P 和食饵 H 共存): 当 $\varepsilon\beta > \eta$ 且 $K > \dfrac{\eta B}{\varepsilon\beta - \eta}$ 时, 存在唯一正平衡点 $E^* = (H^*, P^*)$, 其中

$$H^* = \frac{1}{2rw\varepsilon}\left(K(rw\varepsilon - \varepsilon\beta + \eta) + \sqrt{K^2(rw\varepsilon - \varepsilon\beta + \eta)^2 + 4rKw\varepsilon\eta B}\right),$$

$$P^* = \frac{(\beta\varepsilon - \eta)H^* - B\eta}{w\eta}.$$

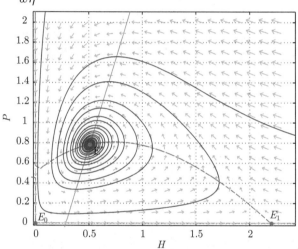

图 2.2   模型 (2.1.19) 的相图. E_0, E_1 是鞍点, E^* 全局渐近稳定 (彩图见封底二维码)

ODE 模型 (2.1.19) 在 E^* 处的雅可比矩阵为

$$J = \begin{pmatrix} J_{11} & J_{12} \\ J_{21} & J_{22} \end{pmatrix},$$

其中

$$
\begin{aligned}
J_{11} &= -\frac{rH^*}{K} + \frac{\eta\left((\varepsilon\beta - \eta)H^* - B\eta\right)}{\beta w\varepsilon^2 H^*}, \\
J_{12} &= -\frac{\eta^2(B + H^*)}{\beta\varepsilon^2 H^*}, \\
J_{21} &= -\frac{(\varepsilon\beta - \eta)\left((\varepsilon\beta - \eta)H^* - B\eta\right)}{\varepsilon\beta uw}, \\
J_{22} &= -\frac{\eta\left((\varepsilon\beta - \eta)H^* - B\eta\right)}{\varepsilon\beta H^*}.
\end{aligned}
\tag{2.1.20}
$$

矩阵 J 的迹为

$$\mathrm{tr}_0 := \mathrm{trace}(J) = J_{11} + J_{22} = -\frac{rH^*}{K} + \frac{((\varepsilon\beta - \eta)H^* - B\eta)\eta(1 - \varepsilon w)}{\beta w\varepsilon^2 H^*}, \quad (2.1.21)$$

行列式为

$$\begin{aligned}
\det_0 &:= \det(J) \\
&= J_{11}J_{22} - J_{12}J_{21} \\
&= \frac{\eta((\varepsilon\beta - \eta)H^* - B\eta)(2\varepsilon rwH^* - K(\varepsilon rw - \beta\varepsilon + \eta))}{\beta\varepsilon^2 KwH^*} > 0. \quad (2.1.22)
\end{aligned}$$

利用 Routh-Hurwitz 判据 [252], 可得下述定理.

定理 2.9 ODE 模型 (2.1.19) 的正平衡点 $E^* = (H^*, P^*)$ 是局部渐近稳定的当且仅当

$$\mathrm{tr}_0 < 0, \quad \det_0 > 0.$$

接下来, 我们将应用线性稳定性分析方法研究模型 (2.1.16) 在 E^* 处的稳定性. 为此, 对 E^* 作微扰, 令 $H = H^* + \widetilde{H}$, $P = P^* + \widetilde{P}$, 其中 $|\widetilde{H}|, |\widetilde{P}| \ll 1$, 可得下述线性系统

$$\begin{cases}
\partial_t \widetilde{H} = J_{11}\widetilde{H} + J_{12}\widetilde{P} + d_1\nabla^2\widetilde{H}, \\
\partial_t \widetilde{P} = J_{21}\widetilde{H} + J_{22}\widetilde{P} + d_2\nabla^2\widetilde{P}.
\end{cases} \quad (2.1.23)$$

系统 (2.1.23) 的任意解可表示为 Fourier 级数形式 [252,261]

$$\begin{aligned}
U(\mathbf{r}, t) &= \sum_{n,m=0}^{\infty} u_{nm}(\mathbf{r}, t) = \sum_{n,m=0}^{\infty} \alpha_{nm}(t)\sin\mathbf{k}\cdot\mathbf{r}, \\
V(\mathbf{r}, t) &= \sum_{n,m=0}^{\infty} v_{nm}(\mathbf{r}, t) = \sum_{n,m=0}^{\infty} \beta_{nm}(t)\sin\mathbf{k}\cdot\mathbf{r},
\end{aligned} \quad (2.1.24)$$

其中, $\mathbf{r} = (x, y)$, $\mathbf{k} = (k_x, k_y)$, $k_x = n\pi/Lx$, $k_y = m\pi/Ly$ 是相应的波数. 将 (2.1.24) 代入 (2.1.23), 可得

$$\begin{cases}
\dfrac{\mathrm{d}\alpha_{nm}}{\mathrm{d}t} = (J_{11} - d_1 k^2)\alpha_{nm} + J_{12}\beta_{nm}, \\
\dfrac{\mathrm{d}\beta_{nm}}{\mathrm{d}t} = J_{21}\alpha_{nm} + (J_{22} - d_2 k^2)\beta_{nm},
\end{cases} \quad (2.1.25)$$

其中, $k^2 = k_x^2 + k_y^2$.

系统 (2.1.25) 的解一般具有 $C_1\exp(\lambda_1 t) + C_2\exp(\lambda_2 t)$ 的形式, 常数 C_1 和 C_2 取决于初值条件 (2.1.17), 指数部分中的 λ_1 和 λ_2 是 PDE 模型 (2.1.16) 在 E^* 处

的雅可比矩阵

$$\widetilde{J} = \begin{pmatrix} J_{11} - d_1 k^2 & J_{12} \\ J_{21} & J_{22} - d_2 k^2 \end{pmatrix} \tag{2.1.26}$$

的特征值, 也就是特征方程

$$|\widetilde{J} - k^2 D - \lambda \mathbb{I}| = 0 \tag{2.1.27}$$

的解. 这里, $D = \mathrm{diag}(d_1, d_2)$ 称为扩散矩阵, $\mathbb{I}$ 为单位矩阵. 于是, 特征方程(2.1.27) 可展开为

$$\lambda^2 - \mathrm{tr}_k \lambda + \det_k = 0, \tag{2.1.28}$$

这里

$$\mathrm{tr}_k := \mathrm{trace}(\widetilde{J}) = \mathrm{tr}_0 - k^2 (d_1 + d_2), \tag{2.1.29}$$

$$\det_k := \det(\widetilde{J}) = \det_0 - k^2 (d_1 J_{22} + d_2 J_{11}) + k^4 d_1 d_2. \tag{2.1.30}$$

所以, 特征值为

$$\lambda(k) = \frac{1}{2} \left(\mathrm{tr}_k \pm \sqrt{\mathrm{tr}_k^2 - 4\det_k} \right). \tag{2.1.31}$$

2.1.3 Hopf 分支

Hopf 分支发生在系统的正平衡点 E^* 从稳定焦点向不稳定焦点的转换, 对应的非平衡相变是系统从空间均匀定态到对时间的周期振荡态, 对应的对称性破缺是时间平移对称性破缺 [22].

由于扩散系数 d_1 和 d_2 均大于 0, 由 (2.1.29) 可知此时最危险的模数 (对应于 tr_k 值最大的模数) 为 $k = 0$. 也就是说, Hopf 分支是由空间均匀微扰引起的系统失稳 [22].

当 $k = 0$ 时, 如果

$$\mathrm{Im}(\lambda(k)) \neq 0, \quad \mathrm{Re}(\lambda(k)) = 0, \tag{2.1.32}$$

Hopf 分支发生. 选择 K 作为分支参数, 可得 Hopf 分支的临界值为

$$K_H := \frac{B (w \varepsilon \eta - \beta \varepsilon - \eta)^2}{(w \varepsilon - 1)(\eta^2 - \beta^2 \varepsilon^2 + r w \varepsilon^2 \beta + \varepsilon^2 \beta w \eta - w \varepsilon \eta^2)}. \tag{2.1.33}$$

系统 (2.1.16) 在 Hopf 分支后开始随时间作周期振荡, 此时, 系统正平衡点 E^* 的时间平移对称性被破坏. 振荡频率为

$$\omega_H = \mathrm{Im}(\lambda(k)) = \sqrt{\det_0},$$

其中

$$\det_0 = -\frac{(K(\eta - \beta\varepsilon)(K(rw\varepsilon - \beta\varepsilon + \eta)^2 + \eta\delta - \beta\delta\varepsilon + 4rw\varepsilon\eta B + r\delta\varepsilon w) + 2r\delta\eta B\varepsilon w)\eta}{\beta K\varepsilon^2 w(rKw\varepsilon - \beta K\varepsilon + K\eta + \delta)},$$

这里

$$\delta = K\left(r^2 w^2 \varepsilon^2 - 2rw\varepsilon^2\beta + 2rw\varepsilon\eta + \beta^2\varepsilon^2 - 2\beta\varepsilon\eta + \eta^2 + 4rw\varepsilon\eta B/K\right)^{1/2},$$

相应的波长为

$$\lambda_H = \frac{2\pi}{\omega_H} = \frac{2\pi}{\sqrt{\det_0}}.$$

值得注意的是, 在系统 (2.1.16) 中, Hopf 分支发生后, 系统形成的新态并不一定是空间均匀的时间振荡态, 这是因为系统在空间不同区域里随时间有不同的相位振荡, 临近点的振荡相位与扩散耦合后会自组织形成相波 [22].

2.1.4 Turing 分支

所谓 Turing 分支, 是由扩散引起的失稳, 即对于 ODE 模型 (2.1.19) 稳定的正平衡点 E^*, 在 PDE 模型 (2.1.16) 中由于扩散作用而失稳 [261,266,345,397]. Turing 分支对应的非平衡相变是系统从均匀稳态解到非均匀的空间周期振荡态的转变, 相变后形成的斑图称为 Turing 斑图, 对应的对称性破缺为空间平移对称性破缺 [22]. Turing 失稳的必要条件如下.

第一, ODE 模型 (2.1.19) 对均匀微扰是稳定的, 即满足

$$\text{tr}_0 < 0, \quad \det_0 > 0. \tag{2.1.34}$$

根据 (2.1.29), $\text{tr}_k < \text{tr}_0 < 0$. 而从 (2.1.31) 可知系统 (2.1.23) 的雅可比矩阵至少有一个特征值为负, 所以, 该系统失稳的唯一途径是出现鞍结分支.

第二, PDE 模型 (2.1.16) 对于某些模数的微扰是不稳定的, 会出现鞍结分支, 这意味着系统对某些波数 k 有 $\det_k < 0$, 即 $\min_k \det_k < 0$, 这是产生 Turing 失稳的必要条件.

对 (2.1.30) 关于 k^2 求导数, 可得

$$\frac{\mathrm{d}\det_k}{\mathrm{d}(k^2)} = -(d_1 J_{22} + d_2 J_{11}) + 2d_1 d_2 k^2.$$

由 $\dfrac{\mathrm{d}\det_k}{\mathrm{d}(k^2)} = 0$ 可得对系统 (2.1.16) 微扰的最危险模数 (即使得 $\det_k$ 取得极小值的波数 k) 为

$$k_c^2 := \frac{d_1 J_{22} + d_2 J_{11}}{2d_1 d_2}. \tag{2.1.35}$$

将 (2.1.35) 代入 (2.1.30), 可得

$$\min_k \det_k = \det_{kc} := \det_0 - \frac{(d_1 J_{22} + d_2 J_{11})^2}{4 d_1 d_2}. \tag{2.1.36}$$

由 $\min_k \det_k < 0$, 我们可以计算 Turing 失稳时 k^2 的范围.
简单计算可得

$$k_-^2 := \frac{(d_1 J_{22} + d_2 J_{11}) - \sqrt{(d_1 J_{22} + d_2 J_{11})^2 - 4 \det_0{}^2}}{2 d_1 d_2},$$

$$k_+^2 := \frac{(d_1 J_{22} + d_2 J_{11}) + \sqrt{(d_1 J_{22} + d_2 J_{11})^2 - 4 \det_0{}^2}}{2 d_1 d_2}.$$

当 $k^2 \in (k_-^2, k_+^2)$ 时, $\det_k < 0$. 于是得到如下等价条件

$$\det_k < 0 \Longleftrightarrow \max(k_-^2, 0) < k_c^2 < k_+^2.$$

在 Turing 分支处, 系统的空间对称性被破坏, 稳态解会在某些条件下失稳, 并在空间自发地组织形成一些在时间上稳定、在空间上形成以波长 $\lambda_c = \dfrac{2\pi}{k_c}$ 振荡的斑图结构[22,366,394]. 这一点将在 2.3 节进一步阐释.

图 2.3 给出了参数为 $K = 3, r = 0.5, \varepsilon = 1, \beta = 0.6, B = 0.4, \eta = 0.25, w = 0.4, d_1 = 0.01, d_2 = 1$ 时 $\det_k$ 与 k^2 的关系图. 这时, $k_-^2 = 0.5014380240, k_+^2 = 7.560331545$, 从而可知当 $k \in (0.7082, 2.7496)$ 时, 模型 (2.1.16) 产生 Turing 失稳. 当 $k = 2.0077, k^2 = 4.0309$ 时, $\det_{kc} = -0.1246$.

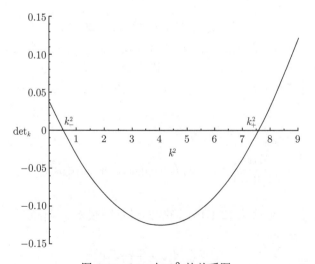

图 2.3 $\det_k$ 与 k^2 的关系图

联合考虑 (2.1.35) 和 (2.1.36), 即可得到下述 Turing 失稳条件

$$\frac{d_2}{d_1}J_{11} + J_{22} > 2\sqrt{\det_0 \frac{d_2}{d_1}}. \tag{2.1.37}$$

由此, Turing 分支的必要条件由 (2.1.34) 和 (2.1.37) 联合给出. 因为 $J_{11} > 0$, 且 $\sqrt{\det_0 \dfrac{d_2}{d_1}} > 0$, 所以 $d_2 > d_1$, 即捕食者 P 的扩散系数要大于食饵 H 扩散系数. 这正是 Turing 失稳被称为扩散诱导的失稳 (diffusion-induced instability) 的主要原因.

综上所述, 即可得模型 (2.1.16) 产生 Turing 失稳的条件.

定理 2.10 *如果下列条件成立:*

(1) $\text{tr}_0 < 0$;

(2) $\det_0 > 0$;

(3) $\dfrac{d_2}{d_1}J_{11} + J_{22} > 2\sqrt{\det_0 \dfrac{d_2}{d_1}}$ 或 $\max(k_-^2, 0) < k_c^2 < k_+^2$,

则模型 (2.1.16) 在 E^* 处产生 Turing 分支. 这里, tr_0 和 $\det_0$ 分别定义于 (2.1.21) 和 (2.1.22).

由于 $d_1 \ll d_2$, 当 $k = k_T \neq 0$ 时, 如果

$$\text{Im}(\lambda(k)) = 0, \quad \text{Re}(\lambda(k)) = 0, \tag{2.1.38}$$

则模型 (2.1.16) 产生 Turing 分支. 此时, 相应的临界波数 k_T 满足 $k_T^2 = \sqrt{\dfrac{\det_0}{d_1 d_2}}$, Turing 斑图的波长为

$$\lambda_T = \frac{2\pi}{k_T}. \tag{2.1.39}$$

由此可见, Turing 斑图的波长是内在的, 取决于系统 (2.1.19) 动力学过程与扩散过程的耦合, 而与边界条件无关. 这是 Turing 斑图的一个重要特征[22].

若选择 K 作为分支参数, 经过繁琐的代数运算可得 Turing 分支的临界条件

$$K_T := \frac{F_1 A + F_2}{G_1 A + G_2}, \tag{2.1.40}$$

其中

$$A = (-\eta d_1 (\varepsilon\beta - \eta)(-\varepsilon d_2\beta - \eta d_2 + \varepsilon w\eta d_1)^2 (-\varepsilon\eta d_1 rw - \varepsilon\eta d_1 \beta$$
$$+ \varepsilon r^2 d_2 w - \varepsilon r d_2 \beta + d_1 \eta^2 - r d_2 \eta))^{1/2},$$
$$F_1 = - \left(\eta^2(d_1\varepsilon w - d_2)^2 + \varepsilon d_2\beta(\varepsilon d_2\beta + 2\eta d_2 + 6\varepsilon w\eta d_1)\right)^2$$
$$\times ((-2\varepsilon^2\beta w d_2(2w\varepsilon \eta^2 d_1 d_2 - 4w\varepsilon^2\eta d_1 d_2\beta - \eta^2 d_1^2\varepsilon^2 w + \beta^2 d_2^2\varepsilon^2 - d_2^2\eta^2)r)$$

$$+ 2\,\varepsilon\, d_2\beta\,(\varepsilon\,\beta - \eta)(\varepsilon^2(d_2\beta + w\eta\, d_1)^2$$

$$+ \eta\, d_2(\eta\, d_2 - 2\,\varepsilon\, w\eta\, d_1 + 2\,\varepsilon\, d_2\beta)))rB,$$

$$F_2 = -(\eta^2(d_1\varepsilon\, w - d_2)^2 + \varepsilon\, d_2\beta\,(\varepsilon\, d_2\beta + 2\,\eta\, d_2 + 6\,\varepsilon\, w\eta\, d_1))^2(\eta\,\beta\,\varepsilon^2 wd_2(\varepsilon\, d_2\beta + \eta\, d_2$$

$$- \varepsilon\, w\eta\, d_1)(\varepsilon^3 d_1 w(3\, d_2\beta + w\eta\, d_1)^2 + d_2^3(\eta + \varepsilon\,\beta)^2 - \varepsilon\, d_1\eta^2 wd_2(d_1\varepsilon\, w + d_2))r^2$$

$$- \eta\,(\varepsilon\,\beta - \eta)(\varepsilon\, d_2\beta + \eta\, d_2 - \varepsilon\, w\eta\, d_1)(\varepsilon^4\eta^3 w^4 d_1^4 + \varepsilon^3\eta^2 w^3 d_2(-4\,\eta + 9\,\varepsilon\,\beta)d_1^3$$

$$+ 3\,\varepsilon^2\eta\, w^2 d_2^2(-5\,\eta\,\varepsilon\,\beta + 2\,\eta^2 + 9\,\varepsilon^2\beta^2)d_1^2 + \varepsilon\, wd_2^3(11\,\varepsilon\,\beta - 4\,\eta)(\eta + \varepsilon\,\beta)^2 d_1$$

$$+ d_2^4(\eta + \varepsilon\,\beta)^3)r + 2\,\eta\,\beta\, d_1\varepsilon\, d_2(\varepsilon\,\beta - \eta)^2(\varepsilon\, d_2\beta + \eta\, d_2 - \varepsilon\, w\eta\, d_1)(\varepsilon^2(d_2\beta$$

$$+ w\eta\, d_1)^2 + \eta\, d_2(\eta\, d_2 - 2\,\varepsilon\, w\eta\, d_1 + 2\,\varepsilon\, d_2\beta)))rB,$$

$$G_1 = G_{11}G_{12},$$

$$G_{11} = 4\,\varepsilon\, d_2\beta\,(-(\varepsilon^2\beta\, d_2(d_2\beta - 4\, w\eta\, d_1) - \eta^2(d_1\varepsilon\, w - d_2)^2)w\varepsilon\, r$$

$$+ (\varepsilon\,\beta - \eta)(\varepsilon^2(d_2\beta + w\eta\, d_1)^2 + \eta\, d_2(\eta\, d_2 - 2\,\varepsilon\, w\eta\, d_1 + 2\,\varepsilon\, d_2\beta))),$$

$$G_{12} = (\varepsilon^3 d_1 w(3\, d_2\beta + w\eta\, d_1)^2 + d_2^3(\eta + \varepsilon\,\beta)^2 - \varepsilon\, d_1\eta^2 wd_2(d_1\varepsilon\, w + d_2))d_2 w\beta\,\varepsilon^2 r^2$$

$$- (\varepsilon\,\beta - \eta)(\varepsilon^3 d_2^3(d_2 + 11\, d_1\varepsilon\, w)\beta^3 + 3\, d_2{}^2\eta\,\varepsilon^2(3\, d_1\varepsilon\, w + d_2)^2\beta^2$$

$$+ 3\,\varepsilon\,\eta^2 d_2(3\, d_1\varepsilon\, w + d_2)(d_1\varepsilon\, w - d_2)^2\beta + \eta^3(d_1\varepsilon\, w - d_2)^4)r$$

$$+ 2\,\varepsilon\,\beta\, d_1 d_2(\varepsilon\,\beta - \eta)^2\,(\varepsilon^2(d_2\beta + w\eta\, d_1)^2 + \eta\, d_2(\eta\, d_2 - 2\,\varepsilon\, w\eta\, d_1 + 2\,\varepsilon\, d_2\beta)),$$

$$G_2 = G_{21}G_{22}, \quad G_{21} = \varepsilon\, d_2\beta + \eta\, d_2 - \varepsilon\, w\eta\, d_1,$$

$$G_{22} = g_0 + g_1 r + g_2 r^2 + g_3 r^3 + g_4 r^4,$$

$$g_0 = 8\,\varepsilon^2\beta^2\eta\, d_1^2 d_2^2(\varepsilon\,\beta - \eta)^4(\varepsilon^2(d_2\beta + w\eta\, d_1)^2$$

$$- 2\,\varepsilon\, d_1\eta^2 wd_2 + d_2^2\eta^2 + 2\,\beta\,\varepsilon\,\eta\, d_2^2)^2,$$

$$g_1 = 4\,\varepsilon\,\beta\, d_1 d_2(\varepsilon\,\beta - \eta)^3(\varepsilon^2(d_2\beta + w\eta\, d_1)^2 - 2\,\varepsilon\, d_1\eta^2 wd_2$$

$$+ d_2^2\eta^2 + 2\,\beta\,\varepsilon\,\eta\, d_2^2)(-(d_1\varepsilon\, w - d_2)^4\eta^4$$

$$- 2\,\epsilon\,\beta\, d_2(3\, d_1\varepsilon\, w + d_2)(d_1\varepsilon\, w - d_2)^2\eta^3 - 16\,\varepsilon^3\beta^2 d_1 wd_2^2$$

$$\cdot (d_1\varepsilon\, w + d_2)\eta^2 - 2\,\varepsilon^3 d_2^3\beta^3(-d_2 + 5\, d_1\varepsilon\, w)\eta + d_2^4\varepsilon^4\beta^4),$$

$$g_2 = (\varepsilon\,\beta - \eta)^2((d_1\varepsilon\, w - d_2)^8\eta^7 + 6\,\varepsilon\,\beta\, d_2(3\, d_1\varepsilon\, w + d_2)(d_1\varepsilon\, w - d_2)^6\eta^6$$

$$+ \beta^2 d_2^2\varepsilon^2(151\,\varepsilon^2 w^2 d_1^2 + 106\,\varepsilon\, d_1 wd_2 + 15\, d_2^2)(d_1\varepsilon\, w - d_2)^4\eta^5$$

$$+ 4\,\varepsilon^3 d_2^3\beta^3(156\,\varepsilon^3 d_1^3 w^3 + 133\,\varepsilon^2 w^2 d_1^2 d_2$$

$$+ 58\, wd_1\varepsilon\, d_2^2 + 5\, d_2{}^3)(d_1\varepsilon\, w - d_2)^2\eta^4 + d_2^4\varepsilon^4\beta^4(3\, d_1\varepsilon\, w + d_2)$$

$$\cdot (389\,\varepsilon^3 d_1^3 w^3 + 117\,\varepsilon^2 w^2 d_1^2 d_2 + 183\,w d_1 \varepsilon\, d_2{}^2 + 15\,d_2^3)\eta^3$$

$$+ 2\,\varepsilon^5 \beta^5 d_2^5 (3\,d_2^3 + 297\,\varepsilon^2 w^2 d_1^2 d_2 + 47\,w d_1 \varepsilon\, d_2^2 + 357\,\varepsilon^3 d_1^3 w^3)\eta^2$$

$$+ \varepsilon^6 \beta^6 d_2^6 (153\,\varepsilon^2 w^2 d_1^2 + d_2{}^2 - 10\,\varepsilon\, d_1 w d_2)\eta - 12\,\varepsilon^8 \beta^7 w d_1 d_2^7),$$

$$g_3 = -2\,\varepsilon^2 \beta\, w d_2 (\varepsilon\,\beta - \eta)((d_1 \varepsilon\,w + d_2)(d_1 \varepsilon\,w - d_2)^6 \eta^6$$

$$+ \varepsilon\,\beta\, d_2 (13\,\varepsilon^2 w^2 d_1^2 + 6\,\varepsilon\, d_1 w d_2 + 5\,d_2^2)$$

$$\cdot (d_1 \varepsilon\,w - d_2)^4 \eta^5 + 2\,\beta^2 d_2^2 \varepsilon^2 (38\,\varepsilon^3 d_1^3 w^3$$

$$+ \varepsilon^2 w^2 d_1{}^2 d_2 + 20\,w d_1 \varepsilon\, d_2^2 + 5\,d_2^3)(d_1 \varepsilon\,w - d_2)^2 \eta^4$$

$$+ 2\,\varepsilon^3 \beta^3 d_2^3 (5\,d_2^4 + 117\,\varepsilon^4 w^4 d_1^4$$

$$+ 44\,\varepsilon\, d_1 w d_2^3 + 14\,d_2^2 d_1^2 w^2 \varepsilon^2 - 52\,d_2 d_1{}^3 w^3 \varepsilon^3)\eta^3$$

$$+ d_2^4 \varepsilon^4 \beta^4 (227\,\varepsilon^2 w^2 d_1^2 d_2 + 329\,\varepsilon^3 d_1^3 w^3 + 79\,w d_1 \varepsilon\, d_2^2 + 5\,d_2^3)\eta^2$$

$$+ \varepsilon^5 \beta^5 d_2{}^5 (14\,\varepsilon\, d_1 w d_2 + d_2^2 + 121\,\varepsilon^2 w^2 d_1^2)\eta - 6\,\varepsilon^7 d_1 w d_2^6 \beta^6),$$

$$g_4 = \varepsilon^4 \beta^2 w^2 d_2^2 ((\varepsilon^2 w^2 d_1^2 + 6\,\varepsilon\, d_1 w d_2 + d_2^2)(w d_1 \varepsilon - d_2)^4 \eta^5$$

$$+ 4\,\varepsilon\,\beta\, d_2 (2\,\varepsilon^3 d_1^3 w^3 + 13\,\varepsilon^2 w^2 d_1^2 d_2 + d_2^3)(w d_1 \varepsilon - d_2)^2 \eta^4$$

$$+ 2\,\beta^2 d_2^2 \varepsilon^2 (3\,d_2^4 + 52\,d_2 d_1{}^3 w^3 \varepsilon^3 - 6\,d_2^2 d_1^2 w^2 \varepsilon^2 + 4\,\varepsilon\, d_1 w d_2^3 + 11\,\varepsilon^4 w^4 d_1^4)\eta^3$$

$$+ 4\,\varepsilon^3 \beta^3 d_2{}^3 (-9\,\varepsilon^2 w^2 d_1^2 d_2 + d_2{}^3 + 13\,\varepsilon^3 d_1^3 w^3 + 11\,w d_1 \varepsilon\, d_2^2)\eta^2$$

$$+ d_2^4 \varepsilon^4 \beta^4 (113\,\varepsilon^2 w^2 d_1^2 + d_2^2 + 22\,\varepsilon\, d_1 w d_2)\eta - 4\,d_2^5 \varepsilon^6 w d_1 \beta^5).$$

基于上述结果, 图 2.4 给出了参数值为

$$r = 0.5, \quad \varepsilon = 1, \quad \beta = 0.6, \quad B = 0.4, \quad \eta = 0.25, \quad w = 0.4, \quad d_2 = 1 \quad (2.1.41)$$

时模型 (2.1.16) 在 K-d_1 参数空间的分支图. Hopf 分支线和 Turing 分支线将参数空间分为四个区域. 区域 I 位于两条线之下, 模型的所有解都是稳定的. 区域 II 是单纯的 Turing 失稳区, 区域 III 是单纯的 Hopf 失稳区, Turing-Hopf 失稳发生在区域 IV, Turing-Hopf 交叉分支点为 $(d_1, K) = (0.02742, 2.63158)$.

另一方面, 由 (2.1.32) 和 (2.1.38) 可知, $\lambda(k)$ 的实部 $\mathrm{Re}(\lambda(k))$、虚部 $\mathrm{Im}(\lambda(k))$ 与波数 k 之间的关系决定了模型 (2.1.16) 的分支类型. 在图 2.5 中, 我们给出了在 $K = K_H$ 和 $K = K_T$ 临界值时的 $\lambda(k)$ 的实部、虚部和波数 k 的关系. 图 2.5(a) 中, $K = K_H = 2.6315789$ 为 Hopf 分支临界值, 当 $k = 0$ 时, $\mathrm{Re}(\lambda(k)) = 0$ 而 $\mathrm{Im}(\lambda(k)) \neq 0$. 图 2.5(b) 中, $K = K_T = 2.1317122$ 为 Turing 分支临界值, 当 $k = 0$ 时, $\mathrm{Re}(\lambda(k)) < 0$ 而 $\mathrm{Im}(\lambda(k)) \neq 0$.

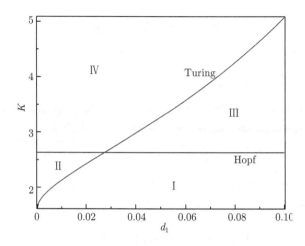

图 2.4　模型 (2.1.16) 在 d_1-K 参数平面的分支图

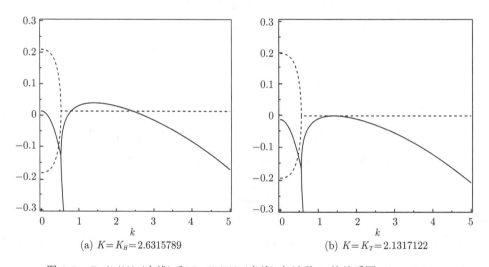

(a) $K = K_H = 2.6315789$　　　　　　　(b) $K = K_T = 2.1317122$

图 2.5　$\mathrm{Re}(\lambda(k))$ (实线) 和 $\mathrm{Im}(\lambda(k))$ (虚线) 与波数 k 的关系图. $d_1 = 0.01$,
其余参数同 (2.1.41)

2.1.5　斑图形成

本小节, 我们将通过数值模拟给出系统 (2.1.16) 在二维空间 $\Omega = [0, 100] \times [0, 100] \in \mathbb{R}^2$ 上的斑图形成.

2.1.5.1　数值算法以及斑图的生物学意义

对于系统 (2.1.16), 所有的数值计算都采用初始条件 (2.1.17) 和 (2.1.18), 通过 $x \to (x_0, x_1, x_2, \cdots, x_n)$ 和 $y \to (y_0, y_1, y_2, \cdots, y_n)$ 将空间离散化 (这里 $n = 300$),

即空间迭代步长为 $\Delta h := \Delta x = \Delta y = \frac{1}{3}$, 时间步长取 $\Delta t = \frac{1}{100}$. 其余参数见 (2.1.41). 相关算法参看 [146, 259, 364].

在 $t = (n+1)\Delta t$ 时, 空间位置 (x_i, y_j) 处种群的密度 $(H_{i,j}^{n+1}, P_{i,j}^{n+1})$ 采用欧拉迭代算法

$$\begin{cases} H_{i,j}^{n+1} = H_{i,j}^n + \Delta t F(H_{i,j}^n, P_{i,j}^n) + \Delta t d_1 \triangle H_{i,j}^n, \\ P_{i,j}^{n+1} = P_{i,j}^n + \Delta t G(H_{i,j}^n, P_{i,j}^n) + \Delta t d_2 \triangle P_{i,j}^n, \end{cases} \tag{2.1.42}$$

而 Laplacian 算子 $\triangle H_{i,j}^n$ 和 $\triangle P_{i,j}^n$ 采用标准五点差分法

$$\begin{cases} \triangle H_{i,j}^n = \dfrac{H_{i+1,j}^n + H_{i-1,j}^n + H_{i,j+1}^n + H_{i,j-1}^n - 4H_{i,j}^n}{\Delta h^2}, \\ \triangle P_{i,j}^n = \dfrac{P_{i+1,j}^n + P_{i-1,j}^n + P_{i,j+1}^n + P_{i,j-1}^n - 4P_{i,j}^n}{\Delta h^2}. \end{cases} \tag{2.1.43}$$

应用算法 (2.1.42) 和 (2.1.43) 可将模型 (2.1.16) 离散化, 当模型中的参数确定后即可数值求解得到 (2.1.16) 在任一确定时刻 T_0 时的解 $\big(H(x,y;T_0), P(x,y;T_0)\big)$, 这些数值解组成了一个 300×300 的矩阵 M, 其几何图形是 $\Omega = [0, 100] \times [0, 100]$ 上的曲面 (三维). 而在 Matlab 软件中, 函数 image 可将矩阵 M 中的数据显示为图像, 即 M 中的每个元素对应于图像的一个像素的颜色, 从而生成一个 300×300 的像素网格 (二维). 为了更清楚地理解斑图的含义, 下面在二维和三维空间中给出三种典型的 Turing 斑图.

图 2.6 中, 红色 (代表高密度) 的点分布在蓝色 (代表低密度) 背景上. 物理化学家称这种斑图为 "H_0 六边形斑图"[22,134]; Baurmann 等[65] 在研究捕食系统的

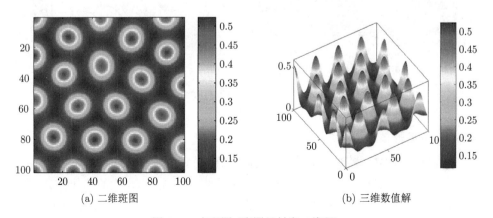

(a) 二维斑图　　　　　　　　　　(b) 三维数值解

图 2.6　点斑图 (彩图见封底二维码)

斑图形成时称其为"热点"(hot spots); Hardenberg 等 [349] 在研究植被斑图形成时命名为"点"(spots) 斑图. 与之相反, 图 2.7 中, 蓝色的点分布在红色背景上, 这种斑图被称为"H_π 六边形斑图" [22,134], 或"冷点"(cold spots) [65], 或"洞"(holes) [349] 斑图. 本书中, 我们统一采用"点"斑图和"洞"斑图之称.

图 2.8 中, 红色线条分布在蓝色背景上, 这种斑图称为"线"(stripes) 斑图.

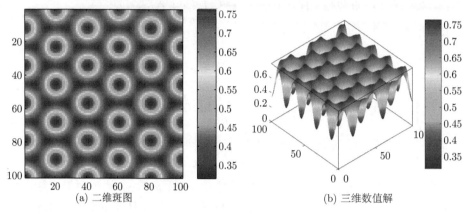

图 2.7　洞斑图 (彩图见封底二维码)

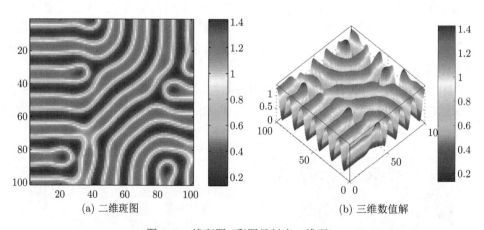

图 2.8　线斑图 (彩图见封底二维码)

2.1.5.2　斑图形成

数值求解 PDE 模型 (2.1.16) 时, 种群密度初始值等于平衡点的数值, 随机扰动的传播速度为 5×10^{-4} 的数量级, 然后对系统进行 5×10^5 次的迭代积分, 当出现稳定斑图时保存图像. 作为例子, 本节只列示食饵 $H(x,y;t)$ 的斑图形成, 捕食者 $P(x,y;t)$ 的斑图类型与之相同.

在图 2.9 中, $2.1317 = K_T < K = 2.2 < K_H = 2.6316$, $d_1 = 0.01$, 参数位于图 2.4 区域 II 中, Turing 失稳发生. 由图 2.9 可以看出, 这里存在着 "洞" 与 "线" 的竞争. 由均匀平衡态 $E^* = (0.5094, 0.7829)$ 开始 (图 2.9(a)), 随机扰动导致系统形成 "洞" 和 "线" 共存的斑图 (图 2.9(b) 和 2.9(c)), 最后, 线消失而仅有稳定的洞斑图 (图 2.9(d)) 不再随着时间的变化而变化.

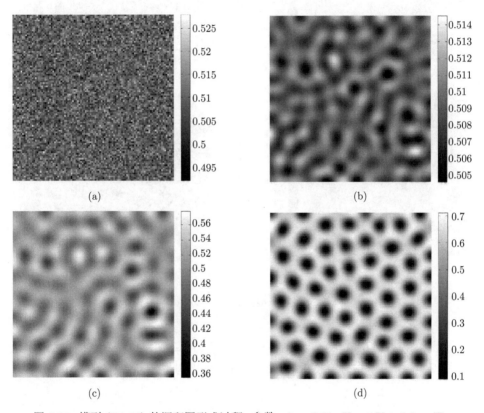

图 2.9　模型 (2.1.16) 的洞斑图形成过程. 参数: $d_1 = 0.01$, $K_T < K = 2.2 < K_H$

在图 2.10 中, $K_T < K = 2.6 < K_H$, $d_1 = 0.01$, 参数位于图 2.4 区域 II 中, Turing 失稳发生. 与图 2.9 略有不同的是, 此时的参数 K 更接近 Hopf 分支临界值 K_H. 从图 2.10 中可以看出, 由均匀平衡态 $E^* = (0.5252, 0.8382)$ 开始 (图 2.10(a)), 随机扰动导致系统形成稳定的 "线" 斑图 (图 2.10(d)).

在图 2.11 中, $K_T < K_H < K = 9.0$, $d_1 = 0.01$, 参数位于图 2.4 区域 IV 中, Turing-Hopf 失稳发生. 由图 2.11 可以看出, 由均匀平衡态 $E^* = (0.61130, 1.1396)$ 开始 (图 2.11(a)), 随机扰动导致系统形成 "点" 和 "线" 共存的斑图 (图 2.11(b) 和图 2.10(c)), 最后, 线消失而仅有稳定的点斑图 (图 2.10(d)).

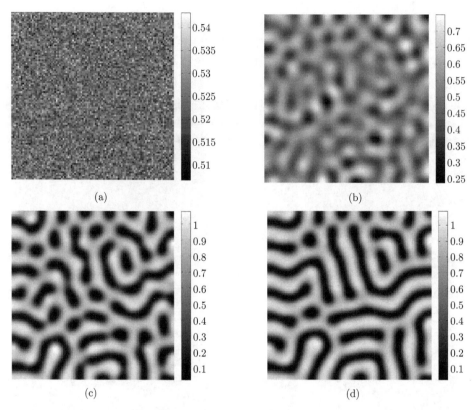

图 2.10　模型 (2.1.16) 的点线混合斑图形成过程. 参数: $d_1 = 0.01$, $K_T < K = 2.6 < K_H$

在图 2.12 中, $d_1 = 0.04$, $2.6315789 = K_H < K = 2.65 < K_T = 2.9813514$, 参数位于图 2.4 区域 III 中, 单纯 Hopf 失稳发生. 由均匀平衡态 $E^* = (0.5319, 0.8618)$

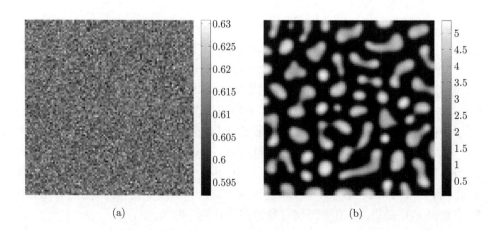

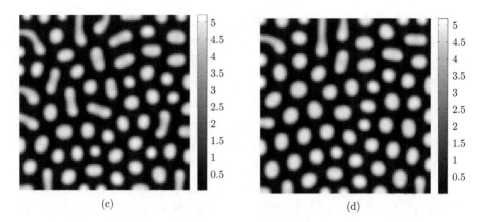

图 2.11　模型 (2.1.16) 的点斑图形成过程. 参数: $d_1 = 0.01, K_T < K_H < K = 9.0$

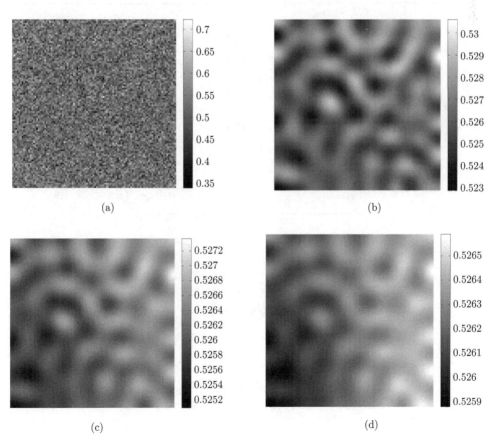

图 2.12　模型 (2.1.16) 的波斑图演化过程. 参数: $d_1 = 0.04, 2.6315789 = K_H < K = 2.65 <$
$K_T = 2.9813514$

开始 (图 2.12(a)), 微小的随机扰动与扩散耦合最终导致系统形成时空 "波" 斑图 (图 2.12(d)). 显然, 波斑图是由 Hopf 分支失稳引起的. 值得注意的是, 时空波斑图 (图 2.12) 与前述三个例子 (即图 2.9、图 2.10 和图 2.11) 完全不同, 这种斑图随着时间的变化而变化, 是由模型 (2.1.16) Hopf 失稳引起的波斑图, 不属于稳态的 Turing 斑图. 关于 Hopf 失稳引起的波斑图的机理将在 2.3 节进一步阐释.

为了更清楚地理解图 2.12 中的波斑图动力学行为, 在图 2.13 中, 我们给出了系统在区域 Ω 中心 $x = y = 50$ 处的相图 (图 2.13(a)) 和时间序列图 (图 2.13(b) 和图 2.13(c)). 可以看出, 捕食者 P 和食饵 H 的密度随着时间的变化在做周期性振荡, 系统存在极限环, 正平衡点 $E^* = (0.5319, 0.8618)$ 处于环内, 随机扰动导致不规则的时空振荡轨线几乎充满整个极限环 (图 2.13(a)), 并且振幅越来越大 (图 2.13(b) 和图 2.13(c)), 这是我们能够观察到波斑图的主要原因.

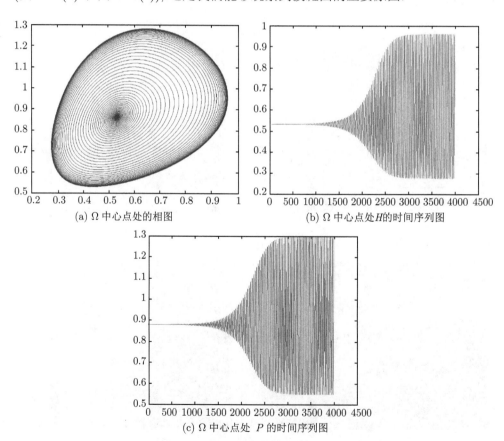

(a) Ω 中心点处的相图

(b) Ω 中心点处 H 的时间序列图

(c) Ω 中心点处 P 的时间序列图

图 2.13 模型 (2.1.16) 的动力学行为. 所有参数与图 2.12 相同

2.1.6 交叉扩散系统斑图形成

本小节将进一步探讨交叉扩散对斑图形成的影响. 为此考虑模型

$$
\begin{cases}
\partial_t H = r\left(1-\dfrac{H}{K}\right)H - \dfrac{\beta H}{B+H+wP}P + D_{11}\triangle H + D_{12}\triangle P, & (x,y)\in\Omega, \\
\partial_t P = \dfrac{\varepsilon\beta H}{B+H+wP}P - \eta P + D_{21}\triangle H + D_{22}\triangle P, & (x,y)\in\Omega, \\
\partial_\mathbf{n} H = \partial_\mathbf{n} P = 0, & (x,y)\in\partial\Omega, \\
H(x,y;0)\geqslant 0,\ P(x,y;0)\geqslant 0, & (x,y)\in\Omega,
\end{cases}
\tag{2.1.44}
$$

其中, D_{12} 和 D_{21} 分别为交叉扩散系数. D_{12} 代表了食饵 H 躲避捕食者的趋向, 而 D_{21} 表示捕食者 P 追击食饵 H 的趋向. D_{12} 和 D_{21} 可正可负. 正的交叉扩散系数表示种群由高密度朝低密度种群方向运动, 而负的交叉扩散系数则表示由低密度向高密度种群运动[132]. D_{11} 和 D_{22} 称为自扩散系数. 其余参数的定义与模型 (2.1.16) 相同.

此时, 扩散矩阵为

$$
D = \begin{pmatrix} D_{11} & D_{12} \\ D_{21} & D_{22} \end{pmatrix},
\tag{2.1.45}
$$

迹为 $D_{11}+D_{22}$, 行列式为 $\det(D)=D_{11}D_{22}-D_{12}D_{21}$.

系统 (2.1.44) 在 E^* 处的雅可比矩阵为

$$
\widetilde{J} = \begin{pmatrix} J_{11}-D_{11}k^2 & J_{12}-D_{12}k^2 \\ J_{21}-D_{21}k^2 & J_{22}-D_{22}k^2 \end{pmatrix},
\tag{2.1.46}
$$

其中, $J_{ij}\,(i,j=1,2)$ 的定义见 (2.1.20).

系统 (2.1.46) 的特征值 λ_1,λ_2 满足的特征方程为

$$
\lambda^2 - \text{tr}_k\lambda + \det_k = 0,
\tag{2.1.47}
$$

其中

$$
\begin{aligned}
\text{tr}_k &= J_{11}+J_{22}-k^2(D_{11}+D_{22}) =: \text{tr}_0 - k^2(D_{11}+D_{22}), \\
\det_k &= \det(D)k^4 + (-D_{11}J_{22}+D_{12}J_{21}+D_{21}J_{12}-D_{22}J_{11})k^2 + \det(J) \\
&=: \det_0 + \det(D)k^4 + (-D_{11}J_{22}+D_{12}J_{21}+D_{21}J_{12}-D_{22}J_{11})k^2.
\end{aligned}
\tag{2.1.48}
$$

与 2.1.4 小节类似, 可得模型 (2.1.44) 产生 Turing 失稳的必要条件. 由于这些条件的精确表达式比 (2.1.40) 更复杂, 这里只给出符号表示结果.

定理 2.11   若下述条件成立

$$\mathrm{tr}_0 = J_{11} + J_{22} < 0,$$
$$\det_0 = \det(J) = J_{11}J_{22} - J_{12}J_{21} > 0, \tag{2.1.49}$$
$$D_{11}J_{22} - D_{12}J_{21} - D_{21}J_{12} + D_{22}J_{11} > 2\sqrt{\det D \det_0} > 0,$$

则模型 (2.1.44) 在 E^* 处产生 Turing 失稳.

为了进一步理解参数 D_{12} 和 B 对模型 (2.1.44) 斑图形成的影响, 选取参数

$$r = 0.5, \quad \varepsilon = 1, \quad \beta = 0.6, \quad K = 2.6, \quad \eta = 0.25,$$
$$\omega = 0.4, \quad D_{11} = 0.01, \quad D_{21} = 0.01, \quad D_{22} = 1, \tag{2.1.50}$$

在图 2.14 中, 我们给出了模型 (2.1.44) 在 B-D_{12} 参数平面的 Turing 分支图. 在曲线上方, 系统 (2.1.44) 的解是稳定的, 没有 Turing 失稳发生. 在曲线下方, 模型 (2.1.44) 的解是不稳定的, 产生 Turing 失稳.

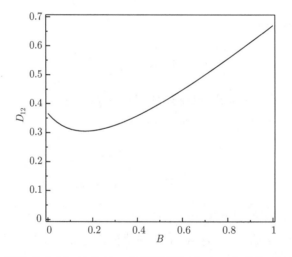

图 2.14   模型 (2.1.44) 在 B-D_{12} 参数平面的 Turing 分支线. 在分支线下
系统产生 Turing 失稳

在图 2.15 中, 对于固定的 B, 我们给出了 Turing 斑图存在的可能范围. 例如, 在图 2.15(a) 中, $B = 0.3846$, 当 $D_{12} = 0.1525$(虚线) 时, 模型 (2.1.44) 的特征值的实部 $\mathrm{Re}(\lambda)$ 与 k 轴相切, 此时, $\mathrm{Re}(\lambda) = 0$. 简单计算可知, 当 $D_{12} > 0.1525$ 时, $\mathrm{Re}(\lambda) < 0$, 模型 (2.1.44) 不存在 Turing 失稳; 当 $D_{12} < 0.1525$ 时, $\mathrm{Re}(\lambda) > 0$, Turing 失稳产生. 作为例子, 我们给出了系统存在 Turing 失稳的情形, 即 $D_{12} = 0.0788$, 对应的是图 2.15(a) 中的实线. 参数组 $(B, D_{12}) = (0.3846, 0.0788)$ 对应于图 2.18. 其余子图的含义依次类推.

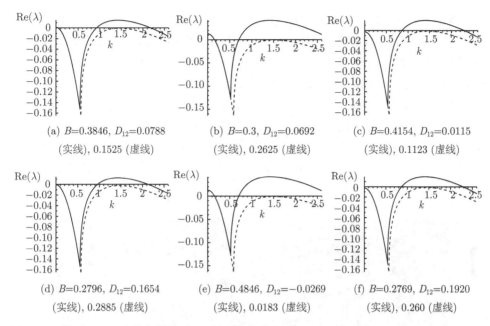

(a) $B=0.3846$, $D_{12}=0.0788$
(实线), 0.1525 (虚线)

(b) $B=0.3$, $D_{12}=0.0692$
(实线), 0.2625 (虚线)

(c) $B=0.4154$, $D_{12}=0.0115$
(实线), 0.1123 (虚线)

(d) $B=0.2796$, $D_{12}=0.1654$
(实线), 0.2885 (虚线)

(e) $B=0.4846$, $D_{12}=-0.0269$
(实线), 0.0183 (虚线)

(f) $B=0.2769$, $D_{12}=0.1920$
(实线), 0.260 (虚线)

图 2.15　模型 (2.1.44) 的色散关系图. 其余参数值为 (2.1.50). 特别地, (a)～(e): $D_{21} = 0.01$,
(f): $D_{21} = 0$

接下来, 应用 2.1.5.1 小节中所述算法对模型 (2.1.44) 数值求解, 参数值取为 (2.1.50). 显然, 除了扩散系数, 参数集 (2.1.50) 与 2.1.5 小节中图 2.10 参数完全相同.

在图 2.16 中, 我们给出了系统 (2.1.44) 在 $t = 1000$ 时的两种稳定的点

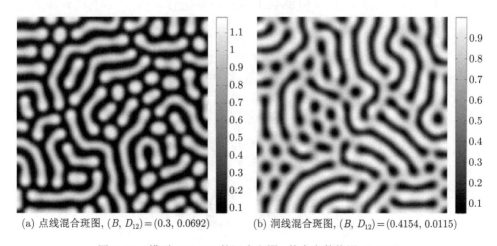

(a) 点线混合斑图, $(B, D_{12}) = (0.3, 0.0692)$

(b) 洞线混合斑图, $(B, D_{12}) = (0.4154, 0.0115)$

图 2.16　模型 (2.1.44) 的混合斑图. 其余参数值同 (2.1.50)

线共存的 Turing 斑图. 当参数 $(B, D_{12}) = (0.3, 0.0692)$ 时, 正平衡点为 $(H^*, P^*) = (0.4127, 0.6943)$, 系统存在高密度的点线斑图 (图 2.16(a)). 当 $(B, D_{12}) = (0.4154, 0.0115)$, $(H^*, P^*) = (0.5418, 0.8578)$ 时, 系统处于低密度的点线斑图 (图 2.16(b)). 易见, 图 2.16(b) 的情形与无交叉扩散时的图 2.10 相似.

在图 2.17 中, 我们给出了系统 (2.1.44) 在 $t = 2000$ 时的斑图形成. 在图 2.17(a) 中, $(B, D_{12}) = (0.2769, 0.1654)$, 正平衡点为 $(H^*, P^*) = (0.3481, 0.6030)$, 点斑图出现一种群被隔离在具有高密度的点上 (图 2.17(a)). 当 $(B, D_{12}) = (0.4846, -0.0269)$, $(H^*, P^*) = (0.6142, 0.9382)$ 时, 洞斑图出现一种群被隔离在具有低密度的点上 (图 2.17(b)).

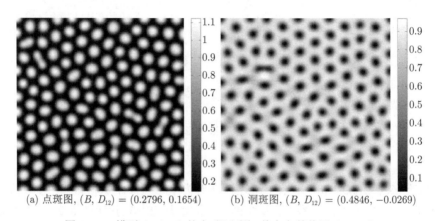

(a) 点斑图, $(B, D_{12}) = (0.2796, 0.1654)$　　(b) 洞斑图, $(B, D_{12}) = (0.4846, -0.0269)$

图 2.17　模型 (2.1.44) 的点/洞斑图. 其余参数值同 (2.1.50)

在图 2.18 中, $(B, D_{12}) = (0.3846, 0.0788)$, 系统 (2.1.44) 中的食饵种群 N 在 $t = 2000$ 时形成了稳态线斑图.

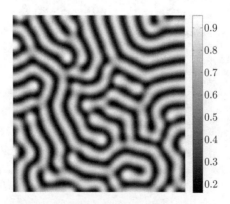

图 2.18　模型 (2.1.44) 的线斑图. 参数 $(B, D_{12}) = (0.3846, 0.0788)$, 其余参数值同 (2.1.50)

另外, 当 $D_{21} = 0$ 而 $D_{12} > 0$ 时, 从生态学角度讲, 在这种情况下, 食饵朝着高密度的捕食者种群移动, 而捕食者顺着它自己的聚集梯度运动. 容易验证, 在仅有自扩散时系统的解是稳定的, 但具有交叉扩散时是不稳定的. 这种现象可以在自然界中找到例子[132]. 这种情形下, 系统 (2.1.44) 形成与时间有关的非稳态 "波" 斑图, 与图 2.12 和图 2.13 类似, 此处略去.

2.2　比率依赖型捕食系统 Turing 斑图选择

在 2.1 节, 基于 Turing 失稳的本质, 通过线性稳定性理论及分支理论获得了 Turing 分支和 Hopf 分支的条件, 确定了 "Turing 空间", 借助数值模拟得到了系统的斑图形成. 可以看出, 在二维空间中, 稳态的 Turing 斑图基本类型有三种, 分别是点 (例如图 2.6)、洞 (例如图 2.7) 和线 (例如图 2.8) 斑图, 以及混合斑图 "点线混合型" (例如图 2.16(a)) 和 "洞线混合型" (例如图 2.16(b)).

本节, 我们应用多尺度扰动分析法 (multiple-scale perturbation analysis) 建立系统在 Turing 分支处的振幅方程 (amplitude equation), 研究系统的斑图选择 (pattern selection) 问题. 多尺度分析法最早由 Newell 和 Whitehead[263] 以及 Segel[300] 提出. 1994 年, Gunaratne、欧阳颀和 Swinney 将其应用于斑图选择研究[154], 此后被众多学者推广和应用[134,175,183,271,279,362,365,367,368].

通过振幅方程能够确定反应扩散系统中各个参数与系统控制参量之间的对应关系, 从而确定系统中的有效控制参量, 估计振幅方程的有效区域[22].

2.2.1　Turing 分支

具有 Logistic 食饵出生率以及比率依赖型功能性反应的捕食系统为

$$\begin{cases} H_t = rH\left(1 - \dfrac{H}{K}\right) - \dfrac{cHP}{H + mP}, \\ P_t = P\left(\dfrac{fH}{H + mP} - d\right), \end{cases} \tag{2.2.1}$$

其中, $H(t), P(t)$ 分别表示 t 时刻食饵和捕食者的密度, 所有常数均为正数, r 表示食饵内禀增长率, K 表示最大环境容纳量, m 为半饱和常数, d 是捕食者 P 的死亡率, c 是最大的因捕食导致的食饵死亡率, f 表示捕食者的捕食能力.

为了简化, 采用变换

$$H \to KH, \quad P \to KP/m, \quad t \to mt/c,$$

将模型 (2.2.1) 转换为

$$
\begin{cases}
H_t = \alpha H(1-H) - \dfrac{HP}{H+P}, \\[2mm]
P_t = -\beta P + \dfrac{\gamma HP}{H+P},
\end{cases}
\tag{2.2.2}
$$

这里, $\alpha = \dfrac{rm}{c}$, $\beta = \dfrac{dm}{c}$, $\gamma = \dfrac{fm}{c}$.

在此基础上, 根据文献 [69, 219, 334], 通过变换 $\mathrm{d}t \to (N+P)\mathrm{d}t$ 将模型 (2.2.2) 转化为多项式系统

$$
\begin{cases}
H_t = \alpha H(1-H)(H+P) - HP, \\
P_t = -\beta P(H+P) + \gamma HP.
\end{cases}
\tag{2.2.3}
$$

与模型 (2.2.3) 对应的反应扩散模型为

$$
\begin{cases}
\partial_t H = \alpha H(1-H)(H+P) - HP + d_1 \triangle H, \\
\partial_t P = -\beta P(H+P) + \gamma HP + d_2 \triangle P.
\end{cases}
\tag{2.2.4}
$$

初值条件和 Neumann 边界条件分别为

$$
\begin{cases}
H(x,y;0) > 0, \ P(x,y;0) > 0, & (x,y) \in \Omega = [0, Lx] \times [0, Ly], \\
\partial_{\mathbf{n}} H = \partial_{\mathbf{n}} P = 0, & (x,y) \in \partial\Omega.
\end{cases}
\tag{2.2.5}
$$

模型 (2.2.1) 有两个平衡点: 一个是边界平衡点 $E_0 = (1,0)$, 另一个是共存平衡点 $E^* = (H^*, P^*)$, 这里

$$
H^* = \frac{\alpha\gamma + \beta - \gamma}{\alpha\gamma}, \quad P^* = \frac{(\alpha\gamma + \beta - \gamma)(-\beta + \gamma)}{\alpha\beta\gamma}.
\tag{2.2.6}
$$

易证 E^* 是正平衡点当且仅当

$$
(1-\alpha)\gamma < \beta < \gamma.
\tag{2.2.7}
$$

当考虑扩散时, 与 2.1.4 小节类似, 选择 α 作为分支参数, 可得模型 (2.2.4) 产生 Turing 分支的条件为

$$
\alpha_c := \frac{\left(\beta\gamma d_1 + (\beta+\gamma)d_2 - 2\beta\sqrt{\gamma d_1 d_2}\,\right)(-\beta+\gamma)}{\gamma^2 d_2},
\tag{2.2.8}
$$

相应的临界波数为

$$
k_c^2 := \sqrt{\frac{(\alpha\gamma + \beta - \gamma)^3(-\beta+\gamma)}{\alpha^2\beta\gamma^2 d_1 d_2}}.
\tag{2.2.9}
$$

取 $\gamma = 0.5$, $d_1 = 0.015$, $d_2 = 1$, 图 2.19 给出了模型 (2.2.4) 在 β-α 参数平面的 Turing 分支图. Turing 分支线和正平衡点存在性临界条件 (2.2.7) 将参数空间分成三个区域. 区域 I 位于 Turing 分支曲线上方, 系统只有稳定均态解. 区域 III 在正平衡点临界条件线的下方, 系统无正平衡点. 区域 II 在 Turing 分支线的下方、正平衡点的临界条件线的上方, 对于任意的参数 (β, α), 系统的解都是不稳定的, Turing 失稳产生. 也就是说, 在该区域中可产生 Turing 斑图, 我们称该区域为 "Turing 空间", 并将关注该区域中的 Turing 斑图形成. 当然, 要使该区域存在, 捕食者 P 的扩散速度要远大于食饵 H 的扩散速度, 即 $d_2 \gg d_1$.

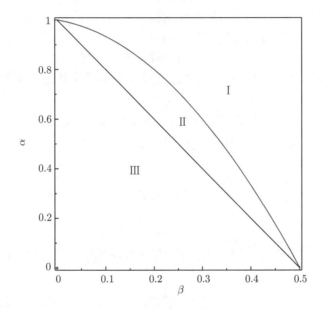

图 2.19　模型 (2.2.4) 的 Turing 分支图. 参数值分别为: $\gamma = 0.50$, $d_1 = 0.015$, $d_2 = 1.0$. 区域 II 称为 "Turing 空间"

通过线性稳定性分析可以确定 "Turing 空间", 与 2.1.5.2 小节类似, 可以通过数值计算获取系统的斑图形成, 但却无法确定 Turing 斑图类型的选择及其稳定性. 接下来, 我们将研究系统 (2.2.4) 在 Turing 分支临界处 $\alpha = \alpha_c$ 的斑图形成、选择和稳定性等.

2.2.2　振幅方程

多尺度扰动分析法的基本思想是: 在 Turing 分支临界处, 稳定平衡态只有在波数接近临界值 α_c (定义见 (2.2.9)) 时才会失稳. 换言之, 在 $\alpha = \alpha_c$ 附近, 系统以某种正态模为基进行分解, 每个模的振幅 A_i 就是在模空间的坐标. 每个正态模

随着时间的演化由振幅方程描述, 其一般形式为

$$\partial_t A_i = s_i A_i + F_i(A_i, A_j, \cdots), \tag{2.2.10}$$

其中, 函数 F_i 对应于系统正态模之间的非线性耦合. 在线性阶段, 我们将所有正态模分为两类: 线性增长率 s_i 的实部接近于 0 的模称为慢模, s_i 的实部远小于 0 的称为快模. 在 Turing 分支临界处 $\alpha = \alpha_c$ 附近, 慢模是主动模, 它的线性增长率随着系统的控制参量值小于、等于或大于临界值由负值变为 0、正值, 对应的系统也由线性稳定变为不稳定. 而快模的线性增长率总是很大的负值, 因此它的振幅会随时间很快趋于 $0^{[22]}$. 一般地, 快模的振幅是慢模振幅的函数, 这种关系可以理解为模的强线性弛豫. 由于快模的行为依附于慢模, 称之为从动模, 并可将快模进行绝热消除. 从而, 研究系统动力学行为简化为研究慢模的动力学性质 [134]. 也就是说, 在 Turing 分支临界处, 斑图的选择和稳定性可以通过主动模即慢模的动力学研究而获取.

Turing 斑图由三对互成 $\dfrac{2\pi}{3}$ 且 $|\mathbf{k}_i| = k_c$ 的共振模 $(\mathbf{k}_i, -\mathbf{k}_i)$ $(i = 1, 2, 3)$ 描述. Turing 分支临界处 $\alpha = \alpha_c$, (2.2.4) 的解可以表示为

$$\mathbf{U} = \begin{pmatrix} N \\ P \end{pmatrix} = \mathbf{u}_0 \cdot \sum_{j=1}^{3} \left[A_j \exp(i\mathbf{k}_j \cdot \mathbf{r}) + \overline{A}_j \exp(-i\mathbf{k}_j \cdot \mathbf{r}) \right], \tag{2.2.11}$$

这里, $\mathbf{u}_0 = \left(\dfrac{\beta\sqrt{\gamma d_1 d_2}}{\gamma(\gamma - \beta)d_1}, 1 \right)^{\mathrm{T}}$ 定义了 H/P 在特征空间的方向, A_j 和其共轭 $\overline{A}_j$ 分别表示 $\mathbf{k}_j$ 和 $-\mathbf{k}_j$ 的振幅.

由多尺度分析法可知, 三阶以下的扰动, 振幅 A_j 的时空进化过程可由下述振幅方程描述

$$\begin{cases} \tau_0 \partial_t A_1 = \mu A_1 + \Gamma \overline{A}_2 \overline{A}_3 - \left[g_1 |A_1|^2 + g_2(|A_2|^2 + |A_3|^2) \right] A_1, \\ \tau_0 \partial_t A_2 = \mu A_2 + \Gamma \overline{A}_1 \overline{A}_3 - \left[g_1 |A_2|^2 + g_2(|A_1|^2 + |A_3|^2) \right] A_2, \\ \tau_0 \partial_t A_3 = \mu A_3 + \Gamma \overline{A}_1 \overline{A}_2 - \left[g_1 |A_3|^2 + g_2(|A_1|^2 + |A_2|^2) \right] A_3, \end{cases} \tag{2.2.12}$$

这里, $\mu := \dfrac{\alpha_c - \alpha}{\alpha}$ 表示分支参数 α 到 Turing 分支临界处 α_c 的相对距离, τ_0 是系统的自然弛豫时间 (relaxation time).

方程组 (2.2.12) 是二维系统 (2.2.4) 在 Turing 分支临界处的振幅方程, 其系数可由多尺度方法确定. 详细推导过程看看 [22] (第 36—42 页) 或 [154]. 限于篇幅, 在此我们只给出在计算机代数系统 Maple 下通过复杂的程序获取的这些系数

的表达式

$$\tau_0 = -\frac{1}{\Psi}\alpha^2\beta\gamma^4 d_2(d_1 - d_2)\sqrt{\gamma d_1 d_2},$$

$$\Gamma = \frac{2}{\Psi}(\alpha\beta\gamma)^2 d_2\Big[(3+\gamma)\sqrt{\gamma d_1 d_2} - 3\gamma d_1 d_2 - d_2^2\Big],$$

$$g_1 = \frac{1}{9\Theta}\alpha^2\beta^2 d_2\Big\{\beta\sqrt{\gamma d_1 d_2}\Big[15\beta^2\gamma^2 d_1^2(3\gamma - \beta) - \beta\gamma d_1 d_2(58\beta^2 - 11\beta\gamma + 9\gamma^2)$$

$$- \beta d_2^2(-17\beta^2 + 2\beta\gamma + 3\gamma^2)\Big] + \beta\gamma^2 d_1^2 d_2(52\beta^2 - 132\beta\gamma + 27\gamma^2)$$

$$+ \gamma d_1 d_2^2(12\beta^3 - 14\beta^2\gamma - 15\beta\gamma^2 + 27\gamma^3) - 8\beta^2 d_2^3(\beta + \gamma)\Big\},$$

$$g_2 = \frac{1}{\Theta}\alpha^2\beta^2 d_2\Big\{\beta\sqrt{\gamma d_1 d_2}\Big[\beta^2\gamma^2 d_1^2(3\gamma - \beta) + \gamma d_1 d_2(6\beta^2 + 20\beta\gamma - 9\gamma^2)$$

$$+ d_2^2(11\beta^2 + 9\beta\gamma + 4\gamma^2)\Big] + \beta\gamma^2 d_1^2 d_2(\beta^2 - 13\beta\gamma + 6\gamma^2)$$

$$- \gamma d_1 d_2^2(14\beta^3 + 16\beta^2\gamma + \beta\gamma^2 - 6\gamma^3) - 3\beta^2 d_2^3(\beta + \gamma)\Big\},$$

$$(2.2.13)$$

这里

$$\Psi = (\gamma - \beta)\Big[2\beta\sqrt{\gamma d_1 d_2} - \beta\gamma d_1 - d_2(\beta + \gamma)\Big] \cdot \Big[\sqrt{\gamma d_1 d_2}\Big(d_2(\alpha^2\gamma^3 - \beta^3$$

$$+ \beta^2\gamma + \beta\gamma^2 - \gamma^3) - \gamma d_1\beta(\gamma - \beta)^2\Big) + 2\beta\gamma d_1 d_2(\gamma - \beta)^2\Big],$$

$$\Theta = d_1(\beta - \gamma)^2\Big[\sqrt{\gamma d_1 d_2}\Big(-\beta\gamma d_1(\beta - \gamma)^2 + d_2(\alpha^2\gamma^2 - \beta^3 + \beta^2\gamma + \beta\gamma^2 - \gamma^3)\Big)$$

$$+ 2\beta\gamma d_1 d_2(\beta - \gamma)^2\Big].$$

例如, 当参数取为

$$\beta = 0.25, \quad \gamma = 0.50, \quad d_1 = 0.015, \quad d_2 = 1.0 \qquad (2.2.14)$$

时, 振幅方程 (2.2.12) 中的系数 Γ, g_1, g_2 分别为

$$\Gamma = 10.5470, \quad g_1 = 1168.0171, \quad g_2 = 2358.1438.$$

2.2.3 斑图稳定性

一个稳定的斑图对应于振幅方程 (2.2.12) 中的一个稳态解. 振幅方程 (2.2.12) 中的每个振幅都可以分解为一个模 $\rho_i = |A_i|$ 与一个相位角 φ_i. 将 $A_i = \rho_i \exp(i\varphi_i)$

代入 (2.2.12), 并将实部和虚部分开, 得到如下方程组

$$
\begin{cases}
\tau_0 \partial_t \varphi = -\Gamma \dfrac{\rho_1^2 \rho_2^2 + \rho_1^2 \rho_3^2 + \rho_2^2 \rho_3^2}{\rho_1 \rho_2 \rho_3} \sin \varphi, \\
\tau_0 \partial_t \rho_1 = \mu \rho_1 + \Gamma \rho_2 \rho_3 \cos \varphi - g_1 \rho_1^3 - g_2 (\rho_2^2 + \rho_3^2) \rho_1, \\
\tau_0 \partial_t \rho_2 = \mu \rho_2 + \Gamma \rho_1 \rho_3 \cos \varphi - g_1 \rho_2^3 - g_2 (\rho_1^2 + \rho_3^2) \rho_2, \\
\tau_0 \partial_t \rho_3 = \mu \rho_3 + \Gamma \rho_1 \rho_2 \cos \varphi - g_1 \rho_3^3 - g_2 (\rho_1^2 + \rho_2^2) \rho_3,
\end{cases}
\tag{2.2.15}
$$

其中, $\varphi = \varphi_1 + \varphi_2 + \varphi_3$.

方程组 (2.2.15) 共有四类解 [110].

(1) 均匀稳态解 (O)

$$
\rho_1 = \rho_2 = \rho_3 = 0,
\tag{2.2.16}
$$

当

$$
\mu < \mu_2 = 0
\tag{2.2.17}
$$

时稳定, 当 $\mu > \mu_2$ 时不稳定.

(2) 线斑图解 (S)

$$
\rho_1 = \sqrt{\frac{\mu}{g_1}} \neq 0, \quad \rho_2 = \rho_3 = 0,
\tag{2.2.18}
$$

当

$$
\mu < \mu_3 = \frac{\Gamma^2 g_1}{(g_2 - g_1)^2}
\tag{2.2.19}
$$

时稳定, 当 $\mu > \mu_3$ 时不稳定.

(3) 六边形斑图解 (H_0-点斑图和 H_π-洞斑图)

$$
\rho_1 = \rho_2 = \rho_3 = \frac{|\Gamma| \pm \sqrt{\Gamma^2 + 4(g_1 + 2g_2)\mu}}{2(g_1 + 2g_2)},
\tag{2.2.20}
$$

其中 $\varphi = 0$ 或 π, 存在条件为

$$
\mu > \mu_1 = -\frac{\Gamma^2}{4(g_1 + 2g_2)}.
\tag{2.2.21}
$$

对于定态解 $\rho^+ = \dfrac{|\Gamma| + \sqrt{\Gamma^2 + 4(g_1 + 2g_2)\mu}}{2(g_1 + 2g_2)}$ 仅当

$$
\mu < \mu_4 = \frac{2g_1 + g_2}{(g_2 - g_1)^2} \Gamma^2
\tag{2.2.22}
$$

时稳定; 而定态解 $\rho^- = \dfrac{|\Gamma| - \sqrt{\Gamma^2 + 4(g_1 + 2g_2)\mu}}{2(g_1 + 2g_2)}$ 总是不稳定的.

(4) 混合结构解

$$\rho_1 = \frac{|\Gamma|}{g_2 - g_1}, \quad \rho_2 = \rho_3 = \sqrt{\frac{\mu - g_1\rho_1^2}{g_1 + g_2}}, \tag{2.2.23}$$

其中, $g_2 > g_1$. 当 $\mu > \mu_3$ 时混合结构解存在但是不稳定.

当取参数值为 (2.2.14) 时, 可得

$$\mu_1 = -0.004726, \quad \mu_2 = 0, \quad \mu_3 = 0.09173, \quad \mu_4 = 0.3687. \tag{2.2.24}$$

以上分析结果可以由分支图 (图 2.20) 表示. 当控制参量 μ 增加至临界值 $\mu_2 = 0(\alpha = 0.7086)$ 时, 系统的均匀稳态解开始失稳, 系统首先经非平衡相变形成一个六边形斑图. 而由于在所选参数下, 方程 (2.2.12) 中的二次项系数 $\Gamma = 10.5470 > 0$, 六边形斑图为 H_0 $(\varphi = 0)$ 型 (即洞斑图). 需要说明的是, 如果 $\Gamma < 0$, 六边形斑图为 $H_\pi(\varphi = \pi)$ 型 (即点斑图). 六边形斑图的出现是由次临界分支引起的, 也就是说, 系统在控制参数空间里存在一个双稳区: $-0.004726 = \mu_1 < \mu < \mu_2 = 0$. 在双稳区, 六边形斑图和均匀态都是稳定的. 而线斑图的出现是由于超临界分支, 但当 $\mu < \mu_3 = 0.09173(\alpha = 0.6490)$ 时它是不稳定的, 只有当 $\mu < \mu_3$ 时六边形斑图才是稳定的, 而在 $\mu > \mu_4 = 0.3687(\alpha = 0.5177)$ 时失稳. 系统在

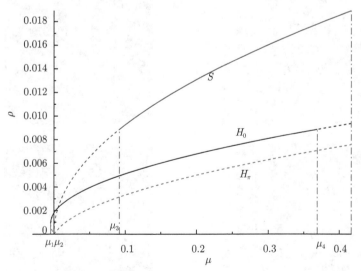

图 2.20 模型 (2.2.4) 的 Turing 斑图分支图. 参数取为: $\beta = 0.25, \gamma = 0.50, d_1 = 0.015, d_2 = 1.0$. H_0: 点斑图; H_π: 洞斑图; S: 线斑图. —: 稳定态; - - -: 不稳定态. 图中, $\mu_1 = -0.004726$ (对应于 $\alpha = 0.7119$), $\mu_2 = 0$ (对应于 $\alpha = 0.7086$), $\mu_3 = 0.0917$ (对应于 $\alpha = 0.6490$), $\mu_4 = 0.3687$ (对应于 $\alpha = 0.5177$). $\alpha = 0.5$ (对应于 $\mu = 0.4171$)

$\mu_3 < \mu < \mu_4$ 时存在另一个双稳区: 六边形斑图与线斑图的双稳态. 当控制参量 $\mu > \mu_4$ 时, 系统由六边形斑图跃迁至线斑图; 当控制参量降至 μ_3 以下时, 系统由线斑图跃迁至六边形斑图.

2.2.4 斑图形成与选择

下面给出当参数 (β, α) 处于图 2.19 区域 II 时的 Turing 斑图形成和选择. 图 2.21 列示了模型 (2.2.4) 中食饵 $H(x, t)$ 对应于不同的分支参数 α 的七种类型的稳态 Turing 斑图.

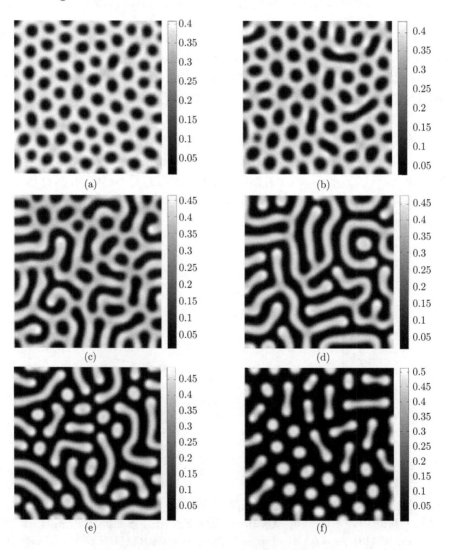

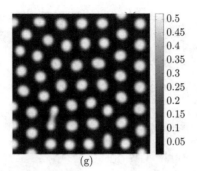

(g)

图 2.21　模型 (2.2.4) 的七种斑图. 参数: $\beta = 0.25$, $\gamma = 0.50$, $d_1 = 0.015$, $d_2 = 1.0$. (a) $\mu = 0.01225$ ($\alpha = 0.70$); (b) $\mu = 0.03441$ ($\alpha = 0.685$); (c) $\mu = 0.05757$ ($\alpha = 0.67$); (d) $\mu = 0.09348$ ($\alpha = 0.648$); (e) $\mu = 0.1427$ ($\alpha = 0.62$); (f) $\mu = 0.3122$ ($\alpha = 0.54$); (g) $\mu = 0.3626$ ($\alpha = 0.52$). 迭代次数: (a)~(f) 200000; (g) 500000

从图 2.21 中可以看出, 表示食饵 N 值的数量级大小的灰度由黑色 (最小) 变为白色 (最大). 当控制参数 μ 逐渐变大时, 可以观察到斑图序列 "洞斑图 $\rightarrow$ 洞线混合 $\rightarrow$ 线 $\rightarrow$ 点线混合 $\rightarrow$ 点斑图". 注意到, μ 与 α 成反函数, 所以, 当分支参数 α 逐渐减小时, 可以观察到斑图序列 "点斑图 $\rightarrow$ 点线混合 $\rightarrow$ 线斑图 $\rightarrow$ 洞线混合 $\rightarrow$ 洞斑图".

最后, 我们给出当 $\mu > \mu_4 = 0.3687$, 即 $\alpha < 0.5178$ 时系统的斑图形成. 在这种情况下, 系统存在着 "环" 与 "点" 的竞争. 作为一个例子, 在图 2.22 中, 我们列示了系统当 $\alpha = 0.51$ 时食饵 H 在迭代次数分别为 0, 60000, 150000, 1000000 时的斑图演化过程. 在图 2.22(a) 中, 系统处于正平衡点 $(H^*, P^*) = (0.0196, 0.0196)$ 处, 由此开始, 随机扰动导致系统形成 "环" 斑图 (图 2.22(b)). 然而, 环斑图并未留存很久, 很快地, 在扩散的作用下, 随机扰动将 "环" 逐渐断裂成线, 一些线逐渐分裂成 "点" (图 2.22(c)), 最后, 这些线几乎全部断裂成点, 但仍有少数的线斑图存在而永不消失, 也就是说, 最终形成了点线混合斑图 (图 2.22(d)).

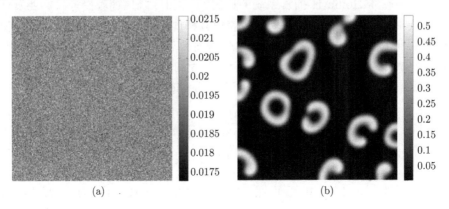

(a)　　　　　　　　　　　　　　　　(b)

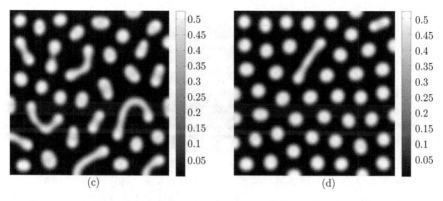

图 2.22　$\alpha = 0.51$ 时模型 (2.2.4) 存在 "环" 斑图

2.3　具有庇护效应的捕食系统的分支与斑图形成

Gonzalez-Olivares 和 Ramos-Jiliberto 曾指出 Leslie-Gower 模型给出了研究捕食行为的基本框架[150]. 近年来, 许多学者研究了 Leslie-Gower 型捕食系统的复杂动力学行为[43,44,96,106,130].

在捕食系统中, 并不是整个食饵种群都是被捕食的对象, 大多数食饵都有自己的栖息地或者能够起保护作用的洞穴等, 这些统称为食饵种群的庇护所 (refuge). 庇护所在捕食过程中为食饵生存提供了保护, 减少了食饵灭绝的机会. 同时捕食者种群由于缺少食物而密度减少, 这又导致食饵种群的密度会增加. 但是, 当食饵种群密度增大到接近最大环境容纳量时, 密度又会降低[184]. 有实验观测表明庇护不仅增加食饵种群的密度, 在一定条件下也增加了捕食者的平衡密度, 同时还增加了系统的稳定性[172]. 因此, 在整个生态系统中, 庇护所对种群时空动态的影响是十分复杂的[150]. 通过捕食系统动力学行为分析, 陈凤德教授等[179] 发现庇护可以诱导 Holling III 捕食系统的稳定性. 与此相反, Kar[194] 发现庇护效应增大到一定数量就会破坏 Hollin II 捕食系统的稳定性. 同时, 陈凤德教授等[106] 还发现食饵庇护对 Leslie-Gower 捕食系统中的捕食者和食饵种群的持久性没有影响, 但是会很大程度上影响种群的密度. 此外, 也有研究表明食饵平衡密度随着食饵庇护的增加而增加, 当食饵庇护足够大时, 捕食者受到的影响是相反的[150,248].

文献 [106] 研究了下述具有庇护效应的 Leslie-Gower 捕食系统

$$\begin{cases} H_t = H(r - aH) - \dfrac{(1-m)HP}{b + (1-m)H} := f(H, P), & t > 0, \\ P_t = P\left(\mu - \dfrac{cP}{b + (1-m)H}\right) := g(H, P), & t > 0 \end{cases} \tag{2.3.1}$$

的全局稳定性. 在 [153] 中, 我们在二维空间研究了与 (2.3.1) 对应的反应扩散捕

食系

$$
\begin{cases}
\partial_t H - d_1 \triangle H = H(r - aH) - \dfrac{(1-m)HP}{b+(1-m)H}, & x \in \Omega, t > 0, \\[2mm]
\partial_t P - d_2 \triangle P = P\left(\mu - \dfrac{cP}{b+(1-m)H}\right), & x \in \Omega, t > 0, \\[2mm]
\partial_{\mathbf{n}} H = \partial_{\mathbf{n}} P = 0, & x \in \partial\Omega, t > 0, \\[2mm]
H(x,0) = H_0(x) \geqslant 0, P(x,0) = P_0(x) \geqslant 0, & x \in \Omega
\end{cases}
\tag{2.3.2}
$$

的斑图形成问题, 结果发现系统存在着扩散诱导的 "点" "线" "洞" 斑图自复制动力学行为. 这里, $m \in [0,1]$ 是一个常数, mH 代表了食饵的庇护效应.

本节将在 [153] 的基础上, 在一维空间 $\Omega = (0,\pi)$ 上进一步研究系统 (2.3.2) 的斑图动力学.

2.3.1 稳定性分析

首先分析模型 (2.3.2) 的平衡点的稳定性, 为此将考虑下述稳态问题的耦合椭圆系统

$$
\begin{cases}
-d_1 \triangle H = H(r - aH) - \dfrac{(1-m)HP}{b+(1-m)H}, & x \in (0,\pi), \\[2mm]
-d_2 \triangle P = P\left(\mu - \dfrac{cP}{b+(1-m)H}\right), & x \in (0,\pi), \\[2mm]
H_x(0,t) = P_x(0,t) = 0, & t > 0.
\end{cases}
\tag{2.3.3}
$$

为了研究方便, 定义实值 Sobolev 空间

$$
X := \left\{(u,v) \in H^2(0,\pi) \times H^2(0,\pi) | u_x(0,t) = u_x(\pi,t) = 0, v_x(0,t) = v_x(\pi,t) = 0 \right\},
$$

以及 X 的复化空间 (complexification space)

$$
X_C := X \oplus iX = \{u + iv \mid u, v \in X\}
$$

且

$$
\langle W_1, W_2 \rangle = \int_0^\pi (\bar{u}_1 u_2 + \bar{v}_1 v_2)\mathrm{d}x,
\tag{2.3.4}
$$

其中 $W_i = (u_i, v_i)^{\mathrm{T}} \in X_C$, $i = 1,2$.

而特征值问题

$$
\begin{cases}
-\phi_{xx} = \lambda\phi, & x \in (0,\pi), \\
\phi_x = 0, & x = 0, \pi,
\end{cases}
\tag{2.3.5}
$$

存在特征值 $\mu_k = k^2$, $k \in \mathbb{N}$, 对应的特征函数为

$$\phi_k(x) = \cos kx, \quad k \in \mathbb{N}, \tag{2.3.6}$$

这里 $\mathbb{N}$ 表示自然数集. 并定义

$$\mathbb{N}_+ := \mathbb{N} \setminus \{0\}.$$

模型 (2.3.1) 和 (2.3.3) 均有三个平凡 (半平凡) 平衡点 $E_0 = (0,0)$, $E_1 = (r/a, 0)$, $E_2 = (0, b\mu/c)$. 当 $m > 1 - \dfrac{cr}{\mu}$ 时, 存在唯一正平衡点 $E^* = (H^*, P^*)$, 这里

$$H^* = \frac{cr - \mu(1-m)}{ac}, \quad P^* = \frac{\mu(H^*(1-m) + b)}{c}. \tag{2.3.7}$$

易证模型 (2.3.1) 的平衡点 E_0 和 E_2 都是不稳定的. 当 $m < 1 - \dfrac{cr}{\mu}$ 时, E_1 是稳定的; 当 $m > 1 - \dfrac{cr}{\mu}$ 时是不稳定的.

模型 (2.3.1) 在 E^* 处的雅可比矩阵为

$$J := \begin{pmatrix} s(b) & -\sigma(b) \\ e & -\mu \end{pmatrix}, \tag{2.3.8}$$

其中

$$s(b) := \frac{H^*\Big(\mu(1-m)^2 - acH^*(1-m) - abc\Big)}{c(H^*(1-m) + b)},$$

$$\sigma(b) := \frac{(1-m)H^*}{b + (1-m)H^*} > 0, \tag{2.3.9}$$

$$e := \frac{\mu^2(1-m)}{c} > 0.$$

矩阵 J 的特征方程为

$$\lambda^2 - (s(b) - \mu)\lambda + a\mu H^* = 0.$$

显然 $s(b)$ 的符号由

$$s_1(b) := (1-m)\Big(2\mu(1-m) - cr\Big) - abc \tag{2.3.10}$$

确定, $s(b) - \mu$ 的符号由

$$s_2(b) := -ac\Big(c\mu + cr - \mu(1-m)\Big)b + (1-m)\Big(cr - \mu(1-m)\Big)\Big(2\mu(1-m) - cr - c\mu\Big) \tag{2.3.11}$$

确定.

定理 2.12 如果满足下述条件之一:

(H1) $1 - \dfrac{cr}{2\mu} \leqslant m \leqslant 1$.

(H2) $1 - \dfrac{cr}{\mu} < m < 1 - \dfrac{cr}{2\mu}$,

$$b > \frac{(1-m)}{ac}\Big(2\mu(1-m) - cr\Big) := b^*. \tag{2.3.12}$$

(H3) $1 - \dfrac{c(r+\mu)}{2\mu} \leqslant m \leqslant 1 - \dfrac{cr}{2\mu}$, $b < b^*$.

(H4) $1 - \dfrac{cr}{\mu} < m < 1 - \dfrac{c(r+\mu)}{2\mu}$, $b_* < b < b^*$,

则模型 (2.3.1) 的正平衡点 E^* 是局部渐近稳定的. 这里,

$$b_* := \frac{1-m}{ac} \frac{(cr - \mu(1-m))}{(c\mu + cr - \mu(1-m))}\Big(2\mu(1-m) - c\mu - cr\Big). \tag{2.3.13}$$

如果

(H5) $1 - \dfrac{cr}{\mu} < m < 1 - \dfrac{c(r+\mu)}{2\mu}$, $0 < b < b_*$,

则 E^* 是不稳定的.

图 2.23 列示了模型 (2.3.1) 的正平衡点 E^* 在 m-b 参数空间的稳定性. 如果参数位于区域 I, II, III 和 IV 时, E^* 是稳定的; 在区域 V 中, E^* 是不稳定的.

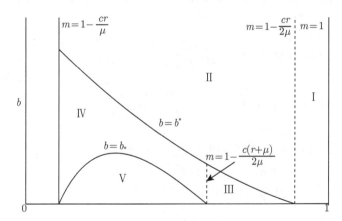

图 2.23　模型 (2.3.1) 的唯一正平衡点 E^* 的稳定性: 在区域 I, II, III 和 IV 是稳定的, 在区域 V 是不稳定的

PDE 模型 (2.3.3) 在正平衡点 E^* 处的线性化系统为

$$\begin{pmatrix} H_t \\ P_t \end{pmatrix} = \mathcal{L}(b)\begin{pmatrix} H \\ P \end{pmatrix},$$

其中

$$\mathcal{L}(b) := \begin{pmatrix} d_1 \dfrac{\mathrm{d}^2}{\mathrm{d}x^2} + s(b) & -\sigma(b) \\ e & d_2 \dfrac{\mathrm{d}^2}{\mathrm{d}x^2} - \mu \end{pmatrix}. \tag{2.3.14}$$

对于每一个 $k \in \mathbb{N}$, 定义矩阵

$$J_k = \begin{pmatrix} -d_1 k^2 + s(b) & -\sigma(b) \\ e & -d_2 k^2 - \mu \end{pmatrix}, \tag{2.3.15}$$

则 J_k 的特征方程为

$$P_k(\eta) := \eta^2 - \mathrm{tr}_k \eta + \det_k = 0, \tag{2.3.16}$$

其中

$$\begin{aligned} \mathrm{tr}_k(b) &= -(d_1 + d_2)k^2 + (s(b) - \mu), \\ \det_k(b) &= d_1 d_2 k^4 + (d_1 \mu - d_2 s(b))k^2 + a\mu H^*. \end{aligned} \tag{2.3.17}$$

于是, 对于 $k \in \mathbb{N}_+$, 如果 $\mathrm{tr}_k(b) < 0$ 和 $\det_k(b) > 0$ 同时成立, E^* 是局部渐近稳定的. 如果存在一个 $k_0 \in \mathbb{N}$ 使得 $\mathrm{tr}_{k_0}(b) \geqslant 0$ 或 $\det_{k_0}(b) \leqslant 0$ 成立, 则 E^* 是不稳定的.

当条件 (H1) 或条件 (H2) 满足时, $\mathrm{tr}_k(b) < 0$ 和 $\det_k(b) > 0$ 成立; 当条件 (H3) 或条件 (H4) 满足时, $\mathrm{tr}_k(b) < 0$, E^* 是局部渐近稳定的. 当条件 (H5) 满足时, 定义

$$\begin{cases} b_H(\delta) := (1-m)H^* \left(\dfrac{(1-m)\mu}{c(aH^* + \mu + \delta(d_1 + d_2))} - 1 \right), \\ b_S(\delta) := (1-m)H^* \left(\dfrac{(1-m)\mu d_2 \delta}{c(d_1 \delta + aH^*)(d_2 \delta + \mu)} - 1 \right), \end{cases} \quad \delta \in [0, +\infty). \tag{2.3.18}$$

函数 $b_H(\delta)$ 和 $b_S(\delta)$ 具有下述性质 (图 2.24).

引理 2.13 假设 r, a, c, m, d_1, d_2 均为正常数, 则

(1) 当 $\delta \in [0, +\infty)$ 时, $b_H(\delta)$ 是严格单调递减的. 此外,

$$b_H(0) = b_*, \quad b_H(\delta_0) = 0, \quad \lim_{\delta \to \infty} b_H = -(1-m)H^*,$$

其中 $\delta_0 = \dfrac{2(1-m)\mu - c\mu - cr}{c(d_1 + d_2)}$.

(2) $b = b_H(\delta)$ 和 $b = b_S(\delta)$ 相交于 $(\delta^*, b^\#) = (\delta^*, b_H(\delta^*))$, 这里

$$\delta^* := \dfrac{\mu(d_1 - d_2) + \sqrt{\mu^2(d_1 - d_2)^2 + 4d_2^2 a\mu H^*}}{2d_2^2}. \tag{2.3.19}$$

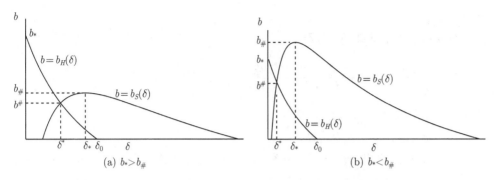

图 2.24 $b = b_H(\delta)$ 和 $b = b_S(\delta)$ 与 δ 的关系图

(3) 定义

$$\delta_S^- := \frac{(2m\mu - cr)d_2 - c\mu d_1 - \sqrt{((2m\mu - cr)d_2 - c\mu d_1)^2 - 4c\mu d_1 d_2(cr - m\mu)}}{2cd_1 d_2},$$

$$\delta_S^+ := \frac{(2m\mu - cr)d_2 - c\mu d_1 + \sqrt{((2m\mu - cr)d_2 - c\mu d_1)^2 - 4c\mu d_1 d_2(cr - m\mu)}}{2cd_1 d_2}$$

$$(2.3.20)$$

和

$$\delta_* := \sqrt{\frac{\mu(cr - (1-m)\mu)}{cd_1 d_2}}, \tag{2.3.21}$$

则 $\delta = \delta_*$ 是 $b_S(\delta) = 0$ 的唯一根. 当 $\delta \in (0, \delta_*)$ 时, $b_S(\delta)$ 是严格单调递增的; 当 $\delta \in (\delta_*, +\infty)$ 时, 是严格单调递减的. 进一步

$$b_S(0) = -(1-m)H^*, \quad b_S(\delta_S^-) = b_S(\delta_S^+) = 0, \quad \lim_{\delta \to \infty} b_S(\delta) = -(1-m)H^* \tag{2.3.22}$$

和

$$b_S(\delta) \leqslant b_S(\delta_*) =: b_\#. \tag{2.3.23}$$

(4)

$$\{(b, \delta) \in (0, \infty) \times [0, \infty) : \operatorname{tr}_\delta(b) < 0\}$$
$$= \{(b, \delta) \in (0, \infty) \times [0, \infty) : b > b_H(\delta)\},$$
$$\{(b, \delta) \in (0, \infty) \times [0, \infty) : \det_\delta(b) > 0\} \tag{2.3.24}$$
$$= \{(b, \delta) \in (0, \infty) \times [0, \infty) : b > b_S(\delta)\}.$$

证明 结论 (1) 和 (4) 是显然的. 对于结论 (2), 简单计算可知 $b_H(\delta) = b_S(\delta)$ 当且仅当 δ 满足

$$d_2^2 \delta^2 - \mu(d_1 - d_2)\delta - a\mu H^* = 0. \tag{2.3.25}$$

因此 (2) 成立.

对 $b_S(\delta)$ 关于 δ 求导, 可得

$$\frac{\mathrm{d}b_S(\delta)}{\mathrm{d}\delta} = \frac{(1-m)H^*\mu d_2}{c(d_1\delta + aH^*)^2(d_2\delta + \mu)^2}(a\mu H^* - d_1 d_2 \delta^2). \tag{2.3.26}$$

从而结论 (3) 成立. □

由引理 2.13 可得下述结果.

定理 2.14 假设 r, a, c, m, d_1 和 d_2 为正常数, 如果条件 (H1), 或条件 (H2), 或 (H3) 和 $b_\# < b < b^*$, 或 (H4) 和 $\max\{b_*, b_\#\} < b < b^*$ 满足时, 模型 (2.3.2) 的正平衡点 E^* 是局部渐近稳定的.

2.3.2 Hopf 分支

2.3.2.1 Hopf 分支的存在性

本小节, 我们将选取 b 作为分支参数, 研究模型 (2.3.2) 在正平衡点 E^* 处的 Hopf 分支及其方向. Hopf 分支值 b^H 满足如下条件[395].

(Hh-1) 存在 $n \in \mathbb{N}$ 使得

$$\mathrm{tr}_n(b^H) = 0, \quad \det_n(b^H) > 0. \tag{2.3.27}$$

(Hh-2) 对所有的 $j \in \mathbb{N}\backslash\{n\}$, 存在

$$\mathrm{tr}_j(b^H) \neq 0, \quad \det_j(b^H) \neq 0, \tag{2.3.28}$$

其中, $\mathrm{tr}_n(b)$ 和 $\det_n(b)$ 定义于 (2.3.17). 而虚轴附近的唯一一对复根 $\alpha(b) \pm i\beta(b)$ 满足

$$\alpha'(b^H) \neq 0, \quad \beta(b^H) > 0. \tag{2.3.29}$$

由 (2.3.17) 容易验证条件 (H1)—条件 (H4) 中任意一个满足时, $T_n(b) < 0$, 在此情况下, 模型 (2.3.2) 不存在 Hopf 分支. 因此我们仅讨论当条件 (H5) 满足时的情况.

当 $n \in \mathbb{N}$ 时, 定义

$$b_n^H := b_H(n) \tag{2.3.30}$$

和

$$b_n^S := b_S(n). \tag{2.3.31}$$

易证 b_n^H 关于 n 严格单调递减, 并且

$$\max_{n\in\mathbb{N}} b_n^H = b_*, \quad \lim_{n\to\infty} b_n^H = -m^*H^*, \tag{2.3.32}$$

其中 b_* 定义于 (2.3.13). 从而存在唯一的 $n_0 \in \mathbb{N}$ 使得 $\delta_{n_0} < \delta_* < \delta_{n_0+1}$ 和 $b_{n_0}^H \geqslant b^\# \geqslant b_{n_0+1}^H$ 成立, 这里的 $b^\# := b_H(\delta^*)$, 其中 δ^* 定义于 (2.3.19).

因此, 存在 $n_0 + 1$ 个 Hopf 分支点 $b = b_n^H (0 \leqslant n \leqslant n_0)$ 满足

$$b^\# < b_{n_0}^H < b_{n_0-1}^H < \cdots < b_1^H < b_0^H = b_*. \qquad (2.3.33)$$

此外, 由引理 2.13 可知, $b_n^H > b_H(n)$ (图 2.24). 亦即, 对所有的 $n = 0, 1, 2, \cdots, n_0$, 均有 $\det_n(b_n^H) > 0$.

注意到 $\det_j(b_n^H) = 0$ 等价于 $b_n^H = b_j^S$. 如果 $b_n^H \neq b_j^S$, 那么当 $j \neq n$ 时, $\text{tr}_j(b_n^H) \neq 0$ 和 $\det_j(b_n^H) \neq 0$ 成立, 从而

$$\alpha'(b_n^H) = -\frac{\mu(1-m)^2 H^*}{c(b_n^H + (1-m)H^*)^2} < 0, \qquad \beta(b_n^H) = \sqrt{\det_n(b_n^H)} > 0. \quad (2.3.34)$$

综上所述, 可得下述定理.

定理 2.15 如果条件 (H5) 成立, 则存在 $n_0 \in \mathbb{N}_+$ 使得 $b_{n_0+1}^H \leqslant b^\# \leqslant b_{n_0}^H$, 对于模型 (2.3.2), 当 $n = 0, 1, 2, \cdots, n_0$, $j \neq n$ 时, $b_n^H \neq b_j^S$, 存在 $n_0 + 1$ 个 Hopf 分支点满足

$$b^\# < b_{n_0}^H < b_{n_0-1}^H < \cdots < b_1^H < b_0^H := b_*.$$

当 $b = b_n^H$ 时, 在 (b, H^*, P^*) 附近, 模型 (2.3.2) 存在 Hopf 分支和分支周期轨道且

$$(b, H^*, P^*) = \left(b_n^H, \frac{cr - \mu(1-m)}{ac}, \frac{\mu(H^*(1-m) + b_n^H)}{c} \right)$$

可参数化为 $(b(s), H(s), P(s))$, $s \in (0, \varepsilon)$, $\varepsilon > 0$ 是小参数, $b(s) \in C^\infty$ 具有形式 $b(s) = b_n^H + o(s)$. 此外

$$\begin{cases} H(s) = H^* + sg_n \cos(\beta(b_n^H)t)\phi_n(x) + o(s), & x \in (0, \pi), t > 0, \\ P(s) = P^* + sh_n \cos(\beta(b_n^H)t)\phi_n(x) + o(s), & x \in (0, \pi), t > 0, \end{cases} \quad (2.3.35)$$

其中, $\beta(b_n^H) = \sqrt{\det_n(b_n^H)}$ 是相应的时间频率, $\phi_n(x)$ 定义于 (2.3.6), (g_n, h_n) 是相应的特征向量, 即

$$[J(b_n^H) - i\beta(b_n^H)\mathcal{I}][(g_n, h_n)^{\mathrm{T}}\phi_n(x)] = (0, 0)^{\mathrm{T}},$$

其中 $\mathcal{I}$ 是恒等算子 (identity operator). 此外

(1) 从 $b = b_0^H = b_*$ 分支出的周期解是空间齐次的;

(2) 从 $b = b_n^H (1 \leqslant n \leqslant n_0)$ 分支出的周期解是空间非齐次的.

2.3.2.2　Hopf 分支方向

接下来应用规范型理论和中心流形定理研究 Hopf 分支方向以及分支周期解的稳定性.

作微扰 $\tilde{H} = H - H^*, \tilde{P} = P - P^*$. 为了简单起见, 仍将 $\tilde{H}$ 和 $\tilde{P}$ 分别记为 H 和 P, 则模型 (2.3.2) 可重写为

$$\begin{pmatrix} \partial_t H \\ \partial_t P \end{pmatrix} = \mathcal{L}(b) \begin{pmatrix} H \\ P \end{pmatrix} + F_0(H, P), \tag{2.3.36}$$

其中

$$F_0(H, P) = \begin{pmatrix} a_1 H^2 + a_2 HP + a_3 H^3 + a_4 H^2 P + o(|w|^4) \\ b_1 H^2 + b_2 HP + b_3 P^2 + b_4 H^3 + b_5 H^2 P + b_6 HP^2 + o(|w|^4) \end{pmatrix}, \tag{2.3.37}$$

这里

$$a_1 = -a + \frac{(1-m)^2 b P^*}{(b + (1-m)H^*)^3}, \quad a_2 = -\frac{(1-m)b}{(b + (1-m)H^*)^2},$$

$$a_3 = -\frac{(1-m)^3 b P^*}{(b + (1-m)H^*)^4}, \qquad a_4 = \frac{(1-m)^2 b}{(b + (1-m)H^*)^3},$$

$$b_1 = -\frac{(1-m)^2 c P^{*2}}{(b + (1-m)H^*)^3}, \qquad b_2 = \frac{2(1-m)c P^*}{(b + (1-m)H^*)^2},$$

$$b_3 = -\frac{c}{b + (1-m)H^*}, \qquad b_4 = \frac{(1-m)^3 c P^{*2}}{(b + (1-m)H^*)^4},$$

$$b_5 = -\frac{2(1-m)^2 c P^*}{(b + (1-m)H^*)^3}, \qquad b_6 = \frac{(1-m)c}{(b + (1-m)H^*)^2}.$$

设

$$w := (H, P),$$

从而

$$F_0(w) := \frac{1}{2} U_{ww} + \frac{1}{6} C_{www} + o(|w|^4),$$

其中, U, C 是对称多重线性形式 (symmetric multilinear forms) [164,395].

$\mathcal{L}$ 的共轭算子 $\mathcal{L}^*$ 为

$$\mathcal{L}^* \begin{pmatrix} H \\ P \end{pmatrix} := D \begin{pmatrix} H_{xx} \\ P_{xx} \end{pmatrix} + J^* \begin{pmatrix} H \\ P \end{pmatrix},$$

其中 $J^* = J^{\mathrm{T}}$, 定义域为 $D(\mathcal{L}^*) = X_C$.

假设

$$Q := \begin{pmatrix} q_1 \\ q_2 \end{pmatrix} = \begin{pmatrix} 1 \\ -\dfrac{\mu}{\sigma_0} + \dfrac{\beta_0}{\sigma_0} i \end{pmatrix}, \quad Q^* := \begin{pmatrix} q_1^* \\ q_2^* \end{pmatrix} = \frac{\sigma_0}{2\pi\beta_0} \begin{pmatrix} \dfrac{\beta_0}{\sigma_0} + \dfrac{\mu}{\sigma_0} i \\ i \end{pmatrix},$$

其中 $\sigma_0 = -\dfrac{(1-m)H^*}{b_0^H + (1-m)H^*}$, $\beta_0 = \sqrt{a\mu H^*}$.

对于任意的 $\xi \in D_{\mathcal{L}^*}$, $\eta \in D_{\mathcal{L}}$, 都有

$$\langle \mathcal{L}^*\xi, \eta \rangle = \langle \xi, \mathcal{L}\eta \rangle, \quad \mathcal{L}(b_0^H)Q = i\beta_0 Q, \quad \mathcal{L}^*(b_0^H)Q^* = -i\beta_0 Q^*,$$
$$\langle Q^*, \overline{Q} \rangle = 0, \qquad \langle Q^*, Q \rangle = 1.$$

根据 [164], 对于任意的 $(H, P) \in X$, 存在 $z \in \mathbb{C}$ 和 $\omega = (\omega_1, \omega_2) \in X^S$, 使得

$$(H, P)^{\mathrm{T}} = zQ + \bar{z}\overline{Q} + (\omega_1, \omega_2)^{\mathrm{T}}, \quad z = \langle Q^*, (u, v)^{\mathrm{T}} \rangle.$$

从而

$$\begin{cases} H = z + \bar{z} + \omega_1, \\ P = z\left(-\dfrac{\mu}{\sigma_0} + \dfrac{\beta_0}{\sigma_0} i\right) + \bar{z}\left(-\dfrac{\mu}{\sigma_0} - \dfrac{\beta_0}{\sigma_0} i\right) + \omega_2. \end{cases}$$

模型 (2.3.36) 可变换到 (z, ω) 坐标系中

$$\begin{cases} z_t = i\beta_0 z + \langle Q^*, F_0 \rangle, \\ \omega_t = \mathcal{L}\omega + H(z, \bar{z}, \omega), \end{cases} \tag{2.3.38}$$

其中 $H(z, \bar{z}, \omega) = F_0 - \langle Q^*, F_0 \rangle Q - \langle \overline{Q}^*, F_0 \rangle \overline{Q}$, 这里 F_0 定义见 (2.3.37). 记

$$\begin{aligned}
c_0 &:= f_{HH}q_1^2 + 2f_{HP}q_1q_2 + f_{PP}q_2^2 = 2a_1 + 2a_2 q_2, \\
d_0 &:= g_{HH}q_1^2 + 2g_{HP}q_1q_2 + g_{PP}q_2^2 = 2b_1 + 2b_2 q_2 + 2b_3 q_2^2, \\
e_0 &:= f_{HH}|q_1|^2 + f_{HP}(q_1\bar{q}_2 + \bar{q}_1 q_2) + f_{PP}|q_2|^2 = 2a_1 + a_2(q_2 + \bar{q}_2), \\
f_0 &:= g_{HH}|q_1|^2 + g_{HP}(q_1\bar{q}_2 + \bar{q}_1 q_2) + g_{PP}|q_2|^2 = 2b_1 + b_2(q_2 + \bar{q}_2) + 2b_3|q_2|^2, \\
g_0 &:= f_{HHH}|q_1|^2 q_1 + f_{HHP}(2|q_1|^2 q_2 + q_1^2 \bar{q}_2) \\
&\quad + f_{HPP}(2q_1|q_2|^2 + \bar{q}_1 q_2^2) + f_{PPP}|q_2|^2 q_2 \\
&= 6a_3 + 2a_4(2q_2 + \bar{q}_2), \\
h_0 &:= g_{HHH}|q_1|^2 q_1 + g_{HHP}(2|q_1|^2 q_2 + q_1^2 \bar{q}_2) \\
&\quad + g_{HPP}(2q_1|q_2|^2 + \bar{q}_1 q_2^2) + g_{PPP}|q_2|^2 q_2 \\
&= 6b_4 + 2b_5(2q_2 + \bar{q}_2) + 2b_6(2|q_2|^2 + q_2^2).
\end{aligned}$$

则

$$U_{QQ} = (c_0, d_0)^{\mathrm{T}}, \quad U_{Q\overline{Q}} = (e_0, f_0)^{\mathrm{T}}, \quad C_{QQ\overline{Q}} = (g_0, h_0)^{\mathrm{T}}. \tag{2.3.39}$$

于是

$$\langle Q^*, U_{QQ}\rangle = a_1 + b_2 - \frac{2\mu}{\sigma_0}b_3 - \frac{i}{\beta_0}\left(\sigma_0 b_1 + (a_1 - b_2)\mu + \frac{\mu^2(b_3 - a_2) + \beta_0^2(a_2 + b_3)}{\sigma_0}\right),$$

$$\langle Q^*, U_{Q\bar{Q}}\rangle = a_1 - \frac{\mu}{\sigma_0}a_2 - \frac{i}{\beta_0}\left(\sigma_0 b_1 + (a_1 - b_2)\mu + \frac{\mu^2(b_3 - a_2) + b_3\beta_0^2}{\sigma_0}\right),$$

$$\langle Q^*, C_{QQ\bar{Q}}\rangle = 3a_3 + b_5 - \frac{2}{\sigma_0}(a_4 + b_6)\mu$$
$$- \frac{i}{\beta_0}\left(3\sigma_0 b_4 + 3\mu(a_3 - b_5) + \frac{(3\mu^2 + \beta_0^2)(b_6 - a_4)}{\sigma_0}\right),$$

$$\langle \bar{Q}^*, U_{QQ}\rangle = a_1 - b_2 + \frac{2\mu(b_3 - a_2)}{\sigma_0}$$
$$+ \frac{i}{\beta_0}\left(b_1\sigma_0 + \mu(a_1 - b_2) - \frac{(\mu - \beta_0)(\mu + \beta_0)(a_2 - b_3)}{\sigma_0}\right),$$

$$\langle \bar{Q}^*, U_{Q\bar{Q}}\rangle = a_1 - \frac{\mu a_2}{\sigma_0} + \frac{i}{\beta_0}\left(b_1\sigma_0 + \mu(a_1 - b_2) + \frac{\mu^2(b_3 - a_2) + b_3\beta_0^2}{\sigma_0}\right).$$

$$(2.3.40)$$

设

$$H = \frac{H_{20}}{2}z^2 + H_{11}z\bar{z} + \frac{H_{02}}{2}\bar{z}^2 + o(|z|^3),$$

其中

$$H_{20} = U_{QQ} - \langle Q^*, U_{QQ}\rangle q - \langle \bar{Q}^*, U_{QQ}\rangle \bar{q} = (0, 0)^{\mathrm{T}},$$
$$H_{11} = U_{Q\bar{Q}} - \langle Q^*, U_{Q\bar{Q}}\rangle q - \langle \bar{Q}^*, U_{Q\bar{Q}}\rangle \bar{q} = (0, 0)^{\mathrm{T}}. \qquad (2.3.41)$$

由 [164, 附录 A] 和 [395] 可知系统 (2.3.38) 存在一个中心流形, 从而可将 ω 写为如下形式

$$\omega = \frac{\omega_{20}}{2}z^2 + \omega_{11}z\bar{z} + \frac{\omega_{02}}{2}\bar{z}^2 + o(|z|^3),$$

其中

$$\begin{cases} \omega_{20} = (2i\beta_0\mathcal{I} - \mathcal{L})^{-1}H_{20} = 0, \\ \omega_{11} = (-\mathcal{L})^{-1}H_{11} = 0. \end{cases}$$

故

$$\langle Q^*, U_{\omega_{11}Q}\rangle = \langle Q^*, U_{\omega_{20}\bar{Q}}\rangle = 0.$$

直接计算可得

$$\langle Q^*, \tilde{h} \rangle = \frac{1}{2\beta_0}(\beta_0 f_1 - i(\mu f_1 + \sigma_0 g_1)),$$

$$\langle \bar{Q}^*, \tilde{h} \rangle = \frac{1}{2\beta_0}(\beta_0 f_1 + i(\mu f_1 + \sigma_0 g_1)),$$

$$\langle Q^*, \tilde{h} \rangle Q = \frac{1}{2\beta_0} \begin{pmatrix} \beta_0 f_1 - i(\mu f_1 + \sigma_0 g_1) \\ \beta_0 g_1 + i\left(\dfrac{\beta_0^2}{\sigma_0}f_1 + \dfrac{\mu^2}{\sigma_0}f_1 + \mu g_1\right) \end{pmatrix},$$

$$\langle \bar{Q}^*, \tilde{h} \rangle \bar{Q} = \frac{1}{2\beta_0} \begin{pmatrix} \beta_0 f_1 + i(\mu f_1 + \sigma_0 g_1) \\ \beta_0 g_1 - i\left(\dfrac{\beta_0^2}{\sigma_0}f_1 + \dfrac{\mu^2}{\sigma_0}f_1 + \mu g_1\right) \end{pmatrix}.$$

从而 $H(z, \bar{z}, \omega) = (0,0)^{\mathrm{T}}$. 模型 (2.3.36) 在 $(z, \bar{z})$ 坐标系中的中心流形为

$$\frac{\mathrm{d}z}{\mathrm{d}t} = i\beta_0 z + \langle Q^*, F_0 \rangle = i\beta_0 z + \frac{1}{2}\phi_{20}z^2 + \phi_{11}z\bar{z} + \frac{1}{2}\phi_{02}\bar{z}^2 + \frac{1}{2}\phi_{21}z^2\bar{z} + o(|z|^4),$$

其中 $\phi_{20} = \langle Q^*, U_{QQ} \rangle, \phi_{11} = \langle Q^*, U_{Q\bar{Q}} \rangle, \phi_{02} = \langle Q^*, U_{\bar{Q}\bar{Q}} \rangle, \phi_{21} = \langle Q^*, C_{QQ\bar{Q}} \rangle.$
于是

$$\phi_{20} = \frac{\sigma_0}{2\beta_0}\left(\left(\frac{\beta_0}{\sigma_0} - \frac{\mu}{\sigma_0}i\right)c_0 - id_0\right)$$
$$= a_1 + b_2 - \frac{2\mu}{\sigma_0}b_3 - \frac{i}{\beta_0}\left((a_1 + a_2 - b_2 + b_3)\mu + \frac{2\mu^2}{\sigma_0}b_3 + \sigma_0 b_1\right),$$

$$\phi_{11} = \frac{\sigma_0}{2\beta_0}\left(\left(\frac{\beta_0}{\sigma_0} - \frac{\mu}{\sigma_0}i\right)e_0 - if_0\right)$$
$$= a_1 - \frac{\mu}{\sigma_0}a_2 - \frac{i}{\beta_0}\left((a_1 - b_2 - b_3)\mu - \frac{\mu^2}{\sigma_0}a_2 + \sigma_0 b_1\right),$$

$$\phi_{21} = \frac{\sigma_0}{2\beta_0}\left(\left(\frac{\beta_0}{\sigma_0} - \frac{\mu}{\sigma_0}i\right)g_0 - ih_0\right)$$
$$= 3a_3 - \frac{2}{\sigma_0}(a_4 + b_6)\mu + b_5$$
$$+ \frac{i}{\beta_0}\left(\frac{2}{\sigma_0}(a_4 - b_6)\mu^2 - (3a_3 + a_4 - 2b_5 + b_6)\mu - 3\sigma_0 b_4\right).$$

由此

$$
\begin{aligned}
\operatorname{Re}\left(c_1(b_0^H)\right) &= \operatorname{Re}\left\{\frac{i}{2\beta_0}\left(\phi_{20}\phi_{11} - 2|\phi_{11}|^2 - \frac{1}{3}|\phi_{02}|^2\right) + \frac{1}{2}\phi_{21}\right\} \\
&= -\frac{1}{2\beta_0}\Big(\operatorname{Re}(\phi_{20})\operatorname{Im}(\phi_{11}) + \operatorname{Im}(\phi_{20})\operatorname{Re}(\phi_{11})\Big) + \frac{1}{2}\operatorname{Re}(\phi_{21}) \\
&= \frac{1}{2\beta_0^2}\left(\left(a_1 + b_2 - \frac{2\mu}{\sigma_0}b_3\right)\left(\sigma_0 b_1 + (a_1 - b_2)\mu + \frac{\mu^2(b_3 - a_2) + b_3\beta_0^2}{\sigma_0}\right)\right. \\
&\quad + \left.\left(\sigma_0 b_1 + (a_1 - b_2)\mu + \frac{\mu^2(b_3 - a_2) + \beta_0^2(a_2 + b_3)}{\sigma_0}\right)\left(a_1 - \frac{\mu}{\sigma_0}a_2\right)\right) \\
&\quad + \frac{1}{2}\left(3a_3 + b_5 - \frac{2}{\sigma_0}(a_4 + b_6)\mu\right).
\end{aligned}
\tag{2.3.42}
$$

综上可得如下定理.

定理 2.16　假设 (H5) 成立, 则模型 (2.3.2) 在 $b = b_0^H$ 处存在 Hopf 分支.

(a) 如果 $\operatorname{Re}(c_1(b_0^H)) < 0$, 则 Hopf 分支方向是次临界的, 且分支周期解是轨道渐近稳定的;

(b) 如果 $\operatorname{Re}(c_1(b_0^H)) > 0$, 则 Hopf 分支方向是超临界的, 且分支周期解是不稳定的.

2.3.3　稳态分支

本小节将以 b 为分支参数研究稳态分支 (steady-state bifurcation), 进而证明模型 (2.3.2) 的非常数稳态解的存在性. 稳态分支值 b^S 满足如下条件 [395].

(S1) 存在 $j \in \mathbb{N}$, 使得
$$
\det_j(b^S) = 0, \quad \operatorname{tr}_j(b^S) \neq 0, \quad \det_j'(b^S) \neq 0.
$$
当 $k \neq j$ 时,
$$
\det_k(b^S) \neq 0, \quad \operatorname{tr}_k(b^S) \neq 0,
$$
其中 $\operatorname{tr}_j(b)$ 和 $\det_j(b)$ 定义见 (2.3.17).

显然, $\det_0(b^S) = a\mu H^* > 0$ 总是成立的, 因此我们仅考虑 $j \in \mathbb{N}_+$ 时的情形. 注意到 $\det_j(b) = 0$ 等价于 $b = b_S(j)$, 其中 $b_S(\delta)$ 定义于 (2.3.18).

首先考虑条件 (H5) 满足时的情况. 根据引理 2.13, 引入以下假设.

(S2) 存在 $p, q \in \mathbb{N}_+$ ($p \leqslant q$), 使得 $p - 1 \leqslant \sqrt{\delta_S^-} < p < q < \sqrt{\delta_S^+} \leqslant q + 1$, 其中 δ_S^- 和 δ_S^+ 的定义见 (2.3.20).

定义
$$
\langle p, q \rangle = \begin{cases} [p, q], & p < q, \\ p, & p = q, \end{cases}
\tag{2.3.43}
$$
$$
b_j^S = b_S(j), \quad j \in \langle p, q \rangle,
$$

则 b_j^S 是稳态分支点.

对于一些 $b \in (0, b_{\#})$, $i, j \in \langle p, q \rangle$ 且 $i < j$, 可能有 $b_i^S = b_j^S = \tilde{b}$, 其中

$$i = \sqrt{\frac{d_2 s(b) - d_1 \mu - \sqrt{(d_1 \mu - d_2 s(b))^2 - 4 d_1 d_2 a \mu H^*}}{2 d_1 d_2}},$$

$$j = \sqrt{\frac{d_2 s(b) - d_1 \mu + \sqrt{(d_1 \mu - d_2 s(b))^2 - 4 d_1 d_2 a \mu H^*}}{2 d_1 d_2}}.$$

于是, $\det_i(\tilde{b}) = \det_j(\tilde{b}) = 0$. 因此, 我们不考虑 $b = \tilde{b}$ 时的分支问题.

另一方面, 考虑

$$b_i^S = b_j^H, \quad i, j \in \langle p, q \rangle,$$

其中 b_j^H 是 Hopf 分支点. 为了验证稳态分支条件 (S1), 我们只需验证 $\det_j'(b_j^S) \neq 0$. 事实上,

$$\det_j'(b_j^S) = \frac{d_2 (1-m)^2 \mu H^* j^2}{c \big((1-m) H^* + b_j^S \big)^2} > 0.$$

于是, 可得如下稳态分支定理.

定理 2.17　如果下述条件之一成立:

(1) 若条件 (H3) 成立, 或条件 (H4) 成立且对所有的 $k, l \in \langle p, q \rangle$ ($k \neq l$), $b_k^S \neq b_l^S$;

(2) 若条件 (H5) 成立, 且对任意的 $i, j \in \langle p, q \rangle$ ($i \neq j$), $b_i^S \neq b_j^H$, 并且对所有的 $k, l \in \langle p, q \rangle$ ($k \neq l$), $b_k^S \neq b_l^S$, 则存在一条从 $(b, H, P) = (b_n^S, H^*, P^*)$ ($n \in \langle p, q \rangle$) 分支出的模型 (2.3.2) 的正解组成的光滑曲线 Γ_n,

$$\Gamma_n = \{ (b_n(s), H_n(s), P_n(s)) : s \in (-\epsilon, \epsilon) \},$$

且对一些 C^∞ 函数 $b_n(s)$, $\psi_{1,n}(s)$ 和 $\psi_{2,n}(s)$, 存在

$$H_n(s) = H^* + s\phi_n(x) + s\psi_{1,n}(s), \quad P_n(s) = P^* + sl_n \phi_j(x) + s\psi_{2,n}(s),$$

$$(2.3.44)$$

其中, $b_n(0) = b_n^S$, $\psi_{1,n}(0) = \psi_{2,n}(0) = 0$, $l_n = \dfrac{s(b_n^S) - d_1 n^2}{\sigma(b_n^S)} > 0$.

注 2.18　在定理 2.17 (1) 的情形下, 如果条件 (H3) 成立, ODE 模型 (2.3.1) 的正平衡点 E^* 是稳定的, 但是 PDE 模型 (2.3.2) 的正平衡点 E^* 是不稳定的, 因为 $\mathrm{tr}_k(b) < 0$ 且 $\det_k(b) < 0$. 换句话说, 这种失稳是由扩散引起的 Turing 失稳, 从而模型 (2.3.2) 存在稳态 Turing 斑图.

注 2.19　在定理 2.17 (2) 情形下, ODE 模型 (2.3.1) 的正平衡点 E^* 是不稳定的. 所以, PDE 模型 (2.3.2) 的正平衡点 E^* 的失稳是由稳态分支引起的. 由文献 [316] 可确定此时的稳态分支就是余维-2 Turing-Hopf 分支, 模型 (2.3.2) 存在时空斑图.

注 2.20　简单计算可得 Hopf 分支的临界值为

$$b^H := b_0^H = \frac{1-m}{ac} \frac{(cr - \mu(1-m))}{(c\mu + cr - \mu(1-m))}(2\mu(1-m) - c\mu - cr). \qquad (2.3.45)$$

Turing 分支的临界值为

$$b_T := \frac{(1-m)(cr - \mu(1-m))}{ac(\mu + d_2)(cr + cd_1 - \mu(1-m))}\Big(\mu(\mu + 2d_2)(1-m) - (r + d_1)(\mu + d_2)c\Big),$$
$$(2.3.46)$$

相应的临界波数 k_c 为

$$k_c^2 = \sqrt{\frac{(cr - \mu(1-m))\mu}{cd_1 d_2}}. \qquad (2.3.47)$$

在 Turing-Hopf 分支点处, $b^H = b_T$, 从而可得到 Turing-Hopf 分支点满足

$$d_1^* = \frac{(cd_2 - cr - \mu(1-m))\mu}{c(\mu + d_2)}. \qquad (2.3.48)$$

基于上述结果, 当模型 (2.3.2) 中的参数取为

$$a = 0.45, \quad c = 0.35, \quad \mu = 0.45, \quad r = 1.2, \quad m = 0.15, \quad d_2 = 0.5 \qquad (2.3.49)$$

时, 图 2.25 给出了模型 (2.3.2) 的分支图. Hopf 分支线和 Turing 分支线将参数空间分为四个区域. 区域 I, 位于两条线之上, 模型的所有解都是稳定的. 区域 II 是单纯的 Turing 失稳区, 区域 III 是单纯的 Hopf 失稳区, Turing-Hopf 失稳发生在区域 IV, Turing-Hopf 分支点为 $(b, d_1) = (0.1946, 0.1861)$.

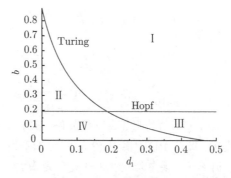

图 2.25　模型 (2.3.2) 的分支图. Hopf 和 Turing 分支线将参数空间分为四个区域

2.3.4 斑图形成

本小节将利用数值模拟研究模型 (2.3.2) 的斑图形成, 模型中的参数值同 (2.3.49). 此时, 引理 2.13 中的 δ^*, δ_S^-, δ_S^+, b_* 和 $b^\#$ 分别为

$$\delta^* \approx 0.2254, \quad \delta_S^- \approx 0.1157, \quad \delta_S^+ \approx 5.5557, \quad b_* \approx 0.1946, \quad b^\# \approx 0.1119.$$

由此

$$\delta_S^- \approx 0.1157 < 1^2 < 2^2 < \delta_S^+ \approx 5.5557.$$

从而, $b_1^S \approx 0.2503$ 和 $b_2^S \approx 0.05294$ 是两个可能的稳态分支点, 且 $b^H = b_* \approx 0.1946$ 是系统唯一的 Hopf 分支点.

为了理解分支参数 b 在模型 (2.3.2) 斑图动力学中的作用, 在图 2.25 区域 II, III 和 IV 中选取不同的 b 和 d_1, 通过数值模拟研究模型 (2.3.2) 的斑图形成. 作为例子, 这里只列示食饵 $H(x,t)$ 的斑图形成结果, 捕食者 $P(x,t)$ 的斑图与之类似.

2.3.4.1　Hopf 分支失稳时的斑图

在图 2.25 区域 III 中取 $b = 0.12, d_1 = 0.26$, 这时, $b < b_*$, 根据定理 2.15, 正平衡点 $E^* = (0.2381, 0.4145)$ 通过 Hopf 分支失稳, 模型 (2.3.2) 存在时间周期振荡斑图 (图 2.26(a)).

为了进一步理解这种斑图的形成机制, 图 2.26(b) 给出了空间 $x = \pi/2$ 处 $H(x,t)$ 的时间序列图, 结果表明 $H(\pi/2,t)$ 开始时轻微振荡, 最后变成周期振荡. 图 2.26(c) 给出了当 $t = 100, 200, 300$ 和 400 时 $H(x,t)$ 的空间分布, 结果表明 $H(x,t)$ 与空间无关.

此外, 由定理 2.16 可知, $\mathrm{Re}(c_1(b_0^H)) \approx -1.4642 < 0$, 所以 Hopf 分支方向是次临界的, 且分支周期解是轨道渐近稳定的 (图 2.26(a)).

2.3.4.2　稳态分支失稳时的斑图

由注 2.18—注 2.20 可知, 在稳态分支发生时, 模型 (2.3.2) 存在两种典型的斑图: 其一是由扩散引起的 Turing 斑图, 其二是由 Turing-Hopf 失稳引起的时空斑图. 接下来, 我们给出两个数值例子以便进一步理解这两种斑图的差异.

首先, 取 $b = 0.2, d_1 = 0.15$, 参数位于图 2.25 区域 II 中, 仅有 Turing 失稳发生. 此时, $b > b_*$, 根据定理 2.17 (1) 和注 2.18, 正平衡点 $E^* = (0.2381, 0.51735)$ 经由扩散失稳, 模型 (2.3.2) 存在稳态 Turing 斑图 (图 2.27(a)). 由图 2.27(b) 可见, $H(x,t)$ 开始时轻微振荡但最后关于时间是稳定的, 这说明 $H(x,t)$ 最终不依赖于时间 (图 2.27(b)). 由图 2.27(c) 可以看到模型 (2.3.2) 的解依赖于空间.

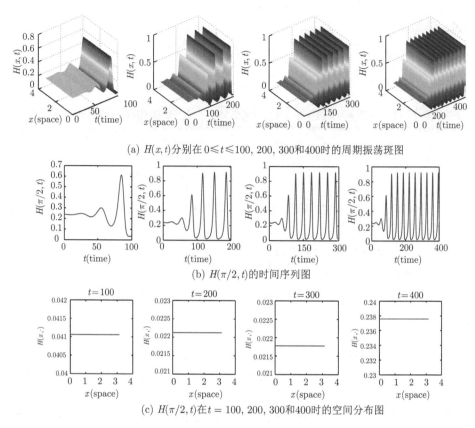

(a) $H(x,t)$分别在 $0 \leqslant t \leqslant 100,\ 200,\ 300$和$400$时的周期振荡斑图

(b) $H(\pi/2,t)$的时间序列图

(c) $H(\pi/2,t)$在$t = 100,\ 200,\ 300$和400时的空间分布图

图 2.26　模型 (2.3.2) 发生 Hopf 失稳时的时空动力学行为. 参数: $b = 0.12,\ d_1 = 0.26$, 系统正平衡点 $E^* = (0.2381, 0.4145)$ (彩图见封底二维码)

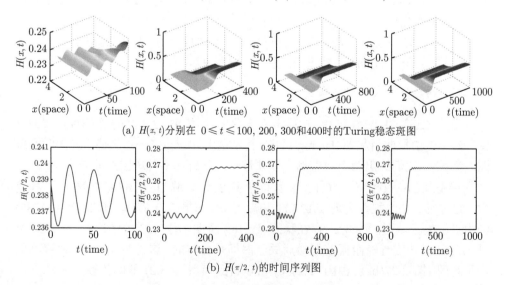

(a) $H(x,t)$分别在 $0 \leqslant t \leqslant 100,\ 200,\ 300$和$400$时的Turing稳态斑图

(b) $H(\pi/2,t)$的时间序列图

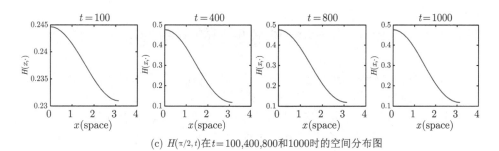

(c) $H(\pi/2,t)$在$t=100,400,800$和1000时的空间分布图

图 2.27　模型 (2.3.2) 发生 Turing 失稳时的时空动力学行为. 参数: $b=0.2$, $d_1=0.15$, 系统
正平衡点 $E^*=(0.2381,0.51735)$ (彩图见封底二维码)

其次, 取 $b=0.175, d_1=0.15$, 参数位于图 2.25 区域 IV 中, Turing-Hopf
失稳发生. 此时, $b>b_*$, 根据定理 2.17 (2) 和注 2.19 可知, 正平衡点 $E^*=$
$(0.2381, 0.4852)$ 通过 Turing-Hopf 分支失稳, 模型 (2.3.2) 存在时空斑图 (图 2.28(a)).
由图 2.28(b) 可知, $H(x,t)$ 开始时轻微振荡, 最后变成周期振荡. 由图 2.28(c) 可
以看到模型 (2.3.2) 的解依赖于空间. 显然, 这种时空斑图不仅依赖于时间也依赖
于空间 (图 2.28(a)).

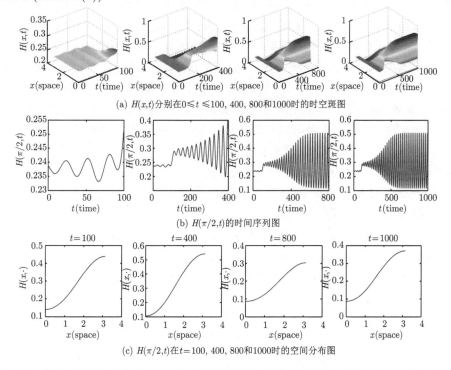

(a) $H(x,t)$分别在$0 \leqslant t \leqslant 100$, 400, 800和1000时的时空斑图

(b) $H(\pi/2,t)$的时间序列图

(c) $H(\pi/2,t)$在$t=100$, 400, 800和1000时的空间分布图

图 2.28　模型 (2.3.2) 发生 Turing-Hopf 失稳时的时空动力学行为. 参数: $b=0.175$, $d_1=$
0.15, 系统正平衡点 $E^*=(0.2381,0.4852)$ (彩图见封底二维码)

2.4　一类传染病模型的斑图形成

传染病 (infectious diseases) 是由各种病原体引起的能在人与人、动物与动物或人与动物之间相互传播的一类疾病. 病原体中大部分是微生物, 少部分为寄生虫, 寄生虫引起者又称寄生虫病 [2,8,12,14,75]. 传染病是人类生存和发展的大敌, 对人类生命健康和安定生活造成了很大威胁. 特别是近年来埃博拉病毒、中东呼吸综合征和尼帕 (Nipah) 病毒病等人畜共患病的暴发、药菌感染增加和传播, 已知病毒媒介的生态环境显著变化 (例如伊蚊的范围不断扩大), 通过全球相连的高密度城市地区进行大规模传播 (特别是登革热、流感等), 助长了更为复杂的流行病.

据世界卫生组织报告, 2016 年全球共有 5690 万例死亡, 在低收入国家十大死亡原因中, 传染病占 5 项. 2018 年, 我国 (不含港澳台) 共报告甲、乙类法定传染病发病 7770749 例, 死亡 23377 人; 2019 年共报告甲、乙类法定传染病发病 10860565 例, 死亡 25052 人; 2019 年的传染病发病数较 2018 年增加了 39.762%, 死亡人数增加了 7.165% [41]. 特别是 2019 年 12 月底开始暴发的新型冠状病毒肺炎疫情, 截止到北京时间 2020 年 9 月 18 日 18 时已经扩散到全球 200 多个国家和地区, 确诊病例数超过 3000 万人, 死亡超过 95 万人; 而在我国就有 90800 例, 死亡 4744 人. 毫无疑问, 这次疫情给全球国民经济生产、人民日常生活带来了巨大的影响.

由于人类长期面临着传染病的严峻威胁, 对传染病发病机理、传染规律和防治策略研究的重要性日益突出, 传染病防控已成为当今世界迫切需要解决的一个重大问题, 而对疾病流行规律的定量研究是防控工作的重要依据 [1,14,166,343,399,401,402].

一般来说, 传染病传播可以分为两个阶段: 一是传染病的局部 "演变" 阶段, 病原体潜伏定居, 适应环境, 侵入宿主, 在局部范围内流行; 二是传染病的暴发扩散阶段, 基本特征是传染病在地理分布区的扩张 [17].

Kermack-Mckendrick 的仓室模型就是针对某类传染病将某地区的人群 (或某一种群) 分成三类 (即三个仓室):

(1) 易感者类 (susceptible): 其数量记为 $S(t)$, 表示 t 时刻尚未染病但有可能被该类病菌或病毒感染的个体数.

(2) 染病者类 (infectious): 其数量记为 $I(t)$, 表示 t 时刻已感染且具有感染力的个体数.

(3) 康复者类 (recover): 其数量记为 $R(t)$, 表示 t 时刻从染病者类康复 (移出) 的个体数.

Kermack 和 Mckendrick 作了以下三个基本假设:

(1) 不考虑人口的出生与死亡, 环境封闭 (没有迁入和迁出). 从而成员总数始终保持一常数 N, 即 $S(t) + I(t) + R(t) \equiv N$.

(2) 一个染病者一旦与易感者接触就必然具有一定的感染力. 设 t 时刻单位时间内一个染病者传染易感者的数目与此时刻易感者的数量 $S(t)$ 成正比, 比例系数为 β, 从而 t 时刻在单位时间内被所有感染者所传播的成员数, 即新染病者数为 $\beta S(t)I(t)$.

(3) t 时刻单位时间内从染病者类中移出 (康复) 的成员数与此时刻的患者数量成正比, 比例系数 γ 称为恢复率系数, 从而 $1/\gamma$ 表示平均患病期. 因此, t 时刻单位时间康复的患者数为 $\gamma I(t)$. 且假设康复者具有永久免疫力, 不会再次被此病感染.

由此, 可用下述 "仓室图" 描述易感者从患病到康复的过程

图 2.29　SIR 仓室模型示意图

基于图 2.29, 对每一仓室的成员变化率建立平衡方程式, 便得到简单的 SIR 微分方程模型

$$
\begin{cases}
S_t = -\beta SI, \\
I_t = \beta SI - \gamma I, \\
R_t = \gamma I.
\end{cases}
\tag{2.4.1}
$$

由于 (2.4.1) 中前两个方程不含变量 R, 故只需要讨论前个两方程即可

$$
\begin{cases}
S_t = -\beta SI, \\
I_t = \beta SI - \gamma I.
\end{cases}
\tag{2.4.2}
$$

在模型 (2.4.2) 中, βSI 称为双线性发生率 (bilinear incidence rate) 或密度依赖传染率 (density-dependent transmission rate), 在传染病动力学模型中扮演着极为重要的角色. 下面, 我们详细地分析疾病的传染过程以期更深刻地理解传染率.

一般来说, 传染病是通过接触传播的. 设单位时间内一个患者与其他成员接触的次数称为接触率, 它通常依赖于环境中的总成员数 N, 记作 $U(N)$. 如果被接触者为易感者, 就有可能传. 设每次接触传染的概率为 β_0, 称为有效接触率, 即 $\beta_0 U(N)$, 表示一个感染者传染他人的能力, 反映了患者的活动能力、环境条件以及病菌的毒力等因素. 应当注意, 一般来说, 总成员中除了该感染者外, 还有其他感染者、免疫者和潜伏者, 当感染者与这些成员接触时不会发生传染, 只有与易感者接触时才可能传. 而易感者 S 在总成员中所占比例为 $\dfrac{S}{N}$, 因此, 每一感染者对易感者的平均有效接触率应为 $\beta_0 U(N)\dfrac{S}{N}$, 就是每一感染者平均对易感者的传

播率, 简称传染率. 从而 t 时刻在单位时间内被所有感染者传染的新成员 (即新感染者) 数为

$$\beta_0 U(N)\frac{S(t)}{N(t)}I(t),$$

称其为疾病的发生率[14].

在模型 (2.4.2) 中, 实际上假定了接触率与总成员数成正比, 即 $U = KN$, 于是有效接触率为 $\beta_0 KN = \beta N$, 其中 $\beta = \beta_0 K$ 称为有效接触率系数或传染率系数. 在不致混淆时, 也简称为传染率, 而 t 时刻所产生的新患者数, 即疾病的发生率为

$$\beta N(t)\frac{S(t)}{N(t)}I(t) = \beta S(t)I(t),$$

这就是前面提及的双线性发生率.

当所论种群的数量很大时, 与成员总数成正比的接触率假设显然是不合实际的, 因为单位时间内一个感染者能接触其他成员的数量是有限的. 这时, 可假定接触率为一常数 k, 从而疾病的发生率为 $\beta \frac{S}{N} I$, 其中 $\beta = \beta_0 k$ 为传染率系数. 这种发生率称为标准发生率 (standard incidence rate) 或频率依赖传染率 (frequency-dependent incident). Anderson 和 May 等指出[57,122], 对于人类和某些群居的动物而言, 标准发生率比双线性发生率更符合实际.

实际上, 双线性发生率与标准发生率是两种极端的情形. 介于它们之间的具有饱和特性的接触率可能更符合实际[127]. 例如

$$U(N) = \frac{\alpha N}{1 + \omega N},$$

其中 α 和 ω 均为正常数. 当 N 较小时, 它与 N 近似成正比, 随着 N 的增大而逐渐达到饱和; 当 N 很大时, 它近似于常数 α/ω. 此外, Heesterbeek 等[168] 考虑接触的某些随机因素而提出形如

$$U(N) = \frac{\alpha N}{1 + bN + \sqrt{1 + 2bN}}$$

的接触率, 也是一种形式的饱和接触率. 上述接触率具有以下共同特征

$$U(0) = 0, \quad U'(N) \geqslant 0, \quad \left(\frac{U(N)}{N}\right)' \leqslant 0.$$

另外, 还有形如 $\beta S^p I^q$ 和 $\frac{\beta S^p I^q}{N}$ 的发生率[240,241].

总之, 在研究某些具体传染病时, 采用何种形式的接触率和发生率, 应视具体疾病和环境等因素, 根据可获得的数据来确定[14,97,399]. 更多的关于发生率函数的研究, 请参看 [73,101,171,388].

一般地, 通过病毒传播的疾病如流感、麻疹、水痘等, 康复后对原病毒具有免疫力, 适合用上述 SIR 模型 (2.4.1). 而通过细菌传播的疾病, 如脑炎、淋病等, 康复后不具有免疫力, 可能再次被感染 [14]. 1932 年, 针对这类疾病的传播, Kermack 和 Mckendrick 又提出了以下 SIS 模型[201]

$$\begin{cases} S_t = -\beta SI + \gamma I, \\ I_t = \beta SI - \gamma I. \end{cases} \tag{2.4.3}$$

模型 (2.4.3) 通常用于模拟常见的儿童疾病, 在这些疾病中, 易感者在某个阶段感染该疾病, 并且在短暂的感染期之后重新变成易感者, 没有永久免疫. 如果易感者具有永久免疫, 则用 SIR 模型 (2.4.1) 刻画.

另一方面, 使得方程组

$$\begin{cases} -\beta SI + \gamma I = 0, \\ \beta SI - \gamma I = 0 \end{cases}$$

成立的 (S, I) 的值称为传染病模型 (2.4.3) 的平衡点 (equilibrium).

利用 $S(t) + I(t) = N$ (常数), 可将方程组 (2.4.3) 化为

$$S_t = \beta(N - S)\left(\frac{\gamma}{\beta} - S\right). \tag{2.4.4}$$

由 (2.4.4) 易见, 当 $\frac{\gamma}{\beta} \geqslant N$ 时, 方程 (2.4.3) 有唯一的平衡点 $S = N$, 且是渐近稳定的, 即从任一 $S_0 \in (0, N]$ 出发的解 $S(t)$ 均单调增加趋向于 $S = N$, 从而 $I(t)$ 将单调减小而趋向于零, 说明疾病不会流行, 且最终灭绝. 当 $\frac{\gamma}{\beta} < N$ 时, 方程 (2.4.3) 有两个平衡点: $S = N, S = \frac{\gamma}{\beta}$. 其中, $S = N$ 不稳定, $S = \frac{\gamma}{\beta}$ 渐近稳定. 任一从 $S_0 \in (0, N)$ 出发的 $S(t)$ 都随着 t 的增大而趋向于 $\frac{\gamma}{\beta}$, 从而 $I(t) \longrightarrow N - \frac{\gamma}{\beta}$. 这时, 疾病流行且感染者将最终保持为 $N - \frac{\gamma}{\beta}$ 而变成一种地方病 (endemic).

对于传染病模型, 例如 (2.4.3), 最核心的问题就是寻找使得疾病灭绝和蔓延的临界条件, 即基本再生数 (basic reproduction number), 一般用 R_0 表示. R_0 的流行病学意义是十分明显的. 对于模型 (2.4.3) 而言, $R_0 = \frac{\beta N}{\gamma}$. 注意到 $\frac{1}{\gamma}$ 是感染者的平均患病期, 因此 R_0 表示当疾病发生最初期, 所有成员 N 都是易患者时, 一个患者在其患病期内所能感染的成员总数. 所以, 当 $R_0 < 1$ 时疾病灭绝, 即趋于无病平衡点 $E_0 = (N, 0)$; 当 $R_0 > 1$ 时疾病蔓延且发展成为地方病, 即趋于地方病平衡点 $E^* = \left(\frac{1}{\gamma}, N - \frac{1}{\gamma}\right)$[14].

Kermack 和 Mckendrick 开创的仓室建模思想激发了大批学者利用微分方程研究传染病的流行与控制并取得了丰硕的成果. 这种建模思想直到现在仍被广泛使用, 并不断地被发展着. 例如, 考虑具有潜伏期 (exposed) 的传染病的流行规律 [223], 隔离 (quarantine) 措施对于疾病传播的影响 [170, 332, 339, 340], 接种 (vaccination) 对于传染病动力学的影响 [222] 以及考虑具有时滞的传染病模型 [68] 等.

2.4.1　模型建立

为了理解微寄生物——水蚤系统的疾病传染动力学, Ebert 等 [135] 构建了一个包含双线性发生率的传染病模型

$$
\begin{cases}
S_t = r(S + \delta I)\left(1 - c(S + I)\right) - \mu S - \beta SI, \\
I_t = \beta SI - (\mu + d)I, \\
S(0) = S_0 > 0, \quad I(0) = I_0 > 0,
\end{cases}
\tag{2.4.5}
$$

其中, S 和 I 分别是易感宿主和感染宿主的密度, r 是易感宿主的内禀增长率, δ 为感染宿主的相对生殖力, $1/c$ 为最大环境容纳量, μ 表示无寄生虫时宿主的自然死亡率, β 为发生率常数, d 为因病 (寄生虫) 死亡率. Ebert 等 [135] 证明了模型 (2.4.6) 存在唯一的全局渐近稳定的正平衡点 (地方病平衡点), 但在区域 $\{(S, I) \in \mathbb{R}^2 : c(S + I) < 1\}$ 中不存在周期轨道. 同时, 他们发现寄生虫对宿主的存活和繁殖的强烈影响增加了宿主种群灭绝的危险, 同样也增加了寄生物灭绝的危险. 但是, 全局吸引正解存在性的结论无法解释实验中观测到的各种依赖于参数和种群初值水平的丰富结果 [181, 182].

基于此, Hwang 和 Kuang [181] 假设发生率服从标准发生率, 建立了下述传染病模型

$$
\begin{cases}
S_t = r(S + \delta I)\left(1 - c(S + I)\right) - \mu S - \beta \dfrac{SI}{S + I}, \\
I_t = \beta \dfrac{SI}{S + I} - (\mu + d)I, \\
S(0) = S_0 > 0, \quad I(0) = I_0 > 0,
\end{cases}
\tag{2.4.6}
$$

结果发现原点 $(0, 0)$ 是模型 (2.4.6) 的全局吸引子, 从而可以完美解释寄生物导致宿主灭绝的实验观测现象. 这种宿主灭绝的动力学是由标准型发生率 $\beta \dfrac{SI}{S + I}$ 导致的原点的退化性引起的. 值得注意的是, 模型 (2.4.6) 还存在一个怪异的现象: 基本再生数 $R_0 = \dfrac{b}{d + \alpha} > 1$, 疾病不一定持久. 事实上, 当 $b > \alpha + a\dfrac{d + \alpha - d\rho}{d + \alpha - a\rho}$ 时宿主将灭绝. 在 [182] 中, Hwang 和 Kuang 进一步完善了上述研究.

在 [181] 的基础上, Berezovsky 等 [70] 考虑了易感者迁移并构建了一个新的包

含种群统计学和流行病学过程的新模型

$$\begin{cases} S_t = rN\left(1 - \dfrac{N}{K}\right) - \beta\dfrac{SI}{N} - (\mu + m)S, \\ I_t = \beta\dfrac{SI}{N} - (\mu + d)I, \end{cases} \tag{2.4.7}$$

这里 $N = S + I$, m 表示易感者宿主的平均移出率. 其余参数的意义同上.

由于种群统计学过程导致成员总数是变量而非固定常数, 传染病模型的定性动力学行为的描述包括如下两部分 [171, 247].

其一, 基本再生数 R_0 描述了流行病动力学: 当 $R_0 < 1$ 时, 无病平衡点渐近稳定; 当 $R_0 > 1$ 时, 地方病平衡点渐近稳定, 而无病平衡点不稳定 [70, 357]. 这意味着疾病在 $R_0 < 1$ 时灭绝, 在 $R_0 > 1$ 时蔓延.

其二, 统计学阈值 (demographic threshold. 也称为统计学再生数, basic reproductive number for the demographic process) R_d 描述了种群动力学: 当 $R_d > 1$ 时, 种群增长, 当 $R_d < 1$ 时, 种群灭绝 [70].

对于模型 (2.4.7), 定义基本再生数 [126, 347]

$$R_0 = \frac{\beta}{\mu + d}, \tag{2.4.8}$$

定义统计学再生数

$$R_d = \frac{r}{\mu + m}. \tag{2.4.9}$$

通过变换 $S \to S/K$, $I \to I/K$, $t \to t/(\mu + d)$, 模型 (2.4.7) 可变为

$$\begin{cases} S_t = \nu R_d(S + I)(1 - S - I) - R_0\dfrac{SI}{S+I} - \nu S =: f(S, I), \\ I_t = R_0\dfrac{SI}{S+I} - I =: g(S, I), \end{cases} \tag{2.4.10}$$

其中, $\nu = \dfrac{\mu + m}{\mu + d}$ 定义了易感者与感染者的平均寿命比.

在模型 (2.4.10) 中, 考虑 S 和 I 在空间随机游走, 即可得如下反应扩散传染病模型

$$\begin{cases} \partial_t S - d_1\triangle S = \nu R_d(S + I)\left(1 - (S + I)\right) - R_0\dfrac{SI}{S+I} - \nu S, & x \in \Omega,\, t > 0, \\ \partial_t I - d_2\triangle I = R_0\dfrac{SI}{S+I} - I, & x \in \Omega,\, t > 0, \\ \partial_{\mathbf{n}} S = 0, \partial_{\mathbf{n}} I = 0, & x \in \partial\Omega, \\ S(x, 0) = S_0(x) \geqslant 0, \quad I(x, 0) = I_0(x) \geqslant 0, & x \in \Omega. \end{cases} \tag{2.4.11}$$

与模型 (2.4.11) 对应的稳态解系统为

$$
\begin{cases}
-d_1 \triangle S = \nu R_d(S+I)(1-(S+I)) - R_0 \dfrac{SI}{S+I} - \nu S, & x \in \Omega, t > 0, \\
-d_2 \triangle I = R_0 \dfrac{SI}{S+I} - I, & x \in \Omega, t > 0, \\
\partial_{\mathbf{n}} S = 0, \quad \partial_{\mathbf{n}} I = 0, & x \in \partial\Omega.
\end{cases}
\tag{2.4.12}
$$

2.4.2 解的性质

2.4.2.1　ODE 模型解的有界性

定理 2.21　所有从 $\mathbb{R}^+$ 出发的模型 (2.4.10) 的非负解都是有界的, 且解的最终边界 Γ 与初值无关.

证明　将模型 (2.4.10) 的两个方程相加, 定义 $N(t) = S(t) + I(t)$, 得

$$
N_t = \nu R_d(S+I)(1-(S+I)) - \nu S - I.
$$

对于任意的 $\eta > 0$, 有

$$
\begin{aligned}
N_t + \eta N &= \nu R_d(S+I-(S+I)^2) - (\nu-\eta)S - (1-\eta)I \\
&\leqslant \nu R_d(N - N^2) - (\nu-\eta)S - (1-\eta)I.
\end{aligned}
$$

取 $\eta < \min\{\nu R_d, \nu, 1\}$, 则上述不等式的右边是有界的, 即

$$
N_t + \eta N \leqslant \nu R_d(N - N^2).
$$

从而可得 $N_t \leqslant (\nu R_d - \eta - \nu R_d N)N$, 则存在一个 $T > 0$, 当 $t > T$ 时,

$$
\limsup_{t\to\infty} N(t) \leqslant 1 - \frac{\eta}{\nu R_d} =: \Gamma.
$$

所以, 最终边界 Γ 与初值无关.　　　　　　　　　　　　　　　　　□

注 2.22　ODE 模型 (2.4.10) 的解位于矩形区域 $0 < S+I \leqslant 1 - \dfrac{\eta}{\nu R_d}$ 中, 这比 [70] 和 [181] 中给出的 $0 < S+I \leqslant 1$ 要更为精确.

2.4.2.2　PDE 模型解的耗散性

定理 2.23　对于模型 (2.4.11) 的任一解 $(S(x,t), I(x,t))$, 如果 $R_0 > 1$, 则

$$
\limsup_{t\to\infty} \max_{\overline{\Omega}} S(x,t) \leqslant \frac{1}{4} R_d, \qquad \limsup_{t\to\infty} \max_{\overline{\Omega}} I(x,t) \leqslant \frac{1}{4} R_d(R_0 - 1).
$$

也就是, 任给 $\varepsilon > 0$, $\left[0, \dfrac{1}{4} R_d + \varepsilon\right] \times \left[0, \dfrac{1}{4} R_d(R_0 - 1) + \varepsilon\right]$ 是模型 (2.4.11) 在 $\mathbb{R}^+$ 上的全局吸引域.

证明 由 (2.4.11) 可知 S 满足

$$\begin{cases} \partial_t S - d_1 \triangle S \leqslant \dfrac{1}{4}\nu R_d - \nu S, & x \in \Omega, t > 0, \\ \partial_\mathbf{n} S = 0, & x \in \partial\Omega, t > 0, \\ S(\mathbf{r}, 0) = S_0(\mathbf{r}), & x \in \Omega. \end{cases} \tag{2.4.13}$$

假设 $Z(t)$ 是下述 ODE 系统的一个解

$$Z_t = \frac{1}{4}\nu R_d - \nu Z, \quad t \geqslant 0,$$

初值条件 $Z(0) = \max\limits_{\bar{\Omega}} S(x,0) > 0$. 则 $\lim\limits_{t\to\infty} Z(t) = \dfrac{1}{4}R_d$. 根据比较原理可知 $S(x,t)$ $\leqslant Z(t)$, 从而

$$\limsup_{t\to\infty} \max_{\bar{\Omega}} S(x,t) \leqslant \frac{1}{4}R_d.$$

于是, 任给 $\varepsilon > 0$, 存在 $T > 0$, 使得对 $x \in \bar{\Omega}$ 和 $t \geqslant T$, 均有 $S(x,t) \leqslant \dfrac{1}{4}R_d + \varepsilon$.

同样地, I 满足

$$\begin{cases} \partial_t I - d_1 \triangle I \leqslant I\dfrac{R_0\left(\dfrac{1}{4}R_d + \varepsilon\right) - \left(\dfrac{1}{4}R_d + \varepsilon\right) - I}{\dfrac{1}{4}R_d + \varepsilon + I}, & x \in \Omega, t > 0, \\ \partial_\mathbf{n} I = 0, & x \in \partial\Omega, t > 0, \\ I(x,0) = I_0(x), & x \in \Omega. \end{cases} \tag{2.4.14}$$

由 $R_0 > 1$ 可知, 存在 $\varepsilon > 0$, 使得 $R_0\left(\dfrac{1}{4}R_d + \varepsilon\right) - \left(\dfrac{1}{4}R_d + \varepsilon\right) > 0$. 故

$$\limsup_{t\to\infty} \max_{\bar{\Omega}} I(x,t) \leqslant R_0\left(\frac{1}{4}R_d + \varepsilon\right) - \left(\frac{1}{4}R_d + \varepsilon\right).$$

由 $\varepsilon > 0$ 的任意性可得

$$\limsup_{t\to\infty} \max_{\bar{\Omega}} I(x,t) \leqslant \frac{1}{4}R_d(R_0 - 1). \tag{2.4.15}$$

定理得证. □

2.4.2.3 PDE 模型解的持久性

定义 2.24[108] 模型 (2.4.11) 是持久的, 如果对任意的非负初值 $(S_0(x), I_0(x))$, 存在一个正常数 $\varepsilon = \varepsilon(S_0, I_0)$, 使得模型 (2.4.11) 的解满足

$$\liminf_{t\to\infty} \min_{\bar{\Omega}} S(x,t) \geqslant \varepsilon, \qquad \liminf_{t\to\infty} \min_{\bar{\Omega}} I(x,t) \geqslant \varepsilon. \tag{2.4.16}$$

定理 2.25 如果 $R_d > 1 + \dfrac{1}{\nu}$ 和 $1 < R_0 < \dfrac{\nu(R_d^2 + 2R_d - 2)}{\nu R_d^2 + 2}$, 则模型 (2.4.11) 是持久的.

证明 由 (2.4.15) 可知, 对于任意 $0 < \varepsilon \ll 1$, 存在 $t \gg 1$, 当 $x \in \bar{\Omega}, t \geqslant t_0$ 时, $I(x,t) < \dfrac{1}{4}R_d(R_0 - 1) + \varepsilon := \alpha$. 所以, $S(x,t)$ 是下述系统的上解

$$
\begin{cases}
\partial_t z - d_1 \triangle z = z(\nu R_d - 2\alpha\nu R_d - R_0 - \nu - \nu R_d z), & x \in \Omega,\, t > t_0, \\
\partial_{\boldsymbol{n}} z = 0, & x \in \partial\Omega,\, t > t_0, \quad (2.4.17) \\
z(x,t_0) = S_0(x,t_0) \geqslant 0. & x \in \bar{\Omega}.
\end{cases}
$$

另一方面, 假设 $S(t)$ 是下述系统的唯一正解

$$
\begin{cases}
w_t = w(\nu R_d - 2\alpha\nu R_d - R_0 - \nu - \nu R_d w), & t > t_0, \\
w(t_0) = \max\limits_{\bar{\Omega}} S_0(x,t_0) \geqslant 0.
\end{cases}
\qquad (2.4.18)
$$

由 $R_d > 1 + \dfrac{1}{\nu}$ 和 $1 < R_0 < \dfrac{\nu(R_d^2 + 2R_d - 2)}{\nu R_d^2 + 2}$ 可知, 存在 $\varepsilon > 0$, 使得

$$
\nu R_d - 2\alpha\nu R_d - R_0 - \nu > 0.
$$

于是

$$
\lim_{t \to \infty} w(t) = \frac{\nu R_d - \dfrac{1}{2}\nu R_d^2(R_0 - 1) - R_0 - \nu}{\nu R_d} =: \widehat{w}.
$$

根据比较原理可得 $\lim\limits_{t \to \infty} S(x,t) = \widehat{w}$. 由此

$$
\liminf_{t \to \infty} \min_{\bar{\Omega}} S(x,t) \geqslant \widehat{w}. \qquad (2.4.19)
$$

所以, 当 $t > t_0$, $x \in \bar{\Omega}$ 时, $S(x,t) > \widehat{w} - \varepsilon$.

同样地, 由模型 (2.4.11) 第二个方程可知, $I(x,t)$ 是下述系统的一个上解

$$
\begin{cases}
\partial_t z - d_1 \triangle z = z\dfrac{\widehat{w}(R_0 - 1) - (R_0 - 1)\varepsilon - z}{\widehat{w} - \varepsilon + z}, & x \in \Omega,\, t > t_0, \\[2mm]
\partial_{\boldsymbol{n}} z = 0, & x \in \partial\Omega,\, t > t_0, \\
z(x,t_0) = I_0(x) \geqslant 0, & x \in \bar{\Omega}.
\end{cases}
\qquad (2.4.20)
$$

假设 $I(t)$ 是下述系统的唯一正解

$$
\begin{cases}
w_t = w\dfrac{\widehat{w}(R_0 - 1) - (R_0 - 1)\varepsilon - w}{\widehat{w} - \varepsilon + w}, & t > t_0, \\[2mm]
w(t_0) = \max\limits_{\bar{\Omega}} I_0(x,t_0) \geqslant 0.
\end{cases}
\qquad (2.4.21)
$$

则任给 $\varepsilon > 0$, 都有 $\lim\limits_{t \to \infty} w(t) = \widehat{w}(R_0 - 1)$. 由比较原理可知

$$\liminf\limits_{t \to \infty} \min\limits_{\bar{\Omega}} I(x, t) \geqslant \widehat{w}(R_0 - 1). \tag{2.4.22}$$

定理得证. □

2.4.3 地方病平衡点的稳定性与 Turing 失稳

容易验证, 当 $R_d > 1$ 时, 模型 (2.4.11) 存在一个无病平衡点 $E_0 = \left(1 - \dfrac{1}{R_d}, 0\right)$, 当 $R_0 < 1$ 时, E_0 是一个稳定结点; 当 $R_0 > 1$ 时, E_0 是一个鞍点. 而当

$$R_0 > 1, \quad R_d > \frac{R_0 + \nu - 1}{\nu R_0} \tag{2.4.23}$$

时, 模型 (2.4.11) 存在唯一地方病平衡点

$$E^* = (S^*, I^*) = \left(\frac{\nu R_0 R_d - R_0 + 1 - \nu}{\nu R_0^2 R_d}, (R_0 - 1)S^*\right).$$

假设 $0 = \mu_0 < \mu_1 < \mu_2 < \cdots$ 是具有 Newmann 边界条件的齐次算子 $-\triangle$ 在 Ω 上的特征值. 设

$$\mathbf{X} = \left\{(S, I) \in [C^1(\bar{\Omega})]^2 \,\middle|\, \partial_{\mathbf{n}} S = \partial_{\mathbf{n}} I = 0 \text{ 在 } \partial\Omega\right\},$$

考虑正交分解 $\mathbf{X} = \bigoplus\limits_{i=0}^{\infty} \mathbf{X}_i$, 其中 $\mathbf{X}_i$ 是对应于 μ_i 的正交基.

定理 2.26 (1) 如果 $R_0 < 1$, 则模型 (2.4.11) 的无病平衡点 E_0 是一致渐近稳定的.

(2) 如果下述条件之一成立:

(2-1) 当 $R_d > \dfrac{1}{R_0(2 - R_0)}$ 和 $1 < R_0 < 2$ 满足时, $\nu > \dfrac{(R_0 - 1)(3 - R_0)}{R_0 - 2 + R_0 R_d}$;

(2-2) 当 $R_d > \dfrac{1}{R_0}$ 和 $2 < R_0 < 3$ 满足时, $\nu > \dfrac{R_0 - 1}{R_0 R_d - 1}$,

则模型 (2.4.11) 的地方病平衡点 E^* 是一致渐近稳定的.

证明 这里只证明结论 (2) 成立. 结论 (1) 可以仿此推证. 模型 (2.4.11) 在 E^* 处的线性系统为

$$\begin{pmatrix} \partial_t S \\ \partial_t I \end{pmatrix} = \mathcal{L} \begin{pmatrix} S \\ I \end{pmatrix} + \begin{pmatrix} f_1(S - S^*, I - I^*) \\ f_2(S - S^*, I - I^*) \end{pmatrix},$$

其中 $f_i(z_1, z_2) = O(z_1^2 + z_2^2)$ $(i = 1, 2)$, 且算子

$$\mathcal{L} := \begin{pmatrix} d_1\triangle + J_{11} & J_{12} \\ J_{21} & d_2\triangle + J_{22} \end{pmatrix},$$

这里, $J_{ij}(i, j = 1, 2)$ 为模型 (2.4.11) 在 E^* 处的雅可比矩阵的元素, 即

$$
\begin{aligned}
J &:= \begin{pmatrix} J_{11} & J_{12} \\ J_{21} & J_{22} \end{pmatrix} \\
&= \begin{pmatrix} -\dfrac{R_0^2 + \nu R_0 R_d + \nu R_0 - 4R_0 - 2\nu + 3}{R_0} & \dfrac{2R_0 + 2\nu - \nu R_0 R_d - 3}{R_0} \\ \dfrac{(R_0 - 1)^2}{R_0} & \dfrac{1}{R_0} - 1 \end{pmatrix}.
\end{aligned}
$$
(2.4.24)

以下我们分两种情况讨论 J_{11} 的符号. 易知 J_{11} 的符号由下式决定

$$
\phi := \nu(R_0 R_d + R_0 - 2) + (R_0 - 1)(R_0 - 3).
$$
(2.4.25)

当 $\nu > \dfrac{R_0 - 1}{R_0 R_d - 1}$ 时, 模型 (2.4.11) 的地方病平衡点 E^* 存在. 所以, $\phi > 0$ 等价于

$$
\nu > \frac{(R_0 - 1)(3 - R_0)}{R_0 R_d + R_0 - 2}.
$$

此外, 容易验证

$$
\frac{(R_0 - 1)(3 - R_0)}{R_0 R_d + R_0 - 2} - \frac{R_0 - 1}{R_0 R_d - 1} = \frac{(R_0 - 1)(R_0 R_d(2 - R_0) - 1)}{(R_0 R_d + R_0 - 2)(R_0 - 1)}.
$$
(2.4.26)

当 $1 < R_0 < 2$ 和 $R_d > \dfrac{1}{R_0(2 - R_0)}$ 同时成立时, 由 (2.4.26) 可得 $\nu > \dfrac{(R_0 - 1)(3 - R_0)}{R_0 - 2 + R_0 R_d}$. 当 $2 < R_0 < 3$ 和 $R_d > \dfrac{1}{R_0}$ 同时成立时, 由 (2.4.26) 可得 $\nu > \dfrac{(R_0 - 1)}{R_0 R_d - 1}$. 所以, 在条件 (2) 的两种情况下, 均可得 $J_{11} < 0$. 对于每一个 i $(i = 0, 1, 2, \cdots)$, X_i 是算子 $\mathcal{L}$ 的不变集, 且 λ_i 是 X_i 上的算子 $\mathcal{L}$ 的特征值当且仅当 λ_i 是下述矩阵的特征值

$$
A_i = \begin{pmatrix} -d_1\mu_i + J_{11} & J_{12} \\ J_{21} & -d_2\mu_i + J_{22} \end{pmatrix},
$$
(2.4.27)

即满足

$$
\lambda_i^2 - \mathrm{tr}(A_i)\lambda_i + \det(A_i) = 0,
$$

其中

$$
\det(A_i) = d_1 d_2 \mu_i^2 - (d_1 J_{22} + d_2 J_{11})\mu_i + \det(J) > 0,
$$
$$
\mathrm{tr}(A_i) = -(d_1 + d_2)\mu_i + \mathrm{tr}(J) < 0,
$$
(2.4.28)

由于 $\det(A_i) > 0$, $\mathrm{tr}(A_i) < 0$, 所以矩阵 A_i 的两个特征值 λ_i^+ 和 λ_i^- 具有负实部.

情形 1 当 $i = 0$ 时, 如果 $(\mathrm{tr}(J))^2 - 4\det(J) \leqslant 0$, 则

$$\mathrm{Re}(\lambda_0^{\pm}) = \frac{1}{2}\mathrm{tr}(J) < 0;$$

如果 $\mathrm{tr}(J)^2 - 4\det(J) > 0$, 则

$$\mathrm{Re}(\lambda_0^{+}) = \frac{\mathrm{tr}(J) + \sqrt{\mathrm{tr}(J)^2 - 4\det(J)}}{2} < 0,$$

$$\mathrm{Re}(\lambda_0^{-}) = \frac{\mathrm{tr}(J) - \sqrt{\mathrm{tr}(J)^2 - 4\det(J)}}{2} < 0.$$

情形 2 当 $i \geqslant 1$ 时, 如果 $\mathrm{tr}(A_i)^2 - 4\det(A_i) \leqslant 0$, 则

$$\mathrm{Re}(\lambda_0^{\pm}) = \frac{1}{2}\mathrm{tr}(A_i) \leqslant \frac{1}{2}\mathrm{tr}(J) < 0;$$

当 $(\mathrm{tr}(A_i))^2 - 4\det(A_i) > 0$ 时, 由于 $\det(A_i) > 0$ 且 $\mathrm{tr}(A_i) < 0$, 对一些与 i 无关的正数 $\tilde{\delta}$, 有

$$\mathrm{Re}(\lambda_i^{-}) = \frac{\mathrm{tr}(A_i) - \sqrt{(\mathrm{tr}(A_i))^2 - 4\det(A_i)}}{2} \leqslant \frac{1}{2}\mathrm{tr}(A_i) \leqslant \frac{1}{2}\mathrm{tr}(J) < 0,$$

$$\mathrm{Re}(\lambda_i^{+}) = \frac{\mathrm{tr}(A_i) + \sqrt{\mathrm{tr}(A_i)^2 - 4\det(A_i)}}{2}$$

$$= \frac{2\det(A_i)}{\mathrm{tr}(A_i) - \sqrt{\mathrm{tr}(A_i)^2 - 4\det(A_i)}} \leqslant \frac{\det(A_i)}{\mathrm{tr}(A_i)} < \tilde{\delta}.$$

所以, 存在一个与 i 无关的正常数 δ, 使得对于所有的 i, 都有 $\mathrm{Re}(\lambda_i^{\pm}) < \delta$. 因此, 由特征值组成的算子 $\mathcal{L}$ 的谱满足 $\{\mathrm{Re}(\lambda) < \delta\}$. 由 [169] 可知, E^* 一致渐近稳定. $\qquad\square$

下面, 我们讨论模型 (2.4.11) 的无病平衡点 $E_0 = \left(1 - \dfrac{1}{R_d}, 0\right)$ 全局稳定性.

定理 2.27 如果 $R_d > 1$ 且 $R_0 < 1$, 则模型 (2.4.11) 的无病平衡点 E_0 全局渐近稳定.

证明 首先证明当 $t \to \infty$ 时, 模型 (2.4.11) 的任一正解 $(S(x,t), I(x,t))$ 都趋于 E_0. 这需要证明当 $t \to \infty$ 时, 在 $\bar{\Omega}$ 上, $(S(x,t), I(x,t))$ 一致收敛于 E_0.

因为 I 满足

$$\begin{cases} \partial_t I - d_1 \triangle I \leqslant (R_0 - 1)I, & x \in \Omega, \ t > 0, \\ \partial_{\mathbf{n}} I = 0, & x \in \partial\Omega, t > 0, \\ I(x,0) = I_0(x) \geqslant 0, & x \in \bar{\Omega}, \end{cases} \qquad (2.4.29)$$

当 $R_0 < 1$ 时, 存在 $0 < \varepsilon \ll 1$ 和 $t_0 \gg 0$, 使得对所有 $x \in \bar{\Omega}$, 当 $t \geqslant t_0$ 时, $I < \varepsilon$.

由于 ε 任意小, 所以 $S(x, t)$ 是下述系统的下解

$$\begin{cases} \partial_t z - d_1 \triangle z = \nu z(R_d - 1 - R_d z), & x \in \Omega, \quad t > t_0, \\ \partial_{\mathbf{n}} z = 0, & x \in \partial\Omega, \ t > t_0, \\ z(x, t_0) = S_0(x) \geqslant 0, & x \in \bar{\Omega}. \end{cases} \tag{2.4.30}$$

设 $S(t)$ 是下述 ODE 系统的一个解

$$\begin{cases} w_t = \nu w(R_d - 1 - R_d w), & t > t_0, \\ w(t_0) = \max_{\bar{\Omega}} S(x, t_0) > 0, \end{cases} \tag{2.4.31}$$

则 $S(x, t)$ 是系统 (2.4.30) 的一个上解. 从而, 由 (2.4.31) 可得 $\lim\limits_{t\to\infty} w(t) = 1 - \dfrac{1}{R_d}$. 由比较原理可知, 在 $x \in \bar{\Omega}$ 上, $\lim\limits_{t\to\infty} S(x, t) = 1 - \dfrac{1}{R_d}$ 且是一致地.

当 $t \to \infty$ 时, 在 $\bar{\Omega}$ 上, $S(x, t) \to 1 - \dfrac{1}{R_d}$ 及 $I(x, t) \to 0$ 成立且是一致的. 这就证明了 E_0 是全局渐近稳定的. $\qquad\square$

接下来证明模型 (2.4.11) 的地方病平衡点 E^* 是全局渐近稳定的.

定理 2.28　如果下述两个条件之一满足:

(1) $\nu > 1$ 且 $\dfrac{1}{R_0} < R_d < 1$;

(2) $\nu < 1$ 且 $R_d > \max\left\{1, \dfrac{2R_0 - 1 + \nu}{\nu R_0} - 1\right\}$,

则当

$$4\nu R_d S^*(1 - I^*) > \nu^2 R_d^2 + 4S^{*2} \tag{2.4.32}$$

时, 模型 (2.4.11) 的地方病平衡点 E^* 是全局渐近稳定的.

证明　定义 Lyapunov 函数

$$V(S, I) = \int_{S^*}^{S} \frac{\xi - S^*}{\xi} \mathrm{d}\xi + \lambda \int_{I^*}^{I} \frac{\eta - I^*}{\eta} \mathrm{d}\eta, \tag{2.4.33}$$

其中常数 $\lambda > 0$ 将在后面的证明中确定. 注意到 $V(S, I)$ 非负, $V(S, I) = 0$ 当且仅当 $(S(x, t), I(x, t)) = (S^*, I^*)$. 另外, 函数 V 沿着 ODE 模型 (2.4.10) 的解关于 t 求导, 可得

$$V_t = \frac{S - S^*}{S} S_t + \frac{\lambda(I - I^*)}{I} I_t.$$

由

$$\begin{cases} \nu R_d(S^* + I^*)(1 - (S^* + I^*)) - \dfrac{R_0 S^* I^*}{S^* + I^*} - \nu S^* = 0, \\ \dfrac{R_0 S^*}{S^* + I^*} - 1 = 0 \end{cases}$$

可得

$$
\begin{aligned}
V_t =& (S - S^*) \left[\nu R_d \left(1 + \frac{I}{S} - S - 2I - \frac{I^2}{S} \right) - \frac{R_0 I}{S + I} + \frac{R_0 I^*}{S^* + I^*} \right. \\
& \left. - \nu R_d \left(1 + \frac{I^*}{S^*} - S^* - 2I^* - \frac{I^{*2}}{S^*} \right) \right] \\
& + \frac{\lambda I^* (S - S^*)(I - I^*)}{S^*(S + I)} - \frac{\lambda (I - I^*)^2}{S + I} \\
=& \frac{(S - S^*)^2}{S^* S(S + I)} (-\nu R_d S^* S^2 - (\nu R_d(1 - I^*) - 1)I^* S \\
& - \nu R_d I(1 - I^*) - \nu R_d SI) + (S - S^*)(I - I^*) \\
& \cdot \left(\frac{\nu R_d(S - 2SS^* - S^* I - S^* I^*)}{S^* S} - \frac{1}{S + I} + \frac{\lambda I^*}{S^*(S + I)} \right) - \frac{\lambda (I - I^*)^2}{S + I}.
\end{aligned}
$$

$$(2.4.34)$$

取 $\lambda = \dfrac{S^*}{I^*}$，则

$$
\begin{aligned}
V_t <& - \frac{(S - S^*)^2}{S^* S(S + I)} ((\nu R_d(1 - I^*) - 1)I^* S) \\
& + \frac{\nu R_d(S - S^*)(I - I^*)}{S^*} - \frac{S^*(I - I^*)^2}{I^*(S + I)} \\
=& \frac{1}{S^* S(S + I)} \left(- B_1(S - S^*)^2 \right. \\
& \left. + B_2(S - S^*)(I - I^*) - B_3(I - I^*)^2 \right),
\end{aligned}
$$

$$(2.4.35)$$

其中

$$
B_1 := (\nu R_d(1 - I^*) - 1)I^* S, \quad B_2 := \nu R_d S(S + I) > 0, \quad B_3 := \frac{S^{*2} S}{I^*} > 0.
$$

当假设条件 (1) 和 (2) 成立时, 均可得

$$
\nu R_d(1 - I^*) - 1 = \frac{\nu R_0 R_d - R_0 + 1 - \nu + R_0(\nu - 1)}{R_0^2} > 0,
$$

上式等价于 $B_1 > 0$.

显然, 当 $(S - S^*)(I - I^*) < 0$ 时, 由 (2.4.35) 可知, $V_t < 0$ 始终成立. 当 $(S - S^*)(I - I^*) > 0$ 时, 由于算术平均值不小于几何平均值, 于是, 当 $B_2^2 \leqslant 4B_1 B_3$ 时,$V_t < 0$, 这等价于

$$
\left(\nu R_d S(S + I) \right)^2 < 4S^{*2} S^2 \left(\nu R_d(1 - I^*) - 1 \right). \tag{2.4.36}
$$

由定理 2.21 可知, 要使上式成立, 只需

$$\nu^2 R_d^2 < 4S^{*2}\left(\nu R_d(1-I^*)-1\right) \qquad (2.4.37)$$

成立. 如果条件 (2.4.32) 和 (2.4.37) 成立, 则 $V_t < 0$. 从而 ODE 模型 (2.4.10) 的地方病平衡点 E^* 是全局渐近稳定的.

对于 PDE 模型 (2.4.11), 选择 Lyapunov 函数

$$L(t) = \iint\limits_\Omega V(S,I)\mathrm{d}A, \qquad (2.4.38)$$

函数 $L(t)$ 沿着 PDE 模型 (2.4.11) 的解关于 t 求导, 可得

$$L_t = \iint\limits_\Omega V_t dA + \iint\limits_\Omega (\partial_S V d_1 \triangle S + \partial_I V d_2 \triangle I)\mathrm{d}x\mathrm{d}y. \qquad (2.4.39)$$

应用第一格林公式, 并且考虑到 Newmann 边界条件, 可得

$$L_t = \iint\limits_\Omega V_t\mathrm{d}x\mathrm{d}y - \left[\frac{d_1 S^*}{S^2}\iint\limits_\Omega \left((\partial_x S)^2 + (\partial_y S)^2\right)\mathrm{d}x\mathrm{d}y\right.$$
$$\left.+ \frac{d_2 S^*}{I^2}\iint\limits_\Omega \left((\partial_x I)^2 + (\partial_y I)^2\right)\mathrm{d}x\mathrm{d}y\right]$$
$$\leqslant \iint\limits_\Omega V_t\mathrm{d}x\mathrm{d}y \leqslant 0. \qquad (2.4.40)$$

从而 PDE 模型 (2.4.11) 的地方病平衡点 E^* 也是全局渐近稳定的. □

另一方面, 地方病平衡点 E^* 的 Turing 失稳意味着 E^* 对于 ODE 模型 (2.4.10) 是稳定的, 但对于 PDE 模型 (2.4.11) 是不稳定的. 所以, Turing 失稳只能发生在条件 $\mathrm{tr}(A_i) < 0$ 或者 $\det(A_i) > 0$ 不成立的情况下. 由 ODE 模型 (2.4.10) 的 E^* 的稳定性可知 $\mathrm{tr}(A_i) < 0$. 所以 E^* 的 Turing 失稳只能发生在 $\det(A_i) < 0$ 的情况下, 也就是说, 矩阵 A_i 的算子 $\mathcal{L}$ 至少存在一个正特征值时, 模型 (2.4.11) 的正平衡点 E^* 才是不稳定的. 另一方面, 由于 $\mu_i > 0$, 要使 E^* 是不稳定的, 必须 $d_1 J_{22} + d_2 J_{11} > 0$, 即 $J_{11} > -\dfrac{d_1 J_{22}}{d_2} > 0$. 由此可知, 当 $J_{11} > 0$ 时, $\nu < \dfrac{(R_0-1)(3-R_0)}{R_0 R_d + R_0 - 2}$. 由 (2.4.26) 可知, $R_d > \dfrac{1}{R_0(2-R_0)}$ 和 $1 < R_0 < 2$ 同时成立. 综上所述, 即可得如下定理.

定理 2.29　当 $1 < R_0 < 2$ 时, 如果 $R_d > \dfrac{1}{R_0(2-R_0)}$ 和 $\dfrac{R_0-1}{R_0 R_d - 1} < \nu < \dfrac{(R_0-1)(3-R_0)}{R_0 - 2 + R_0 R_d}$ 同时成立, 且

(1) $d_1 J_{22} + d_2 J_{11} > 0$;

(2) $d_1 J_{22} + d_2 J_{11} > 2\sqrt{d_1 d_2 \det(J)}$,

则模型 (2.4.11) 的地方病平衡点 E^* 是 Turing 失稳的.

由 (2.1.38) 可得模型 (2.4.11) Turing 分支的临界值为

$$R_{d_T} := \frac{d_1(2R_0^2 - 3R_0 + 1) + d_2(4R_0 + 2\nu - R_0^2 - R_0\nu - 3) - 2P(R_0 - 1)}{d_2 R_0 \nu},$$
(2.4.41)

其中, $P := \sqrt{d_1 R_0(d_1 R_0 + 2d_2 - d_2 R_0 - d_2\nu - d_1)}$. 显然 $R_d < R_{dT}$.

相应的临界波数 k_c 为

$$k_c := \sqrt{\frac{d_1(1 - R_0) + d_2(4R_0 + 2\nu - R_0^2 - R_0 R_d\nu - R_0\nu - 3)}{2d_1 d_2 R_0}}.$$
(2.4.42)

在图 2.30中, 我们给出了模型 (2.4.11) 在 R_0-R_d 参数平面的 Turing 分支图. Turing 分支线与正平衡点存在临界线 $R_d^+ := \dfrac{R_0 + \nu - 1}{\nu R_0}$ 将平面分成了三个区域. 区域 II 即为"Turing 空间".

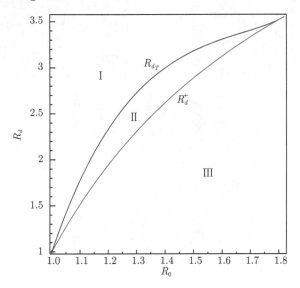

图 2.30　模型 (2.4.11) 在 R_0-R_d 参数平面的 Turing 分支图. 参数值为
$\nu = 0.15, d_1 = 0.01, d_2 = 0.25$

2.4.4　斑图形成与传染病传播

应用 2.1.5.1 小节中所述算法对模型 (2.4.11) 数值求解, 选取参数为 $R_d = 2.0, \nu = 0.15, d_1 = 0.01, d_2 = 0.25$, 且 R_0 在区间 [1.14, 1.213] 中变化, 所得感染者 $I(x, t)$ 的 Turing 斑图列示于图 2.31 中.

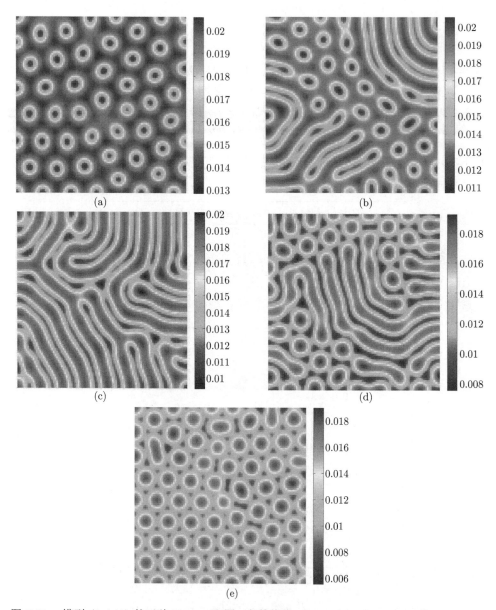

图 2.31 模型 (2.4.11) 的五种 Turing 斑图. 参数值为: $R_d = 2.0, \nu = 0.15, d_1 = 0.01, d_2 = 0.25$ (a) $R_0 = 1.14$; (b) $R_0 = 1.154$; (c) $R_0 = 1.17$; (d) $R_0 = 1.2$; (e) $R_0 = 1.213$
(彩图见封底二维码)

由图 2.31 可以看出, 随着 R_0 的减小, 模型 (2.4.11) 存在着 "洞斑图 → 洞线混合斑图 → 线斑图 → 点线混合斑图 → 点斑图" 的自复制趋势.

为了更进一步理解 Turing 斑图的形成机制, 我们在图 2.32 中绘制了 Turing

斑图在"Turing 空间"的分布图. 由图 2.32 可以看出, 当 $R_d < 2$ 时, 模型 (2.4.11) 不存在点斑图, 但存在洞斑图, 这意味着疾病可能在该区域蔓延. 而当 $R_0 \geqslant 1.36$ 时, 模型 (2.4.11) 只存在点斑图, 这意味着该区域可能是安全的, 疾病不可能在该区域蔓延.

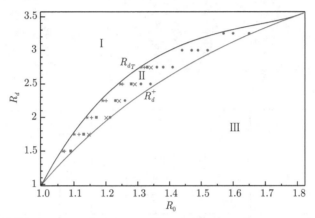

图 2.32 模型 (2.4.11) 的 Turing 斑图在"Turing 空间"的分布图. 符号表示了斑图在图 2.31 中的类型. ★: 斑图 (a); +: 斑图 (b); ■: 斑图 (c); ×: 斑图 (d); ●: 斑图 (e)
(彩图见封底二维码)

2.4.4.1 扩散系数变化时的斑图形成与疾病传播

一般来说, 扩散是通过随机运动从高密度区域转移到低密度区域的过程 [270]. 对于模型 (2.4.11), 由于人们对传染病的认知程度、政府部门的控制措施等原因, 扩散系数 d_1 或 d_2 随着时间的变化而变化. 接下来, 我们将通过数值模拟探讨扩散系数变化时斑图形成与疾病传播的关系.

首先, 固定 d_2, 考虑 d_1 变化时的疾病传播与斑图形成问题. 参数值取为 $R_0 = 1.2, R_d = 2.0, d_2 = 0.25$, d_1 从 0.01 变化至 0.075. 由图 2.33 的 (a1)—(a3) 可以看出, 此时, 系统存在着"点线混合 → 点 → 点线混合"的 Turing 斑图自复制行为. 由图 2.33 的 (b1)—(b3) 可以看出, 当 $t > 1000$ 时, $d_1 = 0.01$ 对应着 $S \in (0.14, 0.18)$, $I \in (0.014, 0.016)$; $d_1 = 0.05$ 对应着 $S \in (0.055, 0.075)$, $I \in (0.008, 0.011)$; $d_1 = 0.075$ 对应着 $S \in (0.015, 0.022)$, $I \in (0.0036, 0.0044)$. 也就是说, S 和 I 的值随着 d_1 的增加而减少.

其次, 固定 d_1, 考虑 d_2 变化时的疾病传播与斑图形成问题. 参数值为 $R_0 = 1.2, R_d = 2.0, d_1 = 0.03$, d_2 从 0.25 变化至 1.0. 由图 2.34 的 (a1)—(a3) 可以看出, 此时, 系统存在着"点斑图 → 点线混合斑图 → 点斑图"的 Turing 斑图自复制行为. 由图 2.33 的 (b1)—(b3) 可以看出, 当 $t > 1000$ 时, $d_2 = 0.25$ 对应着 $S \in (0.025, 0.03)$, $I \in (0.007, 0.008)$; $d_2 = 0.75$ 对应着 $S \in (0.01, 0.02)$,

$I \in (0.009, 0.011)$ $d_2 = 1.0$ 对应着 $S \approx 0.01$, $I \approx 0.011$ 且 $S < I$. 也就是说, S 的值随着 d_2 的增加而减少, I 的值随着 d_2 的增加而增加.

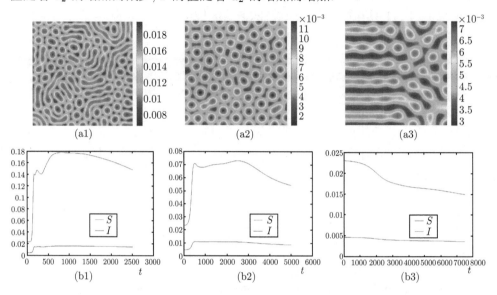

图 2.33 d_1 变化时模型 (2.4.11) 的时空动力学行为. (a) Turing 斑图; (b) 时间序列图. (1) $d_1 = 0.01$; (2) $d_1=0.05$; (3) $d_1 = 0.075$. 其余参数值为 $R_0 = 1.2, R_d = 2.0, d_2 = 0.25$ (彩图见封底二维码)

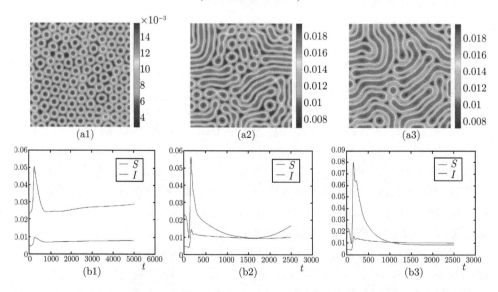

图 2.34 d_1 变化时模型 (2.4.11) 的时空动力学行为. (a) Turing 斑图; (b) 时间序列图. (1) $d_2 = 0.25$; (2) $d_2=0.75$; (3) $d_2 = 1.0$. 其他参数值为 $R_0 = 1.2, R_d = 2.0, d_1 = 0.03$ (彩图见封底二维码)

2.4.4.2 空间尺度对时空斑图形成的影响

系统的时空动态在很大程度上依赖于初始条件的选择. 在流行病学中, 种群的初始空间是由初始条件引起的. 为了简单起见, 我们在一维空间研究系统的斑图形成. 参考文献 [252, 346, 368], 对正平衡点作特殊微扰

$$S(x,0) = S^*, \qquad I(x,0) = I^* + \varepsilon x + \delta,$$

其中, $\varepsilon = 10^{-6}$ 和 $\delta = -1.5 \times 10^{-3}$. 图 2.35 给出了空间尺度对易感者 $S(x,t)$ 斑图形成的影响. 这里空间尺度分别为 $\Omega = (0,100)$, $(0,200)$, $(0,400)$ 和 $(0,800)$. 结果表明, 空间尺度越小, 越容易形成斑图.

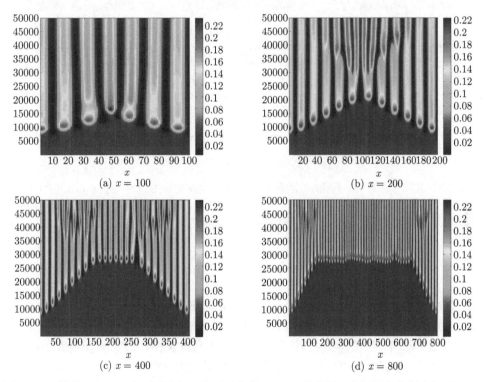

图 2.35 模型 (2.4.11) 在不同空间尺度下形成的 $S(x,t)$ 的斑图. 空间尺度分别为: (a) 100; (b) 200; (c) 400; (d) 800. 参数 $R_0 = 1.2, \nu = 0.15, R_d = 2.0, d_1 = 0.01, d_2 = 0.25$. 时间 $t = 6400$ (彩图见封底二维码)

2.4.4.3 扩散系数对时空斑图形成的影响

为了更好地理解扩散对 Turing 斑图形成的影响, 图 2.36 给出了模型 (2.4.11) 在空间区域 $\Omega = (0,400)$ 当 $d_2 = 0.25, 0.5, 1$ 时的时空动力学行为. 图 2.36(a) 给

出了易感者 $S(x,t)$ 的 Turing 斑图, 结果表明, 扩散系数 d_2 越大, 越容易形成斑图. 图 2.36(b) 给出了种群的空间分布, 中间的均匀区域对应于局部不稳定的正稳态解, 并且这个结构将持续很长时间, 这表明平衡态的稳定不是一个瞬态过程, 而是一个渐近过程. 此外, 由图 2.36 还可以看到, $S(x,t)$ 和 $I(x,t)$ 的值随着 d_2 的增大而增大, 这意味着扩散可增加疾病蔓延的风险.

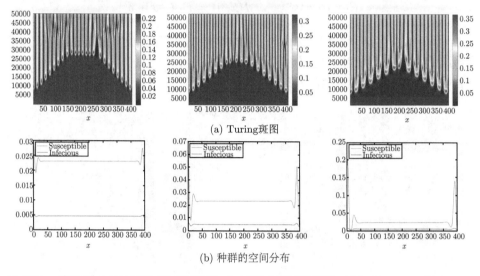

(a) Turing斑图

(b) 种群的空间分布

图 2.36　模型 (2.4.11) 在不同的扩散系数 d_2 下形成的时空斑图: (左) $d_2 = 0.25$; (中) $d_2 = 0.5$; (右) $d_2 = 1$. 参数 $R_0 = 1.2, \nu = 0.15, R_d = 2.0, d_1 = 0.01, d_2 = 0.25$. 时间 $t = 6400$
(彩图见封底二维码)

2.5 小　　结

2.1 节利用分支理论研究了一类含有自扩散以及交叉扩散的 Beddington-DeAngelis 捕食系统的斑图形成问题, 探讨了 Turing 分支和 Hopf 分支对系统斑图形成的机理. 数值结果表明, 交叉扩散对系统的斑图形成影响会更大. 关于交叉扩散斑图动力学的研究, 可参看史峻平教授的论文 [308].

在图 2.11中, $K = 9.0$, 位于分支图 2.4 区域 IV 中, Turing-Hopf 失稳发生, 但形成了稳态的 Turing "点" 斑图, 这一结果与图 2.28 中的不仅依赖于时间也依赖于空间的时空振荡斑图完全不同. 究其原因, 我们猜测这与 Beddington-DeAngelis 功能性反应函数 (2.1.13) 中的捕食者之间的干扰参数 w 有关. 通过大量的数值模拟, 我们发现当参数位于该区域时, 如果 w 较小 (例如 $w = 0.1$), 系统将产生时空振荡波斑图 (类似图 2.11 中的斑图). 关于 Turing-Hopf 分支处的丰富而复杂的动力学行为, 可参看宋永利教授的系列工作 [283,316,333].

比率依赖型捕食系统具有重要的应用价值, 引起了许多生态学家和生物数学家的关注 [42,59,69,176,207,219,275,282,289,334,387]. 与这些研究不同, 2.2 节研究了一类比率依赖型捕食系统的斑图选择问题, 特别是通过振幅方程 (2.2.12) 刻画了扰动对系统时空演化的振幅 $A_i (i = 1, 2, 3)$ 的影响机理. 值得注意的是, 方程 (2.2.12) 是这些振幅的三阶近似表达式. 在振幅方程中, 系数 g_1, g_2 必须满足 $g_2 > g_1 > 0$ 且 $g_2 > g_1 \gg \Gamma$. 如果不满足, 则必须考虑五阶或五阶以上的振幅方程. 这也是我们选择参数集 (2.2.14) 做数值模拟的理由.

在捕食系统 (2.2.3) 或 (2.2.4) 中, 固定参数 $\beta = 0.25, \gamma = 0.5$ 时, 要想得到正平衡点, 由 (2.2.7) 可知, $\alpha > 0.5$(对应于 $\mu < 0.4171$). 也就是说, 对于模型 (2.2.4) 来说, 与 Turing 分支临界值 α_c 的相对距离必须满足 $\mu < 0.4171$ 才能形成 Turing 斑图. 另外, 由图 2.19 和 (2.2.7) 可知, 对于固定参数集 (2.2.14) 而言, 当 $\alpha = 0.7086$ (对应于 $\mu = 0$), 即参数位于图 2.19 的区域 I 时, 系统只有稳定态解. 总之, 当 $0 < \mu < 0.4171$ (即 $0.5 < \alpha < 0.7086$) 时, 系统存在 Turing 斑图. 这也是我们在数值仿真过程中选择分支参数 α 介于 $0.51 \sim 0.70$ 的原因.

此外, 我们运用多尺度分析法建立系统的振幅方程时, 分支参数 α 及各阶导数要按照小参数 ε 展开, 此时, 必须用 Fredholm 可解性条件判定各阶 ε 是否能够获取非平凡解 [22,附录 C]. 为了得到 ε 展开式, 我们不得不通过一系列变换将含有有理函数的方程组 (2.2.1) 转换为多项式系统 (2.2.3), 并构建了相应的反应扩散模型 (2.2.4). 这是我们能够得到振幅方程的系数 (诸如 τ_0, Γ, g_1, g_2) 的重要原因.

与 [153] 的研究结果相比, 2.3 节的研究表明, 系统 (2.3.2) 除了存在稳态 Turing 斑图 (参看 [153] 和图 2.27(a)), 还存在时间周期斑图 (图 2.26(a)) 以及时空斑图 (图 2.28(a)). 也就是说, 模型 (2.3.2) 的斑图动力学是丰富且复杂的.

斑图 2.26(a), 图 2.27(a) 和图 2.28(a) 的形成显然都与扩散有关, 但形成机制完全不同. Turing 斑图 (即图 2.27(a)), 空间上异质、时间上同质, 是由扩散引起的, Turing 失稳的前提是 $d_2 \gg d_1$. 但是, 时间周期斑图 (图 2.26(a)) 是由 Hopf 分支引起的, 依赖于时间但不依赖于空间. 换句话说, 当 $d_1 = d_2$ 时亦可得到周期振荡斑图. 图 2.37 给出了 $d_1 = d_2 = 0.5$ 时的斑图, 显然这是与图 2.26(a) 同类型的斑图.

时空斑图 2.28(a), 同时依赖于时间和空间, 是由 Turing-Hopf 分支引起的, 也就是扩散和 Hopf 分支的共同作用. 与 Turing 斑图 (图 2.27) 的发生机制不同, 选取相同的扩散系数, 例如, $d_1 = d_2 = 0.5$, 模型 (2.3.2) 也存在斑图. 但有趣的是, 此时参数位于图 2.25 的区域 II 中, 单纯 Hopf 失稳而并非 Turing-Hopf 失稳. 事实上, 当模型 (2.3.2) 选取参数 (2.3.49) 时, 若 $d_1 < 0.2013$, Turing-Hopf 失稳发生 (图 2.25 中的区域 IV); 若 $d_1 > 0.2013$, 只有 Hopf 失稳发生 (图 2.25 中的区域 III).

在文献 [395] 中, 衣凤岐、魏俊杰、史峻平教授构建了研究稳态分支存在性的基本框架, 但未从数值上关注斑图形成. 本节研究发现, 当稳态分支发生时, 模型 (2.3.2) 存在两种典型的斑图: 一种是由 Turing 分支引起的稳态 Turing 斑图 (图 2.27); 另一种是由 Turing-Hopf 分支引起的时空斑图 (图 2.28). 显然, 我们的结果可以看作 [395] 关于稳态分支研究的补充.

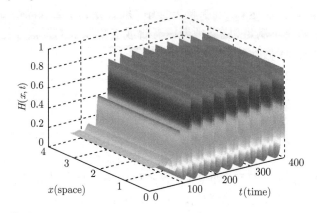

图 2.37   模型 (2.3.2) 在 $d_1 = d_2 = 0.5$ 时的周期振荡斑图. 其余参数同图 2.26
(彩图见封底二维码)

另外, 在文献 [316] 中, 宋永利教授等指出: Turing-Hopf 分支发生时, 系统的解关于时间和空间都是周期振荡的. 本节的研究结果表明 Turing-Hopf 产生时, $H(x,t)$ 最终关于时间周期振荡 (图 2.28(b)), 但关于空间并不是周期的 (图 2.28(c)). 这些结果可以看作关于 Turing-Hopf 分支研究的补充.

2.4 节研究了传染病模型 (2.4.11) 的时空复杂性. 在定性分析中我们引入了三个重要的参数: (a) 统计学阈值参数 R_d; (b) 基本再生数阈值参数 R_0; (c) 易感者与感染者的平均寿命之比 ν. 在数值模拟中, 我们发现当参数位于 (R_0, R_d) 参数空间的 "Turing 空间" 时, 模型 (2.4.12) 存在一系列不同的 Turing 稳态斑图. 这与 [237, 325] 中关于斑图的结论略有不同. 在 [237] 中, 作者研究了一个带有常数恢复率的传染病模型, 得到了 "线" 斑图和 "点线混合" 斑图, 但没有 "点" 斑图的结果. 在 [325] 中, 作者考虑了具有非线性发生率的 SI 传染病模型, 得到了 "洞" 和 "洞线混合" 斑图. 而本节的研究结果表明, 传染病模型 (2.4.12) 存在丰富且复杂的斑图自复制行为: 对于固定的 R_d, 当 R_0 增加时, 系统可形成 "洞 → 洞线 → 线 → 点线 → 点" 的斑图.

此外, 我们发现当 d_2 固定时, I 的值随着 d_1 的增大而减小 (图 2.33); 当 d_1 固定时, I 的值随着 d_2 的增大而增大 (图 2.34). 也就是说, 扩散系数 d_2 的增加会加快疾病的传播速度. 换句话说, 我们应用斑图形成方法给出了 "传染病暴发期, 隔离? 还是不隔离?" 这个问题的一个全新视角的答案: 隔离更好!

为了更好地理解传染病模型 (2.4.12) 的时空动态, 我们对空间尺度和扩散系数对 Turing 斑图形成的影响进行了数值模拟, 结果发现空间尺度越小, 越容易形成斑图 (图 2.35); 另一方面, 扩散系数 d_2 越大, 越容易形成斑图 (图 2.36(a)), 且 $S(x,t)$ 和 $I(x,t)$ 的值随 d_2 的增加而增大 (图 2.36(b)). 这说明, 感染者 $I(x,t)$ 的扩散会增加疾病蔓延的风险. 因此, 必须通过隔离等措施控制感染者移动, 从而有效控制传染病的传播.

Maini [251] 曾指出: 边界条件能够影响系统的斑图形成. 在 2.1 节中, 针对 Neumann 边界和周期边界, 我们对模型 (2.1.16) 和 (2.1.44) 做了大量的数值模拟, 但发现齐次 Neumann 边界和周期边界条件 [317]

$$\begin{cases} H(x,0) = H(x,l_1), \quad H(0,y) = H(l_2,y), \\ P(x,0) = P(x,l_1), \quad P(0,y) = P(l_2,y), \end{cases}$$

对该系统的 Turing 斑图形成没有任何实质性的影响. 也就是说, 对于同一组参数, 系统在两种边界条件下出现的斑图类型完全相同. 此外, 我们对比率依赖型捕食系统 (2.2.1) 做了同样的数值研究, 结果发现上述两种边界条件得到的 Turing 斑图类型是一样的. 事实上, 对于捕食者依赖型捕食系统而言, 扩散作用通过自复制引起种群的空间异质性或时间的波动, 而不受外力影响, 也就是说斑图是内源性的. 这正是我们能够在两种边界条件下观察到完全相同的斑图的原因.

另一方面, 从 2.1 节中的分支条件 (2.1.40) 以及 2.2 节中的振幅方程系数等能够看出, 在生物数学模型斑图动力学研究中会遇到冗长繁复、令人望而生畏的各种计算, 特别是计算过程中出现的超大计算量的人力难以胜任的十分复杂且精确的符号计算. 因此, 借助计算机大容量、高速度以及能够进行精确符号计算等特点, 基于 Maple, Matlab 或 Mathematica 等平台, 建立计算机辅助分析符号计算和数值计算的算法, 是现代生物数学研究必不可少的辅助手段. 事实上, 我们正是借助计算机代数系统 Maple 完成了所有的符号计算, 利用 Matlab 完成了所有的数值计算.

第 3 章 Allee 效应与斑图形成

3.1 Allee 效应

1931 年, 美国生态学家 Allee 发现, 在已经有金鱼的池里放入的金鱼会比往没有金鱼的水池中放入的金鱼生长得快 [46]. 随后对一系列物种的实验进一步表明, 群聚有利于种群的增长和存活, 但是, 过分稀疏或过分拥挤都可能阻止生长, 并对生殖产生负作用, 每种生物都有自己的最适密度. Allee 把这些现象看作是 "原始合作" (proto-cooperation), 并认为适合度 (fitness) 和种群大小之间正相关关系是生物学的一个基本法则 [47,48]. 适合度是指生物体或生物群体对环境适应的量化特征, 是分析估计生物所具有的各种特征的适应性, 是衡量一个个体存活和繁殖成功机会的尺度. 适合度越大, 个体成活的机会和繁殖成功的机会也越大, 反之则相反. 达尔文的适者生存的个体选择观点就是建立在适合度基础上的, 但用个体选择的观点无法解释动物的利他行为. 因为利他行为所增进的是其他个体的适合度, 而不是自己的适合度. Allee 的发现引起了生态学界广泛的重视 [111]. 1953 年, 美国生态学家 Odum 将这一现象命名为 "Allee 法则" (Allee principle) [269]. 目前这一现象被称为 Allee 效应 (Allee effect), 就是同种生物个体数量或种群密度与个体适合度的某方面之间的正相关关系 [318], 也被称为 "正密度依赖" (positive density-dependence), 或 "相反的密度依赖" (inverse density-dependence) 等. Allee 效应是当前生态学和保护生物学的研究热点之一 [19,21,27,43,44,55,67,111,112,121,124,192,193,218,318,320,323,350,355,404].

产生 Allee 效应的生态学因素有很多, 例如, 在低密度种群中个体寻找配偶困难, 食物供应匮乏, 群居功能紊乱, 或低密度下同系繁殖, 预防攻击和抵抗天敌的局限性等 [111,404]. 许多种群, 尤其是那些濒危的密度稀疏种群, 更容易受到 Allee 效应的影响 [21,111,124]. 对于一个具有 Allee 效应的种群来说, 当种群密度低于某一阈值时, 物种将会灭绝.

在 Allee 最初的试验中, Allee 效应意味着个体的一些可以度量的适合度随着种群数量的增大而增大. 然而随着丰富度的提高, 种群适合度的变化依赖于密度依赖的相对强度 [21,46-48]. 因此, 有必要区分关于 Allee 效应的两个重要概念 [318].

(1) **统计 Allee 效应** (demographic Allee effect), 即个体总适合度 (通常用种群平均增长率来量化) 与种群规模或密度之间的正相关性 [67]. 例如, 格兰维尔的豹纹蝶小种群的生长速度过低就是由于雌性寻找配偶的能力下降所致 [211].

(2) **组分 Allee 效应** (component Allee effect), 即个体适合度的任何可测量部分与种群规模或密度之间的正相关性[67]. 例如, 从温带草本植物到热带树木植物中可以观察到低密度的植物只能获得较少的花粉, 因此, 种子数量降低. 这种关系可视作组分 Allee 效应, 也就是 "相反的密度依赖" 型 Allee 密度[112]. 组分 Allee 效应 (3.1.4) 也称为 "附加 Allee 效应" (additive Allee effect)[43,44].

Allee 效应有 "强" "弱" 之分[67,111,355]. 本书采用 Wang 和 Kot[355] 给出的强、弱 Allee 效应的定义.

定义 3.1 假设 N 代表 t 时刻种群数量, $g(N)$ 代表种群生长函数且 $g(0) = 0$, 则种群平均增长率为

$$\frac{\mathrm{d}N}{\mathrm{d}t} = Ng(N). \tag{3.1.1}$$

若

$$\left.\frac{\mathrm{d}(Ng(N))}{\mathrm{d}N}\right|_{N=0} < 0,$$

则称增长函数 $Ng(N)$ 具有强 Allee 效应; 若

$$\left.\frac{\mathrm{d}(Ng(N))}{\mathrm{d}N}\right|_{N=0} > 0,$$

则称增长函数 $Ng(N)$ 具有弱 Allee 效应.

生态学家提出了多种 $g(N)$ 函数刻画 Allee 效应.

在统计 Allee 效应方面, Lewis 和 Kareiva[218], Amarasekare[55] 建立了如下函数

$$g(N) = r\left(1 - \frac{N}{K}\right)\left(\frac{N}{K} - \frac{A}{K}\right), \tag{3.1.2}$$

其中, $r, K > 0$. 若 $A > 0$, 强 Allee 效应; 若 $A \leqslant 0$, 弱 Allee 效应. 也有许多学者研究了具有函数 (3.1.2) 形式的 Allee 效应的种群模型[112,121,351,352].

若 $K = N - A$, 则 (3.1.2) 变为标准 Logistic 模型 (3.1.5).

Wilson 和 Bossert[381], Courchamp 等[113] 建立了如下函数

$$g(N) = r\left(1 - \frac{N}{K}\right)\left(1 - \frac{A + C}{N + C}\right), \tag{3.1.3}$$

其中, $r, K, C > 0$. 若 $A > 0$, 强 Allee 效应; 若 $A \leqslant 0$ 且 $C > |A|$, 弱 Allee 效应[121].

对于统计 Allee 效应而言, 强 Allee 效应存在一个阈值 K^*, 当 $N > K^*$ 时种群正增长, $N < K^*$ 时出现负增长, 最终将导致种群灭绝; 而具有弱 Allee 效应时

种群不存在这样的阈值, 当种群密度过低时, 种群出生率减小, 但不会出现负增长的情况. 参见图 3.1 以及文献 [55, 111–113, 121, 192, 351, 352, 355].

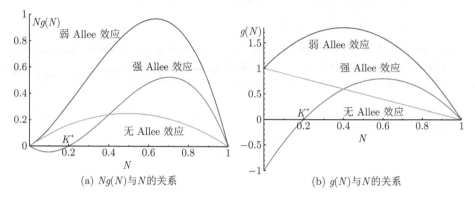

图 3.1　统计 Allee 效应 (3.1.2) 的性质

在组分 Allee 效应方面, Dennis [124], Stephens 和 Sutherland [318] 建立了函数

$$g(N) = r\left(1 - \frac{N}{K}\right) - \frac{m}{b+N},\qquad(3.1.4)$$

其中, m 和 b 称为 Allee 效应常数, $b < K$ 表示适合度是种群规模最大值的一半. 显然, $m > b$ 时为强 Allee 效应; $0 < m < b$ 时为弱 Allee 效应. 有许多学者研究了具有函数 (3.1.4) 形式的 Allee 效应的种群模型 [43, 44, 78, 88, 96].

在 (3.1.4) 中, 若 $m = 0$, 则

$$g(N) = r\left(1 - \frac{N}{K}\right)\qquad(3.1.5)$$

为标准 Logistic 模型.

组分 Allee 效应与统计 Allee 效应相比, "阈值" 性质大不相同. 强 Allee 效应时存在两个阈值: 当 $K_1^* < N < K_2^*$ 时种群正增长, 当 $N < K_1^*$ 或 $N > K_2^*$ 时出现负增长; 弱 Allee 效应时存在一个阈值 K_*, 当 $N < K_*$ 时种群正增长, 当 $N > K_*$ 时出现负增长, 最终将导致种群灭绝. 参见图 3.2 及 [43, 44].

此外, 由图 3.2 和 (3.1.2) 可以看出, 弱 Allee 效应与 Logistic 模型 (3.1.5) 具有相同的变化趋势. 所以也有学者称 Logistic 模型 (3.1.5) 为弱 Allee 效应 [111].

除此之外, 周淑荣和王刚教授 [404] 在 Levins 建立的经典集合种群模型 (metapopulation model)

$$\frac{\mathrm{d}p}{\mathrm{d}t}\frac{1}{p} = m(1-p) - e$$

的基础上, 研究了下述强 Allee 效应函数

$$g(p) = m(1-p)\frac{p}{p+a} - e, \tag{3.1.6}$$

其中, $p \in [0,1]$ 表示所讨论物种占据的栖息地比例, m 是空斑块的定殖率, e 是被占据斑块的灭绝率 (可以认为是灾难性过程的结果, 与种群大小和密度或定殖率无关), 且 $m > e$. a 是 Allee 效应常数, a 越大, Allee 效应越强. 并将其推广到竞争系统

$$\begin{cases} \dfrac{\mathrm{d}p_1}{\mathrm{d}t} = m_1p_1(1-p_1-p_2) - e_1p_1 - (m_2-\mu_{21})p_1p_2 + (m_1-\mu_{12})p_1p_2, \\ \dfrac{\mathrm{d}p_2}{\mathrm{d}t} = m_2p_2(1-p_1-p_2) - e_2p_2 - (m_2-\mu_{12})p_1p_2 + (m_2-\mu_{21})p_1p_2, \end{cases} \tag{3.1.7}$$

这里, μ_{ij} 表示占领物种 i 对物种 j 集群的抵抗力. 结果表明, 在集合种群水平上, 单一的 Allee 效应可以导致竞争系统产生多个稳定态, 并且随着 Allee 效应的加剧, 稳定态的数目减少. 而较强的 Allee 效应可能使两个物种不可能共存, 甚至导致它们的灭绝. 特别是, Allee 效应的存在使集合种群更容易受到生境破坏的影响, 可能是一个不稳定因素, 将影响物种的持续生存. 详情参看王刚和周淑荣教授等的系列论文[350,404].

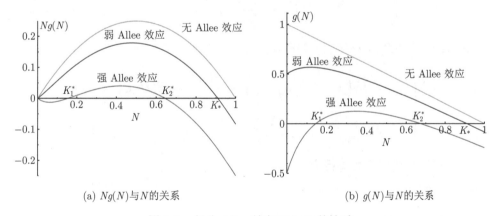

(a) $Ng(N)$与N的关系   (b) $g(N)$与N的关系

图 3.2 组分 Allee 效应 (3.1.4) 的性质

本章主要研究组分 (附加)Allee 效应 (3.1.4) 对种群系统斑图动力学的影响, 主要材料来源于 [32,78,88,95,96,369].

3.2 具有 Allee 效应的捕食系统斑图形成

2.3 节研究了庇护效应对 Leslie-Gower 捕食系统斑图动力学的影响机理. 本节, 我们将进一步研究附加 Allee 效应对 Leslie-Gower 捕食系统

$$\begin{cases} \partial_t H = H\left(1 - H - \dfrac{m}{H+b}\right) - \dfrac{cHP}{H+a} + d_1\triangle H, \\[3mm] \partial_t P = sP\left(1 - \dfrac{P}{H+a}\right) + d_2\triangle P \end{cases} \tag{3.2.1}$$

斑图动力学的影响, 其中, $\dfrac{mH}{H+b}$ 表示组分 Allee 效应项.

初值条件为

$$\begin{cases} H(x,y,0) = H_0(x,y) \geqslant 0, \\ P(x,y,0) = P_0(x,y) \geqslant 0, \end{cases} \quad (x,y) \in \Omega. \tag{3.2.2}$$

边界条件为

$$\partial_{\mathbf{n}} H = \partial_{\mathbf{n}} P = 0, \quad (x,y) \in \partial\Omega. \tag{3.2.3}$$

模型 (3.2.1) 对应的稳态解方程为

$$\begin{cases} -d_1\triangle H = H\left(1 - H - \dfrac{m}{H+b}\right) - \dfrac{cHP}{H+a}, \\[3mm] -d_2\triangle P = sP\left(1 - \dfrac{P}{H+a}\right). \end{cases} \tag{3.2.4}$$

与 PDE 模型 (3.2.1) 对应的 ODE 模型为

$$\begin{cases} H_t = H\left(1 - H - \dfrac{m}{H+b}\right) - \dfrac{cHP}{H+a} =: f(H,P), \\[3mm] P_t = sP\left(1 - \dfrac{P}{H+a}\right) =: g(H,P). \end{cases} \tag{3.2.5}$$

3.2.1 ODE 模型动力学行为

3.2.1.1 解的性质

引理 3.2 模型 (3.2.5) 是耗散的.

证明 根据模型 (3.2.5) 第一个方程可得

$$H_t < H(1 - H),$$

由比较定理可知

$$\limsup_{t\to\infty} H(t) \leqslant 1.$$

任给 $\varepsilon > 0$, 存在 $T > 0$, 当 $t > T$ 时, $H(t) \leqslant 1 + \varepsilon$.

由模型 (3.2.5) 第二个方程可得

$$P_t \leqslant sP\left(1 - \frac{P}{1 + \varepsilon + k_2}\right),$$

由 ε 的任意性可得

$$\limsup_{t\to\infty} P(t) \leqslant 1 + k_2. \qquad \square$$

定理 3.3 模型 (3.2.5) 的所有解在 $\mathbb{R}_+^2$ 上是一致有界的.

证明 设

$$N(t) = H(t) + P(t),$$

上式两边关于 t 求导, 可得

$$\begin{aligned}
N_t = H_t + P_t &= H\left(1 - H - \frac{m}{H+b}\right) - \frac{cHP}{H+k_1} + sP\left(1 - \frac{P}{H+k_2}\right) \\
&\leqslant H(1-H) + sP\left(1 - \frac{P}{H+k_2}\right) \leqslant \frac{1}{4} + sP\left(1 - \frac{P}{H+k_2}\right),
\end{aligned}$$

从而

$$\begin{aligned}
N_t + N &\leqslant \frac{1}{4} + H + P + sP\left(1 - \frac{P}{H+k_2}\right) \\
&\leqslant \frac{5}{4} + P\left(1 + s - \frac{sP}{1+k_2}\right) \\
&\leqslant \frac{5}{4} + \frac{(1+k_2)(1+s)^2}{4s} \\
&=: B. \tag{3.2.6}
\end{aligned}$$

当 $t \geqslant T \geqslant 0$ 时,

$$0 \leqslant N(t) \leqslant B - (B - WN(T))e^{-(t-T)}.$$

因此

$$\limsup_{t\to\infty} N(t) = \limsup_{t\to\infty}(H(t) + P(t)) \leqslant B. \qquad \square$$

记

$$\Gamma := \{(H, P) \in \mathbb{R}_+^2 : 0 \leqslant H \leqslant 1, 0 \leqslant P \leqslant 1 + k_2, 0 \leqslant H + P \leqslant B\}, \tag{3.2.7}$$

则 Γ 是模型 (3.2.5) 的正不变集.

注 3.4   当没有 Allee 效应, 即 $m = 0$ 时, 模型 (3.2.5) 变为

$$\begin{cases} H_t = H\left(1 - H\right) - \dfrac{cHP}{H + k_1}, \\ P_t = sP\left(1 - \dfrac{P}{H + k_2}\right). \end{cases} \tag{3.2.8}$$

容易验证模型 (3.2.8) 的解的耗散性和有界性与引理 3.2 和定理 3.3 类似. 也就是说, Allee 效应对该系统的耗散性和有界性没有任何影响.

3.2.1.2   正平衡点的存在性

模型 (3.2.5) 的任一正解满足

$$\begin{cases} 1 - H - \dfrac{m}{H + b} - \dfrac{cP}{H + k_1} = 0, \\ 1 - \dfrac{P}{H + k_2} = 0, \end{cases}$$

由此可得: $P = H + k_2$, 且

$$\phi_1(H) := H^3 + 3\eta_1 H^2 + 3\eta_2 H + bck_2 + \eta_3 = 0, \tag{3.2.9}$$

其中

$$\begin{aligned} 3\eta_1 &:= b + c + k_1 - 1, \\ 3\eta_2 &:= bc + bk_1 + ck_2 + m - b - k_1, \\ \eta_3 &:= bck_2 + k_1(m - b). \end{aligned} \tag{3.2.10}$$

通过变换 $z = H + \eta_1$, 方程 (3.2.9) 可变为

$$h(z) := z^3 + 3pz + q = 0, \tag{3.2.11}$$

其中

$$p = \eta_2 - \eta_1^2, \quad q = \eta_3 - 3\eta_1\eta_2 + 2\eta_1^3. \tag{3.2.12}$$

接下来, 我们讨论方程 (3.2.11) 的正根的存在性.

引理 3.5   (1) 如果 $q < 0$, 方程 (3.2.11) 存在唯一正根.

(2) 假设 $q > 0$, $p < 0$, 则

(2-1) 如果 $q^2 + 4p^3 = 0$, 方程 (3.2.11) 存在一个二重正根;

(2-2) 如果 $q^2 + 4p^3 < 0$, 方程 (3.2.11) 存在两个正根.

(3) 如果 $q = 0$, $p < 0$, 方程 (3.2.11) 存在唯一正根.

证明 对 (3.2.11) 关于 z 求导, 可得

$$h'(z) = 3(z^2 + p) = 3(z + \sqrt{-p})(z - \sqrt{-p}),$$

显然, $h'(z)$ 有两个零点, 即 $h(z)$ 存在两个极值点: $z = \sqrt{-p}$ 和 $z = -\sqrt{-p}$. 从而 $h(z)$ 的最大、最小值分别为: $M_1 = q + 2\sqrt{-p^3}$, $m_1 = q - 2\sqrt{-p^3}$.

(1) 如果 $q < 0$, 则

(1-1) 若 $p \geqslant 0$, 因为 $h'(z) = 3(z^2 + p) \geqslant 0$, 则 $h(z)$ 是 $[0, +\infty)$ 上严格单调 递增的连续函数, 从而 $h(z) \geqslant h(0) = q$. 因此, $h(z)$ 有一正根.

(1-2) 若 $p \leqslant 0$, 方程 (3.2.11) 有一正根.

所以, 若 $q < 0$, 方程 (3.2.11) 有一正根.

(2) 如果 $q > 0$, 则 $p < 0$, 否则, $h(z) \neq 0$.

(2-1) 若 $m_1 = 0$, 即 $q^2 + 4p^3 = 0$, 则方程 (3.2.11) 有一个二重正根.

(2-2) 若 $m_1 < 0$, 即 $q^2 + 4p^3 < 0$, 则方程 (3.2.11) 有两个不相等的正根.

(3) 如果 $q = 0$, 则 $p < 0$, 否则, $h(z) \neq 0$. 方程 (3.2.11) 存在唯一正根. $\square$

此外, 简单代数计算可知, 当方程 (3.2.11) 有两个正根时, 一个是

$$z_1 := \frac{\sqrt[3]{\left(-4q + 4\sqrt{4p^3 + q^2}\right)^2} - 4p}{2\sqrt[3]{-4q + 4\sqrt{4p^3 + q^2}}},$$

另一个是

$$z_2 := -\frac{z_1}{2} + \frac{\sqrt{z_1^3 + 4q}}{2\sqrt{z_1}}.$$

值得注意的是, 如果方程 (3.2.11) 只有一个正根, 必定是 z_1.

再次考虑 (3.2.12), 由 $p = 0$ 和 $q = 0$ 可以确定两个临界值 $m = m_1^*$ 和 $m = m_2^*$, 这里

$$m_1^* := \frac{1}{3}(b + c + k_1 - 1)^2 + b - bc - (b-1)k_1 - ck_2,$$

$$m_2^* := \frac{2b - c - k_1 + 1}{9(b + c - 2k_1 - 1)}(b^2 + b - bc - bk_1 - 2c^2 + 4c$$

$$- 4ck_1 - 2k_1^2 - 5k_1 + 9ck_2 - 2).$$

由此可得模型 (3.2.5) 分别在弱 Allee 效应 $(0 < m < b)$ 和强 Allee 效应 $(m > b)$ 时正平衡点的存在性.

引理 3.6 (弱 Allee 效应情形)

(1) 如果

$$2k_1 + 1 - c - b > 0, \quad 0 < m < \min\{b, m_2^*\}$$

或

$$2k_1 + 1 - c - b < 0, \quad 0 < m_2^* < m < b$$

成立, 则模型 (3.2.5) 存在唯一正平衡点 $E_w^* = (H_w^*, P_w^*) = (z_1 - \eta_1, z_1 - \eta_1 + k_2)$.

(2) 如果

$$2k_1 + 1 - c - b > 0, \quad 0 < m_2^* < m < \min\{b, m_1^*\}$$

或

$$2k_1 + 1 - c - b < 0, \quad 0 < m < \min\{b, m_1^*, m_2^*\}$$

成立, 则

(2-1) 当 $q^2 + 4p^3 < 0$ 时, 模型 (3.2.5) 存在两个正平衡点, 分别是 $E_{w3} = (H_{w3}, P_{w3}) = (z_1 - \eta_1, z_1 - \eta_1 + k_2)$ 和 $E_{w4} = (H_{w4}, P_{w4}) = (z_2 - \eta_1, z_2 - \eta_1 + k_2)$;

(2-2) 当 $q^2 + 4p^3 = 0$ 时, 模型 (3.2.5) 存在唯一正平衡点 $E_w = (H_w, P_w) = (\sqrt{-p}, \sqrt{-p} + k_2)$.

(3) 如果 $0 < m < \min\{b, m_1^*\}$, 当 $m_2^* = 0$ 时, 模型 (3.2.5) 存在唯一的正平衡点 $\tilde{E}_w = (\tilde{H}_w, \tilde{P}_w) = (\sqrt{-3p}, \sqrt{-3p} + k_2)$.

引理 3.7 (强 Allee 效应情形)

(1) 如果

$$2k_1 + 1 - c - b > 0, \quad 0 < b < m < m_2^*$$

或

$$2k_1 + 1 - c - b < 0, \quad 0 < \max\{b, m_2^*\} < m$$

成立, 则模型 (3.2.5) 存在唯一正平衡点 $E_s^* = (H_s^*, P_s^*) = (z_1 - \eta_1, z_1 - \eta_1 + k_2)$.

(2) 如果

$$2k_1 + 1 - c - b > 0, \quad 0 < \max\{b, m_2^*\} < m < m_1^*$$

或

$$2k_1 + 1 - c - b < 0, \quad 0 < b < m < \min\{m_1^*, m_2^*\}$$

成立, 则

(2-1) 当 $q^2 + 4p^3 < 0$ 时, 模型 (3.2.5) 存在两个正平衡点: $E_{s4} = (H_{s4}, P_{s4}) = (z_1 - \eta_1, z_1 - \eta_1 + k_2)$ 和 $E_{s5} = (H_{s5}, P_{s5}) = (z_2 - \eta_1, z_2 - \eta_1 + k_2)$;

(2-2) 当 $q^2 + 4p^3 = 0$ 时, 模型 (3.2.5) 存在唯一正平衡点 $E_s = (H_s, P_s) = (\sqrt{-p}, \sqrt{-p} + k_2)$.

(3) 如果 $b < m < m_1^*$ 且 $m_2^* = 0$, 模型 (3.2.5) 存在唯一正平衡点 $\tilde{E}_s = (\tilde{H}_s, \tilde{P}_s) = (\sqrt{-3p}, \sqrt{-3p} + k_2)$.

注 3.8 若 $m = 0$, 模型 (3.2.5) 没有 Allee 效应, 即为模型 (3.2.8), 存在三个边界平衡点: $E_0 = (0,0)$, $E_1 = (0, k_2)$, $E_2 = (1, 0)$, 且当 $ck_2 < k_1$ 时存在唯一的正平衡点 $E^* = (H^*, P^*)$, 这里

$$H^* = \frac{1}{2}\left(1 - c - k_1 + \sqrt{(1 - c - k_1)^2 - 4(ck_2 - k_1)}\right), \quad P^* = H^* + k_2. \quad (3.2.13)$$

与引理 3.6 和引理 3.7 相比, 易知模型 (3.2.5) 的平衡点存在性的复杂性是由 Allee 效应引起的.

3.2.1.3 平衡点的稳定性

为了理解 Allee 效应对平衡点稳定性的影响, 首先给出模型 (3.2.5) 不含有 Allee 效应时的稳定性.

1) 不含 Allee 效应时的稳定性

注 3.8 给出了模型 (3.2.8) 的平衡点的存在性, 下面直接给出这些平衡点的稳定性结果.

定理 3.9 对于模型 (3.2.8),

(1) E_0 是不稳定结点; E_1 是鞍点; 当 $ck_2 < k_1$ 时, E_2 是鞍点, 当 $ck_2 > k_1$ 时, 是稳定结点.

(2) 如果

$$B < \frac{k_1(1 + k_1)}{2c}, \quad k_1 < 2k_2, \quad 4(H^* + k_1) < c,$$

则 E^* 是全局渐近稳定的. 这里 B 定义于 (3.2.6).

证明过程是标准的, 此处略去. 也可看 [62].

2) 弱 Allee 效应时的稳定性

模型 (3.2.5) 具有弱 Allee 效应, 即 $0 < m < b$ 时, 存在三个边界平衡点 $E_{w0} = (0,0)$, $E_{w1} = (0, k_2)$ 和 $E_{w2} = \left(\dfrac{1 - b + \sqrt{(1 - b)^2 - 4(m - b)}}{2}, 0\right)$.

模型 (3.2.5) 在 $E = (H, P)$ 处的雅可比矩阵为

$$J_E = \begin{pmatrix} \xi_{11} & \xi_{12} \\ \xi_{21} & \xi_{22} \end{pmatrix}, \quad (3.2.14)$$

其中

$$
\xi_{11} = 1 - 2H - \frac{bm}{(H+b)^2} - \frac{-ck_1 P}{(H+k_1)^2}, \quad \xi_{12} = -\frac{cH}{H+k_1},
$$

$$
\xi_{21} = \frac{sP^2}{(H+k_2)^2}, \qquad\qquad\qquad \xi_{22} = s - \frac{2sP}{H+k_2}. \tag{3.2.15}
$$

边界平衡点的稳定性结果如下.

定理 3.10　(1) E_{w0} 是不稳定结点.

(2) 当 $ck_2 < k_1$ 且 $m < b\left(1 - \dfrac{ck_2}{k_1}\right)$ 时, E_{w1} 是一个鞍点; 当

$$
\max\left\{0, b\left(1 - \frac{ck_2}{k_1}\right)\right\} < m < b
$$

时, E_{w1} 是一个稳定结点.

(3) E_{w2} 是一个鞍点.

定理 3.10 的证明是标准的, 此处略去.

接下来分别证明正平衡点 $E_w^* = (H_w^*, P_w^*)$, $E_{w3} = (H_{w3}, P_{w3})$ 和 $E_{w4} = (H_{w4}, P_{w4})$ 的稳定性.

假设 $(H, P) = (H, H + k_2)$ 是模型 (3.2.5) 的一个正平衡点, 考虑到 (3.2.15), (H, P) 处的雅可比矩阵可化简为

$$
J_{(H, H+k_2)} = \begin{pmatrix} s^{[H]} & -\dfrac{cH}{H+k_1} \\ s & -s \end{pmatrix}, \tag{3.2.16}
$$

其中, $s^{[H]} := H\left(\dfrac{c(H+k_2)}{(H+k_1)^2} + \dfrac{m}{(N+b)^2} - 1\right)$.

矩阵 $J_{(H, H+k_2)}$ 的行列式为

$$
\det(J_{(H, H+k_2)}) = \frac{sH\left((H+k_1)^2((H+b)^2 - m) + c(H+b)^2(k_1 - k_2)\right)}{(H+k_1)^2(H+b)^2},
$$

其符号依赖于

$$
\begin{aligned}
\phi(H) &= (H+k_1)^2\left((H+b)^2 - m\right) + c(H+b)^2(k_1 - k_2) \\
&= (H + b + k_1 + 1 - c)\phi_1(H) + \rho_1 H^2 + \rho_2 H + \rho_3 \\
&= \rho_1 H^2 + \rho_2 H + \rho_3,
\end{aligned}
$$

其中 $\phi_1(H)$ 定义于 (3.2.9), 且

$$
\begin{aligned}
\rho_1 = {} & 1 + b + k_1 + bk_1 + c^2 + ck_1 - 2m - bc - 2ck_2 - 2c, \\
\rho_2 = {} & -ck_2 + b - m + 2bk_1 - 2bc + b^2 - ck_1 + c^2k_2 + c^2b - bm + cm \\
& - b^2c - 4mk_1 + k_1{}^2 - 4bck_2 - ck_2k_1 + b^2k_1 + k_1 + bk_1{}^2 + 2bk_1c, \quad (3.2.17) \\
\rho_3 = {} & b^2k_1{}^2 - bck_1 - bmk_1 + mck_1 + b^2ck_1 + bc^2k_2 - bck_1k_2 \\
& - bck_2 + bk_1 - mk_1 + b^2k_1 + bk_1{}^2 - 2mk_1{}^2 - 2b^2ck_2.
\end{aligned}
$$

定理 3.11 记 $s^{[H_w^*]} := H_w^*\left(\dfrac{c\left(H_w^* + k_2\right)}{\left(H_w^* + k_1\right)^2} + \dfrac{m}{\left(H_w^* + b\right)^2} - 1\right)$, 假设 $\rho_1 H_w^{*2} + \rho_2 H_w^* + \rho_3 > 0$,

(1) 如果 $\dfrac{c\left(H_w^* + k_2\right)}{\left(H_w^* + k_2\right)^2} + \dfrac{m}{\left(H_w^* + b\right)^2} < 1$, 或 $\dfrac{c\left(H_w^* + k_2\right)}{\left(H_w^* + k_2\right)^2} + \dfrac{m}{\left(H_w^* + b\right)^2} > 1$ 和 $s^{[H_w^*]} < s$ 成立, 则 $E_w^* = (H_w^*, P_w^*)$ 是局部渐近稳定的.

(2) 如果下述条件同时成立

(2-1) $H_w^* + k_1 > \dfrac{m\left(H_w^* + k_1\right)}{b\left(H_w^* + b\right)} + \dfrac{c}{k_1}(1 + k_2) + \dfrac{c}{4k_2^2}$;

(2-2) $k_1 < 2k_2$,

则 E_w^* 是全局渐近稳定的.

(3) 如果 $\dfrac{c\left(H_w^* + k_2\right)}{\left(H_w^* + k_2\right)^2} + \dfrac{m}{\left(H_w^* + b\right)^2} > 1$ 或 $s^{[H_w^*]} > s$, 则 E_w^* 是不稳定的.

(4) 如果 $\dfrac{c\left(H_w^* + k_2\right)}{\left(H_w^* + k_2\right)^2} + \dfrac{m}{\left(H_w^* + b\right)^2} > 1$, 则当 $s = s^*$ 时模型在正平衡点 E_3 处产生 Hopf 分支.

证明 (1) 由 (3.2.16) 可知, 雅可比矩阵 $J_{(H, H+k_2)}$ 在 E_w^* 处的迹为 $\mathrm{tr}(J(E_w^*)) = s^{[H_w^*]} - s$. 当 $s^{[H_w^*]} < s$ 时, $\mathrm{tr}(J(E_w^*)) < 0$. 所以, E_w^* 是局部渐近稳定的.

(2) 在 $\mathbb{R}_+^2$ 上定义 Lyapunov 函数

$$
V(H, P) = (H_w^* + k_1)\int_{H_w^*}^N \frac{\xi - H_w^*}{\xi}\mathrm{d}\xi + \frac{cP_w^*}{s}\int_{P_w^*}^P \frac{\eta - P_w^*}{\eta}\mathrm{d}\eta, \quad (3.2.18)
$$

易证在 E_w^* 处 $V(H, P) = 0$, 且对于其余任意正值 H 和 P, 都有 $V(H, P) > 0$. 因此 E_w^* 是 $V(H, P)$ 的最小点.

由引理 3.3 可知, 模型 (3.2.5) 的所有解都是有界的, 且最终进入正不变集 (3.2.7). 函数 V 沿着模型 (3.2.5) 的解关于 t 求导, 可得

$$V_t = \frac{(H_w^* + k_1)(H - H_w^*)}{H} \frac{\mathrm{d}H}{\mathrm{d}t} + \frac{cP_w^*(P - P_w^*)}{sP} \frac{\mathrm{d}P}{\mathrm{d}t}$$

$$= (H_w^* + k_1)(H - H_w^*)\left(1 - H - \frac{m}{H+b} - \frac{cP}{H+k_1}\right)$$

$$+ cP_w^*(P - P_w^*)\left(1 - \frac{P}{H+k_2}\right)$$

$$= -(H - H_w^*)^2\left(H_w^* + k_1 - \frac{m(H_w^* + k_1)}{(H_w^* + b)(N+b)} - \frac{cP}{H+k_1}\right) - c(P - P_w^*)^2$$

$$- c\left(1 - \frac{P}{H+k_2}\right)(H - H_w^*)(P - P^*).$$

上式可重写为

$$V_t = -\left(H - H_w^*,\ P - P_w^*\right) \cdot M \cdot \begin{pmatrix} H - H_w^* \\ P - P_w^* \end{pmatrix}, \tag{3.2.19}$$

其中

$$M = \begin{pmatrix} \varphi_1(H,\ P) & \varphi_2(H,\ P) \\ \varphi_2(H,\ P) & c \end{pmatrix},$$

$$\varphi_1(H,\ P) = 1 - \frac{m}{(H_w^* + b)(H + b)} - \frac{c(H_w^* + k_2)}{(H_w^* + k_1)(H + k_1)},$$

$$\varphi_2(H,\ P) = \frac{c}{2}\left(1 - \frac{P}{H + k_2}\right).$$

由 (3.2.19) 可知, 如果矩阵 M 是正定的, 则 $V_t < 0$. 由 Sylvester 判据可知矩阵 M 是正定的当且仅当所有顺序主子式均大于 0. 因为 $c > 0$, 所以 M 是正定的当且仅当 $\varphi_1(H,\ P) > 0$ 和 $\Phi(H,\ P) := c\varphi_1(H,\ P) - \varphi_2^2(H,\ P) > 0$ 同时成立.

由于 Γ 是正不变吸引集, 在 Γ 中, 所有的解满足 $0 \leqslant H \leqslant 1, 0 \leqslant P \leqslant 1 + k_2$ 且 $0 \leqslant H + P \leqslant B$, 从而

$$\varphi_1(H,\ P) = H_w^* + k_1 - \frac{m(H_w^* + k_1)}{(H_w^* + b)(H + b)} - \frac{cP}{H + k_1}$$

$$\geqslant H_w^* + k_1 - \frac{m(H_w^* + k_1)}{b(H_w^* + b)} - \frac{c(1 + k_2)}{k_1}.$$

所以, 如果 (2-1) 满足, 则对所有的 $t \geqslant 0$, 任给 $(H,\ P) \in \Gamma$, 都有 $\varphi_1(H,\ P) > 0$.

另一方面,

$$\Phi(H,\ P) = c\left(H_w^* + k_1 - \frac{m(H_w^* + k_1)}{(H_w^* + b)(H + b)} - \frac{cP}{H + k_1}\right) - \frac{c^2}{4}\left(1 - \frac{P}{H + k_2}\right)^2.$$

由于

$$\partial_P \Phi(H, P) = \frac{c^2 (H + k_2 - P)}{2 (H + k_2)^2} - \frac{c^2}{H + k_1}, \quad \partial_{PP} \Phi(H, P) = -\frac{c^2}{2 (H + k_2)^2} < 0,$$

所以, $\partial_P \Phi(H, P)$ 在 $\mathbb{R}_+^2$ 上关于 P 是严格单调递减函数, 且

$$\partial_P \Phi(H, P)\Big|_{P=0} = \frac{c^2 (k_1 - 2k_2 - H)}{2 (H + k_1) (H + k_2)}.$$

如果 (2-2) 满足, 在 $\mathbb{R}_+^2$ 上, $\partial_P \Phi(H, P) < 0$, 因此, $\Phi(H, P)$ 在 $\mathbb{R}_+^2$ 上关于 P 也是严格单调递减函数. 从而

$$\Phi(H, P) > \Phi(H, 1 + k_2)$$
$$= c \left(H_w^* + k_1 - \frac{m (H_w^* + k_1)}{(H_w^* + b) (HN + b)} - \frac{c(1 + k_2)}{H + k_1} \right) - \frac{c}{4} \left(1 - \frac{1 + k_2}{N + k_2} \right)^2$$
$$> c \left(H_w^* + k_1 - \frac{m (H_w^* + k_1)}{b (H_w^* + b)} - \frac{c}{k_1}(1 + k_2) - \frac{c}{4k_2^2} \right).$$

再由 (2-1) 可知, 任给 $(H, P) \in \Gamma$, 都有 $\Phi(H, P) > 0$.

综上, 当 (2-1) 和 (2-2) 满足时, 除 E_w^* 外, 沿着第一象限的所有轨道, 都有 $V_t < 0$. 所以, E_w^* 是全局渐近稳定的.

(3) 如果 $s^{[H_w^*]} > s$, 易证 E_w^* 是不稳定的焦点, 由 Poincaré-Bendixson-Hopf 定理 [338] 可知, 围绕 E_w^* 至少存在一个极限环.

(4) 容易验证

(i) $\mathrm{tr}(J_{E_w^*})|_{s=s^{[H_w^*]}} = 0$;

(ii) $\det(J_{E_w^*})|_{s=s^{[H_w^*]}} > s^{[H_w^*]} H_w^*(\rho_1 H^2 + \rho_2 H + \rho_3) > 0$;

(iii) 当 E_w^* 存在时, E_w^* 处的特征方程为 $\lambda^2 + \det(J(E_w^*))|_{s=s^{[H_w^*]}} = 0$, 其根是一对纯虚根;

(iv) $\dfrac{\mathrm{d}}{\mathrm{d}s}[\mathrm{tr}(J_{E_w^*})]_{s=s^{[H_w^*]}} = -1 \neq 0$.

由 [338] 可知, 模型 (3.2.5) 在 E_w^* 处当 s 通过 $s^{[H_w^*]}$ 时产生 Hopf 分支. □

注 3.12 由定理 3.9(2) 和定理 3.11 可知, 没有 Allee 效应时的模型 (3.2.8) 和具有 Allee 效应时的模型 (3.2.5) 都存在唯一正平衡点. 但具有 Allee 效应的模型 (3.2.5) 的唯一正平衡点 E_w^* 的动力学行为比模型 (3.2.8) 的唯一正平衡点 E^* 的动力学行为更复杂. 显然, 这种复杂性是由 Allee 效应引起的. 图 3.3 给出了模型 (3.2.5) 具有弱 Allee 效应时唯一正平衡点 $E_w^* = (H_w^*, P_w^*)$ 的复杂动力学行为. 图 3.3(a) 显示 E_w^* 是局部渐近稳定的, 图 3.3(b) 列示了在 E_w^* 处产生 Hopf 分支的动力学行为, 图 3.3(c) 给出了围绕不稳定的焦点 E_w^* 的稳定的极限环.

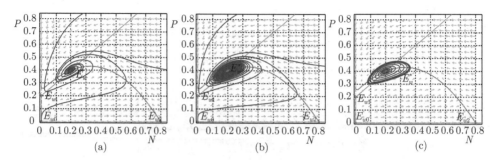

图 3.3   模型 (3.2.5) 具有弱 Allee 效应时的相图. $E_{w0} = (0,0)$ 是不稳定结点, $E_{w1} = (0, 0.2)$ 和 $E_{w2} = (0.8, 0)$ 是鞍点. $E_w^* = (0.2, 0.4)$. 参数值为: $b = 0.4, c = 0.5, k_1 = 0.3, k_2 = 0.2,$ $m = 0.24.$ (a) $s = 0.125$; (b) $s = s[H_w^*] = 0.093333$; (c) $s = 0.08$ (彩图见封底二维码)

下面, 我们给出正平衡点 $E_{w3} = (H_{w3}, P_{w3})$ 和 $E_{w4} = (H_{w4}, P_{w4})$ 的稳定性.

定理 3.13   (1) 记 $s^{[H_{w3}]} := H_{w3}\left(\dfrac{c(H_{s3} + k_2)}{(H_{w3} + k_1)^2} + \dfrac{m}{(H_{w3} + b)^2} - 1\right)$. 假设 $\rho_1 H_{w3}^2 + \rho_2 H_{w3} + \rho_3 > 0$, 当 $\dfrac{c(H_{s4} + k_2)}{(H_{s4} + k_1)^2} + \dfrac{m}{(H_{s4} + b)^2} < 1$, 或 $\dfrac{c(H_{s4} + k_2)}{(H_{s4} + k_1)^2} + \dfrac{m}{(H_{s4} + b)^2} > 1$ 和 $s^{[H_{w3}]} < s$ 成立时, $E_{w3} = (H_{w3}, P_{w3} + k_2)$ 是局部渐近稳定的.

(2) 如果 $\theta_w < -(\rho_1 H_{w3}^2 + \rho_2 H_{w3} + \rho_3) < 0$, 则 $E_{w4} = (H_{w4}, P_{w4})$ 是一个鞍点, 其中

$$\theta_w := (6\,\rho_1 \eta_1 - 3\,\rho_2)H_{w3} + 3\,\rho_3 + 9\,\rho_1 \eta_1{}^2 - 6\,\rho_2 \eta_1$$
$$+ \frac{2(\rho_2 - \rho_1 H_{w3} - 3\rho_1 \eta_1)\sqrt{(H_{w3} + \eta_1)^3 + 4q}}{\sqrt{H_{w3} + \eta_1}}$$
$$+ \frac{\rho_1 H_{w3}^3 + 3\,\rho_1 \eta_1 H_{w3}^2 + 3\,\rho_1 \eta_1{}^2 H_{w3} + \rho_1 \eta_1{}^3 + 4\,\rho_1 q}{H_{w3} + \eta_1},$$

$\eta_1, \eta_2, \eta_3, q$ 和 ρ_1, ρ_2, ρ_3 分别定义于 (3.2.10), (3.2.12) 和 (3.2.17).

证明   (1) 的证明与定理 3.11(1) 的证明类似, 在此不再赘述.

(2) 由 $H_{w3} = z_1 - \eta_1$ 可得

$$H_{w4} = z_2 - \eta_1 = -\frac{H_{w3} + \eta_1}{2} + \frac{\sqrt{(H_{w3} + \eta_1)^3 + 4q}}{2\sqrt{H_{w3} + \eta_1}} - \eta_1.$$

E_{w4} 处雅可比矩阵的行列式为

$$\det(J_{E_{w4}}) = \frac{sH_{w4}\phi(H_{w4})}{(H_{w4} + k_1)^2(H_{w4} + b)^2},$$

其符号依赖于

$$\phi(H_{w4}) = \rho_1 H_{w4}{}^2 + \rho_2 H_{w4} + \rho_3$$

$$= \rho_1 \left(-\frac{H_{w3} + \eta_1}{2} + \frac{\sqrt{(H_{w3} + \eta_1)^3 + 4q}}{2\sqrt{H_{w3} + \eta_1}} - \eta_1 \right)^2$$

$$+ \rho_2 \left(-\frac{H_{w3} + \eta_1}{2} + \frac{\sqrt{(H_{w3} + \eta_1)^3 + 4q}}{2\sqrt{H_{w3} + \eta_1}} - \eta_1 \right) + \rho_3$$

$$= \frac{(\rho_2 - \rho_1 H_{w3} - 3\rho_1 \eta_1)\sqrt{(H_{w3} + \eta_1)^3 + 4q}}{2\sqrt{H_{w3} + \eta_1}}$$

$$+ \frac{\rho_1 H_{w3}^3 + 3\rho_1 \eta_1 H_{w3}^2 + 3\rho_1 \eta_1{}^2 \eta_{w3} + \rho_1 \eta_1{}^3 + 4\rho_1 q}{4(H_{w3} + \eta_1)}$$

$$+ \frac{1}{4}(\rho_1 H_{w3}^2 + (-2\rho_2 + 6\rho_1 \eta_1) H_{e1} - 6\rho_2 \eta_1 + 4\rho_3 + 9\rho_1 \eta_1{}^2).$$

当 $\theta_w < -(\rho_1 H_{w3}^2 + \rho_2 H_{w3} + \rho_3) < 0$ 时, $\phi(H_{w4}) < 0$, 从而 $\det(J_{E_{w4}}) < 0$. 定理得证. $\qquad\square$

图 3.4 给出了参数值为 $b = 0.4, c = 0.5, k_1 = 1.2, k_2 = 0.2, m = 0.39, s = 0.1$ 时模型 (3.2.5) 具有弱 Allee 效应时的双稳行为. 鞍点 $E_{w4} = (0.085053, 0.285053)$ 处存在稳定不变子流形 (separatrix, 也称分界线) 将相空间分为左右两部分, 当初始值位于分界线左侧时, 模型 (3.2.5) 的解趋于稳定结点 $E_{w1} = (0, 0.2)$; 当初始值位于分界线右侧时, 模型 (3.2.5) 的解趋于局部渐近稳定点 $E_{w3} = (0.23227,$

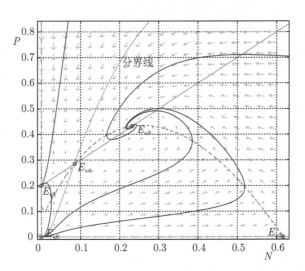

图 3.4 模型 (3.2.5) 具有弱 Allee 效应时的双稳行为. $E_{w0} = (0, 0)$, $E_{w2} = (0.61623, 0)$ 和 $E_{w4} = (0.085053, 0.285053)$ 是鞍点, $E_{w1} = (0, 0.2)$ 是稳定结点, $E_{w3} = (0.23227, 0.43227)$ 是局部渐近稳定点. 参数值为: $b = 0.4, c = 0.5, k_1 = 1.2, k_2 = 0.2, m = 0.39, s = 0.1$

(彩图见封底二维码)

0.43227). 也就是说模型 (3.2.5) 存在双稳行为.

3) 强 Allee 效应时的稳定性

模型 (3.2.5) 具有强 Allee 效应, 即 $m > b$ 时共有四个边界平衡点: $E_{s0} = (0,0)$ 和 $E_{s1} = (0, k_2)$; 当 $b < 1$ 和 $b < m < \dfrac{(1+b)^2}{4}$ 成立时, 存在两个边界平衡点: $E_{s2} = \left(\dfrac{1-b+\sqrt{(1-b)^2-4(m-b)}}{2}, 0 \right)$ 和 $E_{s3} = \left(\dfrac{1-b-\sqrt{(1-b)^2-4(m-b)}}{2}, 0 \right)$. 显然, 模型 (3.2.5) 具有强 Allee 效应时的边界平衡点比没有 Allee 效应或具有弱 Allee 效应时的多. 边界平衡点的稳定性如下.

定理 3.14　(1) E_{s0} 是鞍点;

(2) E_{s1} 是局部渐近稳定的. 特别地, 如果 $m \geqslant \dfrac{(1+b)^2}{4}$ 和 $k_1 \leqslant k_2$ 成立, E_1 是全局渐近稳定的;

(3) E_{s2} 是鞍点;

(4) E_{s3} 是不稳定结点.

注 3.15　比较定理 3.9、定理 3.10 和定理 3.14, 可以发现, 模型 (3.2.5) 边界平衡点 $(0, k_2)$ 的稳定性不相同. 当没有 Allee 效应时, $E_1 = (0, k_2)$ 是鞍点; 当具有弱 Allee 效应时, $E_{w1} = (0, k_2)$ 是鞍点或者稳定结点; 当具有强 Allee 效应时, $E_{s1} = (0, k_2)$ 总是稳定的.

模型 (3.2.5) 具有强 Allee 效应时唯一正平衡点 $E_s^* = (H_s^*, P_s^*)$ 的稳定性与定理 3.11 类似.

定理 3.16　记 $s^{[H_s^*]} := H^* \left(\dfrac{c(H_s^* + k_2)}{(H_s^* + k_1)^2} + \dfrac{m}{(H_s^* + b)^2} - 1 \right)$, 若 $\rho_1 H_s^{*2} + \rho_2 H_s^* + \rho_3 > 0$,

(1) 如果 $\dfrac{c(H_s^* + k_2)}{(H_s^* + k_1)^2} + \dfrac{m}{(H_s^* + b)^2} < 1$, 或 $\dfrac{c(H_s^* + k_2)}{(H_s^* + k_1)^2} + \dfrac{m}{(H_s^* + b)^2} > 1$ 且 $s^{[H_s^*]} < s$ 成立, 则 E_s^* 是局部渐近稳定的. 此外

(1-1) 如果 $(s^{[H_s^*]} - s)^2 < 4\det(J_{E_s^*})$, E_s^* 是稳定的焦点;

(1-2) 如果 $(s^{[H_s^*]} - s)^2 > 4\det(J_{E_s^*})$, E_s^* 是稳定的结点.

(2) 如果 $\dfrac{c(H_s^* + k_2)}{(H_s^* + k_2)^2} + \dfrac{m}{(H_s^* + b)^2} > 1$ 且 $s^{[H_s^*]} > s$, 则 E_s^* 不稳定.

(3) 如果 $\dfrac{c(H_s^* + k_2)}{(H_s^* + k_2)^2} + \dfrac{m}{(H_s^* + b)^2} > 1$, 当 $s = s^{[H_s^*]}$ 时, 系统围绕 E_s^* 存在 Hopf 分支.

与定理 3.13 类似, 我们可以得到两个正平衡点 $E_{s4} = (H_{s4}, P_{s4})$ 和 $E_{s5} = (H_{s5}, P_{s5})$ 时的稳定性结果.

定理 3.17 记 $s^{[H_{s4}]} := H_{s4}\left(\dfrac{c\left(H_{s4}+k_2\right)}{\left(H_{s4}+k_1\right)^2}+\dfrac{m}{\left(H_{s4}+b\right)^2}-1\right)$, 若 $\rho_1 H_{s4}^2 +$ $\rho_2 H_{s4}+\rho_3 > 0$, 则

(1) 如果 $\dfrac{c\left(H_{s4}+k_2\right)}{\left(H_{s4}+k_1\right)^2}+\dfrac{m}{\left(H_{s4}+b\right)^2}<1$, 或 $\dfrac{c\left(H_{s4}+k_2\right)}{\left(H_{s4}+k_1\right)^2}+\dfrac{m}{\left(H_{s4}+b\right)^2}>1$ 和 $s^{[H_{s4}]} < s$ 成立, 则 E_{s4} 是局部渐近稳定的;

(2) 如果 $\dfrac{c\left(H_{s4}+k_2\right)}{\left(H_{s4}+k_2\right)^2}+\dfrac{m}{\left(H_{s4}+b\right)^2}>1$ 和 $s^{[H_{s4}]} > s$ 成立, 则 E_{s4} 是不稳定的;

(3) 如果 $\theta_s < -(\rho_1 H_{s5}^2 + \rho_2 H_{s5}+\rho_3) < 0$, 则 E_{s5} 是鞍点, 其中

$$\theta_s := (-3\rho_2 + 6\rho_1\eta_1)H_{e1} + 3\rho_3 + 9\rho_1\eta_1^2 - 6\rho_2\eta_1$$
$$+\frac{2(\rho_2 - \rho_1 H_{s4} - 3\rho_1\eta_1)\sqrt{(H_{s4}+A_1)^3 + 4q}}{\sqrt{H_{s4}+\eta_1}}$$
$$+\frac{\rho_1 H_{s4}^3 + 3\rho_1\eta_1 H_{s4}^2 + 3\rho_1\eta_1^2 H_{s4} + \rho_1\eta_1^3 + 4\rho_1 q}{H_{s4}+\eta_1},$$

$\eta_1, \eta_2, \eta_3, q$ 和 ρ_1, ρ_2, ρ_3 分别定义于 (3.2.10), (3.2.12) 和 (3.2.17).

图 3.5 给出了模型 (3.2.5) 具有强 Allee 效应时的双稳行为. 鞍点 E_{s5} 的稳定

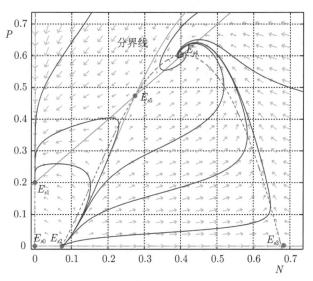

图 3.5 模型 (3.2.5) 具有强 Allee 效应时的双稳行为. $E_{s0} = (0,0)$, $E_{s3} = (0.67604, 0)$ 和 $E_{s5} = (0.27369, 0.47369)$ 是鞍点, $E_{s1} = (0, 0.2)$ 是稳定结点, $E_{s2} = (0.07396, 0)$ 是不稳定结点, $E_{s4} = (0.40275, 0.60275)$ 局部渐近稳定. 参数值为: $b = 0.25, c = 0.1, k_1 = 0.035, k_2 = 0.2, m = 0.3, s = 0.1$ (彩图见封底二维码)

不变子流形将相空间分为两部分. 初值位于分界线左边时将趋于边界平衡点 E_{s1}, 初值位于右边时将趋于正平衡点 E_{s4}.

3.2.2 PDE 模型常数平衡点的稳定性

为了研究方便, 将模型 (3.2.1) 改写为

$$\begin{cases} \mathbf{w}_t = D\triangle\mathbf{w} + U(\mathbf{w}) & x \in \Omega,\, t > 0 \\ \partial_\mathbf{n}\mathbf{w} = 0, & x \in \partial\Omega,\, t > 0, \\ \mathbf{w}(x,0) = (H_0(x), P_0(x))^{\mathrm{T}}, & x \in \Omega, \end{cases} \tag{3.2.20}$$

其中, $\mathbf{w} = (H,\, P)^{\mathrm{T}}$, $D = \mathrm{diag}(d_1,\, d_2)$, 且

$$U(\mathbf{w}) = \begin{pmatrix} H\left(1 - H - \dfrac{m}{H+b} - \dfrac{cP}{H+k_1}\right) \\ sP\left(1 - \dfrac{P}{H+k_2}\right) \end{pmatrix}.$$

假设 $0 = \mu_0 < \mu_1 < \mu_2 < \cdots$ 是算子 $-\triangle$ 在 Ω 上具有边界条件 (3.2.3) 的特征值. 设

$$X = \left\{\mathbf{w} \in [H^2(\Omega)]^2 : \partial_\mathbf{n}\mathbf{w} = 0 \text{ 在 } \partial\Omega\right\}. \tag{3.2.21}$$

定义

$$E(\mu) := \left\{\phi\colon -\triangle\phi = \mu\phi \text{ 在 } \Omega,\, \partial_\mathbf{n}\phi = 0 \text{ 在 } \partial\Omega\right\}, \quad \mu \in \mathbb{R}.$$

设 $\left\{\phi_{ij} : j = 1, \cdots, \dim E(\mu_i)\right\}$ 是 $E(\mu_i)$ 的标准正交基, $X_{ij} = \{\mathbf{c}\phi_{ij}\colon \mathbf{c} \in \mathbb{R}^2\}$, 则

$$X = \bigoplus_{i=1}^{\infty} X_i, \tag{3.2.22}$$

其中, $X_i = \bigoplus\limits_{j=1}^{\dim E(\mu_i)} X_{ij}$.

模型 (3.2.1) 在 $\mathbf{w}$ 处的线性系统为

$$\mathbf{w}_t = \mathcal{L}(\mathbf{w}) = D\triangle\mathbf{w} + J_\mathbf{w}\mathbf{w},$$

其中, $J_\mathbf{w}$ 定义于 (3.2.14).

由 [169] 可知, 当算子 $\mathcal{L}$ 的所有特征值的实部都小于 0 时, $\mathbf{w}$ 是渐近稳定的. 换言之, 如果有一个特征值的实部大于 0, 则 $\mathbf{w}$ 是不稳定的. 值得注意的是, 如果所有的特征值都有非正实部, 且其中一些特征值的实部为 0, 则 w 的稳定性不能由线性系统确定 [351].

当 $i \geqslant 0$ 时, X_i 在算子 $\mathcal{L}$ 下是不变的, λ 是 $\mathcal{L}$ 的特征值当且仅当 λ 是矩阵 $M_i = -\mu_i D + J_{\mathbf{w}}$ 的特征值.

首先给出模型 (3.2.1) 平凡和半平凡常数平衡点的稳定性结果.

定理 3.18 (1) E_0 是不稳定的.

(2) E_1 是

(2-1) 局部渐近稳定的, 如果 $c > \dfrac{k_1}{k_2}$ 或 $\dfrac{k_1}{k_2}(1 - m/b) < c \leqslant \dfrac{k_1}{k_2}$ 成立;

(2-2) 不稳定的, 如果 $c < \dfrac{k_1}{k_2}(1 - m/b)$ 成立.

(3) E_2 是不稳定的.

为了简单起见, 下面只给出模型 (3.2.1) 具有唯一正平衡点 $E_w^* = (H^*, H^* + k_2)$ 时的稳定性结果. 其余情形同理可证.

定理 3.19 假设 $s^{[H_w^*]} < s$, $\rho_1 N^{*2} + \rho_2 N^* + \rho_3 > 0$, 服从齐次 Newmann 边界条件 (3.2.2) 的第一特征值 μ_1 满足

$$\mu_1 > \max\left\{0, \frac{s^{[H_w^*]}}{d_1} - \frac{s}{d_2}\right\}, \tag{3.2.23}$$

则 E_w^* 是局部渐近稳定的.

证明 当 $s^{[H_w^*]} < s$, $\rho_1 u^{*2} + \rho_2 u^* + \rho_3 > 0$ 时, $\mathrm{tr}(J(E_w^*)) < 0$, $\det(J_{E_w^*}) > 0$. 于是, 当 $i \geqslant 0$ 时

$$\mathrm{tr}(M_i) = -(d_1 + d_2)\mu_i + s^{[H_w^*]} - s,$$
$$\det(M_i) = \mu_i\left(d_1 d_2 \mu_i - d_2 s^{[H_w^*]} + s d_1\right) + \det(J_{E_w^*}).$$

注意到对所有的 $i \geqslant 0$, 都有 $\det(M_i) > 0 > \mathrm{tr}(M_i)$. 所以, 矩阵 $-\mu_i D + J_{E_w^*}$ 的特征值均具有负实部. 根据 Routh-Hurwitz 判据, 对所有的 $i \geqslant 0$, $\varphi_i(\lambda) = 0$ 的两个根 λ_{i1} 和 λ_{i2} 都有负实部.

接下来证明存在 $\delta > 0$, 使得

$$\mathrm{Re}\{\lambda_{i1}\} \leqslant -\delta, \quad \mathrm{Re}\{\lambda_{i2}\} \leqslant -\delta. \tag{3.2.24}$$

设 $\lambda = \mu_i \xi$, 则

$$\tilde{\varphi}_i(\lambda) := \mu_i^2 \xi^2 - \mathrm{tr}(\mathcal{M}_i)\mu_i \xi + \det(\mathcal{M}_i). \tag{3.2.25}$$

当 $i \to \infty$ 时, $\mu_i \to \infty$, 从而

$$\lim_{i \to \infty} \frac{\tilde{\varphi}_i(\lambda)}{\mu_i^2} = \xi^2 + (d_1 + d_2)\xi + d_1 d_2. \tag{3.2.26}$$

根据 Routh-Hurwitz 判据, $\tilde{\varphi}_i(\lambda) = 0$ 的两个根 ξ_1, ξ_2 都具有负实部. 所以, 存在正常数 $\tilde{d}$, 使得 $\mathrm{Re}\{\xi_1\}, \mathrm{Re}\{\xi_2\} \leqslant -\tilde{d}$. 由连续性可知, 存在 i_0, 使得对任给 $i \geqslant i_0$, 都有: $\mathrm{Re}\{\xi_{i1}\} \leqslant -\dfrac{\tilde{d}}{2}$, $\mathrm{Re}\{\xi_{i2}\} \leqslant -\dfrac{\tilde{d}}{2}$.

反之, 任给 $i \geqslant i_0$, 存在 $\mathrm{Re}\{\lambda_{i1}\}, \mathrm{Re}\{\lambda_{i2}\} \leqslant -\dfrac{\mu_i \tilde{d}}{2} \leqslant -\dfrac{\tilde{d}}{2}$. 设

$$-\tilde{\delta} = \max_{1 \leqslant i \leqslant i_0} \left\{ \mathrm{Re}\{\lambda_{i1}\}, \mathrm{Re}\{\lambda_{i2}\} \right\},$$

则当 $\delta = \min \left\{ \tilde{\delta}, \dfrac{\tilde{d}}{2} \right\}$ 时, $\tilde{\delta} > 0$ 和 (3.2.24) 成立.

所以, 由特征值组成的算子 $\mathcal{L}$ 的谱满足 $\{\mathrm{Re}\{\lambda\} \leqslant -\delta\}$. 由 [169] 可知模型 (3.2.4) 的正平衡点 E_w^* 是一致渐近稳定的.　　□

3.2.3　非常数正稳态解的存在性和不存在性

3.2.3.1　先验估计

定理 3.20　假设 $c(1 + k_2) < k_1 \left(1 - \dfrac{m}{b} \right)$. 当 $x \in \Omega$ 时, 模型 (3.2.4) 的任意解 $(H(x), P(x))$ 满足

$$A_1 < H(x) < A_2, \qquad (1 + k_2)A_1 < P(x) < (1 + k_2)A_2, \tag{3.2.27}$$

其中

$$A_1 := \frac{1}{2} \left(1 - \frac{m}{b} - k_1 + \sqrt{\Psi} \right),$$

$$A_2 := \frac{1}{2} \left(1 - \frac{m}{1+b} - k_1 + \sqrt{\Psi} \right),$$

$$\Psi := \left(1 - \frac{m}{b} - k_1 \right)^2 - 4 \left(c(1 + k_2) - k_1 \left(1 - \frac{m}{b} \right) \right).$$

证明　设

$$H(x_1^0) = \max_{\overline{\Omega}} H(x), \quad P(x_2^0) = \max_{\overline{\Omega}} P(x),$$

$$H(x_3^0) = \min_{\overline{\Omega}} H(x), \quad P(x_4^0) = \min_{\overline{\Omega}} P(x).$$

对模型 (3.2.4) 应用定理 C.5, 可得

$$1 - H(x_1^0) - \frac{m}{H(x_1^0) + b} - \frac{cP(x_1^0)}{H(x_1^0) + k_1} \geqslant 0, \quad 1 - \frac{P(x_2^0)}{H(x_2^0) + k_2} \geqslant 0,$$

$$1 - H(x_3^0) - \frac{m}{H(x_3^0) + b} - \frac{cP(x_3^0)}{H(x_3^0) + k_1} \leqslant 0, \quad 1 - \frac{P(x_4^0)}{H(x_4^0) + k_2} \leqslant 0. \tag{3.2.28}$$

根据 x_i^0 $(i=1,2,3,4)$ 的定义, 由 (3.2.28) 可知 $H(x_1^0)<1$, $P(x_2^0)<1+k_2$, 以及

$$1-H(x_1^0)-\frac{m}{1+b}-\frac{cP(x_1^0)}{H(x_1^0)+k_1}\geqslant 0,$$

$$1-H(x_3^0)-\frac{m}{b}-\frac{cP(x_3^0)}{H(x_3^0)+k_1}\leqslant 0, \tag{3.2.29}$$

$$P(x_4^0)\geqslant H(x_4^0)+k_2.$$

因此

$$H^2(x_1^0)-\left(1-\frac{m}{1+b}-k_1\right)H(x_1^0)+cH(x_3^0)+ck_2-k_1\left(1-\frac{m}{1+b}\right)\leqslant 0, \tag{3.2.30}$$

$$H^2(x_3^0)-\left(1-\frac{m}{b}-k_1\right)H(x_3^0)+c(1+k_2)-k_1\left(1-\frac{m}{b}\right)\geqslant 0. \tag{3.2.31}$$

如果 $c(1+k_2)<k_1\left(1-\frac{m}{b}\right)$, 或 $c(1+k_2)=k_1\left(1-\frac{m}{b}\right)$ 和 $c(1+k_2)>k_2^2$ 成立, 由 (3.2.31) 可得 $H(x_3^0)>A_1$.

如果 $ck_2<k_1\left(1-\frac{m}{1+b}\right)$, 或 $ck_2=k_1\left(1-\frac{m}{1+b}\right)$ 和 $ck_2>k_2^2$ 成立, 由 (3.2.30) 可得

$$H(x_1^0)\leqslant \frac{1}{2}\left(1-\frac{m}{1+b}-k_1+\sqrt{\Psi}\right)<A_2.$$

由 $c(1+k_2)<k_1\left(1-\frac{m}{b}\right)$ 可得 $ck_2<k_1\left(1-\frac{m}{1+b}\right)$. 从而 $A_1<N(x)<A_2$, $(1+k_2)A_1<P(x)<(1+k_2)A_2$. 定理得证. $\qquad\square$

定理 3.21 设 $d^*>0$ 是一个定常数, 存在 $\underline{C}=\underline{C}(m,b,c,k_1,k_2,\Omega)>0$, 使得当 $d_1\geqslant d^*$, $d_2>0$ 时, 模型 (3.2.4) 的任意正解 (H,P) 满足

$$\underline{C}<H(x)<1,\qquad \underline{C}<P(x)<1+k_2. \tag{3.2.32}$$

证明 根据定理 3.20 可知 $H(x)<1$, $P(x)<1+k_2$, 由此可确定 (H,P) 的下界. 用反证法.

假设结论不真, 则存在序列 $\{d_{1,i}\}_{i=1}^\infty$ 和 $\{d_{2,i}\}_{i=1}^\infty$, 且 $d_{1,i}\geqslant d$, $d_{2,i}>0$, 则模型 (3.2.4) 的任一正解 (H_i,P_i) 对应于 $(d_1,d_2)=(d_{1,i},d_{2,i})$, 使得

$$\lim_{i\to\infty}\min_{\overline{\Omega}}H_i(x)=0\quad \text{或}\quad \lim_{i\to\infty}\min_{\overline{\Omega}}P_i(x)=0. \tag{3.2.33}$$

而 (H_i,P_i) 满足

$$\begin{cases} -d_{1,i}\triangle H_i=H_i\left(1-H_i-\dfrac{m}{H_i+b}-\dfrac{cP}{H_i+k_1}\right), & x\in\Omega,\\ -d_{2,i}\triangle P_i=sP_i\left(1-\dfrac{P_i}{H_i+k_2}\right), & x\in\Omega,\\ \partial_{\mathbf{n}}H_i=\partial_{\mathbf{n}}P_i=0, & x\in\partial\Omega. \end{cases} \tag{3.2.34}$$

对任意 $i \geqslant 1$, 由 (3.2.34) 的第二个方程可知定理 3.20 意味着

$$(1 + k_1) \min_{\overline{\Omega}} H_i(x) \leqslant \min_{\overline{\Omega}} P_i(x) \leqslant \max_{\overline{\Omega}} P_i(x) \leqslant (1 + k_1) \max_{\overline{\Omega}} H_i(x). \quad (3.2.35)$$

另一方面, 由 Harnack 不等式可知, 存在一个不依赖 i 的正常数 C, 使得对所有的 $i \geqslant 1$, 存在 $\max_{\overline{\Omega}} H_i(x) \leqslant C \min_{\overline{\Omega}} H_i(x)$. 所以

$$\lim_{i \to \infty} \max_{\overline{\Omega}} H_i(x) = 0,$$

这与定理 3.20 矛盾. 定理得证.   □

3.2.3.2   非常数正稳态解的不存在性

定理 3.22   存在一个正常数 $d^* = d^*(b, m, c, s, k_1, k_2, \Omega)$, 当 $\min\{d_1, d_2\} > d^*$ 时, 模型 (3.2.4) 不存在非常数正稳态解.

证明   设 (H, P) 是模型 (3.2.4) 的任一正解. 用 $H - \overline{H}$ 乘以模型 (3.2.4) 的第一个方程, 并在 Ω 上积分, 应用定理 3.21, 可得

$$\begin{aligned}
&d_1 \int_{\Omega} |\nabla(H - \overline{H})|^2 \mathrm{d}x \\
&= \int_{\Omega} (H - \overline{H}) H \left(1 - H - \frac{m}{H + b}\right) \mathrm{d}x - \int_{\Omega} \frac{cHP(H - \overline{H})}{H + k_1} \mathrm{d}x \\
&= \int_{\Omega} (H - \overline{H}) H \left(1 - H - \frac{m}{H + b}\right) \mathrm{d}x - \int_{\Omega} \frac{cP(H - \overline{H})^2}{H + k_1} \mathrm{d}x \\
&\quad - \int_{\Omega} \frac{c\overline{H}P(H - \overline{H})}{H + k_1} \mathrm{d}x \\
&\leqslant \int_{\Omega} (H - \overline{H})^2 \mathrm{d}x + \int_{\Omega} \frac{-c\overline{H}P(H - \overline{H})}{H + k_1} \mathrm{d}x. \quad (3.2.36)
\end{aligned}$$

同样地, 用 $P - \overline{P}$ 乘以模型 (3.2.4) 的第二个方程, 并在 Ω 上积分, 可得

$$\begin{aligned}
&d_2 \int_{\Omega} |\nabla(P - \overline{P})|^2 \mathrm{d}x \\
&= \int_{\Omega} s \left(1 - \frac{P}{H + k_2}\right) P(P - \overline{P}) \mathrm{d}x \\
&= \int_{\Omega} s \left(1 - \frac{P}{H + k_2}\right) (P - \overline{P})^2 \mathrm{d}x + \int_{\Omega} s \left(1 - \frac{P}{H + k_2}\right) \overline{P}(P - \overline{v}) \mathrm{d}x \\
&\leqslant \int_{\Omega} s(P - \overline{P})^2 \mathrm{d}x + \int_{\Omega} s \left(1 - \frac{P}{H + k_2}\right) \overline{P}(P - \overline{P}) \mathrm{d}x. \quad (3.2.37)
\end{aligned}$$

再次应用定理 3.21, 可得

$$\int_\Omega \frac{-c\overline{H}P(H-\overline{H})}{H+k_1}\mathrm{d}x$$

$$=\int_\Omega c\overline{H}\left(\frac{\overline{P}}{\overline{H}+k_1}-\frac{P}{H+k_1}\right)(H-\overline{H})\mathrm{d}x$$

$$=\int_\Omega \frac{c\overline{H}(H-\overline{H})}{(\overline{H}+k_1)(H+k_1)}\Big(\overline{P}(H-\overline{H})-(\overline{H}+k_1)(P-\overline{P})\Big)\mathrm{d}x$$

$$\leqslant\frac{c(1+k_2)}{k_1}\int_\Omega (H-\overline{H})^2\mathrm{d}x+\frac{c}{k_1}\int_\Omega |H-\overline{H}|\,|P-\overline{H}|\,\mathrm{d}x$$

$$\leqslant\frac{c(3+2k_2)}{2k_1}\int_\Omega (H-\overline{H})^2\mathrm{d}x+\frac{c}{2k_1}\int_\Omega (P-\overline{P})^2\mathrm{d}x. \tag{3.2.38}$$

同理可证

$$\int_\Omega s\left(1-\frac{P}{H+k_2}\right)\overline{P}(P-\overline{P})\mathrm{d}x$$

$$=\int_\Omega s\overline{P}\left(\frac{\overline{P}}{\overline{H}+k_2}-\frac{P}{H+k_2}\right)(P-\overline{P})\mathrm{d}x$$

$$=\int_\Omega \frac{s\overline{P}(P-\overline{P})}{(\overline{H}+k_2)(H+k_2)}\Big(\overline{P}(H-\overline{H})-(\overline{H}+k_2)(P-\overline{P})\Big)\mathrm{d}x$$

$$\leqslant\frac{s\overline{P}^2}{(\overline{H}+k_1)(H+k_1)}\int_\Omega |H-\overline{H}|\,|P-\overline{P}|\,\mathrm{d}x$$

$$\leqslant\frac{s(1+k_2)^2}{2k_1^2}\int_\Omega (H-\overline{H})^2\mathrm{d}x+\frac{s(1+k_2)^2}{2k_1^2}\int_\Omega (P-\overline{P})^2\mathrm{d}x. \tag{3.2.39}$$

于是

$$d_1\int_\Omega |\nabla(H-\overline{H})|^2\mathrm{d}x+d_2\int_\Omega |\nabla(P-\overline{P})|^2\mathrm{d}x$$

$$\leqslant\frac{1}{\mu_1}\left(\alpha_1\int_\Omega |\nabla(H-\overline{H})|^2\mathrm{d}x+\alpha_2\int_\Omega |\nabla(P-\overline{P})|^2\mathrm{d}x\right),$$

其中, $\alpha_1=1+\dfrac{c(3+2k_2)}{2k_1}+\dfrac{s(1+k_2)^2}{2k_1^2}$, $\alpha_2=s+\dfrac{c}{2k_1}+\dfrac{s(1+k_2)^2}{2k_1^2}$.

这表明, 如果

$$\min\{d_1,\,d_2\}>\frac{1}{\mu_1}\max\{\alpha_1,\,\alpha_2\},$$

则 $\nabla(H-\overline{H})=\nabla(P-\overline{P})=0$. 定理得证. □

3.2.3.3　非常数正稳态解的存在性

本节将在初值条件 (3.2.2) 和 Newmann 边界条件 (3.2.3) 下研究模型 (3.2.4) 非常数正稳态解的存在性. 作为例子, 在此只讨论弱 Allee 效应 $(0 < m < b)$ 时模型 (3.2.4) 存在唯一正平衡点 $\mathbf{w}_0 := E_w^* = (H^*, H^* + k_2)$ 的情况. 除非特别申明, 假设引理 3.6 总是成立的.

设

$$X^+ = \{(H, P) \in X \mid H, P > 0 \ \text{在} \ \overline{\Omega}\},$$
$$B(C) = \{(H, P) \in X \mid C^{-1} < H, P < C \ \text{在} \ \overline{\Omega}\}, \quad C > 0,$$

则模型 (3.2.4) 可重写为

$$
\begin{cases}
-D\triangle\mathbf{w} = \mathcal{G}(\mathbf{w}), & \mathbf{w} \in X^+, \\
\partial_{\mathbf{n}}\mathbf{w} = 0, & \text{在} \ \partial\Omega,
\end{cases}
\tag{3.2.40}
$$

其中

$$
\mathcal{G}(\mathbf{w}) =
\begin{pmatrix}
\dfrac{H}{d_1}\left(1 - H - \dfrac{m}{H+b} - \dfrac{cP}{u+k_1}\right) \\[3mm]
\dfrac{sP}{d_2}\left(1 - \dfrac{P}{H+k_2}\right)
\end{pmatrix},
$$

则 $\mathbf{w}$ 是模型 (3.2.40) 的正解当且仅当 $\mathbf{w}$ 在 X^+ 上满足

$$\mathcal{F}(\mathbf{w}) = \mathbf{w} - (\mathcal{I} - \triangle)^{-1}\{\mathcal{G}(\mathbf{w}) + \mathbf{w}\} = 0,$$

这里, $(\mathcal{I} - \triangle)^{-1}$ 是 $\mathcal{I} - \triangle$ 的逆算子且满足边界条件 (3.2.2). 于是

$$\nabla\mathcal{F}(\mathbf{w}_0) = \mathcal{I} - (\mathcal{I} - \triangle)^{-1}(\mathcal{I} + \mathcal{A}),$$

其中

$$
\mathcal{A} := \mathcal{G}(\mathbf{w}_0) =
\begin{pmatrix}
\dfrac{s^{[H_w^*]}}{d_1} & -\dfrac{cH^*}{d_1(H^* + k_1)} \\[3mm]
\dfrac{s}{d_2} & -\dfrac{s}{d_2}
\end{pmatrix}.
$$

如果 $\nabla\mathcal{F}(\mathbf{w}_0)$ 可逆, $\mathcal{F}$ 在 $\mathbf{w}_0$ 的指标为

$$\text{index}(\mathcal{F}, \mathbf{w}_0) = (-1)^{\gamma},$$

其中, γ 是 $\nabla\mathcal{F}(\mathbf{w}_0)$ 负特征值的重数.

另一方面, 由正交分解 (3.2.22) 可知, X_i 是 $\nabla\mathcal{F}(\mathbf{w}_0)$ 上的不变空间, $\xi \in \mathbb{R}$ 是 $\nabla\mathcal{F}(\mathbf{w}_0)$ 在 X_i 上的特征值, 也是 $(\mu_i + 1)^{-1}(\mu_i\mathcal{I} - \mathcal{A})$ 的特征值. 所以, $\nabla\mathcal{F}(\mathbf{w}_0)$ 是可逆的当且仅当对任意的 $i \geqslant 0$, 矩阵 $\mu_i\mathcal{I} - \mathcal{A}$ 是可逆的.

设 $m(u_i)$ 为 μ_i 的重数. 为了简单起见, 定义

$$V(d_2, d_2, \mu) := \det(\mu \mathcal{I} - \mathcal{A}).$$

为了计算 $\mathrm{index}(\mathcal{F}, \mathbf{w}_0)$, 必须考虑 $V(d_2, d_2, \mu)$ 的符号. 直接计算可得

$$V(d_2, d_2, \mu) = \mu^2 - \theta_1 \mu + \theta_2, \tag{3.2.41}$$

其中, $\theta_1 = \dfrac{\xi_{11}^{[3]}}{d_1} - \dfrac{s}{d_2}$, $\theta_2 = \dfrac{s}{d_1 d_2}\left(\dfrac{cH^*}{H^* + k_1} - s_{11}^{[H_w^*]}\right)$.

如果 $\theta_1^2 - 4\theta_2 > 0$, 则 $V(d_2, d_2, \mu) = 0$ 有两个正根

$$\mu^{\pm} = \frac{1}{2}\left(\theta_1 \pm \sqrt{\theta_1^2 - 4\theta_2}\right).$$

定理 3.23 假设 $\theta_1^2 - 4\theta_2 > 0$, 如果对于一些 $0 \leqslant i < j$, $\mu^- \in (\mu_i, \mu_{i+1})$, $\mu^+ \in (\mu_j, \mu_{j+1})$, 且 $\sum\limits_{k=i+1}^{j} m(u_k)$ 是奇数, 则模型 (3.2.4) 至少存在一个非常数正解.

证明 根据定理 3.22, 固定 $\bar{d}_1 > d_1$ 和 $\bar{d}_2 > d_2$, 使得

(1) 模型 (3.2.1) 具有扩散系数 $\bar{d}_1$ 和 $\bar{d}_2$ 时没有非常数正解;

(2) 对所有的 $\mu \geqslant 0$, 都有 $V(\bar{d}_1, \bar{d}_2, \mu) > 0$.

由定理 3.21 可知, 存在一个正常数 $M = M(m, b, c, k_1, k_2)$, 使得 $M^{-1} < H, P < M$. 设

$$\mathcal{Q} := \left\{(H, P) \in C(\overline{\Omega}) \times C(\overline{\Omega}) \mid M^{-1} < H, P < M \ \text{在} \ \overline{\Omega}\right\},$$

定义

$$\Upsilon: \ \mathcal{Q} \times [0, 1] \to C(\overline{\Omega}) \times C(\overline{\Omega}),$$

则

$$\Upsilon(\mathbf{w}, t) = (\mathcal{I} - \triangle)^{-1}\{\mathbf{G}(\mathbf{w}, t) + \mathbf{w}\},$$

其中

$$\mathbf{G}(\mathbf{w}, t) = \begin{pmatrix} \left(td_1 + (1-t)\bar{d}_1\right)^{-1} H\left(1 - H - \dfrac{m}{H+b} - \dfrac{cP}{H+k_1}\right) \\ \left(td_2 + (1-t)\bar{d}_2\right)^{-1} sP\left(1 - \dfrac{P}{H+k_2}\right) \end{pmatrix}.$$

显然, 求解模型 (3.2.4) 等价于在 $\mathcal{Q}$ 中找到 $\Upsilon(\mathbf{w}, 1) = 0$ 的不动点. 根据 $\mathcal{Q}$ 的定义可知, 当 $0 \leqslant t \leqslant 1$ 时, $\Upsilon(\mathbf{w}, t) = 0$ 在 $\partial \mathcal{Q}$ 中没有不动点.

由于 $\Upsilon(\mathbf{w}, t)$ 是紧的, 由 Leray-Schauder 拓扑度的同伦不变性可得

$$\deg(\mathcal{I} - \Upsilon(\mathbf{w}, 1), \mathcal{Q}, 0) = \deg(\mathcal{I} - \Upsilon(\mathbf{w}, 0), \mathcal{Q}, 0). \tag{3.2.42}$$

显然, $\mathcal{I} - \Upsilon(\mathbf{w}, 1) = \mathcal{F}$. 所以, 如果模型 (3.2.4) 除了 $\mathbf{w}_0$ 外再无其他常数解, 则由 Leray-Schauder 定理可知

$$\deg(\mathcal{I} - \Upsilon(\mathbf{w}, 1), \mathcal{Q}, 0) = \text{index}(\mathcal{F}, \mathbf{w}_0) = (-1)^{\sum\limits_{k=i+1}^{j} m(u_k)} = -1. \tag{3.2.43}$$

相反, 由 $\bar{d}_1$ 和 $\bar{d}_2$ 的选择可知, $\mathbf{w}_0$ 是 $\Upsilon(\mathbf{w}, 0) = \mathbf{w}$ 的唯一解. 此外, 由 (2) 可得

$$\deg(\mathcal{I} - \Upsilon(\mathbf{w}, 0), \mathcal{Q}, 0) = \text{index}(\mathcal{I} - \Upsilon(\mathbf{w}, 0), \mathbf{w}_0) = 1. \tag{3.2.44}$$

从而, (3.2.43) 与 (3.2.44) 是矛盾的. 定理得证. □

推论 3.24　固定 d_2, 如果 $s^{[H_w^*]} > 0$ 且所有特征值 μ_i 的重数皆为奇数, 则存在一个区间序列 $\{(k_n, K_n)\}$, 且 $0 < k_n < K_n < k_{n+1} \to 0$ (当 $n \to \infty$), 使得模型 (3.2.4) 对所有的 $d_1 \in \bigcup\limits_{n \geqslant 1} (k_n, K_n)$, 至少存在一个非常数正解.

推论 3.25　固定 d_1, 如果 $s^{[H_w^*]} > 0$ 且 $\sum\limits_{i \geqslant 0, 0 < \mu_i < s^{[H_w^*]}} m(\mu_i)$ 是奇数, 则存在 $d_2^* > 0$, 当 $d_2 > d_2^*$ 时, 模型 (3.2.4) 至少存在一个非常数稳态解.

这里略去推论 3.24 和推论 3.25 的证明. 有兴趣的读者可参看 [147].

3.2.4　Turing 失稳和斑图形成

3.2.4.1　Turing 失稳

定理 3.26　假设下述条件为真:

(1) $s^{[H_w^*]} < s$;

(2) $\rho_1 H^{*2} + \rho_2 H^* + \rho_3 > 0$;

(3) $d_2 s^{[H_w^*]} - d_1 s > 2\sqrt{d_1 d_2 \det J_{E_w^*}}$,

则模型 (3.2.4) 的正平衡点 $E_w^* = (H^*, H^* + k_2)$ 对一些 μ_i ($0 < k_1 < \mu_i < k_2$) 是 Turing 失稳的, 其中

$$k_1 = \frac{d_2 s^{[H_w^*]} - d_1 s - \sqrt{(d_2 s^{[H_w^*]} - d_1 s)^2 - 4 d_1 d_2 \det J_{E_W^*}}}{2 d_1 d_2},$$

$$k_2 = \frac{d_2 s^{[H_w^*]} - d_1 s + \sqrt{(d_2 s^{[H_w^*]} - d_1 s)^2 - 4 d_1 d_2 \det J_{E_W^*}}}{2 d_1 d_2}.$$

证明 与定理 3.19 的证明方法相同, 易证 E_w^* 是渐近稳定的, 即 (1) 和 (2) 为真.

要使 Turing 失稳, 则对一些 μ_i, $\det(M_i) < 0$. 简单计算可知, $\det(s_i^{[H_w^*]})$ 在临界值 $\mu^* := \dfrac{d_2\xi_{11}^{[3]} - d_1 s}{2d_1 d_2} > 0$ 处取得最小值

$$\min_{\mu_i} \det(M_i) = \frac{4d_1 d_2 \det(J_{E_w^*}) - (d_2\xi_{11}^{[3]} - d_1 s)^2}{4d_1 d_2}.$$

而条件 $\min\limits_{\mu_i} \det(M_i) < 0$ 等价于 $4d_1 d_2 \det(J_{E_{w^*}}) - (d_2 s^{[H_w^*]} - d_1 s)^2 < 0$. 由此可知, $\det(M_i) = 0$ 存在两个正根 k_1 和 k_2 且满足

$$k_1 = \frac{d_2 s^{[H_w^*]} - d_1 s - \sqrt{(d_2 s^{[H_w^*]} - d_1 s)^2 - 4d_1 d_2 \det J_{E_w^*}}}{2d_1 d_2},$$

$$k_2 = \frac{d_2 s^{[H_w^*]} - d_1 s + \sqrt{(d_2 s^{[H_w^*]} - d_1 s)^2 - 4d_1 d_2 \det J_{E_w^*}}}{2d_1 d_2}.$$

所以, 只要存在 μ_i 使得当 $k_1 < \mu_i < k_2$ 时, 则 $\det(\mathcal{M}_i) < 0$. 定理得证. □

3.2.4.2 斑图形成

作为例子, 这里只给出弱 Allee 效应时模型 (3.2.1) 在二维空间的斑图形成. 所有的数值模拟都基于初值条件 (3.3.5), 系统尺度为 $L = 200$. 可以观察到模型 (3.3.4) 存在 "点" "线" "洞" 3 种斑图 (图 3.6).

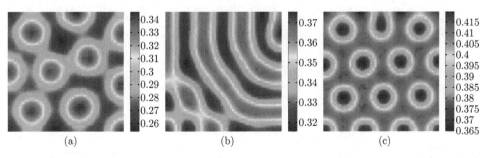

图 3.6 模型 (3.2.1) 中食饵 H 的斑图形成. 参数值: $b = 0.495, c = 0.5, k_1 = 0.3, k_2 = 0.2, s = 0.25, d_1 = 0.1, d_2 = 2$. (a) $m = 0.32$, (b) $m = 0.3$, (c) $m = 0.24$ (彩图见封底二维码)

3.3　Allee 效应诱导 Turing 斑图形成

本节考虑具有 Harrison 功能性反应函数的捕食系统

$$\begin{cases} H_t = \alpha H \left(1 - \dfrac{H}{K}\right) - \dfrac{cHP}{mP+1}, \\ P_t = P \left(-\gamma + \dfrac{c\sigma H}{mP+1}\right), \end{cases} \tag{3.3.1}$$

其中, $\dfrac{cH}{mP+1}$ 为 Harrison 功能性反应函数, 参看注 2.4.

令 $\beta = \dfrac{\alpha}{K}$, $s = c\sigma$, 模型 (3.3.1) 可化简为

$$\begin{cases} H_t = H(\alpha - \beta H) - \dfrac{cHP}{mP+1}, \\ P_t = P \left(-\gamma + \dfrac{sH}{mP+1}\right), \end{cases} \tag{3.3.2}$$

这里 s 称为转换率.

对于模型 (3.3.2), 考虑食饵受附加 Allee 效应 (3.1.4) 的影响, 可得

$$\begin{cases} H_t = H \left(\alpha - \beta H - \dfrac{q}{H+b}\right) - \dfrac{cHP}{mP+1}, \\ P_t = P \left(-r + \dfrac{sH}{mP+1}\right). \end{cases} \tag{3.3.3}$$

根据定义 3.1 可知

(1) 如果 $q < b\alpha$, $h'(0) = \alpha - \dfrac{q}{b} > 0$, 模型 (3.3.3) 具有弱 Allee 效应;

(2) 如果 $q > b\alpha$, $h'(0) = \alpha - \dfrac{q}{b} < 0$, 模型 (3.3.3) 具有强 Allee 效应.

与 (3.3.3) 对应的反应扩散模型为

$$\begin{cases} \partial_t H = H \left(\alpha - \beta H - \dfrac{q}{H+b}\right) - \dfrac{cHP}{mP+1} + d_1 \triangle H, \\ \partial_t P = v \left(-\gamma + \dfrac{sH}{mP+1}\right) + d_2 \triangle P, \end{cases} \tag{3.3.4}$$

初值条件为

$$H(x,y,0) > 0, \quad P(x,y,0) > 0, \quad x \in \Omega, \tag{3.3.5}$$

边界条件为

$$\partial_n H = \partial_n P = 0, \quad x \in \partial\Omega. \tag{3.3.6}$$

模型 (3.3.4) 没有 Allee 效应 (即 $q = 0$) 时变为

$$
\begin{cases}
\partial_t H = H\left(\alpha - \beta H\right) - \dfrac{cHP}{mP+1} + d_1 \triangle H, \\
\partial_t P = v\left(-\gamma + \dfrac{sH}{mP+1}\right) + d_2 \triangle P.
\end{cases}
\tag{3.3.7}
$$

为了便于研究 Allee 效应对系统 (3.3.4) 斑图动力学的影响机理, 参考 Turing 失稳的定义, 我们首先给出 Allee 效应及扩散共同诱导失稳的定义.

定义 3.27 若 ODE 模型 (3.3.2) 的正平衡点 E^* 是渐近稳定的, 且反应扩散模型 (3.3.7) 的正平衡点 E^* 也是渐近稳定的, 而在有 Allee 效应作用时的模型 (3.3.4) 的正平衡点是不稳定的, 则称这种不稳定性为 Allee 效应和扩散共同诱导的失稳.

作为例子, 我们只给出弱 Allee 效应, 即 $q < b\alpha$ 时的结果. 强 Allee 效应 (即 $q > b\alpha$) 时的结果与之类似, 有兴趣的读者可参看 [369].

3.3.1 ODE 模型正平衡点的存在性及稳定性

模型 (3.3.3) 或 (3.3.4) 常数平衡点的存在性和稳定性的证明与 3.2.1.2 小节类似. 在此, 我们不加证明地直接给出主要结果. 详细证明过程参看 [369].

3.3.1.1 正平衡点的存在性

定理 3.28 (1) 如果

$$
m\alpha - bm\beta - c > 0, \quad 0 < q < \min\{b\alpha, f_2(b)\}
$$

或

$$
m\alpha - bm\beta - c < 0, \quad \max\{0, f_2(b)\} < q < b\alpha
$$

成立, 则模型 (3.3.3) 有且只有一个正平衡点

$$
E_w = (H_w, P_w) = \left(\frac{z_1 - a_1}{a_0}, \frac{s(z_1 - a_1)}{a_0 m\gamma} - \frac{1}{m}\right).
$$

(2) 如果

$$
m\alpha - bm\beta - c > 0, \quad \max\{0, f_2(b)\} < q < \min\{b\alpha, f_1(b)\}
$$

或

$$
m\alpha - bm\beta - c < 0, \quad 0 < q < \min\{b\alpha, f_1(b), f_2(b)\}
$$

成立, 则

(2-1) 当 $b_2^2 + 4b_1^3 < 0$ 时, 模型 (3.3.3) 存在两个正平衡点

$$E_{w3} = \left(H_{w3}, \frac{sH_{w3} - \gamma}{m\gamma} \right) = \left(\frac{z_1 - a_1}{a_0}, \frac{s(z_1 - a_1)}{a_0 m\gamma} - \frac{1}{m} \right)$$

和

$$E_{w4} = \left(H_{w4}, \frac{sH_{w4} - \gamma}{m\gamma} \right) = \left(\frac{z_2 - a_1}{a_0}, \frac{s(z_2 - a_1)}{a_0 m\gamma} - \frac{1}{m} \right).$$

(2-2) 当 $b_2^2 + 4b_1^3 = 0$ 时, 模型 (3.3.3) 有且只有一个正平衡点

$$\hat{E}_w = (\hat{H}_w, \hat{P}_w) = \left(\sqrt{|b_1|}, \frac{s\sqrt{|b_1|} - \gamma}{m\gamma} \right).$$

(3) 如果 $0 < q < \min\{b\alpha, f_1(b)\}$ 且 $b_2 = 0$, 则模型 (3.3.3) 有且只有一个正平衡点

$$\tilde{E}_w = (\tilde{H}_w, \tilde{P}_w) = \left(\sqrt{-3b_1}, \frac{s\sqrt{-3b_1} - \gamma}{m\gamma} \right).$$

其中

$$z_1 = \frac{\sqrt[3]{\left(-4b_2 + 4\sqrt{4b_1^3 + b_2^2} \right)^2} - 4b_1}{2\sqrt[3]{-4b_2 + 4\sqrt{4b_1^3 + b_2^2}}}, \quad z_2 = -\frac{z_1}{2} + \frac{\sqrt{z_1^3 + 4b_2}}{2\sqrt{z_1}},$$

$$a_0 = ms\beta, \quad 3a_1 = cs + bms\beta - ms\alpha,$$

$$3a_2 = bcs + msq - bms\alpha - c\gamma, \quad a_3 = -bc\gamma,$$

$$b_1 = a_0 a_2 - a_1^2, \quad b_2 = a_0^2 a_3 - 3a_0 a_1 a_2 + 2a_1^3,$$

$$f_1(b) := \frac{b^2 m^2 s\beta^2 - bcms\beta + bm^2 s\beta\alpha + 3cm\beta\gamma + s(m\alpha - c)^2}{3sm^2\beta},$$

$$f_2(b) := \frac{F}{9m^2 s^3 \beta(c + bm\beta - m\alpha)}.$$

这里

$$F := 9ms^2\beta(c + bm\beta - m\alpha)(bcs - bms\alpha - c\gamma)$$
$$- 2(cs + bms\beta - ms\alpha)^3 + 27bcm^2 s^2 \beta^2 \gamma.$$

注 3.29　当模型 (3.3.3) 没有 Allee 效应时, 即模型 (3.3.2), 当 $s\alpha > \beta\gamma$ 时, 存在唯一正平衡点 $E^* = (H^*, P^*)$, 其中,

$$H^* = \frac{ms\alpha - cs + \sqrt{s^2(m\alpha - c)^2 + 4cms\beta\gamma}}{2ms\beta}, \quad P^* = \frac{su^* - \gamma}{m\gamma}. \tag{3.3.8}$$

3.3.1.2 正平衡点的稳定性

首先给出没有 Allee 效应, 即模型 (3.3.2) 的正平衡点 $E^* = (H^*, P^*)$ 的稳定性.

定理 3.30 若 $s\alpha > \beta\gamma$, 则模型 (3.3.2) 的正平衡点 $E^* = (H^*, P^*)$ 是全局渐近稳定的.

模型 (3.3.3) 具有弱 Allee 效应作用 $(0 < q < b\alpha)$ 时, 正平衡点的稳定性结果如下.

定理 3.31 设 $(H_w + b)^2(c\gamma + ms\beta H_w^2) - mqsH_w^2 > 0$. 记

$$q^{[H_w]} := \left(\beta H_w - \frac{(\gamma - sH_w)\gamma}{sH_w}\right)\frac{(H_w + b)^2}{H_w}.$$

(1) 若 $q < \min\{q^{[H_w]}, b\alpha\}$, 则 E_w 是渐近稳定的. 此外

(1-1) 若 $(q - q^{[H_w]})^2 < 4\det(J_{E_w})$, 则 E_w 是稳定焦点;

(1-2) 若 $(q - q^{[H_w]})^2 > 4\det(J_{E_w})$, 则 E_w 是稳定结点.

(2) 若 $q^{[H_w]} < q < b\alpha$, 则正平衡点 E_w 是不稳定的. 此外,

(2-1) 若 $(q - q^{[H_w]})^2 < 4\det(J_{E_w})$, 则 E_w 是不稳定焦点并且产生极限环;

(2-2) 若 $(q - q^{[H_w]})^2 > 4\det(J_{E_w})$, 则 E_w 是不稳定结点并且极限环消失.

(3) 若 $q = q^{[H_w]}$, 同时 $\beta(H_w + b)^2 < q < b\alpha$ 且 $\gamma < sH_w$ 成立,

则模型 (3.3.3) 在 E_w 处产生 Hopf 分支.

定理 3.32 若 $q < \min\{\alpha, b\beta(u_w + b)\}$, 则模型 (3.3.3) 的正平衡点 E_w 是全局渐近稳定的.

图 3.7 给出了模型 (3.3.3) 在弱 Allee 效应作用下的唯一正平衡点 E_w 的全局渐近稳定性的动力学行为.

定理 3.33 设 $(H_{w3} + b)^2(c\gamma + ms\beta H_{w3}^2) - mqsH_{w3}^2 > 0$ 和 $(H_{w4} + b)^2(c\gamma + ms\beta H_{w4}^2) - mqsH_{w4}^2 < 0$ 成立, 记

$$q^{[H_{w3}]} := \left(\beta H_{w3} - \frac{(\gamma - sH_{w3})\gamma}{sH_{w3}}\right)\frac{(H_{w3} + b)^2}{H_{w3}}.$$

则

(1) 若 $q < \min\{q^{[H_{w3}]}, b\alpha\}$, 则 $E_{w3} = \left(H_{w3}, \dfrac{sH_{w3} - \gamma}{m\gamma}\right)$ 是局部渐近稳定的;

(2) $E_{w4} = \left(H_{w4}, \dfrac{sH_{w4} - \gamma}{m\gamma}\right)$ 是鞍点.

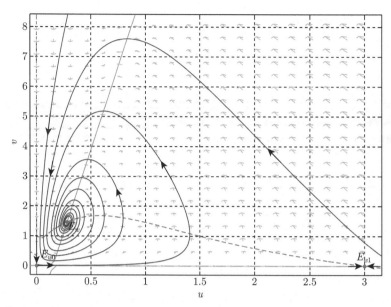

图 3.7　模型 (3.3.3) 在弱 Allee 效应作用下的动力学行为. $E_{w0} = (0,0)$ 和 $E_{w1} = (3.0102, 0)$ 都是鞍点, 而 $E_w = (0.31441, 1.8268)$ 是全局渐近稳定的. 参数: $\alpha = 1, \beta = 0.3, \gamma = 0.3, b = 0.5, c = 0.6, m = 0.6, q = 0.35, s = 2$ (彩图见封底二维码)

3.3.2　PDE 模型正平衡点的稳定性与 Turing 失稳

为了研究 Allee 效应对 PDE 模型 (3.3.4) 正平衡点稳定性的影响, 我们首先考虑没有 Allee 效应, 即模型 (3.3.7) 的正平衡点 E^* 的稳定性.

在没有扩散的情况下, 由注 3.29 可知, 当 $s\alpha > \beta\gamma$ 时, 模型 (3.3.7) 有唯一正平衡点 $E^* = (H^*, P^*)$, 并且是局部渐近稳定的 (参见定理 3.30). 下面先讨论扩散对 E^* 的稳定性的影响.

定理 3.34　当 $s\alpha > \beta\gamma$ 时, PDE 模型 (3.3.7) 的唯一正平衡点 E^* 局部渐近稳定.

证明　令 $U_1 = H - H^*, V_1 = P - P^*$, 模型 (3.3.7) 在 $E^* = (H^*, P^*)$ 处的线性化系统如下

$$\begin{cases} \partial_t U_1 = d_1 \triangle U_1 - \beta H^* U_1 - \dfrac{cH^*}{(mP^* + 1)^2} U_2, \\[2mm] \partial_t U_2 = d_2 \triangle U_2 + \dfrac{sP^*}{mP^* + 1} U_1 - \dfrac{msH^*P^*}{(mP^* + 1)^2} U_2, & (3.3.9) \\[2mm] \partial_\mathbf{n} U_1|_{\partial\Omega} = \partial_\mathbf{n} U_2|_{\partial\Omega} = 0, \end{cases}$$

与 2.1 节类似, 可知模型 (3.3.9) 在 E^* 处的雅可比矩阵为

$$J_{E^*} = \begin{pmatrix} -\beta H^* - d_1 k^2 & -\dfrac{cH^*}{(mP^* + 1)^2} \\ \dfrac{sP^*}{mP^* + 1} & -\dfrac{msH^* P^*}{(mP^* + 1)^2} - d_2 k^2 \end{pmatrix}. \tag{3.3.10}$$

特征方程为

$$\lambda_i^2 - \operatorname{tr}(J_{E^*})\lambda_i + \det(J_{E^*}) = 0,$$

其中

$$\operatorname{tr}(J_{E^*}) = -(d_1 + d_2)k^2 - \beta H^* - \frac{msH^* P^*}{(mP^* + 1)^2},$$

$$\det(J_{E^*}) = d_1 d_2 k^4 + \left(d_2 \beta H^* + \frac{d_1 msH^* P^*}{(mP^* + 1)^2} \right) k^2 + \frac{bm\beta H^{*2} P^*}{(mP^* + 1)^2} + \frac{bcH^* P^*}{(mP^* + 1)^3}.$$

显然, $\operatorname{tr}(J_{E^*}) < 0$, $\det(J_{E^*}) > 0$. 于是, $\operatorname{Re}\lambda_i < 0$. 因此, E^* 是局部渐近稳定. □

注 3.35 综合考虑定理 3.30 和定理 3.34, 可知扩散对于模型 (3.3.7) 的正平衡点 E^* 的稳定性没有任何影响. 也就是说, 模型 (3.3.7) 不存在 Turing 失稳.

接下来讨论弱 Allee 效应对正平衡点稳定性的影响. 作为例子, 仅考虑模型 (3.3.4) 的唯一正平衡点 $E_w = (H_w, P_w)$ 的稳定性.

模型 (3.3.4) 在平衡点 $E_w = (H_w, P_w)$ 处的雅可比矩阵为

$$\widetilde{J}_{E_w} = \begin{pmatrix} \left(-\beta + \dfrac{q}{(H_w + b)^2} \right) H_w - d_1 k^2 & -\dfrac{c\gamma^2}{s^2 H_w} \\ \dfrac{sH_w - \gamma}{mH_w} & -\dfrac{\gamma(sH_w - \gamma)}{sH_w} - d_2 k^2 \end{pmatrix}.$$

特征方程为

$$\lambda^2 - \operatorname{tr}(\widetilde{J}_{E_w})\lambda + \det(\widetilde{J}_{E_w}) = 0, \tag{3.3.11}$$

其中

$$\operatorname{tr}(\widetilde{J}_{E_w}) = -(d_1 + d_2)k^2 + \operatorname{tr}(J_{E_w}), \tag{3.3.12}$$

$$\det(\widetilde{J}_{E_w}) = d_1 d_2 k^4 + \left(\frac{d_1 \gamma(su_w - \gamma)}{sH_w} + (\beta - \frac{q}{(H_w + b)^2})d_2 H_w \right) k^2$$
$$+ \det(J_{E_w}). \tag{3.3.13}$$

这里, $\operatorname{tr}(J_{E_w})$ 和 $\det(J_{E_w})$ 分别是 ODE 模型 (3.3.3) 在 E_w 处雅可比矩阵的迹和行列式. 由定理 3.31(a) 中 E_w 的稳定性可知: $\operatorname{tr}(J_{E_w}) < 0$, $\det(J_{E_w}) > 0$.

所以, $\mathrm{tr}(\widetilde{J}_{E_w}) < 0$ 恒成立. 因此, 只有当 $\det(\widetilde{J}_{E_w}) < 0$ 时, 模型 (3.3.4) 才可能产生失稳.

由 (3.3.13) 可知, $\det(\widetilde{J}_{E_w}) < 0$ 的必要条件是

$$\Theta := \frac{d_1\gamma(su_w - \gamma)}{su_w} + \left(\beta - \frac{q}{(u_w + b)^2}\right)d_2u_w < 0.$$

注意到, 当 $k^{*2} = -\dfrac{\Theta}{2d_1d_2}$ 时, $\det(\widetilde{J}_{E_w})$ 取得最小值

$$\min_k \det(\widetilde{J}_{E_w}) = \frac{4d_1d_2\det(J_{E_w}) - \Theta^2}{4d_1d_2}. \tag{3.3.14}$$

要使 $\Theta < 0$ 成立, 必须

$$\left(\frac{d_1\gamma(sH_w - \gamma)}{d_2sH_w^2} + \beta\right)(H_w + b)^2 < q < b\alpha.$$

而 $\min\limits_k \det(\widetilde{J}_{E_w}) < 0$ 等价于 $4d_1d_2\det(J_{E_w}) - \Theta^2 < 0$, 即

$$q > (H_w + b)^2\left(\beta + \frac{d_1\gamma(sH_w - \gamma)}{d_2sH_w^2} + \frac{2\sqrt{d_1d_2\det(J_{E_w})}}{d_2H_w}\right).$$

$\det(\widetilde{J}_{E_w}) = 0$ 存在两个不同的正实根 k_1 和 k_2, 满足

$$k_1^2 = \frac{-\Theta + \sqrt{\Theta^2 - 4d_1d_1\det(J_{E_w})}}{2d_1d_2}, \quad k_2^2 = \frac{-\Theta - \sqrt{\Theta^2 - 4d_1d_1\det(J_{E_w})}}{2d_1d_2}. \tag{3.3.15}$$

于是可选取适当的 k 满足 $k_1^2 < k^2 < k_2^2$, 使得 $\det(\widetilde{J}_{E_w}) < 0$. 从而, 模型 (3.3.4) 的正平衡点 E_w 是不稳定的.

综合上述讨论, 可得下述结果.

定理 3.36 假设下述条件成立:

(1) $q < \left(\dfrac{\gamma(su_w - \gamma)}{su_w^2} + \beta\right)(u_w + b)^2$;

(2) $(u_w + b)^2(c\gamma + ms\beta u_w^2) - mqsu_w^2 > 0$;

(3) $\left(\dfrac{d_1\gamma(su_w - \gamma)}{d_2su_w^2} + \beta\right)(u_w + b)^2 < q < b\alpha$;

(4) $q > (u_w + b)^2\left(\beta + \dfrac{d_1\gamma(su_w - \gamma)}{d_2su_w^2} + \dfrac{2\sqrt{d_1d_2\det(J_{E_w})}}{d_2u_w}\right)$,

则对于某些满足 $0 < k_1^2 < k^2 < k_2$ 的 k, 在弱 Allee 效应和扩散共同作用下, 模型 (3.3.4) 的正平衡点 E_w 是不稳定的. 也就是, (3.3.4) 存在由 Allee 效应和扩散共同诱导的失稳.

3.3.3　斑图形成

利用数值模拟可得到具有弱 Allee 效应时的模型 (3.3.4) 在二维空间的斑图形成. 参数值为 $\alpha = 1, \beta = 0.3, \gamma = 0.3, b = 0.5, c = 0.6, m = 0.6, q = 0.35, d_1 = 0.015, d_2 = 1$, s 的值分别取 1.75, 2.0 和 3.0, 相应的斑图参见图 3.8. 可以看到, 随着 s 的增加, 模型 (3.3.4) 存在 "洞 → 线 → 点" 斑图.

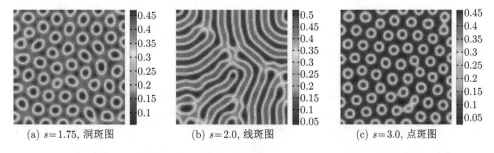

(a) $s=1.75$, 洞斑图　　　　　(b) $s=2.0$, 线斑图　　　　　(c) $s=3.0$, 点斑图

图 3.8　模型 (3.3.4) 中食饵 H 的斑图. 参数值为: $\alpha = 1, \beta = 0.3, \gamma = 0.3, b = 0.5, c = 0.6, m = 0.6, q = 0.35, d_1 = 0.015, d_2 = 1$ (彩图见封底二维码)

3.4　小　　　结

本章结果进一步说明, Allee 效应对捕食系统的影响是不容忽视的. 由定理 3.10 和定理 3.13 可知, 在一定条件下, 模型 (3.2.5) 具有 Allee 效应时存在双稳现象. 在图 3.4 中, 我们给出了模型 (3.2.5) 的双稳动力学行为, 可以看出, 鞍点 E_{w4} 的稳定不变子流形是一条分界线, 将相空间分为两部分: 初值位于分界线左边时将趋于边界平衡点 E_{w1}, 初值位于分界线右边时将趋于正平衡点 E_{w3}. 这表明具有弱 Allee 效应的模型 (3.2.5) 对初值条件具有高度敏感性. 此外, 由定理 3.17 可知, 模型 (3.2.5) 具有强 Allee 效应时存在两个正平衡点, 其中 $E_{s4} = (H_{s4}, P_{s4})$ 是局部渐近稳定的. 由定理 3.14 可知边界平衡点 $E_{s1} = (0, k_2)$ 也总是稳定的. 也就是说, 当 $E_{s4} = (H_{s4}, P_{s4})$ 是局部稳定时, 与弱 Allee 效应时的情形类似 (图 3.4), 强 Allee 效应也会导致模型 (3.2.5) 产生双稳行为 (图 3.5). 但是两者之间略有不同. 弱 Allee 效应时, 边界平衡点 $E_{w1} = (0, k_2)$ 是不稳定鞍点或稳定结点; 强 Allee 效应时, 边界平衡点 $E_{s1} = (0, k_2)$ 总是稳定的. 换句话说, 当模型存在两个正平衡点时, 如果其中一个是局部稳定的, 则强 Allee 效应时一定是双稳系统, 但弱 Allee 效应时只有在一定条件下才可能出现双稳现象.

另一方面, 在 [98] 中, 作者发现, 在没有 Allee 效应作用时, 系统 (3.2.1) 存在两种类型的斑图: 一种是迷宫斑图 (类似线斑图); 另一种是时空混沌斑图. 由图 3.6 可以看出, 在具有 Allee 效应时模型 (3.2.1) 会产生点斑图、线斑图以及洞斑图. 显然, Allee 效应可诱导系统产生复杂的时空动力学行为.

在 3.3 节中, 当不考虑 Allee 效应时, ODE 模型 (3.3.7) 有且只有一个全局渐近稳定的正平衡点, 而 Allee 效应会使模型 (3.3.7) 正平衡点的个数产生突变: 0 个、1 个或 2 个; 同时, 在一定条件下可能出现 Hopf 分支并且由于 Hopf 失稳产生极限环. 对于 PDE 模型 (3.3.4), 在没有 Allee 效应作用时, 模型 (3.3.7) 无论有没有扩散的影响, 正平衡点始终是稳定的. 也就是说, 模型 (3.3.7) 不存在扩散引起的 Turing 失稳现象. 而 Allee 效应作用下的 (3.3.4), 扩散可诱导正平衡点失稳 (参看定理 3.36). 显然, 这种失稳现象是由 Allee 效应和扩散共同作用的结果. 由图 3.8 可见, Allee 效应可诱导系统产生丰富的斑图动力学.

除了 3.3 节介绍的 Allee 效应和扩散共同作用可诱导可正平衡点失稳的例子外, 另外一个有趣的例子是密度制约 (density dependence) 因素对捕食系统斑图动力学的影响. 在 [78] 中, 我们研究了具有密度制约的捕食系统

$$
\begin{cases}
\partial_t H = rH\left(1 - \dfrac{H}{K}\right) - \dfrac{m}{H+b} - \dfrac{cH}{H+a}P + d_1 \triangle H, & x \in \Omega, t > 0, \\[2mm]
\partial_t P = sP\left(-q - \delta P + \dfrac{cH}{H+a}\right) + d_2 \triangle P, & x \in \Omega, t > 0, \\[2mm]
H(x,0) = H_0(x) \geqslant 0, \ P(x,0) = P_0(x) \geqslant 0, & x \in \Omega, \\[2mm]
\partial_{\mathbf{n}} H = \partial_{\mathbf{n}} P = 0, & x \in \partial\Omega, t > 0
\end{cases}
\tag{3.4.1}
$$

的斑图动力学, 这里, δ 表示捕食者的死亡率依赖于种群密度即密度制约系数. 结果发现, 当 $\delta = 0$, 即没有密度制约因素时, 系统 (3.4.1) 不存在 Turing 失稳 [92]. 但当 $\delta > 0$, 即系统受密度制约时, 在一定的条件下, 系统 (3.4.1) 将产生 Turing 失稳, 并存在丰富的斑图形成 [78]. 从生物学角度说, 密度制约因素 $\delta > 0$ 对捕食者的生长速度有明显的抑制作用, 能够有效降低捕食者的生长速度. 这可能是引起系统产生 Turing 失稳的本质.

第 4 章 时滞与斑图形成

1926 年, Volterra 在 [348] 中率先考虑了由污染物的积累而导致的种群密度的变化对种群死亡率的时间滞后 (time delay. 以下简称 "时滞") 效应. 所谓 "时滞效应" 是指系统的演化不仅依赖于当前状态, 还依赖于过去某一时刻的状态. 时滞效应是生物系统中普遍存在的一种现象. 例如, 一个新生儿二十年后才能进入生育期, 也就是说现在的人口增长率受二十年前人口出生率的影响; 某些传染病, 假设潜伏期为 T, 则现在的感染率受时间 T 之前感染人数的影响. 大量的研究表明, 具有时滞的动力学模型能更好地接近实际问题 [77, 156, 161, 180, 205, 321, 374].

在种群模型中, 时滞产生的原因包括种群的年龄结构 (age structure)、扩散和迁移 (migration)、种群繁殖的妊娠期 (gestation period)、成熟期 (maturation period)、资源消耗 (resource consumption) 差异, 对环境变化的行为反应延迟, 以及资源的再生时间等 [73]. 在传染病模型中, 时滞一般表示传染病的潜伏期 (latent period)、感染者的感染周期 (length of infection) 或者恢复者对疾病的免疫期 (immunity period) 等 [60, 68, 107, 138, 177, 224, 247, 328, 353, 358]. 所谓潜伏期是指病原体侵入人体至最早出现临床症状的这段时间. 许多疾病, 例如流感、肺结核、新冠肺炎等, 都存在潜伏期. 在潜伏期内的易感者一般不具有传染性或者传染性较小 [60]. 关于传染病模型的时滞建模可参看 [60] 及其参考文献.

1948 年, Hutchinson 首次构造了具有时滞的 Logistic 模型 [180]

$$N_t(t) = rN(t)\left(1 - \frac{N(t-\tau)}{K}\right),$$

该模型很好地解释了观察到的种群数量的振动现象.

时滞在系统的演变过程中是不可避免的, 而且时滞的引入对于模型精确化起到了非常重要的作用. Thieme 和赵晓强教授研究了时滞反应扩散系统 [341]

$$\partial_t u = d\triangle u + ru(t-\tau)(1-u),$$

其中 $\tau > 0$ 表示时滞. 结果表明, 增大时滞可以使上述系统行波解的波速减慢; 时滞越大, 物种 (或疾病) 传播的速度就越慢. 这一现象对于理解许多实际问题有重要的指导意义.

种群模型或传染病模型由于时滞往往会引起一些复杂的动力学行为而备受关注. 时滞会破坏种群动力学模型平衡点的稳定性, 从而导致 Hopf 分支进而产生振荡或周期解[68, 156, 187, 205]. 在时滞反应扩散种群系统研究中, Hopf 分支[164, 321]、Turing 分支[290, 342]、正平衡点的稳定性[68, 139]、行波解的存在性和稳定性[63, 373, 374]等都是研究的热点和难点.

本章, 我们仅关注时滞对传染病模型和捕食系统的斑图动力学的影响机制. 主要材料来源于 [33, 35, 96, 229, 392, 393].

4.1　时滞反应扩散传染病模型的斑图形成

在 2.4 节中, 我们曾研究了反应扩散传染病模型 (2.4.11) 的斑图动力学. 本节将在此基础上进一步研究时滞对斑图动力学的影响.

假设疾病潜伏期是常数 τ, 并设在 t 时刻的传染性取决于在 $t - \tau$ 时刻的易感者和感染者. 在时刻 $t - \tau$, 种群总量为 $N(t - \tau) = S(t - \tau) + I(t - \tau)$, 易感者的比率为 $S(t - \tau)/N(t - \tau)$. 假设单位时间内受感染个体的发生率系数为 β, 易感者单位时间内成为感染者的比率为 $\dfrac{\beta S(t - \tau)}{N(t - \tau)}$. 因此, 感染者的发生率为 $\dfrac{R_0 S(t - \tau) I(t - \tau)}{N(t - \tau)}$, 也就是说, 在潜伏期 τ 内将有 $\dfrac{R_0 S(t - \tau) I(t - \tau)}{S(t - \tau) + I(t - \tau)}$ 个易感者在 t 时刻成为感染者. 记 $\mathbf{r} = (x, y)$, 于是可以建立如下时滞传染病模型

$$
\begin{cases}
\partial_t S(\mathbf{r}, t) = d_S \triangle S(\mathbf{r}, t) + \nu R_d \Big(S(\mathbf{r}, t) + I(\mathbf{r}, t) \Big) \Big(1 - (S(\mathbf{r}, t) + I(\mathbf{r}, t)) \Big) \\
\qquad\quad - \nu S(\mathbf{r}, t) - \dfrac{R_0 S(\mathbf{r}, t - \tau) I(\mathbf{r}, t - \tau)}{S(\mathbf{r}, t - \tau) + I(\mathbf{r}, t - \tau)}, \qquad \mathbf{r} \in \Omega, t > 0, \\
\partial_t I(\mathbf{r}, t) = d_I \triangle I(\mathbf{r}, t) + \dfrac{R_0 S(\mathbf{r}, t - \tau) I(\mathbf{r}, t - \tau)}{S(\mathbf{r}, t - \tau) + I(\mathbf{r}, t - \tau)} - I(\mathbf{r}, t), \quad \mathbf{r} \in \Omega, t > 0,
\end{cases}
$$
$$(4.1.1)$$

初值条件和边界条件分别为

$$
\begin{cases}
S(\mathbf{r}, t) = \varphi_1(\mathbf{r}, t) \geqslant 0, \quad I(\mathbf{r}, t) = \varphi_2(\mathbf{r}, t) \geqslant 0, \quad \mathbf{r} \in \Omega, t \in [-\tau, 0], \\
\partial_{\mathbf{n}} S = \partial_{\mathbf{n}} I = 0, \qquad\qquad\qquad\qquad\qquad\qquad \mathbf{r} \in \partial\Omega, t \geqslant 0,
\end{cases}
$$
$$(4.1.2)$$

与 PDE 模型 (4.1.1) 对应的时滞微分方程 (delay differential equations, DDE) 模型为

$$
\begin{cases}
S_t = \nu R_d (S + I)(1 - (S + I)) - \nu S - R_0 \dfrac{S(t - \tau) I(t - \tau)}{S(t - \tau) + I(t - \tau)}, \\
I_t = R_0 \dfrac{S(t - \tau) I(t - \tau)}{S(t - \tau) + I(t - \tau)} - I.
\end{cases}
$$
$$(4.1.3)$$

4.1.1　动力学行为分析

模型 (4.1.3) 和 (4.1.1) 具有相同的平衡点.

(1) 当 $R_d > 1$ 时, 存在一个无病平衡点 $E_1 = \left(1 - \dfrac{1}{R_d}, 0\right)$;

(2) 当 $R_0 > 1$ 且

$$R_d > \frac{\nu + R_0 - 1}{R_0 \nu} =: R_d^* \tag{4.1.4}$$

时, 存在一个地方病平衡点 $E^* = (S^*, I^*)$, 这里

$$S^* = \frac{1}{R_0} - \frac{\nu + R_0 - 1}{\nu R_0^2 R_d}, \quad I^* = (R_0 - 1)S^*.$$

对地方病平衡点 E^* 考虑空间小扰动 $\epsilon S(\mathbf{r}, t)$ 和 $\epsilon I(\mathbf{r}, t)$:

$$S(r, t) = S^* + \epsilon S(\mathbf{r}, t), \quad I(\mathbf{r}, t) = I^* + \epsilon I(\mathbf{r}, t).$$

将反应项展开到一阶泰勒级数, 可得

$$\begin{cases} \partial_t \epsilon S(\mathbf{r}, t) = d_S \triangle \epsilon S(\mathbf{r}, t) + p_1 \epsilon S(\mathbf{r}, t) - q_1 \epsilon S(\mathbf{r}, t - \tau) + p_2 \epsilon I(\mathbf{r}, t) - q_2 \epsilon I(\mathbf{r}, t - \tau), \\ \partial_t \epsilon I(\mathbf{r}, t) = d_I \triangle \epsilon I(\mathbf{r}, t) + q_1 \epsilon S(\mathbf{r}, t - \tau) - \epsilon I(\mathbf{r}, t) + q_2 \epsilon I(\mathbf{r}, t - \tau), \end{cases} \tag{4.1.5}$$

其中

$$p_1 = \nu(R_d - 1 - 2R_d R_0 S^*), \quad p_2 = \nu R_d(1 - 2R_0 S^*),$$

$$q_1 = \frac{(R_0 - 1)^2}{R_0}, \qquad\qquad q_2 = \frac{1}{R_0},$$

且 $p_1 q_2 - p_2 q_1 - p_1 + q_1 = \nu R_0 R_d I^*$.

而 $\epsilon S(\mathbf{r}, t)$ 和 $\epsilon I(\mathbf{r}, t)$ 可展开为 Fourier 级数[252]

$$\epsilon S(r, t) = \sum \epsilon S^* e^{\lambda t} \cos k_x x \cos k_y y, \quad \epsilon I(r, t) = \sum \epsilon I^* e^{\lambda t} \cos k_x x \cos k_y y,$$

代入 (4.1.5), 可得

$$\begin{pmatrix} \lambda - \left(p_1 - q_1 e^{-\lambda \tau} - d_S k^2\right) & q_2 e^{-\lambda \tau} - p_2 \\ -q_1 e^{-\lambda \tau} & \lambda - \left(q_2 e^{-\lambda \tau} - 1 - d_I k^2\right) \end{pmatrix} \begin{pmatrix} \epsilon S^* \\ \epsilon I^* \end{pmatrix} = 0, \tag{4.1.6}$$

这里 $k^2 = k_x^2 + k_y^2$. 特征方程为

$$f(\lambda, \tau, k^2) =: \lambda^2 + (a_1 \lambda + a_2) e^{-\tau \lambda} + a_3 \lambda + a_4 = 0, \tag{4.1.7}$$

其中

$$\begin{cases} a_1 = q_1 - q_2, \\ a_2 = p_1 q_2 - p_2 q_1 + q_1 + k^2(d_I q_1 - d_S q_2), \\ a_3 = 1 - p_1 + k^2(d_S + d_I), \\ a_4 = k^4 d_S d_I + k^2(d_S - d_I p_1) - p_1. \end{cases} \tag{4.1.8}$$

本小节选取 τ 作为分支参数, 分析模型 (4.1.5) 在地方病平衡点 $E^* = (S^*, I^*)$ 处的特征方程 (4.1.7), 研究 $E^* = (S^*, I^*)$ 的稳定性以及 Hopf 分支.

当 $k = 0$ 时, 将 $\lambda = i\omega (\omega > 0)$ 代入 (4.1.7), 并将其实部和虚部分开, 可得

$$\begin{cases} \omega(1 - p_1) = (p_1 q_2 - p_2 q_1 + q_1)\sin(\omega\tau) - \omega(q_1 - q_2)\cos(\omega\tau), \\ \omega^2 + p_1 = (p_1 q_2 - p_2 q_1 + q_1)\cos(\omega\tau) + \omega(q_1 - q_2)\sin(\omega\tau). \end{cases} \tag{4.1.9}$$

而 $i\omega$ 是 (4.1.7) 的解当且仅当

$$\omega^2(1 - p_1)^2 + (\omega^2 + p_1)^2 = (p_1 q_2 - p_2 q_1 + q_1)^2 + \omega^2(q_1 - q_2)^2.$$

因此

$$\omega^4 + (p_1^2 + 1 - q_1^2 + 2q_1 q_2 - q_2^2)\omega^2 - \nu R_0 R_d I^*(p_1 q_2 + q_1 + p_1 - p_2 q_1) = 0. \tag{4.1.10}$$

假设 4.1　$p_1^2 + (1 - q_2 + q_1)(1 - q_1 + q_2) > 0$.

易证假设 4.1 满足时, 方程 (4.1.10) 有且仅有一个解

$$\omega_+ := \frac{\sqrt{2}}{2}\sqrt{-(p_1^2 + 1 - q_1^2 + 2q_1 q_2 - q_1^2) + \delta}, \tag{4.1.11}$$

这里

$$\delta = \sqrt{(p_1^2 + 1 - q_1^2 + 2q_1 q_2 - q_1^2)^2 + 4\nu R_0 R_d I^*(p_1 q_2 + q_1 + p_1 - p_2 q_1)}.$$

另一方面, 由 (4.1.9) 可得

$$\begin{cases} \cos(\omega_+ \tau) = \dfrac{(p_1 q_2 - p_2 q_1 + q_1)(\omega_+^2 + p_1) - (q_1 - q_2)(1 - p_1)\omega_+^2}{(q_1 - q_2)^2 \omega_+^2 + (p_1 q_2 - p_2 q_1 + q_1)^2} =: F(\omega_+), \\ \sin(\omega_+ \tau) = \dfrac{\omega_+\left((p_1 q_2 - p_2 q_1 + q_1)(1 - p_1) + (q_1 - q_2)(\omega_+^2 + p_1)\right)}{(q_1 - q_2)^2 \omega_+^2 + (p_1 q_2 - p_2 q_1 + q_1)^2} =: G(\omega_+). \end{cases} \tag{4.1.12}$$

对所有的 $j = 0, 1, 2, \cdots$, 定义

$$\tau = \tau_j := \begin{cases} \dfrac{1}{\omega_+}(\arccos(F(\omega_+) + 2j\pi), & \text{如果 } G(\omega_+) \geqslant 0, \\ \dfrac{1}{\omega_+}(2\pi - \arccos(F(\omega_+) + 2j\pi), & \text{如果 } G(\omega_+) < 0. \end{cases} \tag{4.1.13}$$

当 $k = 0$ 时, 假设 $\lambda(\tau) = \sigma_1(\tau) + i\sigma_2(\tau)$ 是方程 (4.1.7) 在 $\tau = \tau_j$ 附近的解, 且满足

$$\sigma_1(\tau_j) = 0, \quad \sigma_2(\tau_j) = \omega_+, \quad j = 0, 1, 2, \cdots,$$

这里, ω_+ 和 τ_j 分别定义于 (4.1.11) 和 (4.1.13).

对 (4.1.7) 两端关于 τ 求导并取 $k = 0$, 可得

$$\left(\frac{\mathrm{d}\lambda}{\mathrm{d}\tau}\right)^{-1} = \frac{(2\lambda + 1 - p_1)e^{\lambda\tau} - \tau((q_1 - q_2)\lambda + p_1q_2 - p_2q_1 + q_1) + q_1 - q_2}{\lambda((q_1 - q_2)\lambda + p_1q_2 - p_2q_1 + q_1)}.$$

于是, 由 (4.1.12) 可知

$$\begin{aligned}
&\mathrm{Re}\left(\frac{\mathrm{d}\lambda}{\mathrm{d}\tau}\right)^{-1}\bigg|_{\tau=\tau_j}\\
&= \mathrm{Re}\left(\frac{(2\lambda + 1 - p_1)e^{\lambda\tau} - \tau((q_1 - q_2)\lambda + p_1q_2 - p_2q_1 + q_1) + q_1 - q_2}{\lambda((q_1 - q_2)\lambda + p_1q_2 - p_2q_1 + q_1)}\right)\bigg|_{\tau=\tau_j}\\
&= \frac{2\omega_+^2 + p_1^2 + 1 - q_1^2 + 2q_1q_2 - q_2^2}{(q_1 - q_2)^2\omega_+^2 + (p_1q_2 - p_2q_1 + q_1)^2}.
\end{aligned}$$

由假设 4.1 可得

$$\mathrm{sign}\left(\mathrm{Re}\left(\frac{\mathrm{d}\lambda}{\mathrm{d}\tau}\right)\bigg|_{\tau=\tau_j}\right) = \mathrm{sign}\left(\mathrm{Re}\left(\frac{\mathrm{d}\lambda}{\mathrm{d}\tau}\right)^{-1}\bigg|_{\tau=\tau_j}\right) > 0.$$

综上所述, 可得下述结果.

定理 4.1　对于模型 (4.1.5), 如果 $p_1^2 + (1 - q_2 + q_1)(1 - q_1 + q_2) > 0$, 则

(1) 若 $\tau < \tau_0$, 则 $E^* = (S^*, I^*)$ 是局部渐近稳定的;

(2) 若 $\tau > \tau_0$, 则 $E^* = (S^*, I^*)$ 不稳定;

(3) $\tau = \tau_j\ (j = 0, 1, 2, \cdots)$ 是模型 (4.1.5) 的 Hopf 分支值, $\tau_j\ (j = 0, 1, 2, \cdots)$ 由 (4.1.13) 给出.

4.1.2　Turing 分支

接下来讨论模型 (4.1.5) 在地方病平衡点 $E^* = (S^*, I^*)$ 处产生 Turing 分支的条件. 为此, 需要引入以下假设.

假设 4.2　$p_1 > q_1,\ p_1 - q_1 + q_2 - 1 < 0$;

假设 4.3　$d_I(p_1 - q_1) - d_S(1 - q_2) > 0,\ \tau < \tau_0$.

选取 R_d 作为分支参数. 设 $\mathrm{Re}(\lambda(k^2)) = \sigma$, $\mathrm{Im}(\lambda(k^2)) = \theta$, 则可得

$$e^{-\tau\sigma}\Big((a_2 + \sigma a_1)\cos(\tau\theta) + a_1\theta\sin(\tau\theta)\Big) = \theta^2 - a_4 - \sigma(d_S + d_I)k^2 - \sigma(\sigma - p_1 + 1) \tag{4.1.14}$$

和

$$d_Sk^2(q_2\sin(\theta\tau) + \theta) = e^{-\tau\sigma}C(\theta, \tau), \tag{4.1.15}$$

这里

$$C(\theta,\tau) = \left(k^2 d_I q_1 + p_1 q_2 - p_2 q_1 + \sigma(q_1 - q_2) + 1 \right) \sin(\tau\theta)$$
$$- (q_1 - p_1)\theta \cos(\theta\tau) + \theta(p_1 - 1 - k^2 d_I - 2\sigma)e^{\tau\sigma}. \tag{4.1.16}$$

注意到 $\sigma = 0$ 和 $\theta = 0$ 是方程 (4.1.15) 的解. 于是由方程 (4.1.14), 可得 Turing 分支的临界条件为

$$a_2 + a_4 = d_S d_I k_c^4 - (d_I(p_1 - q_1) - d_S(1 - q_2))k_c^2 + \nu R_0 R_d I^* = 0,$$

这里临界波数为

$$k_c^2 = \frac{d_I(p_1 - q_1) - d_S(1 - q_2)}{2 d_I d_S}. \tag{4.1.17}$$

由此, Turing 分支发生的充分条件为

$$d_S d_I k_c^4 - (d_I(p_1 - q_1) - d_S(1 - q_2))k_c^2 + \nu R_0 R_d I^* < 0. \tag{4.1.18}$$

将 (4.1.17) 代入 (4.1.18) 可得

$$\frac{d_I}{d_S}(p_1 - q_1) + q_2 - 1 > 2\sqrt{\frac{d_I}{d_S}\nu R_0 R_d I^*}. \tag{4.1.19}$$

显然, 由假设 (4.2) 和 (4.1.19) 可知, $d_I > d_S$ 必须满足.

综上所述, 可得下述定理.

定理 4.2　如果假设 4.2、假设 4.3 以及 $\dfrac{d_I}{d_S}(p_1 - q_1) + q_2 - 1 > 2\sqrt{\dfrac{d_I}{d_S}\nu R_0 R_d I^*}$ 成立, 那么当 $R_d < R_d^*$ 时, 模型 (4.1.5) 在地方病平衡点 $E^* = (S^*, I^*)$ 处产生 Turing 分支, 其中,

$$R_d^* := \frac{d_S(2R_0^2 - 3R_0 + 1) + d_I(4R_0 + 2\nu - R_0^2 - R_0\nu - 3) - 2\rho(R_0 - 1)}{d_I R_0 \nu},$$
$$\tag{4.1.20}$$

这里, $\rho = \sqrt{d_S R_0(d_S R_0 + 2d_I - d_I R_0 - d_I \nu - d_S)}$.

图 4.1 给出了线性稳定性关于 R_d 和 τ 之间关系的数值结果, Hopf 分支和 Turing 分支线将参数空间分成五个区域. 区域 I 是单纯 Turing 失稳区域, 在区域 II 中, 模型 (4.1.5) 只有稳定的解, 区域 III 是单纯 Hopf 失稳区域, 在区域 IV 中, Turing-Hopf 分支发生. 区域 V 中没有地方病平衡点.

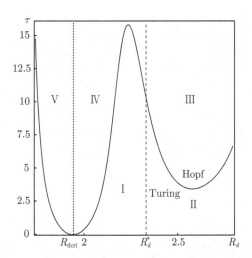

图 4.1　模型 (4.1.5) 在 τ-R_d 参数平面的分支图. R_{dcri} 表示正解存在的临界条件, R_d^* 表示 Turing 分支的临界值 (4.1.20). 区域 I 是单纯 Turing 失稳区域. 在区域 II 中, 模型 (4.1.5) 只有稳定的解. 区域 III 是单纯 Hopf 失稳区域. 在区域 IV 中, Turing-Hopf 分支发生. 区域 V 中没有地方病平衡点. 参数值: $R_0 = 1.2, \nu = 0.15, d_S = 0.01, d_I = 0.25$

4.1.3　斑图形成

4.1.3.1　Turing 失稳时的斑图形成

首先研究在单纯 Turing 失稳时模型 (4.1.5) 的斑图形成, 参数取为 $R_0 = 1.2, \nu = 0.15, d_1 = 0.01, d_2 = 0.25, \tau = 0.1$, 此时参数位于图 4.1 中的区域 I.

图 4.2 给出了易感者 (左列) 和感染者 (右列) 的 Turing 斑图. 由图 4.2 可以看出, 当控制参数 R_d 减少时, 我们能够观察到 "点 $\rightarrow$ 线 $\rightarrow$ 洞" 斑图序列.

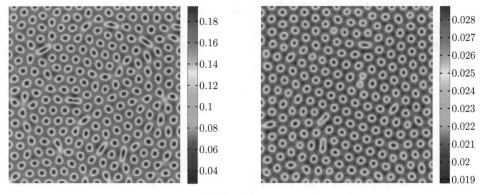

(a) R_d=2.3

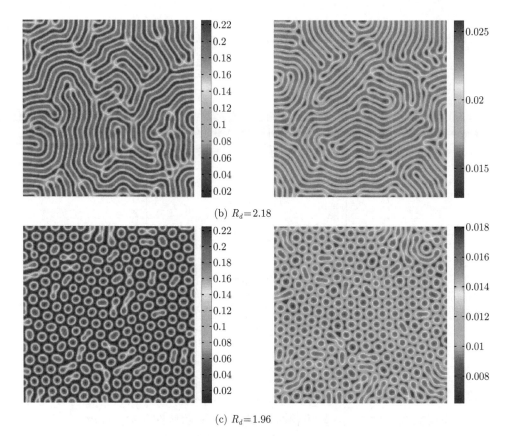

(b) $R_d = 2.18$

(c) $R_d = 1.96$

图 4.2   模型 (4.1.5) 的 Turing 斑图形成. 左列: 易感者 $S(x, y; t)$ 斑图; 右列: 感染者 $I(x, y; t)$ 斑图. 参数: $R_0 = 1.2, \nu = 0.15, d_1 = 0.01, d_2 = 0.25, \tau = 0.1$, (a) $R_d = 2.3$; (b) $R_d = 2.18$; (c) $R_d = 1.95$(彩图见封底二维码)

从传染病学的角度, 在点斑图 (图 4.2(a)) 的情况中, 易感者或感染者将被隔离并处于高密度的 "点" 上, 其余较大一部分区域则处于低密度. 也就是说, 在这些参数的控制下, 传染病在这些地方不会蔓延. 换句话说, 这些地方是安全区. 而在图 4.2(c) 中, 我们观察到易感者或感染者处于低密度的洞斑图, 而区域中的剩余部分则处于高密度, 高密度区域面积远大于低密度点的面积, 这意味着, 在这种情况下, 该区域有可能暴发大规模的传染病. 图 4.2(b) 的流行病学意义可以仿此得到相应的判断.

4.1.3.2   Hopf 失稳时的斑图形成

当参数取为 $R_d = 5.9, R_0 = 1.4, \nu = 0.06, d_S = 0.1, d_I = 0.25, \tau = 0.9 > \tau_0 = 0.62279$, 位于图 4.1 的区域 III 时, 单纯 Hopf 失稳发生. 作为例子, 在图 4.3 中, 我们给出了易感者 S 经过 0, 20000, 100000 和 450000 次迭代后的斑图. 可

以看出, 模型 (4.1.5) 从均匀态 $E^* = (0.0513, 0.0205)$ (图 4.3(a)) 开始, 随机扰动导致区域内形成螺旋波斑图 (图 4.3(d)). 换句话说, 在这种情况下, 小的随机扰动会被扩散强烈放大, 导致易感者在区域内形成非均匀分布. 显然, 螺旋波斑图是由 Hopf 失稳引起的. 从时间序列图 4.3(e) 可以看出 S 和 I 随着时间呈周期性地振动, 图 4.3(f) 给出了系统的周期解.

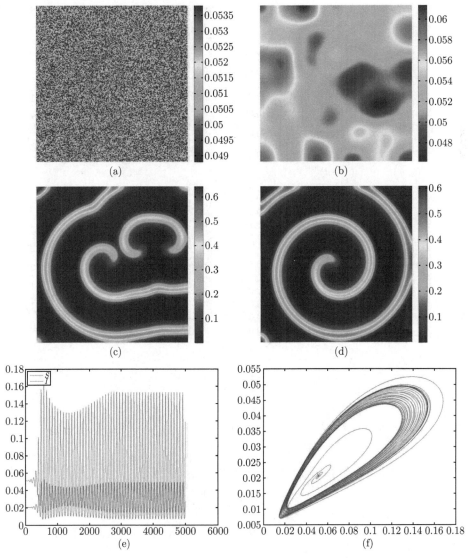

图 4.3 模型 (4.1.5) 的螺旋波斑图. 参数: $R_d = 5.9, R_0 = 1.4, \nu = 0.06, d_S = 0.1, d_I = 0.25, \tau = 0.9$. 迭代次数: (a) 0; (b) 45000; (c) 90000; (d) 135000. (e) 时间序列图. (f) 相图
(彩图见封底二维码)

4.1.3.3   Turing-Hopf 失稳时的斑图形成

当参数取为 $R_0 = 1.2, R_d = 2.0, \nu = 0.15, d_1 = 0.01, d_2 = 0.25, \tau = 0.9$, 位于图 4.1 的区域 IV 时, Turing-Hopf 失稳发生. 图 4.4 给出了易感者 S 在迭代次数为 $0, 45000, 90000$ 和 135000 时的斑图形成. 由平衡态 $E^* = (0.02315, 0.00463)$

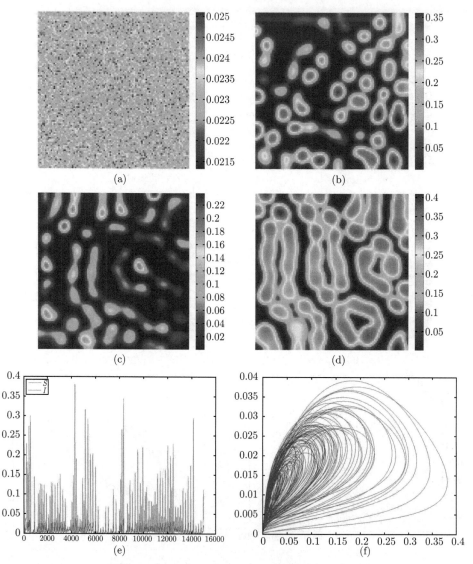

图 4.4   模型 (4.1.5) 出现的混沌斑图. 参数: $R_0 = 1.2, R_d = 2, \nu = 0.15, d_1 = 0.01, d_2 = 0.25, \tau = 0.9$. 迭代次数: (a) 0; (b) 45000; (c) 90000; (d) 135000. (e) 时间序列图. (f) 相图
(彩图见封底二维码)

开始 (图 4.4(a)), 随机扰动导致系统形成不规则斑图 (图 4.4(b)), 之后它慢慢地变化, 并在一定时间内交替式地 "跳跃", 模型 (4.1.5) 的空间对称性被打破, 斑图在空间振荡, 最终出现与时间相关的混沌斑图 (图 4.4(d)).

为了更进一步理解模型 (4.1.5) 的斑图形成, 我们列示了时间序列图 4.4(e) 和相图 4.4(f). 从时间序列图 4.4(e) 可以看出 S 和 I 随着时间剧烈振荡. 系统不规则的时空振动几乎覆盖了 "局部" 的相平面 4.4(f), 所有的轨线几乎充满了一个近似环形的区域, 这正与系统出现混沌斑图相对应.

4.2 时滞反应扩散捕食系统斑图形成

4.2.1 模型建立

在 2.3 节中, 我们曾研究了具有庇护效应的 Leslie-Gower 型捕食系统 (2.3.2) 的斑图动力学. 本节我们将研究时滞对 (2.3.2) 斑图动力学的影响, 为此考虑模型

$$
\begin{cases}
H_t = H(r - aH) - \dfrac{(1-m)HP}{b + (1-m)H} + d_1 \triangle H =: F(H, P) + d_1 \triangle H, \\
P_t = P\left(d - \dfrac{cP(t-\tau)}{b + (1-m)H(t-\tau)}\right) + d_2 \triangle P := G(H, P) + d_2 \triangle P,
\end{cases} \quad (4.2.1)
$$

这里 $\tau > 0$ 表示时滞. 记

$$
\mathcal{V}(H, P) := \frac{cP(t-\tau)}{b + (1-m)H(t-\tau)}, \quad (4.2.2)
$$

则

$$
G(H, P) = P\big(d - \mathcal{V}(H, P)\big). \quad (4.2.3)
$$

初值条件为

$$
\begin{cases}
H(x, y, t) > 0, \\
P(x, y, t) > 0,
\end{cases} \quad (x, y) \in \Omega = (0, L) \times (0, L), \quad t \in [-\tau, 0], \quad (4.2.4)
$$

边界条件为

$$
\partial_{\mathbf{n}} H|_{\partial\Omega} = \partial_{\mathbf{n}} P|_{\partial\Omega} = 0. \quad (4.2.5)
$$

由 2.3 节可知, 当 $cr > d(1-m)$ 时, 模型 (4.2.1) 存在唯一正平衡点

$$
E^* = (H^*, P^*) = \left(\frac{dm - d + cr}{ac}, \frac{(cab + (dm - d + cr)(1-m))d}{ac^2}\right).
$$

4.2.2　稳定性分析

根据 [148, 303], 假设 τ 充分小, 则

$$\begin{cases} H(x,y,t-\tau) = H(x,y,t) - \tau\partial_t H(x,y,t), \\ P(x,y,t-\tau) = P(x,y,t) - \tau\partial_t P(x,y,t), \end{cases} \tag{4.2.6}$$

把 (4.2.6) 代入 (4.2.1), 应用 Taylor 级数展开, 去掉高次项, 并记

$$\mathcal{V}_H(H,P) = \partial_H \mathcal{V}(H,P), \qquad \mathcal{V}_P(H,P) = \partial_P \mathcal{V}(H,P),$$

则模型 (4.2.1) 变为

$$\begin{cases} \partial_t H = F(H,P) + d_1 \triangle H, \\ \partial_t P = \dfrac{[G(H,P) + P\tau\mathcal{V}_H(H,P)F(H,P) + P\tau\mathcal{V}_H(H,P)d_1\triangle H + d_2\triangle P]}{1 - P\tau\mathcal{V}_P(H,P)}. \end{cases} \tag{4.2.7}$$

对平衡点 $E^* = (H^*, P^*)$ 进行微扰

$$H(x,y,t) = H^* + \delta H(x,y,t), \quad P(x,y,t) = P^* + \delta P(x,y,t). \tag{4.2.8}$$

将 (4.2.8) 代入 (4.2.7), 得

$$\begin{cases} \partial_t(\delta H) = F_H(\delta H) + F_P(\delta P) + d_1\nabla^2(\delta H), \\ \partial_t(\delta P) = \dfrac{1}{1 - P^*\tau\mathcal{V}_P}[(G_H + P^*\tau\mathcal{V}_H F_H)(\delta H) + (G_P + P^*\tau\mathcal{V}_H F_P)(\delta P) \\ \qquad\qquad + P^*\tau\mathcal{V}_H d_1\triangle(\delta H) + d_2\triangle(\delta P)] \\ \quad =: \mathcal{X}(G_H + P^*\tau\mathcal{V}_H F_H)(\delta H) + \mathcal{X}(G_P + P^*\tau\mathcal{V}_H F_P)(\delta P) \\ \qquad\qquad + \mathcal{X}P^*\tau\mathcal{V}_H d_1\nabla^2(\delta H) + \mathcal{X}d_2\triangle(\delta P), \end{cases} \tag{4.2.9}$$

其中

$$\mathcal{V}_H := \partial_H \mathcal{V}(H,P)|_{E^*}, \quad \mathcal{V}_P := \partial_P \mathcal{V}(H,P)|_{E^*}, \quad \mathcal{X} := \frac{1}{1 - P\tau\mathcal{V}_P}\Big|_{E^*} = \frac{1}{1 - \tau d}.$$

以下总假设 $\tau < \dfrac{1}{d}$, 亦即 $\mathcal{X} > 0$.

模型 (4.2.9) 具有 Fourier 级数形式解[252]

$$\begin{cases} \delta H(x,y,t) = \delta \sum H^* e^{\lambda t}\cos k_x x \cos k_y y, \\ \delta P(x,y,t) = \delta \sum P^* e^{\lambda t}\cos k_x x \cos k_y y. \end{cases} \tag{4.2.10}$$

将 (4.2.10) 代入 (4.2.9), 可得模型 (4.2.1) 在平衡点 E^* 处的特征方程为

$$\det(\lambda\mathbb{I} - \tilde{J}_k) = \lambda^2 - \mathrm{tr}(\tilde{J}_k)\lambda + \det(\tilde{J}_k) = 0, \tag{4.2.11}$$

其中

$$\tilde{J}_k = \begin{pmatrix} F_H - d_1 k^2 & F_P \\ (G_H + P^*\tau\mathcal{V}_H F_H)\mathcal{X} - \mathcal{X}P^*\tau\mathcal{V}_H d_1 k^2 & (G_P + P^*\tau\mathcal{V}_H F_P)\mathcal{X} - \mathcal{X}d_2 k^2 \end{pmatrix}, \tag{4.2.12}$$

$$\mathrm{tr}(\tilde{J}_k) = F_H + (G_P + P^*\tau\mathcal{V}_H F_P)\mathcal{X} - (d_1 + \mathcal{X}d_2)k^2, \tag{4.2.13}$$

$$\det(\tilde{J}_k) = \mathcal{X}d_1 d_2 k^4 - \mathcal{X}((F_H d_2 + d_1 G_P)k^2 + \mathcal{X}(F_H G_P - F_P G_H). \tag{4.2.14}$$

由 Routh-Hurwitz 判据可知, $\mathrm{tr}(\tilde{J}_k) < 0$ 和 $\det(\tilde{J}_k) > 0$ 中任意一条不成立, E^* 都将产生失稳. 因此, 模型 (4.2.1) 可能通过以下两种途径失稳.

(1) 扩散诱导失稳: $\det(\tilde{J}_k) > 0$ 不成立;

(2) 时滞与扩散共同诱导失稳: $\mathrm{tr}(\tilde{J}_k) < 0$ 不成立.

4.2.2.1　扩散诱导失稳

由于 $\det(\tilde{J}_k) = \mathcal{X}\det(J_k)$ (J_k 定义于 (2.3.15)), 且 $\mathcal{X} > 0$ $\left(\tau < \dfrac{1}{d}\right)$, 所以 $\det(\tilde{J}_k)$ 和 $\det(J_k)$ 具有相同的符号. 而 $\det(\tilde{J}_k)$ 不含有时滞变量 τ, 这种情况下出现的失稳与时滞无关, 仅与扩散有关. 也就是说, 此时, 模型 (4.2.9) 在 E^* 处产生 Turing 失稳.

定理 4.3　*如果模型 (4.2.9) 满足*

$$F_H G_P - F_P G_H > 0, \tag{4.2.15}$$

$$d_2 F_H + d_1 G_P > 0, \tag{4.2.16}$$

$$(d_2 F_H + d_1 G_P)^2 > 4d_1 d_2 (F_H G_P - F_P G_H) > 0, \tag{4.2.17}$$

$$\tau < \min\left\{\tau_c, \frac{1}{d}\right\}, \tag{4.2.18}$$

则在 E^* 处产生 Turing 失稳, 其中, τ_c 定义于 (4.2.19).

证明　由 (4.2.13) 可知, 对任意 k, 要使 $\mathrm{tr}(\tilde{J}_k) < 0$ 成立, 只需

$$F_H + (G_P + P^*\tau\mathcal{V}_H F_P)\mathcal{X} < 0,$$

即

$$0 \leqslant \tau < -\frac{F_H + G_P}{P^*(\mathcal{V}_H F_P - F_H \mathcal{V}_P)} =: \tau_c. \tag{4.2.19}$$

这里

$$F_P \mathcal{V}_H - F_H \mathcal{V}_P = \frac{ca\,(dm + rc - d)}{bac + 2\,dm + rc - d - dm^2 - mrc} = \frac{adH^*}{P^*} > 0.$$

由 (4.2.14) 可知, 要使 $\det(\tilde{J}_k) < 0$ 成立, 只需 $d_2 F_H + d_1 G_P > 0$. 而当

$$k_c^2 = \frac{d_2 F_H + d_1 G_P}{2 d_1 d_2} > 0$$

时, $\det(\tilde{J}_k)$ 取得最小值

$$\min_{\mu_i} \det(J_k) = \frac{4 d_1 d_2 \det(J) - (d_2 F_H + d_1 G_P)^2}{4 d_1 d_2} < 0. \tag{4.2.20}$$

因此, 当 (4.2.16) 和 (4.2.17) 成立时, 可知存在某些 $k > 0$, 使得 $\det(\tilde{J}_k) < 0$ 成立, 于是 $\det(\tilde{J}_k) > 0$ 不可能成立, 即系统 (4.2.1) 的正平衡点 E^* 不稳定. 定理得证. $\square$

图 4.5 给出了模型 (4.2.9) 在 c-a 平面的分支图, 参数为 $b = 0.75, d = 0.45, r = 1.20, m = 0.15, d_1 = 0.01, d_2 = 0.25, \tau = 0.4$. 蓝色曲线和红色曲线分别表示 Turing 分支和 Hopf 分支, 将平面分成三个区域, Turing 分支线下方为不稳定区域, 在 Hopf 分支线上方为稳定区域. 所以在区域 I 中, 模型 (4.2.1) 的所有解稳定. 在区域 II 中, 仅 Turing 失稳发生, 该区域称为 Turing 空间. 在区域 III 中, Turing-Hopf 失稳发生.

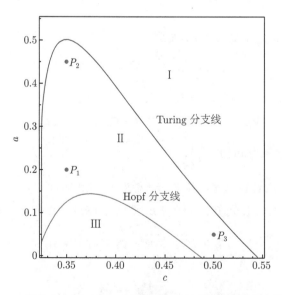

图 4.5   模型 (4.2.9) 在 c-a 平面的分支图 (彩图见封底二维码)

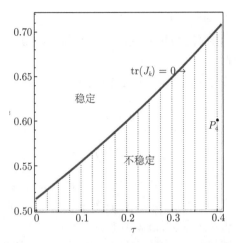

图 4.6　模型 (4.2.9) 在 τ-a 参数空间的分支图

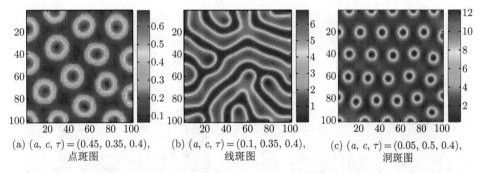

(a) $(a, c, \tau) = (0.45, 0.35, 0.4)$,　　(b) $(a, c, \tau) = (0.1, 0.35, 0.4)$,　　(c) $(a, c, \tau) = (0.05, 0.5, 0.4)$,
　　　　点斑图　　　　　　　　　　　　　线斑图　　　　　　　　　　　　　　洞斑图

图 4.7　模型 (4.2.9) 中食饵 H 的斑图. 参数值: $b = 0.75, d = 0.45, r = 1.20, m = 0.15, d_1 = 0.01, d_2 = 0.25$. (a) $(a, c, \tau) = (0.45, 0.35, 0.4)$, 点斑图 (对应于图 4.5 中点 P_2); (b) $(a, c, \tau) = (0.1, 0.35, 0.4)$, 线斑图 (对应于图 4.5 中点 P_1); (c) $(a, c, \tau) = (0.05, 0.5, 0.4)$, 洞斑图 (对应于图 4.5 中点 P_3)(彩图见封底二维码)

4.2.2.2　时滞–扩散诱导失稳

与 4.2.2.1 小节的讨论类似, 要使 $\mathrm{tr}(\tilde{J}_k) < 0$ 不成立, 必须

$$F_H + (G_P + P^* \tau \mathcal{V}_H F_P) \mathcal{X} > 0, \tag{4.2.21}$$

也就是

$$\tau > \tau_c = -\frac{F_H + G_P}{P(\mathcal{V}_H F_P - F_H \mathcal{V}_P)}.$$

因此, 在这种情况下, τ 必须满足

$$\tau_c < \tau < \frac{1}{d}.$$

如果 $d_2 F_H + d_1 G_P < 0$, 则对任意 $k > 0$, 必有 $\det(\tilde{J}_k) > 0$.

显然, 这种情况下由时滞与扩散共同诱导系统 (4.2.9) 产生了失稳. 基于上面的讨论, 可得如下定理.

定理 4.4 如果条件 (4.2.15) 和 (4.2.16) 成立, 且

$$F_H + G_P < 0, \tag{4.2.22}$$

$$\tau_c < \tau < \frac{1}{d}, \tag{4.2.23}$$

则模型 (4.2.9) 在正平衡点 E^* 处产生由时滞和扩散共同诱导的失稳.

图 4.6 给出了模型 (4.2.9) 在 $\tau\text{-}a$ 平面 $\text{tr}(\tilde{J}_k) = 0$ 的分支图, 参数为 $b = 0.83, c = 0.33, d = 2.45, r = 6.57, m = 0.18, d_1 = 1.63, d_2 = 2.42$. $\text{tr}(\tilde{J}_k) = 0$ 曲线将平面划分为两块区域: 曲线下方, 平衡点 E^* 是不稳定的.

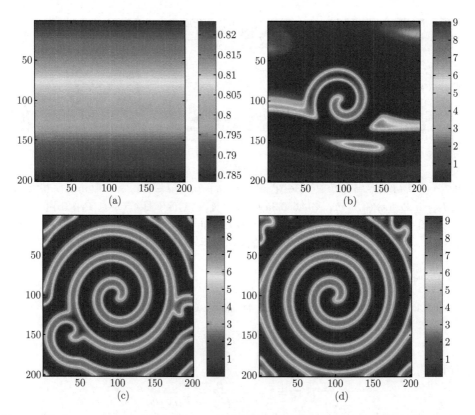

图 4.8　模型 (4.2.9) 中 H 在初始值 (4.2.25) 下螺旋波斑图形成过程, 其中参数由 (4.2.24) 给出, 对应于图 4.6 中点 P_4. 时间: (a) $t = 0$; (b) $t = 100$; (c) $t = 1000$; (d) $t = 3000$(彩图见封底二维码)

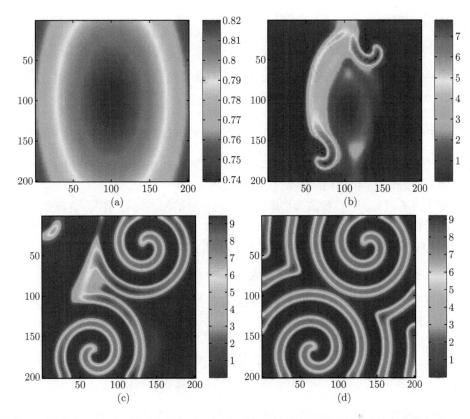

图 4.9 模型 (4.2.9) 中 H 在初始值 (4.2.26) 下的螺旋波斑图形成过程, 其中参数由 (4.2.24) 给出, 对应于图 4.6 中点 P_4. 时间: (a) $t = 0$; (b) $t = 50$; (c) $t = 100$; (d) $t = 200$ (彩图见封底二维码)

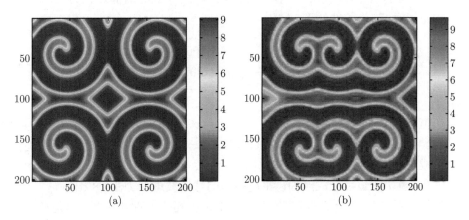

图 4.10 模型 (4.2.9) 中 H 分别在初始值 (4.2.27) 和 (4.2.28) 下 $t = 50$ 时的斑图, 其中参数由 (4.2.24) 给出, 对应于图 4.6 中点 P_4(彩图见封底二维码)

4.2.3 斑图形成

4.2.3.1 扩散诱导的斑图

本小节将关注当参数满足定理 4.3 中所有条件时, 模型 (4.2.9) 产生的由扩散引起的稳态 Turing 斑图. 部分参数取值为

$$b = 0.75, \quad d = 0.45, \quad r = 1.20, \quad m = 0.15, \quad d_1 = 0.01, \quad d_2 = 0.25.$$

作为例子, 我们只给出食饵 H 的斑图形成. 由图 4.5 中的点 P_1, P_2 和 P_3 所对应的参数, 可得模型 (4.2.9) 的稳态 Turing 斑图.

由图 4.7 可见, 随着参数 a 的减少, 食饵种群的密度逐渐增大, 也就是食饵种群之间降低竞争, 将有助于种群的增长. 而当模型 (4.2.1) 没有时滞影响 (即 $\tau = 0$) 时, 也具有相同的 Turing 斑图结构 (参看 [153]).

4.2.3.2 时滞与扩散共同诱导斑图形成

接下来考虑当参数满足定理 4.4 中所有条件时, 系统 (4.2.9) 由时滞和扩散共同诱导的斑图形成. 参数取为

$$a = 0.6, \quad b = 0.83, \quad c = 0.33, \quad d = 2.45, \quad r = 6.57,$$
$$m = 0.18, \quad d_1 = 1.63, \quad d_2 = 2.42. \tag{4.2.24}$$

此时, $E^* = (H^*, P^*) = (0.8035, 11.0539)$, $\tau_c = 0.2014$, 当 $\tau = 0.4 > \tau_c$ 时, 容易验证上述参数满足定理 4.4 中所有条件.

受文献 [252, 346, 368] 的启示, 考虑在四种不同的初值条件下的斑图形成问题. 区域取为 $\Omega = 200 \times 200$, 空间步长为 $\Delta x = \Delta y = 0.5$, 时间步长为 $\Delta t = 0.001$.

首先, 选取初值条件如下

$$\begin{cases} H(x, y, t) = H^* - \varepsilon_1 (x - 100), \\ P(x, y, t) = P^* - \varepsilon_2 (y - 100), \end{cases} \quad t \in [-\tau, 0], \tag{4.2.25}$$

其中 $\varepsilon_1 = 2 \times 10^{-4}, \varepsilon_2 = 3 \times 10^{-4}$.

初值条件选择不对称就是为了使扰动对该区域任何角落的影响更为明显. 图 4.8 给出了在时间 $t = 0, 100, 1000, 3000$ 以及初值条件 (4.2.25) 下螺旋波斑图的形成过程. 从稳态平衡态开始 (图 4.8(a)), 随机扰动使系统逐渐形成螺旋状斑图 (图 4.8(b)), 最后形成结构越来越明显的螺旋波斑图 (图 4.8(d)).

值得注意的是, 螺旋波斑图的存在性不是由初值条件决定的, 但是初值条件决定螺旋波的结构, 也就是说, 可以用初值条件控制螺旋的个数以及螺旋波中心所在的位置. 经过大量的数值模拟发现, 每个螺旋中心都来自于临界点 (x_{cr}, y_{cr}),

当只有一个临界点时, $H(x_{cr}, y_{cr}) = H^*$, $P(x_{cr}, y_{cr}) = P^*$. 初始值 (4.2.25) 包含了临界点 (100,100), 所以图 4.8 的斑图中出现了一个螺旋波.

接下来考虑初值条件

$$\begin{cases} H(x,y,t) = H^* - \varepsilon_1(x-40)(y-160) - \varepsilon_2(y-60)(y-140), \\ P(x,y,t) = P^* - \varepsilon_3(x-90) - \varepsilon_4(y-100), \end{cases} \quad t \in [-\tau, 0], \tag{4.2.26}$$

其中, $\varepsilon_1 = 2 \times 10^{-6}, \varepsilon_2 = 6 \times 10^{-6}, \varepsilon_3 = 3 \times 10^{-4}, \varepsilon_4 = 6 \times 10^{-4}$.

图 4.9 给出了模型 (4.2.9) 在初始条件 (4.2.26) 下螺旋波斑图的形成过程. 初始条件 (4.2.26) 包含两个临界点: (164.8193, 62.5903) 和 (26.6092, 131.6953), 最终形成具有两个螺旋波的斑图 (图 4.9(c),(d)).

图 4.10(a) 给出了具有 4 个临界点的初值条件

$$\begin{cases} H(x,y,t) = H^* - \varepsilon_1(x-40)(x-160), \\ P(x,y,t) = P^* - \varepsilon_2(y-40)(y-160), \end{cases} \quad t = [-\tau, 0], \tag{4.2.27}$$

其中, $\varepsilon_1 = 2 \times 10^{-6}, \varepsilon_2 = 3 \times 10^{-6}$.

图 4.10(b) 给出了具有 6 个临界点的初值条件

$$\begin{cases} H(x,y,t) = H^* - \varepsilon_1(x-40)(x-160), \\ P(x,y,t) = P^* - \varepsilon_3(y-40)(y-100)(y-160), \end{cases} \quad t = [-\tau, 0], \tag{4.2.28}$$

其中, $\varepsilon_2 = 3 \times 10^{-6}, \varepsilon_3 = 3 \times 10^{-8}$.

4.3　小　　结

由 4.1.1.1 小节可知, 模型 (4.1.5) 中的时滞 τ 会破坏地方病平衡点 E^* 的稳定性, 系统出现 Hopf 分支并导致周期解 (图 4.3). 与模型 (4.1.5) 没有时滞的结果 [360] 相比, 时滞可以引起 Hopf 失稳和 Turing-Hopf 失稳.

时滞对反应扩散传染病模型 (4.1.5) 的斑图形成有很大的影响. 时滞和扩散可诱导 Turing 失稳从而产生稳态 Turing 斑图 (图 4.2), Hopf 失稳产生螺旋波斑图 (图 4.3), 以及 Turing-Hopf 失稳产生混沌波斑图 (图 4.4).

在文献 [148, 303] 中, 作者研究了一类时滞反应扩散化学系统并发现了稳态 Turing 斑图和螺旋波斑图. 田灿荣和张来教授 [342] 研究了时滞反应扩散浮游生物模型并发现了螺旋波斑图. 本章研究结果表明, 时滞反应扩散传染病模型 (4.1.5) 还存在混沌波斑图, 是由 Turing-Hopf 失稳引起的.

需要说明的是, 4.1 节运用线性稳定性分析方法研究了模型 (4.1.5) 的分支, 与之不同, 4.2 节基于文献 [148, 303], 运用渐近分析的方法将时滞反应扩散模

型 (4.2.1) 转化为以时滞 τ 为参数的系统 (4.2.9), 在此基础上运用线性稳定性分析方法给出了系统产生失稳的条件. 这一渐近分析的方法从数学角度来看显得很"粗糙", 但对于数值研究系统的斑图形成来说却是行之有效的. 我们应用该方法研究了 4.1 节中模型 (4.1.5) 的斑图形成, 得到了相同的斑图结构. 因此, 我们可以得出结论, 模型 (4.2.1) 与 (4.2.9) 具有相同的斑图结构.

　　4.2 节研究了两种不同机制的失稳. 其一是扩散诱导的失稳: 当 $\tau < \min\left\{\tau_c, \dfrac{1}{d}\right\}$ 时, 模型 (4.2.1) 产生 Turing 失稳, 系统存在稳态的 Turing 斑图, 斑图结构与文献 [153] 类似; 其二是时滞和扩散共同诱导的失稳, 此时 $\text{tr}(\tilde{J}_k) > 0$ 成立 (参见定理 4.4). 这种失稳与 Turing 失稳不同. 具体地说, 这里的失稳是指在时滞变量 $\tau = 0$ 时, 系统是稳定的, 而 τ 满足条件 (4.2.23) 时, 系统产生了失稳.

　　而由文献 [153] 以及 2.3 节可知, 当模型 (4.2.1) 不考虑时滞, 即 $\tau = 0$ 时, 系统是稳定的, 也就是说, 模型 (4.2.1) 的解 (H, P) 最终趋于平衡点 $E^* = (H^*, P^*)$. 由定理 4.4 可知, 当时滞满足 $t_c < \tau < \dfrac{1}{d}$ 时, 模型 (4.2.1) 产生失稳, 并且形成了螺旋波斑图 (图 4.8—图 4.10). 这说明时滞对于系统的斑图形成具有重要的影响. 此外, 数值仿真过程中关于利用初始值来控制斑图中螺旋波的个数和中心位置的探讨也将为种群系统的可持续发展提供参考.

　　值得注意的是, 虽然本章研究了时滞扩散传染病模型和种群模型, 但是, 空间扩散和时间是彼此独立的. 事实上, 个体在过去的时间内并非保持不动, 而种群在空间上的游走造成了其空间位置随时间的变化而不同. 这一问题得到了许多生物数学家和生态学家的关注[15, 18]. Britton[74] 考虑到个体在以前的时间能够从各个可能的位置来到当前的位置, 时滞项必须结合一个空间的加权平均, 而这个加权函数是利用概率分析和关于个体随机走动的假设所得到的, 并建立了下述单种群模型

$$\frac{\partial}{\partial t} u(x, t) = \triangle u(x, t) + u(x, t) [1 + au(x, t) - (1 + a)(h * u)(x, t)], \quad x \in \Omega, \ t > 0,$$

其中

$$(h * u)(x, t) = \int_{-\infty}^{t} \int_{\Omega} h(x - y, t - s) u(y, s) \, \mathrm{d}y \mathrm{d}s,$$
$$h * 1 = 1, \quad h(x, t) = h(y, t), \quad \forall x, y \in \Omega \subset \mathbb{R}^n, \quad |x| = |y|$$

为时空时滞 (spatio-tempral delay) 或非局部时滞 (nonlocal delay).

　　由 Britton[74] 开创性的工作开始, 近三十年来, 非局部建模思想广泛应用于种群系统和传染病模型研究中并取得了丰硕的成果. So 和吴建宏、邹幸福教授[315] 的研究表明, 如果成熟个体的死亡率和扩散率与年龄无关, 那么总的成熟者

种群是由一个具有时滞和非局部效应的反应扩散方程控制的. 阮士贵和肖冬梅教授[294] 利用线性链技巧和几何奇异摄动方法, 证明了媒介传染病模型行波解的存在性. 李万同、王智诚、林国和阮世贵教授等通过引入多种单调性条件、G-紧性和 M-连续性等概念, 应用单调迭代结合上下解技术、挤压技术并结合比较定理, 系统研究了非局部时滞反应扩散 (对流) 系统波前解的存在性、唯一性和渐近稳定性[226, 231, 232, 373, 374, 376, 400], 结果表明时间时滞能够降低渐近传播速度而空间非局部作用能够加快渐近传播速度. 进一步, 他们通过构造适当的上下解研究了整体解在时间变量趋于负无穷大时的渐近行为, 对双稳型方程, 证明了它的唯一性和 Lyapunov 稳定性; 对单稳型方程, 通过考虑行波解和与空间变量无关的整体解的组合, 得到了另外一些新型的整体解[227, 375]. 这些结果为人们进一步理解种群系统和传染病传播提供了科学依据.

第 5 章　趋食性与斑图形成

5.1　趋食性及模型建立

　　自然界中大多数生物都具有感知外界信号并对特定方向刺激产生定向运动的能力, 此趋近定性刺激的特征称为趋向性 (taxis). 例如, 植物向光生长、蚂蚁聚集糖块附近、飞蛾扑火等现象. 根据外界刺激类型的不同, 趋向性也有其相应特指的名称. 在飞蛾扑火例子中, 蛾类是由于 "光源" 的吸引和刺激而产生 "扑火" 的行为, 因此称之为趋光性 (phototaxis), 以表示是 "光" 刺激产生的上述运动. 此外, 还有趋氧性 (被氧气趋向, aerotaxis)、趋水性 (被湿气趋向, hydrotaxis)、趋风性 (被风趋向, anemotaxis)、趋温性 (被温度梯度趋向, thermotaxis) 和趋地性 (被重力趋向, gravitaxis 或 geotaxis) 等行为和现象. 另一方面, 根据定向运动相对刺激源的位置, 趋向性还可分为正趋性 (趋进刺激源) 和负趋性 (远离刺激源). 例如, 单细胞生物草履虫对浓度为 0.2% 的醋酸有正趋向性, 但是在盐水中则会主动从浓度高的地方向浓度低的地方移动, 即对盐水有负趋向性. 通过趋向性运动, 自然界的生物可以利用其自身的系统、器官和组织等主动地寻找食物和避开天敌等并以此趋利避害, 提高对环境的适应性. 人类在生产实践中也早已学会利用动物的趋向性行为. 例如, 使用黑光灯捕蛾便是利用蛾类的正趋光性, 而避蚊油则是利用蚊虫对某些化学物质的负趋光性. 关于趋向性更详细的背景及相关研究进展参见王琪和王学锋教授的综述论文 [11].

　　在捕食系统中, 食饵密度在空间上的变化会导致捕食者不均匀的觅食行为 (即密度依赖性捕食), 从而在食饵丰富的地区的捕食率更高[120]. 大量实验研究表明, 捕食者在继续进行更广泛的探索之前, 会将觅食注意力限制在最近捕获食饵的附近区域, 即区域限制搜索 (area-restricted search)[195]. 搜索区域的限制通常是由于捕食者在发现并吃掉食饵后立即改变觅食方向而实现的[120]. 已有的天敌——害虫时空动态的野外规模研究表明, 捕食者对害虫集群有强烈的聚集反应, 表现为动态耦合的物种斑块的移动, 并且捕食性天敌活动的增加与蚜虫聚集成斑块的程度呈正相关, 与蚜虫丰度无关[382]. 而在大时空尺度上, 种群的惯性运动不仅受物理规律的影响, 还受行为和社会因素的影响. 例如, 瓢虫不仅被蚜虫所在的区域吸引, 而且也被它们最近曾经出现的地方吸引[128]. 简单地说, 捕食者的运动通常是由捕食者分布的异质性引起的, 捕食者往往聚集在高密度的食饵附近[298]. Kareiva和 Odell 称这种现象为 "趋食性" (prey-taxis)[195]. 趋食性在生态系统中起着重要的作用, 如调节食饵 (害虫) 种群以避免其暴发, 形成大规模的聚集以利于生存等[152, 298].

为了理解趋食性对捕食系统的影响机制, 1987 年, Kareiva 和 Odell 建立了下述偏微分方程模型[195]

$$
\begin{cases}
u_t = d_1 \Delta u - \nabla \cdot (uq(u,v)\nabla v) + \beta u F(u,v) - g(u), & x \in \Omega, \ t > 0, \\
v_t = d_2 \Delta v + v f(v) - u F(u,v), & x \in \Omega, \ t > 0,
\end{cases}
\tag{5.1.1}
$$

其中, $u = u(x,t)$ 和 $v = v(x,t)$ 分别表示在空间 x 处、时刻 $t > 0$ 时捕食者和食饵的密度. $-\nabla \cdot (uq(u,v)\nabla v)$ 刻画了捕食者的趋食性, $q(u,v)$ 称为捕食策略 (prey-tactic) 系数, d_1 和 d_2 分别表示捕食者和食饵的扩散系数. $\beta > 0$ 表示捕获率, $g(u)$ 表示捕食者的自然死亡率, 通常被定义为

(1) 常函数: $g(u) = \theta > 0$;

(2) 线性函数: $g(u) = \theta u$;

(3) 平方函数: $g(u) = \theta u + l u^2$,

这里, $\theta > 0$ 表示捕食者的自然死亡率.

而函数 $vf(v)$ 表示密度为 v 的食饵的平均增长率, 由于资源限制 (或拥挤效应), 当 $v > 0$ 较大时, 假定为负. $vf(v)$ 形式主要有[355, 386]

(a) Logistic 型: $vf(v) = rv\left(1 - \dfrac{v}{K}\right)$;

(b) 强 Allee 效应型: $vf(v) = rv\left(1 - \dfrac{v}{K}\right)\left(\dfrac{v}{a_0} - 1\right), 0 < a_0 < K$;

(c) 弱 Allee 效应型: $vf(v) = rv\left(1 - \dfrac{v}{K}\right) - \dfrac{av}{v+b}$, 且 $0 < a < br, 0 < \dfrac{b^2 r}{a} < K$,

这里, $r > 0$ 表示种群内禀增长率, $K > 0$ 表示最大环境容纳量.

$F(u,v)$ 表示功能性反应函数, 如同 2.1.1 小节所述, 食饵依赖型 $F(v,v) := F(v)$ 是一类应用极其广泛的功能性反应函数, 尤其是 Holling 型功能性反应函数 (2.1.4)—(2.1.6).

模型 (5.1.1) 的边界条件为

$$
\partial_\mathbf{n} u = \partial_\mathbf{n} v = 0, \qquad x \in \partial\Omega, \quad t > 0.
\tag{5.1.2}
$$

初值条件为

$$
u(x,0) = u_0(x), \qquad v(x,0) = v_0(x), \qquad x \in \Omega.
\tag{5.1.3}
$$

当不考虑趋食性, 即 $q(u,v) = 0$ 时, 模型 (5.1.1) 变为一个简单的反应扩散捕食系统. 当考虑趋食性, 即 $q(u,v) > 0$ 时, 模型结构发生了很大变化. 下面简述具有边界条件 (5.1.2) 和初值条件 (5.1.3) 的模型 (5.1.1) 的研究进展.

当 $d_2 > 0$ 是一个常数时, $d_1 = d(v)$, $q(u,v) = \chi(v)$ 且 $g(u)$ 是平方的, 金海洋和王治安教授[189] 建立了模型 (5.1.1) 在二维空间的经典解的全局有界性、存在性, 并证明了常数稳态解的全局稳定性. Winkler 教授在文献 [189] 的基础上进一步研究了空间维数 $n \leqslant 5$ 时弱解的整体存在性和大时间性态[384].

当 $d_1, d_2 > 0$ 是常数, $q(u,v) = \chi(1-u)$ 且常数 $\chi > 0$ 时, $\beta uF(u,v) - g(u)$ 变为 Logistic 型增长, 为了描述具有线性产生和降解的化学物质, 将 $vf(v) - uF(u,v)$ 取为 $\alpha u - \beta v$ 时, 马满军、欧春华和王治安教授[245] 研究了模型 (5.1.1) 的非常数稳态解的存在性和稳定性.

Chakraborty 等[104] 研究了区间 $[-1,1]$ 内模型 (5.1.1) 与捕食者速度耦合系统的数值解, 结果发现初始条件和功能性反应函数 $F(u,v)$ 的形式对斑图形成有很大的影响, 同时还发现当 $q(u,v)$ 值大于分支值时系统会产生混沌动力学.

当 $q(u,v) = \dfrac{1}{(1+v)^\gamma}$ $(\gamma = 1, 2)$ 时, Lee 等[213] 最早在 $\mathbb{R}$ 上研究了模型 (5.1.1) 的行波解, 结果表明趋食性降低了对食饵扩散进行有效生物控制的可能性.

当 $q(u,v)$ 选择为食饵密度函数 v 的非负非递增函数时, 例如 $\chi\ (\geqslant 0)$ 或 χ/v, Lee 等[214] 研究了具有 Neumann 边界的模型 (5.1.1) 在有界区域上的斑图形成.

对于食饵依赖型情形 $F(u,v) = F(v)$, 当 $q(u,v) = \chi$ 时, 对于小的 $\chi > 0$, 吴赛楠、史峻平和吴勃英教授[386] 得到了模型 (5.1.1) 在任意维空间的经典解的全局存在性. 当趋食性项 $-\nabla \cdot (\chi u \nabla v)$ 被 $-\nabla \cdot (\rho(u)u\nabla v)$ 替代并给 $\rho(u)$ 增加一些截断条件时, 文献 [45, 167, 335] 分别研究了模型 (5.1.1) 的解的全局存在性. 在 [356] 中, 王琪教授等研究了模型 (5.1.1) 在一维空间具有 Holling-Tanner 型功能性反应时的动力学行为. 2020 年, 金海洋和王治安教授[190] 研究了考虑密度制约因素时, 模型 (5.1.1) 在具有 Neumann 边界条件的二维有界区域中的全局有界性、渐近稳定性和斑图形成, 其中, 捕食者的扩散系数和趋食性均依赖于食饵密度.

此外, Rosenzweig-MacArthur 模型是一类重要的捕食系统[291]

$$\begin{cases} F(u,v) = F(v) = \dfrac{p_1 v}{m + p_2 v}, & p_1, p_2, m > 0, \\ f(v) = r\left(1 - \dfrac{v}{K}\right). \end{cases} \tag{5.1.4}$$

对于趋食模型 (5.1.4), 如果捕食策略系数 $q(u,v) = q(u)$ 被截断在某个数 $u_k > 0$, 即当 $q(u_k) = 0$ 且 $0 \leqslant u < u_k$ 时 $q(u) > 0$, Ainseba 等[45] 通过 Leray-Schauder 不动点定理和对偶技巧得到了模型 (5.1.1) 的全局弱解. 陶有山教授[335] 通过 L^p-估计和 Schauder 估计, 将结果推广到 $n \leqslant 3$ 的全局经典解, 其中解的界依赖于时间. 这个界被何晓和郑斯宁教授改进[167], 并得到了解的一致时间有界性. 文献 [220]

应用全局/Hopf 分支定理以及指标度理论研究了模型 (5.1.1) 的非常数稳态解的存在性.

2.1.1 小节已经详述, 功能性反应函数除了食饵依赖型, 还有捕食者依赖型, 其中, Arditi 和 Ginzburg[59] 提出的比率依赖型是一类重要且应用广泛的功能性反应函数

$$F(u,v) := F\left(\frac{v}{u}\right) = \frac{v/u}{m + v/u} = \frac{v}{mu + v}. \tag{5.1.5}$$

当 $q(u,v) = \chi > 0, d_1 = 1, d_2 = d > 0$, 并取 $g(u) = \theta u$ 时, 即可得到下述具有趋食性的比率依赖型捕食系统

$$\begin{cases} u_t = \Delta u - \nabla \cdot (\chi u \nabla v) + \dfrac{\beta u v}{mu + v} - \theta u, & x \in \Omega,\, t > 0, \\ v_t = d\Delta v - \dfrac{uv}{mu + v} + vf(v), & x \in \Omega,\, t > 0, \\ \partial_\nu u = \partial_\nu v = 0, & x \in \partial\Omega,\, t > 0, \\ u(x,0) = u_0(x),\ v(x,0) = v_0(x), & x \in \Omega, \end{cases} \tag{5.1.6}$$

这里, 假设种群生活在具有光滑边界的有界栖息地 $\Omega \subset \mathbb{R}^n\ (n \geqslant 1)$ 里. 为了方便起见, 记

$$F(w) = \frac{w}{m + w}, \quad w = \frac{v}{u}.$$

本章, 我们考虑函数 $f(v)$ 为 Logistic 型, 即满足如下假设.

假设 5.1 函数 $f : [0, \infty) \to \mathbb{R}$ 连续可微, 对于一些常数 $\delta > 0$ 和 $v \geqslant 0$, $f'(v) \leqslant -\delta$, 存在两个常数 $r,\ K > 0$, 使得 $f(0) > 0$, $f(K) = 0$, 且当 $v > K$ 时, $f(v) < 0$.

此外, 为了保证正平衡点的存在性, 需要下述假设:

假设 5.2 $0 < \dfrac{\beta - \theta}{m\beta} < r$ (由此可得 $\theta < \beta$).

本章将重点关注趋食性对比率依赖型捕食系统斑图动力学的影响机理, 主要材料来源于 [79, 100].

5.2 解的全局存在性

引理 5.1[190] 设 Ω 是 $\mathbb{R}^n (n \geqslant 1)$ 上的具有光滑边界的有界区域, 如果假设 5.1 满足, $(u_0, v_0) \in [W^{1,\infty}(\Omega)]^2$ 且 $u_0, v_0 \geqslant 0\ (\not\equiv 0)$, 则模型 (5.1.6) 有唯一局部非负古典解 $(u,v) \in C(\bar\Omega \times T_{\max}) \cap C^{2,1}(\bar\Omega \times T_{\max})$, 且当 $t > 0$ 时, $u, v \geqslant 0$, 其中, $T_{\max}$ 表示解的最大存在时间. 此外, 如果 $T_{\max} < \infty$, 则

$$\lim_{t \to T_{\max}} \|u(\cdot, t)\|_{L^\infty(\Omega)} = \infty.$$

引理 5.2　若假设 5.1 成立, 则模型 (5.1.6) 的解满足

$$0 < v(x,t) \leqslant K_0 := \max\{\|v_0\|_{L^\infty}, K\}, \quad \limsup_{t\to\infty} v(x,t) \leqslant K, \tag{5.2.1}$$

$$\|u(\cdot,t)\|_{L^1(\Omega)} \leqslant K_1 := \max\left\{\|u_0\|_{L^1(\Omega)}, \frac{1}{\theta m}\beta K_0|\Omega|\right\}, \tag{5.2.2}$$

$$\|\nabla v(\cdot,t)\|_{L^\infty} \leqslant C_0, \tag{5.2.3}$$

其中, C_0 是不依赖于时间 t 的常数.

证明　注意到 u, v 和 $F(v/u)$ 均非负, 则

$$\begin{cases} v_t - d\Delta v = -F(v/u)u + vf(v) \leqslant vf(v), & x \in \Omega, t > 0, \\ \partial_{\mathbf{n}}v = 0, & x \in \partial\Omega, t > 0, \\ v(x,0) = v_0(x), & x \in \Omega. \end{cases} \tag{5.2.4}$$

设 $v^*(t)$ 是下述 ODE 模型

$$\begin{cases} \dfrac{\mathrm{d}v^*(t)}{\mathrm{d}t} = v^*(t)f(v^*(t)), & t > 0, \\ v^*(0) = \|v_0\|_{L^\infty} \end{cases} \tag{5.2.5}$$

的解, 则由假设 5.1 可知, $v^*(t) \leqslant K_0 = \max\{\|v_0\|_{L^\infty}, K\}$, 且 $v^*(t)$ 是下述 PDE 系统的上解

$$\begin{cases} V_t - d\Delta V = Vf(V), & x \in \Omega, t > 0, \\ \partial_{\mathbf{n}}V = 0, & x \in \partial\Omega, t > 0, \\ V(x,0) = v_0(x), & x \in \Omega. \end{cases} \tag{5.2.6}$$

从而, 当 $(x,t) \in \bar{\Omega} \times (0,\infty)$ 时

$$0 < V(x,t) \leqslant v^*(t). \tag{5.2.7}$$

由 (5.2.4)—(5.2.7) 以及比较原理可知, 当 $(x,t) \in \bar{\Omega} \times (0,\infty)$ 时

$$0 < v(x,t) \leqslant V(x,t) \leqslant v^*(t) \leqslant K_0. \tag{5.2.8}$$

由假设 5.1 可知, 对于所有 $v > K$, 均有 $f(v) < 0$. 由 (5.2.5) 可得 $\limsup\limits_{t\to\infty} v^*(x,t) \leqslant K$, 与 (5.2.8) 一起即可得到 (5.2.1).

接下来证明 (5.2.2). 考虑到 $0 < v \leqslant K_0$, $\dfrac{F(v/u)}{v/u} \leqslant \dfrac{1}{m}$, 对模型 (5.1.6) 的第一个方程积分, 可得

$$\frac{\mathrm{d}}{\mathrm{d}t}\int_\Omega u\mathrm{d}x = \int_\Omega (\beta u F(v/u) - \theta u)\mathrm{d}x \leqslant \frac{\beta}{m}\int_\Omega v\mathrm{d}x - \theta\int_\Omega u\mathrm{d}x \leqslant \frac{\beta}{m}K_0|\Omega| - \theta\int_\Omega u\mathrm{d}x.$$

再由 Gronwall 不等式即可得到 (5.2.2).

最后证明 (5.2.3). 为此, 用 $(e^{td\Delta})_{t \geqslant 0}$ 表示 Ω 上 $-d\Delta$ 生成的 Neumann 热半群. 模型 (5.1.6) 的第二个方程的解 v 可重写为

$$v(x,t) = e^{dt\Delta}v_0(x) + \int_0^t e^{d(t-s)\Delta}(vf(v) - uF(v/u))(x,s)\mathrm{d}s,$$

从而

$$\|\nabla v(\cdot,t)\|_{L^\infty(\Omega)}$$
$$\leqslant \|\nabla e^{dt\Delta}v_0\|_{L^\infty(\Omega)} + \int_0^t \|\nabla e^{d(t-s)\Delta}(vf(v) - uF(v/u))(x,s)\|_{L^\infty(\Omega)}\mathrm{d}s.$$

注意到

$$vf(v) - uF(v/u) = vf(v) - v\frac{F(v/u)}{v/u} \leqslant v\left(f(v) + \frac{1}{m}\right) \leqslant K_0\left(r + \frac{1}{m}\right) := c_0.$$

从而, 由热半群的 L^p-L^q 估计, 可找到常数 $c_1, c_2 > 0$, 使得

$$\|\nabla v(\cdot,t)\|_{L^\infty(\Omega)} \leqslant c_1\|\nabla v_0\|_{L^\infty(\Omega)} + c_2\int_0^t c_0(1 + (t-s)^{-1/2})e^{-\lambda_1(t-s)}\mathrm{d}s,$$

由此可得 (5.2.3). 引理得证. □

接下来, 我们将用 Moser 迭代法证明模型 (5.1.6) 的解的有界性.

引理 5.3 设 $u \geqslant 0$ 是下述具有 Neumann 边界的反应扩散对流方程当 $T > 0$ 时在 $\Omega \times (0,T)$ 上的解

$$\begin{cases} u_t = \Delta u - \chi\nabla \cdot (u\mathbf{w}) + f(u), & (x,t) \in \Omega \times (0,T), \\ \partial_\mathbf{n}u = \mathbf{w} \cdot \mathbf{n} = 0, & x \in \partial\Omega, \\ u(x,t) = u_0(x), & \end{cases} \tag{5.2.9}$$

其中, $\chi \in \mathbb{R}$ 是常数, $\mathbf{w}$ 是 $\Omega \times (0,T)$ 上一致有界的向量, $f(u)$ 对于 $u \geqslant 0$ 和一些常数 $b > 0$ 满足 $f(u) \leqslant bu$. 如果 $u_0 \in L^\infty(\Omega)$, 则 (5.2.9) 的解满足

$$\|u\|_{L^\infty(\Omega)} \leqslant C,$$

即 $u \in L^1(\Omega)$, 其中 $C > 0$ 是不依赖于时间 t 的常数.

证明 用 u^{p-1} 乘以系统 (5.2.9) 的第一个方程, 并考虑 Neumann 边界条件, 积分后可得

$$\frac{1}{p}\frac{\mathrm{d}}{\mathrm{d}t}\int_{\Omega}u^p\mathrm{d}x+(p-1)\int_{\Omega}u^{p-2}|\nabla u|^2\mathrm{d}x$$

$$=\chi(p-1)\int_{\Omega}u^{p-1}\nabla u\vec{w}\mathrm{d}x+b\int_{\Omega}u^{p-1}f(u)\mathrm{d}x$$

$$\leqslant c_1(p-1)\int_{\Omega}u^{p-1}\nabla u\mathrm{d}x+b\int_{\Omega}u^p\mathrm{d}x$$

$$\leqslant\frac{p-1}{2}\int_{\Omega}u^{p-2}|\nabla u|^2\mathrm{d}x+c_2(p-1)\int_{\Omega}u^p\mathrm{d}x.$$

从而

$$\frac{\mathrm{d}}{\mathrm{d}t}\int_{\Omega}u^p\mathrm{d}x+p(p-1)\int_{\Omega}u^p\mathrm{d}x+\frac{p(p-1)}{2}\int_{\Omega}u^{p-2}|\nabla u|^2\mathrm{d}x\leqslant(1+c_3)p(p-1)\int_{\Omega}u^p\mathrm{d}x.$$

于是, 由 Moser 迭代算法 (参看 [336, 定理 2.1 证明]) 可得

$$\|u\|_{L^\infty(\Omega)}\leqslant c,$$

其中, c 是仅依赖于空间维数、$\|u_0\|_{L^\infty(\Omega)}$ 和 $\|u_0\|_{L^1(\Omega)}$ 的常数.   □

基于引理 5.3, 我们可直接得到模型 (5.1.6) 解的 u 分量的 L^∞ 估计.

引理 5.4 设 Ω 是 $\mathbb{R}^n(n\geqslant 1)$ 上的具有光滑边界的有界区域, 如果假设 5.1 满足, $(u_0,v_0)\in[W^{1,\infty}(\Omega)]^2$ 且 $u_0,v_0\geqslant 0\ (\not\equiv 0)$, 则存在一个与时间 t 无关的常数 C, 使得模型 (5.1.6) 的解满足

$$\|u\|_{L^\infty(\Omega)}<C. \tag{5.2.10}$$

证明 注意到 $F(v/u)=\dfrac{v}{mu+v}$ 对任意 $u,v>0$ 是有界的, 即存在一个常数 c_0, 使得 $\dfrac{\beta uv}{mu+v}-\theta u<c_0 u$, 从而引理 5.4 是引理 5.3 以及 (5.2.2) 和 (5.2.3) 的直接结果.   □

定理 5.5 设 Ω 是 $\mathbb{R}^n$ $(n\geqslant 1)$ 上具有光滑边界的有界区域, 假设 5.1 满足 $(u_0,v_0)\in[W^{1,\infty}(\Omega)]^2$ 且 $u_0,v_0\geqslant 0\ (\not\equiv 0)$, 则模型 (5.1.6) 存在唯一的全局古典解 $(u,v)\in[C([0,\infty)\times\bar{\Omega})\cap C^{2,1}((0,\infty)\times\bar{\Omega})]^2$, 当 $t>0$ 时, $u,v\geqslant 0$, 且

$$\|u(\cdot,t)\|_{L^\infty(\Omega)}+\|v(\cdot,t)\|_{W^{1,\infty}(\Omega)}\leqslant C,$$

其中, $C>0$ 是不依赖于时间 t 的常数. 特别地, $0<v(x,t)\leqslant K_0$.

证明 由引理 5.1 和引理 5.4 的先验估计即可证得定理 5.5.   □

5.3 平衡点的稳定性与 Turing 失稳

种群系统中一个核心问题是种群是否能达到共存稳态或竞争排斥/灭绝, 这等价于系统平衡点 (齐次) 或非常数 (非齐次) 稳态解的全局稳定性.

模型 (5.1.6) 的平衡点 (u_s, v_s) 满足

$$(u_s, v_s) = \begin{cases} (0, K), & \beta \leqslant \theta, \\ (0, K), \ (u_*, v_*), & \beta > \theta \ \text{且} \ f(0) > \dfrac{1}{m}, \end{cases} \tag{5.3.1}$$

这里, 条件 $f(0) > \dfrac{1}{m}$ 是为了保证 (u_*, v_*) 的正性, 且

$$\theta = \beta F(v_*/u_*), \quad f(v_*) = \frac{u_*}{mu_* + v_*}. \tag{5.3.2}$$

根据 $F(v/u)$ 的定义 (5.1.5), 由 (5.3.2) 可给出正平衡点 (u_*, v_*) 的隐函数形式:

$$u_* = \frac{v_*(\beta - \theta)}{m\theta}, \quad v_* = f^{-1}\left(\frac{\beta - \theta}{\beta m}\right). \tag{5.3.3}$$

特别地, 如果 $f(v) = r(1 - v/K)$, 则 $u_* = \dfrac{K(\beta - \theta)}{m\theta}\left(1 - \dfrac{\beta - \theta}{r\beta m}\right), v_* = K\left(1 - \dfrac{\beta - \theta}{r\beta m}\right).$

值得注意的是, 灭绝平衡点 $(0, 0)$ 在模型 (5.1.6) 中没有定义, 因此本章将不考虑. 实际上, 通过将系统的定义扩展到 $(0, 0)$, 对应于 (5.1.6) 的 ODE 模型 (即扩散系数为 0) 在灭绝平衡点 $(0, 0)$ 领域具有非常丰富的动力学性质[206, 387].

5.3.1 局部稳定性与 Turing 失稳

接下来, 我们将进一步研究趋食性对模型 (5.1.6) 的 Turing 斑图形成的影响机制. 与 2.2.1 小节没有趋食性的比率依赖型捕食系统的斑图形成相比, 模型 (5.1.6) 分析的难点在于趋食性项的存在, 这使得传统的方法如极大值原理或单调方法不适用. 本节将找到斑图形成的条件. 为此, 我们将主要探讨模型 (5.1.6) 的平衡点 $(0, K)$ 和 (u_*, v_*) 的稳定性和不稳定性.

考虑与模型 (5.1.6) 对应的 ODE 模型

$$\mathbf{u}_t = G(\mathbf{u}), \tag{5.3.4}$$

其中, $\mathbf{u} = (u, v)$, 而

$$G(\mathbf{u}) = \begin{pmatrix} \dfrac{\beta uv}{mu + v} - \theta u \\ vf(v) - \dfrac{uv}{mu + v} \end{pmatrix}.$$

模型 (5.1.6) 以及对应的 ODE 模型 (5.3.4) 的平衡点 (u_s, v_s) 满足

$$\frac{\beta u_s v_s}{m u_s + v_s} = \theta u_s, \qquad \frac{u_s v_s}{m u_s + v_s} = v_s f(v_s). \tag{5.3.5}$$

而 $G(\mathbf{u})$ 在平衡点 (u_s, v_s) 处的雅可比矩阵为

$$J_{(u_s, v_s)} = \begin{pmatrix} J_{11} & J_{12} \\ J_{21} & J_{22} \end{pmatrix}, \tag{5.3.6}$$

其中

$$J_{11} = \frac{\beta v_s^2}{(m u_s + v_s)^2} - \theta, \quad J_{12} = \frac{m \beta u_s^2}{(m u_s + v_s)^2},$$

$$J_{21} = \frac{-v_s^2}{(m u_s + v_s)^2}, \qquad J_{22} = f(v_s) + v_s f'(v_s) - \frac{m u_s^2}{(m u_s + v_s)^2}.$$

由此可得

$$J_{(0, K)} = \begin{pmatrix} \beta - \theta & 0 \\ -1 & K f'(K) \end{pmatrix}, \tag{5.3.7}$$

$$J_{(u_*, v_*)} = \begin{pmatrix} \dfrac{\theta(\theta - \beta)}{\beta} & \dfrac{(\beta - \theta)^2}{m \beta} \\[3mm] \dfrac{-\theta^2}{\beta^2} & \dfrac{\theta(\beta - \theta)}{m \beta^2} + v_* f'(v_*) \end{pmatrix}. \tag{5.3.8}$$

于是, 在边界平衡点 $(0, K)$ 处

$$\begin{cases} \mathrm{trace}(J_{(0, K)}) = \beta - \theta + K f'(K), \\ \det(J_{(0, K)}) = K f'(K)(\beta - \theta), \end{cases}$$

在正平衡点 (u_*, v_*) 处

$$\begin{cases} \mathrm{trace}(J_{(u_*, v_*)}) = \dfrac{-\theta(\beta - \theta)}{\beta} v_* f'(v_*), \\[3mm] \det(J_{(u_*, v_*)}) = \dfrac{\theta(\beta - \theta)(1 - m\beta)}{\beta} + v_* f'(v_*). \end{cases}$$

通过直接计算即可得模型 (5.3.4) 的平衡点 $(0, K)$ 和 (u_*, v_*) 的稳定性结果如下.

引理 5.6　对于 ODE 模型 (5.3.4),

(1) 如果 $\beta > \theta$, 平衡点 $(0, K)$ 是线性不稳定的; 如果 $\beta < \theta$, 是稳定的.

(2) 如果假设 5.2 成立, 则

(2-1) 当 $m\beta < 1$ 和 $0 < -v_* f'(v_*) < \dfrac{\theta(\beta - \theta)(1 - m\beta)}{m\beta^2}$ 成立时, (u_*, v_*) 是不稳定的;

(2-2) 当 $m\beta \geqslant 1$, 或 $m\beta < 1$ 和 $-v_* f'(v_*) > \dfrac{\theta(\beta - \theta)(1 - m\beta)}{m\beta^2}$ 成立时, (u_*, v_*) 是渐近稳定的.

接下来我们考虑在什么条件下, 当空间变量存在时, ODE 模型 (5.3.4) 的稳定平衡点在 PDE 模型 (5.1.6) 中将变得不稳定.

设 $0 = \lambda_0 < \lambda_1 < \lambda_2 < \cdots < \lambda_j < \cdots$ 是算子 $-\Delta$ 在 Ω 上关于 Neumann 边界条件的特征值, m_j 是 λ_j 的重数, 设 $\{\phi_{jk}\}_{k=1}^{m_j}$ 是由 $L^2(\Omega)$ 中 λ_j 对应的特征函数生成的子空间的正交基.

模型 (5.1.6) 在平衡点 $(0, K)$ 和 (u_*, v_*) 处的线性算子 $\mathcal{L}$ 分别为

$$\mathcal{L}_1 := \mathcal{L}|_{(0,K)} = \begin{pmatrix} \Delta + \beta - \theta & 0 \\ -1 & d\Delta + Kf'(K) \end{pmatrix}$$

和

$$\mathcal{L}_2 := \mathcal{L}|_{(u_*, v_*)} = \begin{pmatrix} \Delta + \dfrac{\theta(\theta - \beta)}{\beta} & -\chi u_* \Delta + \dfrac{(\beta - \theta)^2}{m\beta} \\ -\dfrac{\theta^2}{\beta^2} & d\Delta + \dfrac{\theta(\beta - \theta)}{m\beta^2} + v_* f'(v_*) \end{pmatrix}.$$

假设 $(\Phi_i(x), \Psi_i(x))$ 是 $\mathcal{L}_i$ 对应于特征值 μ_i $(i = 1, 2)$ 的特征函数, 则

$$(\mathcal{L}_i - \mu_i \mathcal{I}) \begin{pmatrix} \Phi_i \\ \Psi_i \end{pmatrix} = 0, \quad i = 1, 2.$$

由 Fourier 展开式可知, 存在 $\{a_{jk}\}$, $\{b_{jk}\}$, $\{c_{jk}\}$ 和 $\{d_{jk}\}$ 使得

$$\Phi_1 = \sum_{0 \leqslant j \leqslant \infty, 1 \leqslant k \leqslant m_j} a_{jk} \phi_{jk}, \quad \Psi_1 = \sum_{0 \leqslant j \leqslant \infty, 1 \leqslant k \leqslant m_j} b_{jk} \phi_{jk},$$

$$\Phi_2 = \sum_{0 \leqslant j \leqslant \infty, 1 \leqslant k \leqslant m_j} c_{jk} \phi_{jk}, \quad \Psi_2 = \sum_{0 \leqslant j \leqslant \infty, 1 \leqslant k \leqslant m_j} d_{jk} \phi_{jk}.$$

由此可得

$$\sum_{0 \leqslant j \leqslant \infty, 1 \leqslant k \leqslant m_j} \underbrace{\begin{pmatrix} -\lambda_j + \beta - \theta - \mu_1 & 0 \\ -1 & -d\lambda_j + Kf'(K) - \mu_1 \end{pmatrix}}_{M_1} \begin{pmatrix} a_{jk} \\ b_{jk} \end{pmatrix} \phi_{jk} = 0,$$

$$\sum_{0 \leqslant j \leqslant \infty, 1 \leqslant k \leqslant m_j} \underbrace{\begin{pmatrix} -\lambda_j + \dfrac{\theta(\theta - \beta)}{\beta} - \mu_2 & \chi u_* \lambda_j + \dfrac{(\beta - \theta)^2}{m\beta} \\ -\dfrac{\theta^2}{\beta^2} & -d\lambda_j + \dfrac{\theta(\beta - \theta)}{m\beta^2} + v_* f'(v_*) - \mu_2 \end{pmatrix}}_{M_2}$$

$$\cdot \begin{pmatrix} c_{jk} \\ d_{jk} \end{pmatrix} \phi_{jk} = 0.$$

易证 μ_i 是 $\mathcal{L}_i$ $(i=1,2)$ 的特征值当且仅当对一些 $j \geqslant 0$, 系数矩阵 M_i $(i=1,2)$ 的行列式等于 0.

由引理 5.6, 对于平衡点 $(0,K)$, 我们关心的是在 $\beta < \theta$ 的情况下 $\det(M_1) = 0$ 是否具有正特征值 μ_1. 事实上, 直接计算可知当 $\beta < \theta$ 时, $\mu_1 < 0$, 因此, 平衡点 $(0,K)$ 是稳定的, 没有分支, 不能形成斑图.

接下来, 我们将研究在引理 5.6(2-2) 条件满足时, (u_*, v_*) 的不稳定性. 显然, 由 $\det(M_2) = 0$ 可得

$$\mu_2^2 + a(\lambda_j)\mu_2 + b(\lambda_j) = 0, \tag{5.3.9}$$

其中

$$a(\lambda_j) = (1+d)\lambda_j - \left(\frac{\theta(\theta-\beta)}{\beta} + \frac{\theta(\beta-\theta)}{m\beta^2} + v_*f'(v_*) \right),$$

$$b(\lambda_j) = d\lambda_j^2 - \lambda_j \left(\frac{d\theta(\theta-\beta)}{\beta} + \frac{\theta(\beta-\theta)}{m\beta^2} + v_*f'(v_*) - \chi u_* \frac{\theta^2}{\beta^2} \right) + \frac{\theta v_* f'(v_*)(\theta-\beta)}{\beta}.$$

要确定是否存在从 (u_*, v_*) 分支出非常数稳态解, 只需确定对于某些 $j \geqslant 1$, 是否存在 $\mu_2 > 0$.

通过一系列计算, 可得如下结果.

定理 5.7　若假设 5.2 成立, 如果 $m\beta \geqslant 1$, 或者 $m\beta < 1$ 且 $-v_*f'(v_*) > \dfrac{\theta(\beta-\theta)(1-m\beta)}{m\beta^2}$ 满足, 则

(1) 如果 $d \geqslant 1$, 或 $d < 1$ 且下述条件之一成立:

(1-1) $d\beta m \geqslant 1$;

(1-2) $d\beta m < 1$, $-v_*f'(v_*) \geqslant \dfrac{\theta(\beta-\theta)(1-m\beta d)}{m\beta^2}$;

(1-3) $d\beta m < 1$, $-v_*f'(v_*) < \dfrac{\theta(\beta-\theta)(1-m\beta d)}{m\beta^2}$ 且 $\chi > \chi_c$, 这里

$$\chi_c := \frac{v_*f'(v_*) + \dfrac{F^2(w_*)}{w_*}(1-d\beta m) - 2\sqrt{-d\beta w_* v_* f'(v_*)F'(w_*)}}{u_* F^2(w_*)}, \tag{5.3.10}$$

则 (u_*, v_*) 是线性稳定的.

(2) 若 $d < 1$, $dm\beta < 1$ 且 $-v_*f'(v_*) < \dfrac{\theta(\beta-\theta)(1-m\beta d)}{m\beta^2}$, 如果 $0 < \chi < \chi_c$,

且存在 j 使得

$$0 < \frac{\eta - \sqrt{\eta^2 + 4d\dfrac{\theta(\beta-\theta)}{\beta}v_* f'(v_*)}}{2d} < \lambda_j < \frac{\eta + \sqrt{\eta^2 + 4d\dfrac{\theta(\beta-\theta)}{\beta}v_* f'(v_*)}}{2d},$$

(5.3.11)

则 (u_*, v_*) 是 Turing 不稳定的, 模型 (5.1.6) 存在 Turing 斑图. 这里

$$\eta := v_* f'(v_*) + \frac{\theta(\beta-\theta)}{\beta}\left(\frac{1}{m\beta} - d\right) - \chi u_* \frac{\theta^2}{\beta^2} > 0.$$

5.3.2 全局稳定性

引理 5.8 若 $f(0) > \dfrac{1}{m}$, 且假设 5.1 满足, 则存在一个常数 $\tilde{v} > 0$, 使得当 $0 \leqslant v < \tilde{v}$ 时, $f(\tilde{v}) = \dfrac{1}{m}$ 且 $f(v) > \dfrac{1}{m}$.

如果 $f(v) = r\left(1 - \dfrac{v}{K}\right)$, 易知 $\tilde{v} = \dfrac{1}{K}\left(1 - \dfrac{1}{rm}\right)$, 其中, $rm > 1$ 因为 $r = f(0) > \dfrac{1}{m}$.

引理 5.9 当定理 5.5 的条件满足时, 如果 $f(0) > \dfrac{1}{m}$ 且假设 5.1 成立, 则存在一个常数 $\varrho > 0$, 当 $t_0 > 0$ 时, 如果 $(x, t) \in \bar{\Omega} \times (t_0, \infty)$, 模型 (5.1.6) 的解 (u, v) 满足

$$v(x, t) \geqslant \varrho; \tag{5.3.12}$$

如果 $x \in \overline{\Omega}$, 则

$$\liminf_{t \to \infty} v(x, t) \geqslant \tilde{v}, \tag{5.3.13}$$

其中, $\tilde{v} = f^{-1}\left(\dfrac{1}{m}\right)$.

证明 当 $w \geqslant 0$ 时, $\dfrac{F(w)}{w} = \dfrac{1}{m+w} \leqslant \dfrac{1}{m}$. 对模型 (5.1.6) 的第二个方程应用极大值原理, 可以找到一个 $0 < t_0 < \infty$, 使得当 $x \in \Omega$ 时, $\min_{x \in \bar{\Omega}} v(x, t_0) = \bar{v} > 0$. 考虑系统

$$\begin{cases} \partial_t v - d\Delta v = v\left(f(v) - \dfrac{F(v/u)}{v/u}\right) \geqslant v\left(f(v) - \dfrac{1}{m}\right), & x \in \Omega,\, t > t_0, \\ \partial_{\mathbf{n}} v = 0, & x \in \partial\Omega,\, t > t_0, \\ v(x, t_0) = \bar{v}, & x \in \Omega. \end{cases}$$

(5.3.14)

设 $v_*(t)$ 是下述 ODE 系统

$$\begin{cases} \dfrac{\mathrm{d}v_*(t)}{\mathrm{d}t} = v_*(t)\left(f(v_*(t)) - \dfrac{1}{m}\right), & t > t_0, \\ v_*(t_0) = \bar{v} > 0 \end{cases} \tag{5.3.15}$$

的解, 则假设 5.1 意味着当 $t \geqslant t_0$ 时, $v_*(t) \geqslant \min\{\bar{v}, \tilde{v}\} =: \varrho$. 显然 $v_*(t)$ 是下述 PDE 系统的下解

$$\begin{cases} \partial_t V^0 - d\Delta V^0 = V^0\left(f(V^0) - \dfrac{1}{m}\right), & x \in \Omega,\, t > t_0, \\ \partial_n V^0 = 0, & x \in \partial\Omega,\, t > t_0, \\ V^0(x, t_0) = v(x, t_0), & x \in \Omega. \end{cases} \tag{5.3.16}$$

于是, 当 $(x,t) \in \bar{\Omega} \times (t_0, \infty)$ 时

$$v_*(t) \leqslant V^0(x,t). \tag{5.3.17}$$

综合考虑 (5.3.14), (5.3.16) 和 (5.3.17), 并应用比较原理, 可知当 $(x,t) \in \bar{\Omega} \times (t_0, \infty)$ 时

$$\varrho \leqslant v_*(t) \leqslant V^0(x,t) \leqslant v(x,t), \tag{5.3.18}$$

由此可得 (5.3.12). 由引理 5.8 可知, 当 $0 < v < \tilde{v}$ 时, $v\left(f(v) - \dfrac{1}{m}\right) > 0$. 于是, 由 (5.3.15) 可得

$$\liminf_{t \to \infty} v_*(t) \geqslant \tilde{v}.$$

上式与 (5.3.18) 一起即可得到 (5.3.13).   □

　　为了证明定理 5.11, 我们给出应用 [189, 引理 4.1] 的一个基本结果.

　　引理 5.10　对一些常数 $\omega > 0$, 定义

$$\zeta(v) = \int_\omega^v \frac{s-\omega}{s}\mathrm{d}s,$$

易证 $\zeta(v)$ 是凸函数, 从而 $\zeta(v) \geqslant 0$. 如果 $t \to \infty$, $v \to \omega$, 则存在一个常数 $T_0 > 0$, 使得当 $t \geqslant T_0$ 时

$$\frac{1}{4\omega}(v-\omega)^2 \leqslant \zeta(v) = \int_\omega^v \frac{s-\omega}{s}\mathrm{d}s \leqslant \frac{1}{\omega}(v-\omega)^2. \tag{5.3.19}$$

　　在上述结果的基础上, 即可得到全局稳定性定理.

定理 5.11 设 $f(0) > \dfrac{1}{m}$, 假设 5.1 以及定理 5.5 的条件满足. 记 (u, v) 是模型 (5.1.6) 在定理 5.5 中得到的解, 则

(1) 若 $\theta > \beta$, 则平衡点 $(0, K)$ 是全局指数稳定的;

(2) 若 $\theta < \beta$, 如果

$$\frac{d}{\chi^2} \geqslant \frac{K^2}{4m\beta} \ (\text{``} = \text{''成立仅当 } \|v_0\|_{L^\infty} \leqslant K) \ \text{且} \ \frac{\beta - \theta}{m\beta} < \delta\tilde{v},$$

则正平衡点 (u_*, v_*) 是全局指数稳定的.

证明 对于初值 $\mathbf{w}_0 = (u_0, v_0)$, 当 $t \geqslant 0$ 时, 定义 $\mathbf{w}(t; \mathbf{w}_0) = (u, v)$ 是模型 (5.1.6) 的唯一全局古典解, 也是定义在 $X = [W^{1,\infty}(\bar{\Omega})]^2$ 上的半流 (或轨道)[53]. 由于我们只关心解的渐近行为, 除非特别说明, 以下总是假设 $t \geqslant t_0$ 以便应用引理 5.9, 其中 t_0 是在引理 5.9 中给出的. 下面分两种情形证明.

情形 1 $\theta > \beta$.

定义能量函数

$$E(\mathbf{w}) = E(u(t), v(t)) =: E(t) = \sigma_0 \int_\Omega u(x, t) \mathrm{d}x + \int_\Omega \left(\int_K^v \frac{s - K}{s} \mathrm{d}s \right) \mathrm{d}x, \tag{5.3.20}$$

其中, $\sigma_0 = \dfrac{3K}{2\varrho(\theta - \beta)} > 0$, ϱ 定义于 (5.3.12).

由引理 5.10 易知 $E(\mathbf{w}) = 0$ 当且仅当 $\mathbf{w} = (0, K)$, 且当 $\mathbf{w} \neq (0, K)$ 时, $E(\mathbf{w}) > 0$, 因此, $E(\mathbf{w})$ 是一个正定函数. 此外, 由 $E(\mathbf{w})$ 的定义和定理 5.5 可知 $E(\mathbf{w}) \leqslant C$, 其中 $C > 0$ 是一个对任意解 $\mathbf{w} = (u, v) \in X$ 都不依赖于时间 $t > 0$ 的常数.

接下来证明当 $\mathbf{w} \in X$ 时, $E_t(\mathbf{w}) = E_t(t) \leqslant 0$, 这里, "$=$" 成立当且仅当 $\mathbf{w} = (0, K)$. 对 (5.3.20) 关于 t 求导并应用模型 (5.1.6), 可得

$$E_t(t) = \int_\Omega \left[\sigma_0 u_t + \left(\frac{v - K}{v} \right) v_t \right] \mathrm{d}x$$

$$= \int_\Omega \sigma_0 u \left(\beta F(v/u) - \theta \right) \mathrm{d}x$$

$$+ \int_\Omega (v - K) \left(f(v) - \frac{F(v/u)}{v/u} \right) \mathrm{d}x - dK \int_\Omega \frac{|\nabla v|^2}{v^2} \mathrm{d}x$$

$$= \int_\Omega u \left(\frac{\sigma_0 \beta v}{mu + v} - \sigma_0 \theta - \frac{v - K}{mu + v} \right) \mathrm{d}x + \int_\Omega f(v)(v - K) \mathrm{d}x$$

$$- dK \int_\Omega \frac{|\nabla v|^2}{v^2} \mathrm{d}x$$

$$= \int_\Omega u \left(\frac{\sigma_0 \beta v}{mu + v} - \sigma_0 \theta - \frac{v - K}{mu + v} \right) \mathrm{d}x$$

$$+ \int_\Omega f'(\xi)(v - K)^2 \mathrm{d}x - dK \int_\Omega \frac{|\nabla v|^2}{v^2} \mathrm{d}x$$

$$=: I_1 + I_2 + I_3, \tag{5.3.21}$$

其中 ξ 介于 v 和 K 之间. 显然, 由假设 5.1 可知, $I_2 \leqslant 0$, $I_3 \leqslant 0$. 此外, 当 $\theta > \beta$ 时, $\sigma_0 = \dfrac{3K}{2\varrho(\theta - \beta)} > 0$, 于是, 可将 I_1 重写为

$$I_1 = \int_\Omega \frac{u}{mu + v} \left(\frac{K(2\varrho - 3v)}{2\varrho} - \sigma_0 m\theta u - v \right) \mathrm{d}x.$$

由引理 5.9 直接可得 $I_1 \leqslant 0$. 因此, 当 $\mathbf{w} \in X$ 时, $E_t(t) \leqslant 0$, 这里 $E_t(t) = 0$ 成立当且仅当 $\mathbf{w} = (0, K)$. 所以, 由 Lyapunov 全局一致稳定性定理可知, 对任意 $\mathbf{w}_0 \in X$, 当 $t \to \infty$ 时, $\mathbf{w}(t; \mathbf{w}_0) = (u, v) \to (0, K)$, 这表明, $(0, K)$ 是全局渐近稳定的.

接下来讨论解的收敛速度. 为此, 定义

$$W(t) := \int_\Omega u \mathrm{d}x + \int_\Omega (v - K)^2 \mathrm{d}x + \int_\Omega \frac{|\nabla v|^2}{v^2} \mathrm{d}x.$$

则由 (5.3.21) 以及引理 5.2、引理 5.9 和定理 5.5, 可找到常数 c_1 和 $T_1 > 0$, 使得当 $t \geqslant T_1$ 时

$$E_t(t) \leqslant -c_1 W(t). \tag{5.3.22}$$

应用引理 5.10 且取 $\omega = K$, 可找到常数 $T_2 > 0$, 使得当 $t \geqslant T_2$ 时

$$\frac{1}{4K}(v - K)^2 \leqslant \int_K^v \frac{s - K}{s} \mathrm{d}s \leqslant \frac{1}{K}(v - K)^2. \tag{5.3.23}$$

由 $E(t)$ 和 $W(t)$ 的定义以及 (5.3.23), 可找到常数 $c_2 > 0$, 使得当 $t \geqslant T_2$ 时, $c_2 E(t) \leqslant W(t)$. 由 (5.3.22) 以及 $E(t)$ 的非负性, 可得当 $t \geqslant T_3 := \max\{T_1, T_2\}$ 时

$$E_t(t) \leqslant -c_1 W(t) \leqslant -c_1 c_2 E(t).$$

于是, 当 $t \geqslant T_3$ 且 $c_3, c_4 > 0$ 时, $E(t) \leqslant c_3 e^{-c_4 t}$. 再考虑 $E(t)$ 的定义以及 (5.3.23), 则当 $t \geqslant T_3$ 时

$$\|u\|_{L^1} + \|v - K\|_{L^2} \leqslant c_5 e^{-c_4 t}. \tag{5.3.24}$$

接下来研究 L^∞-范数下的衰减率. 由定理 5.5 可知, 在 $L^\infty(\Omega \times (0,\infty))$ 上, $\chi u \nabla v$ 及 $\dfrac{\beta uv}{mu+v} - \theta u$ 是有界的. 因此, 将标准抛物正则理论 (参看 [285, 定理 1.3] 和 [337, 引理 3.2]) 应用于模型 (5.1.6) 的第一个方程, 则存在一个常数 $\beta \in (0,1)$, 当 $t > 1$ 时

$$\|u\|_{C^{\beta, \frac{\beta}{2}}(\overline{\Omega} \times [t, t+1])} \leqslant c_6. \tag{5.3.25}$$

此外, 根据抛物方程 Schauder 理论, 由模型 (5.1.6) 的第二个方程可知, 当 $t > 1$ 时

$$\|v\|_{C^{2+\beta, 1+\frac{\beta}{2}}(\overline{\Omega} \times [t, t+1])} \leqslant c_7. \tag{5.3.26}$$

由条件 (5.3.25) 和 (5.3.26) 可得常数 $c_8 > 0$ (参看 [337, 引理 3.14]), 当 $t > 1$ 时

$$\|u\|_{W^{1,\infty}} \leqslant c_8.$$

于是, 由 (5.3.24) 和 Gagliardo-Nirenberg 不等式可得, 当 $t \geqslant T_3$ 时

$$\|u\|_{L^\infty} \leqslant c_9(\|\nabla u\|_{L^\infty}^{\frac{2}{3}} \|u\|_{L^1}^{\frac{1}{3}} + \|u\|_{L^1}) \leqslant c_{10}(\|u\|_{L^1}^{\frac{1}{3}} + \|u\|_{L^1}) \leqslant c_{11} e^{-c_{12}t}. \tag{5.3.27}$$

另外, 根据定理 5.5 和 Gagliardo-Nirenberg 不等式, 由 (5.3.24) 可知, 当 $t \geqslant T_3$ 时

$$\|v - K\|_{L^\infty} \leqslant c_{13}(\|\nabla(v-K)\|_{L^\infty}^{\frac{1}{2}} \|v-K\|_{L^2}^{\frac{1}{2}} + \|v-K\|_{L^2}) \leqslant c_{14} e^{-c_{15}t}. \tag{5.3.28}$$

于是, 由 (5.3.27) 和 (5.3.28) 可得, 当 $t \geqslant T_3$ 时

$$\|u\|_{L^\infty} + \|v - K\|_{L^\infty} \leqslant c_{16} e^{-\lambda_1 t},$$

其中, $\lambda_1 = \min\{c_{12}, c_{15}\}$.

情形 2 $\theta < \beta$.

此时, 由 (5.3.3) 可得 $w_* := \dfrac{v_*}{u_*} = \dfrac{m\theta}{\beta - \theta}$. 于是, 可定义 Lyapunov 函数

$$V(u(t), v(t)) =: V(t) = \alpha \int_\Omega \int_{u_*}^u \frac{s - u_*}{s} \mathrm{d}s \mathrm{d}x + \int_\Omega \int_{v_*}^v \frac{s - v_*}{s} \mathrm{d}s \mathrm{d}x, \tag{5.3.29}$$

其中

$$\alpha = \frac{v_*}{m\beta u_*} = \frac{w_*}{m\beta} = \frac{\theta}{\beta(\beta - \theta)}. \tag{5.3.30}$$

由引理 5.10 可知, 当 $(u(t), v(t)) = (u_*, v_*)$ 时, $V(t) = 0$; 当 $(u(t), v(t)) \neq (u_*, v_*)$ 时, $V(t) > 0$.

将 (5.3.29) 对 t 求导, 可得

$$V_t(t) = \alpha \int_\Omega \left(1 - \frac{u_*}{u}\right) u_t \mathrm{d}x + \int_\Omega \left(1 - \frac{v_*}{v}\right) v_t \mathrm{d}x$$

$$= \underbrace{-\alpha u_* \int_\Omega \left|\frac{\nabla u}{u}\right|^2 \mathrm{d}x - v_* d \int_\Omega \left|\frac{\nabla v}{v}\right|^2 \mathrm{d}x + \chi u_* \alpha \int_\Omega \frac{\nabla u \nabla v}{u} \mathrm{d}x}_{J_1}$$

$$\underbrace{+ \alpha \int_\Omega \left(1 - \frac{u_*}{u}\right)(\beta u F(v/u) - \theta u)\,\mathrm{d}x + \int_\Omega \left(1 - \frac{v_*}{v}\right)(-F(v/u)u + vf(v))\,\mathrm{d}x}_{J_2}.$$

(5.3.31)

将 J_1 重写为

$$J_1 = -\int_\Omega \Theta^{\mathrm{T}} A\Theta \mathrm{d}x,$$

其中, $\Theta = \begin{pmatrix} \nabla u \\ \nabla v \end{pmatrix}$, $A = \begin{pmatrix} \dfrac{\alpha u_*}{u^2} & -\dfrac{\alpha\chi u_*}{2u} \\ -\dfrac{\alpha\chi u_*}{2u} & \dfrac{dv_*}{v^2} \end{pmatrix}$, 则 $J_1 \leqslant 0$ 当且仅当矩阵 A

是非负定的. 由 (5.3.30) 可知 $w_* = \alpha\beta m$. 由于 $u > 0$, 则当 $t > 0$ 时, $\dfrac{\alpha u_*}{u^2} > 0$.
由 Sylvester 判据容易验证矩阵 A 非负定当且仅当

$$\frac{d}{\chi^2} \geqslant \frac{v^2}{4\beta m}. \tag{5.3.32}$$

于是, 我们可断言, 对所有大的 $t > 0$, 如果

$$\frac{d}{\chi^2} \geqslant \frac{K^2}{4\beta m} \quad (\text{其中 " = "成立当 } \|v_0\|_{L^\infty} \leqslant K), \tag{5.3.33}$$

那么 (5.3.32) 成立. 事实上, 如果 $\|v_0\|_{L^\infty} \leqslant K$, 则由引理 5.2 和 (5.3.32) 可知, $0 < v(x,t) \leqslant K$. 如果 $\|v_0\|_{L^\infty} > K$, 考虑 $\dfrac{d}{\chi^2} > \dfrac{K^2}{4\beta m}$, 这意味着存在一个常数 $0 < \epsilon_0 \ll 1$, 使得

$$\frac{d}{\chi^2} \geqslant \frac{K^2}{4\beta m} + \epsilon_0. \tag{5.3.34}$$

由 (5.2.1) 可得

$$\limsup_{t\to\infty} \frac{v^2}{4\beta m} = \frac{1}{4\beta m}\limsup_{t\to\infty} v^2 \leqslant \frac{K^2}{4\beta m}. \tag{5.3.35}$$

因此, 对于上述 $\epsilon_0 > 0$, 存在 $T_1^* > 0$, 当 $(x,t) \in \bar\Omega \times [T_1^*, \infty)$ 时,

$$\frac{v^2}{4\beta m} \leqslant \frac{K^2}{4\beta m} + \epsilon_0. \tag{5.3.36}$$

于是, 由 (5.3.34) 和 (5.3.36) 可得

$$\frac{v^2}{4\beta m} \leqslant \frac{d}{\chi^2}.$$

也就是, 当 $t \geqslant T_1^*$ 时, (5.3.33) 成立, 所以 $J_1 \leqslant 0$.

下面考虑 J_2. 注意到 $\theta = \beta F(w_*)$ 且 $f(v_*) = \dfrac{F(w_*)}{w_*}$, J_2 可重写为

$$J_2 = \alpha \int_\Omega (u - u_*)\, (\beta F(w) - \theta)\, \mathrm{d}x + \int_\Omega (v - v_*)\, (f(v) - F(w)/w)\, \mathrm{d}x$$

$$= \alpha\beta \int_\Omega (u - u_*)\, (F(w) - F(w_*))\, \mathrm{d}x$$

$$+ \int_\Omega (v - v_*)\, [f(v) - f(v_*) + F(w_*)/w_* - F(w)/w]\mathrm{d}x$$

$$= \alpha\beta m \int_\Omega (u - u_*)\frac{u_*\,(v - v_*) + v_*(u_* - u)}{(mu + v)(mu_* + v_*)}\mathrm{d}x + \int_\Omega f'(\xi)(v - v_*)^2\mathrm{d}x$$

$$+ \int_\Omega (v - v_*)\frac{u_*\,(v - v_*) + v_c(u_* - u)}{(mu + v)(mu_* + v_*)}\mathrm{d}x$$

$$= -\frac{\alpha\beta m v_*}{mu_* + v_*} \int_\Omega \frac{(u - u_*)^2}{mu + v}\mathrm{d}x + \frac{u_*}{mu_* + v_*} \int_\Omega \frac{(v - v_*)^2}{mu + v}\mathrm{d}x$$

$$+ \left(\frac{\alpha\beta m u_*}{mu_* + v_*} - \frac{v_*}{mu_* + v_*}\right) \int_\Omega \frac{(u - u_*)(v - v_*)}{mu + v}\mathrm{d}x$$

$$+ \int_\Omega f'(\xi)(v - v_*)^2\mathrm{d}x,$$

其中, ξ 介于 v 和 v_* 之间. 由于 $\alpha = \dfrac{w_*}{m\beta}$, 则

$$J_2 = -\frac{\alpha\beta m v_*}{mu_* + v_*} \int_\Omega \frac{(u - u_*)^2}{mu + v}\mathrm{d}x$$

$$+ \int_\Omega \left(f'(\xi) + \frac{u_*}{(mu + v)(mu_* + v_*)}\right)(v - v_*)^2\mathrm{d}x$$

$$=: \overline{M}_1 + \overline{M}_2.$$

显然, $\overline{M}_1 \leqslant 0$ ("$=$" 成立当且仅当 $u = u_*$). 由于 $u > 0$, 对任意 $t > 0$, 由假设 5.1 和引理 5.9 可知, $f'(\xi) \leqslant -\delta$, 而 $\overline{M}_2 \leqslant 0$ ("$=$" 成立当且仅当 $v = v_*$)

说明

$$-\delta + \frac{u_*}{v(mu_* + v_*)} \leqslant 0 \quad \left(\text{即 } 1 \leqslant v\delta(m + w_*)\right). \tag{5.3.37}$$

接下来, 我们证明, 对大的 $t > 0$, 如果

$$1 < \tilde{v}\delta(m + w_*) = \frac{m\beta\delta\tilde{v}}{\beta - \theta}, \tag{5.3.38}$$

则 (5.3.37) 成立. 事实上, 如果 $1 < \dfrac{m\beta\delta\tilde{v}}{\beta - \theta}$, 则存在一个小常数 $0 < \epsilon_0 \ll 1$, 使得

$$1 \leqslant \frac{m\beta\delta\tilde{v}}{\beta - \theta} - \epsilon_0. \tag{5.3.39}$$

由 (5.3.13) 可得

$$\liminf_{t\to\infty} \frac{m\beta\delta v}{\beta - \theta} = \frac{m\beta\delta}{\beta - \theta} \liminf_{t\to\infty} v \geqslant \frac{m\beta\delta\tilde{v}}{\beta - \theta}. \tag{5.3.40}$$

对于上述 $\epsilon_0 > 0$, 存在 $T_2^* > 0$, 当 $(x,t) \in \bar{\Omega} \times [T_2^*, \infty)$ 时

$$\frac{m\beta\delta v}{\beta - \theta} \geqslant \frac{m\beta\delta\tilde{v}}{\beta - \theta} - \epsilon_0. \tag{5.3.41}$$

于是, 由 (5.3.39) 和 (5.3.41) 可知, 当 $(x,t) \in \bar{\Omega} \times [T_2^*, \infty)$ 时

$$v\delta(m + w_*) = \frac{m\beta\delta v}{\beta - \theta} \geqslant 1,$$

这意味着, 当 $t \geqslant T_2^*$ 时, (5.3.37) 成立.

因此, 若 (5.3.38) 成立, 当 $t \geqslant T_2^*$ 时, $M_2 \leqslant 0$. 于是, 由 (5.3.38) 可知, 对所有 $t \geqslant \max\{T_1^*, T_2^*\}$, 都有 $V_t(t) \leqslant 0$, 且 $V_t(t) = 0$ 当且仅当 $(u,v) = (u_*, v_*)$. 由 LaSalle 不变原理可知, 在 $W^{1,\infty}(\overline{\Omega})$ 上, (u_*, v_*) 是全局渐近稳定的.

最后我们考虑指数收敛速度. 前已述及, 当 (5.3.38) 和 (5.3.33) 满足时, 存在常数 $c_1 > 0$ 和 $t_1 > 0$, 使得当 $t > t_1$ 时

$$V_t(t) \leqslant -c_1 \int_\Omega [(u - u_*)^2 + (v - v_*)^2]\mathrm{d}x. \tag{5.3.42}$$

当 $t \to \infty$ 时, $(u,v) \to (u_*, v_*)$, 由引理 5.10 可找到常数 $c_2, c_3 > 0$ 和 $t_2 > 0$, 使得 $t > t_2$ 时

$$c_2(\|u - u_*\|_{L^2}^2 + \|v - v_*\|_{L^2}^2) \leqslant V(t) \leqslant c_3(\|u - u_*\|_{L^2}^2 + \|v - v_*\|_{L^2}^2).$$

于是, 由 (5.3.42) 可知, 存在一个常数 $c_4 > 0$, 使得 $t > t_0 = \max\{t_1, t_2\}$ 时

$$V_t(t) \leqslant -c_4 V(t).$$

再由 Gronwall 不等式即可得到关于常数 $c_5, c_6 > 0$ 的衰减指数为

$$\|u - u_*\|_{L^2}^2 + \|v - v_*\|_{L^2}^2 \leqslant c_5 e^{-c_6 t}.$$

类似 (5.3.27) 和 (5.3.28) 的讨论, 我们即可得到指数衰减速率. □

注 5.12 定理 5.11(2) 给出了正平衡点 (u_*, v_*) 全局稳定的充分条件, 而定理 5.7(2) 给出了 (u_*, v_*) 不稳定的充分条件. 可以看出, 如果 $0 < d \ll 1$, 则满足定理 5.7(2) 中的条件, 但不满足定理 5.11(2) 中的条件. 换句话说, 如果 $d > 0$ 但很小, 定理 5.7(2) 中的条件与定理 5.11(2) 中的条件是相反的.

5.4 非常数正稳态解的分支结构

在 1 维空间, 与模型 (5.1.6) 对应的稳态解问题是椭圆问题

$$\begin{cases} -\nabla \cdot (\nabla u - \chi u \nabla v) = \beta u F(v/u) - \theta u, & x \in \Omega, \\ -d\Delta v = -F(v/u)u + vf(v), & x \in \Omega, \\ \partial_\nu u = \partial_\nu v = 0, & x \in \partial\Omega, \end{cases} \tag{5.4.1}$$

其中, $F(v/u)$ 定义于 (5.1.5).

本节将采用局部/全局分支理论建立系统 (5.4.1) 的非常数正解的存在性, 并通过渐近分析和特征值摄动理论来证明它们的稳定性.

定义 Ξ 是 $\mathbb{R}$ 上的一个区间, $W^{1,\infty}(\Omega)$ 是标准 Sobolev 空间 $W^{k,p}(\Omega)$ 且 $k = 1, p = \infty$. 令

$$C^{k,l}(\Omega \times \Xi) = \Big\{ h(x,t) \in C(\Omega \times \Xi) : \partial_x^k h(x,t) \in C(\Omega \times \Xi) \text{ 且 } \partial_t^l h(x,t) \in C(\Omega \times \Xi) \Big\}.$$

考虑 Neumann 特征值问题

$$\begin{cases} -\Delta \Phi = \lambda \Phi, & x \in \Omega, \\ \partial_\nu \Phi = 0, & x \in \partial\Omega, \end{cases} \tag{5.4.2}$$

其具有无穷多个非负特征值的离散谱, 这些特征值形成严格递增序列

$$0 = \lambda_0 < \lambda_1 < \lambda_2 < \lambda_3 < \cdots < \lambda_j < \cdots, \tag{5.4.3}$$

其中, λ_j 具有有限多重性. 特别是在一维空间 $\Omega = (0, \ell)$ ($\ell > 0$) 上, 简单特征值序列及其与之相关的特征函数由

$$\lambda_j = (\pi j/\ell)^2, \quad j = 0, 1, 2, \cdots,$$

$$\Phi_j(x) = \begin{cases} \dfrac{1}{\sqrt{\ell}}, & j = 0, \\ \sqrt{\dfrac{2}{\ell}} \cos(\pi j x/\ell), & j = 1, 2, \cdots \end{cases} \tag{5.4.4}$$

给出. 显然, 这组特征函数构成了 $L^2(0,\ell)$ 的正交基.

设

$$X := \left\{ (u,v) : u,v \in C^2(\overline{\Omega}),\ \text{且在}\ \partial\Omega\ \text{上},\ \partial_{\mathbf{n}} u = \partial_{\mathbf{n}} v = 0 \right\}, \tag{5.4.5}$$

则 X 是一个具有标准 C^2-范数的 Banach 空间 (即 $\|\phi\|_{C^2(\overline{\Omega})} := \max\limits_{0\leqslant|\alpha|\leqslant2} \sup\limits_{x\in\Omega} |D^\alpha \cdot \phi(x)|$, α 是多重指标), $Y := L^2(\Omega) \times L^2(\Omega)$ 是一个具有内积的 Hilbert 空间, 当 $U_1 = (u_1,v_1) \in Y$, $U_2 = (u_2,v_2) \in Y$ 时

$$(U_1, U_2)_Y = (u_1, u_2)_{L^2(\Omega)} + (v_1, v_2)_{L^2(\Omega)}.$$

首先, 应用 Moser 迭代给出系统 (5.4.1) 的非负解的先验估计, 这将用于后续的全局分支分析.

引理 5.13　若假设 5.1 和假设 5.2 成立, 设 $(u(x),v(x))$ 是模型 (5.4.1) 的非负古典解, 则当 $x \in \Omega \subset \mathbb{R}^n$ $(n \geqslant 1)$ 时, $(u(x),v(x))$ 满足

$$0 < v(x) \leqslant K, \quad 0 < \|u(x)\|_\infty \leqslant K_2, \tag{5.4.6}$$

其中, K_2 不依赖于 u,v. 此外, 如果 $r > \dfrac{1}{m}$, 则 $v(x) \geqslant \tilde{v}$, 这里 $\tilde{v}$ 是 $f(\tilde{v}) = \dfrac{1}{m}$ 的正解, 且当 $0 \leqslant v < \tilde{v}$ 时, $f(v) > \dfrac{1}{m}$.

证明　根据 Hopf 引理和强极大值原理可知, 当 $x \in \Omega$ 时, $u(x) > 0$, $0 < v(x) \leqslant K$. 定义微分算子 $\mathcal{A} : \mathbb{R} \to \mathbb{R}$ 为 $\mathcal{A}v = -d\Delta v$, 函数 $g(u,v) = vf(v) - F(v/u)u$, 则模型 (5.4.1) 的第二个方程可重写为

$$\begin{cases} \mathcal{A}v = g(u,v), & x \in \Omega, \\ \partial_{\mathbf{n}} v = 0. \end{cases} \tag{5.4.7}$$

若 $r > \dfrac{1}{m}$, 则

$$0 = \mathcal{A}\tilde{v} = \tilde{v}\left(f(\tilde{v}) - \frac{1}{m} \right) \leqslant g(u,\tilde{v}) = \tilde{v}\left(f(\tilde{v}) - \frac{F(\tilde{v}/u)}{\tilde{v}/u} \right), \quad x \in \Omega.$$

从而, 当 $x \in \Omega$ 时, $\tilde{v}$ 是 (5.4.7) 的一个下解.

接下来, 我们估计 $u(x)$. 在 Ω 上应用分部积分法对系统 (5.4.1) 积分, 可得

$$\theta\int_\Omega u\mathrm{d}x = \int_\Omega vf(v)\mathrm{d}x + (\beta-1)\int_\Omega v\frac{F(v/u)}{v/u}\mathrm{d}x \leqslant \int_\Omega vf(v)\mathrm{d}x + \frac{1}{m}|\beta-1|\int_\Omega v\mathrm{d}x. \tag{5.4.8}$$

因为 $0 \leqslant v(x) \leqslant K$ 时, $f(v) \leqslant r$, 所以由 (5.4.8) 可知, 存在一个正常数 $\widetilde{K}$, 使得

$$\|u\|_1 \leqslant \widetilde{K}. \tag{5.4.9}$$

任给 $k > 0$, 模型 (5.4.1) 的第一个方程两端同乘以 u^k, 考虑关于 u 和 v 的边界条件, 并应用分部积分公式, 可得

$$\int_\Omega k u^{k-1} |\nabla u|^2 \mathrm{d}x = \int_\Omega k \chi u^k \nabla u \nabla v \mathrm{d}x + \int_\Omega u^{k+1} \left(\beta F(v/u) - \theta \right) \mathrm{d}x$$

$$\leqslant \int_\Omega k \chi u^k \nabla u \nabla v \mathrm{d}x + C_0 \int_\Omega u^{k+1} \mathrm{d}x, \tag{5.4.10}$$

这里用到了 $\beta F(v/u) - \theta$ 的有界性.

接下来估计 $\displaystyle\int_\Omega k \chi u^k \nabla u \nabla v \mathrm{d}x$. 任给 $k > 0$, 模型 (5.4.1) 的第二个方程两端同乘以 χu^{k+1}, 应用分部积分公式, 可得

$$\chi(k+1) \int_\Omega u^k \nabla u \nabla v \mathrm{d}x = \frac{1}{d} \left(\int_\Omega \chi u^{k+1} v f(v) \mathrm{d}x - \int_\Omega \chi u^{k+1} v \frac{F(v/u)}{u/v} \mathrm{d}x \right)$$

$$\leqslant C_1 \int_\Omega \chi u^{k+1} \mathrm{d}x,$$

其中, $C_1 = \dfrac{K_0 \left(r + \dfrac{1}{m} \right)}{d}$. 因此

$$\int_\Omega \chi k u^k \nabla u \nabla v \mathrm{d}x \leqslant \frac{\chi k C_1}{k+1} \int_\Omega u^{k+1} \mathrm{d}x. \tag{5.4.11}$$

由此可得

$$\frac{k}{(k+1)^2} \int_\Omega |\nabla u^{\frac{k+1}{2}}|^2 \mathrm{d}x = \frac{k}{4} \int_\Omega u^{k-1} |\nabla u|^2 \mathrm{d}x$$

$$\leqslant \int_\Omega k \chi u^k \nabla u \nabla v \mathrm{d}x + c_0 \int_\Omega u^{k+1} \mathrm{d}x$$

$$\leqslant \left(\frac{\chi k C_1}{k+1} + C_0 \right) \int_\Omega u^{k+1} \mathrm{d}x.$$

于是

$$\int_\Omega |\nabla u^{\frac{k+1}{2}}|^2 \mathrm{d}x \leqslant C_2(k)(k+1)^2 \int_\Omega u^{k+1} \mathrm{d}x, \tag{5.4.12}$$

其中, $C_2(k) = \dfrac{k C_1 \chi}{k+1} + \dfrac{c_0}{k}$.

另一方面, 由 Sobolev 不等式 $||u^{\frac{k+1}{2}}||_{2q}^2 \leqslant C_3(n, \Omega) \cdot \left(||u^{\frac{k+1}{2}}||_2^2 + ||\nabla(u^{\frac{k+1}{2}})||_2^2 \right)$ 和 (5.4.12) 可得

$$\left(\int_\Omega u^{(k+1)q} \mathrm{d}x \right)^{\frac{1}{q}} \leqslant C_3 \int_\Omega \left(|\nabla u^{\frac{k+1}{2}}|^2 + u^{k+1} \right) \mathrm{d}x \leqslant C_4(k)(k+1)^2 \int_\Omega u^{k+1} \mathrm{d}x,$$

其中, 若 $n > 2$, 则 $q = \dfrac{n}{n-2}$; 若 $n \leqslant 2$, 则 $q > 1$.

任给 $k > 0$, 则

$$\|u\|_{(k+1)q} \leqslant \left(C_4(k+1)^2\right)^{\frac{1}{k+1}} \|u\|_{k+1}, \tag{5.4.13}$$

其中, $C_4(k) = C_3 C_2(k) + \dfrac{C_3}{(k+1)^2}$.

固定 $\gamma > 1$, 应用 (5.4.13) 使得 $k + 1 = \gamma q^i$ $(i = 0, 1, \cdots)$, 可得

$$\|u\|_{\gamma q^{i+1}} \leqslant \left(C_4 \gamma^2 q^{2i}\right)^{\frac{1}{\gamma q^i}} \|u\|_{\gamma q^i}. \tag{5.4.14}$$

对 (5.4.14) 积分并应用关于 L^p-范数的插值不等式, 可得

$$\|u\|_\infty \leqslant C^\mu \|u\|_\gamma \leqslant C^\mu q^\nu \|u\|_\infty^{\frac{\gamma-1}{\gamma}} \|u\|_1^{\frac{1}{\gamma}}, \tag{5.4.15}$$

其中, $\mu = \sum\limits_{i=0}^{\infty} \dfrac{1}{\gamma q^i} = \dfrac{q}{\gamma(q-1)}$, $\nu = 2 \sum\limits_{i=1}^{\infty} \dfrac{i}{\gamma q^i} < \infty$, $C = \gamma^2 C_4(k)$. 若 k 远离 0, 则 $C_4(k)$ 是有界的. 若 $\gamma \gg 1$, 则 C 是由 $C(\gamma)$ 限定有界的.

因此, 由 (5.4.9), (5.4.14) 和 (5.4.15) 可得 $\|u\|_\infty \leqslant C^{\mu\gamma} q^{\nu\gamma} K' =: K_2$.

引理得证. $\qquad\qquad\qquad\qquad\qquad\qquad\qquad\qquad\qquad\qquad\qquad\qquad\square$

注 5.14   若引理 5.13 的条件满足, 如果 $\chi = 0$ 且 $r > \dfrac{1}{m}$, 则当 $x \in \Omega$ 时, $(u(x), v(x))$ 满足

$$\tilde{v} \leqslant v(x) \leqslant K, \quad 0 < u(x) \leqslant \frac{\beta K}{m\theta}.$$

5.4.1 局部分支

定义映射 $\mathcal{F} : X \times \mathbb{R}^+ \to Y$

$$\mathcal{F}(u, v, \chi) = \begin{pmatrix} \nabla \cdot (\nabla u - \chi u \nabla v) + \beta u F(v/u) - \theta u \\ d\Delta v - F(v/u)u + vf(v) \end{pmatrix}, \tag{5.4.16}$$

则 $\mathcal{F}(u_*, v_*, \chi) = 0$.

于是, 模型 (5.4.1) 等价于 $\mathcal{F}(u, v, \chi) = 0$. 而 $\mathcal{F}(u, v, \chi)$ 关于 (u, v) 在 (u_*, v_*) 处的 Fréchet 导数为

$$\mathcal{L}(\chi) := D_{(u,v)}\mathcal{F}(u_*, v_*, \chi) = \begin{pmatrix} \Delta - \beta F'(w_*)w_* & -\chi u_* \Delta + \beta F'(w_*) \\ -F^2(w_*) & d\Delta + \rho(u_*, v_*) \end{pmatrix}, \tag{5.4.17}$$

其中, $w_* = \dfrac{v_*}{u_*}$, $\rho(u_*, v_*) := -F'(w_*) + f(v_*) + v_* f'(v_*)$, $F(z) = \dfrac{z}{m+z}$.

考虑 (5.3.5), 即得

$$F(z) - zF'(z) = F(z)^2, \quad w_*f(v_*) = F(w_*).$$

为了使算子 $\mathcal{L}(\chi_0^j)$ 的核空间非空, 设

$$\chi_0^j := \frac{v_*f'(v_*) + \dfrac{F^2(w_*)(1 - d\beta m)}{w_*} - d\lambda_j + \beta w_*v_*f'(v_*)F'(w_*)\lambda_j^{-1}}{u_*F^2(w_*)} > 0. \tag{5.4.18}$$

我们主要考虑 $\chi > 0$ 的情形, 其中 $d > 0$, j 满足 (5.4.18) 且是有限的, 因为 λ_j 是 j 的严格单调递增函数 (参见 (5.4.4)). 因此, 对一些 $j_0 \in \mathbb{N}_+$, 记

$$\chi_{\max} = \max_{j \in \mathbb{N}_+}\left\{\chi_0^j\right\} = \chi_0^{j_0}.$$

于是, (5.4.18) 意味着

$$\chi_0^j u_*F^2(w_*) = -d\lambda_j + \rho(u_*, v_*) - d\beta w_*F'(w_*) + \beta w_*v_*f'(v_*)F'(w_*)\lambda_j^{-1} > 0. \tag{5.4.19}$$

这表明, 如果 $d\lambda_i\lambda_j \neq -\beta w_*v_*f'(v_*)F'(w_*)$, $i, j \in \mathbb{N}_+$, 则 $\chi_0^i = \chi_0^j$ 成立当且仅当 $i = j$.

由局部分支定理可知, (u_*, v_*, χ_0^j) 是分支点必须满足下述三个条件:

(A1) $D_\chi\mathcal{F}$, $D_{(u,v)}\mathcal{F}$ 和 $D_{\chi(u,v)}\mathcal{F}$ 存在且连续;

(A2) $\dim \operatorname{Ker}\mathcal{L}(\chi_0^j) = \operatorname{codim} \operatorname{Range}\mathcal{L}(\chi_0^j) = 1$;

(A3) 设 $\operatorname{Ker}\mathcal{L}(\chi_0^j) = \operatorname{span}\{\Psi\}$, 则

$$D_{\chi(u,v)}\mathcal{F}(u_*, v_*, \chi_0^j)\Psi \notin \operatorname{Range}(D_{(u,v)}\mathcal{F}(u_*, v_*, \chi_0^j)),$$

其中, $\operatorname{Range}\mathcal{L}(\chi_0^j)$ 的余维数是 $Y/\operatorname{Range}\mathcal{L}(\chi_0^j)$ 的维数.

定义 $\mathcal{L}$ 为从 Banach 空间 X 到 Banach 空间 Y 的映射, 如果 $\operatorname{Ker}(\mathcal{L})$ 的维数和 $\operatorname{Range}(\mathcal{L})$ 的余维数都是有限的, 则称 $\mathcal{L}$ 是 Fredholm 的. 此外, Fredholm 映射 $\mathcal{L}$ 的指标定义为

$$\operatorname{index}(\mathcal{L}) = \dim \operatorname{Ker}(\mathcal{L}) - \operatorname{codim} \operatorname{Range}(\mathcal{L}).$$

值得注意的是, 在 (5.4.17) 中取 $\chi = \chi_0^j$, 当 $j \in \mathbb{N}_+$ 时, 即可得线性算子 $\mathcal{L}(\chi_0^j)$. 如果条件 (A2) 成立, 则算子 $\mathcal{L}(\chi_0^j)$ 是 Fredholm 的且指标为 0.

容易验证线性算子 $D_\chi\mathcal{F}$, $D_{(u,v)}\mathcal{F}$ 和 $D_{\chi(u,v)}\mathcal{F}$ 是连续的, 因此条件 (A1) 满足. 下面将分别验证条件 (A2) 和条件 (A3) 是否成立.

引理 5.15 条件 (A2) 满足, 即当 $j \in \mathbb{N}_+$ 时

$$\dim \operatorname{Ker} \mathcal{L}(\chi_0^j) = \operatorname{codim} \operatorname{Range} \mathcal{L}(\chi_0^j) = 1. \tag{5.4.20}$$

证明 首先证明

$$\operatorname{Ker} \mathcal{L}(\chi_0^j) \neq \{0\}. \tag{5.4.21}$$

显然 $\mathcal{L}(\chi)$ 的零空间构成了下述系统的解

$$\begin{cases} \Delta u - \chi u_* \Delta v - \beta F'(w_*)w_* u + \beta F'(w_*)v = 0, & x \in \Omega, \\ d\Delta v - F^2(w_*)u + \rho(u_*, v_*)v = 0, & x \in \Omega, \\ \partial_\nu u = \partial_\nu v = 0, & x \in \partial\Omega. \end{cases} \tag{5.4.22}$$

将 u 和 v 转换为它们的特征展开式 (eigenexpansion)

$$u = \sum_{j=0}^{\infty} T_j \Phi_j, \quad v = \sum_{j=0}^{\infty} S_j \Phi_j, \tag{5.4.23}$$

其中, T_j 和 S_j 是接下来要确定的常数. 从而 (5.4.21) 等价于至少存在一个 $j \in \mathbb{N}$, 使得 (T_j, S_j) 是非平凡的. 将 (5.4.23) 代入 (5.4.22), 可得

$$\sum_{j=0}^{\infty} \begin{pmatrix} -\lambda_j - \beta F'(w_*)w_* & \lambda_j \chi u_* + \beta F'(w_*) \\ -F^2(w_*) & -d\lambda_j + \rho(u_*, v_*) \end{pmatrix} \begin{pmatrix} T_j \\ S_j \end{pmatrix} = \begin{pmatrix} 0 \\ 0 \end{pmatrix}. \tag{5.4.24}$$

由假设 5.1 可得 $\lambda_0 = 0$ 和 $-\beta w_* v_* f'(v_*)F'(w_*) > 0$, 则可以排除 $j = 0$. 当 $\chi = \chi_0^j$, $j \in \mathbb{N}_+$ 时, 考虑 (5.4.19), 直接求解 (5.4.24) 可得到非常数解

$$(\bar{u}_j, \bar{v}_j) := (Q_j, 1)\Phi_j, \quad Q_j := \frac{\rho(u_*, v_*) - d\lambda_j}{F^2(w_*)} > 0. \tag{5.4.25}$$

因此

$$\operatorname{Ker} \mathcal{L}(\chi_0^j) = \operatorname{span}\{\Psi_j\}, \quad \Psi_j = \begin{pmatrix} \bar{u}_j \\ \bar{v}_j \end{pmatrix} = \begin{pmatrix} Q_j \\ 1 \end{pmatrix} \Phi_j, \tag{5.4.26}$$

且当 $j \in \mathbb{N}_+$ 时, $\dim \operatorname{Ker}\mathcal{L}(\chi_0^j) = 1$.

$\mathcal{L}$ 的伴随算子为

$$\mathcal{L}^*(\chi_0^j) = \begin{pmatrix} \Delta - \beta F'(w_*)w_* & -F^2(w_*) \\ -\chi_0^j u_* \Delta + \beta F'(w_*) & d\Delta + \rho(u_*, v_*) \end{pmatrix}.$$

同理可得

$$\operatorname{Ker} \mathcal{L}^*(\chi_0^j) = \operatorname{span}\{\Psi_j^*\}, \quad \Psi_j^* = \begin{pmatrix} 1 \\ Q_j^* \end{pmatrix} \Phi_j,$$

其中, $Q_j^* := -\dfrac{\lambda_j + \beta F'(w_*)w_*}{F^2(w_*)} < 0.$

易知 $\mathcal{L}(\chi_0^j)$ 是从 Banach 空间 X 到 Banach 空间 Y 的有界线性算子, 且 $\mathcal{L}(\chi_0^j)$ 的像在 Y 中是闭的. 所以, 由

$$\text{codim Range}\,\mathcal{L}(\chi_0^j) = \dim(Y/\text{Range}\,\mathcal{L}(\chi_0^j)) = \dim\text{Ker}\,\mathcal{L}^*(\chi_0^j) = 1$$

即可得 (5.4.20). $\qquad\square$

引理 5.16　条件 (A3) 满足, 即当 $j \in \mathbb{N}_+$ 时

$$D_{\chi(u,v)}\mathcal{F}(u_*, v_*, \chi_0^j)\Psi_j \notin \text{Range}\,\mathcal{L}(\chi_0^j). \tag{5.4.27}$$

证明　直接计算可得

$$D_{\chi(u,v)}\mathcal{F}(u_*, v_*, \chi_0^j)\Psi_j = \begin{pmatrix} u_*\lambda_j\Phi_j \\ 0 \end{pmatrix}.$$

要证明 (5.4.27), 采用反证法. 假设 (5.4.27) 不成立, 则存在一对非平凡的 $(\hat{u}, \hat{v})$, 使得

$$\begin{cases} \Delta\hat{u} - \chi_0^j u_*\Delta\hat{v} - \beta F'(w_*)w_*\hat{u} + \beta F'(w_*)\hat{v} = u_*\lambda_j\Phi_j, & x \in \Omega, \\ d\Delta\hat{v} - F^2(w_*)\hat{u} + \rho(u_*, v_*)\hat{v} = 0, & x \in \Omega, \\ \partial_\nu\hat{u} = \partial_\nu\hat{v} = 0, & x \in \partial\Omega. \end{cases} \tag{5.4.28}$$

设

$$\hat{u} = \sum_{j=0}^{\infty} \hat{T}_j\Phi_j, \quad \hat{v} = \sum_{j=0}^{\infty} \hat{S}_j\Phi_j,$$

其中, $\hat{T}_j$ 和 $\hat{S}_j$ 均为常数. 将上式代入 (5.4.28), 可得

$$\sum_{j=0}^{\infty} \begin{pmatrix} -\lambda_j - \beta F'(w_*)w_* & \lambda_j\chi_0^j u_* + \beta F'(w_*) \\ -F^2(w_*) & -d\lambda_j + \rho(u_*, v_*) \end{pmatrix} \begin{pmatrix} \hat{T}_j \\ \hat{S}_j \end{pmatrix} = \begin{pmatrix} u_*\lambda_j \\ 0 \end{pmatrix}.$$

由 (5.4.18) 中 χ_0^j 的定义易知上述线性系统无解. 即完成了 (5.4.27) 的证明. $\qquad\square$

假设 $\mathcal{Z}$ 是 $\text{Ker}(D_{(u,v)}\mathcal{F}(u_*, v_*, \chi_0^j))$ 在 X 中的闭补. 不失一般性, 定义

$$\mathcal{Z} := \left\{ (u,v) \in X \,\bigg|\, \int_\Omega (u\bar{u}_j + v\bar{v}_j)\mathrm{d}x = 0 \right\}, \tag{5.4.29}$$

其中, $(\bar{u}_j, \bar{v}_j)$ 定义于 (5.4.25).

引理 5.17 (局部分支)　若假设 5.2 和定理 5.7 的条件以及 (5.3.11) 满足, 设 $\Omega = (0, \ell) \subset \mathbb{R}^1$, 如果

$$d\lambda_i\lambda_j \neq -\beta w_* v_* f'(v_*) F'(w_*), \quad i \neq j, \quad i, j \in \mathbb{N}_+, \tag{5.4.30}$$

则当 $j \in \mathbb{N}_+$ 时, 存在一个足够小的常数 $\delta > 0$, 使得系统 (5.4.1) 在 (u_*, v_*, χ_0^j) 附近的解是由连续曲线

$$\Gamma_j(\varepsilon) = \Big\{ \big(u_j(x, \varepsilon), v_j(x, \varepsilon), \chi_j(\varepsilon)\big) : \varepsilon \in (-\delta, \delta), x \in \Omega \Big\}$$

组成的, 其中

$$\begin{cases} (u_j(x, \varepsilon), v_j(x, \varepsilon)) = (u_*, v_*) + \varepsilon(Q_j, 1)\cos(\pi j x/\ell) + \varepsilon(\xi_j(x, \varepsilon), \zeta_j(x, \varepsilon)), \\ \chi_j(\varepsilon) = \chi_0^j + \varepsilon\chi_1 + \varepsilon^2\chi_2 + o(\varepsilon^2), \end{cases}$$

$$\tag{5.4.31}$$

这里, χ_1 和 χ_2 是常数, $(\xi_j(x, \varepsilon), \zeta_j(x, \varepsilon)) \in \mathcal{Z}$ 且 $(\xi_j(x, 0), \zeta_j(x, 0)) = (0, 0)$.

　　证明　由引理 5.15 和引理 5.16 可知, 当 $j \in \mathbb{N}_+$ 时, (u_*, v_*, χ_0^j) 处的局部分支产生且满足 (5.4.18). 此外, 借助 $L^2(\Omega)$ 中的特征展开式 (5.4.23), 可以给出 (u_j, v_j) 在 (5.4.31) 中的表达式. 而算子 $\mathcal{F}$ 的光滑性保证了 χ_j 可以展开为 ε 的 Taylor 级数. 引理得证. □

　　注 5.18　值得注意的是, 由 (5.4.3), (5.4.4) 和 (5.4.19) 可知, 条件 (5.4.30) 是满足的, 所以, 局部分支必定产生. 另外, 参数 $|\varepsilon| < \delta$ 足够小, 当 $Q_j > 0$ 且 $\ell > 0$ 有限时, 引理 5.17 关于非负解的局部存在性刻画了系统 (5.4.1) 的非负非常数解的局部分支结构.

　　注 5.19　条件 (5.4.30) 意味着 $\chi_0^i \neq \chi_0^j$ $(i \neq j)$, 从而 (u_*, v_*, χ_0^j) 是简单特征值的分支点.

　　注 5.20　由 χ_c 和 $\chi_0^{j_0}$ 的定义可知

$$\chi_0^{j_0} \leqslant \chi_c,$$

其中, "$=$" 成立当且仅当 $\lambda_j = \left(\dfrac{-\beta w_* v_* f'(v_*) F_z'(w_*)}{d} \right)^{\frac{1}{2}}$. 特别地, 在一维空间中, $j_0 = \left(-\dfrac{\beta w_* v_* f'(v_*) F_z'(w_*)}{d} \right)^{\frac{1}{4}} \dfrac{\ell}{\pi}$ 且是一个整数. 因此, 引理 5.7 (2) 的结果意味着当 $0 < \chi < \chi_0^{j_0}$ 时, (u_*, v_*) 是不稳定的.

5.4.2　全局分支

　　在 5.4.1 小节, 根据局部分支分析, 通过对 (u_*, v_*) 的小扰动, 我们建立了系统 (5.4.1) 的非负非常数解的局部分支结构. 本小节, 我们将应用全局分支定理来延拓局部分支曲线 $\Gamma_j(\varepsilon)$.

定理 5.21 (全局分支) 如果假设 5.2 和引理 5.7 中的条件 (5.3.11) 以及条件 (A3) 满足, 则对所有 $\chi \in (0, \chi_{\max}]$, 模型 (5.4.1) 至少存在一个非常数正解. 这里 $\chi_{\max} = \max\limits_{j \in \mathbb{N}_+} \{\chi_0^j\}$.

证明 类似于 [186, 246], 我们首先将模型 (5.4.1) 重写为可以更方便地应用全局分支理论的标准形式

$$\begin{cases} -\Delta u = -\chi \nabla u \nabla v + \dfrac{\chi u}{d} \left(v f(v) - F(v/u)u \right) + \beta u F(v/u) - \theta u, & x \in \Omega, \\ -\Delta v = \dfrac{1}{d} \left(v f(v) - F(v/u)u \right), & x \in \Omega, \\ \partial_{\mathbf{n}} u = \partial_{\mathbf{n}} v = 0, & x \in \partial\Omega. \end{cases} \tag{5.4.32}$$

设 $\tilde{u} = u - u_*$, $\tilde{v} = v - v_*$, 则系统 (5.4.32) 在 (u_*, v_*) 处可线性化为

$$\begin{cases} -\Delta \tilde{u} = -f_0 \tilde{u} + f_1 \tilde{v} + f_2(\tilde{u}, \tilde{v}), & x \in \Omega, \\ -\Delta \tilde{v} = -g_0 \tilde{u} + g_1 \tilde{v} + g_2(\tilde{u}, \tilde{v}), & x \in \Omega, \\ \partial_{\mathbf{n}} \tilde{u} = \partial_{\mathbf{n}} \tilde{v} = 0, & x \in \partial\Omega, \end{cases} \tag{5.4.33}$$

其中, f_2, g_2 分别是 $\tilde{u}$ 和 $\tilde{v}$ 的高阶项, 且

$$g_0 = \frac{F^2(w_*)}{d}, \quad g_1 = \frac{\rho(u_*, v_*)}{d}, \quad f_0 = \chi u_* g_0 + \beta F'(w_*) w_*, \quad f_1 = \chi u_* g_1 + \beta F'(w_*),$$

这里, $\rho(u_*, v_*)$ 由 (5.4.17) 所得. 显然, 模型 (5.4.1) 的平衡点 (u_*, v_*) 可转换为系统 (5.4.33) 的零解 $(0, 0)$.

设 $\mathcal{G}_\chi$ 和 $\mathcal{G}$ 分别定义了具有 Neumann 边界条件的算子 $f_0 - \Delta$ 和 $g_1 - \Delta$ 的逆. 记

$$\begin{cases} U = (\tilde{u}, \tilde{v}), \\ \mathcal{K}(\chi)U = \left(f_1 \mathcal{G}_\chi(\tilde{v}), -g_0 \mathcal{G}(\tilde{u}) + 2g_1 \mathcal{G}(\tilde{v}) \right), \\ \mathcal{W}(\chi, U) = \left(\mathcal{G}_\chi(f_2(\tilde{u}, \tilde{v})), \mathcal{G}(g_2(\tilde{u}, \tilde{v})) \right), \end{cases}$$

则边值问题 (5.4.33) 等价于

$$\begin{cases} U = \mathcal{K}(\chi)U + \mathcal{W}(\chi, U) =: \mathcal{T}(\chi, U), \\ \mathcal{K}(\chi) = \begin{pmatrix} 0 & f_1 \mathcal{G}_\chi \\ -g_0 \mathcal{G} & 2g_1 \mathcal{G} \end{pmatrix} \in X. \end{cases} \tag{5.4.34}$$

显然, 任给 $\chi > 0$, $\mathcal{K}(\chi)$ 是 X 上的紧线性算子, 并且当 U 一致趋近于 0, χ 在 $(0, \infty)$ 的闭子区间内时, $\mathcal{W}(\chi, U) = o(\|U\|)$ 也是 X 上的紧算子.

接下来, 如同 [186, 定理 4] 所示, 要应用全局分支定理的证明论点 (而不是直接使用结论), 首先需要两个准备工作: (1) $\chi = \chi_0^j$; (2) $\chi \neq \chi_0^j$ 但接近 χ_0^j 且 $0 < \chi \leqslant \chi_{\max}$.

(1) 由 (5.4.34) 的第一个等式可验证 1 是 $\mathcal{K}(\chi_0^j)$ 的特征值且是单根 (因此是奇的).

事实上, 由 (5.4.26) 可得, $\mathcal{L}(\chi_0^j)\Psi_j = 0 \Leftrightarrow (\mathcal{K}(\chi_0^j) - \mathcal{I})\Psi_j = 0$. 因此可知 1 是 $\mathcal{K}(\chi_0^j)$ 的特征值且唯一特征函数为 $\Psi_j = \begin{pmatrix} Q_j \\ 1 \end{pmatrix} \Phi_j$, 从而, $\mathrm{Ker}\,(\mathcal{K}(\chi_0^j) - \mathcal{I}) = \mathrm{Ker}\,\mathcal{L}(\chi_0^j) = \mathrm{span}\,\{\Psi_j\}$, $\dim \mathrm{Ker}\,(\mathcal{K}(\chi_0^j) - \mathcal{I}) = 1$.

接下来, 我们将证明特征值 1 是简单的. 根据定义 C.44 和 [72], 1 是 $\mathcal{K}(\chi_0^j)$ 的代数简单特征值当且仅当

$$\mathrm{Ker}\,(\mathcal{K}(\chi_0^j) - \mathcal{I}) \cap \mathrm{Range}(\mathcal{K}(\chi_0^j) - \mathcal{I}) = \{0\}. \tag{5.4.35}$$

用 $\mathcal{K}$ 表示 $\mathcal{K}(\chi_0^j)$. 设 $\mathcal{K}^*$ 是 $\mathcal{K}$ 的伴随算子. 下面计算 $\mathrm{Ker}\,(\mathcal{K}^* - \mathcal{I})$.

设 $(\varphi, \psi) \in \mathrm{Ker}\,(\mathcal{K}^* - \mathcal{I})$, 由 (5.4.34) 可得

$$\begin{cases} -g_0 \mathcal{G}(\psi) = \varphi, \\ f_1^j \mathcal{G}_\chi(\varphi) + 2g_1 \mathcal{G}(\psi) = \psi, \end{cases} \tag{5.4.36}$$

其中, $f_0^j = \chi_0^j u_* g_0 + \beta F'(w_*)w_*$, $f_1^j = \chi_0^j u_* g_1 + \beta F'(w_*)$. 根据 $\mathcal{G}_\chi$ 和 $\mathcal{G}$ 的定义, (5.4.36) 可重写为

$$\begin{cases} -\Delta \varphi = -g_1 \varphi - g_0 \psi, \\ -g_0 \Delta \psi = g_\varphi \varphi + g_\psi \psi, \end{cases} \tag{5.4.37}$$

其中

$$g_\varphi = g_0 f_1^j + 2g_1^2 - 2g_1 f_0^j, \quad g_\psi = g_0(2g_1 - f_0^j).$$

再设 $\varphi = \sum_{i=0}^\infty a_i \Phi_i$, $\psi = \sum_{i=0}^\infty b_i \Phi_i$, 由 (5.4.37) 可得

$$\sum_{i=0}^\infty \mathcal{L}_i^* \begin{pmatrix} a_i \\ b_i \end{pmatrix} \Phi_i = 0, \quad \mathcal{L}_i^* = \begin{pmatrix} -g_1 - \lambda_i & -g_0 \\ g_\varphi & g_\psi - g_0\lambda_i \end{pmatrix}.$$

直接计算可得

$$\det \mathcal{L}_i^* = \frac{F^2(w_*)(\lambda_i - \lambda_j)(d\lambda_i\lambda_j + \beta w_* v_* f'(v_*)F'(w_*))}{d^2\lambda_j}.$$

因此, 由 (5.4.30) 或注 5.20 可知, $\det \mathcal{L}_i^* = 0$ 当且仅当 $i = j$, 且

$$\mathrm{Ker}\,(\mathcal{K}^* - \mathcal{I}) = \mathrm{span}\,\{\Psi_j'\}, \quad \Psi_j' = \begin{pmatrix} -g_0 \\ g_1 + \lambda_j \end{pmatrix} \Phi_j.$$

此外, 易证 $\int_0^l \Psi_j \Psi_j' \mathrm{d}x = 2\lambda_j$, 从而

$$\Psi_j \notin (\mathrm{Ker}\,(\mathcal{K}^* - \mathcal{I}))^\perp = \mathrm{Range}\,(\mathcal{K} - \mathcal{I}),$$

于是, $\mathrm{Ker}\,(\mathcal{K} - \mathcal{I}) \cap \mathrm{Range}\,(\mathcal{K} - \mathcal{I}) = \{0\}$. 所以, 特征值 1 的代数重数是 1.

此外, 易证 1 是 $\mathcal{K}(\chi)$ 的特征值当且仅当 $\chi = \chi_0^j$. 因为任何紧致算子的谱都是离散的, 如果 $0 < \chi \neq \chi_0^j$, 我们可以在 χ_0^j 的小邻域中取 χ, 从而 $\mathrm{Ker}(\mathcal{I} - \mathcal{K}(\chi))$ 只包含 0 元素, 即 1 不是 $\mathcal{K}(\chi)$ 的特征值. 所以, 线性紧算子 $\mathcal{I} - \mathcal{K}(\chi) : X \to X$ 是 $\mathcal{K}(\chi)$ 的双射也是紧算子.

另一方面, 如果 0 是 χ 固定时 (5.4.34) 的孤解, 则 $\mathcal{I} - \mathcal{T}(\chi, U)$ 的孤立的 0 不动点可表示为

$$\mathrm{index}\,(\mathcal{I} - \mathcal{T}(\chi, U), (\chi, 0)) = \deg\,(\mathcal{I} - \mathcal{K}(\chi), \mathbf{B}, 0) = (-1)^\gamma, \tag{5.4.38}$$

其中, $\mathbf{B}$ 是以 0 为中心的充分小的球 (这表明 $0 \notin \partial \mathbf{B}$, 从而 Leray-Schauder 度有定义), 且 γ 是特征值 $\mathcal{K}(\chi)$ 的代数重数总和远大于 1 (参看 [72]).

(2) 基于 (5.4.38), 我们将得到当 χ 通过 χ_0^j 时指标的变化, 即当 $\epsilon > 0$ 足够小时,

$$\mathrm{index}\,(\mathcal{I} - \mathcal{T}(\chi_0^j - \epsilon), (\chi_0^j - \epsilon, 0)) \neq \mathrm{index}\,(\mathcal{I} - \mathcal{T}(\chi_0^j + \epsilon), (\chi_0^j + \epsilon, 0)). \tag{5.4.39}$$

如果是这样的话, 这就与 Leray-Schauder 度的紧同伦不变性相矛盾. 因此, 0 不是上述固定 χ 时系统 (5.4.34) 的孤解, 因此在 0 所属的连通分量中至少存在 (5.4.34) 的一个非常数解. 这与 χ_0^j 在局部分支中的结论相符.

事实上, 如果 τ 是 $\mathcal{K}(\chi)$ 的特征值, 特征函数为 (φ, ψ), 则

$$\begin{cases} -\tau \varphi'' = -\tau f_0 \varphi + f_1 \psi, \\ -\tau \psi'' = -g_0 \varphi + g_1 (2 - \tau) \psi. \end{cases}$$

应用 Fourier 余弦级数 $\varphi = \sum\limits_{i=0}^\infty a_i \Phi_j$, $\psi = \sum\limits_{i=0}^\infty b_i \Phi_j$, 可得

$$\sum_{i=0}^\infty \begin{pmatrix} -\tau(f_0 + \lambda_i) & f_1 \\ -g_0 & g_1(2 - \tau) - \tau\lambda_i \end{pmatrix} \begin{pmatrix} a_i \\ b_i \end{pmatrix} \Phi_i = 0.$$

因此, $\mathcal{K}(\chi)$ 的特征值集合由下述特征方程的所有解 τ 组成

$$(f_0 + \lambda_i)(g_1 + \lambda_i)\tau^2 - 2g_1(f_0 + \lambda_i)\tau + f_1 g_0 = 0, \quad i = 0, 1, 2, \cdots. \tag{5.4.40}$$

取 $\chi = \chi_0^j$, 如果 $\tau = 1$ 是 (5.4.40) 的一个根, 简单计算可得 $\chi_0^i = \chi_0^j$, 因此由假设可知 $i = j$ (参看注 5.19). 进一步, 由 (5.4.40) 可知, 如果 1 是 $\mathcal{K}(\chi)$ 的特征值, 则 $\chi = \chi_0^j$.

所以, 不计算 (5.4.40) 中对应于 $i = j$ 的特征值, 利用 Leray-Schauder 度的紧同伦不变性可知, $\mathcal{K}(\chi)$ 的特征值个数与 χ 趋近于 χ_0^j 时具有相同的重数且 > 1.

另一方面, 当 $i = j$ 时, (5.4.40) 可重写为

$$(\tau-1)\left(\beta w_* v_* f'(v_*)F'(w_*)+\rho(u_*,v_*)\lambda_j\right)\left(d\tau\lambda_j+d\lambda_j+\rho(u_*,v_*)\tau-\rho(u_*,v_*)\right)=0,$$

且存在两个根

$$\tau_1(\chi_0^j) = 1, \quad \tau_2(\chi_0^j) = \frac{\rho(u_*,v_*) - d\lambda_j}{\rho(u_*,v_*) + d\lambda_j} < 1.$$

当 χ 趋近 χ_0^j 时, $\tau_2(\chi) < 1$. 所以, 当 χ 通过 χ_0^j 时, $\tau_1(\chi)$ 关于参数 χ 的变化起着关键作用.

对 (5.4.40) 关于 χ 求导, 可得

$$\frac{d\tau_1(\chi)}{d\chi} = -\frac{u_* g_0((g_1+\lambda_i)\tau_1^2 - 2g_1\tau_1 + g_1)}{2(f_0+\lambda_i)((g_1+\lambda_i)\tau_1 - g_1)} = -\frac{u_* g_0(g_1(f_0+\lambda_i) - f_1 g_0)}{2(f_0+\lambda_i)^2((g_1+\lambda_i)\tau_1 - g_1)}.$$

其符号由

$$g_1(f_0+\lambda_i) - f_1 g_0 = g_1(\chi u_* g_0 + \beta F'(w_*)w_*) - g_0(\chi u_* g_1 + \beta F'(w_*)) + g_1\lambda_i$$

$$= \frac{\beta F'(w_*)w_*}{d}\left(\rho(u_*,v_*) - \frac{F^2(w_*)}{w_*}\right) + \frac{\rho(u_*,v_*)\lambda_i}{d}$$

$$= \frac{\lambda_i}{d}\left(\rho(u_*,v_*) + \beta w_* v_* F'(w_*)f'(v_*)\lambda_j^{-1}\right) > 0$$

决定. 所以 $\tau_1(\chi)$ 是 χ 的单调递减函数, 从而

$$\tau_1(\chi_0^j + \epsilon) < 1, \quad \tau_1(\chi_0^j - \epsilon) > 1.$$

故 $\mathcal{K}(\chi_0^j - \epsilon)$ 只比 $\mathcal{K}(\chi_0^j + \epsilon)$ 多一个特征值 (且大于 1). 通过上面类似的论证, 我们可以证明这个特征值具有代数重数 1. 这就证明了 (5.4.39).

设

$$\mathbf{S} = \left\{(u,v,\chi) \in X \times \mathbb{R}^+ : \mathcal{F}(u,v,\chi) = 0, (u,v) \not\equiv (u_*,v_*), u,v \geqslant 0\right\} \quad (5.4.41)$$

是 (5.4.1) 的解集. 由 (5.4.31) 可知, 对于小的 $|\varepsilon|$, 对每个 j, 存在 $\Gamma_j \in \mathbf{S}$, 满足 $\chi_0^j > 0$, 因此集合 $\mathbf{S}$ 非空.

此外, 引理 5.13 表明, (u,v) 是有界的且界与 χ 无关. 当 $0 < \chi \leqslant \chi_{\max}$ 时, $\mathcal{S}$ 在 $X \times \mathbb{R}^+$ 上是有界的, 将该有界区域表示为 $\mathbf{M} \subset X \times \mathbb{R}_+$.

设 $\mathbf{C}$ 是 $\mathbf{S}$ 的闭包 $\bar{\mathbf{S}}$ 的包含 (u_*, v_*, χ_0^j) 的最大连通子集. 对于这个 j, 基于 (1) 和 (2), 应用全局分支定理, 可知 $\mathbf{C}$ 满足下述两条性质之一:

(B1) $\mathbf{C}$ 趋于 $\partial\mathbf{M}$;

(B2) 对于某些 $k \neq j$, $\mathbf{C}$ 包含另一个 (u_*, v_*, χ_0^k), 且 $\chi_0^k > 0$.

下面, 与 [186, 定理 4] 相同, 我们将通过一个反射和周期扩展的反证法证明 (B1) 成立. 事实上, 如果 (B2) 成立, 则可假设对于一些 $i > k$, $\mathcal{C}$ 满足分支点 (u_*, v_*, χ_0^k) 而不是 (u_*, v_*, χ_0^i). 考虑

$$\begin{cases} -\partial_{xx}u(x) = -\chi(\partial_x u(x)\partial_x v(x) \\ \qquad\qquad + u(x)\partial_{xx}v(x)) + \beta u(x)F(v(x)/u(x)) - \theta u(x), & x \in (0, \ell/k), \\ -d\partial_{xx}v(x) = -F(v(x)/u(x))u(x) + v(x)f(v(x)), & x \in (0, \ell/k), \\ \partial_x u(x) = \partial_x v(x) = 0, & x = 0, \ell/k. \end{cases}$$

$$(5.4.42)$$

如果 $U(x) := (u(x), v(x))$, 求解 (5.4.42), 可以通过反射和周期扩展方法构造 (5.4.1) 的一个解, 记为 $x_n = n\ell/k, n = 0, 1, 2, \cdots, k$, 则

$$\tilde{U} = \begin{cases} U(x - x_{2n}), & x_{2n} \leqslant x \leqslant x_{2n+1}, \\ U(x_{2n+2} - x), & x_{2n+1} \leqslant x \leqslant x_{2n+2}. \end{cases} \qquad (5.4.43)$$

由引理 5.17 可知, 这个算子不改变 (5.4.1) 的解的分支结构, 则 (u_*, v_*, χ_0^k) 也是系统 (5.4.42) 的分支点. 我们用 $\mathbf{C}_k$ 表示这个新问题的分支 $\mathbf{C} \cup (u_*, v_*, \chi_0^k)$.

对于这个新问题, 易证 $\mathbf{C}_k$ 趋于 $\partial\mathbf{M}$ 或对某些 $k' > k$, 趋于 $(u_*, v_*, \chi_0^{k'})$ (如果 $k' < k$, 则应用上述方法, 经过有限步, 即可得到 (B1), 因为当 $k' < k$ 时, $(u_*, v_*, \chi_0^{k'})$ 的分支点的数是有限的). 如果后者成立, 根据上述讨论, 可以通过反射和周期扩张来构造一个新的系统, 它包含 $\mathbf{C}_k$ 作为其分支之一. 但是, 这与 $\mathbf{C}_k$ 对任意 $i > k$ 不满足 (u_*, v_*, χ_0^i) 相矛盾. 所以, 系统 (5.4.42) 只有 (B1) 成立.

对于系统 (5.4.1), $\mathbf{C}$ 最多满足有限个分支点, 例如 (B2) 中的 (u_*, v_*, χ_0^k), 但在这之后, 包含 $\mathbf{C} \cup (u_*, v_*, \chi_0^k)$ 的连通分量满足 $\partial\mathbf{M}$. 特别地, 分支 $\mathbf{C}_k$ 在 χ-轴上的投影包含 $(0, \chi_{\max}]$.

根据 $\mathbf{S}$ 的定义 (5.4.41), 这个分支是 (5.4.1) 的非负非常数解. 再由引理 5.13 中的先验估计可知, (5.4.1) 的任意非负解都是正的. 所以, (5.4.1) 的这种非负非常数解都是正的. 由此, 定理得证. $\qquad\square$

5.5 非常数正解的稳定性判据

注意到系统 (5.4.1) 所有正解都是从平衡点 (u_*, v_*, χ_0^j) 分支而成, 并且局部

可以用 $(u_j(x,\varepsilon), u_j(x,\varepsilon), \chi_j(\varepsilon))$ 表示, 这里 $|\varepsilon| < \delta$ 足够小 (参见引理 5.17) 且

$$\chi_j(\varepsilon) = \chi_0^j + \varepsilon\chi_1 + \varepsilon^2\chi_2 + o(\varepsilon^2).$$

本节, 我们将基于局部分支定理, 研究在一维空间 $\Omega = (0,\ell)$ 当 $\chi = \chi_0^j$ 时, 模型 (5.1.6) 从 (u_*, v_*) 处分支出的空间非常数解 $(u_j(x,\varepsilon), v_j(x,\varepsilon))$ 的稳定性. 因此需要对系统 (5.1.6) 进行谱分析.

因为 $\mathcal{F}$ 是 C^4-光滑的, 根据局部分支定理可知, $(u_j(x,\varepsilon), v_j(x,\varepsilon), \chi_j(\varepsilon))$ 关于 ε 是 C^3-光滑函数, 于是可得

$$\begin{cases} u_j(x,\varepsilon) = u_* + \varepsilon Q_j\Phi_j(x) + \varepsilon^2\varphi_1(x) + \varepsilon^3\varphi_2(x) + o(\varepsilon^3), \\ v_j(x,\varepsilon) = v_* + \varepsilon\Phi_j(x) + \varepsilon^2\psi_1(x) + \varepsilon^3\psi_2(x) + o(\varepsilon^3), \\ \chi_j(\varepsilon) = \chi_0^j + \varepsilon\chi_1 + \varepsilon^2\chi_2 + o(\varepsilon^2), \end{cases} \tag{5.5.1}$$

其中, $(\varphi_i, \psi_i) \in \mathcal{Z}$ 关于 $i = 1,2$ 和 χ_1, χ_2 是常数, $u_j(x,\varepsilon)$ 中的 $o(\varepsilon^3)$ 和 $u_j(x,\varepsilon)$ 是 H^2-范数可测的.

在讨论这种分支解的稳定性之前, 我们首先确定 $\chi_j(\varepsilon)$ 展开式中的系数.

将 (5.5.1) 代入系统 (5.4.1), 并将右边在 (u_*, v_*) 处线性化使其与 ε^2-项相等, 可得

$$\begin{cases} \Delta\varphi_1 - \chi_0^j u_*\Delta\psi_1 - \beta F'(w_*)w_*\varphi_1 + \beta F'(w_*)\psi_1 = F_1, & x \in \Omega, \\ d\Delta\psi_1 - F^2(w_*)\varphi_1 + \rho(u_*,v_*)\psi_1 = F_2, & x \in \Omega, \\ \partial_\nu\varphi_1 = \partial_\nu\psi_1 = 0, & x \in \partial\Omega, \end{cases} \tag{5.5.2}$$

其中

$$\begin{aligned} F_1 &= Q_j\chi_0^j\nabla(\Phi_j\nabla\Phi_j) + \chi_1 u_*\Delta\Phi_j - \frac{\beta F''(w_*)(w_*Q_j - 1)^2}{2u_*}\Phi_j^2 \\ &=: Q_j\chi_0^j\nabla(\Phi_j\nabla\Phi_j) + \chi_1 u_c\Delta\Phi_j - F_{10}\Phi_j^2, \\ F_2 &= \frac{1}{2u_*}\Big(F''(w_*)w_*Q_j(w_*Q_j - 2) - (f''(v_*)w_*u_*^2 + 2f'(v_*)u_* - F''(w_*))\Big)\Phi_j^2 \\ &=: F_{20}\Phi_j^2. \end{aligned}$$

用 Φ_j 乘以 (5.5.2) 的第二个方程, 在 Ω 上积分, 并应用 (5.4.2), (5.4.29) 和 $\int_\Omega \Phi_j^3 \mathrm{d}x = 0$ $(j > 0)$, 可得

$$-F^2(w_*)\int_\Omega \varphi_1\Phi_j\mathrm{d}x + (-d\lambda_j + \rho)\int_\Omega \psi_1\Phi_j\mathrm{d}x = 0. \tag{5.5.3}$$

由定义于 (5.4.29) 的 $(\varphi_1, \psi_1) \in \mathscr{Z}$ 可知 $\int_\Omega (\varphi_1 \bar{u}_j + \psi_1 \bar{v}_j) \mathrm{d}x = 0$, 即

$$(d\lambda_j - \rho) \int_\Omega \varphi_1 \Phi_j \mathrm{d}x - F^2(w_c) \int_\Omega \psi_1 \Phi_j \mathrm{d}x = 0. \tag{5.5.4}$$

由 (5.5.3) 和 (5.5.4) 可得

$$M \begin{pmatrix} \int_\Omega \varphi_1 \Phi_j \mathrm{d}x \\ \int_\Omega \psi_1 \Phi_j \mathrm{d}x \end{pmatrix} = \begin{pmatrix} 0 \\ 0 \end{pmatrix}, \tag{5.5.5}$$

其中

$$M := \begin{pmatrix} -F^2(w_*) & -d\lambda_j + \rho(u_*, v_*) \\ d\lambda_j - \rho(u_*, v_*) & -F^2(w_*) \end{pmatrix}. \tag{5.5.6}$$

显然

$$\det(M) = F^4(w_*) + (d\lambda_j - \rho(u_*, v_*))^2 \neq 0.$$

于是

$$\int_\Omega \varphi_1 \Phi_j \mathrm{d}x = \int_\Omega \psi_1 \Phi_j \mathrm{d}x = 0. \tag{5.5.7}$$

用 Φ_j 乘以 (5.5.2) 的第一个方程, 在 Ω 上积分, 可得

$$(-\lambda_j - \beta F'(w_*)w_*) \int_\Omega \varphi_1 \Phi_j \mathrm{d}x + (\lambda_j \chi_0^j u_* + \beta F'(w_*)) \int_\Omega \psi_1 \Phi_j \mathrm{d}x$$
$$= \int_\Omega \left(Q_j \chi_0^j \nabla(\Phi_j \nabla \Phi_j) + \chi_1 u_* \Delta \Phi_j \right) \Phi_j \mathrm{d}x = -\chi_1 u_* \lambda_j \int_\Omega \Phi_j^2 \mathrm{d}x. \tag{5.5.8}$$

由 (5.5.7) 可知 $\chi_1 = 0$.

综上所述, 即可得下述引理.

引理 5.22 如果对任意正整数 $i \neq j$, $\chi_0^i \neq \chi_0^j$, 则 $\chi_1 = 0$, 且当 $\chi_2 \neq 0$ 时, 系统 (5.4.1) 在 (u_*, v_*, χ_0^j) 处的局部分支曲线 $\Gamma_j(\varepsilon)$ 是叉型分支 (pitchfork bifurcation).

接下来计算 χ_2 的符号, 以确定 $\Gamma_j(s)$ 在 (u_*, v_*, χ_0^j) 处的转向和稳定性. 为此需要研究系统 (5.4.1) 中的 ε^3-项.

因为 $\chi_1 = 0$, 易知系统 (5.4.1) 中的 ε^3-项可导出下述问题

$$\begin{cases} \Delta\varphi_2 - \chi_0^j u_* \Delta\psi_2 - \beta F'(w_*)w_*\varphi_2 + \beta F'(w_*)\psi_2 =: F_3, & x \in \Omega, \\ d\Delta\psi_2 - F^2(w_*)\varphi_2 + \rho(u_*, v_*)\psi_2 =: F_4, & x \in \Omega, \\ \partial_\nu \varphi_2 = \partial_\nu \psi_2 = 0, & x \in \partial\Omega, \end{cases} \tag{5.5.9}$$

其中

$$
\begin{aligned}
F_3 = {} & Q_j \chi_0^j \nabla(\Phi_j \nabla \psi_1) + \chi_0^j \nabla(\varphi_1 \nabla \Phi_j) + \chi_2 u_c \Delta \Phi_j - \frac{\beta F''(w_*) w_*(w_* Q_j - 1)}{u_*} \varphi_1 \Phi_j \\
& + \frac{\beta F''(w_*)(w_* Q_j - 1)}{u_*} \psi_1 \Phi_j \\
& + \frac{\beta(w_* Q_j - 1)^2 (F'''(w_*) w_* Q_j - F'''(w_*) + 3 F''(w_*) Q_j)}{6 u_*^2} \Phi_j^3 \\
:= {} & Q_j \chi_0^j \nabla(\Phi_j \nabla \psi_1) + \chi_0^j \nabla(\varphi_1 \nabla \Phi_j) + \chi_2 u_* \Delta \Phi_j - F_{31} \varphi_1 \Phi_j + F_{32} \psi_1 \Phi_j + F_{33} \Phi_j^3,
\end{aligned}
$$

$$
\begin{aligned}
F_4 = {} & \frac{F''(w_*) w_*(w_* Q_j - 1)}{u_*} \varphi_1 \Phi_j - \frac{F''(w_*)(w_* Q_j - 1) + u_*(2 f'(v_*) + f''(v_*) v_*)}{u_*} \psi_1 \Phi_j \\
& - \frac{1}{6 u_*^2} \Big((w_* Q_j - 1)^2 \big(F'''(w_*)(w_* Q_j - 1) \\
& + 3 F''(w_*) Q_j \big) + u_*^2 \big(f'''(v_*) v_* + 3 f''(v_*) \big) \Big) \Phi_j^3 \\
:= {} & F_{41} \varphi_1 \Phi_j - F_{42} \psi_1 \Phi_j - \frac{F_{43}}{6} \Phi_j^3.
\end{aligned}
$$

在 $\Omega = (0, \ell)$ 上对系统 (5.5.2) 积分, 可得

$$
J \begin{pmatrix} \displaystyle\int_\Omega \varphi_1 \mathrm{d}x \\ \displaystyle\int_\Omega \psi_1 \mathrm{d}x \end{pmatrix} = \begin{pmatrix} -F_{10} \\ F_{20} \end{pmatrix}, \tag{5.5.10}
$$

其中 $J = \begin{pmatrix} -\beta F'(w_*) w_* & \beta F'(w_*) \\ -F^2(w_*) & \rho(u_*, v_*) \end{pmatrix}$. 求解 (5.5.10) 可得

$$
\int_\Omega \varphi_1 \mathrm{d}x = D_1, \quad \int_\Omega \psi_1 \mathrm{d}x = D_2, \tag{5.5.11}
$$

其中

$$
D_1 = \frac{\rho(u_*, v_*) F_{10} + \beta F'(w_*) F_{20}}{-\det(J)},
$$

$$
D_2 = \frac{(F'(w_*) w_* - F(w_*)) F_{10} - \beta F'(w_*) w_* F_{20}}{\det(J)}.
$$

用 $\Phi_j(2x)$ 乘以 (5.5.2) 并在 Ω 上分部积分, 可得

$$
\Pi \begin{pmatrix} \displaystyle\int_\Omega \varphi_1 \Phi_j(2x) \mathrm{d}x \\ \displaystyle\int_\Omega \psi_1 \Phi_j(2x) \mathrm{d}x \end{pmatrix} = \left(\sqrt{\frac{2}{\ell}} \right)^3 \begin{pmatrix} -\dfrac{\ell}{4} F_{10} - \dfrac{j^2 \pi^2}{2\ell} Q_j \chi_0^j \\ \dfrac{\ell}{4} F_{20} \end{pmatrix}, \tag{5.5.12}
$$

其中 $\Pi = \begin{pmatrix} -4\lambda_j - \beta F'(w_*)w_* & 4\lambda_j\chi_0^j u_* + \beta F'(w_*) \\ -F^2(w_*) & -4d\lambda_j + \rho \end{pmatrix}$. 因为对于任意 $i \neq j$,

$\chi_0^i \neq \chi_0^j$, 则 $\det(\Pi) \neq 0$. 求解 (5.5.12) 可得

$$\int_\Omega \varphi_1 \Phi_j(2x)\mathrm{d}x = E_1, \quad \int_\Omega \psi_1 \Phi_j(2x)\mathrm{d}x = E_2, \tag{5.5.13}$$

其中

$$E_1 = -\left(\sqrt{\frac{2}{\ell}}\right)^3$$

$$\cdot \frac{\ell^2 F_{10}(-4d\lambda_j+\rho)+\ell^2 F_{20}(4\lambda_j\chi_0^j u_* + \beta F'(w_*)) + 2\pi^2 j^2 Q_j\chi_0^j(-4d\lambda_j + \rho)}{4\ell\det(\Pi)},$$

$$E_2 = -\left(\sqrt{\frac{2}{\ell}}\right)^3 \frac{F^2(w_*)\ell^2 F_{10} + \ell^2 F_{20}(4\lambda_j + \beta F'(w_*)w_*) + 2\pi^2 j^2 Q_j\chi_0^j F^2(w_*)}{4\ell\det(\Pi)}.$$

用 $\Phi_j(x)$ 乘以 (5.5.9) 并在 $\Omega = (0,\ell)$ 上积分, 可得

$$-F^2(w_*)\int_\Omega \varphi_2\Phi_j(x)\mathrm{d}x + (-d\lambda_j + \rho)\int_\Omega \psi_2\Phi_j(x)\mathrm{d}x = A_0, \tag{5.5.14}$$

其中

$$\begin{aligned} A_0 &= F_{41}\int_\Omega \varphi_1\Phi_j^2(x)\mathrm{d}x - F_{42}\int_\Omega \psi_1\Phi_j^2(x)\mathrm{d}x - \frac{F_{43}}{6}\int_\Omega \Phi_j^4(x)\mathrm{d}x \\ &= \frac{F_{41}}{\sqrt{2\ell}}\int_\Omega \varphi_1\Phi_j(2x)\mathrm{d}x - \frac{F_{42}}{\sqrt{2\ell}}\int_\Omega \psi_1\Phi_j(2x)\mathrm{d}x \\ &\quad + \frac{F_{41}}{\ell}\int_\Omega \varphi_1\mathrm{d}x - \frac{F_{42}}{\ell}\int_\Omega \psi_1\mathrm{d}x - \frac{F_{43}}{4\ell} \\ &= \frac{F_{41}}{\sqrt{2\ell}}E_1 - \frac{F_{42}}{\sqrt{2\ell}}E_2 + \frac{F_{41}}{\ell}D_1 - \frac{F_{42}}{\ell}D_2 - \frac{F_{43}}{4\ell} := A^*. \end{aligned}$$

由 (5.4.29) 可知 $(\varphi_2, \psi_2) \in \mathcal{Z}$, 所以

$$(d\lambda_j - \rho)\int_\Omega \varphi_2\Phi_j(x)\mathrm{d}x - F^2(w_*)\int_\Omega \psi_2\Phi_j(x)\mathrm{d}x = 0. \tag{5.5.15}$$

于是, 由 (5.5.14) 和 (5.5.15) 可得

$$M\begin{pmatrix} \displaystyle\int_\Omega \varphi_2\Phi_j(x)\mathrm{d}x \\ \displaystyle\int_\Omega \psi_2\Phi_j(x)\mathrm{d}x \end{pmatrix} = \begin{pmatrix} A^* \\ 0 \end{pmatrix}, \tag{5.5.16}$$

其中 M 定义于 (5.5.6). 求解 (5.5.16) 得到

$$\int_\Omega \varphi_2 \Phi_j(x)\mathrm{d}x = B_1, \quad \int_\Omega \psi_2 \Phi_j(x)\mathrm{d}x = B_2, \tag{5.5.17}$$

其中

$$B_1 = -\frac{A^* F^2(w_*)}{\det(M)}, \quad B_2 = -\frac{A^*}{\det(M)}(d\lambda_j - \rho).$$

用 $\Phi_j(x)$ 乘以 (5.5.9) 的第一个方程, 并在 Ω 上积分, 可得

$$(-\lambda_j - \beta F'(w_*)w_*)\int_\Omega \varphi_2 \Phi_j(x)\mathrm{d}x + (\lambda_j \chi_0^j u_* + \beta F'(w_*))\int_\Omega \psi_2 \Phi_j(x)\mathrm{d}x$$

$$= Q_j \chi_0^j \int_\Omega \nabla(\Phi_j \nabla \psi_1)\Phi_j(x)\mathrm{d}x + \chi_0^j \int_\Omega \nabla(\varphi_1 \nabla \Phi_j)\Phi_j(x)\mathrm{d}x$$

$$- \chi_2 \lambda_j u_c \int_\Omega \Phi_j^2(x)\mathrm{d}x - \frac{F_{31}}{\ell}\int_\Omega \varphi_1 \mathrm{d}x - \frac{F_{31}}{\sqrt{2\ell}}\int_\Omega \varphi_1 \Phi_j(2x)\mathrm{d}x$$

$$+ \frac{F_{32}}{\ell}\int_\Omega \psi_1 \mathrm{d}x + \frac{F_{32}}{\sqrt{2\ell}}\int_\Omega \psi_1 \Phi_j(2x)\mathrm{d}x + \frac{3}{2\ell}F_{33}. \tag{5.5.18}$$

由于

$$\int_\Omega \nabla(\Phi_j(x)\nabla \psi_1)\Phi_j(x)\mathrm{d}x = \int_\Omega \psi_1(\Phi_j'^2(x) + \Phi_j \Phi_j''(x))$$

$$= -\lambda_j \sqrt{\frac{2}{\ell}}\int_\Omega \psi_1 \Phi_j(2x)\mathrm{d}x$$

$$= -\lambda_j \sqrt{\frac{2}{\ell}}E_2$$

且

$$\int_\Omega \nabla(\varphi_1 \nabla \Phi_j)\Phi_j(x)\mathrm{d}x = -\int_\Omega \varphi_1 \Phi_j'^2(x)\mathrm{d}x$$

$$= \frac{\lambda_j}{\ell}\int_\Omega \varphi_1\left(\sqrt{\frac{\ell}{2}}\Phi_j(2x) - 1\right)\mathrm{d}x$$

$$= \frac{\lambda_j}{\ell}\left(\sqrt{\frac{\ell}{2}}E_1 - D_1\right),$$

则

$$\lambda_j u_* \chi_2 = (\lambda_j + \beta F'(w_*)w_*)\int_\Omega \varphi_2 \Phi_j(x)\mathrm{d}x - (\lambda_j \chi_0^j u_* + \beta F'(w_*))\int_\Omega \psi_2 \Phi_j(x)\mathrm{d}x$$

$$- \lambda_j \sqrt{\frac{2}{\ell}}Q_j \chi_0^j \int_\Omega \psi_1 \Phi_j(2x)\mathrm{d}x + \frac{\lambda_j \chi_0^j}{\sqrt{2\ell}}\int_\Omega \varphi_1 \Phi_j(2x)\mathrm{d}x - \frac{\lambda_j \chi_0^j}{\ell}\int_\Omega \varphi_1 \mathrm{d}x$$

$$- \frac{F_{31}}{\ell} \int_\Omega \varphi_1 \mathrm{d}x - \frac{F_{31}}{\sqrt{2\ell}} \int_\Omega \varphi_1 \Phi_j(2x) \mathrm{d}x + \frac{F_{32}}{\ell} \int_\Omega \psi_1 \mathrm{d}x$$

$$+ \frac{F_{32}}{\sqrt{2\ell}} \int_\Omega \psi_1 \Phi_j(2x) \mathrm{d}x + \frac{3}{2\ell} F_{33}$$

$$= (\lambda_j + \beta F'(w_*)w_*) \int_\Omega \varphi_2 \Phi_j(x) \mathrm{d}x - (\lambda_j \chi_0^j u_* + \beta F'(w_*)) \int_\Omega \psi_2 \Phi_j(x) \mathrm{d}x$$

$$+ \left(\frac{F_{32}}{\sqrt{2\ell}} - \lambda_j \sqrt{\frac{2}{\ell}} Q_j \chi_0^j \right) \int_\Omega \psi_1 \Phi_j(2x) \mathrm{d}x + \left(\frac{\lambda_j \chi_0^j}{\sqrt{2\ell}} - \frac{F_{31}}{\sqrt{2\ell}} \right) \int_\Omega \varphi_1 \Phi_j(2x) \mathrm{d}x$$

$$- \left(\frac{\lambda_j \chi_0^j}{\ell} + \frac{F_{31}}{\ell} \right) \int_\Omega \varphi_1 \mathrm{d}x + \frac{F_{32}}{\ell} \int_\Omega \psi_1 \mathrm{d}x + \frac{3}{2\ell} F_{33}$$

$$= (\lambda_j + \beta F'(w_*)w_*) B_1 - (\lambda_j \chi_0^j u_* + \beta F'(w_*)) B_2 + \left(\frac{\lambda_j \chi_0^j}{\sqrt{2\ell}} - \frac{F_{31}}{\sqrt{2\ell}} \right) E_1$$

$$+ \left(\frac{F_{32}}{\sqrt{2\ell}} - \lambda_j \sqrt{\frac{2}{\ell}} Q_j \chi_0^j \right) E_2 - \left(\frac{\lambda_j \chi_0^j}{\ell} + \frac{F_{31}}{\ell} \right) D_1 + \frac{F_{32}}{\ell} D_2 + \frac{3}{2\ell} F_{33},$$

$$(5.5.19)$$

其中

$$B_1 = \int_\Omega \varphi_2 \Phi_j(x) \mathrm{d}x, \quad B_2 = \int_\Omega \psi_2 \Phi_j(x) \mathrm{d}x.$$

引理 5.23 模型 (5.4.1) 在 (u_*, v_*, χ_0^j) 处的分支曲线 $\Gamma_j(\varepsilon)$, 当 $\chi_2 > 0$ 时向右转, 当 $\chi_2 < 0$ 时向左转.

接下来给出系统 (5.4.1) 的分支曲线 $\Gamma_j(s)$ 在 (u_*, v_*, χ_0^j) 处的稳定性.

定理 5.24 (稳定性判据) 假设引理 5.7 (2), (5.3.11) 以及条件 (A3) 满足, 则

(1) 如果 $\varepsilon \in (-\delta, \delta)$, $\varepsilon \neq 0$, 系统 (5.4.1) 的解 $(u_{j_0}(\varepsilon, x), v_{j_0}(\varepsilon, x))$ 当 $\chi_2 < 0$ 时是渐近稳定的, 当 $\chi_2 > 0$ 时不稳定;

(2) 对每个 $j \in \mathbb{N}_+ \setminus \{j_0\}$, 当 $\varepsilon \in (-\delta, \delta)$ 时, 分支解 $(u_j(\varepsilon, x), v_j(\varepsilon, x))$ 不稳定.

证明 为了研究 $(u_j(\varepsilon, x), v_j(\varepsilon, x), \chi_j(\varepsilon))$ 在 (u_*, v_*, χ_0^j) 附近的稳定性, 我们将系统 (5.4.1) 围绕这个分支解线性化. 根据线性稳定性原理, 需要证明以下椭圆问题的每个特征值 σ 具有负实部

$$D_{(u,v)} \mathcal{F} \Big(u_j(\varepsilon, x), v_j(\varepsilon, x), \chi_j(\varepsilon) \Big)(u, v) = \sigma \cdot (u, v), \quad (u, v) \in X.$$

易知这个特征值问题等价于

$$
\begin{cases}
\nabla \cdot (\nabla u - \chi_j(\epsilon)(u\nabla v_j(\varepsilon, x) + u_j(\varepsilon, x)\nabla v)) - \beta F'(z_j(\varepsilon, x))z_j(\varepsilon, x)u \\
\quad + \beta F'(z_j(\varepsilon, x))v + \beta F(z_j(\varepsilon, x))u - \theta u = \sigma u, & x \in \Omega, \\
d\Delta v - F^2(z_j(\varepsilon, x))u + (v_j(\varepsilon, x)f'(v_j(\varepsilon, x)) + f(v_j(\varepsilon, x)) \\
\quad - F'(z_j(\varepsilon, x)))v = \sigma v, & x \in \Omega \\
\partial_{\mathbf{n}} u = \partial_{\mathbf{n}} v = 0, & x \in \partial\Omega,
\end{cases}
$$
$$(5.5.20)$$

其中, $u_j(\varepsilon, x), v_j(\varepsilon, x)$ 和 $\chi_j(\epsilon)$ 与引理 5.17 中定义相同, $z_j(\varepsilon, x) = \dfrac{v_j(\varepsilon, x)}{u_j(\varepsilon, x)}$.

下面将从两个方面讨论分支解 Γj 的稳定性.

情形 1　当 $j \in \mathbb{N}_+ \setminus \{j_0\}$ 且 $|\varepsilon|$ 较小时, $\Gamma_j(\varepsilon)$ 的稳定性.

这种情况下, 取 $\varepsilon = 0$, 易知 0 是 $D_{(u,v)}\mathcal{F}(u_*, v_*, \chi_0^j)$ 的简单特征值, 其特征空间等价于 $\mathrm{span}\{(\bar{u}_j, \bar{v}_j)\}$. 当 $j \neq j_0$ (由注 5.20 可得) 时, 由假设 5.2、引理 5.7 和注 5.20 可知, 当 $\varepsilon = 0$ 时, (5.5.20) 存在一个有正实部的特征值, 而由标准特征值摄动理论[396] 可知, 对于小的 ε, 其通常存在一个正根. 这意味着在 (u_*, v_*, χ_0^j) 附近的分支解 $\Gamma_j(\varepsilon)$ 对于每个 $j \in \mathbb{N}_+ \setminus \{j_0\}$ 都是不稳定的.

情形 2　当 $|\varepsilon|$ 较小时, $\Gamma_{j_0}(\varepsilon)$ 的稳定性.

这种情况下, 由引理 C.45 可知, 存在一个包含 $\chi_0^{j_0}$ 的区间 Ξ 和连续可导函数 $\chi \in \Xi \to \mu(\chi), \varepsilon \in (-\delta, \delta) \to \sigma(\varepsilon)$ 且 $\sigma(0) = 0$, $\mu(\chi_0^{j_0}) = 0$, 使得 $\sigma(\varepsilon)$ 是 (5.5.20) 的一个特征值, 而 $\mu(\chi)$ 是下述问题的特征值

$$
D_{(u,v)}\mathcal{F}(u_*, v_*, \chi)(u, v) = \mu \cdot (u, v), \quad (u, v) \in X. \tag{5.5.21}
$$

此外, $\sigma(\varepsilon)$ 是系统 (5.5.20) 在复平面原点的任何固定邻域中的唯一特征值 (在 $\mu(\chi)$ 上也有同样的结论).

于是, (5.5.21) 的特征函数可以由 $(u(\chi, x), v(\chi, x))$ 表示, 它们光滑地依赖于 χ, 并且由 $(u(\chi_0^{j_0}, x), v(\chi_0^{j_0}, x)) = (Q_{j_0}\Phi_{j_0}, \Phi_{j_0})$ 和 $(u(\chi_0^{j_0}, x) - Q_{j_0}\Phi_{j_0}, v(\chi_0^{j_0}, x) - \Phi_{j_0}) \in \mathcal{Z}$ 唯一确定.

进一步, 对 (5.5.21) 关于 χ 求导, 并令 $\chi = \chi_0^{j_0}$, 由 $\mu(\chi_0^{j_0}) = 0$, 可得系统

$$
\begin{cases}
\Delta(\dot{u} - u_*\Phi_{j_0} - \chi_0^{j_0}u_*\dot{v}) - \beta F'(w_*)w_*\dot{u} + \beta F'(w_*)\dot{v} = \dot{\mu}(\chi_0^{j_0})Q_{j_0}\Phi_{j_0}, & x \in \Omega \\
d\Delta\dot{v} - F^2(w_*)\dot{u} + \rho(u_*, v_*)\dot{v} = \dot{\mu}(\chi_0^{j_0})\Phi_{j_0}, & x \in \Omega \\
\partial_\nu \dot{u} = \partial_\nu \dot{v} = 0, & x \in \partial\Omega,
\end{cases}
$$
$$(5.5.22)$$

其中 $\dot{u} = \dfrac{\mathrm{d}u(\chi, x)}{\mathrm{d}\chi}\Big|_{\chi=\chi_0^{j_0}}, \dot{v} = \dfrac{\mathrm{d}v(\chi, x)}{\mathrm{d}\chi}\Big|_{\chi=\chi_0^{j_0}}$, 且 $\dot{\mu}(\chi_0^{j_0}) = \dfrac{\mathrm{d}\mu(\chi)}{\mathrm{d}\chi}\Big|_{\chi=\chi_0^{j_0}}$.

用 Φ_{j_0} 乘以 (5.5.22) 并在 Ω 上分部积分, 可得

$$
\begin{pmatrix} -\lambda_{j_0} - \beta F'(w_*)w_* & \lambda_{j_0}\chi_0^{j_0}u_* + \beta F'(w_*) \\ -F^2(w_*) & -d\lambda_{j_0} + \rho(u_*, v_*) \end{pmatrix} \begin{pmatrix} \displaystyle\int_\Omega \dot{u}\Phi_{j_0}\mathrm{d}x \\ \displaystyle\int_\Omega \dot{v}\Phi_{j_0}\mathrm{d}x \end{pmatrix}
$$

$$
= \begin{pmatrix} \dot{\mu}(\chi_0^{j_0})Q_{j_0} - \lambda_{j_0}u_* \\ \dot{\mu}(\chi_0^{j_0}) \end{pmatrix}.
$$

由于系数矩阵是奇异的, 为了使上面系统是可解的, 必须满足

$$
\frac{\lambda_{j_0} + \beta F'(w_*)w_*}{F^2(w_*)} = \frac{\dot{\mu}(\chi_0^{j_0})Q_{j_0} - \lambda_{j_0}u_*}{\dot{\mu}(\chi_0^{j_0})},
$$

因此

$$
\dot{\mu}(\chi_0^{j_0}) = \frac{\lambda_{j_0}u_*F^2(w_*)}{Q_{j_0}F^2(w_*) - (\lambda_{j_0} + \beta F'(w_*)w_*)}
$$

$$
= \frac{\lambda_{j_0}u_*F^2(w_*)}{\rho(u_*, v_*) - \beta F'(w_*)w_* - (d+1)\lambda_{j_0}} < 0.
$$

由于 $(d+1)\lambda_{j_0} > 0$, 最后一个等式成立, 且

$$
\rho(u_*, v_*) - \beta F'(w_*)w_* - (d+1)\lambda_{j_0} < \rho(u_*, v_*) - \beta F'(w_*)w_* < 0.
$$

事实上, 根据引理 5.7, 可得.

如果 $m\beta > 1$, 由于 $v_*f'(v_*) < 0$, 则

$$
\rho(u_*, v_*) - \beta F'(w_*)w_* = -F'(w_*) + f(v_*) + v_*f'(v_*) - \beta w_*F'(w_*)
$$

$$
\leqslant -F'(w_*) + f(v_*) - \beta w_*F'(w_*)
$$

$$
= \frac{w_*(1 - m\beta)}{(m + w_*)^2} < 0;
$$

如果 $m\beta < 1$ 且 $v_*f'(v_*) + \dfrac{\theta(\beta - \theta)(1 - m\beta)}{m\beta^2} < 0$, 当 $d < 1$ 时,

$$
\rho(u_*, v_*) - \beta F'(w_*)w_*
$$

$$
= -F'(w_*) + f(v_*) + v_*f'(v_*) - \beta w_*F'(w_*)
$$

$$
\leqslant -F'(w_*) + f(v_*) - \beta w_*F'(w_*) - \frac{\theta(\beta - \theta)(1 - m\beta)}{m\beta^2}
$$

$$
= \frac{m\beta\theta(\beta - \theta)(d - 1)}{m\beta^2} < 0.
$$

根据定理 C.46 可知, 当 $\varepsilon \in (-\delta, \delta)$ 时, 函数 $\sigma(\varepsilon)$ 和 $-\varepsilon\chi'_{j_0}(\varepsilon)\dot{\mu}(\chi_0^{j_0})$ 具有相同的零点和相同的符号. 此外

$$\lim_{\varepsilon \to 0, \sigma(\varepsilon) \neq 0} \frac{-\varepsilon \chi'_{j_0}(\varepsilon) \dot{\mu}(\chi_0^{j_0})}{\sigma(\varepsilon)} = 1.$$

因为 $\chi_1 = 0$, 所以

$$\lim_{\varepsilon \to 0, \sigma(\varepsilon) \neq 0} \frac{2\varepsilon^2 \chi_2 \dot{\mu}(\chi_0^{j_0})}{\sigma(\varepsilon)} = -1,$$

由 L'Hospital 法则可知, 当 $\varepsilon \in (-\delta, \delta)$ 时, $\mathrm{sign}\, \sigma(\varepsilon) = \mathrm{sign}\,(\chi_2)$. 从而定理得证. $\qquad\square$

5.6 斑图形成及趋食性作用

本节将在区域 $\Omega = [0, \ell]$ 内借助数值模拟说明模型 (5.1.6) 从正平衡点 (u_*, v_*) 通过小扰动形成斑图, 以便进一步理解趋食性在动力学中所扮演的角色. 作为例子, 选取

$$f(v) = r\left(1 - \frac{v}{K}\right).$$

于是, 模型 (5.1.6) 变为

$$\begin{cases} u_t = \triangle u - \nabla \cdot (\chi u \nabla v) + \dfrac{\beta u v}{mu + v} - \theta u, & x \in \Omega,\, t > 0, \\[2mm] v_t = d\triangle v - \dfrac{uv}{mu + v} + rv\left(1 - \dfrac{v}{K}\right), & x \in \Omega,\, t > 0, \\[2mm] \partial_{\mathbf{n}} u = \partial_{\mathbf{n}} v = 0, & x \in \partial\Omega,\, t > 0, \\[1mm] u(x, 0) = u_0(x),\ v(x, 0) = v_0(x), & x \in \Omega. \end{cases} \quad (5.6.1)$$

例 5.1 选择初值 (u_0, v_0) 为平衡点 (u_*, v_*) 的小扰动

$$u_0 = u_* + 0.01 \cos\frac{\pi x}{2}, \quad v_0 = v_* + 0.01 \cos\frac{\pi x}{2}.$$

参数取为

$$r = 0.84, \quad K = 1, \quad m = 1, \quad \theta = 0.1, \quad \beta = 0.3, \quad d = 0.001, \quad \ell = 20, \quad (5.6.2)$$

容易验证, 在上述条件下, 引理 5.7(2) 的条件满足.

此时, 模型 (5.6.1) 有唯一正平衡点 $(u_*, v_*) = (0.412698, 0.20635)$. 由 (5.3.10) 可得

$$\chi_c = 0.9164362070.$$

容易验证上述参数满足引理 5.7(2) 的条件, 当 $\chi < \chi_c$ 时斑图形成 (图 5.1). 由图 5.1 可见, 当 $\chi < \chi_c$ 时, 如引理 5.7(2) 所预期的那样, 模型 (5.6.1) 产生了空间上不均匀的斑图 (图 5.1(a)—(c)). 当 χ 增大到超过 χ_c 时, 空间不均匀斑图将

逐渐演化为空间均匀图. 这些数值仿真结果与引理 5.7 的结果完全吻合. 从图 5.1 可见, 趋食性是促使种群达到空间均匀共存稳态的一个稳定因素.

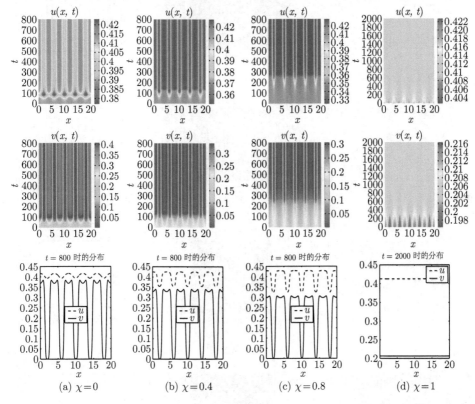

图 5.1 模型 (5.6.1) 在空间 $[0, 20]$ 上的时空斑图. (上) 捕食者的时空斑图; (中) 食饵的时空斑图; (下) 捕食者和食饵的空间分布. 参数定义于 (5.6.2), 初值为 $u_0 = 0.412698 + 0.01\cos\frac{\pi x}{2}, v_0 = 0.20635 + 0.01\cos\frac{\pi x}{2}$ (彩图见封底二维码)

例 5.2 选择初值 (u_0, v_0) 为平衡点 (u_*, v_*) 的小扰动

$$u_0 = u_* + 0.001 \cdot \sin\frac{\pi x}{n}, \qquad v_0 = v_* + 0.001 \cdot \sin\frac{\pi x}{n}, \tag{5.6.3}$$

其中, n 是一个可灵活选择的实数, 以便使系统形成的斑图更加丰富.

系统参数取为

$$n = 0.001, \ d = 0.01, \ \beta = 0.03, \ \theta = 0.01, \ r = 0.8, \ m = 0.95, \ K = 3, \ \ell = 100,$$

以使条件 (5.3.11) 和 (A3) 满足. 由 (5.3.10) 和 (5.4.18) 可得

$$(u_*, v_*) = (0.775623, 0.368421), \quad j_0 = 16,$$
$$\chi_{\max} = \chi_0^{j_0} = 1.5141146155 < \chi_c = 1.5141195026.$$

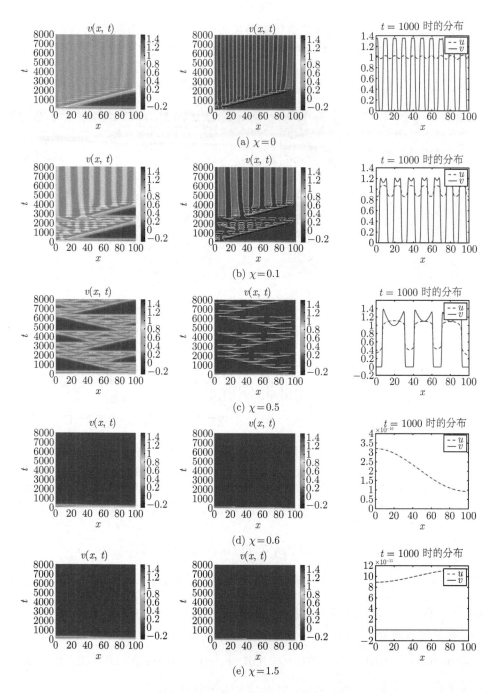

图 5.2　模型 (5.1.6) 的斑图形成 (彩图见封底二维码)

图 5.2 列示了捕食策略系数 χ 对模型 (5.1.6) 的 Turing 斑图形成的影响. 结果表明: 食饵 $v(x,t)$ 总是比捕食者 $u(x,t)$ 更集中 (或更密集). 当 $\chi \leqslant \chi_{\max}$ 且 χ 趋于 0 时, 斑图产生. 当 χ 趋于 $\chi_{\max}$ 且时间 t 足够大时, 这些斑图最终会消失. 从 (u,v) 在 $t = 1000$ 处的空间分布 (图 5.2 中的第三列), 可以看到较小的 χ 比较大的 χ 支持更多的聚集.

5.7　小　　结

本章系统研究了趋食性对比率依赖型捕食模型动力学行为的影响机制, 在 Neumann 边界条件下, 建立了模型 (5.1.6) 在 n 维有界区域上解的整体存在性和一致性, 并证明了在一定条件下正平衡点的全局稳定性. 进一步, 当选取捕食策略系数 χ 作为分支参数时, 得到了从正平衡点 (u^*, v^*) 分支出的稳态解的局部分支结构, 在此基础上, 应用全局分支理论将局部分支曲线延拓为全局分支, 并通过渐近分析和特征值摄动方法得到了这种分支稳态解的稳定性判据.

从图 5.1 中的数值例子可以发现, 趋食性是促使种群最终达到正平衡点的一个稳定因素. 这与趋化模型 (chemotaxis model) 大不相同[6, 11], 后者认为趋化是诱导斑图形成的不稳定因素. 然而, 基于这一显著特征, 很难确定趋食性在捕食系统动力学中起着积极的还是消极的作用, 因为同质性和异质性对生态系统有利还是有害是一个有争议的话题.

捕食策略系数 χ 在模型 (5.6.1) 中刻画了趋食性. 接下来进一步分析 χ 对模型 (5.6.1) 的动力学行为的影响机制. 在图 5.1 的第三行给出了 $t = 800$ 时捕食者 u 和食饵 v 的空间分布轮廓. 进一步, 我们计算 u 和 v 在区间 $[0, 20]$ 上的种群数 (质量), 分别用 u_m 和 v_m 表示, 对于图 5.1 所示的 χ 的不同值, (u_m, v_m) 的值列示于表 5.1 中. 结果表明, 在不稳定状态下, 即 $0 \leqslant \chi < \chi_c$ 时, 捕食者的种群数随着捕食策略系数 χ 的增大而减少, 而食饵种群数也会减少. 然而, 只要 χ 的值超过临界值 χ_c, 非齐次共存稳态解就会演变成稳定的齐次共存稳态解, 并且当 χ 超过临界值 χ_c 时, 捕食者的种群数会立即增加到一个比不稳定状态下大的固定数 (因为 u_* 是唯一的), 同时, 食饵的种群数会立即减少到一个固定的数目 (因为 v_* 是唯一的). 这些数值结果表明, 在捕食系统进化过程中, $\chi \geqslant 0$ 不决定正平衡点的存在性, 但是系统解的齐次性与非齐次性由临界值 χ_c 决定. 在弱趋食性状态下 (即 $0 \leqslant \chi < \chi_c$), 趋食性对捕食者和食饵的种群数量都是不利的. 然而, 一旦趋食性超过其临界值 (即 $\chi > \chi_c$), 趋食性对捕食者有利, 而对食饵不利 (表 5.1). 但由于捕食者和食饵的种群数收敛到恒定的正平衡点 (u_*, v_*), 其渐近动力学行为与趋食性强度无关.

表 5.1   捕食者和食饵的种群数

χ 的值	u_m	v_m	$u_m + v_m$
$\chi = 0$	8.1157	4.9753	13.0910
$\chi = 0.4$	8.0301	4.6479	12.6780
$\chi = 0.8$	7.9726	4.4185	12.3911
$\chi = 1$	8.2457	4.1229	12.3686

此外, 引理 5.7 指出, 当 $\chi > \chi_c$ 时, 斑图会随着时间的增长而消失, 但不能确定 $\chi(\leqslant \chi_c)$ 的精确界, 这使得我们可以预测 $\chi \in (0, \chi_c)$ 时斑图出现和消失的起点. 在图 5.2 中, 这个有界区间应该包含在 $(0, 0.6) \subset (0, \chi_c)$ 中, 因为本章只考虑了 $\chi > 0$ 的情况.

第 6 章   空间异质性与斑图形成

6.1   空间异质性

异质性 (heterogeneity) 是广泛存在于生物种群的现象, 反映了生物种群内部的多样性或不同种群之间的差异, 例如性别差异、地域差异、种群差异等 [30]. 空间异质性是指生态学过程或格局在空间分布上的不均匀性及其复杂性. 例如, 当种群数量发生变化时, 种群的地理分布也随之变化, 种群的空间分布在调节种群增长过程中可能起到与密度制约相同的调节作用 [7]. 倪维明教授等通过数学推导和实验证明: 在异质环境中随机扩散的种群比没有扩散的种群具有更高的总规模, 并且均匀分布的资源比异质分布的资源支持更高的总承载能力 [398]. 关于空间异质性的研究可参看 [34, 99, 119, 131, 208, 209, 221, 299, 370, 371, 403] 等. 在传染病防控方面, 有研究表明性别差异所反映出来的异质性是性传播疾病得以存在和传播的必备要素之一, 特别是空间异质性成功地解释了 2003 年的重症急性呼吸综合征短时间内在全球范围内蔓延的机理 [30]. 此外, 空间异质性对传染病动力学模型基本再生数的影响是有现实意义的, 王稳地和赵晓强教授 [358] 最近关于登革热的研究发现, 感染率和康复率在空间上的非均匀性对疾病动力学起着重要的作用, 通过空间平均化得到的常微分方程系统可能很大程度地低估疾病的危险 [37]. 因此在传染病动力学模型研究中引入异质性因素是必要的.

为了研究疾病在异质环境中的传播规律, Fitzgibbon 等 [140] 率先建立了一类疾病传播率以及种群人口数依赖空间的反应扩散传染病模型. 在此基础上, Allen 和楼元教授等 [49, 50] 进一步考虑了一类 SIS 传染病反应扩散模型

$$
\begin{cases}
\partial_t S = d_S \triangle S - \dfrac{\beta(x)SI}{S+I} + \gamma(x)I, & x \in \Omega,\, t > 0, \\[2mm]
\partial_t I = d_I \triangle I + \dfrac{\beta(x)SI}{S+I} - \gamma(x)I, & x \in \Omega,\, t > 0, \\[2mm]
\partial_n S = \partial_n I = 0, & x \in \partial\Omega,
\end{cases}
\tag{6.1.1}
$$

初始值满足

$$
\int_{\bar{\Omega}} I(x,0)\mathrm{d}x > 0, \ \ S_0(x,0) \geqslant 0, \ \ I_0(x) \geqslant 0, \ \ x \in \Omega,
$$

即初始时刻已有感染. 他们定义了基本再生数 R_0, 证明了基本再生数不但与易感者的扩散系数无关, 且是感染者扩散系数的单调递减函数, 即感染者减少扩散会

增加基本再生数, 故只限制感染者的活动未必能遏制疾病的传播. 此外, 研究者引入了高/低风险区域的定义: 如果 $\int_\Omega \beta(x)\mathrm{d}x > \int_\Omega \gamma(x)\mathrm{d}x$, 则称 Ω 是高风险区域; 如果 $\int_\Omega \beta(x)\mathrm{d}x < \int_\Omega \gamma(x)\mathrm{d}x$, 则称 Ω 是低风险区域. 他们指出, 如果 $R_0 < 1$, 唯一的无病平衡点全局渐近稳定且不存在地方病平衡点; 如果 $R_0 > 1$, 无病平衡点不稳定且存在唯一的地方病平衡点. 在高风险区域, 无病平衡点总是不稳定的. 在低风险区域, 无病平衡点是稳定的当且仅当感染者的移动率大于某一阈值. 当易感者的移动率趋于 0 时, 地方病平衡点趋于空间异质的无病平衡点. 有趣的是, 如果减低易感者扩散系数, 会造成感染者的密度在空间中非常小. 这个结果表明, 如果环境空间可以化成低危区 (如通过接种疫苗或治疗)、易感者的移动可以被局部限制 (如通过隔离), 则疾病有可能被消除 [37]. 在此基础上, 彭锐和刘胜强教授 [281] 考虑了模型 (6.1.1) 在两种特殊情况下疾病的传播规律: 其一是易感者和感染者移动速率相等时, 在低风险区域, 疾病将最终灭绝, 同时在高风险区域, 疾病将会在整个区域蔓延; 其二是传染率与恢复率成比例, 即 $\beta(x) = r\gamma(x), r \in (0, \infty)$, 此时, 如果 $r > 1$, 疾病在任何时候任何地方都将会存在, 但是若 $r \leqslant 1$, 疾病将会最终灭绝. 进一步, 彭锐教授 [280] 还考虑了易感者和感染者扩散速率大小对疾病灭绝和蔓延的影响. 研究结果表明, 为了在低风险区域消除感染者, 必须建立低风险亚区域并且至少一个仓室的扩散率为零. 在这种情况下, 控制个体扩散速率的不同策略可能会导致不同的空间种群分布. 此外, 当空间环境中含有低风险亚区域时, 消除疾病的最优策略是限制易感者的扩散速率而不是感染者的扩散速率. 崔仁浩和楼元教授还考虑了对流对模型 (6.1.1) 疾病动力学行为的影响机制 [119]. 林支桂和朱怀平教授等 [202,233] 考虑了空间异质环境中具有自由边界的传染病模型, 定义了与空间特征相关的基本再生数, 结果表明在高风险区域疾病难以控制, 并且在疾病初现时控制最好, 达到一定数量将无法有效控制; 而在低风险区域疾病的发展取决于疾病的传播能力、初始感染范围和感染数等多种因素.

关于空间异质性对种群动力学、物种进化和疾病传播的影响的研究进展可参看楼元教授的综述论文 [37].

本章将重点关注空间异质性对传染病模型斑图动力学的影响机理, 主要材料来源于 [38, 80, 84, 86, 87, 89–91, 93, 94].

6.2   具有水平传播的传染病模型

2.4 节研究了传染病模型 (2.4.11) 在同质空间中的斑图形成问题. 本节将进一步通过理论分析和数值模拟研究流行病学中的核心问题: 宿主的随机扩散和空

间异质性对疾病灭绝或蔓延的影响机制.

6.2.1 模型建立

受文献 [70, 135, 181, 182, 192] 中模型建立的启示, 假设宿主种群受寄生微生物感染, 且

(1) 宿主种群的数量是变化的, 分为易感者 S 和感染者 I 两个仓室, 即 $N = S + I$;

(2) 疾病的发生率是频率依赖型 $\dfrac{\beta SI}{S+I}$, β 为传染率系数;

(3) 疾病不具有垂直传染, 且不可治愈;

(4) 宿主的繁殖率是密度制约的;

(5) 感染者的生殖能力有所减少, 同时改变宿主种群的密度.

据此, 可建立如下 SI 型传染病模型

$$
\begin{cases}
\dfrac{\mathrm{d}S}{\mathrm{d}t} = H(S, I), \\
\dfrac{\mathrm{d}I}{\mathrm{d}t} = \dfrac{\beta SI}{S+I} - \mu I,
\end{cases}
\tag{6.2.1}
$$

其中

$$
H(S, I) = \begin{cases}
r(S + \rho I)\Big(1 - a(S + I)\Big) - \mu S - \dfrac{\beta SI}{S+I}, \\
\qquad \text{若 } S > 0, \text{ 或者 } S = 0 \text{ 且 } aI \leqslant 1, \\
0, \qquad \text{若 } S = 0 \text{ 且 } aI > 1.
\end{cases}
\tag{6.2.2}
$$

这里, S 和 I 分别表示易感者和感染者的密度. 所有的参数都是非负的, r 表示宿主最大出生率; $0 \leqslant \rho \leqslant 1$ 描述了感染者因病生殖能力适应度: $\rho = 0$ 表示感染宿主没有生殖能力, $\rho = 1$ 表示他们的生殖适应度没有减少; a 表示平均密度制约出生率的减少 (如果 $a \neq 0$, $1/a$ 称为最大环境容纳量); μ 是宿主种群的自然死亡率; β 是传染率系数.

易感者的新生儿的净增长率 $r(S+\rho I)(1 - a(S + I))$ 描述了其适应度的减少. 在无易感者的情况下, 即 $S = 0$, 当感染者较少即 $aI < 1$ 时, 易感者的新生儿的净增长率为 $r\rho I(1 - aI) > 0$, 这时易感者正增长; 当感染者较多即 $aI \geqslant 1$ 时, 易感者的新生儿的净增长率为 0, 易感者将会灭绝, 从而导致整个种群灭绝.

在模型 (6.2.1) 中加入扩散项并把空间因素作用于参数得到 $r(x), \mu(x), \beta(x)$, 于是可得本节将要研究的具有空间异质性的传染病模型

$$\begin{cases} \partial_t S - d_S \triangle S = F(x, S, I), & x \in \Omega,\ t > 0, \\ \partial_t I - d_I \triangle I = G(x, S, I), & x \in \Omega,\ t > 0, \\ \partial_\mathbf{n} S = \partial_\mathbf{n} I = 0, & x \in \partial\Omega,\ t > 0, \\ S(x, 0) = S_0(x) \geqslant 0,\ I(x, 0) = I_0(x) \geqslant 0, & x \in \Omega, \end{cases} \tag{6.2.3}$$

其中

$$F(x, S, I) = \begin{cases} r(x)(S + \rho I)\Big(1 - a(S + I)\Big) - \mu(x)S - \dfrac{\beta(x)SI}{S + I} \\ := f_1(x, S, I), & \text{如果 } S > 0,\ \text{或 } S = 0\ \text{且 } aI \leqslant 1, \\ 0, & \text{如果 } S = 0\ \text{且 } aI > 1; \end{cases}$$

$$G(x, S, I) = \frac{\beta(x)SI}{S + I} - \mu(x)I =: g_1(x, S, I). \tag{6.2.4}$$

假设感染者初始值为正数, 易感者为非负数, 即

$$\int_{\bar{\Omega}} I_0(x)\mathrm{d}x > 0,\ S_0(x) \geqslant 0\ \text{且}\ I_0(x) \geqslant 0,\ x \in \Omega.$$

假设 $r(x), \mu(x)$ 和 $\beta(x)$ 满足 $r(x), \mu(x), \beta(x) \in C^1(\bar{\Omega})$, 当 $x \in \bar{\Omega}$ 时, $r(x) > 0, \mu(x) > 0, \beta(x) > 0$.

模型 (6.2.3) 对应的稳态方程为

$$\begin{cases} -d_S \triangle S = F(x, S, I), & x \in \Omega, \\ -d_I \triangle I = G(x, S, I), & x \in \Omega, \\ \partial_\mathbf{n} S = \partial_\mathbf{n} I = 0, & x \in \partial\Omega. \end{cases} \tag{6.2.5}$$

接下来, 我们仅证明模型 (6.2.3) 的解在 $L^2(\Omega)$ 意义下的性质. 事实上, 由正则性理论和 Sobolev 嵌入定理可知这种收敛也是一致的. 当涉及稳定性, 即局部渐近稳定性或全局渐近稳定性时, 我们都是在定义 C.43 的意义下理解.

根据 [50, 359], 定义模型 (6.2.3) 的统计学再生数 R_d 和基本再生数 R_0 分别为

$$R_d := \sup_{\omega \in H^1(\Omega),\, \omega \neq 0} \left\{ \frac{\displaystyle\int_\Omega r(x)\omega^2 \mathrm{d}x}{\displaystyle\int_\Omega d_S|\nabla\omega|^2 \mathrm{d}x + \mu(x)\omega^2} \right\}, \tag{6.2.6}$$

$$R_0 := \sup_{\omega \in H^1(\Omega),\, \omega \neq 0} \left\{ \frac{\displaystyle\int_\Omega \beta(x)\omega^2 \mathrm{d}x}{\displaystyle\int_\Omega d_I|\nabla\omega|^2 \mathrm{d}x + \mu(x)\omega^2} \right\}. \tag{6.2.7}$$

6.2.2 全局解的存在性

定理 6.1 给定 $0 < \alpha < 1$. 如果对任意初值 $S_0(x), I_0(x) \in C^\alpha(\bar\Omega)$, 当 $x \in \Omega$ 时, $S_0(x), I_0(x) \geqslant 0$, 则对所有的 $(x,t) \in \Omega \times [0,\infty)$, 模型 (6.2.3) 有唯一非负古典解 $(S(x,t), I(x,t)) \in \left(C([0,\infty); C^\alpha(\bar\Omega)) \right)^2 \cap \left(C^1((0,\infty), C^\alpha(\bar\Omega)) \right)^2$.

证明 由局部存在性定理 (定理 C.24) 可得模型 (6.2.3) 解的存在性, 解的非负性可由极值原理得到. 事实上, 当 $x \in \Omega$, $I \geqslant 0$ 时, $F(x,0,I) \geqslant 0$; 当 $x \in \Omega$, $S \geqslant 0$ 时, $G(x,S,0) \geqslant 0$.

下面我们将证明局部解可以延拓到全局. 为此只需证明, 对任意有限数 $T > 0$, 在 $\Omega \times [0,T)$ 上, (6.2.3) 的解是有界的.

由于 $S(x,t), I(x,t)$ 是非负函数, 从 (6.2.3) 可得

$$\begin{cases} \partial_t S - d_S \triangle S \leqslant r(x)S + \rho r(x)I, & x \in \Omega, \ 0 < t < T, \\ \partial_t I - d_I \triangle I \leqslant \beta(x)I, & x \in \Omega, \ 0 < t < T, \\ \partial_\mathbf{n} S = \partial_\mathbf{n} I = 0, & x \in \partial\Omega, \ 0 < t < T, \\ S(x,0) = S_0(x), \ I(x,0) = I_0(x), & x \in \Omega. \end{cases} \tag{6.2.8}$$

设 $(\check{S}, \check{I})$ 是下面初边值问题的解

$$\begin{cases} \partial_t \check{S} - d_S \triangle \check{S} = r(x)\check{S} + \rho r(x)\check{I}, & x \in \Omega, \ t > 0, \\ \partial_t \check{I} - d_I \triangle \check{I} = \beta(x)\check{I}, & x \in \Omega, \ t > 0, \\ \partial_\mathbf{n} \check{S} = \partial_\mathbf{n} \check{I} = 0, & x \in \partial\Omega, \ t > 0, \\ \check{S}(x,0) = S_0(x), \ \check{I}(x,0) = I_0(x), & x \in \Omega. \end{cases} \tag{6.2.9}$$

因为 (6.2.9) 是线性问题, 所以解是全局存在的. 此外, 由 (6.2.8) 和比较原理可知, 当 $(x,t) \in \overline\Omega \times [0,T)$ 时

$$S(x,t) \leqslant \check{S}(x,t), \qquad I(x,t) \leqslant \check{I}(x,t).$$

由上述估计和 Sobolev 嵌入定理可得, 在 $\Omega \times [0,T)$ 上, 模型 (6.2.3) 的解是有界的. □

6.2.3 灭绝稳态解的稳定性

定理 6.2 假设 $R_d < 1$, 且满足下列三个条件中的任意一个:

(1) $\rho = 0$;

(2) $R_0 < 1$;

(3) $d_S = d_I$,

则当 $t \to \infty$ 时, 在 L^2-意义下, 模型 (6.2.3) 的所有解 $(S(\cdot,t), I(\cdot,t))$ 都趋于 $(0,0)$, 即 $(0,0)$ 是全局渐近稳定的.

证明　(1) 当 $\rho = 0$ 时, 设 $Z(x,t)$ 是下述线性系统的解

$$\begin{cases} \partial_t Z = d_S \triangle Z + (r(x) - \mu(x))Z, & x \in \Omega, t > 0, \\ \partial_{\mathbf{n}} Z(x,t) = 0, & x \in \partial\Omega, t > 0, \\ Z(x,0) = S(x,0) & x \in \Omega. \end{cases} \quad (6.2.10)$$

由比较原理可知, 当 $t \geqslant 0$, $x \in \Omega$ 时, $0 \leqslant S(x,t) \leqslant Z(x,t)$.

设 $\mathcal{U}_1(t)$ 是由算子 $d_S\triangle + r - \mu$ 在 $L^2(\Omega)$ 中生成的半群. 由引理 C.50 和 (6.2.6) 可知 $R_d < 1$ 意味着 $-\lambda_1 = \mathbf{s}(d_S\triangle + r - \mu) < 0$. 选定 $0 < \lambda < \lambda_1$, 由推论 C.48 可知, 存在一个常数 $C > 0$, 使得当 $t \to \infty$ 时

$$\|\mathcal{U}_1(t)Z(\cdot,0)\|_2 \leqslant Ce^{-\lambda t}\|Z(\cdot,0)\|_2 \to 0.$$

因此, 当 $t \to \infty$ 时

$$\|S(\cdot,t)\|_2 \leqslant \|Z(\cdot,t)\|_2 = \|\mathcal{U}_1(t)Z(\cdot,0)\|_2 \leqslant Ce^{-\lambda t}\|S(\cdot,0)\|_2 \to 0.$$

由上述不等式可知, 存在正常数 C, 使得

$$\left\|\frac{\beta I(\cdot,t)}{S(\cdot,t) + I(\cdot,t)}S(\cdot,t)\right\|_2 \leqslant Ce^{-\lambda t}, \quad t > 0.$$

设 $\mathcal{U}_2(t)$ 是由算子 $d_I\triangle - \mu$ 在 $L^2(\Omega)$ 中生成的半群. 由定理 C.47 可得 $-\lambda_2 = \mathbf{s}(d_I\triangle - \mu) < \mathbf{s}(d_I\triangle) < 0$. 选取 λ 足够小, 且满足 $0 < \lambda < \lambda_2$, 则存在一个常数 $C > 0$, 使得当 $t \geqslant 0$ 时

$$\|\mathcal{U}_2(t)\|_{L^2(\Omega)} \leqslant Ce^{-\lambda t}.$$

对 (6.2.3) 的第二个方程应用常数变易法 [276], 当 $t \to \infty$ 时

$$\begin{aligned} \|I(\cdot,t)\|_2 &\leqslant \|\mathcal{U}_2(t)I(\cdot,0)\|_2 + \int_0^t \left\|\frac{\beta I(\cdot,s)}{S(\cdot,s) + I(\cdot,s)}S(\cdot,s)\mathcal{U}_2(t-s)\right\|_2 \mathrm{d}s \\ &\leqslant Ce^{-\lambda t}\|I(\cdot,0)\|_2 + Cte^{-\lambda t} \\ &\to 0. \end{aligned}$$

(2) 考虑 $R_0 < 1$ 的情形. 首先证明在 $L^2(\Omega)$ 中, 当 $t \to \infty$ 时, $I(x,t) \to 0$. 由模型 (6.2.3) 可知

$$\begin{cases} \partial_t I \leqslant d_I\triangle I + (\beta(x) - \mu(x))I, & x \in \Omega, t > 0, \\ \partial_{\mathbf{n}} I = 0, & x \in \partial\Omega, t > 0, \\ I(x,0) = I_0(x) \geqslant 0, & x \in \Omega. \end{cases} \quad (6.2.11)$$

设 $Z(x,t)$ 满足 $Z(x,0) = I(x,0)$, 且是下述线性系统的解

$$\begin{cases} \partial_t Z = d_I \triangle Z + (\beta(x) - \mu(x))Z, & x \in \Omega, \ t > 0, \\ \partial_{\mathbf{n}} Z = 0, & x \in \partial\Omega, \ t > 0. \end{cases} \quad (6.2.12)$$

由比较原理可知, 当 $t > 0$, $x \in \Omega$ 时, $0 \leqslant I(x,t) \leqslant Z(x,t)$. 令 $\mathcal{U}_3(t)$ 是算子 $d_I \triangle + \beta - \mu$ 在 $L^2(\Omega)$ 中生成的半群. 由定理 C.47 可知当 $R_0 < 1$ 时, $-\lambda_3 = \mathbf{s}(d_I \triangle + \beta - \mu) < 0$. 选取 λ 使得 $0 < \lambda < \lambda_3$, 由推论 C.48 可知, 存在一个常数 $C > 0$, 使得当 $t \to \infty$ 时

$$\|I(\cdot, t)\|_2 \leqslant \|Z(\cdot, t)\|_2 = \|\mathcal{U}_2(t)Z(\cdot, 0)\|_2 \leqslant Ce^{-\lambda t}\|I(\cdot, 0)\|_2 \to 0. \quad (6.2.13)$$

下面证明在 $L^2(\Omega)$ 中, 当 $t \to \infty$ 时, $S(x,t) \to 0$. 令

$$\delta(x, S, I) = \left(\rho r(x)(1 - a(S + I)) - ar(x)S - \frac{\beta(x)S}{S+I}\right)I, \quad (6.2.14)$$

则关于 S 的方程可重写为

$$\begin{cases} \partial_t S = d_S \triangle S + (r(x) - \mu(x) - ar(x)S)S + \delta(x, S, I), & x \in \Omega, \ t \geqslant 0, \\ \partial_{\mathbf{n}} S(x,t) = 0, & x \in \partial\Omega, \ t \geqslant 0, \\ S(x,0) = S_0(x) & x \in \Omega. \end{cases}$$

由 (6.2.13) 可知, 当 $t \to \infty$ 时

$$\|\delta(\cdot, S, I)\|_2 \leqslant \rho\|r\|_\infty \|I(\cdot, t)\|_2 = C\|I(\cdot, t)\|_2 \to 0. \quad (6.2.15)$$

与 (1) 的证明类似, 可选取 $\mathcal{U}_1(t), Z(x,t)$ 和 λ_1 以及 $0 < \lambda < \lambda_1$, 对 δ 作估计, 并应用比较原理可知, 当 $t \to \infty$ 时

$$\begin{aligned} \|S(\cdot, t)\|_2 &\leqslant \|\mathcal{U}_1(t)Z(\cdot, 0)\|_2 + \int_0^t \|\mathcal{U}_1(t-s)\delta(\cdot, I(\cdot, s))\|_2 \mathrm{d}s \\ &\leqslant Ce^{-\lambda t}\|S(\cdot, 0)\|_2 + Cte^{-\lambda t} \\ &\to 0. \end{aligned}$$

(3) 最后考虑 $d_S = d_I \equiv d$ 时的情形. 设 $N(x,t) = S(x,t) + I(x,t)$, 则 $N(x,t)$ 是初边值问题

$$\begin{cases} \partial_t N - d\triangle N = (\rho r(x) - \mu(x) - a\rho r(x))N + (1-\rho)r(x)S \\ \qquad\qquad\qquad -ar(x)(1-\rho)SN, & x \in \Omega, \ t > 0, \\ \partial_{\mathbf{n}} N(x,t) = 0, & x \in \partial\Omega, \ t > 0, \\ N(x,0) = S_0(x) + I_0(x) \geqslant 0, & x \in \Omega \end{cases}$$

$$(6.2.16)$$

的解. 令 $Z(x,t)$ 满足 $Z(x,0) = N(x,0)$, 且是下述线性系统的解

$$\begin{cases} \partial_t Z = d_S \triangle Z + (r(x) - \mu(x))Z, & x \in \Omega, \ t > 0, \\ \partial_\mathbf{n} Z(x,t) = 0, & x \in \partial\Omega, \ t > 0, \\ Z(x,0) = N(x,0) & x \in \Omega. \end{cases} \quad (6.2.17)$$

由比较原理可知, 当 $t > 0$, $x \in \Omega$ 时, $0 \leqslant N(x,t) \leqslant Z(x,t)$. 与 (1) 类似, 当 $t \to \infty$ 时

$$\|N(\cdot,t)\|_2 \leqslant \|Z(\cdot,t)\|_2 \to 0.$$

因为 $S(x,t)$, $I(x,t)$ 都是非负的, 从而在 $L^2(\Omega)$ 中, 当 $t \to \infty$ 时, $(S(x,t), I(x,t)) \to (0,0)$. □

6.2.4　无病稳态解的稳定性

定理 6.3　假设 $R_d > 1$, 则模型 (6.2.3) 存在唯一无病稳态解 (disease-free equilibrium) DFE $(S_*(x), 0)$, 且

(1) 如果 $R_0 < 1$, DFE$(S_*(x), 0)$ 是全局渐近稳定的;

(2) 如果 $R_0 > 1$, DFE$(S_*(x), 0)$ 是不稳定的.

证明　如果疾病灭绝, 即当 $I = 0$ 时, 考虑系统

$$\begin{cases} d_S \triangle S + S(r(x) - \mu(x) - ar(x)S) = 0, & x \in \Omega, \\ \partial_\mathbf{n} S = 0, & x \in \partial\Omega. \end{cases} \quad (6.2.18)$$

由 [99] 中的命题 3.3 可知, 如果 $R_d > 1$, 则 DFE $(S_*(x), 0)$ 存在且唯一.

(1) 要证明在 $L^2(\Omega)$ 中, 当 $t \to \infty$ 时, $I(\cdot,t) \to 0$. 与定理 6.2 (2) 的证明类似, 只需证明在 $L^2(\Omega)$ 中, 当 $t \to \infty$ 时, $S(\cdot,t) \to S_*(x)$.

设 $\hat{S} = S - S_*$, 则 $\hat{S}$ 满足

$$\begin{cases} \partial_t \hat{S} - d_S \triangle \hat{S}(x,t) = \hat{S}(r(x) - \mu(x) - 2ar(x)S_* - ar(x)\hat{S}) \\ \qquad\qquad\qquad\qquad + \delta(x,S,I), & x \in \Omega, t > 0 \\ \partial_\mathbf{n} \hat{S} = 0, & x \in \partial\Omega, t > 0 \\ \hat{S}(x,0) = S_0(x) - S_*(x), & x \in \Omega, \end{cases}$$
$$(6.2.19)$$

其中 $\delta(x,S,I)$ 定义于 (6.2.14).

设 $Z(x,t)$ 满足 $Z(x,0) = \hat{S}(x,0)$, 且是下述方程的解

$$\begin{cases} \partial_t Z = d_S \triangle Z + (r(x) - \mu(x) - 2ar(x)S_*)Z + \delta(x,S,I), & x \in \Omega, t > 0, \\ \partial_\mathbf{n} Z = 0, & x \in \partial\Omega, t > 0. \end{cases}$$
$$(6.2.20)$$

由比较定理可知, 当 $t > 0$, $x \in \Omega$ 时, $0 \leqslant \hat{S}(x,t) \leqslant Z(x,t)$. 从 $S_*(x)$ 的定义可得 $\mathbf{s}(d_S\Delta + r(x) - \mu(x) - ar(x)S_*) = 0$. 从而

$$-\lambda_4 = \mathbf{s}(d_S\Delta + r - \mu - 2ar(x)S_*) < \mathbf{s}(d_S\Delta + r(x) - \mu(x) - ar(x)S_*) = 0.$$

设 $\mathcal{U}_4(t)$ 是由算子 $d_S\Delta + r(x) - \mu(x) - 2ar(x)S_*$ 生成的半群, 选取 λ 足够小, 使得 $0 < \lambda < \lambda_4$, 则存在常数 $C > 0$, 使得

$$\|\mathcal{U}_4(t)\|_{\mathcal{L}(L^2(\Omega))} \leqslant Ce^{-\lambda t}, \quad t > 0.$$

由 (6.2.15) 可知, 当 $t \to \infty$ 时

$$
\begin{aligned}
\|\hat{S}(\cdot,t)\|_2 \leqslant \|Z(\cdot,t)\|_2 &\leqslant \|\mathcal{U}_4(t)Z(\cdot,0)\|_2 + \int_\Omega \|\mathcal{U}_4(t-s)\delta(\cdot,S(\cdot,s),I(\cdot,s))\|_2 \mathrm{d}s \\
&\leqslant Ce^{-\lambda t}\|S(\cdot,0)\|_2 + Cte^{-\lambda t} \\
&\to 0.
\end{aligned}
\tag{6.2.21}
$$

从而, 在 $L^2(\Omega)$ 中, 当 $t \to \infty$ 时, $S(x,t) \to S_*(x)$.

(2) 首先证明 DFE 是线性不稳定的. 令 $\xi(x,t) = S(x,t) - S_*(x)$, $\zeta(x,t) = I(x,t)$. 模型 (6.2.3) 在 DFE 处的线性化方程为

$$
\begin{cases}
\partial_t\xi - d_S\Delta\xi = \theta_1(x)\xi - \theta_2(x)\zeta, & x \in \Omega, \ t > 0, \\
\partial_t\zeta - d_I\Delta\zeta = (\beta(x) - \mu(x))\zeta, & x \in \Omega, \ t > 0, \\
\partial_\mathbf{n}\xi = \partial_\mathbf{n}\zeta = 0, & x \in \partial\Omega, \ t > 0, \\
\xi(x,t) = S_0(x) - S^*(x), \ \zeta(x,0) = I_0(x) \geqslant 0, & x \in \Omega,
\end{cases}
\tag{6.2.22}
$$

其中

$$\theta_1(x) = r(x) - \mu(x) - 2ar(x)S_*, \quad \theta_2(x) = \beta(x) + ar(x)S_*(1+\rho) - \rho r(x). \tag{6.2.23}$$

假设 $(\xi, \zeta) = (e^{\sigma t}\phi, e^{\sigma t}\psi)$ 是线性系统 (6.2.22) 的一个解, 其中 $\sigma \in \mathbb{C}$, $\phi = \phi(x)$, $\psi = \psi(x)$, 将其代入模型 (6.2.22) 中, 得到特征值问题

$$
\begin{cases}
d_S\Delta\phi + \theta_1(x)\phi - \theta_2(x)\psi = \sigma\phi, & x \in \Omega, \\
d_I\Delta\psi + (\beta(x) - \mu(x))\psi = \sigma\psi, & x \in \Omega, \\
\partial_\mathbf{n}\phi = \partial_\mathbf{n}\psi = 0, & x \in \partial\Omega.
\end{cases}
\tag{6.2.24}
$$

由于 $R_0 > 1$, 从定理 C.50 可知, 存在 $\sigma_0 > 0$, $\psi_0 \neq 0$, 使得

$$d_I\Delta\psi_0 + (\beta(x) - \mu(x))\psi_0 = \sigma_0\psi_0.$$

把 $\sigma = \sigma_0$ 代入 (6.2.24) 的第一个方程, 可得

$$d_S\triangle\phi + (r(x) - \mu(x) - 2ar(x)S_* - \sigma_0)\phi = \theta_2(x)\psi_0. \tag{6.2.25}$$

从而, $\sigma_0 > 0$ 意味着 $\mathbf{s}(d_S\triangle + r(x) - \mu(x) - 2ar(x)S_* - \sigma_0) < 0$. 因此 (6.2.25) 有唯一解 ϕ_0, 且当 $x \in \Omega$ 时, $\partial_{\mathbf{n}}\phi_0(x) = 0$. 也就是, $\sigma_0 > 0$ 是一个特征值. 因此 DFE 是线性不稳定的. □

注 6.4 如果当 $x \in \bar{\Omega}$ 时, $\beta(x) < \mu(x) < r(x)$, 从定理 6.3 (1) 可知, 在整个区域 Ω 内, 无论易感者和感染者的扩散速度是多少, 疾病最终都将灭绝.

6.2.5 地方病稳态解的存在性和稳定性

首先给出模型 (6.2.5) 正解的先验估计.

引理 6.5 给定 $\vartheta \in (0, 1)$, 则存在一个正常数 C, 模型 (6.2.5) 的任意正解 (S, I) 满足

$$\|S\|_{C^{1,\vartheta}(\bar{\Omega})}, \ \|I\|_{C^{1,\vartheta}(\bar{\Omega})} < C.$$

证明 假设 (S, I) 是模型 (6.2.5) 的一个正解, 定义 $Z(x) = S(x) + \rho I(x)$, 则 $Z(x)$ 满足

$$\begin{cases} -(d_S\triangle S + \rho d_I\triangle I) = (r(x) - \mu(x))Z - ar(x)Z^2 - h_1(x, S, I), & x \in \Omega, \\ \partial_{\mathbf{n}}S = \partial_{\mathbf{n}}I = \partial_{\mathbf{n}}Z = 0, & x \in \partial\Omega, \end{cases} \tag{6.2.26}$$

其中, $h_1(x, S, I) = (1 - \rho)I\left(ar(x)Z + \dfrac{\beta(x)S}{S + I}\right)$. 对 (6.2.26) 的第一个方程在 Ω 上积分, 可得

$$\int_{\Omega}\Big((r(x) - \mu(x))Z - ar(x)Z^2 - h_1(x, S, I)\Big)\mathrm{d}x = 0.$$

由 Schwarz 不等式可知

$$a\int_{\Omega} r(x)Z^2\mathrm{d}x \leqslant (\|r\|_{\infty} + \|\mu\|_{\infty})\int_{\Omega} Z\mathrm{d}x \leqslant (\|r\|_{\infty} + \|\mu\|_{\infty})|\Omega|^{1/2}\|Z\|_2.$$

从而

$$\|Z\|_2 \leqslant \left(a\min_{x \in \bar{\Omega}} r(x)\right)^{-1}(\|r\|_{\infty} + \|\mu\|_{\infty})|\Omega|^{1/2}. \tag{6.2.27}$$

于是

$$\|S\|_2, \ \|I\|_2 \leqslant C. \tag{6.2.28}$$

将 (6.2.5) 的第一个方程两边同乘以 S, 并在 Ω 上分部积分, 可得

$$d_S\int_{\Omega} |\nabla S|^2\mathrm{d}x \leqslant \|r\|_{\infty}\int_{\Omega}(S^2 + SI)\mathrm{d}x \leqslant \|r\|_{\infty}(\|S\|_2^2 + \|S\|_2\|I\|_2) \leqslant C,$$

故 $\|S\|_{H^1} \leqslant C.$

同理可得 $\|I\|_{H^1} \leqslant C.$

由 Sobolev 嵌入定理可得

$$\|S\|_{H^4}, \ \|I\|_{H^4} \leqslant C. \qquad (6.2.29)$$

另一方面, 模型 (6.2.5) 可写为

$$\begin{cases} d_S \triangle S(x) + f_1 = 0, & x \in \Omega, \\ d_I \triangle I(x) + g_1 = 0, & x \in \Omega, \\ \partial_{\mathbf{n}} S = \partial_{\mathbf{n}} I = 0, & x \in \Omega, \end{cases}$$

其中, f_1, g_1 定义于 (6.2.4). 由 (6.2.28) 和 (6.2.29) 可得 $\|f_1\|_2, \|g_1\|_2 \leqslant C.$ 由椭圆方程的正则性理论和 Sobolev 嵌入定理可得 $\|S\|_\infty, \|I\|_\infty \leqslant C.$ $\qquad \square$

下面给出正解 (即地方病稳态解) 不存在的结论.

引理 6.6 如果 $R_0 \leqslant 1$, 则模型 (6.2.5) 不存在正解.

证明 设 I 是系统

$$\begin{cases} d_I \triangle I + \left(\dfrac{\beta(x)S}{S+I} - \mu\right) I = 0, & x \in \Omega, \\ \partial_{\mathbf{n}} I = 0, & x \in \partial\Omega \end{cases} \qquad (6.2.30)$$

的解. 对于系统 (6.2.30) 的任一正解, 由谱界的定义可得

$$0 = \mathbf{s}\left(d_I \triangle + \frac{\beta S}{S+I} - \mu\right) = \mathbf{s}\left(d_I \triangle + \beta - \mu - \frac{\beta I}{S+I}\right) < \mathbf{s}(d_I \triangle + \beta - \mu) \leqslant 0,$$

矛盾. 引理得证. $\qquad \square$

下面选择 μ 作为分支参数, 利用局部和全局分支理论研究模型 (6.2.5) 正解的存在性. 为此, 定义包含分支参数 μ 的无病稳态解集合

$$\Gamma_S := \{(\mu, S, I) = (\mu, S_*, 0), \mu \in \mathbb{R}_+\}.$$

令 $\mu^* = \mathbf{s}(d_I \triangle + \beta) > 0$, 且 ψ^* 是系统

$$\begin{cases} d_I \triangle \psi^* + (\beta(x) - \mu)\psi^* = 0, & x \in \Omega, \\ \partial_{\mathbf{n}} \psi^* = 0, & x \in \partial\Omega \end{cases} \qquad (6.2.31)$$

的解. 定义

$$\varphi^* := (d_S \triangle + \theta_1 \mathcal{I})^{-1} \theta_2 \psi^*, \qquad (6.2.32)$$

其中, $\theta_1(x), \theta_2(x)$ 定义于 (6.2.23). $(d_S \triangle + \theta_1 \mathcal{I})^{-1}$ 是 $d_S \triangle + \theta_1 \mathcal{I}$ 在 Ω 的逆算子, 且具有齐次 Neumann 边界条件. 下面首先证明局部分支性质成立.

引理 6.7　模型 (6.2.5) 从 Γ_S 分支出正解当且仅当 $\mu = \mu^*$. 也就是, 存在 $(\varphi^*, \psi^*) \in X$ 和 $\delta^* > 0$, 使得模型 (6.2.5) 在 $(\mu^*, S_*, I) \in \mathbb{R}_+ \times X$ 附近所有的解可以参数化为

$$\Gamma = \{(\mu, S, I) = (\mu(s), S_* + s(\varphi^* + s\bar{S}(s)), s(\psi^* + s\bar{I}(s))) \in \mathbb{R}_+ \times X \,|\, 0 < s \leqslant \delta^*\},$$
(6.2.33)

这里, $\left(\mu(s), \bar{S}(s), \bar{I}(s)\right)$ 是 s 的光滑函数, 满足

$$\left(\mu(0), \bar{S}(0), \bar{I}(0)\right) = (\mu^*, 0, 0), \qquad \int_\Omega \bar{I}(s)\psi^* \mathrm{d}x = 0.$$

此外, 分支 (6.2.33) 是次临界的 (即 $\mu'(0) < 0$).

证明　令 $\tilde{S} = S - S_*$, 则可将 DFE $(S, I) = (S_*(x), 0)$ 平移变换到 $(\tilde{S}, I) = (0, 0)$. 定义算子 $\mathcal{G} : \mathbb{R}_+ \times X \to Y$ 为

$$\mathcal{G}(\mu, \tilde{S}, I) = \begin{pmatrix} d_S \triangle \tilde{S} + \Upsilon \\ d_I \triangle I + \dfrac{\beta(x)(S_* + \tilde{S})I}{S_* + \tilde{S} + I} - \mu I, \end{pmatrix},$$
(6.2.34)

其中

$$\Upsilon := r(x)(S_* + \tilde{S} + \rho I)(1 - a(S_* + \tilde{S} + I)) - \mu(S_* + \tilde{S}) - \frac{\beta(x)(S_* + \tilde{S})I}{S_* + \tilde{S} + I}.$$

从而 $\mathcal{G}(\mu, \tilde{S}, I) = 0$ 当且仅当 $(S_*(x) + \tilde{S}, I)$ 是模型 (6.2.5) 的解. 注意到, 对任意 $\mu > 0$, $\mathcal{G}(\mu, 0, 0) = 0$, 则 $\mathcal{G}(\mu, \tilde{S}, I)$ 的 Fréchet 导数为

$$\mathcal{G}_{(\tilde{S}, I)}(\mu, 0, 0)[\varphi, \psi] = \begin{pmatrix} d_S \triangle \varphi + \theta_1(x)\varphi - \theta_2(x)\psi \\ d_I \triangle \psi + (\beta(x) - \mu)\psi \end{pmatrix},$$
(6.2.35)

其中, $\theta_1(x)$, $\theta_2(x)$ 定义于 (6.2.23). 由 Krein-Rutman 定理可知

$$\mathcal{G}_{(\tilde{S}, I)}(\mu, 0, 0)[\varphi, \psi] = (0, 0)$$

有一个满足 $\psi^* > 0$ 的解当且仅当 $\mu = \mu^*$. 因此, $\mu = \mu^*$ 是模型 (6.2.5) 从 Γ_S 分支出正解的唯一临界分支点.

另一方面, 由 (6.2.31), (6.2.32) 和 (6.2.35) 可知

$$\operatorname{Ker} \mathcal{G}_{(\tilde{S}, I)}(\mu^*, 0, 0) = \operatorname{span}\{(\varphi^*, \psi^*)\}.$$
(6.2.36)

因此, $\dim \operatorname{Ker} \mathcal{G}_{(\tilde{S}, I)}(\mu^*, 0, 0) = 1$.

如果 $(\tilde{\varphi}, \tilde{\psi}) \in \operatorname{Range} \mathcal{G}_{(\tilde{S},I)}(\mu^*, 0, 0)$, 则存在 $(\varphi, \psi) \in X$, 使得

$$\begin{cases} d_S \triangle \varphi + (r(x) - \mu^* - 2ar(x)S_*)\varphi \\ \qquad - (\beta(x) + ar(x)S_*(1+\rho) - \rho r(x))\psi = \tilde{\varphi}, & x \in \Omega \\ d_I \triangle \psi + (\beta(x) - \mu^*)\psi = \tilde{\psi}, & x \in \Omega \\ \partial_{\mathbf{n}} \varphi = \partial_{\mathbf{n}} \psi = 0, & x \in \partial\Omega. \end{cases} \tag{6.2.37}$$

由 Fredholm 二择一定理可知, (6.2.37) 的第二个方程是可解的当且仅当

$$\int_\Omega \tilde{\psi} \psi^* \mathrm{d}x = 0.$$

把 ψ 代入 (6.2.37) 的第一个方程, 可得

$$\varphi = (d_S \triangle + r(x) - \mu^* - 2ar(x)S_*)^{-1}((\beta(x) + ar(x)S_*(1+\rho) - \rho r(x))\psi + \tilde{\varphi}).$$

于是

$$\operatorname{Range} \mathcal{G}_{(\tilde{S},I)}(\mu^*, 0, 0) = \left\{ (f, g) \in Y : \int_\Omega g\psi^* \mathrm{d}x = 0 \right\}. \tag{6.2.38}$$

因此 $\operatorname{codim} \operatorname{Range} \mathcal{G}_{(\tilde{S},I)}(\mu^*, 0, 0) = 1$. 此外, 由 (6.2.38) 可得

$$\mathcal{G}_{\mu(\tilde{S},I)}(\mu^*, 0, 0)[\varphi^*, \psi^*] = \begin{pmatrix} -\varphi^* - ar(x)S_*'(2\varphi^* + (1+\rho)\psi^*) \\ -\psi^* \end{pmatrix}$$

$$\notin \operatorname{Range} \mathcal{G}_{\mu(\tilde{S},I)}(\mu^*, 0, 0),$$

其中 $'$ 表示对 μ 的导数. 因为 $-\displaystyle\int_\Omega \psi^{*2} \mathrm{d}x < 0$, 于是可以对 $\mathcal{G}$ 在 $(\mu, S, I) = (\mu^*, 0, 0)$ 处应用局部分支定理. 此外, 由分支方向定理可得

$$\mu'(0) = -\frac{\langle l, \mathcal{G}_{(\tilde{S},I)(\tilde{S},I)}(\mu^*, 0, 0)[\varphi^*, \psi^*][\varphi^*, \psi^*] \rangle}{2\langle l, G_{\mu(\tilde{S},I)}(\mu^*, 0, 0)[\varphi^*, \psi^*] \rangle}.$$

其中泛函 $l : X \to \mathbb{R}$ 定义为

$$\langle l, [f, g] \rangle = \int_\Omega g\psi^* \mathrm{d}x,$$

从而

$$\mathcal{G}_{(\tilde{S},I)(\tilde{S},I)}(\mu^*, 0, 0)[\varphi^*, \psi^*][\varphi^*, \psi^*]$$

$$= \begin{pmatrix} -2ar(x)(\varphi^{*2} + (1+\rho)\varphi^*\psi^* + \rho\psi^{*2}) + \dfrac{2\beta(x)}{S_*}\psi^{*2} \\ -\dfrac{2\beta(x)}{S_*}\psi^{*2} \end{pmatrix},$$

于是

$$\mu'(0) = -\frac{\displaystyle\int_{\Omega} \beta(x) S_*^{-1} \psi^{*3} \mathrm{d}x}{\displaystyle\int_{\Omega} \psi^{*2} \mathrm{d}x} < 0.$$

定理得证.　　　　　　　　　　　　　　　　　　　　　　　　　　　　　　　　□

定理 6.8　假设 $R_d > 1$, $R_0 > 1$, 则

(1) 如果 $\mu(x) = \mu$ 是正常数, 则模型 (6.2.3) 至少存在一个地方病稳态解 (endemic equilibrium) EE $(S^*(x), I^*(x))$;

(2) 如果 $\rho = 1$ 且 $d_S = d_I$, 则模型 (6.2.3) 存在唯一 EE $(S^*(x), I^*(x))$, 当 $x \in \bar{\Omega}$, $t \to \infty$ 时, 模型 (6.2.3) 所有的解 $(S(x,t), I(x,t))$ 一致趋于 $(S^*(x), I^*(x))$, 即 EE $(S^*(x), I^*(x))$ 是全局渐近稳定的.

证明　(1) 为了应用全局分支定理, 定义映射 $\tilde{\mathcal{G}} : \mathbb{R}_+ \times E$

$$\tilde{\mathcal{G}}(\mu, S, I) = \begin{pmatrix} S - S_* \\ I \end{pmatrix} - \begin{pmatrix} (-\triangle + \mathbb{I})^{-1}(S - S_* + d_S^{-1} f_1(\mu, S, I)) \\ (-\triangle + \mathbb{I})^{-1}(I + d_I^{-1} g_1(\mu, S, I)) \end{pmatrix},$$

其中, $f_1(\mu, S, I)$ 和 $g_1(\mu, S, I)$ 定义于 (6.2.4). 根据椭圆方程的正则性理论和 Sobolev 嵌入定理, 对任意固定的 μ, $\tilde{\mathcal{G}}(\mu, S, I)$ 的第二项是紧算子. 此外, 模型 (6.2.5) 等价于 $\tilde{\mathcal{G}}(\mu, S, I) = 0$. 令 Γ 是引理 6.7 中的局部分支, $\hat{\Gamma}$ 是最大的连通集合且满足

$$\Gamma \subset \hat{\Gamma} \subset \{(\mu, S, I) \in (\mathbb{R}_+ \times E) \setminus \{(\mu^*, S_*, 0)\} : \tilde{\mathcal{G}}(\mu, S, I) = 0\}. \tag{6.2.39}$$

定义 $P = \{w \in C^1(\bar{\Omega}) : w > 0, \; x \in \bar{\Omega} \text{ 且 } \partial_{\mathbf{n}} w = 0, \; x \in \partial\Omega\}$. 首先证明

$$\hat{\Gamma} \subset \mathbb{R}_+ \times P \times P. \tag{6.2.40}$$

用反证法. 假设 $\hat{\Gamma} \not\subset \mathbb{R}_+ \times P \times P$, 则存在

$$(\mu_\infty, S_\infty, I_\infty) \in \hat{\Gamma} \cap (\mathbb{R}_+ \times \partial(P \times P)) \tag{6.2.41}$$

和序列 $\{(\mu_i, S_i, I_i)\}_{i=1}^{\infty} \subset \hat{\Gamma} \cup (\mathbb{R}_+ \times P \times P)$, 使得在 $\mathbb{R}_+ \times E$ 上

$$\lim_{i \to \infty} (\mu_i, S_i, I_i) = (\mu_\infty, S_\infty, I_\infty).$$

另外, (S_∞, I_∞) 是模型 (6.2.5) 的非负解且 $\mu = \mu_\infty$. 根据强极值原理可知下面三条中必有一条成立:

(a) $S_\infty = 0, I_\infty > 0$;

(b) $S_\infty = 0, I_\infty = 0$;

(c) $S_\infty > 0, I_\infty = 0$.

由于 $R_0 > 1$, 根据定理 C.50(3) 和 (4) 可知 $\int_\Omega (\beta(x) - \mu)\mathrm{d}x \geqslant 0$, 或存在 $d_I^* > 0$, 当 $d_I < d_I^*$ 时, $\int_\Omega (\beta(x) - \mu)\mathrm{d}x < 0$.

任给 $i \in \mathbb{N}$, 将模型 (6.2.5) 的第二个方程中的 (S, I) 用 (S_i, I_i) 代替, 然后在 Ω 上积分, 可得

$$\int_\Omega I_i \left(\beta(x) - \mu - \frac{\beta(x)I_i}{S_i + I_i} \right) = 0. \tag{6.2.42}$$

假设 (a) 成立. 如果 $\int_\Omega (\beta(x) - \mu)\mathrm{d}x \leqslant 0$, 因为在 $\bar{\Omega}$ 上, 对任意 $i \in \mathbb{N}$, $S_i, I_i > 0$, 所以

$$\int_\Omega I_i \left(\beta(x) - \mu - \frac{\beta(x)I_i}{S_i + I_i} \right) \mathrm{d}x < 0.$$

如果 $\int_\Omega (\beta(x) - \mu)\mathrm{d}x > 0$, 对足够大的 $i \in \mathbb{N}_+$, 存在

$$\int_\Omega I_i \left(\beta(x) - \mu - \frac{\beta(x)I_i}{S_i + I_i} \right) \mathrm{d}x < 0.$$

与 (6.38) 矛盾.

如果 (b) 或 (c) 成立, 则

$$\begin{cases} -d_S \triangle S_\infty = S_\infty \Big(r(x) - \mu - ar(x)S_\infty \Big), & x \in \Omega, \\ \partial_{\mathbf{n}} S_\infty = 0, & x \in \partial\Omega. \end{cases} \tag{6.2.43}$$

所以 $S_\infty = S_*$ 或 $S_\infty = 0$. 而引理 6.7 和 $R_d > 1$ 意味着 $(\mu_\infty, S_\infty, I_\infty) = (\mu^*, S_*, 0)$. 这与 (6.2.39) 和 (6.2.41) 矛盾. 因此, (6.2.40) 成立.

定义

$$Y_1 = \left\{ (\varphi, \psi) \in E : \int_\Omega \psi\psi^* \mathrm{d}x = 0 \right\}, \tag{6.2.44}$$

则 Y_1 是在 E 中 $\mathrm{span}\{(\varphi^*, \psi^*)\}$ (定义见 (6.2.36)) 的补集. 根据全局分支定理, 下述性质之一必成立:

(i) $\hat{\Gamma}$ 在 $\mathbb{R}_+ \times E$ 上是无界的;

(ii) 存在常数 $\bar{\mu} \neq \mu^*$ 使得 $(\bar{\mu}, S_*, 0) \in \hat{\Gamma}$;

(iii) 存在 $(\hat{\mu}, \hat{\varphi}, \hat{\psi}) \in \mathbb{R}_+ \times (Y_1 \setminus \{(S_*, 0)\})$, 使得 $(\hat{\mu}, \hat{\varphi}, \hat{\psi}) \in \hat{\Gamma}$.

由 (6.2.39) 可知, 性质 (ii) 不可能发生. 基于 (6.2.39), (6.2.44) 和 $\psi^* > 0$, 性质 (iii) 也不可能发生. 因此, 必有性质 (i) 成立.

根据 (6.2.39)、引理 6.5 和引理 6.6 可知, 模型 (6.2.5) 至少存在一个正解当且仅当 $R_0 > 1$. (1) 证毕.

(2) 设 $N(x,t) = S(x,t) + I(x,t)$ 且满足

$$
\begin{cases}
\partial_t N - d\triangle N = (r(x) - \mu(x))N - ar(x)N^2, & x \in \Omega,\, t > 0, \\
\partial_{\mathbf{n}} N = 0, & x \in \partial\Omega,\, t > 0, \\
N(x,0) = S_0(x) + I_0(x) \geqslant 0, & x \in \Omega.
\end{cases}
\tag{6.2.45}
$$

因为 $R_d > 1$, 则存在 $N^*(x) > 0$ 使得当 $t \to \infty$ 时, N 依 $\|\cdot\|_\infty$ 趋于 $N_*(x)$. 对任意小 $\epsilon > 0$, 存在足够大的 $T > 0$, 使得对所有的 $x \in \bar{\Omega}$ 和 $t \geqslant T$ 都有

$$
N^*(x) - \epsilon < N(x,t) < N^*(x) + \epsilon.
$$

而 I 满足

$$
\begin{cases}
\partial_t I - d\triangle I = \left(\beta(x) - \mu(x) - \dfrac{\beta(x)}{N}I \right)I, & x \in \Omega,\, t > 0, \\
\partial_{\mathbf{n}} I = 0, & x \in \partial\Omega,\, t > 0, \\
I(x,0) = I_0(x) \geqslant 0, & x \in \partial\Omega.
\end{cases}
\tag{6.2.46}
$$

根据 [99] 中的命题 3.3, 如果 $R_0 > 1$, 则 (6.2.46) 有唯一平衡态 $I^*(x)$. 考虑下面两个辅助系统

$$
\begin{cases}
\partial_t \underline{I} - d\triangle \underline{I} = \left(\beta(x) - \mu(x) - \dfrac{\beta(x)}{N_*(x) - \epsilon}\underline{I} \right)\underline{I}, & x \in \Omega,\, t > T, \\
\partial_{\mathbf{n}} \underline{I} = 0, & x \in \partial\Omega,\, t > T, \\
\underline{I}(x,T) = I(x,T) > 0, & x \in \partial\Omega
\end{cases}
\tag{6.2.47}
$$

和

$$
\begin{cases}
\partial_t \bar{I} - d\triangle I = \left(\beta(x) - \mu(x) - \dfrac{\beta(x)}{N_*(x) + \epsilon}\bar{I} \right)\bar{I}, & x \in \Omega,\, t > T, \\
\partial_{\mathbf{n}} \bar{I} = 0, & x \in \partial\Omega,\, t > T, \\
\bar{I}(x,T) = I(x,T) > 0, & x \in \partial\Omega.
\end{cases}
\tag{6.2.48}
$$

显然 $\underline{I}(x,t)$ 和 $\bar{I}(x,t)$ 分别是 (6.2.46) 的上解和下解. 根据抛物方程的比较原理可知, 对所有的 $x \in \bar{\Omega}$, $t \geqslant T$, 存在

$$
\underline{I}(x,t) < I(x,t) < \bar{I}(x,t).
$$

由于 $R_0 > 1$, 根据定理 C.50 可知, $s(d_I \triangle + \beta - \mu) > 0$.

与定理 6.2 的证明类似, 可得当 $t \to \infty$ 时, 在 $\bar{\Omega}$ 上, $I(x,t)$ 一致趋于 (6.2.47) 的稳态解 $\underline{I}_\epsilon^*(x)$. 类似地, 当 $t \to \infty$ 时, 在 $\bar{\Omega}$ 上, $\bar{I}(x,t)$ 一致趋于 (6.2.48) 的稳态解 $\bar{I}_\epsilon^*(x)$. 由椭圆方程的上下解理论并结合解的唯一性, 可以证明当 $\epsilon \to 0$ 时, $\underline{I}_\epsilon^*(x)$ 和 $\bar{I}_\epsilon^*(x)$ 在 $\bar{\Omega}$ 上都一致趋于 $I^*(x)$. 于是当 $t \to \infty$ 时, 在 $\bar{\Omega}$ 上 $I(x,t)$ 一致趋于 $I^*(x)$. 另一方面, 当 $t \to \infty$ 时

$$S(x,t) = N(x,t) - I(x,t) \to N^*(x) - I^*(x). \qquad \square$$

注 6.9 *如果在 $\bar{\Omega}$ 上, 存在 $\mu(x) < \min\{\beta(x), r(x)\}$, 由定理 6.8 (1) 可知, 无论易感者和感染者的扩散速度多大, 疾病在整个区域总是存在的.*

6.2.6 数值模拟

为简单起见, 选择空间为一维区间 $\Omega = [0,1] \subset \mathbb{R}$.

6.2.6.1 扩散和空间异质性对 R_d/R_0 的影响

从定理 6.2、定理 6.3 和定理 6.8 可以看出, 统计学再生数 R_d 和基本再生数 R_0 对疾病动力学 (即无病或地方病) 起着决定性作用. 本节将通过数值模拟研究宿主的移动 (由 d_S 和 d_I 刻画) 和空间异质性对 R_d/R_0 的影响.

1) 扩散系数 d_S/d_I 对 R_d/R_0 的影响

考虑 R_d 的计算公式 (6.2.6), 选取

$$\mu(x) = 0.065, \quad r(x) = 0.0525(1.01 + c_1 \cos 2\pi x), \qquad (6.2.49)$$

其中 $0 \leqslant c_1 \leqslant 1$. 取 $c_1 = 1$, 则 $\int_0^1 (r(x) - \mu(x))\mathrm{d}x = -0.011975 < 0$. 根据定理 C.50, 存在一个阈值 $d_S^* = 0.0028$. 若 $d_S \geqslant d_S^*$, 则 $R_d \leqslant 1$; 若 $d_S < d_S^*$, 则 $R_d > 1$. 数值结果参见图 6.1(a).

考虑 R_0 的计算公式 (6.2.7), 选取

$$\mu(x) = 0.015, \quad \beta(x) = 0.0096(1.01 + c_2 \cos 2\pi x), \qquad (6.2.50)$$

其中, $0 \leqslant c_2 \leqslant 1$. 取 $c_2 = 1$, 则 $\int_0^1 (\beta(x) - \mu(x))\mathrm{d}x = -0.005304 < 0$. 根据定理 C.50, 存在一个阈值 $d_I^* = 4.5455 \times 10^{-4}$. 若 $d_I > d_I^*$, 则 $R_0 < 1$; 若 $d_I < d_I^*$, 则 $R_0 > 1$. 数值结果参见图 6.1(b).

2) 空间异质性对 R_d/R_0 的影响

把增长率 $r(x)$ 和传染率 $\beta(x)$ 作为空间异质性的关键因素, 分别给出 $r(x)$ 中 c_1 和 $\beta(x)$ 中 c_2 与 R_d/R_0 之间的关系. 选取

$$\mu(x) = 0.065, \quad r(x) = 0.0525(1.01 + c_1 \cos 2\pi x), \quad d_S = 10^{-3}, \qquad (6.2.51)$$

其中 $0 \leqslant c_1 \leqslant 1$. 由于 $\int_0^1 r(x)\mathrm{d}x = 0.053025$, 因此, 对任意 c_1, $r(x)$ 在 $[0,1]$ 的空间平均值与空间同质情况下的值相等. 从 (6.2.6) 可知, R_d 是关于 c_1 的单调递增函数. 注意到 R_d 在空间同质 $c_1 = 0$ 时取得最小值, 当 c_1 大于临界值 $c_1^* = 0.6465$ 时 $R_d > 1$ (图 6.2(a)).

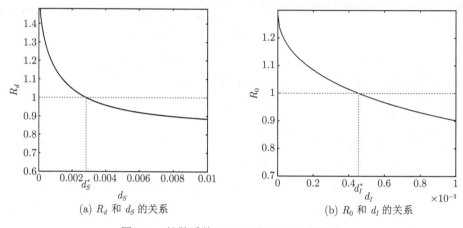

图 6.1 扩散系数 d_S/d_I 对 R_d/R_0 的影响

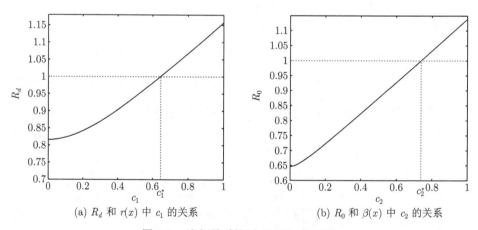

图 6.2 空间异质性对 R_d/R_0 的影响

选取

$$\mu(x) = 0.015, \quad \beta(x) = 0.0096(1.01 + c_2 \cos 2\pi x), \quad d_I = 10^{-4}, \qquad (6.2.52)$$

其中 $0 \leqslant c_2 \leqslant 1$. 由于 $\int_0^1 \beta(x)\mathrm{d}x = 0.009696$, 因此对任意 c_2, $\beta(x)$ 在 $[0,1]$ 的

空间平均值与空间同质情况下的值相等. 从 (6.2.7) 可知, R_0 是关于 c_2 的单调递增函数. 注意到 R_0 在空间同质 (即 $c_2 = 0$) 时取得最小值, 当 c_2 大于临界值 $c_2^* = 0.7374$ 时 $R_0 > 1$ (图 6.2(b)).

6.2.6.2　宿主的扩散和空间异质性对疾病动力学的影响

模型 (6.2.3) 存在三个平衡态: 灭绝平衡点 $(0,0)$, 无病稳态解 DFE $(S_*(x),0)$ 和地方病稳态解 EE $(S^*(x),I^*(x))$. 为了进一步认识宿主的移动和空间异质性对疾病传播动力学的作用, 我们通过数值模拟给出模型 (6.2.3) 解的长时间动力学行为.

1) 扩散系数 d_S/d_I 对疾病动力学行为的影响

首先考虑宿主的移动对模型 (6.2.3) 的疾病动力学的影响. 选取参数

$$\rho = 1, \quad a = 1, \quad r(x) = 0.0525(1.01 + \cos 2\pi x),$$
$$\beta(x) = 0.0096(1.01 + \cos 2\pi x), \tag{6.2.53}$$

初始值为

$$S_0(x) = 0.65 - \frac{1}{5}\cos 2\pi x, \quad I_0(x) = 0.1 - \frac{1}{20}\cos 2\pi x. \tag{6.2.54}$$

令 $\mu(x) = 0.065, d_I = 0.001, d_S = 0.002 < d_S^* = 0.0028$. 此时, 基本人口统计学再生数和基本再生数分别为 $R_d = 1.0479 > 1$ 和 $R_0 = 0.2472 < 1$. 从定理 6.3 可知, 模型 (6.2.3) 存在唯一 DFE $(S_*(x),0)$, 并且是全局渐近稳定的. 对 $S(x,t)$ 的数值结果如图 6.3(a) 所示, 对 $I(x,t)$ 的数值结果如图 6.3(b) 所示. 这种情况下疾病将灭绝.

选取

$$\mu(x) = 0.065, \quad d_I = 0.001, \quad d_S = 0.005 > d_S^* = 0.0028,$$
$$\beta(x) = 0.0645(1.01 + \cos 2\pi x),$$

其他参数如 (6.2.53), 则 $R_d = 0.8368 < 1$, $R_0 = 1.661 > 1$. 图 6.3(c) 和图 6.3(d) 的数值结果表明: 当 $t \to \infty$ 时, 模型 (6.2.3) 的正解 $(S(x,t),I(x,t))$ 趋于 $(0,0)$. 这种情况下, 整个宿主种群将会灭绝.

当取 $\mu(x) = 0.015, d_S = 0.01$, 且固定其他参数如 (6.2.53) 时, 如果 $d_I = 1.2 \times 10^{-4} < d_I^* = 4.5455 \times 10^{-4}$, 则 $R_d = 3.583 > 1, R_0 = 1.0844 > 1$. 从定理 6.8 可知, 模型 (6.2.3) 至少存在一个 EE $(S^*(x),I^*(x))$. 图 6.3(e) 和图 6.3(f) 的数值结果表明, 模型 (6.2.3) 的解趋于 EE $(S^*(x),I^*(x))$. 在这种情况下, 易感者和感染者共存, 疾病将在整个区域蔓延.

2) 空间异质性对疾病动力学的影响

选取参数

$$\rho = 1, \quad a(x) = 1, \quad r(x) = 0.0525(1.01 + c_1 \cos 2\pi x),$$
$$\beta(x) = 0.0096(1.01 + c_2 \cos 2\pi x), \quad d_S = 0.001, \quad d_I = 0.0001, \tag{6.2.55}$$

初值为 (6.2.54).

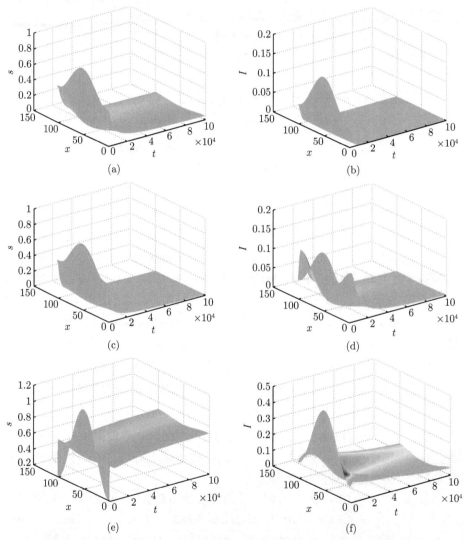

图 6.3　参数取 (6.2.53), 初值取 (6.2.54) 时模型 (6.2.3) 解的长时间行为. 左列: (6.2.3) 的解 $S(x,t)$; 右列: (6.2.3) 的解 $I(x,t)$. (a) (b) $\mu(x) = 0.065, d_I = 0.001, d_S = 0.002$, 模型 (6.2.3) 的解趋于 DFE $(S_*(x), 0)$; (c) (d) $\mu(x) = 0.065, d_I = 0.001, d_S = 0.005, \beta(x) = 0.0645(1.01 + \cos 2\pi x)$, 模型 (6.2.3) 的解 $(S(x,t), I(x,t))$ 趋于 $(0,0)$; (e) (f) $\mu(x) = 0.015, d_S = 0.01, d_I = 1.2 \times 10^{-4}$, 模型 (6.2.3) 的解 $(S(x,t), I(x,t))$ 趋于 EE $(S^*(x), I^*(x))$ (彩图见封底二维码)

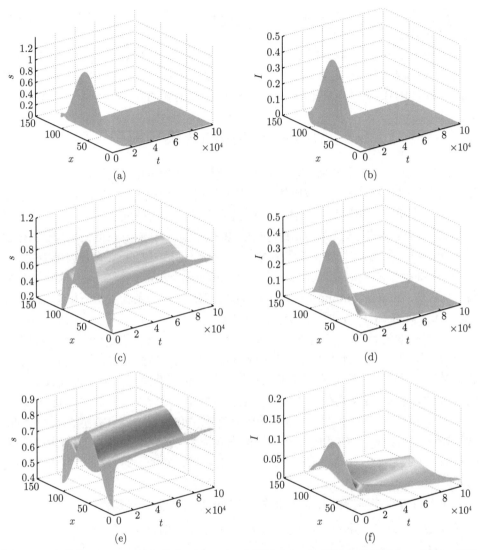

图 6.4 参数为 (6.2.55) 且初值为 (6.2.54) 时模型 (6.2.3) 解的长时间行为. 左列: 模型 (6.2.3) 的解 $S(x,t)$; 右列: 模型 (6.2.3) 的解 $I(x,t)$. (a) (b) $\mu(x) = 0.065$, $c_1 = 0, c_2 = 0.5$, 模型 (6.2.3) 的解趋于 $(0,0)$; (c) (d) $\mu(x) = 0.015$, $c_1 = 0.5, c_2 = 0$, 模型 (6.2.3) 的解趋于 DFE $(S_*(x), 0)$; (e) (f) $\mu(x) = 0.015$, $c_1 = 0.5, c_2 = 0.8$, 模型 (6.2.3) 的解趋于 EE $(S^*(x), I^*(x))$ (彩图见封底二维码)

令 $\mu(x) = 0.065$, $c_1 = 0, c_2 = 0.5$, 则 $R_d = 0.8158 < 1, R_0 = 0.2129 < 1$. 从定理 6.2 可知 $(0,0)$ 是全局渐近稳定的, 图 6.4(a) 和 6.4(b) 列示了模型 (6.2.3) 的解趋于 $(0,0)$. 也就是说, 整个种群将会灭绝.

若 $\mu(x) = 0.015$, $c_1 = 0.5, c_2 = 0$, 则 $R_d = 3.7086 > 1, R_0 = 0.6464 < 1$. 定

理 6.3 和图 6.4(c) 及 6.4(d) 的结果表明, 模型 (6.2.3) 存在唯一的 DFE $(S_*(x), 0)$ 且是全局渐近稳定的.

在图 6.4(c) 和 6.4(d) 中, 取 $c_2 = 0.8 > c_2^* = 0.7374$, 则 $R_d = 3.7086 > 1, R_0 = 1.0356 > 1$. 从定理 6.8 可知 (6.2.3) 至少存在一个 EE $(S^*(x), I^*(x))$ (图 6.4(e) 和 6.4(f)), 这时疾病蔓延. 也就是说空间传染率的异质性能诱发地方病.

6.3　具有混合传播的传染病模型

6.2 节研究了水平传播 (即病原体在个体之间的传播) 对疾病传染的影响机理. 而在疾病传播过程中, 病原体可以水平传播、垂直传播, 或者两者兼而有之. 所谓垂直传播是指病原体从母体经过胎盘或产道传染给胎儿的传播 [319]. 而水平与垂直共同传播的方式广泛存在, 例如, 微孢子虫 (microsporidians) [314], 蠕虫 (helminths) [310] 以及许多植物和动物 [287], 甚至包括一些重要的人类传染病, 如人类 T 细胞白血病病毒 (human T-cell leukemia virus) [257], 人类免疫缺陷病毒 (艾滋病, human immunodeficiency virus, HIV) [52], 人乳头状瘤病毒 (human papilloma virus, HPV) [197], 肝炎 [256], 等等.

有一些学者研究了具有水平和垂直传播的传染病模型[224,235,236]. 特别是, Stewart 等 [319] 发现水平传染会使病毒通过增加宿主感染和适应度出现此消彼长的情况, 而垂直传播会使病毒增加, 当寄生虫通过繁殖能力的增加使其对宿主的伤害达到最大化, 从而使寄生虫传播给更多的宿主后代时, 病毒才会减少. 康云和 Castillo-Chavez 教授 [193] 构建了一个具有水平和垂直传染且易感者 S 受 Allee 效应影响而感染者 I 的适应度降低的传染病模型, 研究结果表明, 在水平传染率较小时, 产生无易感者动力学行为, 而当感染者无繁殖能力时, 会产生疾病灭绝动力学.

本节将进一步研究具有水平和垂直传播的反应扩散传染病模型

$$\begin{cases} \partial_t S - d_S \triangle S = rS\left(1 - a(S + I)\right) - \mu S - \beta(x)SI, & x \in \Omega, \, t > 0, \\ \partial_t I - d_I \triangle I = r\rho I\left(1 - a(S + I)\right) - (\mu + \delta)I + \beta(x)SI, & x \in \Omega, \, t > 0, \\ \partial_{\mathbf{n}} S = \partial_{\mathbf{n}} I = 0, & x \in \partial\Omega, \, t > 0, \\ S(x, 0) = \phi_1(x) \geqslant 0, \, I(x, 0) = \phi_2(x) \geqslant 0, & x \in \Omega, \end{cases}$$

$$(6.3.1)$$

其中 d_S, d_I 分别是 S 和 I 的扩散系数. 初始值 $\phi_1(x), \phi_2(x) \in C(\bar{\Omega})$. 其余参数的含义与模型 (6.2.3) 相同.

模型 (6.3.1) 对应的稳态方程为

$$\begin{cases} -d_S \triangle S = rS\left(1 - a(S + I)\right) - \mu S - \beta(x)SI, & x \in \Omega, \\ -d_I \triangle I = r\rho I\left(1 - a(S + I)\right) - (\mu + \delta)I + \beta(x)SI, & x \in \Omega, \\ \partial_{\mathbf{n}} S = \partial_{\mathbf{n}} I = 0, & x \in \partial\Omega. \end{cases} \qquad (6.3.2)$$

与上节类似, 根据 [125, 126, 347, 358], 首先定义如下三个阈值参数.

(1) 统计学再生数

$$R_d := \frac{r}{\mu};$$ (6.3.3)

(2) 水平传染再生数

$$R_0^h := \sup_{\omega \in H^1(\Omega), \, \omega \neq 0} \left\{ \frac{\int_\Omega (\beta(x)(r-\mu)/ar + \rho\mu)\omega^2 \mathrm{d}x}{\int_\Omega (d_I |\nabla \omega|^2 + (\mu+\delta)\omega^2) \mathrm{d}x} \right\},$$ (6.3.4)

(3) 垂直传染再生数

$$R_0^v := \sup_{\omega \in H^1(\Omega), \, \omega \neq 0} \left\{ \frac{(\mu+\delta)/\rho \cdot \int_\Omega \omega^2 \mathrm{d}x}{\int_\Omega (d_S |\nabla \omega|^2 + (\beta(x)(r\rho - \mu - \delta)/ar\rho + \mu)\omega^2) \mathrm{d}x} \right\}.$$ (6.3.5)

在空间同质的情况下, 即 $\beta(x) = \beta$ 时, R_0^h 和 R_0^v 分别为

$$R_0^h := \frac{\beta(r-\mu) + a\mu r\rho}{ar(\mu+\delta)}, \qquad R_0^v := \frac{ar(\mu+\delta)}{a\mu r\rho + \beta(r\rho - \mu - \delta)}.$$ (6.3.6)

关于这几个阈值参数的计算将在后面的证明过程中给出.

6.3.1 全局解的存在性

定理 6.10 给定 $0 < \alpha < 1$, 对每个初值函数 $\phi = (\phi_1, \phi_2) \in C(\bar{\Omega}, \mathbb{R}^2)$, 模型 (6.3.1) 存在唯一的古典解

$$(S(\cdot, t), I(\cdot, t)) \in C\big(C(\bar{\Omega}); [0, \infty)\big) \cap C^1\big(C^{2+\alpha}(\bar{\Omega}); [1, \infty)\big).$$

证明 设 $\mathcal{T}_1(t), \mathcal{T}_2(t) : C(\bar{\Omega}, \mathbb{R}) \to C(\bar{\Omega}, \mathbb{R})$ 分别是具有 Neumann 边界算子 $d_S \triangle + r - \mu$ 和 $d_I \triangle + r\rho - \mu - \delta$ 生成的 C_0 半群. 当 $\xi \in C(\bar{\Omega}, \mathbb{R})$, $t \geqslant 0$ 时

$$(\mathcal{T}_1(t)\xi)(x) = e^{(r-\mu)t} \int_\Omega \Gamma(t, x, y, d_S)\xi(y)\mathrm{d}y,$$

$$(\mathcal{T}_2(t)\xi)(x) = e^{(r\rho - \mu - \delta)t} \int_\Omega \Gamma(t, x, y, d_S)\xi(y)\mathrm{d}y,$$

其中 $\Gamma(t, x, y, d)$ 是 Green 函数. 由 [312] 中的推论 7.2.3 可知, 对任意 $t > 0$, $\mathcal{T}_i : C(\bar{\Omega}, \mathbb{R}) \to C(\bar{\Omega}, \mathbb{R})$ $(i = 1, 2)$ 是紧的且强正的. 当 $t \geqslant 0$ 时, $\mathcal{T}(t) = (\mathcal{T}_1(t), \mathcal{T}_2(t)) : C(\bar{\Omega}, \mathbb{R}^2) \to C(\bar{\Omega}, \mathbb{R}^2)$ 是强连续半群.

设 $\mathcal{A}_i : D(A_i) \to C(\bar{\Omega}, \mathbb{R})$ 是 $\mathcal{T}_i$ $(i = 1, 2)$ 的生成子, 则 $\mathcal{T}(t) : C(\bar{\Omega}, \mathbb{R}^2) \to C(\bar{\Omega}, \mathbb{R}^2)$ 是由算子 $\mathcal{A} = (A_1, A_2) = (d_S \triangle + r - \mu, d_I \triangle + r\rho - \mu - \delta)$ 生成的半群, 其定义域为 $D(\mathcal{A}) = D(A_1) \times D(A_2)$.

对初始值函数 $\phi = (\phi_1, \phi_2) \in C(\bar{\Omega}, \mathbb{R}^2)$, 定义

$$\mathcal{F} = (F_1, F_2) : C(\bar{\Omega}, \mathbb{R}_+^2) \to C(\bar{\Omega}, \mathbb{R}^2),$$

即

$$\begin{cases} F_1(\phi)(x) = -ar\phi_1(x)(\phi_1(x) + \phi_2(x)) - \beta(x)\phi_1(x)\phi_2(x), \\ F_2(\phi)(x) = \beta(x)\phi_1(x)\phi_2(x) - ar\rho\phi_1(x)(\phi_1(x) + \phi_2(x)). \end{cases}$$

于是, 可把模型 (6.3.1) 在 $C(\bar{\Omega}, \mathbb{R}^2) \times C(\bar{\Omega}, \mathbb{R}^2)$ 上写成抽象的一阶 PDE

$$\begin{cases} u_t = \mathcal{A}u(t) + \mathcal{F}(u(t)), & t > 0, \\ u(0) = \phi \in C(\bar{\Omega}, \mathbb{R}_+^2). \end{cases} \tag{6.3.7}$$

因为对每个初始值 $\phi \in C(\bar{\Omega}, \mathbb{R}_+^2)$, F 在 $C(\bar{\Omega}, \mathbb{R}^2) \times C(\bar{\Omega}, \mathbb{R}^2)$ 上是局部 Lipschitz 连续的, 根据局部存在唯一性定理 (定理 C.24) 可得解的局部存在性, 由极值原理可得解的非负性.

接下来, 我们证明解的全局存在性. 为此, 只需证明对任意有限的 $T_\phi > 0$ 和 $\Omega \times [0, T_\phi)$, 解在 $\Omega \times [0, T_\phi)$ 上是有界的.

注意到 $S(x, t)$ 满足

$$\begin{cases} \partial_t S - d_S \triangle S \leqslant S(r - \mu - arS), & x \in \Omega, \, t > 0, \\ \partial_{\mathbf{n}} S = 0, & x \in \partial\Omega, \, t > 0. \end{cases}$$

根据抛物方程的比较原理, 可得

$$\limsup_{t \to \infty} \max_{x \in \bar{\Omega}} S(x, t) \leqslant \max\left\{0, \frac{r - \mu}{ar}\right\} := a_1.$$

从而, 对任意充分小的 $\varepsilon > 0$, 存在 $T > 0$, 使得当 $t > T$ 时

$$S(x, t) \leqslant a_1 + \varepsilon, \quad (x, t) \in \bar{\Omega} \times [T, \infty).$$

据此, 再考虑模型 (6.3.1) 的第二个方程, 可得

$$\begin{cases} \partial_t I - d_I \triangle I \leqslant I(r\rho + \|\beta\|_\infty(a_1 + \varepsilon) - \mu - \delta), & x \in \Omega, \, t > T, \\ \partial_{\mathbf{n}} I = 0, & x \in \partial\Omega, \, t > T. \end{cases}$$

由比较原理, 当 $(x, t) \in \bar{\Omega} \times [T, \infty)$ 时

$$I(x, t) \leqslant \phi_2^* e^{(r\rho + \|\beta\|_\infty(a_1 + \varepsilon) - \mu - \delta)t},$$

其中, $\phi_2^* = \|I(\cdot, T)\|_\infty$. 所以, $(S(\cdot, t), I(\cdot, t))$ 在 $[0, T_\phi), \forall \phi \in C(\bar\Omega, \mathbb{R}_+^2)$ 上是有界的.

此外, 由文献 [76] 中的定理 A_2 可知

$$(S(\cdot, t), I(\cdot, t)) \in C(C(\bar\Omega); [0, \infty)) \cap C^1(C^{2+\alpha}(\bar\Omega); [1, \infty)). \qquad \square$$

6.3.2 边界稳态解的稳定性

6.3.2.1 灭绝稳态解的稳定性

定理 6.11 若 $R_d < 1$, 模型 (6.3.1) 的灭绝平衡点 $(0,0)$ 是全局渐近稳定的.

证明 证明与定理 6.2 类似, 略去. $\qquad\square$

6.3.2.2 无病稳态解的稳定性

当 $R_d > 1$ 时, $(S_1, 0)$ 是模型 (6.3.1) 的无病稳态解, 其中 $S_1 = \dfrac{r-\mu}{ar}$. 根据 [126] 的下一代再生算子的概念, 采用 [347] 的方法和记号, 设 $\mathcal{F}(x, S, I)$ 是新感染者的输入率, $\mathcal{V}(x, S, I)$ 是宿主的转化率, 则

$$\mathcal{F}(x, S, I) = \begin{pmatrix} \beta(x)SI + r\rho I(1 - a(S + I)) \\ 0 \end{pmatrix} := \begin{pmatrix} F_1 \\ 0 \end{pmatrix},$$

$$\mathcal{V}(x, S, I) = \begin{pmatrix} (\mu + \delta)I \\ \beta(x)SI - rS(1 - a(S + I)) + \mu S \end{pmatrix} := \begin{pmatrix} V_1 \\ V_2 \end{pmatrix}.$$

从而

$$F(x) = \partial_I F_1(x, S, I)\Big|_{(S_1, 0)} = (\beta(x) - ar\rho)S_1 + r\rho = \frac{\beta(x)(r-\mu)}{ar} + \mu\rho,$$

$$V(x) = \partial_I V_1(x, S, I)\Big|_{(S_1, 0)} = \mu + \delta.$$

设 $T_3(t)\phi_2(x)$ 是系统

$$\begin{cases} \partial_t I - d_I \triangle I = -(\mu + \delta)I, & x \in \Omega,\, t > 0, \\ \partial_{\mathbf{n}} I = 0, & x \in \partial\Omega,\, t > 0, \\ I(x, 0) = \phi_2(x) \geqslant 0, & x \in \Omega \end{cases} \qquad (6.3.8)$$

的解半群. 因此, 由初始感染者分布 $\phi_2(x)$ 引起的新增感染者的空间分布为

$$\int_0^\infty F(x)T_3(t)\phi_2(x)\mathrm{d}t. \qquad (6.3.9)$$

定义

$$\mathcal{L}(\phi_2)(x) := \int_0^\infty F(x)T_3(t)\phi_2 \mathrm{d}t = F(x)\int_0^\infty T_3(t)\phi_2 \mathrm{d}t, \tag{6.3.10}$$

则 $\mathcal{L}$ 是连续正算子. 根据文献 [125, 126, 347, 359], 模型 (6.3.1) 的水平传染再生数 R_0^h 是算子 $\mathcal{L}$ 的谱半径, 即

$$R_0^h := \mathbf{r}(\mathcal{L}) = \mathbf{r}(-(d_I \triangle - V)^{-1}F).$$

根据上面的讨论和定理 C.50, 可得下述结果.

引理 6.12　对 R_0^h, 下述结论成立:

(1) $\mathrm{sign}(R_0^h - 1) = \mathrm{sign}\left(\mathbf{s}(d_I \triangle + \dfrac{\beta(x)(r-\mu)}{ar} + \mu\rho - \mu - \delta)\right).$

(2) R_0^h 关于 $d_I > 0$ 是严格单调递减函数, 且当 $d_I \to 0$ 时

$$R_0^h \to \max\left\{\frac{\beta(x)(r-\mu) + a\mu r\rho}{ar(\mu+\delta)}, x \in \bar{\Omega}\right\};$$

当 $d_I \to \infty$ 时

$$R_0^h \to \frac{\displaystyle\fint_\Omega (\beta(x)(r-\mu) + a\mu r\rho)\,\mathrm{d}x}{ar(\mu+\delta)}.$$

(3) R_0^h 关于 ρ 是严格单调递增函数.

(4) 若 $\displaystyle\int_\Omega \left(\dfrac{\beta(x)(r-\mu)}{ar} + \mu\rho - \mu - \delta\right)\mathrm{d}x \geqslant 0$, 则对所有的 $d_I > 0$, 有 $R_0^h > 1$.

(5) 如果 $\displaystyle\int_\Omega \left(\dfrac{\beta(x)(r-\mu)}{ar} + \mu\rho - \mu - \delta\right)\mathrm{d}x < 0$, 则方程 $R_0^h = 1$ 有唯一正实根 d_I^*. 若 $0 < d_I < d_I^*$, 则 $R_0^h > 1$; 若 $d_I > d_I^*$, 则 $R_0^h < 1$.

关于模型 (6.3.1) 的无病平衡点 DFE $(S_1, 0) = \left(\dfrac{r-\mu}{ar}, 0\right)$ 的稳定性有如下结果.

定理 6.13　若 $R_d > 1$, 模型 (6.3.1) 存在唯一无病平衡点 DFE $(S_1, 0) = \left(\dfrac{r-\mu}{ar}, 0\right)$, 且

(1) 若 $R_0^h < 1$, 则 DFE $(S_1, 0)$ 是全局渐近稳定的;

(2) 若 $R_0^h > 1$, 则 DFE $(S_1, 0)$ 是不稳定的.

证明　证明过程与定理 6.3 类似, 略去.　　　　　　　　　　　　　　　　$\square$

6.3.2.3 无易感者稳态解的稳定性

当 $R_d > \dfrac{\mu+\delta}{\mu\rho}$ 时, 模型 (6.3.1) 存在唯一的无易感者稳态解 (susceptible-free equilibrium) SFE $(0, I_1)$, 其中 $I_1 = \dfrac{r\rho - \mu - \delta}{ar\rho}$. 类似水平传染再生数的定义方式, 可以定义模型 (6.3.1) 的垂直传染再生数 R_0^v. 由模型 (6.3.1), 可得

$$\bar{F}(x) = \frac{\mu+\delta}{\rho}, \quad \bar{V} = \mu + \frac{\beta(x)(r\rho - \mu - \delta)}{ar\rho}.$$

则模型 (6.3.1) 的垂直传染再生数 R_0^v 为

$$R_0^v := \boldsymbol{r}(-(d_S\triangle - \bar{V})^{-1}\bar{F}).$$

引理 6.14 对 R_0^v, 下面的结论成立:

(1) $\text{sign}(R_0^v - 1) = \text{sign}\left(\boldsymbol{s}\left(d_S\triangle + \dfrac{\mu+\delta}{\rho} - \mu - \dfrac{\beta(x)(r\rho - \mu - \delta)}{ar\rho}\right)\right).$

(2) R_0^v 关于 d_S 是严格单调递减函数, 且当 $d_S \to 0$ 时

$$R_0^v \to \max\left\{\frac{ar(\mu+\delta)}{\beta(x)(r\rho - \mu - \delta) + a\mu r\rho}, x \in \bar{\Omega}\right\};$$

当 $d_S \to \infty$ 时

$$R_0^v \to \frac{|\Omega|ar(\mu+\delta)}{\displaystyle\int_\Omega (\beta(x)(r\rho - \mu - \delta) + a\mu r\rho)\,\mathrm{d}x}.$$

(3) R_0^v 关于 ρ 是严格单调递减函数.

(4) 若 $\displaystyle\int_\Omega \left(\frac{\mu+\delta}{\rho} - \mu - \frac{\beta(x)(r\rho - \mu - \delta)}{ar\rho}\right)\mathrm{d}x \geqslant 0$, 则对所有的 $d_S > 0$, $R_0^v > 1$.

(5) 若 $\displaystyle\int_\Omega \left(\frac{\mu+\delta}{\rho} - \mu - \frac{\beta(x)(r\rho - \mu - \delta)}{ar\rho}\right)\mathrm{d}x < 0$, 则方程 $R_0^v = 1$ 有唯一正根, 记为 d_S^*. 若 $0 < d_S < d_S^*$, 则 $R_0^v > 1$; 若 $d_S > d_S^*$, 则 $R_0^v < 1$.

关于模型 (6.3.1) 的无易感者平衡点 SFE $(0, I_1) = \left(0, \dfrac{r\rho - \mu - \delta}{ar\rho}\right)$ 的稳定性有如下结果.

定理 6.15 如果 $R_d > \dfrac{\mu+\delta}{\mu\rho}$, 模型 (6.3.1) 存在唯一的无易感者平衡点 SFE $(0, I_1) = \left(0, \dfrac{r\rho - \mu - \delta}{ar\rho}\right)$, 且

(1) 若 $R_0^v < 1$, 则 SFE $(0, I_1)$ 是局部渐近稳定的;

(2) 若 $R_0^v > 1$, 则 SFE $(0, I_1)$ 是不稳定的.

证明　(1) 首先证明 SFE 是线性稳定的. 在 $(0, I_1)$ 处线性化模型 (6.3.1), 则得下述特征值问题

$$\begin{cases} d_S \triangle \phi + (r - \mu - (ar + \beta(x))I_1)\phi = \lambda \phi, & x \in \Omega, \\ d_I \triangle \psi + (\beta(x) - ar\rho)I_1\phi - (r\rho - \mu - \delta)\psi = \lambda \psi, & x \in \Omega, \\ \partial_{\mathbf{n}}\phi = \partial_{\mathbf{n}}\psi = 0, & x \in \partial\Omega. \end{cases} \tag{6.3.11}$$

若 $\phi = 0$, 则 $\psi \neq 0$ 且 $d_I \triangle \psi - (r\rho - \mu - \delta)\psi = \lambda \psi$, 由此可得 $\mathrm{Re}(\lambda) < 0$. 从而, (6.3.11) 的所有特征值具有负实部.

若 $\phi \neq 0$, 则 λ 是 $d_S \triangle \phi + (r - \mu - (ar + \beta(x))I_1)\phi$ 的特征值. 若 $R_0^v < 1$, 由引理 6.14 可得 $\mathbf{s}(d_S \triangle \phi + (r - \mu - (ar + \beta)I_1)\phi) < 0$. 因此 $\mathrm{Re}(\lambda) < 0$. 于是 SFE $(0, I_1)$ 是线性稳定的. (1) 证毕.

(2) 的证明类似于定理 6.3 (2) 的证明过程, 在此略去.　　　　　　　□

注 6.16　考虑模型 (6.3.1) 中宿主种群仅有垂直传染而没有水平传染, 即 $\beta = 0$ 时, 从 (6.3.6) 可得

$$R_0^h := \frac{\mu\rho}{\mu + \delta} < 1, \qquad R_0^v := \frac{\mu + \delta}{\mu\rho} > 1. \tag{6.3.12}$$

由定理 6.13 和定理 6.15 可知, DFE $\left(\dfrac{r - \mu}{ar}, 0\right)$ 是全局渐近稳定的, SFE $\left(0, \dfrac{r\rho - \mu - \delta}{ar\rho}\right)$ 是不稳定的, 这表明只有垂直传染而无水平传染时, 感染者最终将会灭绝.

6.3.3　地方病稳态解的存在性

本节考虑 (6.3.2) 正解集合的结构. 首先给出模型 (6.3.2) 正解的先验估计.

引理 6.17　*设 $\vartheta \in (0, 1)$, 存在正常数 C, 使得模型 (6.3.2) 的任意正解 (S, I) 满足*

$$\|S\|_{C^{1,\vartheta}(\bar{\Omega})}, \ \|I\|_{C^{1,\vartheta}(\bar{\Omega})} < C.$$

证明　证明过程与定理 6.5 类似, 略去.　　　　　　　　　　　　□

下面给出正解不存在的一个充分条件, 这一结果将为正解集合的有界性提供有用的信息.

引理 6.18　*若 $R_d \leqslant 1$, 或 $R_d > 1$ 且 $R_0^h \leqslant 1$, 则模型 (6.3.2) 没有正解.*

证明 设 (S, I) 是模型 (6.3.2) 的任意正解, 模型 (6.3.2) 的第一个方程意味着

$$\mathbf{s}(d_S \triangle + (r - \mu - ar(S + I) - \beta I)) = 0. \tag{6.3.13}$$

由于 $\mathbf{s}(d_S \triangle + q)$ 关于 $q \in C(\bar{\Omega})$ 是严格单调递增的, 则由 $R_d \leqslant 1$ 和 (6.3.13) 可得

$$0 = \mathbf{s}(d_S \triangle + r - \mu - ar(S + I) - \beta I) < \mathbf{s}(d_S \triangle + r - \mu) \leqslant 0,$$

矛盾. 所以, 若 $R_d \leqslant 1$, 模型 (6.3.2) 没有正解.

令 $S(x_0) = \max_{\bar{\Omega}} S(x)$, 对 (6.3.2) 的第一个方程应用极值原理, 可得 $r - \mu - ar(S(x_0) + I(x_0)) - \beta(x_0)I(x_0) \geqslant 0$. 因此, 任给 $x \in \bar{\Omega}$ 时

$$S(x) \leqslant S(x_0) \leqslant \frac{r - \mu}{ar}. \tag{6.3.14}$$

接下来, 证明当 $R_d > 1$ 和 $R_0^h \leqslant 1$ 时模型 (6.3.2) 没有正解. 用反证法. 假设结论不成立, 则可以找到两个序列 $\{d_{S,j}\}_{j=1}^{\infty}$ 和 $\{d_{I,j}\}_{j=1}^{\infty}$, 使模型 (6.3.2) 有正解 (S_j, I_j), 且 $(d_S, d_I) = (d_{S,j}, d_{I,j})$, 于是 (S_j, I_j) 满足

$$\begin{cases} -d_{S,j} \triangle S_i = rS_j \left(1 - a(S_j + I_j)\right) - \mu S_j - \beta(x) S_j I_j, & x \in \Omega, \\ -d_{I,j} \triangle I_j = \rho r I_j \left(1 - a(S_j + I_j)\right) - (\mu + \delta) I_j + \beta(x) S_j I_j, & x \in \Omega, \\ \partial_{\mathbf{n}} S_j = \partial_{\mathbf{n}} I_j = 0, & x \in \partial\Omega. \end{cases} \tag{6.3.15}$$

根据引理 6.17 可知, S_j 和 I_j 在 $C(\bar{\Omega})$ 上是一致有界的, 则

$$\{rS_j \left(1 - a(S_j + I_j)\right) - \mu S_j - \beta(x) S_j I_j\}$$

和

$$\{\rho r I_j \left(1 - a(S_j + I_j)\right) - (\mu + \delta) I_j + \beta(x) S_j I_j\}$$

关于 j 也是一致有界的. 因此, 由椭圆方程的正则性 [149] 可知, 存在子列 $\{(S_{jk}, I_{jk})\}_{j=1}^{\infty}$ (为了方便起见仍记为 (S_j, I_j)) 和两个正函数 $S_\infty, I_\infty \in C^1(\Omega)$, 使得当 $j \to \infty$ 时, 在 $[C^1(\Omega)]^2$ 上, $(S_j, I_j) \to (S_\infty, I_\infty)$. 由 (6.3.14) 可知, 在 $\bar{\Omega}$ 上, $S_j \leqslant \dfrac{r - \mu}{ar}$. 因此, 当 $x \in \bar{\Omega}$ 时, S_j 一致收敛到 $\dfrac{r - \mu}{ar}$.

在 (6.3.15) 第二个方程中令 $j \to \infty$, 可知 I_∞ 满足

$$\begin{cases} d_I \triangle I_\infty + I_\infty \left(\dfrac{\beta(x)(r - \mu)}{ar} + \mu\rho - \mu - \delta - ar\rho I_\infty \right) = 0, & x \in \Omega, \\ \partial_{\mathbf{n}} I_\infty = 0, & x \in \partial\Omega. \end{cases} \tag{6.3.16}$$

若 I_∞ 是 (6.3.16) 的正解, 则 $R_0^h \leqslant 1$ 意味着

$$
0 = \mathbf{s}\left(d_I\triangle + \frac{\beta(x)(r-\mu)}{ar} + \mu\rho - \mu - \delta - ar\rho I_\infty\right)
$$

$$
< \mathbf{s}\left(d_I\triangle + \frac{\beta(x)(r-\mu)}{ar} + \mu\rho - \mu - \delta\right)
$$

$$
\leqslant 0,
$$

矛盾. □

对任意 $\mu < r\rho$ 和 $\delta \in (0, r\rho - \mu)$, 模型 (6.3.2) 有两个半平凡解: $(S_1, 0)$ 和 $(0, I_1)$. 选取 δ 作为分支参数, 利用局部和全局分支定理研究模型 (6.3.2) 的正解存在性. 为此, 定义无病和无易感者解集 (半平凡解) 分别为

$$
\begin{cases}
\Gamma_S := \left\{(S, I, \delta) = \left(\dfrac{r-\mu}{ar}, 0, \delta\right), \delta \in \mathbb{R}_+\right\}, \\[3mm]
\Gamma_I := \left\{(S, I, \delta) = \left(0, \dfrac{r\rho - \mu - \delta}{ar\rho}, \delta\right), \delta \in \mathbb{R}_+\right\}.
\end{cases}
$$

令

$$
q_1(\delta) = r - \mu - \frac{(ar + \beta(x)(r\rho - \mu - \delta))}{ar\rho}, \quad q_2(\delta) = \frac{\beta(x)(r-\mu)}{ar} + \mu\rho - \mu - \delta.
$$

由

$$
\frac{\mathrm{d}q_1}{\mathrm{d}\delta} = \frac{ar + \beta(x)}{ar\rho} > 0, \quad \frac{\mathrm{d}q_2}{\mathrm{d}\delta} = -1 < 0,
$$

以及 $\mathbf{s}(d\triangle + q)$ 关于 $q \in C(\bar{\Omega})$ 的连续性和单调递增性可知, 存在两个正常数 δ_* 和 δ^*, 使得

$$
\mathbf{s}\left(d_S\triangle + r - \mu - \frac{(ar + \beta(x))(r\rho - \mu - \delta)}{ar\rho}\right)
\begin{cases}
= 0, & \delta = \delta_*, \\
> 0, & \delta > \delta_*,
\end{cases}
\tag{6.3.17}
$$

$$
\mathbf{s}\left(d_I\triangle + \frac{\beta(x)(r-\mu)}{ar} + \mu\rho - \delta - \mu\right)
\begin{cases}
= 0, & \delta = \delta^*, \\
> 0, & \delta < \delta^*.
\end{cases}
\tag{6.3.18}
$$

再定义两个满足 $\|\varphi_*\|_2 = 1$ 和 $\|\psi^*\|_2 = 1$ 的函数 φ_* 和 ψ^*, 使得

$$
\begin{cases}
d_S\triangle\varphi_* + \left(r - \mu - \dfrac{(ar + \beta(x))(r\rho - \mu - \delta_*)}{ar\rho}\right)\varphi_* = 0, & x \in \Omega, \\[3mm]
\partial_{\mathbf{n}}\phi_* = 0, & x \in \partial\Omega,
\end{cases}
\tag{6.3.19}
$$

$$\begin{cases} d_I \triangle \psi^* + \left(\dfrac{\beta(x)(r-\mu)}{ar} + \mu\rho - \mu - \delta^* \right)\psi^* = 0, & x \in \Omega, \\ \partial_{\mathbf{n}}\psi^* = 0, & x \in \partial\Omega. \end{cases} \tag{6.3.20}$$

应用局部分支定理可得以下引理.

引理 6.19 对任意固定的 $(r, a, \rho, \mu, \beta(x))$, 有

(1) 从 Γ_S 可分支出模型 (6.3.2) 的一族正解当且仅当 $\delta = \delta^*$, 也就是, 存在 $\eta^* > 0$ 和 $(\varphi^*, \psi^*) \in X$, 使得模型 (6.3.2) 在 $\left(\dfrac{r-\mu}{ar}, 0, \delta^* \right) \in X \times \mathbb{R}_+$ 附近的所有正解可以参数化为

$$\begin{aligned} \Gamma_1 = \bigg\{ (S, I, \delta) &= \left(\frac{r-\mu}{ar} + s(\varphi^* + \bar{S}(s)), s(\psi^* + \bar{I}(s)), \delta(s) \right) \\ &\in X \times \mathbb{R}_+ : 0 < s \leqslant \eta^* \bigg\}, \end{aligned} \tag{6.3.21}$$

其中, $(\bar{S}(s), \bar{I}(s), \delta(s))$ 是 s 的光滑函数且满足

$$(\bar{S}(0), \bar{I}(0), \delta(0)) = (0, 0, \delta^*), \qquad \int_\Omega \bar{I}(s)\psi^* \mathrm{d}x = 0.$$

(2) 从 Γ_I 可分支出模型 (6.3.2) 的一族正解当且仅当 $\delta = \delta_*$. 也就是, 存在 $\eta_* > 0$ 和 $(\varphi_*, \psi_*) \in X$, 使得模型 (6.3.2) 在 $\left(0, \dfrac{r\rho - \mu - \delta}{ar\rho}, \delta_* \right) \in X \times \mathbb{R}_+$ 附近的所有正解可以参数化为

$$\begin{aligned} \Gamma_2 = \bigg\{ (S, I, \delta) &= \left(s(\varphi_* + \tilde{S}(s)), \frac{r\rho - \mu - \delta}{ar\rho} + s(\psi_* + \tilde{I}(s)), \delta(s) \right) \\ &\in X \times \mathbb{R}_+ : 0 < s \leqslant \eta_* \bigg\}, \end{aligned} \tag{6.3.22}$$

其中, $(\tilde{S}(s), \tilde{I}(s), \delta(s))$ 是 s 的光滑函数且满足

$$(\tilde{S}(0), \tilde{I}(0), \delta(0)) = (0, 0, \delta_*), \qquad \int_\Omega \tilde{S}(s)\varphi_* \mathrm{d}x = 0.$$

证明 首先证明 (2), 为此引入变换 $\tilde{I} = I - I_1$, 将半平凡解 $(S, I) = (0, I_1)$ 平移到 $(S, \tilde{I}) = (0, 0)$.

定义与模型 (6.3.2) 相关联的算子 $\mathcal{F} : X \times \mathbb{R}_+ \to Y$

$$\mathcal{F}(S, \tilde{I}, \delta) = \begin{pmatrix} d_S \triangle S + f(S, \tilde{I} + I_1, \delta) \\ d_I \triangle \tilde{I} + g(S, \tilde{I} + I_1, \delta) \end{pmatrix}$$

$$
= \begin{pmatrix} d_S \triangle S + rS(1 - a(S + \tilde{I} + I_1)) - \mu S - \beta S(\tilde{I} + I_1) \\ d_I \triangle \tilde{I} + r\rho I(1 - a(S + \tilde{I} + I_1)) - (\mu + \delta)(\tilde{I} + I_1) + \beta S(\tilde{I} + I_1) \end{pmatrix}.
$$
$$(6.3.23)$$

接下来寻找在 Γ_I 上的线性化算子 $\mathcal{F}_{(S,\tilde{I})}(0,0,\delta)$ 的退化点. 经过变换

$$
\tilde{f}(S, \tilde{I}, \delta) = f(S, \tilde{I} + I_1, \delta), \quad \tilde{g}(S, \tilde{I}, \delta) = g(S, \tilde{I} + I_1, \delta),
$$

$\mathcal{F}$ 在 $(S, \tilde{I}, \delta) = (0, 0, \delta)$ 处的 Fréchet 导数为

$$
\mathcal{F}_{(S,\tilde{I})}(0, 0, \delta) \begin{pmatrix} \varphi \\ \psi \end{pmatrix}
$$
$$
= \begin{pmatrix} d_S \triangle \varphi + \tilde{f}_S(0, 0, \delta)\varphi + \tilde{f}_{\tilde{I}}(0, 0, \delta)\psi \\ d_I \triangle \psi + \tilde{g}_S(0, 0, \delta)\varphi + \tilde{g}_{\tilde{I}}(0, 0, \delta)\psi \end{pmatrix}
$$
$$
= \begin{pmatrix} d_S \triangle \varphi + \left(r - \mu - \dfrac{(\beta(x) + ar)(r\rho - \mu - \delta)}{ar\rho} \right) \varphi \\ d_I \triangle \psi + \dfrac{(\beta(x) - ar\rho)(r\rho - \mu - \delta)}{ar\rho}\varphi - (r\rho - \mu - \delta)\psi \end{pmatrix}. \tag{6.3.24}
$$

由 (6.3.17) 和 Krein-Rutman 定理可知, 对 $\delta = \delta_*$, $\mathrm{Ker}\, \mathcal{F}_{(S,\tilde{I})}(0, 0, \delta)$ 是非平凡的. 从而

$$
\mathrm{Ker}\, \mathcal{F}_{(S,\tilde{I})}(0, 0, \delta_*) = \mathrm{span}\{(\varphi_*, \psi_*)\}, \tag{6.3.25}
$$

这里

$$
\psi_* = \frac{1}{ar\rho} \left(d_I \triangle - (r\rho - \mu - \delta_*) \right)^{-1} (ar\rho - \beta(x))(r\rho - \mu - \delta_*)\varphi_*.
$$

因此, $\mathrm{dimKer}\, \mathcal{F}_{(S,\tilde{I})}(0, 0, \delta) = 1$.

如果 $(\tilde{\varphi}, \tilde{\psi}) \in \mathrm{Range}\, \mathcal{F}_{(S,\tilde{I})}(0, 0, \delta_*)$, 则存在 $(\varphi, \psi) \in X$, 使得

$$
\begin{cases} d_S \triangle \varphi + \left(r - \mu - \dfrac{(\beta(x) + ar)(r\rho - \mu - \delta_*)}{ar\rho} \right) \varphi = \tilde{\varphi}, & x \in \Omega, \\ d_I \triangle \psi + \dfrac{(\beta(x) - ar\rho)(r\rho - \mu - \delta_*)}{ar\rho}\varphi - (r\rho - \mu - \delta_*)\psi = \tilde{\psi}, & x \in \Omega, \\ \partial_{\mathbf{n}} \varphi = \partial_{\mathbf{n}} \psi = 0, & x \in \partial\Omega. \end{cases}
$$
$$(6.3.26)$$

由 Fredholm 二择一定理可知, (6.3.26) 的第一个方程是可解的当且仅当

$$
\int_\Omega \tilde{\varphi}\varphi_* \mathrm{d}x = 0.
$$

由于 $d_I \triangle - (r\rho - \mu - \delta)\mathcal{I}$ 是可逆的, 所以第二个方程有唯一解 ψ, 且

$$\psi = (d_I \triangle - (r\rho - \mu - \delta_*)\mathcal{I})^{-1} \left(\tilde{\psi} - \frac{(\beta(x) - ar\rho)(r\rho - \mu - \delta_*)}{ar\rho} \varphi \right).$$

因此

$$\text{Range}\, \mathcal{F}_{(S,\tilde{I})}(0,0,\delta) = \left\{ (f,g) \in Y : \int_\Omega f\varphi_* \mathrm{d}x = 0 \right\}, \tag{6.3.27}$$

从而, $\text{codim Range}\, \mathcal{F}_{(S,\tilde{I})}(0,0,\delta) = 1$.

为了在 $(S, \tilde{I}, \delta) = (0, 0, \delta_*)$ 处应用局部分支定理, 只需证明

$$\mathcal{F}_{(S,\tilde{I}),\delta}(0,0,\delta_*) \begin{pmatrix} \varphi \\ \psi \end{pmatrix} \notin \text{Range}\, \mathcal{F}_{(S,\tilde{I})}(0,0,\delta_*).$$

因为 $\dfrac{1}{ar\rho} \displaystyle\int_\Omega (ar + \beta(x))\varphi^2 \mathrm{d}x > 0$, 经过计算可得

$$\mathcal{F}_{(S,\tilde{I}),\delta}(0,0,\delta_*) \begin{pmatrix} \varphi_* \\ \psi_* \end{pmatrix} = \begin{pmatrix} \tilde{f}_{S\delta}(0,0,\delta)\varphi_* + \tilde{f}_{\tilde{I}\delta}(0,0,\delta)\psi_* \\ \tilde{g}_{S\delta}(0,0,\delta)\varphi_* + \tilde{g}_{\tilde{I}\delta}(0,0,\delta)\psi_* \end{pmatrix}$$

$$= \begin{pmatrix} \dfrac{1}{ar\rho}(ar + \beta(x))\varphi_* \\ \dfrac{1}{ar\rho}(ar\rho - \beta)\varphi_* + \psi_* \end{pmatrix}$$

$$\notin \text{Range}\, \mathcal{F}_{(S,\tilde{I}),\delta}(0,0,\delta).$$

注意到 $\tilde{I} = I - I_1$, 利用局部分支定理可得 (6.3.21).

另一方面, 由分支方向定理可得

$$\delta'(0) = -\frac{\left\langle l_1, \mathcal{F}_{(S,\tilde{I})(S,\tilde{I})}(0,0,\delta) \begin{pmatrix} \varphi_* \\ \psi_* \end{pmatrix} \begin{pmatrix} \varphi_* \\ \psi_* \end{pmatrix} \right\rangle}{2 \left\langle l_1, \mathcal{F}_{(S,\tilde{I}),\delta}(0,0,\delta) \begin{pmatrix} \varphi_* \\ \psi_* \end{pmatrix} \right\rangle},$$

其中, 线性泛函 $l_1 \colon X \to \mathbb{R}$ 定义为

$$\langle l_1, [f,g] \rangle = \int_\Omega f\varphi_* \mathrm{d}x.$$

于是

$$\mathcal{F}_{(S,\tilde{I})(S,\tilde{I})}(0,0,\delta_*) \begin{pmatrix} \varphi_* \\ \psi_* \end{pmatrix} \begin{pmatrix} \varphi_* \\ \psi_* \end{pmatrix}$$

$$
= \begin{pmatrix} \tilde{f}_{SS}(0,0,\delta_*)\varphi_*{}^2 + 2\tilde{f}_{S\tilde{I}}(0,0,\delta_*)\varphi_*\psi_* + \tilde{f}_{\tilde{I}\tilde{I}}(0,0,\delta_*)\psi_*{}^2 \\ \tilde{g}_{SS}(0,0,\delta_*)\varphi_*{}^2 + 2\tilde{g}_{S\tilde{I}}(0,0,\delta_*)\varphi_*\psi_* + \tilde{g}_{\tilde{I}\tilde{I}}(0,0,\delta_*)\psi_*{}^2 \end{pmatrix}
$$

$$
= \begin{pmatrix} -2ar\varphi_*{}^2 - 2(ar + \beta(x))\varphi_*\psi_* \\ 2(\beta(x) - ar\rho)\varphi_*\psi_* - 2ar\rho\psi_*{}^2 \end{pmatrix}.
$$

故

$$
\delta'(0) = \frac{ar\rho \displaystyle\int_\Omega \varphi_*{}^2(ar\varphi_* + (ar + \beta(x))\psi_*)\mathrm{d}x}{\displaystyle\int_\Omega (ar + \beta(x))\varphi_*{}^2\mathrm{d}x} > 0.
$$

由此结论 (2) 得证.

(1) 的证明和 (2) 类似. 这里只简述主要过程.

令 $\tilde{S} = S - S_1$, 定义算子 $\mathcal{G} : X \times \mathbb{R}_+ \to Y$

$$
\mathcal{G}(\tilde{S}, I, \delta) = \begin{pmatrix} d_S\triangle\tilde{S} + r(S + S_1)(1 - a(\tilde{S} + S_1 + I)) - \mu(\tilde{S} + S_1) - \beta(\tilde{S} + S_1)I \\ d_I\triangle I + r\rho I(1 - a(\tilde{S} + S_1 + I)) - \mu I - \delta I + \beta(\tilde{S} + S_1)I \end{pmatrix},
$$

$$
\tag{6.3.28}
$$

从而

$$
\mathcal{G}_{(\tilde{S}, I)}(0,0,\delta)\begin{pmatrix} \varphi \\ \psi \end{pmatrix} = \begin{pmatrix} d_S\triangle\varphi - (r - \mu)\varphi - \dfrac{(\beta(x) + ar)(r - \mu)}{ar}\psi \\ d_I\triangle\psi + \left(\dfrac{(r - \mu)\beta(x)}{ar} + \mu\rho - \mu - \delta\right)\psi \end{pmatrix}.
$$

$$
\tag{6.3.29}
$$

当 $\delta = \delta^*$ 时, 由 (6.3.18) 可知 $\operatorname{Ker}\mathcal{G}_{(\tilde{S}, I)}(0,0,\delta)$ 是非平凡的, 且

$$
\operatorname{Ker}\mathcal{G}_{(\tilde{S}, I)}(0,0,\delta^*) = \operatorname{span}\{(\varphi^*, \psi^*)\} \tag{6.3.30}
$$

满足

$$
\varphi^* = \frac{r - \mu}{ar}(d_S\Delta - (r - \mu))^{-1}(\beta(x) + ar)\psi^* < 0. \tag{6.3.31}
$$

与 (2) 的证明类似, 可得

$$
\mathcal{G}_{(\tilde{S}, I),\delta}(0,0,\delta^*)\begin{pmatrix} \varphi \\ \psi \end{pmatrix} = \begin{pmatrix} 0 \\ -\psi^* \end{pmatrix} \notin \operatorname{Range}\mathcal{G}_{(\tilde{S}, I),\delta}(0,0,\delta),
$$

因此可得 (6.3.22).

此外, 由分支方向定理可得

$$\delta'(0) = -\frac{\left\langle l_2, \mathcal{G}_{(\tilde{S},I)(\tilde{S},I)}(0,0,\delta)\begin{pmatrix}\varphi^*\\\psi^*\end{pmatrix}\begin{pmatrix}\varphi^*\\\psi^*\end{pmatrix}\right\rangle}{2\left\langle l_2, \mathcal{G}_{(\tilde{S},I),\delta}(0,0,\delta)\begin{pmatrix}\varphi^*\\\psi^*\end{pmatrix}\right\rangle},$$

其中, 线性泛函 $l_2\colon X \to \mathbb{R}$ 定义为

$$\langle l_2, [f,g]\rangle = \int_\Omega g\psi^* \mathrm{d}x.$$

计算可得

$$\mathcal{G}_{(\tilde{S},I)(\tilde{S},I)}(0,0,\delta^*)\begin{pmatrix}\varphi^*\\\psi^*\end{pmatrix}\begin{pmatrix}\varphi^*\\\psi^*\end{pmatrix} = \begin{pmatrix}-2ar\varphi^{*2} - 2(ar + \beta(x))\varphi^*\psi^*\\2(\beta(x) - ar\rho)\varphi^*\psi^* - 2ar\rho\psi^{*2}\end{pmatrix}.$$

从而

$$\delta'(0) = \int_\Omega \psi^{*2}((\beta(x) - ar\rho)\varphi^* - ar\rho\psi^*)\mathrm{d}x < 0. \qquad\square$$

定理 6.20 假设 $R_d > 1/\rho$ 和 $\delta < \mu(\rho R_d - 1)$ 成立. 对任意固定的 $(r, a, \rho,$ $\beta(x))$, 模型 (6.3.2) 的正解集合形成一个从 $(S, I, \delta) = \left(0, \dfrac{r\rho - \mu - \delta}{ar\rho}, \delta_*\right) \in \Gamma_I$ 分支出并连接到 $(S, I, \delta) = \left(\dfrac{r-\mu}{ar}, 0, \delta^*\right) \in \Gamma_S$ 的有界连续统 $\Gamma_P \subset X \times \mathbb{R}_+$. 也就是, 当 $R_0^h > 1$, $R_0^v > 1$ 时, 模型 (6.3.2) 至少存在一个正解 $(S^*(x), I^*(x))$, 即地方病稳态解 EE 存在. 这里 δ_* 和 δ^* 分别定义于 (6.3.17) 和 (6.3.18).

证明 对在 (6.3.21) 中得到的局部分支, 令 $\hat{\Gamma}$ 表示模型 (6.3.2) 包含 (6.3.21) 的正解集的最大连通集, 则由全局分支定理可知, $\hat{\Gamma}$ 必然满足下列条件之一:

(1) 除了 $(S, V, \delta) = \left(\dfrac{r-\mu}{ar}, 0, \delta^*\right)$, $\hat{\Gamma}$ 在某处连接平凡解或半平凡解曲线;

(2) $\hat{\Gamma}$ 在 $X \times \mathbb{R}_+$ 中无界.

从引理 6.17 可知, 模型 (6.3.2) 的任意正解 (S, I) 在 $L^\infty(\Omega) \times L^\infty(\Omega)$ 上是有界的. 此外, 由椭圆方程的正则性理论可知, 存在正常数 $K = K(a, b, k, \rho, \delta, \beta(x),$ $\theta(x))$, 使得 $\|(S, I)\|_X \leqslant K$. 换句话说, $\|(S, I)\|_X$ 不可能沿 $\hat{\Gamma}$ 爆破. 在 X 中定义正锥

$$P := \{(S, V) \in X : S > 0, I > 0\}.$$

根据引理 6.17 可知, $\hat{\Gamma}$ 在 $P \times \mathbb{R}_+$ 上有界. 由全局分支定理可知, 存在 $(\hat{S}, \hat{I}, \delta) \in \hat{\Gamma}$, 使得 $(\hat{S}, \hat{I}) \in \partial P$, 由强极值原理可得 $\hat{S} = 0$ 或 $\hat{I} = 0$. 由于模型 (6.3.2)

平凡解 $(\hat{S}, \hat{I}) = (0,0)$ 的非退化性容易得到, 根据引理 6.19 可得 $(\hat{S}, \hat{I}, \delta) = \left(\dfrac{r-\mu}{ar}, 0, \delta^*\right)$ 或 $(\hat{S}, \hat{I}, \delta) = \left(0, \dfrac{r\rho-\mu-\delta}{ar\rho}, \delta^*\right)$. 由 (1) 可知, $(\hat{S}, \hat{I}, \delta) = \left(\dfrac{r-\mu}{ar}, 0, \delta^*\right)$ 可排除. 因此, $(\hat{S}, \hat{I}, \delta) = \left(0, \dfrac{r\rho-\mu-\delta}{ar\rho}, \delta^*\right)$.

从而模型 (6.3.2) 的正解集形成一个从 $(\hat{S}, \hat{I}, \delta) = \left(0, \dfrac{r\rho-\mu-\delta}{ar\rho}, \delta^*\right)$ 连接 $(\hat{S}, \hat{I}, \delta) = \left(\dfrac{r-\mu}{ar}, 0, \delta^*\right)$ 的连续统. $\qquad\square$

注 6.21 当 β 是常数时 (即空间均匀) 时, 模型 (6.3.2) 的地方病平衡点为

$$\begin{cases} S^* = \dfrac{ar(\mu+\delta-\mu\rho) + \beta(\mu+\delta-r\rho)}{\beta(ar(1-\rho)+\beta)} = \dfrac{(a\mu r\rho + \beta(r\rho-\mu-\delta))(R_0^v-1)}{\beta(ar(1-\rho)+\beta)}, \\[3mm] I^* = \dfrac{\beta(r-\mu) - ar(\mu+\delta-\mu\rho)}{\beta(ar(1-\rho)+\beta)} = \dfrac{ar(\mu+\delta)(R_0^h-1)}{\beta(ar(1-\rho)+\beta)}. \end{cases}$$

$$\tag{6.3.32}$$

由定理 6.20 可得 Γ_P 形成地方病稳态解的一个有界曲线 (图 6.5), 此曲线可表示为

$$\Gamma_P := \{(S^*, I^*) : \delta_* < \delta < \delta^*\} = \{(S^*, I^*) : R_0^h > 1, R_0^v > 1\},$$

其中, $\delta_* = \dfrac{\beta(r\rho-\mu)}{ar+\beta} - \mu(1-\rho)$, $\delta^* = \dfrac{\beta(r-\mu)}{ar} - \mu(1-\rho)$.

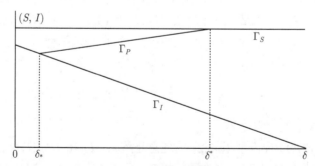

图 6.5   模型 (6.3.1) 在同质情况下地方病稳态解形成的有界分支曲线 Γ_P

从 (6.3.32) 式的 I^* 的表达式可得 I^* 和参数 ρ, δ 以及 β 之间关系的更多信息:

(1) 由于 $R_0^h > 1$, 则 $\beta > a\delta$. 因此 $\dfrac{\mathrm{d}I^*}{\mathrm{d}\rho} = \dfrac{ar^2(\beta-a\delta)}{\beta(ar\rho-ar-\beta)^2} > 0$, 也就是说,

感染者的均衡水平 I^* 随着 ρ 的增加而增加. 因此, 生殖能力的增加可以增加感染者的均衡值 I^*, 反之, 易感者的均衡值 S^* 将减少.

(2) 由于 $\dfrac{\mathrm{d}I^*}{\mathrm{d}\delta} = \dfrac{ar}{\beta(ar\rho - ar - \beta)} < 0$, 从而感染者的均衡值 I^* 随着因病死亡率 δ 的减少而减少.

(3) 对于 I^* 和 β, 当

$$\frac{ar}{r-\mu}(\mu + \delta - \mu\rho) < \beta < \frac{ar}{r-\mu}\left(\mu + \delta - \mu\rho + \sqrt{(\mu + \delta - \mu\rho)(r + \delta - r\rho)}\right)$$

时, $\dfrac{\mathrm{d}I^*}{\mathrm{d}\beta} > 0$, 在这种情况下, 感染者的均衡值 I^* 随 β 的增加而增加; 而当

$$\beta > \frac{ar}{r-\mu}\left(\mu + \delta - \mu\rho + \sqrt{(\mu + \delta - \mu\rho)(r + \delta - r\rho)}\right)$$

时, $\dfrac{\mathrm{d}I^*}{\mathrm{d}\beta} < 0$, 感染者的均衡值 I^* 随 β 的增加而减少. 也就是说, 感染者的均衡值 I^* 当

$$\beta^* = \frac{ar}{r-\mu}\left(\mu + \delta - \mu\rho + \sqrt{(\mu + \delta - \mu\rho)(r + \delta - r\rho)}\right)$$

时达到最大值. 图 6.6 中给出了感染者在不同的适应度 ρ 时的均衡值 I^* 和 β 之间的关系.

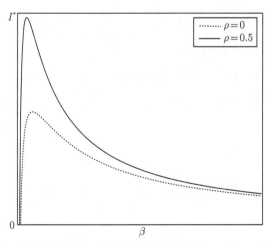

图 6.6 当适应度 ρ 取不同值时, 感染宿主的均衡水平值 I^* 和 β 之间的非单调关系

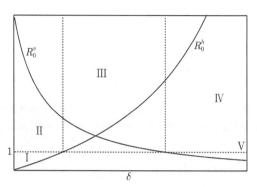

图 6.7　在空间均匀的情况下 (即 β 是常数), 当 $R_d > 1$ 时, 模型 (6.3.1) 的 R_0^h, R_0^v 与参数 δ 的关系. 区域 I 中存在唯一稳定 DFE; 区域 III 中至少存在一个 EE; 区域 V 中存在唯一稳定的 SFE. 其他区域中 (6.3.1) 的解是不稳定的

　　为了进一步理解定理 6.13、定理 6.15 和注 6.21 的结果, 作为一个例子, 我们考虑 β 是常数的情况. 当 $R_d > 1$ 时, 图 6.7 给出了 R_0^h, R_0^v 和参数 δ 的关系. 区域 I 中, $R_0^h < 1$, 从定理 6.13 可知模型 (6.3.1) 存在唯一全局稳定的 DFE; 在区域 IV 中, $R_0^h > 1$, DFE 是不稳定的. 在区域 V 中, $R_0^v < 1$, 由定理 6.15 可知模型 (6.3.1) 存在唯一局部稳定的 SFE; 在区域 II 中, $R_0^v > 1$, SFE 是不稳定的. 在区域 III 中, $R_0^h > 1$ 和 $R_0^v > 1$ 成立, 从定理 6.20 可知模型 (6.3.1) 至少存在一个 EE (S^*, I^*). 同时, 由图 6.7 可以看出 $R_0^h < 1$ 和 $R_0^v < 1$ 不可能同时成立.

6.3.4　地方病稳态解的稳定性

　　接下来考虑在同质情形下, 即 $\beta(x) = \beta$ 是正常数时模型 (6.3.1) 的地方病平衡点的全局稳定性.

　　对任意 $\varepsilon > 0$, 定义

$$F_\varepsilon(x) = F(x) + \varepsilon, \quad \mathcal{L}_\varepsilon(\phi_2) = F_\varepsilon(x) \int_0^\infty T(t)\phi_2 \mathrm{d}t,$$

则 $\mathcal{L}_\varepsilon$ 是紧的强正线性算子. 根据 Krein-Rutmann 定理, $\mathbf{r}(\mathcal{L}_\varepsilon) > 0$ 是 $\mathcal{L}_\varepsilon$ 的唯一特征值且有强正的特征向量. 当 $\displaystyle\int_\Omega \Gamma(t, x, y, D)\mathrm{d}y = 0, t > 0, D > 0, \alpha \in \mathbb{R}$ 时

$$\mathcal{L}_\varepsilon(\alpha) = \alpha \frac{(\beta(x) - ar\rho)S_1 + r\rho + \varepsilon}{\mu + \delta}.$$

从而, $\mathbf{r}(\mathcal{L}_\varepsilon) = \dfrac{(\beta(x) - ar\rho)S_1 + r\rho + \varepsilon}{\mu + \delta}$. 于是, 当 $\varepsilon \to 0^+$ 时, 水平传染再生数定义为

$$R_0^h := \mathbf{r}(\mathcal{L}) = \mathbf{r}(\mathcal{L}_0) = \frac{(\beta - ar\rho)S_1 + r\rho}{\mu + \delta} = \frac{\beta(r - \mu) + a\mu r\rho}{ar(\mu + \delta)}.$$

垂直传染再生数定义为

$$R_0^v := \frac{r(1 - aI_1)}{\beta I_1 + \mu} = \frac{ar(\mu + \delta)}{a\mu r\rho + \beta(r\rho - \mu - \delta)}.$$

注 6.22 由 R_0^h 和 R_0^v 的计算公式可知, 在空间同质情况下, R_0^h 和 R_0^v 不依赖于扩散系数 d_S 和 d_I, 这意味着易感者和感染者在封闭区域中的随机移动不会影响传染病的传播. 此外, 水平传染再生数 R_0^h 随着 β 的增加而增加, 垂直传染再生数 R_0^v 随着 β 的增加而减少. 因此, 从定理 6.13 和定理 6.15 可以看出, 减少 β 的值有利于控制疾病传播.

为了证明地方病稳态解的稳定性定理 6.24, 先给出下述引理.

定理 6.23 [275] 设 c_1 和 c_2 是两个正常数. 假设 $u, v \in C^1([c_1, \infty))$, $v \geqslant 0$, u 是下有界的. 若在 $[c_1, \infty)$ 中存在常数 $c_3 > 0$ 且满足 $u'(t) \leqslant -c_2 v$, $v'(t) \leqslant c_3$, 则 $\lim\limits_{t \to \infty} u(t) = 0$.

定理 6.24 设 $\beta(x) = \beta$ 是常数. 当 $R_0^h > 1$, $R_0^v > 1$ 时, 如果 $\beta > ar\rho$, 则模型 (6.3.1) 的地方病平衡点 EE (S^*, I^*) 是全局渐近稳定的, 其中 (S^*, I^*) 定义于 (6.3.32).

证明 给定 $0 < \alpha < 1$, 根据定理 6.10 可知, 当 $t \geqslant 1$ 时

$$\|S(\cdot, t)\|_{C^{\alpha+2}(\bar{\Omega})}, \ \|I(\cdot, t)\|_{C^{\alpha+2}(\bar{\Omega})} \leqslant C, \tag{6.3.33}$$

其中 C 是正常数.

设 Lyapunov 函数为

$$V(t) = \int_\Omega \left(\theta(V_1(S(x, t)) + V_2(I(x, t))) \right) dx, \tag{6.3.34}$$

其中, $V_1(S) = \int_{S^*}^S \frac{\xi - S^*}{\xi} d\xi$, $V_2(I) = \int_{I^*}^I \frac{\eta - I^*}{\eta} d\eta$, $\theta = \frac{\beta - ar\rho}{ar + \beta} > 0$. 则 $V(t) \geqslant 0$, 而 $V(t) = 0$ 当且仅当 $(S, I) = (S^*, I^*)$. 对任意 $t_0 > 0$, 选取充分小的正数 $\epsilon < \min\limits_{x \in \bar{\Omega}} \{S(x, t_0), I(x, t_0)\}$, 在 $\Omega \times [t_0, \infty)$ 上, 使得 (ϵ, ϵ) 是模型 (6.3.1) 的下解. 由 (6.3.33) 可知, 当 $t \geqslant t_0$ 时

$$\begin{aligned} V_t &= \int_\Omega \left(\frac{\theta(S - S^*)}{S} \frac{\partial S}{\partial t} + \frac{(I - I^*)}{I} \frac{\partial I}{\partial t} \right) dx \\ &= \int_\Omega \theta(S - S^*) \left(r - \mu - ar(S + I) - \beta I + \frac{d_S \triangle S}{S} \right) dx \\ &\quad + \int_\Omega (I - I^*) \left(r\rho - \mu - \delta - ar\rho(S + I) + \beta S + \frac{d_I \triangle I}{I} \right) dx \end{aligned}$$

$$\begin{aligned} &= -\left(\int_\Omega ar(S-S^*)^2 + ar\rho(I-I^*)^2 \mathrm{d}x \right. \\ &\quad \left. + \theta d_S S^* \int_\Omega \frac{|\nabla S|^2}{S^2} \mathrm{d}x + d_I I^* \int_\Omega \frac{|\nabla I|^2}{I^2} \mathrm{d}x \right) \\ &\leqslant -C \left(\int_\Omega (S-S^*)^2 + (I-I^*)^2 \mathrm{d}x + \int_\Omega \frac{|\nabla S|^2}{S^2} \mathrm{d}x + \int_\Omega \frac{|\nabla I|^2}{I^2} \mathrm{d}x \right). \end{aligned}$$

再由 (6.3.33), 经过计算可得

$$\begin{aligned} &\left(\int_\Omega \left((S-S^*)^2 + (I-I^*)^2 + |\nabla S|^2 + |\nabla I|^2 \right) \mathrm{d}x \right)_t \\ &= 2 \int_\Omega \left(\partial_t S(S-S^*) + \partial_t I(I-I^*) + \partial_t S \triangle S + \partial_t I \triangle I \right) \mathrm{d}x \\ &\leqslant C. \end{aligned}$$

由引理 6.23, 可得

$$\lim_{t\to\infty} \|S-S^*\|_2 = 0, \quad \lim_{t\to\infty} \|I-I^*\|_2 = 0. \tag{6.3.35}$$

从而, $\lim\limits_{t\to\infty} \|S-S^*\|_\infty = 0$, $\lim\limits_{t\to\infty} \|I-I^*\|_\infty = 0$, 即地方病平衡点 EE (S^*, I^*) 是全局渐近稳定的. □

6.3.5　数值模拟

本节给出数值模拟进一步说明传染病模型 (6.3.1) 的传播规律. 为了简单起见, 选取区域 $\Omega = [0,1] \subset \mathbb{R}$, 参数值取为

$$a = 1, \quad r = 0.1, \quad \mu = 0.005, \quad \delta = 0.0025, \tag{6.3.36}$$

初始值为

$$\phi_1(x) = 0.55 - \frac{1}{5}\cos 2\pi x, \quad \phi_2(x) = 0.2 - \frac{1}{20}\cos 2\pi x. \tag{6.3.37}$$

6.3.5.1　水平和垂直传染对疾病传播的作用

水平和垂直传染对疾病传播的影响取决于水平传染再生数 R_0^h 和垂直传染再生数 R_0^v. 作为例子, 取 $\beta(x) = \beta_0(1.01 + c\cos 2\pi(x+\eta))$, 其中 $0 \leqslant c \leqslant 1$ 表示传染率的空间异质大小. 空间同质的情况发生在 $c = 0$ 时, c 的值越大表明传染率的空间异质程度越强. $0 \leqslant \eta \leqslant 1$ 定义了空间异质的传染率的相移.

1) 扩散系数 d_I/d_S 对 R_0^h/R_0^v 的影响

图 6.8(a) 表明 R_0^h 关于 d_I 是单调递减函数, 并且随着 d_I 的增加从 $R_0^h > 1$ 变化到 $R_0^h < 1$, 在 $d_I = d_I^* \approx 0.4647 \times 10^{-3}$ 处 $R_0^h = 1$. 注意到当 $d_I \to \infty$ 时, $R_0^h \to 0.8663$, 它等于在空间均匀状态即 $c = 0$ 时的值 (虚线表示). 因此, 空间异质情况下, 感染者的扩散系数 d_I 越大, 水平传染再生数 R_0^h 越小. 图 6.8(b) 表

明, R_0^v 关于 d_S 是单调减函数, 并且随着 d_S 的增加由 $R_0^v > 1$ 变化到 $R_0^v < 1$, 在 $d_S = d_S^* \approx 0.1 \times 10^{-3}$ 处等于 $R_0^v = 1$, 当 $d_S \to \infty$ 时, $R_0^v \to 0.8361$, 等于在空间均匀状态 $c = 0$ 时的值 (虚线). 因此, 与图 6.8(a) 类似, 易感者的扩散系数 d_S 越大, 垂直传染再生数 R_0^v 越小.

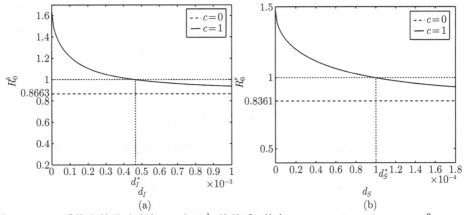

图 6.8　(a) 感染者的移动速率 d_I 和 R_0^h 的关系, 其中 $\rho = 0.1, \beta_0 = 6.25 \times 10^{-3}, \eta = 0$. (b) 易感者的移动速率 d_S 和 R_0^v 的关系, 其中 $\rho = 1, \beta_0 = 4.25 \times 10^{-3}, \eta = 0$. 其他参数如 (6.3.36) 所示

2) $\beta(x)$ 的异质性对 R_0^h/R_0^v 的影响

接下来分别考虑 $\beta(x)$ 中的 c 和 η 对 R_0^h 和 R_0^v 的影响. 图 6.9(a) 表明 R_0^h 关于 c 是单调递增函数且在 $c = c_h^* \approx 0.4848$ 处等于 1. 因此, 传染率的空间异质性越大, 水平传染再生数 R_0^h 越大. 图 6.9(b) 表明 R_0^v 的变化趋势与 R_0^h 类似 (图

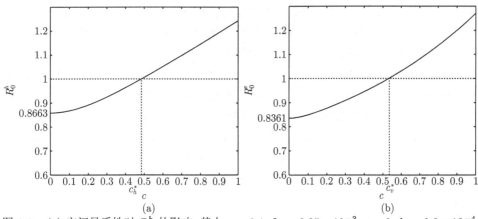

图 6.9　(a) 空间异质性对 R_0^h 的影响, 其中 $\rho = 0.1, \beta_0 = 6.25 \times 10^{-3}, \eta = 0, d_I = 0.8 \times 10^{-4}$. (b) 空间异质性对 R_0^v 的影响, 其中 $\rho = 1, \beta_0 = 4.25 \times 10^{-3}, \eta = 0, d_S = 0.1 \times 10^{-4}$. 其他参数定义如 (6.3.36)

6.9(a)), 这时 $c_v^* \approx 08361$. 由此可见, 空间异质性加剧了疾病传染风险.

与上面的例子不同, 图 6.10 表明 R_0^h / R_0^v 关于 η 不是单调的, 而是周期振荡的. 图 6.10(a) 及图 6.10(b) 表明合适的空间相变可以使得 R_0^h 或 R_0^v 的值小于 1, 从而使得疾病灭绝或 100% 感染.

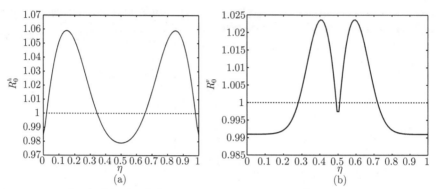

图 6.10   (a) η 对 R_0^h 的影响, 其中 $\rho = 0.1, \beta_0 = 6.25 \times 10^{-3}, c = 0.45, d_I = 0.8 \times 10^{-4}$; (b) η 对 R_0^v 的影响, 其中 $\rho = 1, \beta_0 = 4.25 \times 10^{-3}, c = 0.5, d_S = 0.1 \times 10^{-4}$. 其他参数见 (6.3.36)

6.3.5.2 空间异质性对模型解的长时间行为的影响

图 6.11 考虑了空间异质性对模型 (6.3.1) 解的长时间行为的影响. 参数为 $\rho = 0.1, \beta_0 = 6.25 \times 10^{-3}, \eta = 0, d_I = 0.8 \times 10^{-4}, d_S = 0.1 \times 10^{-4}$.

在图 6.11(a) 中, $c = 0$, 这时 $R_0^h = 0.8663 < 1, R_0^v = 14.1999 > 1$, 模型 (6.3.1) 的解趋于无病平衡点 DFE $(0.95, 0)$. 在图 6.11(b) 中, $c = 1 > 0.4848$, 则 $R_0^h = 1.2499 > 1$, $R_0^v = 14.1999 > 1$, 数值结果表明模型 (6.3.1) 的解趋于地方病平衡点 EE. 比较 6.11(a) 和 6.11(b) 可以看出, 空间传染的异质性越大, 感染者越多. 因此传染率的异质性可以加剧疾病的蔓延.

当增大感染者的生殖能力适应度至 $\rho = 1$ 并减少 β_0 到 4.5×10^{-3} 时, 在图 6.11(c) 中, $c = 0$, $R_0^h = 1.2104 > 1, R_0^v = 0.8361 < 1$, 模型 (6.3.1) 的解趋于无易感者平衡点 SFE $(0, 0.925)$; 在图 6.11(d) 中, 取 $c = 1 > 0.4848, R_0^h = 1.4083 > 1$, $R_0^v = 1.3732 > 1$, 模型 (6.3.1) 的解趋于地方病平衡点 EE. 比较图 6.11(c) 和 6.11(d), 可以看出较强的疾病空间传染率异质性可以有效减少感染者. 因此, 疾病传染率的异质性可以遏制宿主 100% 感染疾病.

6.3.5.3 感染者的空间分布

取扩散系数为 $d_S = 0.1 \times 10^{-4}, d_I = 0.8 \times 10^{-4}$, 疾病的传染率参数为 $\beta_0 = 6.25 \times 10^{-3}, c = 1, \eta = 0$, 考察感染者患病率的空间分布随着感染者的生殖能力适

应度 ρ $(= 0, 0.5, 1)$ 的变化规律. 从图 6.12 可以看出随着 ρ 的增加, 感染者将增加, 同时易感者将减少.

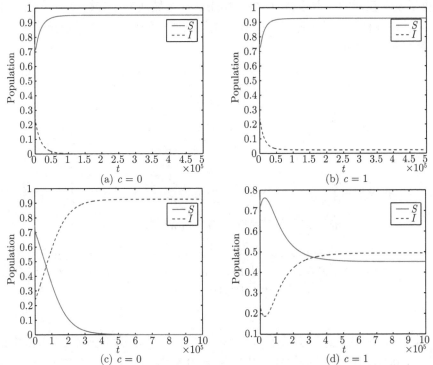

图 6.11　模型 (6.3.1) 在 $x = 0.5$ 处解的长时间行为. (a) (b) 参数为 $\rho = 0.1, \beta_0 = 6.25 \times 10^{-3}, \eta = 0, d_I = 0.8 \times 10^{-4}, d_S = 0.1 \times 10^{-4}$. (a) (6.3.1) 的 DFE $(0.95, 0)$ 是稳定的; (b) 模型 (6.3.1) 的 EE 是稳定的. (c) (d) 参数为 $\rho = 1, \beta_0 = 4.5 \times 10^{-3}, \eta = 0, d_I = 0.8 \times 10^{-4}, d_S = 0.1 \times 10^{-4}$. (c) (6.3.1) 的 SFE $(0, 0.925)$ 是稳定的; (d) (6.3.1) 的 EE 是稳定的. 其他参数如 (6.3.36) (彩图见封底二维码)

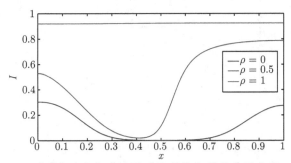

图 6.12　在 $t = 500$ 时感染者空间分布随感染者的生殖能力适应度 ρ 的变化. 参数为 $d_S = d_I = 0.1 \times 10^{-4}, \beta_0 = 6.25 \times 10^{-3}, c = 1, \eta = 0, \rho = 0, 0.5$ 和 1. 其他参数如 (6.3.36)

(彩图见封底二维码)

固定 $d_S = 0.1 \times 10^{-4}, \rho = 0.5, \beta_0 = 6.25 \times 10^{-3}, c = 1, \eta = 0$, 图 6.13 给出了扩散系数分别为 $d_I = 0.8 \times 10^{-5}, 0.8 \times 10^{-4}, 0.8 \times 10^{-3}, 0.8$ 时感染者的空间分布, 可以发现较低的扩散系数 d_I 使得感染者在区域边界中有较高的分布, 而在区域中间感染者有较低的分布. 图 6.13 的结果表明空间异质性扩散对感染者分布的影响具有高度敏感度.

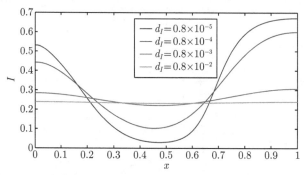

图 6.13　在时刻 $t = 500$ 时感染者随不同的扩散系数 $d_I = 0.8 \times 10^{-5}, 0.8 \times 10^{-4}, 0.8 \times 10^{-3}$ 和 0.8×10^{-2}, 空间分布的固定参数 $\rho = 0.5, \beta_0 = 6.25 \times 10^{-3}, c = 1, \eta = 0$, 其他参数如 (6.3.36) (彩图见封底二维码)

图 6.14 给出了不同的异质性 $c = 0, 0.5, 1$ 对感染者空间分布的影响, 固定 $d_S = 0.1 \times 10^{-4}, d_I = 0.8 \times 10^{-4}, \rho = 0.5, \beta_0 = 6.25 \times 10^{-3}, \eta = 0$. 由此可以看出较高空间异质性使感染者在区域边界有较高的分布, 而在区域中间感染者分布较少, 这说明空间异质性对于感染者的分布具有明显的影响.

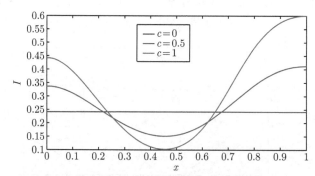

图 6.14　$t = 500$ 时感染者空间分布随不同的空间异质性 $c = 0, 0.5$ 和 1 时的变化, 固定 $d_S = 0.1 \times 10^{-4}, d_I = 0.8 \times 10^{-4}, \rho = 0.5, \beta_0 = 6.25 \times 10^{-3}, \eta = 0$, 其他参数见 (6.3.36) (彩图见封底二维码)

6.3.5.4 稳态分布斑图

在模型 (6.3.1) 中固定参数为 $\rho = 0.5$, $\beta_0 = 6.25 \times 10^{-3}$, $c = 1$, $\eta = 0$ 和 $d_S = 0.1 \times 10^{-4}$, 空间区域为 $0 \leqslant x \leqslant 5$. 选取四个不同的 d_I 值, 在 $t \in [450, 500]$ 时间段感染者 $I(x,t)$ 的空间分布模拟结果列于图 6.15. 可以看出 $I(x,t)$ 的变化幅度完全取决于 d_I, 但感染者的分布斑图不随时间的变化而变化 (所有子图中的条带数保持不变). 因此, 这种空间分布斑图是稳态的.

当 $d_I = 0.8 \times 10^{-4}$ 时, 考虑传染率系数 $\beta(x) = \beta_0(1.01 + c \cos 2l\pi(x + \eta))$ 中的变量 l 对分布斑图的影响机制. 图 6.16 给出了 $l = 1, 2, 3$ 时的分布斑图数值模拟结果. 显然, $I(x,t)$ 的空间分布斑图是由传染率 $\beta(x)$ 的空间异质性决定的.

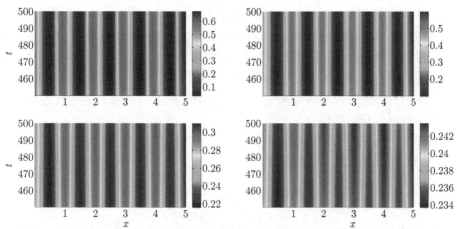

图 6.15 在 $t \in [450, 500]$ 时间段感染者 $I(x,t)$ 的稳态分布模拟结果. (上左) $d_I = 0.8 \times 10^{-5}$; (上右) $d_I = 0.8 \times 10^{-4}$; (下左) $d_I = 0.8 \times 10^{-3}$; (下右) $d_I = 0.8 \times 10^{-2}$ (彩图见封底二维码)

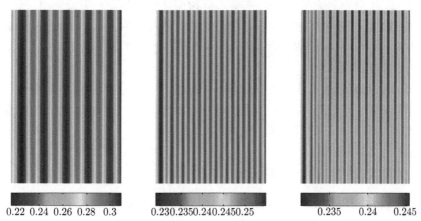

图 6.16 不同 l 值对感染者 $I(x,t)$ 的稳态分布的影响. (左) $l = 1$; (中) $l = 2$; (右) $l = 3$. 其他参数同图 6.15 (彩图见封底二维码)

6.4 一类流感模型的时空复杂性

流行性感冒 (简称流感) 是流感病毒引起的急性呼吸道感染, 也是一种传染性强、传播速度快的疾病, 主要通过空气中的飞沫、人与人之间的接触或与被污染物品的接触传播. 典型的临床症状主要有急起高热、全身疼痛、显著乏力和轻度呼吸道症状 [274,378]. 流感是一种严重的公共卫生问题, 在高危人群中引起严重疾病和死亡. 世界卫生组织报告表明, 流感在全球范围内发生, 每年在成人中的发病率估计为 5%—10%, 在儿童中的发病率估计为 20%—30%, 全球每年的流感估计会导致约 300 万至 500 万例严重疾病, 约 29 万至 65 万人死亡. 有研究称 99% 的 5 岁以下儿童死于与流感相关的下呼吸道感染 [262].

季节性流感病毒分为 4 种, 分别为甲 (A)、乙 (B)、丙 (C) 和丁 (D) 型, 可影响任何年龄组的任何人. 甲型流感病毒 (例如甲型 H1N1 流感和甲型 H3N2 流感) 经常发生抗原变异, 传染性大, 极易发生大范围流行. 此外, 已知只有甲型流感病毒引起大流行. 甲型流感病毒感染已成为全球最严重的公共卫生挑战之一, 近年来受到了前所未有的重视 [109,331,332].

最简单的流感动力学模型就是 SIRS [82,85,277] 或 SIRS 型 [103,389]. Anderson 和 May 建立了经典 SIRS 模型 [56]

$$\begin{cases} S_t(t) = \Lambda - \mu S(t) - \beta S(t)I(t) + \gamma R(t), \\ I_t(t) = \beta S(t)I(t) - (\mu + \alpha + \delta)I(t), \\ R_t(t) = \delta I(t) - (\mu + \gamma)R(t), \end{cases} \tag{6.4.1}$$

这里, S, I, R 分别表示易感者、感染人群和恢复暂时免疫的人群数量. 所有参数均为正常数, Λ 表示常数输入率, μ 是种群的自然死亡率, α 表示因流感致死率, δ 是治愈率 (恢复率), γ 是失去免疫系数, γR 是失去免疫率, $\beta S(t)I(t)$ 是双线性发生率, β 为传染率系数.

一般地, 可将发生率表示为 $g(S,I) = \beta f(I)S$, 其中函数 $f(I)$ 满足

假设 6.1 $f : \mathbb{R}_+ \to \mathbb{R}_+$ 是连续可导的且 $f(0) = 0, f_I(0) > 0$, 当 $I \in (0, +\infty)$ 时 $f(I) > 0$; $I/f(I)$ 在 $(0, +\infty)$ 上单调递增.

上述定义的发生率 $g(S,I) = \beta f(I)S$ 有广泛的应用, 例如:

(1) 双线性发生率 [56]: $f(I) = I$.

(2) 饱和发生率 [82,102,241,388]: $f(I) = \dfrac{I^l}{1 + \alpha I^h}$, 这里, 参数 h 是一个正常数, α 是一个刻画"心理效应"的非负常数.

(3) 考虑媒体报道的发生率 [83,118,157]:

(3-1) $f(I) = I\exp(-mI)$, 这里 m 是一个正常数;

(3-2) $\beta f(I) = (\beta_1 - \beta_2 h(I))I$, 这里 $\beta_1 > \beta_2$, 且函数 $h(I)$ 满足

$$h(0) = 0, \quad h_I(I) \geqslant 0, \quad \lim_{I \to +\infty} h(I) = 1.$$

根据中国疾病预防控制中心统计数据 [40], 因病死亡率为 $\alpha = 4.1 \times 10^{-8}$, 故可忽略因病死亡率, 即取 $\alpha = 0$, 于是可将模型 (6.4.1) 改进为下述形式

$$\begin{cases} S_t(t) = \Lambda - \mu S(t) - \beta f(I(t))S(t) + \gamma R(t), \\ I_t(t) = \beta f(I(t))S(t) - (\mu + \delta)I(t), \\ R_t(t) = \delta I(t) - (\mu + \gamma)R(t). \end{cases} \tag{6.4.2}$$

传染病模型 (6.4.2) 的基本再生数为

$$\widetilde{R}_0 = \frac{\beta \Lambda f_I(0)}{\mu(\mu + \alpha + \delta)}. \tag{6.4.3}$$

容易验证当 $\widetilde{R}_0 < 1$ 时疾病灭绝, 当 $\widetilde{R}_0 > 1$ 时疾病蔓延.

在异质环境中考虑种群的自由扩散, 可建立如下流感传染病模型

$$\begin{cases} \partial_t S = \nabla \cdot (d(x)\nabla S) + \Lambda(x) - \beta(x)f(x, I)S - \mu(x)S + \gamma(x)R, & x \in \Omega, t > 0, \\ \partial_t I = \nabla \cdot (d(x)\nabla I) + \beta(x)f(x, I)S - (\mu(x) + \delta(x))I, & x \in \Omega, t > 0, \\ \partial_t R = \nabla \cdot (d(x)\nabla R) + \delta(x)I - (\mu(x) + \gamma(x))R, & x \in \Omega, t > 0, \\ [d(x)\nabla S(x, t)] \cdot \mathbf{n} = [d(x)\nabla I(x, t)] \cdot \mathbf{n} = [d(x)\nabla R(x, t)] \cdot \mathbf{n} = 0, & x \in \partial\Omega, t > 0, \end{cases} \tag{6.4.4}$$

初值条件为

$$S(0, x) = S_0(x) \geqslant 0, \quad I(0, x) = I_0(x) \geqslant 0, \quad R(0, x) = R_0(x) \geqslant 0, \quad x \in \Omega, \tag{6.4.5}$$

这里, 发生率为 $\beta(x)Sf(x, I)$, 其中 $\beta(x)$ 是在 $\bar{\Omega}$ 上的正 Hölder 连续函数. 与假设 6.1 类似, $f(x, I)$ 满足下述条件.

假设 6.2 $f(\cdot, \cdot) \in C^1(\Omega \times \mathbb{R}_+)$ 且 $f(x, 0) = 0, f_I(x, 0) > 0$, 当 $(x, I) \in \Omega \times (0, +\infty)$ 时 $f(x, I) > 0$.

假设 6.3 $I/f(\cdot, I)$ 在 $(x, I) \in \Omega \times (0, +\infty)$ 上单调递增.

特别地,

$$S_0(x), I_0(x), R_0(x), d(\cdot), \Lambda(\cdot), \mu(\cdot), \beta(\cdot), \delta(\cdot), \gamma(\cdot) \in C^1(\bar{\Omega}).$$

为了讨论方便, 设 $X := C(\bar{\Omega}, \mathbb{R}^3)$ 是 Banach 空间且具有上确界范数 $\|\cdot\|$, 定义 $X^+ := C(\bar{\Omega}, \mathbb{R}_+^3)$, 则 (X, X^+) 是一个强序空间.

6.4.1　解的全局存在性和唯一性

定理 6.25　对任意初值函数 $\phi := (\phi_1, \phi_2, \phi_3) \in X^+$, 模型 (6.4.4) 在 $[0, \infty)$ 上存在唯一正解 $U(\cdot, t; \phi) = (S(\cdot, t; \phi), I(\cdot, t; \phi), R(\cdot, t; \phi))$, 且 $U(\cdot, 0; \phi) = \phi$. 当 $x \in \bar{\Omega}$, $t \geqslant 0$ 时, 模型 (6.4.4) 生成的半流 $\Psi_t : X^+ \to X^+$ 为

$$\Psi_t(\phi) = (S(\cdot, t; \phi), I(\cdot, t; \phi), R(\cdot, t; \phi)). \tag{6.4.6}$$

此外, 半流 (6.4.6) 是点耗散的, 且在有界子集 X^+ 上的正轨道关于 Ψ_t 有界.

证明　假设 $\mathcal{T}_1(t)$, $\mathcal{T}_2(t)$, $\mathcal{T}_3(t) : C(\bar{\Omega}, \mathbb{R}) \to C(\bar{\Omega}, \mathbb{R})$ 是与 $\nabla \cdot (d\nabla) - \mu$, $\nabla \cdot (d\nabla) - (\mu + \delta)$ 和 $\nabla \cdot (d\nabla) - (\mu + \gamma)$ 相关联且满足 Neumann 边界的 C_0 半群, 则对任意的 $t > 0$, $\mathcal{T}(t) := (\mathcal{T}_1(t), \mathcal{T}_2(t), \mathcal{T}_3(t))$ 是强正且紧的 (参看定理 C.47). 对任意初值函数 $\phi = (\phi_1(x), \phi_2(x), \phi_3(x)) \in C(\bar{\Omega}, \mathbb{R}^3)$, 定义 $F := (F_1, F_2, F_3) : X^+ \to X$ 服从

$$\begin{cases} F_1(\phi)(x) = \Lambda(x) - \beta(x) f(x, \phi_2(x)) \phi_1(x) + \gamma(x) \phi_2(x), \\ F_2(\phi)(x) = \beta(x) f(x, \phi_2(x)) \phi_1(x), \\ F_3(\phi)(x) = \delta(x) \phi_2(x). \end{cases}$$

则模型 (6.4.4) 可重写为积分方程

$$U(t) = \mathcal{T}(t)\phi + \int_0^t \mathcal{T}(t - s) F(U(s)) \mathrm{d}s,$$

这里, $U(t) = (S(t), I(t), R(t))^{\mathrm{T}}$. 易知, 当 $\phi \in X^+$ 时

$$\lim_{h \to 0^+} \mathrm{dist}\, (\phi + hF(\phi), X^+) = 0.$$

由 [253, 推论 4] 可知, 模型 (6.4.4) 在 $[0, \tau_e)$ 上存在唯一正解

$$(S(\cdot, t; \phi), I(\cdot, t; \phi), R(\cdot, t; \phi)),$$

其中, $0 < \tau_e \leqslant \infty$.

接下来证明局部解可延拓为全局解, 即 $\tau_e = \infty$. 为此, 只需证明解在 $\Omega \times [0, \tau_e)$ 上是有界的.

假设

$$N(x, t) = S(x, t) + I(x, t) + R(x, t),$$

则 $N(x, t)$ 满足

$$\begin{cases} \partial_t N = \nabla \cdot (d(x)\nabla N) + \Lambda(x) - \mu(x)N, & x \in \Omega, t > 0, \\ [d(x)\nabla N(x)] \cdot \mathbf{n} = 0, & x \in \partial\Omega, t > 0, \\ N(x, 0) = N_0(x) = S_0(x) + I_0(x) + R_0(x) \geqslant 0, & x \in \Omega. \end{cases} \tag{6.4.7}$$

由 [99] 可知, 模型 (6.4.7) 存在唯一正稳态解 S_* 在 $C(\Omega, \mathbb{R})$ 上是全局渐近稳定的, 这里 S_* 满足 (6.4.8). 因而 $(S(\cdot, t; \phi), I(\cdot, t; \phi), R(\cdot, t; \phi))$ 在 $[0, \tau_e)$ 上有界. □

6.4.2 流感灭绝

首先定义模型 (6.4.4) 的基本再生数 R_0. 在 (6.4.4) 中取 $I(x,t) = R(x,t) = 0$, 可得关于易感者 $S(x,t)$ 的方程

$$\begin{cases} \partial_t S = \nabla \cdot (d(x)\nabla S) + \Lambda(x) - \mu(x)S, & x \in \Omega,\, t > 0, \\ [d(x)\nabla S(x,t)] \cdot \mathbf{n} = 0, & x \in \partial\Omega\, t > 0. \end{cases} \tag{6.4.8}$$

易证 (6.4.8) 存在唯一的全局渐近稳定的正稳态解 $S_*(x)$. 则 $(S_*(x), 0, 0)$ 为模型 (6.4.4) 的无病稳态解 (DFE). 将模型 (6.4.4) 在 DFE $(S_*(x), 0, 0)$ 处线性化, 可得

$$\begin{cases} \partial_t I = \nabla \cdot (d(x)\nabla I) + (\beta(x)S_* f_I(x, 0) - (\mu(x) + \delta(x)))I, & x \in \Omega,\, t > 0, \\ [d(x)\nabla I(x,t)] \cdot \mathbf{n} = 0, & x \in \partial\Omega,\, t > 0. \end{cases} \tag{6.4.9}$$

将 $I(x,t) = e^{\lambda t}\varphi(x)$ 代入 (6.4.9), 可得特征值问题

$$\begin{cases} \lambda\varphi(x) = \nabla \cdot (d(x)\nabla\varphi(x)) + (\beta(x)S_* f_I(x, 0) - (\mu(x) + \delta(x)))\varphi(x), & x \in \Omega, \\ [d(x)\nabla\varphi(x)] \cdot \mathbf{n} = 0, & x \in \partial\Omega. \end{cases} \tag{6.4.10}$$

采用与 [312] 中定理 7.6.1 类似的证明方法可知, (6.4.10) 有一个具有正特征函数 $\varphi^*(x)$ 的主特征值

$$\lambda^*(S_*) = \mathbf{s}(\nabla \cdot (d(x)\nabla) + \beta S_* f_I(0) - (\mu + \delta)),$$

其中, $\mathbf{s}(\mathcal{A})$ 定义了闭线性算子 $\mathcal{A}$ 的谱界. 显然, (λ^*, φ^*) 满足

$$\begin{cases} \lambda^*\varphi^*(x) = \nabla \cdot (d(x)\nabla\varphi^*(x)) + (\beta(x)S_* f_I(x, 0) - (\mu(x) + \delta(x)))\varphi^*(x), & x \in \Omega, \\ [d(x)\nabla\varphi^*(x)] \cdot \mathbf{n} = 0, & x \in \partial\Omega. \end{cases}$$

而 $\lambda^*(S_*)$ 由下述变分特征给出

$$\lambda^*(S_*) = -\inf\left\{ \int_\Omega d(x)|\nabla\varphi|^2 \mathrm{d}x + (\mu(x) + \delta(x) - \beta(x)S_* f_I(x, 0))\varphi^2 : \right.$$

$$\left. \varphi \in H^1(\Omega), \int_\Omega \varphi^2 \mathrm{d}x = 1 \right\}. \tag{6.4.11}$$

设 $\phi_2(x)$ 是感染者 $I(x,t)$ 的空间分布, 则随着时间的推移, 感染者的分布变为 $\mathcal{T}_2(t)\phi_2(x)$. 所以, 在 t 时刻, 一个新的感染者分布为 $\beta(x)S_* f_I(x, 0)\mathcal{T}_2(t)\phi_2(x)$. 于是, 所有新感染者的分布为

$$\int_0^\infty \beta(x)S_* f_I(x, 0)\mathcal{T}_2(t)\phi_2(x)\mathrm{d}t.$$

定义

$$\mathcal{L}(\phi_2)(x) := \int_0^\infty \beta(x)S_*f_I(x,0)\mathcal{T}_2(t)\phi_2 \mathrm{d}t = \beta(x)S_*f_I(x,0)\int_0^\infty \mathcal{T}_2(t)\phi_2\mathrm{d}t,$$

则 $\mathcal{L}$ 是下一代感染者算子, 它将初始分布 ϕ_2 映射到感染期间产生的总感染者的分布. 定义 $\mathcal{L}$ 的谱半径为模型 (6.4.4) 的基本再生数

$$R_0 := \mathbf{r}(\mathcal{L}) = \sup_{\substack{\varphi \in H^1(\Omega) \\ \varphi \neq 0}} \left\{ \frac{\displaystyle\int_\Omega \beta(x)S_*f_I(x,0)\varphi^2\mathrm{d}x}{\displaystyle\int_\Omega (d(x)|\nabla\varphi|^2 + (\mu(x)+\delta(x))\varphi^2)\mathrm{d}x} \right\}. \tag{6.4.12}$$

易得 R_0 具有如下性质.

引理 6.26 $R_0 - 1$ 与 $\lambda^*(S_*)$ 有相同的符号.

在给出本节主要结果之前, 先给出下面的引理.

引理 6.27 设 $(S(x,t;\phi), I(x,t;\phi), R(x,t;\phi))$ 是模型 (6.4.4) 的具有初值 $\phi \in X^+$ 的一个解. 如果存在一些 $t_0 \geqslant 0$, 使得 $I(\cdot,t_0;\phi), R(\cdot,t_0;\phi) \not\equiv 0$, 则任给 $t \geqslant t_0$, 当 $x \in \bar{\Omega}$ 时, $I(\cdot,t;\phi), R(\cdot,t;\phi) > 0$. 此外, 当 $\phi \in \mathbb{X}^+$ 时, 任给 $t \geqslant t_0$, 当 $x \in \bar{\Omega}$ 时, 存在 $S(\cdot,t;\phi) > 0$, 使得

$$\liminf_{t\to\infty} S(x,t;\phi) \geqslant \frac{\check{\Lambda}}{\|\mu\| + \theta\|\beta\|},$$

其中, $\check{\Lambda} := \min_{x\in\bar{\Omega}}\Lambda(x)$, $\theta := \max_{I\in(0,\|S_*\|)} f(I)$.

证明 易知 $I(x,t;\phi)$ 和 $R(x,t;\phi)$ 满足

$$\begin{cases} \partial_t I \geqslant \nabla\cdot(d(x)\nabla I) - (\mu(x)+\delta(x))I, & x\in\Omega, t>0, \\ \partial_t R \geqslant \nabla\cdot(d(x)\nabla R) - (\mu(x)+\gamma(x))R, & x\in\Omega, t>0, \\ [d(x)\nabla I(x,t)]\cdot\mathbf{n} = [d(x)\nabla R(x,t)]\cdot\mathbf{n} = 0, & x\in\partial\Omega, t>0. \end{cases}$$

如果对一些 $t_0 \geqslant 0$, 存在 $I(\cdot,t_0;\phi), R(\cdot,t_0;\phi) \not\equiv 0$, 则由强极大值原理可知, 当 $t \geqslant t_0$, $x \in \bar{\Omega}$ 时, $I(\cdot,t;\phi), R(\cdot,t;\phi) > 0$. 由模型 (6.4.4) 的第一个方程可得

$$\begin{cases} \partial_t S \geqslant \nabla\cdot(d(x)\nabla S) + \check{\Lambda} - (\|\mu\| + \theta\|\beta\|)S, & x\in\Omega, t>0, \\ [d(x)\nabla S(x,t)]\cdot\mathbf{n} = 0, & x\in\partial\Omega, t>0. \end{cases}$$

由比较原理可知, 当 $x \in \bar{\Omega}$ 时, $\displaystyle\liminf_{t\to\infty} S(x,t;\phi) \geqslant \frac{\check{\Lambda}}{\|\mu\| + \theta\|\beta\|}$. 引理得证. $\qquad\square$

接下来讨论无病稳态解 DFE $(S_*,0,0)$ 的性质, 包括存在性、唯一性和稳定性.

定理 6.28 模型 (6.4.4) 存在唯一的 DFE $(S_*, 0, 0)$, 这里 S_* 是系统 (6.4.8) 的唯一正解.

(1) 如果 $R_0 < 1$, 则当 $t \to \infty$ 时, 模型 (6.4.4) 的任意正解收敛于无病稳态解 DFE $(S_*, 0, 0)$. 也就是说, DFE $(S_*, 0, 0)$ 是全局渐近稳定的.

(2) 如果 $R_0 > 1$, 则存在 $\epsilon_0 > 0$, 使模型 (6.4.4) 的任意正解满足

$$\limsup_{t \to \infty} \|(S(\cdot, t), I(\cdot, t), R(\cdot, t)) - (S_*, 0, 0)\| > \epsilon_0. \tag{6.4.13}$$

证明 (1) 假设 $R_0 < 1$. 由引理 6.26 可知, $\lambda^*(S_*) < 0$. 由连续性可知, 存在 $\varepsilon > 0$, 使得 $\lambda^*(S_* + \varepsilon) < 0$. 由定理 6.25 可知, 存在 $\tau_1 > 0$, 当 $t \geqslant \tau_1$ 时

$$S(x, t) \leqslant N(x, t) \leqslant S_* + \varepsilon.$$

根据假设 6.3 可得

$$\frac{f(\cdot, I)}{I} \leqslant \lim_{I \uparrow 0} \frac{f(\cdot, I)}{I} = f_I(\cdot, 0). \tag{6.4.14}$$

由模型 (6.4.4) 的第二个方程可得

$$\begin{cases} \partial_t I \leqslant \nabla \cdot (d(x) \nabla I) + \Big(\beta(x) f_I(x, 0)(S_* + \varepsilon) - (\mu(x) + \delta(x)) \Big) I, & x \in \Omega, t > 0, \\ [d(x) \nabla I(x, t)] \cdot \mathbf{n} = 0, & x \in \partial\Omega, t > 0, \\ I(x, 0) = I_0(x), & x \in \Omega. \end{cases}$$

假设满足 $Z(x, 0) = I_0(x)$ 的 $Z(x, t)$ 是下述线性方程的一个解

$$\begin{cases} \partial_t Z = \nabla \cdot (d(x) \nabla Z) \\ \qquad + \Big(\beta(x) f_I(x, 0)(S_* + \varepsilon) - (\mu(x) + \delta(x)) \Big) Z, & x \in \Omega, t > 0, \\ [d(x) \nabla Z(x, t)] \cdot \mathbf{n} = 0, & x \in \partial\Omega, t > 0. \end{cases}$$

由比较原理可知, 当 $t > \tau_1$, $x \in \Omega$ 时, $0 \leqslant I(x, t) \leqslant Z(x, t)$.

设 $Q(t)$ 是算子 $\nabla \cdot (d\nabla) + \beta f_I(\cdot, 0)(S_* + \varepsilon) - (\mu + \delta)$ 的解半群, $\varpi(Q)$ 是 $Q(t)$ 的指数增长边界, 则 $\varpi(Q) = \lambda^*(S_* + \varepsilon) < 0$. 取定 $0 < a < -\varpi(Q)$, 由推论 C.48 可知, 存在一个常数 $C > 0$, 使得当 $t \to \infty$ 时,

$$\|I(\cdot, t)\| \leqslant \|Z(\cdot, t)\| = \|Q(t) Z(\cdot, 0)\| \leqslant C e^{-at} \|I_0(\cdot)\| \to 0. \tag{6.4.15}$$

接下来证明, 当 $t \to \infty$ 时, $R(\cdot, t) \to 0$.

选择 a 足够小且满足 $0 < a < -\varpi(\mathcal{T}_3)$, 则存在一个常数 $C > 0$, 当 $t > 0$ 时

$$\|\mathcal{T}_3(t)\| \leqslant C e^{-at}. \tag{6.4.16}$$

由常数变分公式和 (6.4.15) 及 (6.4.16) 可知, 当 $t \to \infty$ 时,

$$
\begin{aligned}
\|R(\cdot,t)\| &\leqslant \|\mathcal{T}_3(t)R_0(\cdot)\| + \int_0^t \|\mathcal{T}_3(t-s)\delta(\cdot)I(\cdot,s)\|\mathrm{d}s \\
&\leqslant Ce^{-at}\|R_0(\cdot)\|_2 + Cte^{-at} \\
&\to 0.
\end{aligned}
\tag{6.4.17}
$$

令 $\hat{S} = S - S_*$, 则 $\hat{S}$ 满足

$$
\begin{cases}
\partial_t \hat{S} \leqslant \nabla \cdot (d(x)\nabla\hat{S}) - \mu(x)\hat{S} + \gamma(x)R, & x \in \Omega, t > 0, \\
[d(x)\nabla\hat{S}(x,t)] \cdot \mathbf{n} = 0, & x \in \partial\Omega, t > 0, \\
\hat{S}(x,0) = S_0(x) - S_*(x), & x \in \Omega.
\end{cases}
$$

假设满足 $Z(x,0) = \hat{S}(x,0)$ 的 $Z(x,t)$ 是系统

$$
\begin{cases}
\partial_t Z = \nabla \cdot (d(x)\nabla Z) - \mu(x)Z + \gamma(x)R, & x \in \Omega, t > 0, \\
[d(x)\nabla Z(x,t)] \cdot \mathbf{n} = 0, & x \in \partial\Omega, t > 0
\end{cases}
$$

的一个解, 由比较原理可知, 当 $t > 0$, $x \in \Omega$ 时, $0 \leqslant \hat{S}(x,t) \leqslant Z(x,t)$. 取定 $0 < a < -\varpi(\mathcal{T}_1)$, 存在常数 $C > 0$, 当 $t > 0$ 时,

$$
\|\mathcal{T}_1(t)\| \leqslant Ce^{-at}.
\tag{6.4.18}
$$

利用 (6.4.17) 和 (6.4.18), 当 $t \to \infty$ 时, 可得

$$
\begin{aligned}
\|\hat{S}(\cdot,t)\| &\leqslant \|Z(\cdot,t)\| \leqslant \|\mathcal{T}_1(t)Z(\cdot,0)\| + \int_0^t \|\mathcal{T}_1(t-s)\gamma(\cdot)R(\cdot,t)\|\mathrm{d}s \\
&\leqslant Ce^{-at}\|S(\cdot,0)\|_2 + Ct(1+1/2t)e^{-at} \\
&\to 0.
\end{aligned}
$$

从而, 当 $t \to \infty$ 时, $S(x,t) \to S_*(x)$. 结论 (1) 得证.

(2) 用反证法. 假设 (6.4.4) 有一个正解, 且满足

$$
\limsup_{t \to \infty} \|(S(\cdot,t), I(\cdot,t), R(\cdot,t)) - (S_*, 0, 0)\| < \epsilon_0,
\tag{6.4.19}
$$

则存在 $t_1 > 0$, 当 $t \geqslant t_1$ 时, $S_* - \epsilon_0 < S(x,t) < S_* + \epsilon_0, 0 < I(x,t) < \epsilon_0$. 由假设 6.3 可得 $f(\cdot,I)/I \geqslant f(\cdot,\epsilon_0)/\epsilon_0 \geqslant f_I(\cdot,\epsilon_0)$. 因此, 当 $t > t_1$ 时

$$
\begin{cases}
\partial_t I \geqslant \nabla \cdot (d(x)\nabla I) + \Big(\beta(x)f_I(\cdot,\epsilon_0)(S_* - \epsilon_0) - (\mu(x) + \delta(x))\Big)I, & x \in \Omega, \\
[d(x)\nabla I(x,t)] \cdot \mathbf{n} = 0, & x \in \partial\Omega.
\end{cases}
\tag{6.4.20}
$$

对任意的 $\epsilon \in \left(0, \min_{x \in \bar{\Omega}} S_*(x)\right)$, 考虑特征值问题

$$
\begin{cases}
\nabla \cdot (d(x)\nabla I) + (\beta(x)f_I(x,\epsilon)(S_* - \epsilon) - (\mu(x) + \delta(x)))I = \lambda I, & x \in \Omega, \\
[d(x)\nabla I(x,t)] \cdot \mathbf{n} = 0, & x \in \partial\Omega.
\end{cases}
$$

定义 $R_\epsilon := \mathbf{r}(\mathcal{L}_\epsilon)$ 是算子

$$
\mathcal{L}_\epsilon : \varphi(x) \to \beta(x)f_I(x,\epsilon)(S_* - \epsilon) \int_0^\infty T(t)\varphi \mathrm{d}t
$$

的谱半径.

因为 $\lim_{\epsilon \to 0} R_\epsilon = R_0 > 1$, 选取 ϵ 足够小使得 $R_\epsilon > 1$, 所以 $\lambda_\epsilon^* = \boldsymbol{s}(\nabla \cdot (d\nabla) + \beta f_I(\cdot, \epsilon)(S_* - \epsilon) - (\mu + \delta)) > 0$. 因此, 可选取足够小的 $\epsilon_0 \in \left(\epsilon, \min_{x \in \bar{\Omega}} S_*(x)\right)$, 使得 $\lambda_{\epsilon_0}^* > 0$.

由于 $I(\cdot, t_0) > 0$, 由引理 6.27 可选择足够小的 $\eta > 0$ 使得 $I(\cdot, t_0) \geqslant \eta \phi_{\epsilon_0}^*(\cdot)$, 其中, $\phi_{\epsilon_0}^*(\cdot)$ 是与 $\lambda_{\epsilon_0}^*$ 相关的强正特征函数. 注意到 $\eta e^{\lambda_{\epsilon_0}^*(t-t_0)}\phi_{\epsilon_0}^*(x)$ 是下述线性系统的一个解

$$
\begin{cases}
\partial_t I = \nabla \cdot (d(x)\nabla I) \\
\qquad + \Big(\beta(x)f_I(x,\epsilon_0)(S_* - \epsilon_0) - (\mu(x) + \delta(x))\Big)I, & x \in \Omega, t > t_0, \\
[d(x)\nabla I(x,t)] \cdot \mathbf{n} = 0, & x \in \partial\Omega, t > t_0.
\end{cases}
$$

当 $t \geqslant t_0$ 时, 由 (6.4.20) 和比较原理可得

$$
I(x,t) \geqslant \eta e^{\lambda_{\epsilon_0}^*(t-t_0)}\phi_{\epsilon_0}^*(x).
$$

因此, 当 $t \to \infty$ 时, $I(x,t)$ 是无界的, 这与 (6.4.19) 矛盾. $\qquad\square$

6.4.3 流感蔓延

接下来研究模型 (6.4.4) 的地方病稳态解 EE 的存在性和持久性.

定理 6.29 如果 $R_0 > 1$, 那么模型 (6.4.4) 至少存在一个地方病稳态解 EE (S^*, I^*, R^*), 且存在 $\varepsilon > 0$, 使得对于任意的 $\phi \in X^+$ $(\phi_i \not\equiv 0, i = 1, 2, 3)$, 当 $x \in \bar{\Omega}$ 时

$$
\liminf_{t \to \infty} S(x,t;\phi) \geqslant \varepsilon, \quad \liminf_{t \to \infty} I(x,t;\phi) \geqslant \varepsilon, \quad \liminf_{t \to \infty} R(x,t;\phi) \geqslant \varepsilon.
$$

证明 假设

$$
W_0 := \{\phi \in X^+ : \phi_2(\cdot) \not\equiv 0 \text{ 且 } \phi_3(\cdot) \not\equiv 0\},
$$

$$\partial W_0 := X^+ \backslash W_0 = \{\phi \in X^+ : \phi_2(\cdot) \equiv 0 \text{ 或 } \phi_3(\cdot) \neq 0\}.$$

由引理 6.27 可知, 任给 $\phi \in W_0$, 当 $x \in \bar{\Omega}$, $t > 0$ 时, $I(x,t;\phi) > 0$, $R(x,t;\phi) > 0$. 也就是, 当 $t \geqslant 0$ 时, $\Psi_t W_0 \subseteq W_0$.

定义

$$\partial_M := \{\phi \in \partial W_0 : \Psi_t \phi \in \partial W_0, \forall t \geqslant 0\}.$$

假设 $\omega(\phi)$ 是轨道 $O^+(\phi) := \{\Psi(t)\phi : \forall t \geqslant 0\}$ 的 ω-极限集. 任给 $\psi \in M_\partial$, 当 $t \geqslant 0$ 时, $\Psi_t \psi \in \partial W_0$, 于是, $I(\cdot,t;\psi) \equiv 0$ 或者 $R(\cdot,t;\psi) \equiv 0$ 成立. 而当 $t \geqslant 0$, $I(\cdot,t;\psi) \equiv 0$ 时, $R(x,t;\psi)$ 满足

$$\begin{cases} \partial_t R = \nabla \cdot (d(x)\nabla R) - (\mu(x) + \gamma(x))R, & x \in \Omega, t > 0, \\ [d(x)\nabla R(x,t)] \cdot \mathbf{n} = 0, & x \in \partial\Omega, t > 0. \end{cases}$$

所以, 当 $x \in \bar{\Omega}$ 时, $\lim\limits_{t \to \infty} R(\cdot,t;\psi) = 0$.

任给足够小的 $\varepsilon > 0$, 存在 $\tau_2 > 0$, 当 $t \geqslant \tau_2$ 时, $R(\cdot,t;\psi) < \varepsilon$. 因此, 由 (6.4.4) 的第一个方程可得

$$\begin{cases} \partial_t S = \nabla \cdot (d(x)\nabla S) + \Lambda(x) - \mu(x)S + \varepsilon\gamma(x), & x \in \Omega, t > \tau_2, \\ [d(x)\nabla S(x,t)] \cdot \mathbf{n} = 0, & x \in \partial\Omega, t > \tau_2. \end{cases}$$

由定理 6.25 和 ε 的任意性可得 $\lim\limits_{t \to \infty} S(\cdot,t;\psi) = S_*$. 所以, 对一些 $\tilde{t}_0 \geqslant 0$, $I(\cdot,\tilde{t}_0;\psi) \neq 0$. 于是, 任给 $x \in \Omega$, $t > \tilde{t}_0$, 引理 6.27 满足 $I(\cdot,t;\psi) > 0$. 所以, 当 $\tilde{t}_0 \geqslant 0$ 时, $R(\cdot,t;\psi) \equiv 0$. 由模型 (6.4.4) 的第二个方程可知, 任给 $t > \tilde{t}_0$, $I(\cdot,t;\psi) \equiv 0$, 产生矛盾.

所以, 当 $\psi \in \partial M$ 时, $\omega(\phi) = \{(S_*,0,0)\}$.

此外, 如果 $R_0 > 1$, 由定理 6.28 (2) 可知, $(S_*,0,0)$ 是 W_0 的一个一致的弱排斥子, 当 $\psi \in W_0$ 时

$$\limsup_{t \to \infty} \|(S(\cdot,t), I(\cdot,t), R(\cdot,t)) - (S_*,0,0)\| > \epsilon.$$

定义连续函数 $p : X^+ \to [0,\infty)$, 当 $\psi \in X^+$ 时

$$p(\psi) := \min\left\{\min_{x \in \bar{\Omega}} \psi_2(x), \min_{x \in \bar{\Omega}} \psi_2(x)\right\}.$$

由引理 6.27 可知, $p^{-1}(0,\infty) \subseteq W_0$, 如果 $p(\psi) > 0$, 或 $\psi \in W_0$ 且 $p(\psi) = 0$, 当 $t > 0$ 时, $p(\Psi_t\psi) > 0$. 所以, p 是半流 $\Psi_t : X^+ \to X^+$ 上的一个广义距离函数 (参看 [313]).

注意到, 在 M_∂ 上, Ψ_t 的任意前向轨道收敛于 $(S_*, 0, 0)$. 这意味着 $(S_*, 0, 0)$ 在 X^+ 和 $W^s(S_*, 0, 0) \cap W_0 = \varnothing$ 中是孤立的, 这里, $W^s(S_*, 0, 0)$ 是 $(S_*, 0, 0)$ 的稳定集. 进一步, M_∂ 中从 $(S_*, 0, 0)$ 到 $(S_*, 0, 0)$ 没有极限环. 由 [313] 可知, 存在 $\eta > 0$, 使得对任意的 $\psi \in W_0$, 都有 $\min\{p(\psi) : \psi \in \omega(\psi)\} > \eta$. 因而

$$\liminf_{t \to \infty} I(\cdot, t; \psi) \geqslant \eta, \quad \liminf_{t \to \infty} R(\cdot, t; \psi) \geqslant \eta, \quad \forall \psi \in W_0.$$

由引理 6.27, 可选取 η 足够小, 使得当 $\psi \in W_0$ 时, $\liminf\limits_{t \to \infty} S(\cdot, t; \psi) \geqslant \eta$. 所以, 结论中的一致持久性条件满足. 根据 [250] 中定理 3.7 和注 3.10 可知, $\psi_t : W_0 \to W_0$ 存在一个全局吸引子. 由 [250] 中定理 4.7 可知, Ψ_t 有一个平衡点 $(S^*, I^*, R^*) \in W_0$. 于是, 由引理 6.27 可知, (S^*, I^*, R^*) 是模型 (6.4.4) 的一个地方病稳态解. $\quad\square$

6.4.4 应用实例及数值模拟

取

$$f(x, I) = \frac{I}{1 + \alpha(x)I^2},$$

则可得下述流感动力学模型

$$\begin{cases} \partial_t S = \nabla \cdot (d(x)\nabla S) + \Lambda(x) - \dfrac{\beta(x)SI}{1 + \alpha(x)I^2} - \mu(x)S + \gamma(x)R, & x \in \Omega, \ t > 0, \\[2mm] \partial_t I = \nabla \cdot (d(x)\nabla I) + \dfrac{\beta(x)SI}{1 + \alpha(x)I^2} - (\mu(x) + \delta(x))I, & x \in \Omega, \ t > 0, \\[2mm] \partial_t R = \nabla \cdot (d(x)\nabla R) + \delta(x)I - (\mu(x) + \gamma(x))R, & x \in \Omega, \ t > 0, \\[2mm] [d(x)\nabla S(x,t)] \cdot \mathbf{n} = [d(x)\nabla I(x,t)] \cdot \mathbf{n} = [d(x)\nabla R(x,t)] \cdot \mathbf{n} = 0, & x \in \partial\Omega, \ t > 0, \end{cases}$$
$$(6.4.21)$$

初值条件同 (6.4.5). 易证 $f_I(\cdot, 0) = 1$, $\dfrac{\partial}{\partial I}\left(\dfrac{I}{f(\cdot, I)}\right) = 2\alpha(\cdot)I > 0$, 所以, 假设 6.2 和假设 6.3 满足.

根据 (6.4.12), 模型 (6.4.21) 的基本再生数为

$$R_0 = \sup_{\substack{\varphi \in H^1(\Omega) \\ \varphi \neq 0}} \left\{ \frac{\displaystyle\int_\Omega \beta(x)S_*\varphi^2 \mathrm{d}x}{\displaystyle\int_\Omega (d(x)|\nabla\varphi|^2 + (\mu(x) + \delta(x))\varphi^2)\mathrm{d}x} \right\}, \qquad (6.4.22)$$

其中, S_* 是 (6.4.8) 的解.

特别地, 如果 $\Lambda, \mu, \beta, \delta, \gamma, d$ 均为正常数且 $f(x, I) = \dfrac{I}{1 + \alpha I^2}$, 则

$$\widetilde{R}_0 = \frac{\Lambda\beta}{\mu(\mu + \delta)}.$$

定理 6.30 对模型 (6.4.21),

(1) 如果 $R_0 < 1$, 无病稳态解 $(S_*, 0, 0)$ 是全局渐近稳定的, 这里 $S_* = \dfrac{\Lambda(x)}{\mu(x)}$;

(2) 如果 $R_0 > 1$,

(2-1) 存在 $\epsilon_0 > 0$ 使得模型 (6.4.21) 的任意正解满足

$$\limsup_{t \to \infty} \|(S(\cdot, t), I(\cdot, t), R(\cdot, t)) - (S_*, 0, 0)\| > \epsilon_0. \tag{6.4.23}$$

(2-2) 存在 $\varepsilon > 0$, 使得对任意的 $\phi \in \mathbb{X}^+$ $(\phi_i \not\equiv 0, i = 1, 2, 3)$, 当 $x \in \bar{\Omega}$ 时

$$\liminf_{t \to \infty} S(x, t; \phi), \liminf_{t \to \infty} I(x, t; \phi), \liminf_{t \to \infty} R(x, t; \phi) \geqslant \varepsilon.$$

(2-3) 如果 $\Lambda, \mu, \beta, \delta, \gamma, d$ 均为正常数且 $f(x, I) = \dfrac{I}{1 + \alpha I^2}$, 那么, 至少存在一个地方病平衡点 EE (S^*, I^*, R^*), 且在 $\mathbb{X}^+$ 内是全局渐近稳定的, 这里

$$\begin{cases} S^* = \dfrac{\Lambda(1 + \alpha I^{*2})}{R_0 \mu}, \\[2mm] I^* = \dfrac{-R_0 \mu\, (\mu + \gamma + \delta) + \sqrt{(R_0 \mu\, (\mu + \gamma + \delta))^2 + 4 \Lambda^2 \alpha\, (\mu + \gamma)^2\, (R_0 - 1)}}{2 \Lambda \alpha (\mu + \gamma)}, \\[2mm] R^* = \dfrac{\delta}{\delta + \gamma} I^*. \end{cases} \tag{6.4.24}$$

基于唐三一、肖燕妮教授关于流感的研究 [331,332], 模型 (6.4.21) 中的参数取为

- $\Lambda = \dfrac{10000}{70 \cdot 52 \cdot 7}$ d^{-1}: 意味着整个人群数为 $N = 10,000$;

- $\mu = \dfrac{1}{70 \cdot 52 \cdot 7}$ d^{-1}: 意味着人均寿命为 70 岁;

- $\gamma = \dfrac{1}{1.5 \cdot 52 \cdot 7}$ d^{-1}: 意味着每 1.5 年新的抗原体变异一次.

6.4.4.1 传染率 $\beta(x)$ 对 R_0 的影响

取 $\delta(x) = 0.25$, $\beta(x) = 0.2 \cdot 10^{-4}(1 + c \cos \pi x)$, 其中 $0 \leqslant c \leqslant 1$ 刻画了传染率的空间异质性, c 越大表示空间异质性越强, 而 $c = 0$ 意味着空间同质. 图 6.17 给出了 R_0 与参数 c 的关系. 由 R_0 的定义 (6.4.22) 和图 6.17 易见 R_0 是关于 c 的单调递增函数. 注意到 R_0 在空间同质时 $(c = 0)$ 取得最小值, 当 $c < c^* = 0.6465$ 时, $R_0 < 1$, 流感灭绝; 当 $c > c^* = 0.6465$ 时, $R_0 > 1$, 流感暴发.

6.4.4.2 传染率 $\beta(x)$ 对流感动力学行为的影响

取 $\alpha(x) = 0.005, \delta = 0.25$. 当 $\beta = 0.2 \cdot 10^{-4}(1.0 + 0.5\cos 2\pi x)$ 时, $R_0 = 0.9387 < 1$, 由定理 6.28 可知, 模型 (6.4.21) 的解趋于 DFE $(S_*, 0, 0)$, 即流感灭绝 (图 6.18(a)). 当 $\beta = 0.2 \cdot 10^{-4}(1.0 + 1.0\cos 2\pi x)$ 时, $R_0 = 1.166 > 1$, 由定理 6.29 可知, 模型 (6.4.21) 存在至少一个 EE (S^*, I^*, R^*), 即流感暴发 (图 6.18(b)).

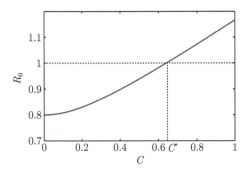

图 6.17 R_0 与 $\beta(x) = 0.2 \cdot 10^{-4}(1 + c\cos \pi x)$ 中的 c 的关系

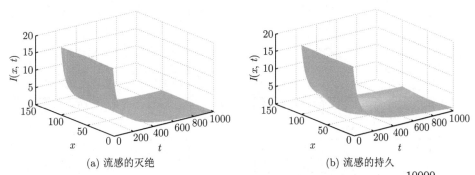

(a) 流感的灭绝   (b) 流感的持久

图 6.18 模型 (6.4.21) 的解 $I(x,t)$ 的长时间动力学行为. 参数 $\Lambda = \dfrac{10000}{70 \cdot 52 \cdot 7}$, $\mu = \dfrac{1}{70 \cdot 52 \cdot 7}$, $\gamma = \dfrac{1}{1.5 \cdot 52 \cdot 7}$, $\alpha(x) = 0.005$, $\delta = 0.25$, 初值 $(S_0, I_0, R_0) = (9980, 20, 0)$. (a) $\beta = 0.2 \cdot 10^{-4}(1.0 + 0.5\cos 2\pi x)$; (b) $\beta = 0.2 \cdot 10^{-4}(1.0 + 1\cos 2\pi x)$ (彩图见封底二维码)

值得注意的是, 在空间同质的情况下, 即 $c = 0$ 时, 取 $\beta = 0.2 \cdot 10^{-4}$, 则 $R_0 = 0.8 < 1$, 由定理 6.28 可知流感将灭绝 (与图 6.18(a) 类似). 与图 6.18(b) 比较可知空间异质性增加了流感的感染风险.

6.4.4.3 传染率 $\beta(x)$ 和扩散系数 $d(x)$ 对流感动力学行为的影响

取传染率 $\beta(x) = 0.8 \cdot 10^{-4}$, 心理效应函数 $\alpha(x) = \dfrac{0.05}{11}(1.1 + \cos 2\pi x)$, 进一

步研究扩散系数分别取为 $d(x) = 1.25 \times 10^{-2}$, 1.25×10^{-3}, 1.25×10^{-4} 时感染者的空间分布. 图 6.19 显示, 由于空间环境的异质性, 扩散对感染者 $I(x,t)$ 分布的影响是高度敏感的: 较大的扩散系数有增加感染者 $I(x,t)$ 向边界流行的趋势, 同时降低感染者 $I(x,t)$ 在空间中部的流行趋势. 另一方面, 随着时间的推移, 扩散对感染者 $I(x,t)$ 的分布的影响越来越大. 更准确地说, 从第一天 ($t = 1$d) 开始 (图 6.19(a)), 扩散几乎对 $I(x,t)$ 的分布没有影响, 而从 $t = 7$d (6.19(b)) 到 $t = 100$d (图 6.19(f)), 感染者 $I(x,t)$ 的分布对扩散系数高度敏感.

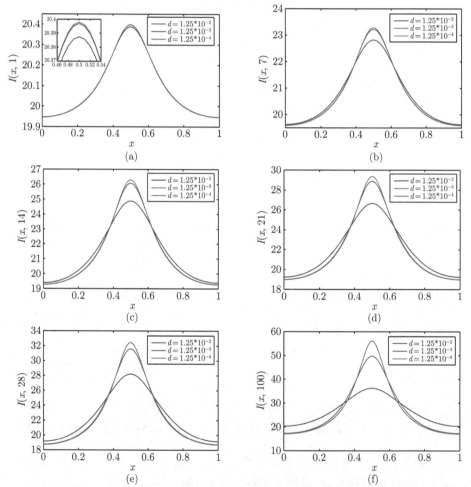

图 6.19　感染者 $I(x,t)$ 在 $t = 1, 7, 14, 21, 28, 100$d 时的分布. 扩散系数分别为 $d(x) = 1.25 \cdot 10^{-2}, 1.25 \cdot 10^{-3}, 1.25 \cdot 10^{-4}$, 参数分别为 $\Lambda = \dfrac{10000}{70 \cdot 52}$, $\mu = \dfrac{1}{70 \cdot 52}$, $\gamma = \dfrac{1}{1.5 \cdot 52}$, $\beta(x) = 0.8 \cdot 10^{-4}$, $\alpha(x) = \dfrac{0.05}{11}(1.1 + \cos 2\pi x)$, 初值为 $(S_0, I_0, R_0) = (9980, 20, 0)$ (彩图见封底二维码)

6.4.4.4 传染率 $\beta(x)$ 和恢复率 $\delta(x)$ 对流感的影响

空间异质传染率取为 $\beta(x) = 0.8 \cdot 10^{-4}(1.1 + c \cdot \cos 2\pi x)$ (其中 $c = 0, 0.5, 1$), 空间异质恢复率分别取 $\delta(x) = 0.05, 0.25$ 和 0.5.

由图 6.20 可见, 较低的 $\delta(x)$ 有增强 $I(x, t)$ 流行的趋势, 而较高的 $\delta(x)$ 有降低 $I(x, t)$ 流行的趋势. 另外, $\beta(x)$ 的空间异质性 (由 c 刻画) 对 $I(x, t)$ 的分布有很大的影响. 当空间同质 (即 $c = 0$) 时, $I(x, t)$ 有向区域中间增强而向边界降低流行的趋势; 当空间异质 (即 $c > 0$) 时, δ 较小 (例如 $\delta = 0.05, 0.25$), 如果 $\beta(x)$ 中的空间异质性较小 (例如 $c = 0.5$), $I(x, t)$ 有向中间增强而向边界降低流行的趋势; 如果 $\beta(x)$ 中的空间异质性较大 (例如 $c = 1$), $I(x, t)$ 有向中间降低而向边界增强流行的趋势 (图 6.20(a) 和 6.20(b)); 但是, 当 δ 较大 (例如 $\delta = 0.5, 0.75$) 时, $\beta(x)$ 中的空间异质性会导致 $I(x, t)$ 向中间降低而向边界增强流行的趋势 (图 6.20(c) 和图 6.20(d)).

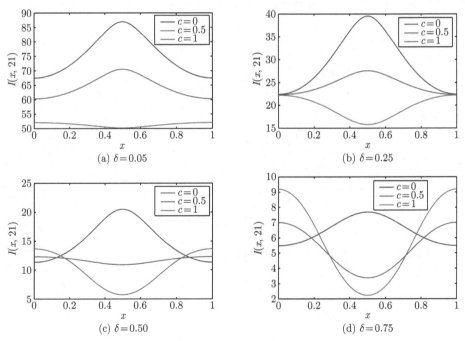

图 6.20 易感者 $I(x, t)$ 在 $t = 21$d 时的分布. 恢复率分别取 $\delta(x) = 0.05, 0.25, 0.5$, 传染率分别取 $\beta(x) = 0.8 \cdot 10^{-4}(1.1 + c \cdot \cos(2\pi x))$ ($c = 0, 0.5, 1$). 参数分别为 $\Lambda = \dfrac{10000}{70 \cdot 52 \cdot 7}$, $\mu = \dfrac{1}{70 \cdot 52 \cdot 7}$, $\gamma = \dfrac{1}{1.5 \cdot 52 \cdot 7}$, $\alpha(x) = \dfrac{0.05}{11}(1.1 + \cos 2\pi x)$, $d(x) = 0.0125$, 初值为 $(S_0, I_0, R_0) = (9980, 20, 0)$ (彩图见封底二维码)

6.4.4.5　有/无扩散时的流感短期动力学行为

根据 Samsuzzoha 等人的研究 [296,297], 接下来, 我们将关注模型 (6.4.21) 有/无扩散时的短期动力学行为. 参数分别为

$$\alpha(x) = 0.005, \quad \beta(x) = 0.88 \cdot 10^{-4}, \quad \delta(x) = 0.25, \quad d(x) = 0.0125.$$

为了使得图形更具对称性, 空间取为 $\Omega = [-2,2] \subset \mathbb{R}$. 初值取为

$$\begin{cases} S_0 = 9980 \cdot 0.96 \exp(-10x^2), & -2 \leqslant x \leqslant 2, t > 0, \\ I_0 = 20 \cdot 0.04 \exp(-100x^2), & -2 \leqslant x \leqslant 2, t > 0, \\ R_0 = 0, & -2 \leqslant x \leqslant 2, t > 0. \end{cases} \tag{6.4.25}$$

初值条件 (6.4.25) 表示 $S(x,t)$ 和 $I(x,t)$ 分布在整个空间中, 但更多的集中在原点. 更准确地说, 最初 $S(x,t)$ 集中在区域 $[-1.25,1.25]$ 上 (参见 图 6.21(c) 中 $t=0$ 的曲线, $S(-1.25,0) = S(1.25,0) \approx 1.56 \cdot 10^{-3}$), 感染者 $I(x,t)$ 集中在区域 $[-0.4,0.4]$ 上 (参见图 6.21(d) 中 $t=0$ 的曲线, $I(-0.4,0) = S(0.4,0) \approx 9 \cdot 10^{-8}$).

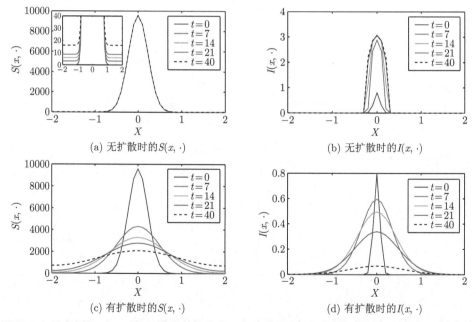

图 6.21　具有初值 (6.4.25) 的模型 (6.4.21) 有/无扩散时的解 $S(x,\cdot)$ 和 $I(x,\cdot)$ 的动力学行为. 参数分别为 $\Lambda = 7.14 \cdot 10^{-2}$, $\mu(x) = 5.5 \cdot 10^{-5}$, $\delta(x) = 0.2$, $\gamma(x) = 2.74 \cdot 10^{-3}$, $\alpha(x) = 0.005$, $\beta(x) = 0.514$, $d(x) = 0.0125$ (彩图见封底二维码)

图 6.21 给出了满足初值条件 (6.4.25) 的模型 (6.4.21) 的解 $S(x,t)$ 和 $I(x,t)$ 的动力学行为. 当没有扩散 (即 $d(x) = 0$) 时, 随着时间的推移, 易感者 $S(x,t)$ 有

从初值聚集处向外扩散的趋势, $t = 7\mathrm{d}$ 时, $S(x,t)$ 在区域 $\Omega = [-2,2]$ 内扩散, 但是大部分仍然集中在原点处 (图 6.21(a)); 对感染者 $I(x,t)$ 而言, $t = 7\mathrm{d}$ 后具有高振幅脉冲式的增加, 但仍然集中在初始分布 $[-0.4, 0.4]$ 区域内 (图 6.21(b)).

当有扩散时, 取扩散系数为 $d(x) = 0.0125$, 易感者 $S(x,t)$ 随着时间的增加向区域 $\Omega = [-2,2]$ 扩散. 图 6.21(c) 显示 $t = 7\mathrm{d}$ 时 $S(x,t)$ 在区域 $[-1.75, 1.75]$ 具有高振幅脉冲式扩散; $t = 14$ 时, $S(x,t)$ 进一步扩散到区域 $\Omega = [-2,2]$. 与易感者流行模式类似, 感染者 $I(x,t)$ 也扩散到整个区域 $\Omega = [-2,2]$ 中 (图 6.21(d)).

6.5　寨卡病毒模型阈值动力学

寨卡病毒 (Zika virus, ZIKV) 属黄病毒科黄病毒属单股正链 RNA 病毒, 是一种通过蚊虫传播的虫媒病毒, 宿主尚不明确, 主要在野生灵长类动物和栖息在树上的蚊子 (主要是埃及伊蚊 (aedes Aegypti) 和白纹伊蚊 (aedes albopictus)) 中循环. 伊蚊还传播黄病毒科中的另外三种病毒, 包括登革病毒 (dengue virus)、基孔肯亚病毒 (chikungunya virus, CHIKV) 和黄热病毒 (yellow fever virus). 寨卡病毒最早于 1947 年偶然通过黄热病监测网络在乌干达寨卡丛林的恒河猴中发现, 随后于 1952 年在乌干达和坦桑尼亚人群中发现.

寨卡病毒病的潜伏期 (从接触到出现症状的时间) 尚不清楚, 可能为数天. 寨卡病毒感染者中, 只有约 20% 会表现轻微症状, 典型的症状包括急性起病的低热、斑丘疹、关节疼痛、结膜炎, 其他症状包括肌痛、头痛、眼眶痛及无力. 症状通常较温和, 持续不到一周, 需要住院治疗的严重病情并不常见. 2013 年和 2015 年分别在法属波利尼西亚和巴西塞卡疫情期间, 有报道称寨卡病毒病可能会诱发格林-巴利综合征, 从而造成神经和自身免疫系统并发症.

2015 年 5 月至 2016 年 1 月间, 巴西成为寨卡病毒疫情最为严重的地区, 据估计超过 150 余万人感染. 巴西的寨卡暴发流行中发现了很多小头畸形的新生儿. 在 2015 年 5 月至 2016 年 1 月间, 共报道 4180 例感染寨卡病毒的孕妇分娩了小头畸形儿 (出生的新生儿头围与匹配的相同性别和孕龄的孩子比, 低于平均值超过了两个标准差). 许多证据表明寨卡病毒可以从孕妇传给胎儿, 孕期感染可导致某些出生缺陷 (例如小头症等). 2016 年 2 月, 世界卫生组织就宣布将寨卡病毒列为全球紧急公共卫生事件, 并声明该病毒的流行病特征是亟待解决的重要问题之一.

为此, 许多学者建立了各种各样的数学模型研究寨卡病毒的流行病学特征 [64,141,145,249,330,354]. 高道舟教授等 [145] 建立了 9 仓室动力学模型, 重点研究了蚊媒传播和性传播对 ZIKV 病毒预防和控制的影响, 结果发现: 性传播增加了感染的风险和流行的规模, 延长了疫情的暴发, 并指出为了预防和控制 ZIKV 的传播, 必须将其作为一种蚊媒疾病和性传播疾病来对待.

　　肖燕妮和吴建宏教授等 [330] 建立了描述登革热和寨卡病毒共感染的传播动力学模型 (仓室图参看图 6.22), 研究了寨卡病毒在人群中通过接种登革热疫苗而暴发的影响, 结果表明接种登革热疫苗会加快寨卡暴发高峰的出现时间, 引起寨卡疫情的大暴发.

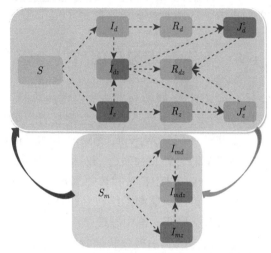

图 6.22　登革热和寨卡病毒共同感染的传播动力学模型仓室图 [330] (肖燕妮教授提供原图)
(彩图见封底二维码)

　　此外, 为了研究 2015—2016 年巴西里约热内卢的寨卡疫情, Fitzgibbon, Morgan 和 Webb [141] 考虑了空间异质性并建立了下述反应扩散传染病模型

$$
\begin{cases}
\partial_t H_i = \nabla \cdot (\delta_1(x)\nabla H_i) - \lambda(x)H_i + \sigma_1(x)\Lambda(x)V_i, & x \in \Omega,\, t > 0, \\
\partial_t V_u = \nabla \cdot (\delta_2(x)\nabla V_u) + \beta(x)(V_u + V_i) - \sigma_2(x)H_iV_u \\
\qquad -\mu(x)(V_u + V_i)V_u, & x \in \Omega,\, t > 0, \\
\partial_t V_i = \nabla \cdot (\delta_2(x)\nabla V_i) + \sigma_2(x)H_iV_u - \mu(x)(V_u + V_i)V_i, & x \in \Omega,\, t > 0, \\
\partial_\mathbf{n} H_i = \partial_\mathbf{n} V_u = \partial_\mathbf{n} V_i = 0, & x \in \partial\Omega,\, t > 0, \\
H_i(x,0) = H_{i0}(x) \geqslant 0, & x \in \Omega, \\
V_u(x,0) = V_{u0}(x) \geqslant 0,\ \ V_i(x,0) = V_{i0}(x) \geqslant 0, & x \in \Omega,
\end{cases}
$$

$$(6.5.1)$$

这里, $H_i(x,t)$, $V_u(x,t)$, $V_i(x,t)$ 分别是受感染宿主、未受感染载体和受感染载体在时间 t、空间 $x \in \Omega$ 处的密度. Ω 是 $\mathbb{R}^2$ 上具有光滑边界 $\partial\Omega$ 的有界区域. 模型 (6.5.1) 中空间依赖的参数全部是 Ω 上正的一致有界连续函数, 其生物学含义参见表 6.1.

表 6.1   模型 (6.5.1) 中参数及其含义

参数	流行病学含义
$\Lambda(x)$	Ω 上未感染宿主、感染宿主的密度
$\lambda(x)$	受感染宿主的丢失率 (由于恢复或其他移除)
$\beta(x)$	媒介种群的出生率
$\mu(x)$	环境拥挤引起的媒介种群损失率
$\sigma_1(x)$	感染宿主的传染率
$\sigma_2(x)$	媒介的传染率
$\delta_1(x)$	感染宿主的扩散率
$\delta_2(x)$	媒介的扩散率

6.5.1 同质空间的全局动力学

首先, 我们考虑在同质环境时模型 (6.5.1) 的动力学行为, 即所有的参数不依赖于空间 X, 此时模型 (6.5.1) 可重写为

$$
\begin{cases}
\partial_t H_i = \delta_1 \triangle H_i - \lambda H_i + \sigma_1 \Lambda V_i, & x \in \Omega, t > 0, \\
\partial_t V_u = \delta_2 \triangle V_u + \beta(V_u + V_i) - \sigma_2 H_i V_u - \mu(V_u + V_i)V_u, & x \in \Omega, t > 0, \\
\partial_t V_i = \delta_2 \triangle V_i + \sigma_2 H_i V_u - \mu(V_u + V_i)V_i, & x \in \Omega, t > 0, \\
\partial_{\mathbf{n}} H_i = \partial_{\mathbf{n}} V_u = \partial_{\mathbf{n}} V_i = 0, & x \in \partial\Omega, t > 0, \\
H_i(x,0) = H_{i0}(x) \geqslant 0, V_u(x,0) = V_{u0}(x) \geqslant 0, \\
V_i(x,0) = V_{i0}(x) \geqslant 0, & x \in \Omega.
\end{cases}
\tag{6.5.2}
$$

模型 (6.5.2) 存在 3 个平衡点, 分别为灭绝平衡点 $E_0 = (0,0,0)$、无病平衡点 $E_1 = (0, \beta/\mu, 0)$ 和地方病平衡点

$$
E^* = (H_i^*, V_u^*, V_i^*) = \left(\frac{\beta(\Lambda\sigma_1\sigma_2 - \lambda\mu)}{\lambda\mu\sigma_2}, \frac{\beta\lambda}{\Lambda\sigma_1\sigma_2}, \frac{\beta(\Lambda\sigma_1\sigma_2 - \lambda\mu)}{\Lambda\mu\sigma_1\sigma_2} \right).
$$

当扩散系数全为 0, 即 $\delta_i = 0 \, (i = 1, 2)$ 时, 与 (6.5.2) 对应的 ODE 模型为

$$
\begin{cases}
H_{it} = -\lambda H_i + \sigma_1 \Lambda V_i, \\
V_{ut} = \beta(V_u + V_i) - \sigma_2 H_i V_u - \mu(V_u + V_i)V_u, \\
V_{it} = \sigma_2 H_i V_u - \mu(V_u + V_i)V_i, \\
H_i(0) = H_{i0} \geqslant 0, V_u(0) = V_{u0} \geqslant 0, V_i(0) = V_{i0} \geqslant 0.
\end{cases}
\tag{6.5.3}
$$

Fitzgibbon, Morgan 和 Webb [141] 定义了模型 (6.5.3) 的基本再生数 $\overline{R_0}$ 为

$$
\overline{R_0} = \frac{\sigma_1\sigma_2\Lambda}{\lambda\mu},
\tag{6.5.4}
$$

并得到了下述关于模型 (6.5.3) 的局部动力学行为.

(A1) 如果 $\overline{R_0} < 1$, 则 E_0 是不稳定的, 而 E_1 是局部渐近稳定的;

(A2) 如果 $\overline{R_0} > 1$, 则 E_0 和 E_1 都不稳定, 而 E^* 是局部渐近稳定的.

文献 [141] 仅仅考虑了 ODE 模型 (6.5.4) 的局部稳定性, 但对模型 (6.5.2) 的地方病平衡点 E^* 的全局动力学行为未有涉及. 本节将首先利用 Lyapunov 函数解决这一问题.

根据 [126, 347], 重新定义模型 (6.5.2) 的基本再生数为

$$R_0 = \sqrt{\frac{\Lambda \sigma_1 \sigma_2}{\lambda \mu}}, \tag{6.5.5}$$

易证

(B1) $E_0 = (0, 0, 0)$ 总是不稳定的;

(B2) 如果 $R_0 < 1$, 则 E_1 是局部渐近稳定的;

(B3) 如果 $R_0 > 1$, 则 E_1 是不稳定的, 模型 (6.5.2) 存在唯一的地方病平衡点 $E^* = (H_i^*, V_u^*, V_i^*)$, 且 H_i^*, V_u^*, V_i^* 可重写为

$$H_i^* = \frac{\beta(R_0^2 - 1)}{\sigma_2}, \quad V_u^* = \frac{\beta}{\mu R_0^2}, \quad V_i^* = \frac{\beta \lambda (R_0^2 - 1)}{\Lambda \sigma_1 \sigma_2}. \tag{6.5.6}$$

此外, 存在一个常数 $\xi > 0$, 使得

$$\lim_{t \to \infty} H_i(x, t) \geqslant \xi, \quad \lim_{t \to \infty} V_u(x, t) \geqslant \xi, \quad \lim_{t \to \infty} V_i(x, t) \geqslant \xi.$$

也就是说, $\Big(H_i(x, t), V_u(x, t), V_i(x, t) \Big)$ 是一致持久的.

为了证明 $E^* = (H_i^*, V_u^*, V_i^*)$ 的全局渐近稳定性, 首先建立一个引理.

引理 6.31 任给 $0 < \varepsilon \ll 1$, 存在 $t_1 \gg 1$, 当 $x \in \bar{\Omega}$, $t \geqslant t_1$ 时, $V_u(x, t)$ 满足

$$\frac{1}{R_0^2 + 1 + \rho} \left(\frac{\beta}{\mu} - \varepsilon \right) \leqslant V_u(X, t) \leqslant \frac{\beta}{\mu} + \varepsilon, \tag{6.5.7}$$

其中 $\rho = \frac{1}{\beta} \left(\frac{\sigma_1 \sigma_2 \Lambda}{\lambda} + \mu \right) \varepsilon$.

证明 设 $N(x, t) = V_u(x, t) + V_i(x, t)$, 则 $N(x, t)$ 满足

$$\begin{cases} \partial_t N = \delta_2 \triangle N + N(\beta - \mu N), & x \in \Omega, t > 0, \\ \partial_{\mathbf{n}} N = 0, & x \in \partial\Omega, t > 0, \\ N(x, 0) = V_u(x, 0) + V_i(x, 0) \geqslant 0, & x \in \Omega. \end{cases} \tag{6.5.8}$$

由 [99] (或 [249] 中引理 2.1) 可知, 系统 (6.5.8) 的唯一正平衡点 $N^* = \frac{\beta}{\mu}$ 是全局渐近稳定的.

任给 $0 < \varepsilon \ll 1$, 存在 $t_0 > 0$, 当 $t \geqslant t_0$, $x \in \bar{\Omega}$ 时

$$\frac{\beta}{\mu} - \varepsilon \leqslant N(x,t) \leqslant \frac{\beta}{\mu} + \varepsilon.$$

由模型 (6.5.2) 的第一个方程可得

$$\begin{cases} \partial_t H_i \leqslant \delta_1 \triangle H_i - \lambda H_i + \sigma_1 \Lambda \left(\dfrac{\beta}{\mu} + \varepsilon \right), & x \in \Omega, t > t_0, \\ \partial_{\mathbf{n}} H_i = 0, & x \in \partial\Omega, t \geqslant t_0. \end{cases}$$

因此, 存在 $t_1 \geqslant t_0$, 当 $t \geqslant t_1$, $x \in \bar{\Omega}$ 时

$$H_i(x,t) \leqslant \frac{\sigma_1 \Lambda}{\lambda} \left(\frac{\beta}{\mu} + \varepsilon \right).$$

由模型 (6.5.2) 的第二个方程可得

$$\begin{cases} \partial_t V_u \geqslant \delta_2 \triangle V_u + \beta \left(\dfrac{\beta}{\mu} - \varepsilon \right) - \dfrac{\sigma_1 \sigma_2 \Lambda}{\lambda} \left(\dfrac{\beta}{\mu} + \varepsilon \right) V_u \\ \qquad - \mu \left(\dfrac{\beta}{\mu} + \varepsilon \right) V_u, & x \in \Omega, t \geqslant t_1, \\ \partial_{\mathbf{n}} V_u = 0, & x \in \partial\Omega, t \geqslant t_1. \end{cases}$$

从而由比较原理可知, 当 $0 < \varepsilon \leqslant 1$, $x \in \bar{\Omega}$, $t \geqslant t_1$ 时

$$V_u(x,t) \geqslant \frac{1}{R_0^2 + 1 + \rho} \left(\frac{\beta}{\mu} - \varepsilon \right). \qquad \Box$$

据此, 模型 (6.5.2) 的状态空间为

$$\mathbb{S} := \left\{ u = (H_i, V_u, V_i)^{\mathrm{T}} \in C(\bar{\Omega}, \mathbb{R}^3), \ H_i(x, \cdot) \leqslant \frac{\beta \sigma_1 \Lambda}{\lambda \mu}, \ V_u(x, \cdot) + V_i(x, \cdot) \leqslant \frac{\beta}{\mu} \right\}. \tag{6.5.9}$$

定理 6.32 如果 $1 < R_0 < \sqrt{3}$, 则模型 (6.5.2) 的地方病平衡点 $E^* = (H_i^*, V_u^*, V_i^*)$ 在 $\mathbb{S}$ 中是全局渐近稳定的.

证明 假设 $u(x,t; u_0) := (H_i(x,t; u_0), V_u(x,t; u_0), V_i(x,t; u_0))$ 是模型 (6.5.2) 具有初值 $u_0 \in \mathbb{S}$ 时的一个解. 构造 Lyapunov 函数

$$L(u(x,t; u_0)) =: L(t) = \alpha \int_{\Omega} \left(\int_{H_i^*}^{H_i} \frac{s - \omega}{s} \mathrm{d}s \right) \mathrm{d}x + \int_{\Omega} \left(\int_{V_u^*}^{V_u} \frac{s - \omega}{s} \mathrm{d}s \right) \mathrm{d}x$$

$$+ \int_{\Omega} \left(\int_{V_i^*}^{V_i} \frac{s - \omega}{s} \mathrm{d}s \right) \mathrm{d}x, \tag{6.5.10}$$

其中, $\alpha = \dfrac{\sigma_2 H_i^* V_u^*}{\sigma_1 \Lambda V_i^*}$. 当 $(H_i(x,t), V_u(x,t), V_i(x,t)) = (H_i^*, V_u^*, V_i^*)$ 时, $L(t) = 0$;

当 $(H_i(x,t), V_u(x,t), V_i(x,t)) \neq (H_i^*, V_u^*, V_i^*)$ 时, $L(t) > 0$.

对 (6.5.10) 关于 t 求导, 可得

$$L_t(t) = \alpha \int_\Omega \left(1 - \frac{H_i^*}{H_i}\right) \partial_t H_i \mathrm{d}x + \int_\Omega \left(1 - \frac{V_u^*}{V_u}\right) \partial_t V_u \mathrm{d}x + \int_\Omega \left(1 - \frac{V_i^*}{V_i}\right) \partial_t V_i \mathrm{d}x$$

$$= - \underbrace{\left(\alpha H_i^* \delta_1 \int_\Omega \left|\frac{\nabla H_i}{H_i}\right|^2 \mathrm{d}x + V_u^* \delta_2 \int_\Omega \left|\frac{\nabla V_u}{V_u}\right|^2 \mathrm{d}x + V_i^* \delta_2 \int_\Omega \left|\frac{\nabla V_i}{V_i}\right|^2 \mathrm{d}x\right)}_{I_1 \geqslant 0}$$

$$+ \underbrace{\int_\Omega \alpha \left(1 - \frac{H_i^*}{H_i}\right) (-\lambda H_i + \sigma_1 \Lambda V_i)\, \mathrm{d}x}_{I_2}$$

$$+ \underbrace{\int_\Omega \left(1 - \frac{V_i^*}{V_i}\right) (\sigma_2 H_i V_u - \mu(V_u + V_i) V_i)\, \mathrm{d}x}_{I_3}$$

$$+ \underbrace{\int_\Omega \left(1 - \frac{V_u^*}{V_u}\right) (\beta(V_u + V_i) - \sigma_2 H_i V_u - \mu(V_u + V_i) V_u)\, \mathrm{d}x}_{I_4}. \qquad (6.5.11)$$

注意到 $E^* = (H_i^*, V_u^*, V_i^*)$ 是模型 (6.5.2) 的解且满足

$$\begin{cases} \sigma_1 \Lambda V_i^* - \lambda H_i^* = 0, \\ \beta(V_u^* + V_i^*) - \sigma_2 H_i^* V_u^* - \mu(V_u^* + V_i^*) V_u^* = 0, \\ \sigma_2 H_i^* V_u^* - \mu(V_u^* + V_i^*) V_i^* = 0. \end{cases} \qquad (6.5.12)$$

将 (6.5.12) 分别代入 I_2, I_3 和 I_4 可得

$$I_2 = \int_\Omega \frac{\sigma_2 H_i^* V_u^*}{\sigma_1 \Lambda V_i^*} \left(1 - \frac{H_i^*}{H_i}\right) (-\lambda H_i + \sigma_1 \Lambda V_i)\, \mathrm{d}x$$

$$= \int_\Omega \sigma_2 H_i^* V_u^* \left(\frac{V_i}{V_i^*} - \frac{H_i^* V_i}{H_i V_i^*} + 1 - \frac{H_i}{H_i^*}\right) \mathrm{d}x, \qquad (6.5.13)$$

$$I_3 = \int_\Omega \left(\left(1 - V_i^*/V_i\right) \left(\sigma_2 H_i V_u + \mu V_u V_i\right) - 2(1 - V_i^*/V_i) \mu V_u V_i \right.$$

$$\left. - (1 - V_i^*/V_i) \mu V_i^2\right) \mathrm{d}x$$

$$= \int_\Omega \left(\left(1 - V_i^*/V_i\right) \left(\sigma_2 H_i V_u + \mu V_u V_i\right) - 2(1 - V_i^*/V_i) \mu V_u V_i\right.$$

$$+ \left(1 - V_i/V_i^*\right)\mu V_i^{*2} - \mu(V_i - V_i^*)^2\right)\mathrm{d}x$$

$$= \int_\Omega \left(\sigma_2 H_i^* V_u^* \left(\frac{H_i V_u}{H_i^* V_u^*} - \frac{V_i^* H_i V_u}{V_i H_i^* V_u^*} + 1 - \frac{V_i}{V_i^*}\right)\right.$$

$$+ \mu V_u^* V_i^* \left(\frac{V_u V_i}{V_u^* V_i^*} - \frac{V_u}{V_u^*} + 1 - \frac{V_i}{V_i^*}\right)$$

$$\left. - 2\mu(V_u - V_u^*)(V_i - V_i^*) - \mu(V_i - V_i^*)^2\right)\mathrm{d}x, \qquad (6.5.14)$$

$$I_4 = \int_\Omega \left(\underbrace{\left(1 - V_u^*/V_u\right)\left(\sigma_2 H_i^* V_u^* + \mu V_u^* V_i^* - \sigma_2 H_i V_u - \mu V_u V_i\right)}_{I_{40}}\right.$$

$$\left. + \underbrace{\left(1 - V_u^*/V_u\right)\left(\mu V_u^{*2} - \mu V_u^2 + \beta V_u - \beta V_u^*\right)}_{I_{41}} + \beta/V_u\left(V_u - V_u^*\right)\left(V_i - V_i^*\right)\right)\mathrm{d}x,$$

$$(6.5.15)$$

这里

$$I_{40} = \left(1 - \frac{V_u^*}{V_u}\right)\left(\sigma_2 H_i^* V_u^* + \mu V_u^* V_i^* - \sigma_2 H_i V_u - \mu V_u V_i\right)$$

$$= \sigma_2 H_i^* V_u^* \left(1 - \frac{V_u^*}{V_u} - \frac{H_i V_u}{H_i^* V_u^*} + \frac{H_i}{H_i^*}\right) + \mu V_u^* V_i^* \left(1 - \frac{V_u^*}{V_u} - \frac{V_u V_i}{V_u^* V_i^*} + \frac{V_i}{V_i^*}\right),$$

$$(6.5.16)$$

$$I_{41} = \left(1 - \frac{V_u^*}{V_u}\right)\left(\mu V_u^{*2} - \mu V_u^2 + \beta V_u - \beta V_u^*\right)$$

$$= -\left(1 - \frac{V_u}{V_u^*}\right)\beta V_u^* + \left(1 - \frac{V_u}{V_u^*}\right)\mu V_u^{*2} + \left(1 - \frac{V_u^*}{V_u}\right)\mu V_u^{*2} - \left(1 - \frac{V_u^*}{V_u}\right)\beta V_u^*$$

$$- \mu(V_u - V_u^*)^2$$

$$= V_u^*(\mu V_u^* - \beta)\left(2 - \frac{V_u}{V_u^*} - \frac{V_u^*}{V_u}\right) - \mu(V_u - V_u^*)^2. \qquad (6.5.17)$$

从而

$$I_2 + I_3 + I_4 = \sigma_2 H_i^* V_u^* \int_\Omega \left(3 - \frac{V_u^*}{V_u} - \frac{H_i^* V_i}{H_i V_i^*} - \frac{V_i^* H_i V_u}{V_i H_i^* V_u^*}\right)\mathrm{d}x - \Gamma, \qquad (6.5.18)$$

其中

$$\Gamma = \int_\Omega \left(\mu(V_u - V_u^*)^2 - (\beta/V_u - 2\mu)\left(V_u - V_u^*\right)\left(V_i - V_i^*\right) + \mu(V_i - V_i^*)^2\right)\mathrm{d}x.$$

由 Γ 的非负性可知矩阵

$$M = \begin{pmatrix} 2\mu & 2\mu - \dfrac{\beta}{V_u} \\[3mm] 2\mu - \dfrac{\beta}{V_u} & 2\mu \end{pmatrix}$$

是正定的. 显然只需证明

$$\left(2\mu - \frac{\beta}{V_u}\right)^2 \leqslant 4\mu^2,$$

即

$$\beta \leqslant 4\mu V_u. \tag{6.5.19}$$

由引理 6.31 以及 ε 的任意性可知, 存在 $t_1 \gg 1$, 使得对任意 $x \in \bar{\Omega}$ 和 $t \geqslant t_1$, 如果 $R_0 < \sqrt{3}$, 则 (6.5.19) 成立.

　　由于非负实数的算术平均值不小于几何平均值, 从而可得

$$3 - \frac{V_u^*}{V_u} - \frac{H_i^* V_i}{H_i V_i^*} - \frac{V_i^* H_i V_u}{V_i H_i^* V_u^*} \leqslant 0.$$

因此, 当 $t \geqslant t_1$ 时, $L(t)$ 是模型 (6.5.2) 的一个 Lyapunov 函数. 由 LaSalle 不变原理可知 $E^* = (H_i^*, V_u^*, V_i^*)$ 是全局渐近稳定的. 　　□

　　注 6.33　定理 6.32 以及 (B2) 和 (B3) 给出了模型 (6.5.2) 的全局动力学. 这些结果可以看作是文献 [141, 249] 的补充.

6.5.2　异质空间的寨卡病毒动力学

　　记

$$\|f\|_\infty := \max_{x \in \bar{\Omega}} f(x), \quad \hat{f} := \min_{x \in \bar{\Omega}} f(x).$$

假设 $\mathbb{X} := C(\bar{\Omega}, \mathbb{R}^3)$ 是具有上确界范数的 Banach 空间, 当 $\phi = (\phi_1, \phi_2, \phi_3)^{\mathrm{T}} \in X$ 时

$$\|\phi\|_X := \sup_{x \in \bar{\Omega}} \|\phi(x)\| = \sup_{x \in \bar{\Omega}} \sqrt{|\phi_1(x)|^2 + |\phi_2(x)|^2 + |\phi_3(x)|^2}.$$

定义 $X^+ := C(\bar{\Omega}, \mathbb{R}_+^3)$, 则 (X, X^+) 是一个强有序空间.

　　设 $\mathcal{A}$ 是 $C^2(\bar{\Omega}, \mathbb{R})$ 上的一个线性算子, 且

$$A\psi(x) := \nabla \cdot (\delta(x)\nabla\psi),$$
$$D(A) := \left\{\psi \in C^2(\bar{\Omega}, \mathbb{R}) : \partial_{\mathbf{n}}\psi = 0 \text{ 在 } \partial\Omega\right\}.$$

由 [377] 可知, $\mathcal{A}$ 是强连续半群 $\{e^{tA}\}_{t\geqslant 0}$ 在 $C(\bar{\Omega}, \mathbb{R})$ 上的无穷小生成元, 从而, 算子 $\mathcal{A}: X \to X$ 可定义为

$$\mathcal{A}\phi(x) := \begin{pmatrix} \nabla \cdot (\delta_1(x)\nabla\phi_1) \\ \nabla \cdot (\delta_2(x)\nabla\phi_2) \\ \nabla \cdot (\delta_2(x)\nabla\phi_3) \end{pmatrix},$$

$$\phi = \begin{pmatrix} \phi_1 \\ \phi_2 \\ \phi_3 \end{pmatrix} \in D(\mathcal{A}) := D(A) \times D(A) \times D(A),$$

从而, 算子 $\mathcal{A}$ 也是强连续半群 $\{e^{t\mathcal{A}}\}_{t \geqslant 0}$ 在 X 上的无穷小生成元.

对于初值函数 $\phi = (\phi_1, \phi_2, \phi_3)^{\mathrm{T}} \in X$, 定义非线性算子 $\mathcal{F} : X^+ \to X^+$, 且

$$\mathcal{F}(\phi)(x) := \begin{pmatrix} -\lambda(x)\phi_1 + \sigma_1(x)\Lambda(x)\phi_3 \\ \beta(x)(\phi_2 + \phi_3) - \sigma_2(x)\phi_1\phi_2 - \mu(x)(\phi_2 + \phi_3)\phi_2 \\ \sigma_2(x)\phi_1\phi_2 - \mu(x)(\phi_2 + \phi_3)\phi_3 \end{pmatrix},$$

$$\phi = (\phi_1, \phi_2, \phi_3)^{\mathrm{T}} \in X^+.$$

则模型 (6.5.1) 可在 X 上重写为如下 Cauchy 问题

$$\begin{cases} u_t(t) = \mathcal{A}u(t) + \mathcal{F}(u(t)), \\ u(0) := u_0 = (H_{i0}, V_{u0}, V_{i0})^{\mathrm{T}}, \end{cases}$$

其中, $u(t) := (H_i(t), V_u(t), V_i(t))^{\mathrm{T}}$.

接下来证明模型 (6.5.1) 的解 $u(t)$ 的全局存在性. 设

$$V(x, t) = V_u(x, t) + V_i(x, t), \tag{6.5.20}$$

则 $V(x, t)$ 满足下述系统

$$\begin{cases} \partial_t V = \nabla \cdot (\delta_2(x)\nabla V) + V(\beta(x) - \mu(x)V), & x \in \Omega, \, t > 0, \\ \partial_n V = 0, & x \in \partial\Omega, t > 0, \\ V(x, 0) = V_{u0}(x) + V_{i0}(x) = V_0(x) \geqslant 0, & x \in \Omega. \end{cases} \tag{6.5.21}$$

引理 6.34 [61, 定理 1]　假设 $V_0(x) \in C(\bar{\Omega})$ 是非负的, 则模型 (6.5.21) 存在唯一的非负全局古典解, 且

$$0 \leqslant V(x, t) \leqslant \max\{\|V_0\|_\infty, \|\beta\|_\infty/\hat{\mu}\} =: M. \tag{6.5.22}$$

此外, 存在唯一的非负全局稳态解 $V_*(x)$, 满足

$$\begin{cases} -\nabla \cdot (\delta_2(x)\nabla V_*) = V_*(\beta(x) - \mu(x)V_*), & x \in \Omega, \\ \partial_n V_* = 0, & x \in \partial\Omega, \end{cases} \tag{6.5.23}$$

对任意非负初值函数 $V_0(x) \in C(\bar{\Omega}), V_0(x) \not\equiv 0$, 在 $C(\bar{\Omega})$ 上, 当 $t \to \infty$ 时, $V(\cdot, t) \to V_*(\cdot)$.

引理 6.35　假设 $d(x)$, $a(x)$ 和 $b(x)$ 是 Ω 上正的一致有界连续函数, 系统

$$\begin{cases} \partial_t z = \nabla \cdot (d(x)\nabla z) + a(x) - b(x)z, & x \in \Omega, \, t > 0, \\ \partial_{\mathbf{n}} z = 0, & x \in \partial\Omega, t > 0, \\ z(0,x) = z_0(x), & x \in \Omega \end{cases} \tag{6.5.24}$$

在 $C(\bar{\Omega}, \mathbb{R})$ 上存在唯一正全局渐近稳定平衡态 $z^*(x)$. 此外, 如果 $a(x) \equiv a$, $b(x) \equiv b$, 则 $z^*(x) = a/b$.

为了给出模型 (6.5.1) 的全局解 $u(t)$ 的存在性, 定义状态空间

$$\mathbb{Y} = \left\{ u = (H_i, V_u, V_i)^{\mathrm{T}} \in X, \; 0 \leqslant H_i(x, \cdot) \leqslant \bar{H}, \; 0 \leqslant V_u(x, \cdot) + V_i(x, \cdot) \leqslant M \right\}, \tag{6.5.25}$$

其中, M 定义于 (6.5.22) 且 $\bar{H} = \dfrac{M\|\sigma_1\|_\infty |\Lambda\|_\infty}{\hat{\lambda}}$.

定理 6.36　$\mathbb{Y}$ 是模型 (6.5.1) 的不变集.

证明　假设 $u_0 = (H_{i0}, V_{u0}, V_{i0})^{\mathrm{T}} \in \mathbb{Y}$. 如果 $V_0(x) = V_{u0} + V_{i0} = 0$, 由 (6.5.21) 可知, $V(x,t) = V_u(x,t) + V_i(x,t) = 0$. 容易验证 H_i 满足

$$\begin{cases} \partial_t H_i \geqslant \nabla \cdot (\delta_1(x)\nabla H_i) - \lambda(x)H_i, & x \in \Omega, \, t > 0, \\ \partial_{\mathbf{n}} H_i = 0, & x \in \partial\Omega, t > 0. \end{cases}$$

由强最大值原理和 Hopf 引理可知, 对于 $x \in \bar{\Omega}$ 和 $t \geqslant 0$, 都有 $H_i(x,t) \geqslant 0$.

根据引理 6.34 和引理 6.35, 从模型 (6.5.1) 的第一个方程可得

$$\begin{cases} \partial_t H_i \leqslant \nabla \cdot (\delta_1(x)\nabla H_i) + M\|\sigma_1\|_\infty \|\Lambda\|_\infty - \hat{\lambda}H_i, & x \in \Omega, \, t > 0, \\ \partial_{\mathbf{n}} H_i = 0, & x \in \partial\Omega, t > 0. \end{cases} \tag{6.5.26}$$

由引理 6.35 和比较原理可知, 任给 $x \in \bar{\Omega}$, $\displaystyle\limsup_{t \to \infty} H_i(X,t) \leqslant \bar{H}$.

特别地, 如果对于一些 $\tilde{x} \in \bar{\Omega}$ 和 $\tilde{t} > 0$, 有 $H_i(\tilde{x}, \tilde{t}) = \bar{H}$, 则 $\partial_t H_i(\tilde{x}, \tilde{t}) \leqslant 0$. 从而, 当 $\tilde{x} \in \bar{\Omega}$, $\tilde{t} > 0$ 时, $H_i(x,t) \leqslant \bar{H}$. 所以, 当 $x \in \bar{\Omega}$ 时, $H_{i0} \leqslant \bar{H}$. □

由解的局部存在性和定理 6.36 可知, 对于任意初值条件 $u_0 \in \mathbb{Y}$, 模型 (6.5.1) 存在唯一全局解 $u \in \mathbb{Y}$. 于是, 对模型 (6.5.1) 可定义连续半流 $\{\Psi_t\}_{t \geqslant 0} : X \to X$

$$\Psi_t(u_0) := u(\cdot, t; u_0) = \Big(H_i(x,t;u_0), V_u(x,t;u_0), V_i(x,t;u_0) \Big).$$

从而, 当 $t \geqslant 0$, $u_0 \in \mathbb{Y}$ 时, 由定理 6.36 可知, $\Psi_t(u_0) \in \mathbb{Y}$.

6.5.3　寨卡病毒的灭绝与持久

容易验证, 模型 (6.5.1) 存在一个灭绝平衡态 $E_0 = (0, 0, 0)$ 和一个无病平衡态 $E_1 = (0, V_*(x), 0) \in \mathbb{Y}$, 这里 $V_*(x)$ 是 (6.5.23) 的唯一非负经典稳态解.

6.5.3.1 基本再生数

将模型 (6.5.1) 在无病平衡态 $E_1 = (0, V_*(x), 0)$ 处线性化, 可得关于感染变量 H_i 和 V_i 的系统

$$
\begin{cases}
\partial_t H_i = \nabla \cdot (\delta_1(x) \nabla H_i) - \lambda(x) H_i + \sigma_1(x) \Lambda(x) V_i, & x \in \Omega, \, t > 0, \\
\partial_t V_i = \nabla \cdot (\delta_2(x) \nabla V_i) - \sigma_2(x) V_* \phi - (\mu(x) V_* - \beta(x)) V_* \varphi, & x \in \Omega, \, t > 0, \\
\partial_{\mathbf{n}} H_i = \partial_{\mathbf{n}} V_i = 0, & x \in \partial\Omega, t > 0.
\end{cases}
\tag{6.5.27}
$$

将 $H_i(x, t) = e^{\eta t} \psi_1(x)$ 和 $V_i(x, t) = e^{\eta t} \psi_3(x)$ 代入 (6.5.27), 并两端同除以 $e^{\eta t}$, 可得下述特征值问题

$$
\begin{cases}
\eta \psi(x) = \begin{pmatrix} \nabla \cdot (\delta_1(x) \nabla) - \lambda(x) & \sigma_1(x) \Lambda(x) \\ \sigma_2(x) V_* & \nabla \cdot (\delta_2(x) \nabla) - \mu(x) V_* \end{pmatrix} \psi(x), & x \in \Omega, \\
\partial_{\mathbf{n}} \psi = 0, & x \in \partial\Omega.
\end{cases}
\tag{6.5.28}
$$

其中, $\psi = \begin{pmatrix} \psi_1 \\ \psi_3 \end{pmatrix} \in C(\bar{\Omega}, \mathbb{R}_+^2)$.

对于特征值问题 (6.5.28), 可得如下引理[359, 定理 2.2].

引理 6.37 特征值问题 (6.5.28) 的主特征值 η^* 与正特征函数 $\psi^*(x) = (\psi_1^*(x), \psi_2^*(x)) \in C(\bar{\Omega}, \mathbb{R}^2)$ 相关.

设 $F(x, H_i, V_i, V_u)$ 是新感染宿主的输入率, $\mathcal{V}(x, H_i, V_i, V_u)$ 是宿主的发生率, 则

$$
\mathcal{F}(x, H_i, V_i, V_u) = \begin{pmatrix} \sigma_1(x) \Lambda(x) V_i \\ \sigma_2(x) H_i V_u \\ 0 \end{pmatrix},
$$

$$
\mathcal{V}(x, H_i, V_i, V_u) = \begin{pmatrix} \lambda(x) H_i \\ \mu(x)(V_u + V_i) V_i \\ \sigma_2(x) H_i V_u + \mu(x)(V_u + V_i) V_u - \beta(x)(V_u + V_i) \end{pmatrix}.
$$

从而

$$
D_{(H_i, V_i, V_u)} \mathcal{F}(x, E_1) = \begin{pmatrix} 0 & \sigma_1(x) \Lambda(x) & 0 \\ \sigma_2(x) V_* & 0 & 0 \\ 0 & 0 & 0 \end{pmatrix},
$$

$$
D_{(H_i, V_i, V_u)} \mathcal{V}(x, E_1) = \begin{pmatrix} \lambda & 0 & 0 \\ 0 & \mu V_* & 0 \\ \sigma_2 V_* & \mu V_* - \beta & 2\mu V_* - \beta \end{pmatrix}.
$$

于是

$$F(x) = \begin{pmatrix} 0 & \sigma_1(x)\Lambda(x) \\ \sigma_2(x)V_* & 0 \end{pmatrix}, \quad V(x) = \begin{pmatrix} \lambda & 0 \\ 0 & \mu(x)V_* \end{pmatrix}.$$

设 $\tilde{\phi} := (\phi_1, \phi_3)$ 是感染者的初始空间分布, $T(t)\tilde{\phi}(x)$ 是线性系统

$$\begin{cases} \partial_t H_i = \nabla \cdot (\delta_1(x)\nabla H_i) - \lambda(x)H_i & x \in \Omega,\, t > 0, \\ \partial_t V_i = \nabla \cdot (\delta_2(x)\nabla V_i) - \mu(x)V_*V_i, & x \in \Omega,\, t > 0, \\ \partial_{\mathbf{n}} H_i = \partial_{\mathbf{n}} V_i = 0, & x \in \partial\Omega,\, t > 0, \\ H_i(0,x) = \phi_1(x), V_i(0,x) = \phi_3(x), & x \in \Omega \end{cases}$$

生成的解半群. 因此, 由初始感染分布引起的新感染宿主的空间分布 $\tilde{\phi}(x)$ 为

$$\int_0^\infty F(x)T(t)\tilde{\phi}(x)\,\mathrm{d}t.$$

定义

$$\mathcal{L}(\tilde{\phi})(x) := \int_0^\infty F(x)T(t)\tilde{\phi}\,\mathrm{d}t = F(x)\int_0^\infty T(t)\tilde{\phi}\,\mathrm{d}t,$$

则 $\mathcal{L}$ 是一个连续的正算子.

模型 (6.5.1) 的基本再生数 R_0 可由 $\mathcal{L}$ 的谱半径给出, 即

$$R_0 := \mathbf{r}(\mathcal{L}). \tag{6.5.29}$$

6.5.3.2　寨卡病毒的灭绝

定理 6.38　模型 (6.5.1) 的灭绝平衡点 $E_0 = (0,0,0)$ 是不稳定的.

证明　首先证明 $E_0 = (0,0,0)$ 是线性不稳定的. 为此, 将模型 (6.5.1) 在 E_0 处线性化, 可得

$$\begin{cases} \partial_t H_i = \nabla \cdot (\delta_1(x)\nabla H_i) - \lambda(x)H_i + \sigma_1(x)\Lambda(x)V_i, & x \in \Omega,\, t > 0, \\ \partial_t V_u = \nabla \cdot (\delta_2(x)\nabla V_u) + \beta(x)V_u + \beta(x)V_i, & x \in \Omega,\, t > 0, \\ \partial_t V_i = \nabla \cdot (\delta_2(x)\nabla V_i), & x \in \Omega,\, t > 0, \\ \partial_{\mathbf{n}} H_i = \partial_{\mathbf{n}} V_u = \partial_{\mathbf{n}} V_i = 0, & x \in \partial\Omega,\, t > 0. \end{cases} \tag{6.5.30}$$

将 $(H_i, V_u, V_i) = e^{\eta t}(\varphi_1(x), \varphi_2(x), \varphi_3(x))$ 代入 (6.5.30), 可得特征值问题

$$\begin{cases} \eta\varphi(x) = \begin{pmatrix} \nabla \cdot (\delta_1(x)\nabla) - \lambda(x) & 0 & \sigma_1(x)\Lambda(x) \\ 0 & \nabla \cdot (\delta_2(x)\nabla) + \beta(x) & \beta(x) \\ 0 & 0 & \nabla \cdot (\delta_2(x)\nabla) \end{pmatrix}\varphi(x), \\ \partial_{\mathbf{n}}\phi(x) = 0, \end{cases}$$
$$\tag{6.5.31}$$

其中, $\varphi = (\varphi_1, \varphi_2, \varphi_3)^{\mathrm{T}}$. 于是可知, 0 是 (6.5.31) 的特征函数为 φ 的特征值. 所以 E_0 是线性不稳定的. 由线性不稳定性即可得 E_0 的不稳定性. $\square$

定理 6.39 模型 (6.5.1) 存在唯一的无病平衡态 $E_1 = (0, V_*(x), 0) \in \mathbb{Y}$, 当 $R_0 < 1$ 时, E_1 在 $\mathbb{Y}$ 内是全局渐近稳定的.

证明 由引理 6.26 可知, $R_0 < 1$ 意味着 $\eta^* < 0$. 任给 $\rho \in (0, \hat{V}_*)$, 考虑特征值问题

$$
\begin{cases}
\eta \bar{\varphi}(x) = \begin{pmatrix} \nabla \cdot (\delta_1(x)\nabla) - \lambda(x) & \sigma_1(x)\Lambda(x) \\ \sigma_2(x)(V_*(x) + \rho) & \nabla \cdot (\delta_2(x)\nabla) - \mu(x)(V_*(x) - \rho) \end{pmatrix} \bar{\varphi}(x), \\
\partial_{\mathbf{n}} \bar{\varphi}(x) = 0,
\end{cases}
$$
$$(6.5.32)$$

其中, $\bar{\varphi} = \begin{pmatrix} \bar{\varphi}_1 \\ \bar{\varphi}_2 \end{pmatrix}$.

由引理 6.37 可知, 问题 (6.5.32) 有一个具有正特征函数 $\varphi_\rho^*(x)$ 的主特征值 η_ρ^*. 由于 $\lim\limits_{\rho \to 0} \eta_\rho^* = \eta^*$, 可选取 $\rho_0 \in (0, \hat{V}_*)$ 使得 $\eta_{\rho_0}^* < 0$.

由 (6.6.5), (6.5.21) 和引理 6.34 可知, 当 $x \in \bar{\Omega}$, $t \geqslant t_1$ 时, 存在一个 $t_1 := t_1(u_0)$, 使得

$$
V_u(x, t; u_0) \leqslant V_*(x) + \rho_0, \quad V_*(x) - \rho_0 \leqslant V(x, t; u_0) \leqslant V_*(x) + \rho_0.
$$

由 (6.5.1) 的第一和第三个方程可得

$$
\begin{cases}
\partial_t H_i = \nabla \cdot (\delta_1(x)\nabla H_i) - \lambda(x)H_i + \sigma_1(x)\Lambda(x)V_i, & x \in \Omega, \, t \geqslant t_1, \\
\partial_t V_i \leqslant \nabla \cdot (\delta_2(x)\nabla V_i) + \sigma_2(x)(V_* + \rho_0)H_i - \mu(x)(V_* - \rho_0)V_i, & x \in \Omega, \, t \geqslant t_1, \\
\partial_{\mathbf{n}} H_i = \partial_{\mathbf{n}} V_i = 0, & x \in \partial\Omega, \, t \geqslant t_1.
\end{cases}
$$

由于 $(H_i(x, t_1; u_0), V_i(x, t_1; u_0)) \in \mathbb{Y}$, 存在一些 $\xi_0 > 0$, 当 $x \in \bar{\Omega}$ 时

$$
(H_i(x, t_1; u_0), H_i(x, t_1; u_0)) < \xi_0 \varphi_{\rho_0}^*(x).
$$

注意到线性系统

$$
\begin{cases}
\partial_t H_i = \nabla \cdot (\delta_1(x)\nabla H_i) - \lambda(x)H_i + \sigma_1(x)\Lambda(x)V_i, & x \in \Omega, \, t \geqslant t_1, \\
\partial_t V_i = \nabla \cdot (\delta_2(x)\nabla V_i) + \sigma_2(x)(V_* + \rho_0)H_i - \mu(x)(V_* - \rho_0)V_i, & x \in \Omega, \, t \geqslant t_1, \\
\partial_{\mathbf{n}} H_i = \partial_{\mathbf{n}} V_i = 0, & x \in \partial\Omega, \, t \geqslant t_1, \\
\left(H_i(t_1, x), V_i(t_1, x) \right) = \xi_0 \varphi_{\rho_0}^*(x)
\end{cases}
$$

存在一个解 $\xi_0 e^{\eta_{\rho_0}^*(t - t_1)} \varphi_{\rho_0}^*(x)$. 由比较原理可知, 当 $t \geqslant t_1$ 时

$$
(H_i(x, t; u_0), V_i(x, t; u_0)) \leqslant \xi_0 e^{\eta_{\rho_0}^*(t - t_1)} \varphi_{\rho_0}^*(x).
$$

因此, 当 $x \in \bar{\Omega}$ 时, $\lim\limits_{t \to \infty} (H_i(x,t;u_0), V_i(x,t;u_0)) = (0,0)$. 从而, 关于 V_u 的方程趋近于

$$
\begin{cases}
\partial_t V_u = \nabla \cdot (\delta_2(x) \nabla V_u) + V_u(\beta(x) - \mu V_u), & x \in \Omega, \, t > 0, \\
\partial_\mathbf{n} \bar{V}_u = 0, & x \in \partial\Omega, t > 0, \\
V_u(0, x) = V_{u0}(x), & x \in \Omega.
\end{cases}
$$

由引理 6.34 和渐近自治半流理论[338, 推论 4.3] 可知, 当 $x \in \bar{\Omega}$ 时, 必有

$$
\lim_{t \to \infty} V_u(x, t; u_0) = V_*(x). \qquad \square
$$

6.5.3.3　地方病稳态解的存在性和一致持久性

当 $V_0(x) = V_{u0} + V_{i0} = 0$ 时, 由 (6.5.21) 和模型 (6.5.1) 的第一个方程可知, $V(x,t) = V_u(x,t) + V_i(x,t) = 0$ 且 $H(x,t) = 0$. 如果 $V_0(x) = 0$, 模型 (6.5.1) 不具有持久性. 为了讨论模型 (6.5.1) 的持久性, 我们考虑解空间

$$
W := \Big\{ \phi = (\phi_1, \phi_2, \phi_3)^\mathrm{T} \in X : 0 \leqslant \phi_1(\cdot) \leqslant \bar{H}, \phi_2(\cdot) > 0, \phi_3(\cdot) \geqslant 0,
$$
$$
0 < \phi_2(\cdot) + \phi_3(\cdot) \leqslant M \Big\}, \tag{6.5.33}
$$

及其真子空间

$$
W_0 = \{\phi = (\phi_1, \phi_2, \phi_3) \in W : \phi_1(\cdot) > 0, \ \phi_3(\cdot) > 0\}, \tag{6.5.34}
$$

边界为

$$
\partial W_0 = W \backslash W_0 = \{\phi = (\phi_1, \phi_2, \phi_3) \in W : \phi_1(\cdot) \equiv 0 \ \text{或} \ \phi_3 \equiv 0\},
$$

当 $t \geqslant 0$ 时

$$
\Sigma_\partial := \{\phi \in \partial W_0 : \Psi_t \phi \in \partial W_0\}. \tag{6.5.35}
$$

定义轨道 $O^+(u_0) = \{\Psi_t u_0 : t \geqslant 0\}$ 的 ω-极限集为 $\omega(u_0)$.

引理 6.40　对 $u_0 \in W_0$, 当 $x \in \bar{\Omega}, t > 0$ 时, $H_i(\cdot, t, u_0), V_u(\cdot, t, u_0), V_i(\cdot, t, u_0)$ 均为正.

证明　由引理 6.34 可知, V_u 和 V_i 分别满足

$$
\begin{cases}
\partial_t V_u \geqslant \nabla \cdot (\delta_2(x) \nabla V_u) - M\sigma_2(x)V_i - M\mu(x)V_u, & x \in \Omega, \, t > 0, \\
\partial_\mathbf{n} V_u = 0, & x \in \partial\Omega, t > 0
\end{cases}
$$

和

$$
\begin{cases}
\partial_t V_i \geqslant \nabla \cdot (\delta_2(x) \nabla V_u) - M\mu(x)V_i, & x \in \Omega, \, t > 0, \\
\partial_\mathbf{n} V_i = 0, & x \in \partial\Omega, t > 0.
\end{cases}
$$

由强最大值原理和 Hopf 引理可知, 结论成立.　　　　　　　　　　　　　　$\square$

引理 6.41 当 $u_0 \in \Sigma_\partial$ 时, $\omega(u_0) = \{(0, V_*(x), 0)\}$.

证明 当 $\psi \in \Sigma_\partial$ 时, 任给 $t \geqslant 0$, 存在 $\Psi_t \psi \in \Sigma_\partial$. 当 $t \geqslant 0$ 时, $H_i(\cdot, t, \psi) \equiv 0$ 或 $V_i(\cdot, t, \psi) \equiv 0$.

如果 $H_i(\cdot, t, \psi) \equiv 0$, 将 $H_i(\cdot, t, \psi) \equiv 0$ 代入 (6.5.1) 的第一个方程得 $V_i(x, t, \psi) = 0$. 因此, V_u 满足模型 (6.5.21), 从而, 当 $x \in \bar{\Omega}$ 时, $\lim\limits_{t \to \infty} V_u(x, t, \psi) = V_*$.

当 $\tilde{t}_0 \geqslant 0$, $H_i(\cdot, \tilde{t}_0, \psi) \not\equiv 0$ 时, 由引理 6.40 可知, 当 $x \in \bar{\Omega}$, $t > \tilde{t}_0$ 时, $H_i(x, t, \psi) > 0$, 从而, $V_i(\cdot, t, \psi) \equiv 0$.

由 (6.5.1) 的第三个方程和 $V_u(\cdot, t, \psi) > 0$ 可知, 当 $t > \tilde{t}_0$ 时, $H_i(\cdot, t, \psi) \equiv 0$ 是不可能成立的. 这就证明了 $\omega(u_0) = \{(0, V_*(x), 0)\}$. $\qquad\square$

引理 6.42 如果 $R_0 > 1$, 则无病稳态解 $(0, V_*(x), 0)$ 是 W_0 上的一个一致弱排斥子. 也就是, 任给 $u_0 \in W_0$, 存在一个足够小的常数 $\epsilon_0 > 0$, 使得

$$\limsup_{t \to \infty} \|\Psi_t u_0 - (0, V_*, 0)\|_X \geqslant \epsilon_0.$$

证明 任给 $\epsilon \in \left(0, \hat{V}_*\right)$, 考虑特征值问题

$$\begin{cases} \eta H_i = \nabla \cdot (\delta_1(x) \nabla H_i) - \lambda(x) H_i + \sigma_1(x) \Lambda(x) V_i, & x \in \Omega, t > 0, \\ \eta V_i = \nabla \cdot (\delta_2(x) \nabla V_i) + \sigma_2(x)(V_* - \varepsilon) H_i - \mu(x)(V_* + 3\varepsilon) V_i, & x \in \Omega, t > 0, \\ \partial_\mathbf{n} H_i = \partial_\mathbf{n} V_i = 0, & x \in \partial\Omega, t > 0. \end{cases} \tag{6.5.36}$$

由引理 6.37 可知, 系统 (6.5.36) 存在一个正特征函数为 $\varphi_\epsilon^*(X)$ 的主特征值 η_ϵ^*.

因为 $\lim\limits_{t \to \infty} \eta_\epsilon^* = \eta^* > 0$, 可选定小的常数 $\epsilon_0 \in \left(0, \hat{V}_*\right)$, 使得 $\eta_{\epsilon_0}^* > 0$.

用反证法. 假设存在 $\phi_0 \in W_0$, 当 $\phi \in W_0$ 时

$$\limsup_{t \to \infty} \|\Psi_t \phi_0 - (0, V_*, 0)\|_X < \epsilon_0. \tag{6.5.37}$$

因此, 存在一个充分大 $t_2 > 0$, 使得

$$\begin{cases} \partial_t H_i = \nabla \cdot (\delta_1(x) \nabla H_i) - \lambda(x) H_i + \sigma_1(x) \Lambda(x) V_i, & x \in \Omega, t > t_2, \\ \partial_t V_i \geqslant \nabla \cdot (\delta_2(x) \nabla V_i) + \sigma_2(x)(V_* - \varepsilon_0) H_i - \mu(x)(V_* + 3\varepsilon_0) V_i, & x \in \Omega, t > t_2, \\ \partial_\mathbf{n} H_i = \partial_\mathbf{n} V_i = 0, & x \in \partial\Omega, t > t_2. \end{cases} \tag{6.5.38}$$

当 $x \in \bar{\Omega}$ 时, $H_i(x, t_2, \phi_0), V_i(x, t_2, \phi_0) > 0$, 可选取足够小的数 $\zeta > 0$, 使得

$$(H_i(x, t_2, \phi_0), V_i(x, t_2, \phi_0)) \geqslant \zeta \phi_{\epsilon_0}^*.$$

注意到 $\zeta e^{\eta_{\epsilon_0}^*(t - t_2)} \phi_{\epsilon_0}^*$ 是系统

$$\begin{cases} \partial_t H_i = \nabla \cdot (\delta_1(x) \nabla H_i) - \lambda(x) H_i + \sigma_1(x) \Lambda(x) V_i, & x \in \Omega, t > t_2, \\ \partial_t V_i = \nabla \cdot (\delta_2(x) \nabla V_i) + \sigma_2(x)(V_* - \varepsilon_0) H_i - \mu(x)(V_* + 3\varepsilon_0) V_i, & x \in \Omega, t > t_2, \\ \partial_\mathbf{n} H_i = \partial_\mathbf{n} V_i = 0, & x \in \partial\Omega, t > t_2 \end{cases}$$
$$(6.5.39)$$

的一个解. 由 (6.5.38) 和比较原理可知, 当 $t \to \infty$ 时

$$(H_i(x, t, \phi_0), V_i(x, t, \phi_0)) \geqslant \zeta e^{\eta_{\varepsilon_0}^* (t - t_2)} \phi_{\varepsilon_0}^*, \quad \forall t \geqslant t_2.$$

因此, $H_i(x, t, \phi_0)$, $V_i(x, t, \phi_0)$ 是无界的, 与 (6.5.37) 矛盾. 引理得证.　□

最后给出模型 (6.5.1) 的地方病动力学行为.

定理 6.43 如果 $R_0 > 1$, 模型 (6.5.1) 至少存在一个地方病稳态解

$$u^*(x) = (H_i^*(x), V_u^*(x), V_i^*(x) \in W_0,$$

且存在一个 $\xi > 0$, 当 $\phi \in W_0$ 时 $\lim_{t \to \infty} u(x, t) \geqslant \xi$. 也就是, 模型 (6.5.1) 是持久的. 这里, W_0 定义于 (6.5.33), ϕ 将在证明中给出.

证明 任给 $\phi \in (\phi_1, \phi_2, \phi_3) \in W$, 定义连续函数 $p : W \to [0, \infty)$,

$$p(\phi) := \min \left\{ \min_{x \in \bar\Omega} \phi_1(x), \min_{x \in \bar\Omega} \phi_3(x) \right\}.$$

由引理 6.40 可知, $p^{-1}(0, \max\{\bar{H}, M\}) \subseteq W_0$, 并且当 $p(\phi) > 0$ 或 $\phi \in W_0$ 且 $p(\phi) = 0$ 时, 任给 $t > 0$, 都有 $p(\Psi_t \phi) > 0$. 从而, p 是半流 $\Psi_t : X^+ \to X$ 的广义距离函数 [313]. 由引理 6.40 和引理 6.41 可知, Σ_∂ 内的任意前向轨道 Ψ_t 收敛于 $\mathbb{X}^+$ 和 $W^s(0, V_*, 0) \cap W_0 = \varnothing$ 内的孤立不变集 $(0, V_*, 0)$, 这里, $W^s(0, V_*, 0)$ 是 $(0, V_*, 0)$ 的稳定集 (参看 [313]). 显然, Σ_∂ 内不存在从 $(0, V_*, 0)$ 到 $(0, V_*, 0)$ 的极限环.

由 [313, 定理 3] 可知, 存在一个 $\xi > 0$, 当 $\phi \in W_0$ 时

$$\min_{\phi \in \omega(u_0)} p(\phi) > \xi.$$

从而一致持久性成立.

由 [250, 定理 3.7 和注 3.10] 可知, $\Psi_t : \mathbb{W}_0 \to W_0$ 存在一个全局吸引子 $\mathcal{A}_0$. 因此由 [250, 定理 4.7] 可知, Ψ_t 存在一个平衡态 $u^*(x) = (H_i^*(x), V_u^*(x), V_i^*(x)) \in W_0$. 此外, 由引理 6.40 可知, $u^*(\cdot)$ 是模型 (6.5.1) 的一个正平衡态.　□

6.5.4　里约热内卢寨卡疫情的数值仿真

本节将把前面的关于模型 (6.5.1) 的理论结果应用于 2015—2016 期间巴西里约热内卢的寨卡疫情. 从 2015 年 11 月 1 日到 2016 年 4 月 10 日, 里约热内卢市

每周报告病例的累计数量为 25400 (巴西卫生部的疫情报告数据参见图 6.26 中灰色柱形图). 更详细的疫情情况参见 [64,141].

根据文献 [141], 我们考虑 2 维空间 $x = (x_1, x_2) \in \Omega = [-25, 25] \times [-12, 12] \subset \mathbb{R}^2$, 参数分别取为

$\lambda(x) = 1.0$, $\sigma_1(x) = 5.0 \times 10^{-7}$, $\sigma_2(x) = 0.78$, $\delta_1(x) = \delta_2(x) = 0.2$, $\Lambda(x) = 5000(1.08 + \sin 0.02625\,x_1\pi \cos 0.0585\,x_2\pi)$, $\mu(x_1, x_2) = 0.0015(1.008 + 717 \cdot \text{gauss}(20.0, 30.0, x_1) \times \text{gauss}(0.0, 30.0, x_2))$, 其中 $\text{gauss}(x; \mu, \sigma)$ 是 x 处均值为 μ、标准差为 σ 的正态分布函数的概率密度函数

$$\text{gauss}(x; \mu, \sigma) = \frac{1}{\sigma\sqrt{2\pi}} \exp\left(-\frac{(x-\mu)^2}{2\sigma^2}\right).$$

而 $\beta(t, x) = 330 \cdot \dfrac{\bar{\lambda}}{2} \exp\left(\dfrac{\bar{\lambda}}{2}(2\bar{\mu} + \bar{\lambda}\bar{\sigma}^2 - 2t)\right) \text{Erfc}\left(\dfrac{1}{\sqrt{2}\bar{\sigma}}(\bar{\lambda}\bar{\sigma}^2 + \bar{\mu} - t)\right)$, 这里 Erfc 是余误差函数 (complementary error function), 并取 $\bar{\mu} = -2.0, \bar{\sigma} = 5.5, \bar{\lambda} = 0.2$.

一般地, 误差函数 (error function) 定义为

$$\text{Erf}(x) := \frac{2}{\sqrt{\pi}} \int_0^x e^{-t^2} \mathrm{d}t,$$

余误差函数定义为

$$\text{Erfc}(x) := 1 - \text{Erf}(x) = \frac{2}{\sqrt{\pi}} \int_0^x e^{-t^2} \mathrm{d}t.$$

由此, 根据 (6.5.29), 通过数值计算可知 $R_0 > 1$, 这意味着里约热内卢将暴发寨卡疫情.

在最初 (即 2015 年第 44 周) 的空间分布 (图 6.23) 中只有极少数寨卡病例分布于里约热内卢东部的一个小区域内, 设

$$\begin{cases} H_i(0, x) = H_{i0} \cdot \text{gauss}(x_{10}, 1.0, x_1) \times \text{gauss}(x_{20}, 1.0, x_2), \\ V_u(0, x) = 100, \\ V_i(0, x) = 10H_i(0, x), \end{cases} \tag{6.5.40}$$

其中, $x_{10} = 15, x_{20} = 0$, $H_{i0} = 10$ (即当 $t = 0$ 时寨卡病例总数为 10). 参见图 6.23.

图 6.24 给出了寨卡病例 $H_i(t, x)$ 的空间分布变化情况. 由最初的 10 例 (图 6.23) 经过一周后, 即 2015 年第 45 周依然还是 10 例 (图 6.24 (a)), 再经过 4 周, 即 2015 年第 49 周寨卡病例数达 129 例 (图 6.24 (b)). 到了 2016 年第 3 周寨卡病例数达 1738 例 (图 6.24 (c)), 到 2016 年第 8 周寨卡病例数高达 1895 例 (图 6.24 (d)), 随后寨卡病例数略有下降, 到 2016 年第 13 周寨卡病例数达 1015

例 (图 6.24 (e)), 但塞卡病例向西部扩散. 到 2016 年第 18 周塞卡病例数降至 427
例 (图 6.24 (f)).

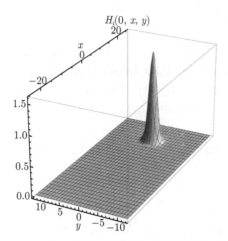

图 6.23　$H_i(0, x)$ 初始分布图 (彩图见封底二维码)

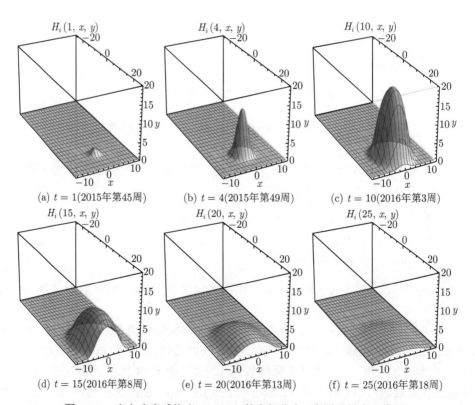

(a) $t = 1$(2015年第45周)　　(b) $t = 4$(2015年第49周)　　(c) $t = 10$(2016年第3周)

(d) $t = 15$(2016年第8周)　　(e) $t = 20$(2016年第13周)　　(f) $t = 25$(2016年第18周)

图 6.24　塞卡病毒感染者 $H_i(t, x)$ 的空间分布 (彩图见封底二维码)

图 6.25(a) 给出了寨卡病例数随时间的变化趋势; 图 6.25(b) 给出了 2015—2016 年疫情暴发期寨卡病例累加数的变化图. 图中的数值结果显示, 在 2015—2016 年疫情期结束时, 感染者 $H_i(t,x)$ 的累计总数约为 25717 人. 这与报告病例总数 25400 [64,141] 基本一致 (图 6.26).

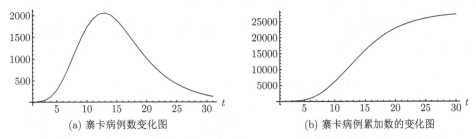

(a) 寨卡病例数变化图　　　　　　　　　　(b) 寨卡病例累加数的变化图

图 6.25　(a) 总感染人数与时间 t 的关系; (b) 累计总感染人数与时间 t 的关系

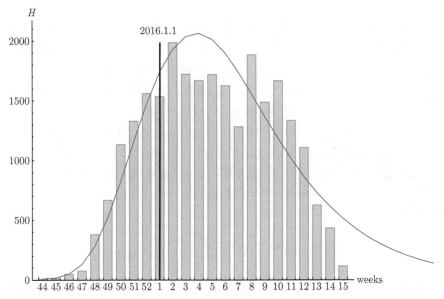

图 6.26　2015 年第 44 周至 2016 年第 21 周寨卡病例变化趋势图 (蓝色曲线). 灰色柱形图代表了巴西卫生部的疫情报告数据 (彩图见封底二维码)

6.6　具有混合传播的交叉扩散传染病模型

自 Shigesada 等 [309] 关于竞争种群交叉扩散系统 (1.3.5) 的研究开始, 交叉扩散系统得到了众多数学家和生物学家的广泛关注并取得了丰富的研究成果. 由于非线性扩散的复杂性, 目前关于交错扩散系统的研究主要集中在解的全局存在、长时间动力学行为和正稳态解的性质上, 参见 [129,132,133,208–210,225,243,244, 258,265,364,370,371,397]. 研究结果表明, 交叉扩散的存在可使其常数稳态解失去原有的全局渐近稳定性, 产生非常数正稳态解. 从流行病学角度来看, 传染病模型的一个正解对应着地方病稳态解存在, 也就意味着疾病可能在整个区域上持续和蔓延. 因此, 传染病模型正稳态解的研究具有重要价值.

受 [129,133,208,209,225,370,371] 等工作的启示, 本节将系统研究空间异质性和交错扩散对传染病模型

$$
\begin{cases}
\tau\partial_t S = \triangle S + bS - (m + k(S + I))S - \beta(x)SI, & x \in \Omega,\, t > 0, \\
\partial_t I = \triangle((1 + c\theta(x)S)I) + \rho bI - (m + k(S + I))I \\
\qquad - \delta I + \beta(x)SI, & x \in \Omega,\, t > 0, \\
\partial_{\mathbf{n}} S = \partial_{\mathbf{n}} I = 0, & x \in \partial\Omega,\, t > 0, \\
S(x,0) = S_0(x) \geqslant 0,\ I(x,0) = I_0(x) \geqslant 0, & x \in \Omega
\end{cases}
\tag{6.6.1}
$$

正稳态解的影响机制, 特别地, 将重点研究正稳态解的分支结构和渐近行为. 这里函数 $S(x,t)$ 和 $I(x,t)$ 分别表示在 t 时刻位于 $x \in \Omega$ 中易感者和感染者的密度. τ, b, m, k, c 以及 δ 都是正常数. τ 刻画了易感者的不活动程度. 此外, $\beta(x), S_0(x), I_0(x) \in C(\bar{\Omega})$, $\theta(x)$ 是 $\bar{\Omega}$ 上的光滑正函数且在 $\partial\Omega$ 上满足 $\partial_{\mathbf{n}}\theta(x) = 0$. 并且我们总假设 $a > b(1 - \rho)$, 即 $b\rho - m > 0$.

模型 (6.6.1) 第二个方程中的非线性扩散项 $c\triangle\theta(x)SI$ 在生物数学和理论生态学方面具有重要的意义, 称为交叉扩散项, $c\theta(x)$ 被称为交叉扩散系数. 从生态学角度来看, 交叉扩散表示给定次级种群 (亚种群) 的流量受其他次级种群存在的影响 [270]. 从流行病学角度看, 个体的扩散与许多因素相关, 比如个体要逃离高感染风险 [258]. 易知

$$
\triangle\left(c\theta(x)SI\right) = c\nabla \cdot [\theta(x)S\nabla I + I\nabla(\theta(x)S)],
$$

这表明感染者 I 向 $\theta(x)S$ 低密度区域扩散的趋向, 这种趋向不仅依赖于 S 的个体压力而且还依赖于环境的异质性. 在均匀环境下, 当 $\theta(x)$ 是正常数时, 模型 (6.6.1) 中包含了一个逃离趋向, 使感染者 I 从易染者 S 密度高的地方向密度低的地方扩散. 在异质环境下, 当 $\theta(x)$ 是正函数时, $\triangle(c\theta(x)SI)$ 描述了感染者 I 向 $\theta(x)S$ 的低密度地方扩散. 交叉扩散系数 c 表示感染者 I 对来自易感者 S 压力的敏感度. 从这个意义上来说, $\theta(x)$ 说明了一些环境函数, 它描述了感染者的逃避倾向.

而感染者 I 的扩散流量为

$$
\mathbf{J} = -\nabla\left((1 + c\theta(x)S)I\right) = -cI\nabla\left(\theta(x)S\right) - \left(1 + c\theta(x)S\right)\nabla I,
\tag{6.6.2}
$$

则通过边界 $\partial\Omega$ 的扩散流量为

$$\mathbf{J} \cdot \mathbf{n} = -\Big(1 + c\theta(x)S\Big)\partial_{\mathbf{n}}I - c\theta(x)I\partial_{\mathbf{n}}S - cSI\partial_{\mathbf{n}}\theta = 0,$$

这表明没有流量通过边界 $\partial\Omega$. $\partial\Omega$ 对所考虑的种群来说是一个完美的屏障, 系统是自封闭的.

而模型 (6.6.1) 正稳态解问题对应着下述耦合椭圆系统的正解 (地方病稳态解)

$$\begin{cases} \triangle S + aS - k(S+I)S - \beta(x)SI = 0, & x \in \Omega, \\ \triangle((1 + c\theta(x)S)I) + (a + \rho b - b - \delta)I - k(S+I)I + \beta(x)SI = 0, & x \in \Omega, \\ \partial_{\mathbf{n}}S = \partial_{\mathbf{n}}I = 0, & x \in \partial\Omega. \end{cases} \tag{6.6.3}$$

其中 $a := b - m > 0$.

记 $\lambda_1(q)$ 为特征值问题

$$\begin{cases} -\triangle u + q(x)u = \lambda u, & x \in \Omega, \\ \partial_{\mathbf{n}}u = 0, & x \in \partial\Omega \end{cases} \tag{6.6.4}$$

的主特征值, 则映射 $q \to \lambda_1(q) : C(\bar{\Omega}) \to \mathbb{R}$ 连续并且单调递增.

6.6.1 正解区域

本节主要关注模型 (6.6.6) 的正解 (地方病) 区域.

6.6.1.1 等价半线性椭圆系统

令

$$V = (1 + c\theta(x)S)I, \tag{6.6.5}$$

则模型 (6.6.3) 可以重写为

$$\begin{cases} \triangle S + f(S, V, \delta) = 0, & x \in \Omega, \\ \triangle V + g(S, V, \delta) = 0, & x \in \Omega, \\ \partial_{\mathbf{n}}S = \partial_{\mathbf{n}}V = 0, & x \in \partial\Omega, \end{cases} \tag{6.6.6}$$

其中

$$\begin{cases} f(S, V, \delta) := S\left[a - k\left(S + \dfrac{V}{1 + c\theta(x)S}\right) - \dfrac{\beta(x)V}{1 + c\theta(x)S}\right], \\ g(S, V, \delta) := \dfrac{V}{1 + c\theta(x)S}\left[a - b + \rho b - \delta - k\left(S + \dfrac{V}{1 + c\theta(x)S}\right) + \beta(x)S\right]. \end{cases} \tag{6.6.7}$$

为了得到模型 (6.6.6) 的正解集, 定义两个半平凡解集

$$
\begin{cases}
\Gamma_S := \left\{ (S, V, \delta) = \left(\dfrac{a}{k}, 0, \delta \right), \delta \in \mathbb{R}_+ \right\}, \\[3mm]
\Gamma_V := \left\{ (S, V, \delta) = \left(0, \dfrac{a - b + \rho b - \delta}{k}, \delta \right), \delta \in (0, a - b(1 - \rho)) \right\}.
\end{cases}
$$

而 (S, I) 是模型 (6.6.3) 的正解当且仅当 (S, V) 是 (6.6.6) 的正解. 模型 (6.6.6) 的正解在 Γ_S 或 Γ_V 上的分支点就是 (6.6.3) 的正解分支点.

为了对系统 (6.6.6) 利用分支理论, 引入两个集合

$$
\begin{cases}
W_S := \left\{ (\delta, a) \in \mathbb{R}_+^2 : \lambda_1 \left(\dfrac{(\delta k + b(1 - \rho)k - a\beta(x))}{ac\theta(x) + k} \right) = 0 \right\}, \\[4mm]
W_V := \left\{ (\delta, a) \in \mathbb{R}_+^2 : \lambda_1 \left(\dfrac{(\beta(x) + k)(b\rho - b - \delta) + a\beta(x)}{k} \right) = 0 \right\}.
\end{cases} \tag{6.6.8}
$$

关于 W_S 和 W_V 有下面的引理, 它在正解的局部结构分析中起着关键的作用.

引理 6.44　设 $\min\limits_{\bar{\Omega}} \beta(x) > \max \left\{ k, k \left(\dfrac{a}{a - b(1 - \rho)} - 1 \right) \right\}$. 固定 $(k, c, b, \rho,$ $\theta(x), \beta(x))$, 则存在单调递增光滑函数 $\delta = \delta^*(a)$, 满足 $\delta^*(0) = -b(1 - \rho)$ 和 $\lim\limits_{a \to \infty} \delta^*(a) = \infty$, 使得

$$
W_S := \left\{ (\delta, a) \in \mathbb{R}_+^2 : \delta = \delta^*(a) \right\}. \tag{6.6.9}
$$

同时存在单调递增光滑函数 $\delta = \delta_*(a)$, 满足 $\delta_*(0) = -b(1 - \rho)$ 和 $\lim\limits_{a \to \infty} \delta_*(a) = \infty$, 使得

$$
W_V := \left\{ (\delta, a) \in \mathbb{R}_+^2 : \delta = \delta_*(a) \right\}. \tag{6.6.10}
$$

证明　由 $\lambda_1(q)$ 关于 $q \in L^\infty(\Omega)$ 的连续性和单调递增特征以及 $\lambda_1(0) = 0$ 可知

$$
\delta \mapsto \lambda_1 \left(\frac{\delta k + b(1 - \rho)k - a\beta(x)}{ac\theta(x) + k} \right) : [0, \infty) \to \mathbb{R}
$$

是连续严格单调递增函数且满足

$$
\lambda_1 \left(\frac{(k - \beta(x))a}{k + ac\theta(x)} \right) < 0, \quad \lim_{\delta \to \infty} \lambda_1 \left(\frac{\delta k + b(1 - \rho)k - a\beta(x)}{ac\theta(x) + k} \right) = \infty.
$$

根据中值定理可知, 存在唯一的 $\delta^*(a) \in (a - b(1 - \rho), \infty)$, 使得

$$
\lambda_1 \left(\frac{\delta^*(a)k + b(1 - \rho)k - a\beta(x)}{ac\theta(x) + k} \right) = 0.
$$

由于

$$a \mapsto \lambda_1 \left(\frac{\delta k + b(1-\rho)k - a\beta(x)}{ac\theta(x) + k} \right) : [0, \infty) \to \mathbb{R}$$

是连续严格单调递减函数, 从而 $\delta^*(a)$ 关于 $a \geqslant 0$ 是连续严格单调递增的且满足 $\delta^*(0) = -b(1-\rho)$.

同理可得

$$\delta \mapsto \lambda_1 \left(\frac{(\beta(x) + k)(b\rho - b - \delta) + a\beta(x)}{k} \right) : [0, a - b(1-\rho)) \to \mathbb{R}$$

是连续严格单调递减函数, 且满足

$$\lambda_1 \left(\frac{(\beta(x) + k)(b\rho - b) + a\beta(x)}{k} \right) > 0 \ \text{且} \ \lambda_1(-a) < 0.$$

由中值定理可知, 存在唯一的 $\delta_*(a) \in (0, a - b(1-\rho))$, 使得

$$\lambda_1 \left(\frac{(\beta(x) + k)(b\rho - b - \delta_*(a)) + a\beta(x)}{k} \right) = 0.$$

因为

$$a \mapsto \lambda_1 \left(\frac{(\beta(x) + k)(b\rho - b - \delta) + a\beta(x)}{k} \right) : [0, \infty) \to \mathbb{R}$$

是连续严格单调递增函数, 所以 $\delta_*(a)$ 关于 $a \geqslant 0$ 是连续严格单调递增函数且满足 $\delta_*(0) = -b(1-\rho)$. □

6.6.1.2 先验估计

引理 6.45 假设 (S, V) 是模型 (6.6.6) 的正解, 且满足 $(a - b + \rho b - \delta)k + a\|\beta\|_\infty > 0$, 则

$$\begin{cases} 0 < \|S\|_\infty \leqslant \dfrac{a}{k}, \\ 0 < \|V\|_\infty \leqslant \dfrac{1}{k^3} \left((a - b + \rho b - \delta)k + a\|\beta\|_\infty \right) (k + ac\|\theta\|_\infty). \end{cases}$$

证明 由于

$$-\triangle S = S \left(a - k \left(S + \frac{V}{1 + c\theta(x)S} \right) - \frac{\beta(x)V}{1 + c\theta(x)S} \right) \leqslant S(a - kS),$$

根据比较原理可知

$$\|S\|_\infty \leqslant \frac{a}{k}.$$

另一方面, 由极值原理可得

$$\|V\|_\infty \leqslant \frac{1}{k}(a - b + \rho b - \delta + \|\beta\|_\infty \|S\|_\infty)(1 + c\|\theta\|_\infty \|S\|_\infty)$$

$$\leqslant \frac{1}{k^3}\left((a - b + \rho b - \delta)k + a\|\beta\|_\infty\right)(k + ac\|\theta\|_\infty).$$ □

引理 6.46　假设 $k < \min_{\bar\Omega} \beta(x)$, 若 $\delta \geqslant \delta^*(a)$, 则模型 (6.6.6) 没有正解.

证明　设 (S, V) 是模型 (6.6.6) 的任意正解, 则 V 也是

$$\begin{cases} -\triangle V - \dfrac{a - b + \rho b - \delta - kI - (k - \beta(x))S}{1 + c\theta(x)S}V = 0, & x \in \Omega, \\ \partial_{\mathbf n} V = 0, & x \in \partial\Omega \end{cases}$$

的正解. 由引理 6.45 可知

$$0 = \lambda_1\left(\frac{b - a - \rho b + \delta + kI - (\beta(x) - k)S}{1 + c\theta(x)S}\right)$$

$$> \lambda_1\left(\frac{b - a - \rho b + \delta - (\beta(x) - k)S}{1 + c\theta(x)S}\right)$$

$$> \lambda_1\left(\frac{(\delta + b - \rho b)k - a\beta(x)}{k + ac\theta(x)}\right).$$

另一方面, 对任意 $\delta \geqslant \delta^*(a)$, 由引理 6.44 可得

$$\lambda_1\left(\frac{(\delta + b - \rho b)k - a\beta(x)}{k + ac\theta(x)}\right) \geqslant 0.$$

矛盾. 因此, 如果 $\delta \geqslant \delta^*(a)$, 模型 (6.6.6) 没有正解.　　　　　　　□

6.6.2　正解的分支结构

本节将选取 δ 作分支参数, 利用局部和全局分支理论给出 (6.6.6) 正解的分支结构.

由引理 6.44 可知 $\delta^* = \delta^*(a)$ 和 $\delta_* = \delta_*(a)$ 满足

$$\lambda_1\left(\frac{\delta^* k + b(1 - \rho)k - a\beta(x)}{ac\theta(x) + k}\right) = 0, \quad \lambda_1\left(\frac{(\beta(x) + k)(b\rho - b - \delta_*) + a\beta(x)}{k}\right) = 0. \tag{6.6.11}$$

在 Ω 上定义满足 $\partial_{\mathbf n}\psi^*|_{\partial\Omega} = 0, \|\psi^*\|_2 = 1$, 以及 $\partial_{\mathbf n}\varphi_*|_{\partial n} = 0, \|\varphi_*\|_2 = 1$ 的正函数 ψ^* 和 φ_*, 使得

$$-\triangle\psi^* + \frac{\delta^* k + b(1 - \rho)k - a\beta(x)}{ac\theta(x) + k}\psi^* = 0, \tag{6.6.12}$$

$$-\triangle\varphi_* + \frac{(\beta(x)+k)(b\rho-b-\delta_*)+a\beta(x)}{k}\varphi_* = 0. \tag{6.6.13}$$

首先给出 (6.6.6) 正解的局部分支结构.

引理 6.47 假设 $\min\limits_{\bar{\Omega}}\beta(x) > \max\left\{k, k\left(\frac{a}{a-b(1-\rho)}-1\right)\right\}$, 则下面的局部分支性质成立.

(1) 模型 (6.6.6) 从 Γ_S 分支出正解当且仅当 $\delta = \delta^*$. 确切地, 存在 $\gamma^* > 0$ 和 $(\varphi^*, \psi^*) \in X$, 模型 (6.6.6) 在 $\left(\frac{a}{k}, 0, \delta^*\right) \in X \times \mathbb{R}_+$ 附近的所有正解可参数化为

$$\Gamma_1 = \left\{(S, V, \delta) = \left(\frac{a}{k} + s(\varphi^* + \bar{S}(s)), s(\psi^* + \bar{V}(s)), \delta(s)\right) \in X \times \mathbb{R}_+ : 0 < s \leqslant \gamma^*\right\}. \tag{6.6.14}$$

这里, $(\bar{S}(s), \bar{V}(s), \delta(s))$ 是光滑函数, 满足

$$(\bar{S}(0), \bar{V}(0), \delta(0)) = (0, 0, \delta^*), \qquad \int_\Omega \bar{V}(s)\psi^*\mathrm{d}x = 0.$$

在 β 和 θ 是常数的特殊情况下, (6.6.14) 的分支分向是次临界的, 即 $\delta'(0) < 0$.

(2) 假设 $\delta \in (0, a-b(1-\rho))$. 模型 (6.6.6) 从 Γ_V 分支出正解当且仅当 $\delta = \delta_*$. 也就是, 存在 $\gamma_* > 0$ 和 $(\varphi_*, \psi_*) \in X$, 模型 (6.6.6) 在 $(0, I_*, \delta_*) \in X \times \mathbb{R}_+$ 附近的所有正解可参数化为

$$\Gamma_2 = \left\{(S, V, \delta) = \left(s(\varphi_* + \tilde{S}(s)), I_* + s(\psi_* + \tilde{V}(s)), \delta(s)\right) \in X \times \mathbb{R}_+ : 0 < s \leqslant \gamma_*\right\}. \tag{6.6.15}$$

这里, $(\tilde{S}(s), \tilde{V}(s), \delta(s))$ 是光滑函数且满足

$$(\tilde{S}(0), \tilde{V}(0), \delta(0)) = (0, 0, \delta_*), \qquad \int_\Omega \tilde{S}(s)\varphi_*\mathrm{d}x = 0.$$

在 β 是常数的特殊情况下, (6.6.15) 的分支方向是超临界的, 即 $\delta'(0) > 0$.

证明 首先证明 (2). 令 $\tilde{V} = V - \dfrac{a-b+\rho b-\delta}{k}$, 定义算子 $\mathcal{F}: X \times \mathbb{R}_+ \to Y$

$$\mathcal{F}(S, \tilde{V}, \delta) = \begin{pmatrix} \Delta S + f\left(S, \tilde{V} + \dfrac{a-b+\rho b-\delta}{k}, \delta\right) \\ \Delta\tilde{V} + g\left(S, \tilde{V} + \dfrac{a-b+\rho b-\delta}{k}, \delta\right) \end{pmatrix}. \tag{6.6.16}$$

经过变换

$$\tilde{f}(S, \tilde{V}, \delta) = f\left(S, \tilde{V} + \frac{a-b+\rho b-\delta}{k}, \delta\right),$$

$$\tilde{g}(S, \tilde{V}, \delta) = g\left(S, \tilde{V} + \frac{a - b + \rho b - \delta}{k}, \delta\right),$$

$\mathcal{F}$ 在 $(S, \tilde{V}, \delta) = (0, 0, \delta)$ 的 Fréchet 导数为

$$\mathcal{F}_{(S, \tilde{V})}(0, 0, \delta)[\varphi, \psi] = \begin{pmatrix} \triangle\varphi + \tilde{f}_S(0, 0, \delta)\varphi + \tilde{f}_{\tilde{V}}(0, 0, \delta)\psi \\ \triangle\psi + \tilde{g}_S(0, 0, \delta)\varphi + \tilde{g}_{\tilde{V}}(0, 0, \delta)\psi \end{pmatrix}$$

$$= \begin{pmatrix} \triangle\varphi - \dfrac{(\beta(x) + k)(b\rho - b - \delta) + a\beta(x)}{k}\varphi \\ \triangle\psi + \alpha_1\varphi - (b\rho + a - b - \delta)\psi \end{pmatrix}, \quad (6.6.17)$$

其中

$$\alpha_1(\delta) = \frac{(b\rho + a - b - \delta)(c\theta(x)(b\rho + a - b - \delta) + \beta(x) - k)}{k} > 0.$$

根据 (6.6.13), (6.6.17) 和 Krein-Rutman 定理可知, 当 $\delta = \delta_*$ 时, $\mathrm{Ker}\,\mathcal{F}_{(S, \tilde{V})}(0, 0, \delta)$ 是非平凡的. 从而

$$\mathrm{Ker}\,\mathcal{F}_{(S, \tilde{V})}(0, 0, \delta_*) = \mathrm{span}\{(\varphi_*, \psi_*)\}, \quad (6.6.18)$$

其中

$$\psi_* = -\left(\triangle - (b\rho + a - b - \delta_*)\right)^{-1}\alpha_1(\delta_*). \quad (6.6.19)$$

因此 $\dim\mathrm{Ker}\,\mathcal{F}_{(S, \tilde{V})}(0, 0, \delta) = 1$.

如果 $(\tilde{\varphi}, \tilde{\psi}) \in \mathrm{Range}\,\mathcal{F}_{(S, \tilde{V})}(0, 0, \delta_*)$, 则存在 $(\varphi, \psi) \in X$, 使得

$$\begin{cases} \triangle\varphi - \dfrac{(\beta(x) + k)(b\rho - b - \delta_*) + a\beta(x)}{k}\varphi = \tilde{\varphi}, & x \in \Omega \\ \triangle\psi + \alpha_1(\delta_*)\varphi - (b\rho + a - b - \delta_*)\psi = \tilde{\psi}, & x \in \Omega \\ \partial_{\mathbf{n}}\varphi = \partial_{\mathbf{n}}\psi = 0, & x \in \partial\Omega. \end{cases} \quad (6.6.20)$$

由 Fredholm 二择一定理可知, (6.6.20) 的第一个方程是可解的当且仅当 $\displaystyle\int_{\Omega} \tilde{\varphi}\varphi_*\mathrm{d}x = 0$. 由于 $\triangle - (b\rho + a - b - \delta_*)\mathcal{I}$ 是可逆的, 所以, (6.6.20) 的第二个方程有唯一解. 另外

$$\psi = \left(\triangle - (b\rho + a - b - \delta_*)\mathcal{I}\right)^{-1}\left(\tilde{\psi} - \alpha_1(\delta_*)\varphi\right).$$

因此

$$\mathrm{Range}\,\mathcal{F}_{(S, \tilde{V})}(0, 0, \delta) = \left\{(f, g) \in Y : \int_{\Omega} f\varphi_*\mathrm{d}x = 0\right\}. \quad (6.6.21)$$

从而 $\operatorname{codim} \operatorname{Range} \mathcal{F}_{(S, \tilde{V})}(0, 0, \delta) = 1$. 为了在 $(S, \tilde{V}, \delta) = (0, 0, \delta_*)$ 处应用局部分支定理, 需要证明

$$\mathcal{F}_{(S, \tilde{V}), \delta}(0, 0, \delta_*)[\varphi, \psi] \notin \operatorname{Range} \mathcal{F}_{(S, \tilde{V})}(0, 0, \delta_*).$$

由 (6.6.16) 可知

$$
\begin{aligned}
\mathcal{F}_{(S, \tilde{V}), \delta}(0, 0, \delta_*)[\varphi_*, \psi_*] &= \begin{pmatrix} \tilde{f}_{S\delta}(0, 0, \delta)\varphi_* + \tilde{f}_{\tilde{V}\delta}(0, 0, \delta)\psi_* \\[2mm] \tilde{g}_{S\delta}(0, 0, \delta)\varphi_* + \tilde{g}_{\tilde{V}\delta}(0, 0, \delta)\psi_* \end{pmatrix} \\[3mm]
&= \begin{pmatrix} \left(1 + \dfrac{\beta(x)}{k}\right)\varphi_* \\[3mm] -\dfrac{1}{k}(2c\theta(x)(a + b\rho - b - \delta) + \beta(x) - k)\varphi_* + \psi_* \end{pmatrix} \\[3mm]
&\notin \operatorname{Range} \mathcal{F}_{(S, \tilde{V}), \delta}(0, 0, \delta).
\end{aligned}
$$

这是因为 $\displaystyle\int_{\Omega}\left(1 + \dfrac{\beta(x)}{k}\right)\varphi^2 \mathrm{d}x > 0$. 由 $\tilde{V} = V - \dfrac{a + b\rho - b - \delta}{k}$, 应用分支定理即得 (6.6.15). 由 Krein-Rutman 定理可知不存在除了 $\delta = \delta_*$ 之外的分支点. 由分支方向定理可得

$$\delta'(0) = -\frac{\left\langle l_1, \mathcal{F}_{(S, \tilde{V})(S, \tilde{V})}(0, 0, \delta)[\varphi_*, \psi_*][\varphi_*, \psi_*]\right\rangle}{2\left\langle l_1, \mathcal{F}_{(S, \tilde{V}), \delta}(0, 0, \delta)[\varphi_*, \psi_*]\right\rangle}.$$

定义线性泛函 $l_1 : X \to \mathbb{R}$,

$$\langle l_1, [f, g]\rangle = \int_{\Omega} f\varphi_* \mathrm{d}x.$$

则

$$
\begin{aligned}
&\mathcal{F}_{(S, \tilde{V})(S, \tilde{V})}(0, 0, \delta_*)[\varphi_*, \psi_*][\varphi_*, \psi_*] \\[2mm]
&= \begin{pmatrix} \tilde{f}_{SS}(0, 0, \delta_*)\varphi_*{}^2 + 2\tilde{f}_{S\tilde{V}}(0, 0, \delta_*)\varphi_*\psi_* + \tilde{f}_{\tilde{V}\tilde{V}}(0, 0, \delta_*)\psi_*{}^2 \\[2mm] \tilde{g}_{SS}(0, 0, \delta_*)\varphi_*{}^2 + 2\tilde{g}_{S\tilde{V}}(0, 0, \delta_*)\varphi_*\psi_* + \tilde{g}_{\tilde{V}\tilde{V}}(0, 0, \delta_*)\psi_*{}^2 \end{pmatrix} \\[3mm]
&= \begin{pmatrix} \dfrac{2}{k}(c\theta(x)(k + \beta(x))(a + b\rho - b - \delta_*) - k^2)\varphi_*{}^2 - 2(k + \beta(x))\varphi_*\psi_* \\[3mm] -\alpha_2(\delta_*)\varphi_*{}^2 + 2(3c\theta(x)(a + b\rho - b - \delta_*) + \beta(x) - k)\varphi_*\psi_* - 2k\psi_*{}^2 \end{pmatrix},
\end{aligned}
$$

其中

$$\alpha_2(\delta) = \frac{2c\theta(x)(a + b\rho - b - \delta)}{k}(2c\theta(x)(a + b\rho - b - \delta) + \beta(x) - k).$$

因此

$$\delta'(0) = \frac{k \int_\Omega {\varphi_*}^2 \left(-\dfrac{c\theta(x)(a+b\rho-b-\delta_*)(k+\beta(x))}{k}\varphi_* + k\varphi_* + (k+\beta(x))\psi_* \right)\mathrm{d}x}{\int_\Omega (k+\beta(x)){\varphi_*}^2\mathrm{d}x}.$$

(6.6.22)

根据 (6.6.19) 可得

$$(a+b\rho-b-\delta_*)\left(-\frac{c\theta(x)(k+\beta(x))(a+b\rho-b-\delta_*)}{k}\varphi_* + k\varphi_* + (k+\beta(x))\psi_* \right)$$

$$= -\frac{c\theta(x)(k+\beta(x))(a+b\rho-b-\delta_*)^2}{k}\varphi_* + k(a+b\rho-b-\delta_*)\varphi_* + (k+\beta(x))\Delta\psi_*$$

$$+ \frac{c\theta(x)(k+\beta(x))(b\rho+a-b-\delta_*)^2 + (b\rho+a-b-\delta_*)(\beta^2(x)-k^2)}{k}\varphi_*$$

$$= \frac{(a+b\rho-b-\delta_*)\beta^2(x)}{k}\varphi_* + (k+\beta(x))\Delta\psi_*.$$

(6.6.23)

如果 $\beta(x) = \beta$, 将 (6.6.29) 代入 (6.6.22) 可得

$$\delta'(0) = \frac{\beta^2}{k+\beta}\int_\Omega {\varphi_*}^3\mathrm{d}x > 0.$$

结论 (2) 证毕.

为了证明结论 (1), 令 $\tilde{S} = S - \dfrac{a}{k}$. 定义算子 $\mathcal{G} : X \times \mathbb{R}_+ \to Y$,

$$\mathcal{G}(\tilde{S}, V, \delta) = \begin{pmatrix} \triangle\tilde{S} + f\left(\tilde{S}+\dfrac{a}{k}, V, \delta\right) \\ \triangle V + g\left(\tilde{S}+\dfrac{a}{k}, V, \delta\right) \end{pmatrix}.$$

(6.6.24)

则

$$\mathcal{G}_{(\tilde{S},V)}(0,0,\delta)[\varphi,\psi] = \begin{pmatrix} \triangle\varphi - a\varphi - \dfrac{a(k+\beta(x))}{k+ac\theta(x)}\psi \\ \triangle\psi - \dfrac{\delta k + b(1-\rho)k - a\beta(x)}{ac\theta(x)+k}\psi \end{pmatrix}.$$

(6.6.25)

根据 (6.3.20) 可知, 对 $\delta = \delta^*$, $\mathrm{Ker}\,\mathcal{G}_{(\tilde{S},V)}(0,0,\delta)$ 是非平凡的, 且

$$\mathrm{Ker}\,\mathcal{G}_{(\tilde{S},V)}(0,0,\delta^*) = \mathrm{span}\{(\varphi^*,\psi^*)\},$$

(6.6.26)

其中

$$\varphi^* = (\triangle - a)^{-1}\frac{a(k+\beta(x))}{k+ac\theta(x)}\psi^* < 0.$$

(6.6.27)

与 (2) 的证明类似, 可证

$$\mathcal{G}_{(\tilde{S},V),\delta}(0,0,\delta^*)[\varphi,\psi] = \begin{pmatrix} 0 \\ -\dfrac{k}{k+ac\theta(x)}\psi^* \end{pmatrix} \notin \mathrm{Range}\,\mathcal{G}_{(\tilde{S},V),\delta}(0,0,\delta),$$

因此, 由局部分支理论可得 (6.6.14).

定义线性泛函 $l_2\colon X \to \mathbb{R}$,

$$\langle l_2,[f,g]\rangle = \int_\Omega g\psi^* \mathrm{d}x.$$

则

$$\mathcal{G}_{(\tilde{S},V)(\tilde{S},V)}(0,0,\delta^*)[\varphi^*,\psi^*][\varphi^*,\psi^*]$$

$$= \begin{pmatrix} -2k\varphi^{*2} - \dfrac{2k^2(k+\beta(x))}{(k+ac\theta(x))^2}\varphi^*\psi^* \\ -\dfrac{2k^2(c\theta(x)(a+b\rho-b-\delta^*)+k-\beta(x))}{(k+ac\theta(x))^2}\varphi^*\psi^* - \dfrac{2k^3}{(k+ac\theta(x))^2}\psi^{*2} \end{pmatrix},$$

再利用分支方向定理可得

$$\delta'(0) = -\frac{\left\langle l_2, \mathcal{G}_{(\tilde{S},V)(\tilde{S},V)}(0,0,\delta)[\varphi^*,\psi^*][\varphi^*,\psi^*]\right\rangle}{2\left\langle l_2, \mathcal{G}_{(\tilde{S},V),\delta}(0,0,\delta)[\varphi^*,\psi^*]\right\rangle}.$$

因此

$$\delta'(0) = -\frac{\displaystyle\int_\Omega \frac{k\psi^{*2}}{(k+ac\theta(x))^2}((c\theta(x)(a+b\rho-b-\delta^*)+k-\beta(x))\varphi^* + k\psi^*)\mathrm{d}x}{\displaystyle\int_\Omega \frac{\psi^{*2}\mathrm{d}x}{k+ac\theta(x)}}. \tag{6.6.28}$$

根据 (6.6.27) 可得

$$\frac{a(k+\beta(x))((c\theta(x)(a+b\rho-b-\delta^*)+k-\beta(x))\varphi^* + k\psi^*)}{k+ac\theta(x)}$$

$$= \frac{a(k+\beta(x))((c\theta(x)(a+b\rho-b-\delta^*)+k-\beta(x))}{k+ac\theta(x)}\varphi^* - ak\varphi^* + k\triangle\varphi^*$$

$$= \frac{ac\theta(x)(k+\beta(x))(b\rho-b-\delta^*)+a\beta(x)(ac\theta(x)-\beta)}{k+ac\theta(x)}\varphi^* + k\triangle\varphi^*. \tag{6.6.29}$$

如果 $\beta(x)=\beta$, $\theta(x)=\theta$, 将 (6.6.29) 和 $\delta^* = \dfrac{a\beta-bk(1-\rho)}{k}$ 代入 (6.6.28) 可得

$$\delta'(0) = -\frac{k(ac\theta(k+\beta)(b\rho-b-\delta^*)+a\beta(ac\theta-\beta))}{a(k+\beta)(k+ac\theta)}\int_\Omega \psi^{*2}\varphi^*\mathrm{d}x < 0. \qquad \square$$

接下来, 以 δ 为参数, 证明模型 (6.6.6) 的正解集可形成一个有界的连续统.

定理 6.48　假设 $\min\limits_{\overline{\Omega}} \beta(x) > \max\left[k, k\left(\dfrac{a}{a - b(1 - \rho)} - 1\right)\right]$. 对任意固定的 $(a, k, b, \rho, \beta(x), \theta)$, 模型 (6.6.6) 的正解集从 $(S, V, \delta) = (0, I_*, \delta_*) \in \Gamma_V$ 分支而成并连接 $(S, V, \delta) = \left(\dfrac{a}{k}, 0, \delta^*\right) \in \Gamma_S$ 形成一个有界的连续统 $\Gamma (\subset X \times \mathbb{R}_+)$. 也就是说, 如果 $\delta_* < \delta < \delta^*$, 模型 (6.6.6) 至少存在一个正解.

证明　证明过程与定理 6.20 类似, 略去.　　　　　　　　　　　　　□

6.6.2.1　Lyapunov-Schmidt 约化方法

为了研究 $\theta(x)$ 和 $\beta(x)$ 的空间异质性对定理 6.48 得到的正解分支 Γ 的影响, 对模型 (6.6.6) 引入变量代换

$$S = \varepsilon w, \quad V = \varepsilon z, \quad a = \varepsilon \alpha, \quad b = \varepsilon \mu, \quad \delta = \varepsilon \eta, \quad c = \frac{1}{\varepsilon}, \tag{6.6.30}$$

其中 $\varepsilon > 0$ 是一个小的正数, a, μ 和 η 是正数.

选取 η 作为分支参数, 则模型 (6.6.1) 等价于系统

$$\begin{cases} \tau \partial_t w = \triangle w + \varepsilon F(w, z), & x \in \Omega, \, t > 0, \\ \dfrac{\partial_t z}{1 + \theta(x)w} - \dfrac{\theta(x)z\partial_t w}{(1 + \theta(x)w)^2} = \triangle z + \varepsilon G(w, z, \eta), & x \in \Omega, \, t > 0, \\ \partial_{\mathbf{n}} w = \partial_{\mathbf{n}} z = 0, & x \in \partial\Omega, \, t > 0, \\ w(x, 0) = \varepsilon^{-1} S_0, \, z(x, 0) = \varepsilon^{-1}(1 + \theta(x)w_0)v_0, & x \in \Omega, \end{cases} \tag{6.6.31}$$

其中

$$F(w, z) = w\left(\alpha - k\left(w + \frac{z}{1 + \theta(x)w}\right) - \frac{\beta(x)z}{1 + \theta(x)w}\right),$$

$$G(w, z, \eta) = \frac{z}{1 + \theta(x)w}\left(\alpha + \mu\rho - \mu - \eta - k\left(w + \frac{z}{1 + \theta(x)w}\right) + \beta(x)w\right). \tag{6.6.32}$$

因此, 变换 (6.6.30) 使得 (6.6.31) 的稳态问题转化为半线性椭圆方程的扰动问题

$$\begin{cases} \triangle w + \varepsilon F(w, z) = 0, & x \in \Omega, \\ \triangle z + \varepsilon G(w, z, \eta) = 0, & x \in \Omega, \\ \partial_{\mathbf{n}} w = \partial_{\mathbf{n}} z = 0, & x \in \partial\Omega. \end{cases} \tag{6.6.33}$$

因为 $a > b(1 - \rho)$, 所以 $\alpha > \mu(1 - \rho)$. 由 (6.6.32) 可知, 模型 (6.6.33) 除了平凡解 $(w, z) = (0, 0)$ 外, 还有两个半平凡解

$$(w, z) = \left(\frac{a}{k}, 0\right), \quad (w, z) = \left(0, \frac{\alpha + \mu\rho - \mu - \eta}{k}\right).$$

为了应用 Lyapunov-Schmidt 约化方法, 对 Banach 空间 X 和 Y, 定义线性算子 $\mathcal{H} : X \to Y$ 和非线性算子 $\mathcal{B} : X \times \mathbb{R}_+ \to Y$,

$$\mathcal{H}(w, z) := (\triangle w, \triangle z), \quad \mathcal{B}(w, z, \eta) := \Big(F(w, z), G(w, z, \eta) \Big), \quad (6.6.34)$$

则模型 (6.6.33) 等价于

$$\mathcal{H}(w, z) + \varepsilon \mathcal{B}(w, z, \eta) = 0. \quad (6.6.35)$$

由于 $\operatorname{Ker} \mathcal{H} = \mathbb{R}^2$, 可将空间 X 和 Y 分解为

$$X = \mathbb{R}^2 \oplus X_1, \quad Y = \mathbb{R}^2 \oplus Y_1,$$

其中 X_1 和 Y_1 分别表示 $\mathbb{R}^2$ 在 X 和 Y 中的 L^2-正交空间. 令 $P : X \to X_1$ 和 $Q : Y \to Y_1$ 分别表示 L^2-正交投影. 对任意 $(w, z) \in X$, 存在唯一的 $(r, s) \in \mathbb{R}^2$, 使得

$$(w, z) = (r, s) + \mathbf{u}, \quad \mathbf{u} = P(w, z).$$

此外, (6.6.35) 可分解为

$$\begin{cases} Q\mathcal{H}((r, s) + \mathbf{u}) + \varepsilon Q\mathcal{B}((r, s) + \mathbf{u}, \eta) = 0, \\ (\mathcal{I} - Q)\mathcal{H}((r, s) + \mathbf{u}) + \varepsilon(\mathcal{I} - Q)\mathcal{B}((r, s) + \mathbf{u}, \eta) = 0. \end{cases}$$

由于 $\mathcal{H}(r, s) = 0$, $(\mathcal{I} - Q)\mathcal{H}(X_1) = 0$, 因此, (6.6.35) 可约化为

$$Q\mathcal{H}(\mathbf{u}) + \varepsilon Q\mathcal{B}((r, s) + \mathbf{u}, \eta) = 0 \quad (6.6.36)$$

和

$$(\mathcal{I} - Q)\mathcal{B}((r, s) + \mathbf{u}, \eta) = 0.$$

类似于文献 [210] 中的引理 3.1, 由隐函数定理和紧性可得如下引理.

引理 6.49 对任意 $C > 0$, 存在小的 ε_0 和

$$\{(w, z, \eta, \varepsilon) = (r, s, \eta, 0)\} \in X \times \mathbb{R}^2 : |r|, |s|, |\eta| < C\}$$

的邻域 $\mathbf{U}$, 使得 (6.6.36) 包含在 $\mathbf{U}$ 中的所有解可以参数化为

$$K := \{((r, s) + \varepsilon U(r, s, \eta, \varepsilon), \eta, \varepsilon) : |r|, |s|, |\eta| \leqslant C + \varepsilon_0, |\varepsilon| \leqslant \varepsilon_0\},$$

其中 $U(r, s, \eta, \varepsilon)$ 是空间 X_1 中的光滑函数. 因此

$$(w, z, \eta, \varepsilon) = ((r, s) + \varepsilon U(r, s, \eta, \varepsilon), \eta, \varepsilon) \in K$$

是 (6.6.35) 的解当且仅当

$$\Phi^\varepsilon(r, s, \eta) = (\mathcal{I} - Q)\mathcal{B}((r, s) + \varepsilon U(r, s, \eta, \varepsilon), \eta).$$

6.6.2.2　极限系统正解集的精确结构

由引理 6.49 可知, 模型 (6.6.33) 在邻域 **U** 中的正解集由在 K 中的 $\operatorname{Ker}\Phi^\varepsilon$ 所确定. 由算子 $\mathcal{B}$ 的定义可知

$$(\mathcal{I}-Q)(w,z)=\left(\fint_\Omega w\mathrm{d}x,\ \fint_\Omega z\mathrm{d}x\right).$$

在 $\varepsilon=0$ 的极端情况下, 可得

$$\Phi^0(r,s,\eta)=\left(\fint_\Omega F(r,s)\mathrm{d}x,\ \fint_\Omega G(r,s,\beta)\mathrm{d}x\right)$$

$$=\left(\begin{array}{c} r\left(\alpha-kr-s\displaystyle\fint_\Omega\frac{k+\beta(x)}{1+\theta(x)r}\mathrm{d}x\right)\\[2mm] s\displaystyle\fint_\Omega\frac{1}{1+\theta(x)r}\left(\alpha+\mu\rho-\mu-\eta-kr-\frac{ks}{1+\theta(x)r}+\beta(x)r\right)\mathrm{d}x \end{array}\right). \tag{6.6.37}$$

因此, $\operatorname{Ker}\Phi^0$ 由下述四个集合组成

$$\begin{aligned} \mathcal{L}_0&=\{(0,0,\eta):\eta\in\mathbb{R}_+\},\\ \mathcal{L}_w&=\left\{\left(\frac{\alpha}{k},0,\eta\right):\eta\in\mathbb{R}_+\right\},\\ \mathcal{L}_z&=\left\{\left(0,\frac{\alpha+\mu\rho-\mu-\eta}{k},\eta\right):\eta\in(0,\alpha+\mu\rho-\mu)\right\},\\ \mathcal{L}_p&=\{(r,f(r),g(r)):\eta\in\mathbb{R}_+\}, \end{aligned}$$

其中

$$f(r)=(\alpha-kr)\Big/\fint_\Omega\frac{k+\beta(x)}{1+r\theta(x)}\mathrm{d}x,$$

$$g(r)=\fint_\Omega\left(\frac{\alpha+\mu\rho-\mu-kr+\beta(x)r}{1+r\theta(x)}-\frac{kf(r)}{(1+r\theta(x))^2}\right)\mathrm{d}x\Big/\fint_\Omega\frac{1}{1+r\theta(x)}\mathrm{d}x. \tag{6.6.38}$$

值得注意的是, $\mathcal{L}_p$ 包含了模型 (6.6.33) 极限系统的正解集.

下面研究 $f(r)$ 和 $g(r)$ 的性质.

引理 6.50　定义

$$\Phi(\theta,\beta):=\fint_\Omega\theta(x)\beta(x)\mathrm{d}x-\fint_\Omega\theta(x)\mathrm{d}x\fint_\Omega\beta(x)\mathrm{d}x. \tag{6.6.39}$$

假设 $k < \min\limits_{\Omega} \beta(x)$, 则

$$f(0) = \frac{\alpha}{k + \fint_{\Omega} \beta(x)\mathrm{d}x} > 0,$$

且

$$g'(0) = \frac{\fint_{\Omega}(k + \beta(x))\mathrm{d}x \left(\fint_{\Omega}\beta(x)\mathrm{d}x\right)^2 - \alpha k \Phi(\theta, \beta)}{\left(\fint_{\Omega}(k + \beta(x))\mathrm{d}x\right)^2}, \tag{6.6.40}$$

且

(1) 如果 $\Phi(\theta, \beta) \leqslant 0$, 则对任意 $\alpha > 0$, $g'(0) > 0$;

(2) 如果 $\Phi(\theta, \beta) > 0$, 则

$$g'(0) \begin{cases} > 0, & \alpha < \dfrac{\fint_{\Omega}(k + \beta(x))\mathrm{d}x \left(\fint_{\Omega}\beta(x)\mathrm{d}x\right)^2}{k\Phi(\theta, \beta)}, \\[4mm] < 0, & \alpha > \dfrac{\fint_{\Omega}(k + \beta(x))\mathrm{d}x \left(\fint_{\Omega}\beta(x)\mathrm{d}x\right)^2}{k\Phi(\theta, \beta)}, \end{cases} \tag{6.6.41}$$

(3) 对 $f(r)$ 的零点 r_0, 有 $g'(r_0) > 0$.

证明　根据 $f(r)$ 的定义可知, $f(r)$ 的零点是 $r_0 := \dfrac{a}{k}$. 由 (6.6.38) 可得

$$f(0) = \frac{\alpha}{\fint_{\Omega}(k + \beta(x))\mathrm{d}x} > 0, \quad f(r_0) = 0,$$

$$g(0) = \fint_{\Omega}(\alpha + \mu\rho - \mu - kf(0))\,\mathrm{d}x = \alpha + \mu\rho - \mu - kf(0),$$

$$g(r_0) = \fint_{\Omega}\frac{\beta(x)r_0 + \mu\rho - \mu}{1 + r_0\theta(x)}\mathrm{d}x \Big/ \fint_{\Omega}\frac{1}{1 + r_0\theta(x)}\mathrm{d}x$$

$$> \fint_{\Omega}\frac{\alpha + \mu\rho - \mu}{1 + r_0\theta(x)}\mathrm{d}x \Big/ \fint_{\Omega}\frac{1}{1 + r_0\theta(x)}\mathrm{d}x > 0.$$

当 $r \in \left[0, \dfrac{\alpha}{k}\right)$ 时, $f(r) > 0$. 而

$$f'(r) = \frac{(\alpha - kr)\fint_{\Omega}\dfrac{\theta(x)(k + \beta(x))}{(1 + r\theta(x))^2}\mathrm{d}x - k\fint_{\Omega}\dfrac{k + \beta(x)}{1 + r\theta(x)}\mathrm{d}x}{\left(\fint_{\Omega}\dfrac{k + \beta(x)}{1 + r\theta(x)}\mathrm{d}x\right)^2}, \tag{6.6.42}$$

$$g'(r) = \left\{ \fint_\Omega \left(\frac{\beta(x)-k-\theta(x)(\alpha+\mu\rho-\mu)}{(1+r\theta(x))^2} - \frac{k(f'(r)(1+r\theta(x))-2f(r)\theta(x))}{(1+r\theta(x))^3} \right) \mathrm{d}x \right.$$
$$\left. + g(r) \fint_\Omega \frac{\theta(x)}{(1+r\theta(x))^2}\mathrm{d}x \right\} \Big/ \fint_\Omega \frac{1}{1+r\theta(x)}\mathrm{d}x. \tag{6.6.43}$$

从而

$$f'(0) = \frac{\alpha \fint_\Omega \theta(x)(k+\beta(x))\mathrm{d}x - k\fint_\Omega(k+\beta(x))\mathrm{d}x}{\left(\fint_\Omega(k+\beta(x))\mathrm{d}x\right)^2}, \tag{6.6.44}$$

$$g'(0) = \fint_\Omega \left(\beta(x) - k - \theta(x)(\alpha+\mu\rho-\mu) - k(f'(0)-2f(0)\theta(x)) \right) \mathrm{d}x$$
$$+ \fint_\Omega \theta(x)\mathrm{d}x \fint_\Omega (\alpha+\mu\rho-\mu-kf(0))\,\mathrm{d}x$$
$$= \fint_\Omega (\beta(x)-k)\mathrm{d}x - kf'(0) + kf(0)\fint_\Omega \theta(x)\mathrm{d}x$$
$$= \fint_\Omega (\beta(x)-k)\mathrm{d}x - \frac{\alpha k \fint_\Omega \theta(x)(k+\beta(x))\mathrm{d}x - k^2 \fint_\Omega(k+\beta(x))\mathrm{d}x}{\left(\fint_\Omega(k+\beta(x))\mathrm{d}x\right)^2}$$
$$+ \frac{\alpha k \fint_\Omega \theta(x)\mathrm{d}x}{\fint_\Omega (k+\beta(x))\mathrm{d}x}$$
$$= \frac{\fint_\Omega(k+\beta(x))\mathrm{d}x \left(\fint_\Omega \beta(x)\mathrm{d}x\right)^2 - \alpha k \Phi(\theta,\beta)}{\left(\fint_\Omega(k+\beta(x))\mathrm{d}x\right)^2}. \tag{6.6.45}$$

因此, (1) 和 (2) 成立.

此外, 易得

$$f'(r_0) = -\frac{k}{\fint_\Omega \dfrac{k+\beta(x)}{1+r_0\theta(x)}\mathrm{d}x} < 0,$$

$$g'(r_0) = \frac{\fint_\Omega \dfrac{\beta(x)-k-kf'(r_0)}{(1+r_0\theta(x))^2}\mathrm{d}x + \fint_\Omega \dfrac{\theta(x)(g(r_0)-(\alpha+\mu\rho-\mu))}{(1+r_0\theta(x))^2}\mathrm{d}x}{\fint_\Omega \dfrac{1}{1+r_0\theta(x)}\mathrm{d}x}. \tag{6.6.46}$$

由于

$$\min_{\bar{\Omega}} \beta(x) > k, g(r_0) - (\alpha + \mu\rho - \mu) = \fint_{\Omega} \frac{r_0\beta(x) - \alpha}{1 + r_0\theta(x)} dx > 0,$$

于是 $g'(r_0) > 0$, 从而 (3) 得证. □

注 6.51 根据引理 6.50 可得

$$\left(r_0, 0, g(r_0)\right) = \left(\frac{\alpha}{k}, 0, g(r_0)\right) \in \mathcal{L}_w,$$

$$(0, f(0), g(0)) = \left(0, \frac{\alpha + \mu\rho - \mu - g(0)}{k}, g(0)\right) \in \mathcal{L}_z.$$

因此, 有界曲线 $\{(r, f(r), g(r)) : 0 < r < r_0\} \subset \mathcal{L}_p$ 与 $\varepsilon \to 0$ 时模型 (6.6.33) 的极限系统正解集吻合.

注 6.52 在空间均匀, 即当 $\beta(x)$ 和 $\theta(x)$ 是常数时

$$f(r) = \frac{(\alpha - kr)(1 + r\theta)}{k + \beta}, \quad g(r) = \alpha + \mu\rho - \mu + (\beta - k)r - \frac{k(\alpha - kr)}{k + \beta}.$$

因此

$$g'(r) = \frac{\beta^2}{\beta + k} > 0.$$

在 $\theta(x) = 0$ 的特殊情况下, 如果 $k < \min_{\bar{\Omega}} \beta(x)$, 则

$$f'(r) = -\frac{k}{\fint_{\Omega}(k + \beta(x))dx} < 0$$

且

$$g'(r) = \fint_{\Omega}(\beta(x) - k - kf'(r)) dx > 0.$$

6.6.2.3 扰动系统正解的构造

接下来, 对小的 $\varepsilon > 0$, 通过扰动极限解集合 $\{(r, f(r), g(r)) : 0 < r < r_0\}$, 构造模型 (6.6.33) 的正解集合. 为此, 先给出 $\lim_{\varepsilon \to 0} \eta_*(\varepsilon)$ 和 $\lim_{\varepsilon \to 0} \eta^*(\varepsilon)$ 的性质.

引理 6.53 设 $\eta_*(\varepsilon)$ 和 $\eta^*(\varepsilon)$ 如 (6.6.67) 所定义, 则

$$\lim_{\varepsilon \to 0} \eta_*(\varepsilon) = g(0), \quad \lim_{\varepsilon \to 0} \eta^*(\varepsilon) = g(r_0). \tag{6.6.47}$$

证明 把 $(a, b, \delta_*) = (\varepsilon\alpha, \varepsilon\mu, \varepsilon\eta_*(\varepsilon))$ 代入 (6.6.13) 的第一个方程, 然后在 Ω 上积分, 可得

$$\eta_*(\varepsilon) = \frac{\displaystyle\int_{\Omega}((\beta(x) + k)(\mu\rho - \mu) + \alpha\beta(x))\varphi_*(x, \varepsilon\alpha)dx}{\displaystyle\int_{\Omega}(\beta(x) + k)\varphi_*(x, \varepsilon\alpha)dx}. \tag{6.6.48}$$

根据引理 6.44, 由于 $\delta_*(0) = -b(1-\rho)$, 在 (6.6.13) 中令 $a \to 0$ 并由紧性可知, 当 $x \in \bar{\Omega}$ 时, $\varphi_*(x,a)$ 一致收敛到 $\dfrac{1}{|\Omega|^{1/2}}$. 因此, 当 $x \in \bar{\Omega}$, $\varepsilon \to 0$ 时, $\varphi_*(x, \varepsilon\alpha)$ 一致收敛到 $\dfrac{1}{|\Omega|^{1/2}}$. 所以

$$
\begin{aligned}
\lim_{\varepsilon \to 0} \eta_*(\varepsilon) &= \lim_{\varepsilon \to 0} \frac{\displaystyle\int_\Omega ((\beta(x)+k)(\mu\rho-\mu) + \alpha\beta(x))\varphi_*(x,\varepsilon\alpha)\mathrm{d}x}{\displaystyle\int_\Omega (\beta(x)+k)\varphi_*(x,\varepsilon\alpha)\mathrm{d}x} \\
&= \frac{(\alpha+\mu\rho-\mu)\displaystyle\fint_\Omega \beta(x)\mathrm{d}x + k(\mu\rho-\mu)}{\displaystyle\fint_\Omega (k+\beta(x))\mathrm{d}x} \\
&= \alpha + \mu\rho - \mu - \frac{k\alpha}{\displaystyle\fint_\Omega (k+\beta(x))\mathrm{d}x} \\
&= g(0),
\end{aligned}
$$

从而得到 (6.6.47) 的第一个等式.

将 $(a,b,\delta^*,c) = (\varepsilon\alpha, \varepsilon\mu, \varepsilon\eta^*(\varepsilon), \varepsilon^{-1})$ 代入 (6.3.20) 的第一个方程, 然后在 Ω 上积分, 对充分小的 $\varepsilon > 0$, 可得

$$
\eta^*(\varepsilon) \int_\Omega \frac{k\psi^*(x,\varepsilon\alpha)}{k+\alpha\theta(x)}\mathrm{d}x + \int_\Omega \frac{k\mu(1-\rho)-\alpha\beta(x)}{k+\alpha\theta(x)}\psi^*(x,\varepsilon\alpha)\mathrm{d}x = 0. \qquad (6.6.49)
$$

根据引理 6.44, 由于 $\delta^*(0) = -b(1-\rho)$, 在 (6.3.20) 中令 $a \to 0$, 可得

$$
\lim_{\varepsilon \to 0} \psi^*(x,\varepsilon\alpha) = \frac{1}{|\Omega|^{1/2}} \quad \text{对 } x \in \bar{\Omega} \text{ 一致收敛.}
$$

因此

$$
\lim_{\varepsilon \to 0} \eta^*(\varepsilon) = \fint_\Omega \frac{\alpha\beta(x)-k\mu(1-\rho)}{k+\alpha\theta(x)}\mathrm{d}x \Big/ \fint_\Omega \frac{k}{k+\alpha\theta(x)}\mathrm{d}x = g(r_0). \qquad \square
$$

引理 6.54　存在 $\left(0, \dfrac{\alpha+\mu\rho-\mu-g(0)}{k}, g(0)\right)$ 的邻域 $\mathbf{U}_*(\subset \mathbb{R}^3)$ 和正数 γ_*, 使得对任意 $\varepsilon \in [0, \gamma_*]$, 有

$$
\operatorname{Ker} \Phi^\varepsilon \cap \mathbf{U}_* \cap \bar{\mathbb{R}}_+^3 = \left\{ (r(\xi,\varepsilon), s(\xi,\varepsilon), \eta(\xi,\varepsilon)) : \xi \in [0, \gamma_*] \right\}
$$
$$
\cup \left\{ \left(0, \frac{\alpha+\mu\rho-\mu-\eta}{k}, \eta\right) \in \mathbf{U}_* \right\}, \qquad (6.6.50)
$$

其中

$$\left(r(\xi,0), s(\xi,0), \eta(\xi,0)\right) = \left(\xi, f(\xi), g(\xi)\right),$$

$$\left(r(0,\varepsilon), s(0,\varepsilon), \eta(0,\varepsilon)\right) = \left(0, \frac{\alpha + \mu\rho - \mu - \eta_*(\varepsilon)}{k}, \eta_*(\varepsilon)\right).$$

证明 根据 (6.6.15) 和 (6.6.30) 可知, 存在 $(w, z, \eta) = \left(0, \dfrac{\alpha + \mu\rho - \mu - \eta_*(\varepsilon)}{k},\right.$

$\left.\eta_*(\varepsilon)\right)$ 的邻域 $\mathbf{V}_\varepsilon \subset X \times \mathbb{R}_+$ 和正数 $\gamma_* = \gamma_*(\varepsilon)$, 使得对模型 (6.6.33) 包含在 $\mathbf{V}_\varepsilon$ 的所有正解可表示为

$$(w(\xi,\varepsilon), z(\xi,\varepsilon), \eta(\xi,\varepsilon))$$

$$= \left(\xi(\varphi_* + W(\xi,\varepsilon)), \frac{\alpha + \mu\rho - \mu - \eta(\xi,\varepsilon)}{k} + \xi(\psi_* + Z(\xi,\varepsilon)), \eta(\xi,\varepsilon)\right),$$

其中 (φ_*, ψ_*) 如 (6.6.15) 所定义的函数. 当 $\xi \in [0, \gamma_*]$ 时, $(W(\xi,\varepsilon), Z(\xi,\varepsilon), \eta(\xi,\varepsilon))$ 是光滑函数且满足 $\eta(0,\varepsilon) = \eta_*(\varepsilon)$ 和 $\int_\Omega Z(\xi,\varepsilon)\psi_* \mathrm{d}x = 0$.

在 $\mathbb{R}^3_+$ 中, 定义集合

$$\mathbf{U}_\varepsilon := \left\{(r, s, \eta) : r = \fint_\Omega w\mathrm{d}x, \ s = \fint_\Omega z\mathrm{d}x, \ (w, z, \eta) \in \mathbf{V}_\varepsilon\right\}.$$

令

$$r(\xi,\varepsilon) := \fint_\Omega w(\xi,\varepsilon)\mathrm{d}x, \quad s(\xi,\varepsilon) := \fint_\Omega z(\xi,\varepsilon)\mathrm{d}x.$$

由于模型 (6.6.33) 等价于方程 $\Phi^\varepsilon(w, z, \eta) = 0$, 因此

$$\mathrm{Ker}\,\Phi^\varepsilon \cap \mathbf{U}_\varepsilon \cap \bar{\mathbb{R}}^3_+ = \{(r(\xi,\varepsilon), s(\xi,\varepsilon), \eta(\xi,\varepsilon)) : \xi \in [0, \gamma_*]\}$$

$$\cup \left\{\left(0, \frac{\alpha + \mu\rho - \mu - \eta_*(\varepsilon)}{k}, \eta_*(\varepsilon)\right) \in \mathbf{U}_*\right\}.$$

对任意 $\varepsilon \in [0, \varepsilon_0]$, $\left(0, \dfrac{\alpha + \mu\rho - \mu - \eta(0,\varepsilon)}{k}, \eta(0,\varepsilon)\right) = \left(0, \dfrac{\alpha + \mu\rho - \mu - \eta_*(\varepsilon)}{k},\right.$

$\left.\eta_*(\varepsilon)\right)$ 是分支点, 并且由引理 (6.53) 可知 $\lim\limits_{\varepsilon \to 0} \eta_*(\varepsilon) = g(0)$. 因此, 如果 $\varepsilon > 0$ 充分小, 则 $\mathbf{U}_\varepsilon$ 包含 $\left(0, \dfrac{\alpha + \mu\rho - \mu - g(0)}{k}, g(0)\right)$ 的邻域 $\mathbf{U}_*(\subset \mathbb{R}^3_+)$, (6.6.50) 得证. □

引理 6.55　令 $r_0 = \dfrac{\alpha}{k}$, 存在 $(r_0, 0, g(r_0))$ 的邻域 $\mathbf{U}^*(\subset \mathbb{R}^3)$ 和正数 γ^*, 使得对任意的 $\varepsilon \in [0, \gamma^*]$, 有

$$\operatorname{Ker} \Phi^\varepsilon \cap \mathbf{U}^* \cap \bar{\mathbb{R}}_+^3 = \{(\hat{r}(\xi, \varepsilon), \hat{s}(\xi, \varepsilon), \hat{\eta}(\xi, \varepsilon)) : \xi \in [0, \gamma^*]\} \cup \{(r_0, 0, \eta) \in \mathbf{U}^*\},$$

$$(6.6.51)$$

其中

$$(\hat{r}(\xi, 0), \hat{s}(\xi, 0), \eta(\xi, 0)) = (r_0 - \xi, f(r_0 - \xi), g(r_0 - \xi)),$$
$$(r(0, \varepsilon), s(0, \varepsilon), \eta(0, \varepsilon)) = (r_0, 0, \eta^*(\varepsilon)).$$

证明　证明过程和引理 6.54 类似. 只需要把 (6.6.15) 和 $\lim\limits_{\varepsilon \to 0} \eta_*(\varepsilon) = g(0)$ 分别用 (6.6.14) 和 $\lim\limits_{\varepsilon \to 0} \eta^*(\varepsilon) = g(r_0)$ 替代即可. 证明略. $\qquad\square$

引理 6.56　存在 $\{(r, f(r), g(r)) : 0 \leqslant r \leqslant r_0\}$ 的邻域 $\mathbf{U}$ ($\subset X \times \mathbb{R}_+$), 如果 $\varepsilon > 0$ 充分小, 模型 (6.6.33) 包含在 $\mathbf{U}$ 的所有正解可以参数化为 (6.6.66).

证明　受文献 [129] 启示, 应用扰动方法证明. 对于引理 6.54 和引理 6.55 给出的正数 γ_* 和 γ^*, 定义

$$\mathcal{L}_p[\gamma_*/2, g(r_0) - \gamma^*/2] := \{(r, f(s), g(s)) : r \in [\gamma_*/2, g(r_0) - \gamma^*/2]\},$$

这里, r_0 是 $f(r)$ 的零点. 由 (6.6.37) 和 (6.6.38), 可得 Φ^0 在 $(r, f(r), g(r))$ 处的雅可比矩阵为

$$\Phi_{(r,s)}^0(r, f(r), g(r))$$

$$= \begin{pmatrix} r\left(-k + f(r) \fint_\Omega \dfrac{\theta(x)(k + \beta(x))}{(1 + r\theta(x))^2} \mathrm{d}x\right) & -r \fint_\Omega \dfrac{k + \beta(x)}{1 + r\theta(x)} \mathrm{d}x \\ A & -f(r) \fint_\Omega \dfrac{k}{(1 + r\theta(x))^2} \mathrm{d}x \end{pmatrix},$$

$$(6.6.52)$$

其中

$$A := f(r)\left(2kf(r) \fint_\Omega \dfrac{\theta(x)}{(1 + r\theta(x))^2} \mathrm{d}x \right.$$
$$\left. + \fint_\Omega \dfrac{(g(r) + \mu(1 - \rho) - \alpha)\theta(x) + \beta(x) - k}{(1 + r\theta(x))^2} \mathrm{d}x\right).$$

于是

$$\det \Phi_{(r,s)}^0(r, f(r), g(r)) = rf(r)g'(r) \fint_\Omega \dfrac{1}{1 + r\theta(x)} \mathrm{d}x \left(\fint_\Omega \dfrac{k + \beta(x)}{1 + r\theta(x)} \mathrm{d}x\right)^{-1}.$$

$$(6.6.53)$$

对任意 $\left(\bar{r}, f(\bar{r}), g(\bar{r})\right) \in \mathcal{L}_p[\gamma_*/2, g(r_0) - \gamma^*/2]$, $f(\bar{r}) > 0$, 从而 (6.6.53) 意味着 $\Phi^0_{(r,s)}\left(r, f(r), g(r)\right)$ 是可逆的当且仅当 $g'(r) = 0$. 这种情况下, 根据隐函数定理可知, 存在正数 $\gamma = \gamma(\bar{r})$ 和 $(\bar{r}, f(\bar{r}))$ 的邻域 $\mathbf{W}_{\bar{r}}$, 使得对任意 $\varepsilon \in [0, \gamma]$, 都有

$$\operatorname{Ker} \Phi^\varepsilon \cap \mathbf{U}_{\bar{r}} = \{(r(\eta, \varepsilon), s(\eta, \varepsilon), \eta) : \eta \in (g(\bar{r}) - \gamma, g(\bar{r}) + \gamma)\}, \qquad (6.6.54)$$

其中, $\mathbf{U}_{\bar{r}} := \mathbf{W}_{\bar{r}} \times (g(\bar{r}) - \gamma, g(\bar{r}) + \gamma)$, $(r(\eta, \varepsilon), s(\eta, \varepsilon))$ 是光滑函数, 满足

$$\left(r(g(\bar{r}), 0), s(g(\bar{r}), 0)\right) = \left((\bar{r}, f(\bar{r}))\right).$$

另一方面, 当 $g'(\bar{r}) = 0$ 时, (6.6.53) 等价于 $\operatorname{rank} \Phi^0_{(r,s)}\left(\bar{r}, f(\bar{r}), g(\bar{r})\right) = 1$. 因此

$$\dim \operatorname{Ker} \Phi^0_{(r,s)}(\bar{r}, f(\bar{r}), g(\bar{r})) = \operatorname{com} \operatorname{Range} \Phi^0_{(r,s)}(\bar{r}, f(\bar{r}), g(\bar{r})) = 1.$$

此外

$$\Phi^0_\eta(\bar{r}, f(\bar{r}), g(\bar{r})) = \begin{pmatrix} 0 \\ -\fint_\Omega \dfrac{f(\bar{r})}{1 + \bar{r}\theta(x)} \mathrm{d}x \end{pmatrix} \notin \operatorname{Range} \Phi^0_{(r,s)}(\bar{r}, f(\bar{r}), g(\bar{r})).$$

由局部分支定理和注 3.3 可知, 存在正数 $\gamma = \gamma(\bar{r})$ 和 $(\bar{r}, f(\bar{r}), g(\bar{r}))$ 的邻域 $\mathbf{U}_{\bar{r}}$, 使得当 $\varepsilon \in [0, \gamma]$ 时

$$\operatorname{Ker} \Phi^\varepsilon \cap \mathbf{U}_{\bar{r}} = \{(r(\xi, \varepsilon), s(\xi, \varepsilon), \eta(\xi, \varepsilon)) : \xi \in (-\gamma, \gamma)\}, \qquad (6.6.55)$$

其中, $(r(\xi, \varepsilon), s(\xi, \varepsilon), \eta(\xi, \varepsilon))$ 在 $(\xi, \varepsilon) \in [-\gamma, \gamma] \times [0, \gamma]$ 中是光滑函数, 满足

$$(r(0, 0), s(0, 0), \eta(0, 0)) = (\bar{r}, f(\bar{r}), g(\bar{r})).$$

因此, 当 (6.6.54) 或 (6.6.55) 成立时, 存在

$$\mathcal{L}_p[\gamma_*/2, g(r_0) - \gamma^*/2] \subset \cup \{\mathbf{U}_{\bar{r}} : \bar{r} \in [\gamma_*/2, g(r_0) - \gamma^*/2]\}.$$

由 $\mathcal{L}_p[\gamma_*/2, g(r_0) - \gamma^*/2]$ 的紧性可知, 存在有限个点 $\{r_j\}_{j=1}^n$, 使得

$$\begin{cases} (r_j, f(r_j), g(r_j)) \in \mathcal{L}_p[\gamma_*/2, g(r_0) - \gamma^*/2], & \text{对于 } 1 \leqslant j \leqslant n, \\ \mathcal{L}_p[\gamma_*/2, g(r_0) - \gamma^*/2] \subset \displaystyle\bigcup_{j=0}^n \mathbf{U}_j, & \text{其中 } \mathbf{U}_j = \mathbf{U}_{r_j}. \end{cases}$$

根据引理 6.54 和引理 6.55, 令 $\mathbf{U}_0 = \mathbf{U}_*$, $\mathbf{U}_{n+1} = \mathbf{U}^*$, 不失一般性, 假设 $\mathbf{U}_j \cap \mathbf{U}_{j+1} \neq \varnothing$ $(j = 0, 1, 2, \cdots, n)$. 令 $\gamma_i = \gamma(r_j)$, 由 (6.6.54) 和 (6.6.55) 可推出, 对任意 $\varepsilon \in [0, \gamma_j]$ $(1 \leqslant j \leqslant n)$, 存在光滑函数 $(r_j(\xi, \varepsilon), s_j(\xi, \varepsilon), \eta_j(\xi, \varepsilon))$, 使得

$$\operatorname{Ker} \Phi^\varepsilon \cap \mathbf{U}_j = \{(r_j(\xi, \varepsilon), s_j(\xi, \varepsilon), \eta_j(\xi, \varepsilon)) : \xi \in (-\gamma_j, \gamma_j)\} := J^\varepsilon_j, \qquad (6.6.56)$$

这里, 对任意 $0 \leqslant j \leqslant n$, $(r_j(0,0), s_j(0,0), \eta_j(0,0)) = (r_j, f(r_j), g(r_j))$.

进一步, 考虑到引理 6.54 和引理 6.55, 令

$$J_0^\varepsilon := \{(r(\xi,\varepsilon), s(\xi,\varepsilon), \eta(\xi,\varepsilon)) : \xi \in (0, \gamma_*]\},$$

$$J_{n+1}^\varepsilon := \{(\hat{r}(\xi,\varepsilon), \hat{s}(\xi,\varepsilon), \hat{\eta}(\xi,\varepsilon)) : \xi \in (0, \gamma^*]\},$$

$$\mathbf{U} := \bigcup_{j=0}^{n+1} \mathbf{U}_j.$$

由引理 6.54, 引理 6.55 和 (6.6.56) 可知, 任给 $\varepsilon \in \left[0, \min\limits_{0 \leqslant j \leqslant n+1} \gamma_j\right]$, 存在

$$\operatorname{Ker} \Phi^\varepsilon \cap \mathbf{U} \cap \mathbb{R}_+^3 = \bigcup_{j=0}^{n+1} J_j^\varepsilon. \tag{6.6.57}$$

因此, (6.6.57) 表明 $\operatorname{Ker} \Phi^\varepsilon \cap \mathbf{U} \cap \mathbb{R}_+^3$ 是一维子流形. 事实上, 可以构造光滑曲线

$$\mathbf{S}(\xi,\varepsilon) = \Big(r(\xi,\varepsilon), s(\xi,\varepsilon), \eta(\xi,\varepsilon)\Big),$$

并且对充分小的 $\varepsilon > 0$ 和 $\xi \in [0, C_\varepsilon]$ 满足

$$
\begin{cases}
\bigcup\limits_{j=0}^{n+1} J_j^\varepsilon = \mathbf{S}((0, C_\varepsilon), \varepsilon), \\
(r(\xi,0), s(\xi,0), \eta(\xi,0)) = (\xi, f(\xi), g(\xi)), \\
(r(0,\varepsilon), s(0,\varepsilon), \eta(0,\varepsilon)) = \left(0, \dfrac{\alpha + \mu\rho - \mu - \eta_*(\varepsilon)}{k}, \eta_*(\varepsilon)\right), \\
(r(C_\varepsilon,\varepsilon), s(C_\varepsilon,\varepsilon), \eta(C_\varepsilon,\varepsilon)) = (r_0, 0, \eta^*(\varepsilon)).
\end{cases}
$$
$\qquad\qquad\square$

下面证明模型 (6.6.33) 在引理 6.56 中得到的邻域 $\mathbf{U}$ 外不存在正解.

引理 6.57　对 $\{(r, f(r), g(r)) : 0 \leqslant r \leqslant r_0\}$ 的邻域 $\mathbf{V}(\subset \mathbb{R}_+^3)$, 存在小的正数 $\varepsilon_1 > 0$, 若 $\varepsilon \in [0, \varepsilon_1]$, 模型 (6.6.33) 的任意正解 (w, z) 可以表示为

$$(w, z) = (r, s) + \varepsilon U(r, s, \eta, \varepsilon),$$

其中, $(r, s, \eta) \in \mathbf{V}$, $U(r, s, \eta, \varepsilon)$ 是引理 6.49 中的空间 X_1 上的实值函数.

证明　用反证法. 假设存在一列 $\{(\eta_n, \varepsilon_n)\}$ 满足 $\lim\limits_{n\to\infty} \varepsilon_n = 0$, 使得对所有的 $n \in \mathbb{N}_+$, 模型 (6.6.33) 存在正解 (w_n, z_n) 满足 $(w_n, z_n, \eta_n) \neq \mathbf{V}$.

下面证明存在一列 $\{(r_j, s_j)\}$ 和一子列 $\{(w_{n(j)}, z_{n(j)}, \eta_{n(j)})\}$ 使得

$$
\begin{cases}
(w_{n(j)}, z_{n(j)}) = (r_j, s_j) + \varepsilon_{n(j)} \mathbf{U}(r_{n(j)}, s_{n(j)}, \eta_{n(j)}, \varepsilon_{n(j)}), & \text{对所有的 } n \in \mathbb{N}_+, \\
\lim\limits_{j\to\infty} (r_j, s_j, \eta_{n(j)}) = (r, f(r), g(r)), & \text{对一些 } r \in (0, r_0).
\end{cases}
$$
$$\tag{6.6.58}$$

由引理 6.45 和 (6.6.30) 可得

$$\|w_n\|_\infty \leqslant \frac{\alpha}{k}, \quad \|z_n\|_\infty \leqslant \frac{1}{k^3}\left((\alpha - \mu + \rho\mu - \eta_n)k + \alpha\|\beta\|_\infty\right)(k + \alpha\|\theta\|_\infty).$$

根据引理 6.45 和 (6.6.30) 可得 $\{\eta_n\}$ 的一致有界性. 因此, $\{w_n\}$ 和 $\{z_n\}$ 在 $C(\bar{\Omega})$ 上是一致有界的.

设 $\bar{w}_n := \dfrac{w_n}{\|w_n\|_\infty}$, $\bar{z}_n := \dfrac{z_n}{\|z_n\|_\infty}$, 则 $(\bar{w}_n, \bar{z}_n)$ 满足

$$\begin{cases} \triangle\bar{w}_n + \varepsilon\bar{w}_n\left(\alpha - k\left(\bar{w}_n + \dfrac{\bar{z}_n}{1+\theta(x)\bar{w}_n}\right) - \dfrac{\beta(x)\bar{z}_n}{1+\theta(x)\bar{w}_n}\right) = 0, & x \in \Omega, \\[3mm] \triangle\bar{z}_n + \dfrac{\varepsilon\bar{z}_n}{1+\theta(x)\bar{w}_n} \\[2mm] \qquad \cdot\left(\alpha + \mu\rho - \mu_n - \eta - k\left(\bar{w}_n + \dfrac{\bar{z}_n}{1+\theta(x)\bar{w}_n}\right) + \beta(x)\bar{w}_n\right) = 0, & x \in \Omega, \\[3mm] \partial_{\mathbf{n}}\bar{w}_n = \partial_{\mathbf{n}}\bar{z}_n = 0, & x \in \partial\Omega. \end{cases}$$
$$(6.6.59)$$

由于 $\{(w_n, z_n, \eta_n)\}$ 在 $C(\bar{\Omega}) \times C(\bar{\Omega}) \times \mathbb{R}_+$ 中一致有界, 则

$$\left\{\bar{w}_n\left(\alpha - k\left(\bar{w}_n + \frac{\bar{z}_n}{1+\theta(x)\bar{w}_n}\right) - \frac{\beta(x)\bar{z}_n}{1+\theta(x)\bar{w}_n}\right)\right\}$$

和

$$\left\{\frac{\bar{z}_n}{1+\theta(x)\bar{w}_n}\left(\alpha + \mu\rho - \mu - \eta_n - k\left(\bar{w}_n + \frac{\bar{z}_n}{1+\theta(x)\bar{w}_n}\right) + \beta(x)\bar{w}_n\right)\right\}$$

关于 n 也是一致有界的.

由椭圆正则性理论和紧性可知, 存在一子列 $\{(w_{n(j)}, z_{n(j)}, \eta_{n(j)})\}$ 和函数 $(\bar{w}, \bar{z}, \eta_\infty)$, 使得在 $C^1(\bar{\Omega}) \times C^1(\bar{\Omega}) \times \mathbb{R}_+$ 上

$$\lim_{j \to \infty}(w_{n(j)}, z_{n(j)}, \eta_{n(j)}) = (\bar{w}, \bar{z}, \eta_\infty). \tag{6.6.60}$$

因为 $\lim\limits_{n \to \infty}\varepsilon_n = 0$, 在 (6.6.59) 中取 $n \to \infty$, 可得

$$\begin{cases} \triangle\bar{w} = \triangle\bar{z} = 0, & \text{在 } \Omega, \\ \partial_{\mathbf{n}}\bar{w} = \partial_{\mathbf{n}}\bar{z} = 0, & \text{在 } \partial\Omega. \end{cases}$$

又因为 $\|\bar{w}\|_\infty = \|\bar{z}\|_\infty = 1$, 则在 $\bar{\Omega}$ 上有 $\bar{w} = \bar{z} = 1$. 由于 $\{(w_n, z_n)\}$ 为有界正向量簇, 所以存在非负常数 r 和 s, 使得在 $C^1(\bar{\Omega}) \times C^1(\bar{\Omega})$ 上

$$\lim_{j \to \infty}(w_{n(j)}, z_{n(j)}) = (r, s). \tag{6.6.61}$$

根据引理 6.49 可知, 当 $j \in \mathbb{N}_+$ 充分大时, $(w_{n(j)}, z_{n(j)})$ 可以参数化为

$$(w_{n(j)}, z_{n(j)}) = (r_j, s_j) + \varepsilon_{n(j)} \mathbf{U}(r_j, s_j, \eta_{n(j)}, \varepsilon_{n(j)}),$$

其中, 序列 $\{(r_j, s_j)\}$ 满足 $\lim\limits_{j \to \infty}(r_j, s_j) = (r, s)$.

　　将 (6.6.59) 中的第一个方程和第二个方程两边在 Ω 上积分, 可得

$$\begin{cases} \oint_\Omega \bar{w}_{n(j)}\left(\alpha - k\left(\bar{w}_{n(j)} + \dfrac{\bar{z}_{n(j)}}{1+\theta(x)\bar{w}_{n(j)}}\right) - \dfrac{\beta(x)\bar{z}_v}{1+\theta(x)\bar{w}_{n(j)}}\right)\mathrm{d}x = 0, \\ \oint_\Omega \dfrac{\bar{z}_{n(j)}}{1+\theta(x)\bar{w}_{n(j)}}\left(\alpha + \mu\rho - \mu - \eta_{n(j)} - k\left(\bar{w}_{n(j)} + \dfrac{\bar{z}_{n(j)}}{1+\theta(x)\bar{w}_{n(j)}}\right)\right. \\ \qquad \left. + \beta(x)\bar{w}_{n(j)}\right)\mathrm{d}x = 0. \end{cases}$$

$$(6.6.62)$$

根据 (6.6.60) 和 (6.6.61), 在 (6.6.62) 中令 $j \to \infty$, 可得

$$\begin{cases} \alpha - kr - s\oint_\Omega \dfrac{k+\beta(x)}{1+\theta(x)r}\mathrm{d}x = 0, \\ \oint_\Omega \dfrac{1}{1+\theta(x)r}\left(\alpha + \mu\rho - \mu - \eta_\infty - kr - \dfrac{ks}{1+\theta(x)r} + \beta(x)r\right)\mathrm{d}x = 0. \end{cases}$$

$$(6.6.63)$$

由 (6.6.38) 和 (6.6.63) 可知

$$s = (\alpha - kr)\bigg/ \oint_\Omega \frac{k+\beta(x)}{1+r\theta(x)}\mathrm{d}x = f(r),$$

$$\eta_\infty = \oint_\Omega\left(\frac{\alpha+\mu\rho-\mu-kr+\beta(x)r}{1+r\theta(x)} - \frac{kf(r)}{(1+r\theta(x))^2}\right)\mathrm{d}x \bigg/ \oint_\Omega \frac{1}{1+r\theta(x)}\mathrm{d}x = g(r).$$

$$(6.6.64)$$

因此 (6.6.58) 得证.　　　　　　　　　　　　　　　　　　　　　　　　　　□

　　由引理 6.56 和引理 6.57, 即可得到 (6.6.33) 的正解的局部分支.

　　定理 6.58　任给 $(a, \mu, \beta(x), \theta(x), \rho)$, 存在充分小的 $\varepsilon_0 > 0$ 和一族有界光滑曲线

$$\{\mathbf{S}(\xi, \varepsilon) = (r(\xi, \varepsilon), s(\xi, \varepsilon), \eta(\xi, \varepsilon)) \in \mathbb{R}^3_+ : (\xi, \varepsilon) \in [0, C_\varepsilon] \times [0, \varepsilon_0]\}, \qquad (6.6.65)$$

对任意 $\varepsilon \in (0, \varepsilon_0)$, (6.6.33) 的所有解可以表示为

$$\Gamma^\varepsilon = \left\{(w(\xi, \varepsilon), z(\xi, \varepsilon), \eta(\xi, \varepsilon)) = ((r, s) + \varepsilon\mathbf{U}(r, s, \eta, \varepsilon), \eta) : \right.$$

$$(r, s, \eta) = (r(\xi, \varepsilon), s(\xi, \varepsilon), \eta(\xi, \varepsilon)), \xi \in (0, C_\varepsilon) \Big\}, \tag{6.6.66}$$

其中 $\mathbf{U}(r, s, \eta, \varepsilon)$ 是引理 6.49 中空间 X_1 的实值函数, $\mathbf{S}(\xi, \varepsilon)$ 是光滑函数且满足

$$\mathbf{S}(\xi, 0) = (\xi, f(\xi), g(\xi)), \quad \mathbf{S}(0, \varepsilon) = (0, f(0), \eta_*(\varepsilon)), \quad \mathbf{S}(C_\varepsilon, \varepsilon) = \left(\frac{\alpha}{k}, 0, \eta^*(\varepsilon)\right),$$

其中, $\eta_*(\varepsilon)$ 和 $\eta^*(\varepsilon)$ 定义为

$$\eta_*(\varepsilon) = \frac{\delta_*(\varepsilon\alpha)}{\varepsilon}, \quad \eta^*(\varepsilon) = \frac{\delta^*(\varepsilon\alpha)}{\varepsilon}. \tag{6.6.67}$$

此外, C_ε 是关于 $\varepsilon \in [0, \varepsilon_0]$ 的某一光滑正函数且 $C_0 = \frac{\alpha}{k}$.

6.6.2.4　鱼钩形分支结构

从 (6.6.66) 可以看出, 当 $\varepsilon = 0$ 时, $\eta(\xi, 0) = g(\xi)$. 任给 $\varepsilon > 0$, 由 (6.6.45) 可以找到对 Γ_ε 在分支点 $(0, f(0), \eta_*(\varepsilon))$ 处的分支方向起重要作用的项 $\Phi(\theta, \beta)$. 在 $\varepsilon > 0$ 充分小且 $\Phi(\theta, \beta) > 0$ 的情况下, 分支方向会依照自然增长率 a 的取值变化而改变.

定理 6.59　假设 $\Phi(\theta, \beta) > 0$ 和

$$\alpha_* := \frac{\fint_\Omega (k + \beta(x)) \mathrm{d}x \left(\fint_\Omega \beta(x) \mathrm{d}x\right)^2}{k \Phi(\theta, \beta)} > 0. \tag{6.6.68}$$

对任意小的正数 ϵ, 存在小的 $\varepsilon_0 > 0$, 使得 $(\alpha, \varepsilon) \in (0, \alpha_* - \epsilon) \times [0, \varepsilon_0]$, 则 $\eta_\xi(0, \varepsilon) > 0$, 也就是, 在点 $\left(0, \dfrac{\alpha + \mu\rho - \mu - \delta_*(\varepsilon)}{k}, \delta_*(\varepsilon)\right)$ 处, Γ_ε 的分支方向是超临界的. 若 $(\alpha, \varepsilon) \in (\alpha_* + \epsilon, \epsilon^{-1}) \times [0, \varepsilon_0]$, 则 $\eta_\xi(0, \varepsilon) < 0$, 也就是, 在点 $\left(0, \dfrac{\alpha + \mu\rho - \mu - \delta_*(\varepsilon)}{k}, \right.$

$\delta_*(\varepsilon)\Big)$ 处 Γ_ε 的分支方向是次临界的. 此外, 若 $(\alpha, \varepsilon) \in (\alpha_* + \epsilon, \epsilon^{-1}) \times [0, \varepsilon_0]$, 则 $\eta(0, \varepsilon)$ 满足

$$\underline{\eta}(\varepsilon) := \min_{\xi \in [0, C_\varepsilon]} \eta(\xi, \varepsilon) < \eta_*(\varepsilon),$$

并且下述性质成立:

(1) 如果 $\eta < \underline{\eta}(\varepsilon)$ 或 $\eta \geqslant \eta^*(\varepsilon)$, 则 (6.6.33) 没有正解;

(2) 如果 $\eta = \underline{\eta}(\varepsilon)$ 或 $\eta_*(\varepsilon) \leqslant \eta < \eta^*(\varepsilon)$, 则 (6.6.33) 至少有一个正解;

(3) 如果 $\underline{\eta}(\varepsilon) < \eta < \eta_*(\varepsilon)$, 则 (6.6.33) 至少有两个正解.

证明　令 $\mathbf{S}(\xi,\varepsilon) = (r(\xi,\varepsilon), s(\xi,\varepsilon), \eta(\xi,\varepsilon))$ 是 (6.6.65) 定义的光滑曲线, 则 $\mathbf{S}(\xi,0) = (\xi, f(\xi), g(\xi))$. 此外, 在 $C^1([0,r_0]) \times C^1([0,r_0])$ 上

$$\lim_{\varepsilon \to 0}(s(\xi,\varepsilon), \eta(\xi,\varepsilon)) = (f(\xi), g(\xi)). \tag{6.6.69}$$

当 $\Phi(\theta,\beta) > 0$, 根据 (6.6.45) 可得

$$\begin{cases} g'(0) > 0, & 0 < \alpha < \alpha_*, \\ g'(0) < 0, & \alpha > \alpha_*. \end{cases} \tag{6.6.70}$$

令 ϵ 是任意小的正数, 根据 (6.6.69) 和 (6.6.70), 可以找到小的 $\varepsilon_0 > 0$, 若 $(\alpha,\varepsilon) \in (0, \alpha_* - \epsilon) \times [0, \varepsilon_0]$, 则 $\eta_\xi(0,\varepsilon) > 0$, 也就是说, 从 $\left(0, \frac{\alpha + \mu\rho - \mu - \delta_*(\varepsilon)}{k}, \delta_*(\varepsilon)\right)$ 分支出来的 Γ_ε 是超临界的. 另一方面, 如果 $(\alpha,\varepsilon) \in (\alpha_* + \epsilon, \epsilon^{-1}) \times [0, \varepsilon_0]$, 则 $\eta_\xi(0,\varepsilon) < 0$, 也就是, 从 $\left(0, \frac{\alpha + \mu\rho - \mu - \delta_*(\varepsilon)}{k}, \delta_*(\varepsilon)\right)$ 分支出来的 Γ_ε 是次临界的.

当 $\xi \in [0, C_\varepsilon]$ 时, $\eta_\xi(0,\varepsilon) < 0$, $\eta(\xi,\varepsilon) \leqslant \eta(C_\varepsilon,\varepsilon)$, 所以, 在某些 $\underline{\xi}(\varepsilon) \in (0, C_\varepsilon)$ 处, $\eta(\xi,\varepsilon)$ 可达到最小值. 记

$$\underline{\eta}(\varepsilon) := \eta(\underline{\xi}(\varepsilon), \varepsilon) = \min_{\xi \in [0, C_\varepsilon]} \eta(\xi, \varepsilon),$$

并令

$$K_\varepsilon(\eta) := \{\xi \in (0, C_\varepsilon) : \eta(\xi, \varepsilon) = \eta\}.$$

则当 $\varepsilon > 0$ 充分小时, 如果 $\eta < \underline{\eta}(\varepsilon)$ 或 $\eta \geqslant \eta^*(\varepsilon)$, 则 $K_\varepsilon(\eta)$ 是空集; 如果 $\eta = \underline{\eta}(\varepsilon)$ 或 $\eta_*(\varepsilon) \leqslant \eta < \eta^*(\varepsilon)$, 则 $K_\varepsilon(\eta)$ 至少包含一个元素; 如果 $\underline{\eta}(\varepsilon) \leqslant \eta < \eta_*(\varepsilon)$, 则 $K_\varepsilon(\eta)$ 至少包含两个元素. 根据 (6.6.66) 可知, 对任意固定的 η, $K_\varepsilon(\eta)$ 所包含的元素的个数就等于模型 (6.6.33) 正解的个数.　　□

注 6.60　如果 $\Phi(\theta,\beta) \leqslant 0$, 由引理 6.50 (1) 可知, 对任意小的 $\epsilon > 0$, 存在小的 $\varepsilon_0 > 0$, 使得 $(\alpha,\varepsilon) \in [\epsilon, \epsilon^{-1}] \times [0, \varepsilon_0]$, 在 $\left(0, \frac{\alpha + \mu\rho - \mu - \delta_*(\varepsilon)}{k}, \delta_*(\varepsilon)\right)$ 处的分支 Γ_ε 是超临界的. 另一方面, 当模型 (6.6.33) 的所有参数都是空间均匀的情形时, 对所有的 r, $g'(r) > 0$. 因此, 若 $\varepsilon > 0$ 充分小, 对任意 $\xi \in (0, C_\varepsilon)$, 都可得到 $\eta_\xi(\xi,\varepsilon) > 0$.

变量代换 (6.6.30) 是一一对应的, 据此可得模型 (6.6.3) 正解的分支结构. 具

体地, 令 $(b, m, c) = (\varepsilon\mu, \varepsilon(\mu - \alpha), \varepsilon^{-1})$, 则模型 (6.6.3) 可重写为

$$
\begin{cases}
\triangle S + \varepsilon\alpha S - k(S + I)S - \beta(x)SI = 0, & x \in \Omega, \\
\triangle((1 + \varepsilon^{-1}\theta(x)S)I) + \varepsilon(\alpha + \rho\mu - \mu)I \\
\quad -k(S + I)I - \delta I + \beta(x)SI = 0, & x \in \Omega, \\
\partial_{\mathbf{n}}S = \partial_{\mathbf{n}}I = 0, & x \in \partial\Omega.
\end{cases} \tag{6.6.71}
$$

定理 6.61 固定 $(\alpha, k, \rho, \mu, \beta(x), \theta(x))$, 如果 $\varepsilon > 0$ 充分小, 选取 δ 为分支参数, 模型 (6.6.71) 的正解可形成一条有界的光滑曲线

$$
\Gamma = \{(S, I, \delta) = (S(\xi, \varepsilon), I(\xi, \varepsilon), \delta(\xi, \varepsilon)) \in X \times \mathbb{R}_+ : \xi \in (0, C_\varepsilon)\},
$$

其中, $(S(\xi, \varepsilon), I(\xi, \varepsilon), \delta(\xi, \varepsilon))$ 满足

$$
(S(0, \varepsilon), I(0, \varepsilon), \delta(0, \varepsilon)) = \left(0, \frac{\alpha + \mu\rho - \mu - \delta_*(\varepsilon\alpha)}{k}, \delta_*(\varepsilon\alpha)\right) \in \Gamma_I,
$$

$$
(S(C_\varepsilon, \varepsilon), I(C_\varepsilon, \varepsilon), \delta(C_\varepsilon, \varepsilon)) = \left(\frac{\varepsilon\alpha}{k}, 0, \delta^*(\varepsilon\alpha)\right) \in \Gamma_S,
$$

且当 $0 \leqslant \xi < C_\varepsilon$ 时, $\delta(\xi, \varepsilon) < \delta^*(\varepsilon\alpha)$. 这里, $\delta^*(\varepsilon\alpha)$ 和 $\delta_*(\varepsilon\alpha)$ 是引理 6.44 中定义的函数, C_ε 是定理 6.58 中定义的正函数. 当 $\Phi(\theta, \beta) > 0$ 时, 对定义于 (6.6.68) 的正数 α_* 和任意小的正数 ϵ, 存在一个小的正数 $\varepsilon_0 = \varepsilon_0(\alpha_*, \epsilon)$, 如果 $0 < \alpha \leqslant \alpha_* - \epsilon$, $0 < \varepsilon < \varepsilon_0$, 则 $\delta_\xi(0, \varepsilon) > 0$, 在 $\left(0, \dfrac{\alpha + \mu\rho - \mu - \delta_*(\varepsilon\alpha)}{k}, \delta_*(\varepsilon\alpha)\right)$ 处分支出的 Γ 是超临界的. 另一方面, 如果 $\alpha_* + \epsilon \leqslant \alpha \leqslant \epsilon^{-1}$, $0 < \varepsilon < \varepsilon_0$, 则 $\delta_\xi(0, \varepsilon) < 0$, 在 $\left(0, \dfrac{\alpha + \mu\rho - \mu - \delta_*(\varepsilon\alpha)}{k}, \delta_*(\varepsilon\alpha)\right)$ 处分支出的 Γ 是次临界的. 在这种情况下, 记 δ 的最小值为

$$
\underline{\delta} := \min_{\xi \in [0, C_\varepsilon]} \delta(\xi, \varepsilon) < \delta_*(\varepsilon\alpha),
$$

则下述性质成立:

(1) 若 $\delta < \underline{\delta}$ 或 $\delta \geqslant \delta^*(\varepsilon\alpha)$, 则模型 (6.6.71) 不存在正解;

(2) 若 $\delta = \underline{\delta}$ 或 $\delta_*(\varepsilon\alpha) \leqslant \delta < \delta^*(\varepsilon\alpha)$, 则模型 (6.6.71) 至少存在一个正解;

(3) 若 $\underline{\delta} < \delta < \delta_*(\varepsilon\alpha)$, 则模型 (6.6.71) 至少存在两个正解.

证明 由 (6.6.5) 和 (6.6.30) 可知, (w, z) 是模型 (6.6.33) 的正解当且仅当

$$
(S, I, \delta) = \varepsilon\left(w, \frac{z}{1 + \theta(x)w}, \eta\right) \tag{6.6.72}
$$

是模型 (6.6.71) 的正解. 由定理 6.58 可知, 对任意固定的 $(\alpha, k, \rho, \mu, \beta(x), \theta(x))$, 存在小的正数 ε_0, 如果 $\varepsilon \in (0, \varepsilon_0]$, 模型 (6.6.71) 的所有正解可以表示为

$$\Gamma = \{(S, I, \delta) = (S(\xi, \varepsilon), I(\xi, \varepsilon), \delta(\xi, \varepsilon)) \in X \times \mathbb{R}_+ : (\xi, \varepsilon) \in (0, C_\varepsilon) \times [0, \varepsilon_0]\}.$$

因此, 由 (6.6.72) 可知, $(S(\xi, \varepsilon), I(\xi, \varepsilon), \delta(\xi, \varepsilon))$ 满足

$$(S(\xi, \varepsilon), I(\xi, \varepsilon), \delta(\xi, \varepsilon)) = \varepsilon \left(w(\xi, \varepsilon), \frac{z(\xi, \varepsilon)}{1 + \theta(x)(\xi, \varepsilon)}, \eta(\xi, \varepsilon) \right),$$

其中, 函数 $(w(\xi, \varepsilon), z(\xi, \varepsilon), \eta(\xi, \varepsilon))$ 如 (6.6.66) 所定义. 根据 (6.6.67) 可知

$$\delta(0, \varepsilon) = \varepsilon \eta_*(\varepsilon) = \delta_*(\varepsilon\alpha), \quad \delta(C_\varepsilon, \varepsilon) = \varepsilon \eta^*(\varepsilon) = \delta^*(\varepsilon\alpha).$$

因此, 当 $\Phi(\theta, \beta) > 0$ 时, 由定理 6.59 和 (6.6.72) 的一一对应关系, 可得 Γ 的鱼钩形分支曲线. $\square$

由此可得下述定理.

定理 6.62 假设

$$\min_{\bar{\Omega}} \beta(x) > \max\left\{ k, k\left(\frac{a}{a - b(1-\rho)} - 1 \right) \right\},$$

如果 $a > 0$ 足够小且 c 足够大, 选取 δ 为分支参数, 则模型 (6.6.3) 的正解集可形成一条有界光滑曲线

$$\Gamma = \{(S, I, \delta) = (S(x; \xi), I(x; \xi), \delta(\xi)) \subset X \times \mathbb{R}_+ : \xi \in (0, a/k)\},$$

这里, $\delta_* = \delta_*(a), \delta^* = \delta^*(a)$ 和 $I_* = \dfrac{a + b\rho - b - \delta_*}{k}$ 均为正数, 且 $(S(x; \xi), I(x; \xi), \delta(\xi))$ 满足

$$(S(x; 0), I(x; 0), \delta(0)) = (0, I_*, \delta_*),$$
$$(S(x; a/k), I(x; a/k), \delta(a/k)) = (a/k, 0, \delta^*).$$

(1) 若 $\Phi(\theta, \beta) > 0$, 则存在一个小的正数 a^*, 使得下列结论成立:

(1-1) 如果 $0 < a \leqslant a^*/3$, 则 $\delta'(0) > 0$, Γ 在 $(0, I_*, \delta_*)$ 的分支是超临界的;

(1-2) 如果 $2a^*/3 < a \leqslant a^*$, 则 $\delta'(0) < 0$, Γ 在 $(0, I_*, \delta_*)$ 的分支是次临界的. 这时, 当 $\underline{\delta} := \min\limits_{0 \leqslant r \leqslant a/k} \delta(r)$ 时, 如果 $\delta \in (\underline{\delta}, \delta_*)$, 则模型 (6.6.3) 至少存在两个正解; 如果 $\delta \in [\delta_*, \delta^*)$ 或 $\delta = \underline{\delta}$, 则模型 (6.6.3) 至少存在一个正解; 如果 $\delta \in (0, \underline{\delta}) \cup [\delta^*, \infty)$, 则模型 (6.6.3) 不存在正解.

(2) 若 $\Phi(\theta, \beta) \leqslant 0$, Γ 在 $(0, I_*, \delta_*)$ 处的分支是超临界的, 模型 (6.6.3) 至少存在一个正解.

证明 由定理 6.59 和定理 6.61 可推出定理 6.62 (1). 由注 6.60 和定理 6.61 一起可推出定理 6.62 (2). □

注 6.63 在没有交叉扩散的情况下, 即 $\theta(x) = 0$ 或 $c = 0$, 简单计算可知 $\delta'(0) > 0$, 从而 Γ 在 $(0, I_*, \delta_*)$ 处的分支是超临界的 (图 6.27). 由单调性可知模型 (6.6.3) 有唯一正解. 换句话说, 模型 (6.6.3) 只有一个地方病稳态解.

注 6.64 在空间同质情况下, 即 $\beta(x)$ 和 $\theta(x)$ 都是正常数时, 容易验证 Γ 可形成一个单调的正常数稳态解 S 形曲线 (图 6.27), 可表示为

$$\Gamma = \left\{ \left(\frac{a - (k + \beta)I^*}{k}, I^* \right), \frac{a\beta - b(1 - \rho)(k + \beta)}{k + \beta} < \delta < \frac{a\beta - bk(1 - \rho)}{k} \right\}.$$

在空间异质情况下, 当自然增长率 a 足够小且交叉扩散系数 c 足够大时, $\beta(x)$ 和 $\theta(x)$ 可以诱导 Γ 形成关于参数 δ 的有界鱼钩形分支 (fish-hook shaped bifurcation, 参见图 6.28). 也就是说, 在这种情况下, 模型 (6.6.3) 存在多重地方病稳态解.

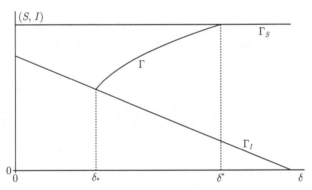

图 6.27 在定理 6.62 (1-1) 和 (2) 中正解的单调 S 型分支

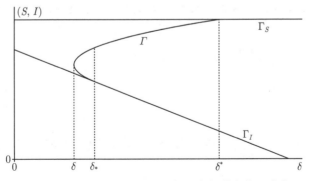

图 6.28 定理 6.62 (1-2) 中的正稳态解的鱼钩形分支

6.6.3 稳态解的稳定性

6.6.3.1 平凡和半平凡稳态解的稳定性

首先给出灭绝平衡点 $(0,0)$、无病稳态解 DFE 以及无易感者稳态解 SFE 的渐近行为.

定理 6.65 (1) 模型 (6.6.1) 的灭绝稳态解 $(0,0)$ 是不稳定的;

(2) 若 $\lambda_1\left(\dfrac{k(b-b\rho+\delta)-a\beta(x)}{k+ac\theta(x)}\right)>0$, 模型 (6.6.1) 的 DFE 是局部渐近稳定的; 若 $\lambda_1\left(\dfrac{k(b-b\rho+\delta)-a\beta(x)}{k+ac\theta(x)}\right)<0$, 则 DFE 是不稳定的;

(3) 若 $\lambda_1\left(\dfrac{(\beta(x)+k)(b-b\rho-\delta)+a\beta(x)}{k}\right)>0$, 模型 (6.6.1) 的 SFE 是局部渐近稳定的; 若 $\lambda_1\left(\dfrac{(\beta(x)+k)(b-b\rho-\delta)+a\beta(x)}{k}\right)<0$, 则 SFE 是不稳定的.

证明 这里只给出 (2) 的证明, 其余证明与此类似. 令 $\bar{S}(x,t)=S(x,t)-S^*$, $\bar{I}(x,t)=I(x,t)$, 把模型 (6.6.1) 在 DFE 处线性化, 可得

$$\begin{cases} \tau\partial_t\bar{S}=\triangle\bar{S}-a\bar{S}-a\left(1+\dfrac{\beta(x)}{k}\right)\bar{I}, & x\in\Omega,\,t>0,\\ \partial_t\bar{I}=\triangle((1+c\theta(x)S_*)\bar{I})-\dfrac{k(b-b\rho+\delta)-a\beta(x)}{k}\bar{I}, & x\in\Omega,\,t>0,\\ \partial_{\mathbf{n}}\bar{S}=\partial_{\mathbf{n}}\bar{I}=0, & x\in\partial\Omega,\,t>0,\\ \bar{S}(x,0)=S_0(x)-S_*,\ \bar{I}(x,0)=I_0(x), & x\in\Omega, \end{cases}$$
$$(6.6.73)$$

设 $(\bar{S},\bar{I})=(\phi e^{-\lambda t},\psi e^{-\lambda t})$ 是线性方程 (6.6.73) 的解, 其中 $\lambda\in\mathbb{R}$, $\phi=\phi(x)$, $\psi=\psi(x)$. 将其代入 (6.6.73), 并把方程两边同除以 $e^{-\lambda t}$, 可得线性特征值问题

$$\begin{cases} -\triangle\phi+a\phi+a\left(1+\dfrac{\beta(x)}{k}\right)\psi=\tau\lambda\phi, & x\in\Omega,\\ -\triangle(1+c\theta(x)S_*)\psi+\dfrac{k(b-b\rho+\delta)-a\beta(x)}{k}\psi=\lambda\psi, & x\in\Omega,\\ \partial_{\mathbf{n}}\phi=\partial_{\mathbf{n}}\psi=0, & x\in\partial\Omega. \end{cases}$$
$$(6.6.74)$$

由于 (6.6.74) 并不是完全耦合的, 因此只需考虑下述两个特征值问题

$$\begin{cases} -\triangle\phi+a\phi=\tau\lambda\phi, & x\in\Omega,\\ \partial_{\mathbf{n}}\phi=0, & x\in\partial\Omega \end{cases}$$
$$(6.6.75)$$

和

$$\begin{cases} -\triangle(1 + c\theta(x)S_*)\psi + \dfrac{k(b - b\rho + \delta) - a\beta(x)}{k}\psi = \lambda\psi, & x \in \Omega, \\ \partial_{\mathbf{n}}\psi = 0, & x \in \partial\Omega. \end{cases} \tag{6.6.76}$$

根据 [216] 可知 (6.6.74) 的特征值是 (6.6.75) 和 (6.6.76) 的组合. 设 λ_* 和 λ^* 分别是 (6.6.75) 和 (6.6.76) 的主特征值, 因为 $a > 0, \tau > 0$, 所以 $\lambda_* > 0$. 为了得到 λ^* 的符号, 令 $\varphi = (1 + c\theta(x)S_*)\psi$, 则 (6.6.76) 等价于

$$\begin{cases} -\triangle\varphi + \dfrac{k(b - b\rho + \delta) - a\beta(x)}{k + ac\theta(x)}\varphi = \lambda\dfrac{1}{1 + c\theta(x)S_*}\varphi, & x \in \Omega, \\ \partial_{\mathbf{n}}\psi = 0, & x \in \partial\Omega. \end{cases} \tag{6.6.77}$$

根据主特征值的变分原理可得

$$\lambda^* = \inf_{\varphi \in H_{\mathbf{n}}^1(\Omega), \varphi \not\equiv 0} \left\{ \frac{\displaystyle\int_\Omega |\nabla\varphi|^2 \mathrm{d}x + \int_\Omega \frac{k(b - b\rho + \delta) - a\beta(x)}{k + ac\theta(x)}\psi^2 \mathrm{d}x}{\displaystyle\int_\Omega \frac{1}{1 + c\theta(x)S_*}\varphi^2 \mathrm{d}x} \right\}.$$

当 $x \in \Omega$ 时, $0 < \dfrac{1}{1 + c\theta(x)S_*} < 1$, 因此

$$\lambda^* \begin{cases} > \lambda_1\left(\dfrac{k(b - b\rho + \delta) - a\beta(x)}{k + ac\theta(x)}\right), & \lambda_1\left(\dfrac{k(b - b\rho + \delta) - a\beta(x)}{k + ac\theta(x)}\right) > 0, \\ < \lambda_1\left(\dfrac{k(b - b\rho + \delta) - a\beta(x)}{k + ac\theta(x)}\right), & \lambda_1\left(\dfrac{k(b - b\rho + \delta) - a\beta(x)}{k + ac\theta(x)}\right) < 0. \end{cases}$$

综合上述结果可知, 若 $\lambda_1\left(\dfrac{k(b - b\rho + \delta) - a\beta(x)}{k + ac\theta(x)}\right) > 0$, 则 (6.6.74) 的所有特征值都是正的, 从而 DFE 是局部渐近稳定的.

另一方面, 若 $\lambda_1\left(\dfrac{k(b - b\rho + \delta) - a\beta(x)}{k + ac\theta(x)}\right) < 0$, 则 (6.6.74) 有负的特征值, 从而 DFE 是线性不稳定的.

DFE 的渐近稳定性可由线性不稳定性得到. □

6.6.3.2 正稳态解的渐近稳定性

由变换 (6.6.30) 的正则性可知, 模型 (6.6.31) 正稳态解

$$(w, z) = \left(\varepsilon^{-1}S, \varepsilon^{-1}(1 + c\theta(x)S)I\right)$$

的稳定性就是模型 (6.6.1) 的正稳态解 (S, I) 的稳定性. 因此, 只需研究定理 6.58 中给出的 Γ^ε 上的正稳态解的稳定性即可. Γ^ε 上稳态解的线性稳定性定义如下.

定义 6.66 [209]　　如果 $\operatorname{Re}\lambda_1(\xi,\varepsilon) > 0$, 则称模型 (6.6.31) 的正稳态解 $(w(\xi,\varepsilon),$ $z(\xi,\varepsilon))$ 是线性稳定的; 如果 $\operatorname{Re}\lambda_1(\xi,\varepsilon) < 0$, 则称其为线性不稳定的.

1) 线性稳定性

由定理 6.58 可知, 如果 $\varepsilon > 0$ 充分小, 则模型 (6.6.31) 的所有正稳态解都可以表示为 (6.6.66). 对任意的 $(w(\xi,\varepsilon), z(\xi,\varepsilon), \eta(\xi,\varepsilon)) \in \Gamma^\varepsilon$, 定义线性化算子 $\mathcal{L}(\xi,\varepsilon) : X \to Y$,

$$\mathcal{L}(\xi,\varepsilon)\left(\begin{array}{c}\phi_1\\\phi_2\end{array}\right) := \mathcal{H}\left(\begin{array}{c}\phi_1\\\phi_2\end{array}\right) + \varepsilon\mathcal{B}_{(w,z)}\big(w(\xi,\varepsilon), z(\xi,\varepsilon), \eta(\xi,\varepsilon)\big)\left(\begin{array}{c}\phi_1\\\phi_2\end{array}\right),$$
$$(6.6.78)$$

其中, 算子 $\mathcal{B}$ 和 $\mathcal{H}$ 定义于 (6.6.34). 这里, $\mathcal{B}_{(w,z)}$ 表示 $\mathcal{B}$ 在 (w,z) 处的 Fréchet 导数. 根据模型 (6.6.31) 的左端表达式, 设

$$J(\xi,\varepsilon) = \left(\begin{array}{cc}\tau & 0\\-\dfrac{\theta(x)z(\xi,\varepsilon)}{(1+\theta(x)w(\xi,\varepsilon))^2} & \dfrac{1}{1+\theta(x)w(\xi,\varepsilon)}\end{array}\right).$$

把 $(w,z) = (w(\xi,\varepsilon) + \phi_1 e^{\lambda t}, z(\xi,\varepsilon) + \phi_2 e^{\lambda t})$ 代入模型 (6.6.31) 并忽略高阶项, 可得 $(w(\xi,\varepsilon), z(\xi,\varepsilon))$ 对应的线性化特征值问题

$$\mathcal{L}(\xi,\varepsilon)\left(\begin{array}{c}\phi_1\\\phi_2\end{array}\right) = -\lambda J(\xi,\varepsilon)\left(\begin{array}{c}\phi_1\\\phi_2\end{array}\right). \qquad (6.6.79)$$

下面应用谱理论证明 Γ^ε 上正稳态解 $(w(\xi,\varepsilon), z(\xi,\varepsilon), \eta(\xi,\varepsilon))$ 的线性稳定性.

引理 6.67　　令 $\lambda_j(\xi,\varepsilon)$ 表示 (6.6.79) 的所有特征值. 若 $\varepsilon > 0$ 充分小, 则存在不依赖于 (ξ,ε) 的两个正数 σ 和 ω 使得

$$\{\lambda_j(\xi,\varepsilon)\} \subset \{y \in \mathbb{C}, |y| \leqslant \sigma \text{ 或 } |\arg y| \leqslant \omega\}.$$

对 $j \in \mathbb{N}_+$, 把 $\{\lambda_j(\xi,\varepsilon)\}$ 按 $\operatorname{Re}\lambda_j(\xi,\varepsilon) \leqslant \operatorname{Re}\lambda_{j+1}(\xi,\varepsilon)$ 排序, 则

$$\lim_{\varepsilon\to0}\lambda_1(\xi,\varepsilon) = \lim_{\varepsilon\to0}\lambda_2(\xi,\varepsilon) = 0, \qquad (6.6.80)$$

并且存在不依赖于 (ξ,ε) 的正常数 κ, 当 $j \geqslant 3$, $\xi \in (0, C_\varepsilon)$ 时, $\operatorname{Re}\lambda_j(\xi,\varepsilon) > \kappa$.

证明　　由引理 6.58 可知, 对任意固定的 $\xi \in (0, C_\varepsilon)$, 在 $\mathbb{R}_+ \times C(\bar{\Omega}) \times C(\bar{\Omega})$ 中

$$\lim_{\varepsilon\to0}(w(\xi,\varepsilon), z(\xi,\varepsilon), \eta(\xi,\varepsilon)) = (\xi, f(\xi), g(\xi)).$$

当 $\varepsilon = 0$ 时, 特征值问题 (6.6.79) 变为

$$\begin{cases} -\triangle\phi_1 = \tau\lambda\phi_1, & x \in \Omega, \\ -\triangle\phi_2 = \lambda\left(-\dfrac{\theta(x)f(\xi)\phi_1}{(1+\xi\theta(x))^2} + \dfrac{\phi_2}{1+\xi\theta(x)}\right), & x \in \Omega, \\ \partial_{\mathbf{n}}\phi_1 = \partial_{\mathbf{n}}\phi_2 = 0, & x \in \partial\Omega. \end{cases} \tag{6.6.81}$$

其特征值集包含于 $\{\bar{\lambda}_j\} \cup \{\tilde{\lambda}_j\}$ 中, 这里, $\bar{\lambda}_j$ 和 $\tilde{\lambda}_j$ 分别是下面两个问题的特征值

$$\begin{cases} -\triangle\phi_1 = \tau\lambda\phi_1, & x \in \Omega, \\ \partial_{\mathbf{n}}\phi_1 = 0, & x \in \partial\Omega \end{cases} \tag{6.6.82}$$

和

$$\begin{cases} -\triangle\phi_2 = \dfrac{\lambda\phi_2}{1+\xi\theta(x)}, & x \in \Omega, \\ \partial_{\mathbf{n}}\phi_2 = 0, & x \in \partial\Omega. \end{cases} \tag{6.6.83}$$

注意到, (6.6.82) 和 (6.6.83) 的主特征值都是 0, 并且其余的特征值均具有正实部. 因此, 系统 (6.6.79) 具有双重特征值 $\lambda = 0$, 其余特征值均具有正实部, 则由 [196] 的扰动方法即可得结论. $\square$

由于 $\{\lambda_j(\xi, \varepsilon)\}$ 是空间 $\mathbb{C}$ 中关于实轴对称的集合, (6.6.80) 中的特征值 $\lambda_1(\xi, \varepsilon)$ 和 $\lambda_2(\xi, \varepsilon)$ 必然满足下述两条件之一:

(1) $\lambda_1(\xi, \varepsilon)$ 和 $\lambda_2(\xi, \varepsilon)$ 都是实数;

(2) $\lambda_1(\xi, \varepsilon)$ 是 $\lambda_2(\xi, \varepsilon)$ 的共轭复数.

下面始终假设

$$\operatorname{Re}\lambda_1(\xi, \varepsilon) \leqslant \operatorname{Re}\lambda_2(\xi, \varepsilon), \quad \operatorname{Im}\lambda_1(\xi, \varepsilon) \geqslant \operatorname{Im}\lambda_2(\xi, \varepsilon). \tag{6.6.84}$$

由定义 6.66 可知, Γ^ε 上任意正稳态解 $(w(\xi, \varepsilon), z(\xi, \varepsilon), \eta(\xi, \varepsilon))$ 的线性稳定性是由 $\operatorname{Re}\lambda_1(\xi, \varepsilon)$ 的符号确定的. 为了确定 $\operatorname{Re}\lambda_1(\xi, \varepsilon)$ 的符号, 定义矩阵 $M(r)$ 如下

$$M(r) := -J(r)^{-1}\Phi^0_{(r,s)}(r, f(r), g(r)), \tag{6.6.85}$$

其中, $\Phi^0_{(r,s)}(r, f(r), g(r))$ 定义于 (6.6.52), 并且

$$J(r) = \begin{pmatrix} \tau & 0 \\ -f(r)\displaystyle\fint_\Omega \frac{\theta(x)}{(1+r\theta(x))^2}\mathrm{d}x & \displaystyle\fint_\Omega \frac{1}{(1+r\theta(x))}\mathrm{d}x \end{pmatrix}. \tag{6.6.86}$$

设 $\mu_1(r)$ 和 $\mu_2(r)$ 是 $M(r)$ 的特征值, 并且满足

$$\operatorname{Re}\mu_1(r) \leqslant \operatorname{Re}\mu_2(r), \quad \operatorname{Im}\mu_1(r) > \operatorname{Im}\mu_2(r).$$

根据文献 [208] 中的引理 4.3 或 [209] 中的引理 5.3, 可建立下述关于 $\lambda_1(\xi,\varepsilon)$ 和 $\lambda_2(\xi,\varepsilon)$ 的引理.

引理 6.68　设 $\lambda_1(\xi,\varepsilon)$ 和 $\lambda_2(\xi,\varepsilon)$ 是 (6.6.79) 的特征值, 且满足 (6.6.80) 和 (6.6.84), 则对任意固定的 $r \in \left(0, \dfrac{\alpha}{k}\right)$, 存在

$$\lim_{(\xi,\varepsilon)\to(r,0)} \varepsilon^{-1}\lambda_j(\xi,\varepsilon) = \mu_j(r) \quad (j=1,2). \tag{6.6.87}$$

由 Fredholm 算子扰动方法 [129] 可以得到关于退化解的有关结论, 即对某些 $\xi \in (0, C_\varepsilon)$, $\lambda_1(\xi,\varepsilon) = 0$ 或 $\lambda_2(\xi,\varepsilon) = 0$.

引理 6.69　假设 $\varepsilon > 0$ 充分小, 则对一些 $(0, C_\varepsilon)$, $(w(\xi^*,\varepsilon), z(\xi^*,\varepsilon), \eta(\xi^*,\varepsilon))$ 是退化解 ($\lambda_1(\xi^*,\varepsilon) = 0$ 或 $\lambda_2(\xi^*,\varepsilon) = 0$) 当且仅当 $\partial_\xi\eta(\xi^*,\varepsilon) = 0$.

由 (6.6.38) 可知, $g(r)$ 是解析的且 $g'(C_0) > 0$, 所以 $g'(r) = 0$ 在 $(0, C_0)$ 上必然存在有限个零点. 由有限性可知, 对于几乎每个 η, g' 的零点必为 g 的驻点. 对定理 6.58 所得到的 $\eta(\xi,\varepsilon)$, 当 $\varepsilon > 0$ 充分小时, 把 $\partial_\xi\eta(\xi,\varepsilon)$ 在 $(0, C_0)$ 上的所有零点排序如下

$$0 = \xi_n(\varepsilon) < \xi_{n-1}(\varepsilon) < \cdots < \xi_2(\varepsilon) < \xi_1(\varepsilon) < \xi_0(\varepsilon) = C_0.$$

因此, 引理 6.69 表明, 对充分小的 $\varepsilon > 0$ 和几乎所有的 $\alpha > 0$, 系统 (6.6.31) 的解在 Γ^ε 上以分支参数为 η 的所有拐点可表示为

$$(w_j, z_j, \eta_j) := (w(\xi_j(\varepsilon),\varepsilon), z(\xi_j(\varepsilon),\varepsilon), \eta(\xi_j(\varepsilon),\varepsilon)) \in \Gamma^\varepsilon \quad (j=1,2,\cdots,n-1).$$

令 $\xi_n(\xi) := 0$, $\xi_1(\varepsilon) := C_\varepsilon$, 将 Γ^ε 在每一处拐点处截开. 当 $1 \leqslant j \leqslant n$ 时, 记

$$\Gamma_j^\varepsilon := \{(w(\xi,\varepsilon), z(\xi,\varepsilon), \eta(\xi,\varepsilon)) := \xi \in (\xi_j(\varepsilon), \xi_{j-1}(\varepsilon))\}.$$

于是

$$\bigcup_{j=1}^n \Gamma_j = \Gamma \Big\backslash \bigcup_{j=1}^{n-1} \{(S(\xi_j), I(\xi_j), \delta(\xi_j))\}.$$

定理 6.70　对几乎所有的 $\alpha > 0$, 在引理 6.59 的假设下, 存在小的 ε_0 和大的 $D > 0$, 如果 $\varepsilon \leqslant \varepsilon_0$, $\tau \geqslant D$, 且在 $(0, I_*, \eta_*)$ 处的分支是次临界的, 则对一些正整数 l, $n = 2l$, 并且 $\Gamma_{2j-1}^\varepsilon$ $(j=1,2,\cdots,l)$ 上的所有正稳态解都是线性不稳定的, 而 Γ_{2j}^ε $(j=1,2,\cdots,l)$ 上的所有正稳态解都是线性稳定的; 如果分支是超临界的, 则 $n = 2l - 1$, 并且 $\Gamma_{2j-1}^\varepsilon$ $(j=1,2,\cdots,l)$ 上所有的正稳态解都是线性稳定的, 而 Γ_{2j}^ε $(j=1,2,\cdots,l-1)$ 上的所有正稳态解都是线性不稳定的.

证明　由 (6.6.85) 中 $M(r)$ 的表达式, 可得

$$(\mu_1(r) + \mu_2(r)) \fint_\Omega \frac{1}{1 + r\theta(x)} \mathrm{d}x$$

$$= kf(r) \fint_\Omega \frac{1}{(1 + r\theta(x))^2} \mathrm{d}x + \frac{r}{\tau} \left(k \fint_\Omega \frac{1}{1 + r\theta(x)} \mathrm{d}x - f(r)\Theta(r) \right), \qquad (6.6.88)$$

其中

$$\Theta(r) := \fint_\Omega \frac{\beta(x)\theta(x)}{(1 + r\theta(x))^2} \mathrm{d}x \fint_\Omega \frac{1}{1 + r\theta(x)} \mathrm{d}x - \fint_\Omega \frac{\beta(x)}{(1 + r\theta(x))^2} \mathrm{d}x \fint_\Omega \frac{\theta(x)}{1 + r\theta(x)} \mathrm{d}x.$$

根据 (6.6.88), 如果 τ 充分大, 则

$$\mu_1(r) + \mu_2(r) > 0, \quad \forall\, r \in [0, \alpha/k].$$

由引理 6.68 可知, 如果 $\varepsilon > 0$ 充分小, 则

$$\lambda_1(\xi, \varepsilon) + \lambda_2(\xi, \varepsilon) > 0, \quad \forall\, \xi \in [0, C_\varepsilon]. \qquad (6.6.89)$$

此外, 通过计算可得

$$\mu_1(r)\mu_2(r) = \det M(r) = \left(\tau \fint_\Omega \frac{1}{1 + r\theta(x)} \mathrm{d}x \right)^{-1} \det \Phi^0_{(r,s)}(r, f(r), g(r))$$

$$= rf(r)g'(r) \left(\tau \fint_\Omega \frac{k + \beta(x)}{1 + r\theta(x)} \mathrm{d}x \right)^{-1}. \qquad (6.6.90)$$

从而, 当 $r \in (0, \alpha/k)$ 时

$$\operatorname{sign} \mu_1(r)\mu_2(r) = \operatorname{sign} g'(r).$$

由引理 6.68 可知, 对任意固定的 $r \in (0, \alpha/k)$, 如果 $g'(r) > 0$ 并且 (ξ, ε) 充分接近 $(r, 0)$, 则 $\lambda_1(\xi, \varepsilon)\lambda_2(\xi, \varepsilon) > 0$. 又由 (6.6.89) 可得 $\operatorname{Re} \lambda_1(\xi, \varepsilon) > 0$. 如果 $g'(r) < 0$ 并且 (ξ, ε) 充分接近 $(r, 0)$, 则 $\lambda_1(\xi, \varepsilon)\lambda_2(\xi, \varepsilon) < 0$, 且 $\operatorname{Re} \lambda_1(\xi, \varepsilon) < 0$. 由引理 6.69 可知, 当 $\varepsilon > 0$ 充分小时, 在 $\eta(\xi, \varepsilon)$ 的拐点处 $\lambda_1(\xi, \varepsilon) = 0$. 从而, 对某个 $1 \leqslant j \leqslant n - 1$, $\xi = \xi_j(\varepsilon)$.

由定理 6.59 的假设可知, 若 $g'(0) < 0$ 和 $g'(C_0) > 0$ 成立, 则分支是次临界的, $\eta(\xi)$ 的拐点的个数 $n - 1$ 是奇数. 若 $g'(0) > 0$ 且 $g'(C_0) > 0$, 则分支是超临界的, 拐点的个数 $n - 1$ 是偶数. □

2) 渐近稳定性

接下来证明引理 6.70 中的线性稳定性意味着渐近稳定性. 根据文献 [191, 208], 用 Potier-Ferry [286] 拟线性抛物方程的线性化理论证明这个结论. 为此, 需

要用 Lions-Peetre [234] 插值空间 $[X,Y]_{v,p}(0 \leqslant v \leqslant 1)$. 如果 $0 \leqslant v \leqslant 1/2$, 则 $[X,Y]_{v,p} = [W^{2(1-v),p}(\Omega) \cap W_0^{1,p}(\Omega)]^2$; 如果 $1/2 < v \leqslant 1$, 则 $[X,Y]_{v,p} = [W^{2(1-v),p}(\Omega)]^2$ [151,208,209].

首先给出 Potier-Ferry 拟线性抛物方程的线性化理论.

引理 6.71 [286] 设 $0 < v \leqslant 1, 0 \leqslant v' < 1$. 在 $[X,Y]_{v,p}$ 上对 0 邻域中的每一个 u, 设 $\mathcal{T}(u): X \to Y$ 是闭线性算子. 设 f 是 X 上 0 邻域到 $[X,Y]_{v,p}$ 的非线性映射. 如果下述条件成立:

(1) 存在正常数 ω, κ 和 C_1, 使得 $\mathcal{T}(0)$ 的豫解集 (而使得 $(\lambda I - \mathcal{T}(0))$ 存在连续有界逆算子的 λ 的全体称为 $\mathcal{T}(0)$ 的预解集) 包含 $\sum(\omega, \kappa) := \{\mathrm{Re}\, y \leqslant v$ 或 $|\arg y| > \pi/2 - \omega\}$, 且对所有的 $\lambda \in \sum(\omega, \kappa)$, 存在

$$\|(\lambda - \mathcal{T}(0))^{-1}\| \leqslant \frac{C_1}{1 + |\lambda|}. \tag{6.6.91}$$

(2) 对任意给定的 $u \in X$, 从空间 $[X,Y]_{v,p}$ 中 0 的邻域到 X 的映射 $u \mapsto \mathcal{T}(u)x$ 是可微的, 且存在正常数 ς 和 C_2, 使得

$$\|[\mathcal{T}'(u_1)v - \mathcal{T}'(u_2)v]x\|_Y \leqslant C_2(\|u_2 - u_1\|_{v,p})^\varsigma \|v\|_{v,p} \|x\|_X.$$

(3) 存在一个正常数 C_3 使得 f 满足

$$\|f(u_1) - f(u_2)\|_{v',p} \leqslant \|u_2 - u_1\|_X.$$

(4) 存在一个正常数 C_4, 使得 $\|\zeta(u)\|_{v',p} \leqslant C_4\|u\|_X^2$, 则对小的 $\|u_0\|_X$, 初值问题

$$u_t + \mathcal{T}(u)u = f(u), \quad u(0) = u_0 \in X$$

存在唯一全局解 $u \in C([0,\infty), X) \cap C^1([0,\infty), Y)$, 且对一些正数 C_5 满足

$$\|u(t)\|_X \leqslant C_5\|u_0\|_X e^{-\kappa t}.$$

引理 6.72 若引理 6.70 中条件满足, 则 $\Gamma_{2j-1}^\varepsilon$ $(j = 1, 2, \cdots, [(k+1)/2])$ 上所有线性稳定的正稳态解在 X 中都是渐近稳定的, Γ_{2j}^ε $(j = 1, 2, \cdots, [k/2])$ 上所有线性不稳定的正稳态解都是不稳定的.

证明 设 $(w(\xi, \varepsilon), z(\xi, \varepsilon), \eta(\xi, \varepsilon))$ 是 $\Gamma_{2j-1}^\varepsilon$ 上的任意正稳态解. 令

$$(w^{\xi,\varepsilon}, z^{\xi,\varepsilon}, \eta^{\xi,\varepsilon}) := (w(\xi, \varepsilon), z(\xi, \varepsilon), \eta(\xi, \varepsilon)), \quad \mathbf{w}^{\xi,\varepsilon} = (w^{\xi,\varepsilon}, z^{\xi,\varepsilon}).$$

把 $(w, z, \eta) = (w^{\xi, \varepsilon} + W, z^{\xi, \varepsilon} + Z, \eta^{\xi, \varepsilon})$ 代入模型 (6.6.31), 则 $\mathbf{W} := (W, Z)$ 满足初值问题

$$\begin{cases} \dfrac{\mathrm{d}\mathbf{W}}{\mathrm{d}t} + \mathcal{T}(\mathbf{W})\mathbf{W} = \mathbf{F}(\mathbf{W}), \\ \mathbf{W}(0) = (w_0 - w^{\xi, \varepsilon}, z_0 - z^{\xi, \varepsilon}), \end{cases}$$

其中

$$\mathcal{T}(\mathbf{W})\mathbf{W} = -J(\mathbf{W})^{-1}\Big(\mathcal{H}\mathbf{W} + \varepsilon\mathcal{B}_{(w,z)}(\mathbf{w}^{\xi, \varepsilon}, \eta^{\xi, \varepsilon})\mathbf{W}\Big),$$

$$J(\mathbf{W}) = \begin{pmatrix} \tau & 0 \\ -\dfrac{\theta(x)(z^{\xi, \varepsilon} + Z)}{(1 + \theta(x)(w^{\xi, \varepsilon} + W))^2} & \dfrac{1}{1 + \theta(x)(w^{\xi, \varepsilon} + W)} \end{pmatrix},$$

$$\mathbf{F}(\mathbf{W}) = \varepsilon J(\mathbf{W})^{-1}\left(\begin{pmatrix} F(\mathbf{w}^{\xi, \varepsilon} + \mathbf{W}) - F(\mathbf{w}^{\xi, \varepsilon}) \\ G(\mathbf{w}^{\xi, \varepsilon} + \mathbf{W}, \eta^{\xi, \varepsilon}) - G(\mathbf{w}^{\xi, \varepsilon}, \eta^{\xi, \varepsilon}) \end{pmatrix} - \mathcal{B}_{(w,z)}(\mathbf{w}^{\xi, \varepsilon}, \eta^{\xi, \varepsilon})\mathbf{W}\right).$$

为了证明 $\mathbf{w}^{\xi, \varepsilon} \in \Gamma_{2j-1}^{\varepsilon}$ 的渐近稳定性, 只需验证引理 6.71 中的条件 (1)—(4). 由 Sobolev 嵌入定理可知, 当 $\varrho \in (0, 1/2)$ 时, 如果 $\varrho_1 = 2(1 - \varrho) - \dfrac{N}{p}$, 则

$$W^{2(1-\varrho), p}(\Omega) \subset C^{\varrho_1}(\bar{\Omega}).$$

令 $\varrho = 1/4$, 则

$$X \subset [X, Y]_{1/4, p} \subset (W^{3/2, p}(\Omega))^2 = (C^{1/2}(\bar{\Omega}))^2$$

满足条件 (2).

由于

$$X \in (C^{1/2}(\bar{\Omega}))^2 \subset (W^{1/2, p}(\Omega))^2 = [X, Y]_{3/4, p},$$

取 $\upsilon' = 3/4$, 则条件 (3) 和 (4) 成立.

考虑

$$\mathcal{T}(0) = J(\xi, \varepsilon)^{-1}(\mathcal{H} + \varepsilon\mathcal{B}_{(w,z)})(\mathbf{w}^{\xi, \varepsilon}, \eta^{\xi, \varepsilon}),$$

与引理 6.70 的证明类似, 可知存在一些正数 ω 和 κ, 如果 $(\mathbf{w}^{\xi, \varepsilon}, \eta^{\xi, \varepsilon}) \in \Gamma_{2j-1}^{\varepsilon}$, 则 $\mathcal{T}(0)$ 的豫解集包含 $\sum(\omega, k)$. 由此, (6.6.91) 成立.

由 (6.71) 可知, 若 $\|\mathbf{W}(0)\|_X$ 充分小, 则当 $t > 0$ 时

$$\|\mathbf{W}(t)\|_X \leqslant C_1\|\mathbf{W}(0)\|_X e^{-\kappa t},$$

其中, C_1 是正常数. 由此可得 $\mathbf{w}^{\xi, \varepsilon}$ 的渐近稳定性.

此外, 根据引理 6.70, 可证满足 $(\mathbf{w}^{\xi, \varepsilon}, \eta^{\xi, \varepsilon}) \in \Gamma_{2j}^{\varepsilon}$ 的 $\mathbf{w}^{\xi, \varepsilon}$ 不稳定性. □

于是可得模型 (6.6.1) 正稳态解的渐近稳定性的结果.

定理 6.73　在模型 (6.6.1) 中, 令 $a = \varepsilon\alpha$, $c = 1/\varepsilon$. 如果定理 6.62 的假设成立, 对几乎所有的 $\alpha > 0$, 存在两个充分小的正数 $\varepsilon_0 = \varepsilon(\alpha)$, a^* 和一个大的正数 $D = D(\alpha)$, 如果

$$2a^*/3 \leqslant a \leqslant a^*, \quad \varepsilon \leqslant \varepsilon_0, \quad \tau \geqslant D,$$

当 $n = 2l$ 时, 在 Γ_{2j} $(j = 1, 2, \cdots, l)$ 上的所有正解在空间 X 上是渐近稳定的, 而在 Γ_{2j-1} $(j = 1, 2, \cdots, l)$ 上的正稳态解是不稳定的. 如果

$$0 \leqslant a \leqslant a^*/3, \quad \varepsilon \leqslant \varepsilon_0, \quad \tau \geqslant D,$$

当 $n = 2l - 1$ 时, 在 Γ_{2j-1} $(j = 1, 2, \cdots, l)$ 上所有的正稳态解在空间 X 上是渐近稳定的, 而在 Γ_{2j} $(j = 1, 2, \cdots, l-1)$ 上的所有正稳态解是不稳定的.

证明　由变换 (6.6.30) 的正则性以及引理 6.72 可证得定理 6.73.　　$\square$

注 6.74　由定理 6.73 可知, 当 $\delta = \delta_*$ 时, 从半平凡解 $\left(0, \dfrac{a + \mu\rho - \mu - \delta_*}{k}\right)$ 分支出稳定的正稳态解, 但 Γ 上的正解的稳定性在每个拐点处关于 δ 都会产生变化, 而当 a 较小且 k 较大时, 我们可在 $\delta = \delta^*$ 处得到另一个半平凡解 $(a/k, 0)$. 因此, 定理 6.62 和定理 6.73 意味着, 模型 (6.6.3) 存在唯一正稳态解当且仅当 $\delta \in (\delta_*, \delta^*)$, 而当 Γ 形成一个单调的 S 型分支时它是渐近稳定的. 另外, 在定理 6.62 (1-2) 所示情形下, 当 $\delta \in (\underline{\delta}, \delta_*)$ 时, 模型 (6.6.3) 存在 2 重地方病稳态解, 其中一个稳定, 一个不稳定.

6.6.4　Hopf 分支

本节考虑当 α 和 c 充分大时, 模型 (6.6.31) 在 Γ^ε 上的 Hopf 分支问题. 为此, 令

$$\alpha = q\tilde{\alpha}, \quad k = q\tilde{k}, \quad \beta(x) = q\tilde{\beta}(x), \tag{6.6.92}$$

其中, $\tilde{\alpha}, \tilde{k} \in \mathbb{R}_+$, $\tilde{\beta}(x)$ 是非负函数. 由此, 模型 (6.6.31) 可重写为

$$
\begin{cases}
\tau\partial_t w = \triangle w + \varepsilon q w \left(\tilde{\alpha} - \tilde{k}\left(w + \dfrac{z}{1 + \theta(x)w}\right) - \dfrac{\tilde{\beta}(x)z}{1 + \theta(x)w}\right), & x \in \Omega, t > 0, \\[3mm]
\dfrac{\partial_t z}{1 + \theta(x)w} - \dfrac{\theta(x)z\partial_t w}{(1 + \theta(x)w)^2} - \triangle z = \dfrac{\varepsilon z}{1 + \theta(x)w}(q\tilde{\alpha} + \mu\rho \\[3mm]
\qquad -\mu - \eta - q\tilde{k}\left(w + \dfrac{z}{1 + \theta(x)w}\right) + q\beta\tilde{(x)}w\right), & x \in \Omega, t > 0, \\[3mm]
\partial_{\mathbf{n}}w = \partial_{\mathbf{n}}z = 0, & x \in \partial\Omega, t > 0, \\[2mm]
w(x, 0) = \varepsilon^{-1}S_0, \ z(x, 0) = \varepsilon^{-1}(1 + \theta(x)S_0)I_0, & x \in \Omega.
\end{cases}
$$

$$\tag{6.6.93}$$

引理 6.75 假设 $\beta(x)$ 和 $\theta(x)$ 满足

$$\fint_\Omega \frac{\beta(x)\theta(x)}{(1+r\theta(x))^2}\mathrm{d}x \fint_\Omega \frac{1}{1+r\theta(x)}\mathrm{d}x > \fint_\Omega \frac{\beta(x)}{(1+r\theta(x))^2}\mathrm{d}x \fint_\Omega \frac{\theta(x)}{1+r\theta(x)}\mathrm{d}x.$$
(6.6.94)

令 $\mu_1(r)$ 和 $\mu_2(r)$ 是 (6.6.85) 中矩阵 $M(r)$ 的特征值, 则存在正常数 τ_* 和 $r_* < r^* < C_0$, 当 $\tau = \tau^*$ 时, 下述性质成立:

(1) $\mu_1(r_*)$ 和 $\mu_2(r_*)$ 是一对纯虚根 $\mu_1(r_*) + \mu_2(r_*) = 0$, $\mu_1(r_*)\mu_2(r_*) > 0$, 并且满足负速度条件 $\mu_1'(r_*) + \mu_1'(r_*) < 0$;

(2) $\mu_1(r^*)$ 和 $\mu_2(r^*)$ 是一对纯虚根 $\mu_1(r^*) + \mu_2(r^*) = 0$, $\mu_1(r^*)\mu_2(r^*) > 0$, 并且满足正速度条件 $\mu_1'(r^*) + \mu_1'(r^*) > 0$.

证明 注意到 $f(r)$ 可表示为

$$f(r) = q^2(\tilde{\alpha} - \tilde{k}r)\Big/ \fint_\Omega \frac{\tilde{k} + \tilde{\beta}(x)}{1+r\theta(x)}\mathrm{d}x.$$

当 $r \in [0, C_0)$ 时, $f(r) > 0$, $f(C_0) = 0$ (其中 C_0 不依赖于 q), 且 $\Phi(r) > 0$. 根据 (6.6.42), 可以选取小的数 $\epsilon_0 > 0$, 当 $[C_0 - \epsilon_0, C_0]$ 时, $f'(r) < 0$. 而

$$r_* := C_0 - \epsilon_0$$
(6.6.95)

不依赖于 q. 当 $r \in [r_*, C_0]$ 时, 由 (6.6.46) 可得 $g'(r) > 0$. 根据 $f(r)$ 可选取大的 $q_1 > 0$, 使得当 $q > q_1$ 且 $r \in [0, r_*]$ 时

$$k \fint_\Omega \frac{1}{1+r\theta(x)}\mathrm{d}x - f(r)\Phi(r)$$

$$= q\left(\tilde{k} \fint_\Omega \frac{1}{1+r\theta(x)}\mathrm{d}x - q\Theta(r)(\tilde{\alpha} - \tilde{k}r)\Big/ \fint_\Omega \frac{\tilde{k} + \tilde{\beta}(x)}{1+r\theta(x)}\mathrm{d}x\right)$$

$$< 0.$$

因为

$$\mu_1(r) + \mu_2(r) = kf(r) \fint_\Omega \frac{1}{(1+r\theta(x))^2}\mathrm{d}x \left(\fint_\Omega \frac{1}{1+r\theta(x)}\mathrm{d}x\right)^{-1}$$

$$+ \frac{r}{\tau}\left(k - f(r)\Theta(r)\left(\fint_\Omega \frac{1}{1+r\theta(x)}\mathrm{d}x\right)^{-1}\right),$$

所以

$$\mu_1(C_0) + \mu_2(C_0) = C_0\frac{k}{\tau} > 0.$$

而 (6.6.90) 和 $g'(r) > 0$ 表明, 当 $r \in [r_*, C_0]$ 时, $\mu_1(r)\mu_1(r) > 0$, 则对任意固定的 $q > q_1$, 将

$$\tau = \tau_* := \frac{r_*}{kf(r_*)} \left(f(r_*)\Theta(r_*) - k\fint_\Omega \frac{1}{1+r_*\theta(x)}\mathrm{d}x \right) \bigg/ \fint_\Omega \frac{1}{(1+r_*\theta(x))^2}\mathrm{d}x$$

代入 (6.6.88) 可得

$$\mu_1(r_*) + \mu_2(r_*) = 0.$$

又由 (6.6.88) 可知

$$(\mu_1'(r_*) + \mu_2'(r_*)) \fint_\Omega \frac{1}{1+r_*\theta(x)}\mathrm{d}x = \Lambda_1 + \Lambda_2,$$

其中

$$\Lambda_1 = kf'(r_*) \fint_\Omega \frac{1}{(1+r_*\theta(x))^2}\mathrm{d}x$$
$$- \frac{1}{\tau_*} \left(f(r_*)K(r_*) - \fint_\Omega \frac{1}{1+r_*\theta(x)}\mathrm{d}x - r_*f'(r_*)K(r_*) \right),$$
$$\Lambda_2 = -2kf(r_*) \fint_\Omega \frac{\theta(x)}{(1+r_*\theta(x))^3}\mathrm{d}x - \frac{r_*}{\tau_*} \left(\fint_\Omega \frac{\theta(x)}{(1+r_*\theta(x))^2}\mathrm{d}x + f(r_*)K'(r_*) \right).$$

由 $f(r_*) = -\epsilon_0 f'(r_*) + o(\epsilon_0^2)$ 可知, 当 $\epsilon_0 > 0$ 充分小时, $\Lambda_2 < 0$. 由于 $f'(r_*) < 0$, 当 $\epsilon_0 \to 0$ 时

$$\Lambda_1 = -k\fint_\Omega \frac{1}{(1+r_*\theta(x))^2}\mathrm{d}x \left(\frac{f(r_*)}{r_*} + \frac{kf'(r_*)\fint_\Omega \dfrac{1}{1+r_*\theta(x)}\mathrm{d}x}{f(r_*)K(r_*) - k\fint_\Omega \dfrac{1}{1+r_*\theta(x)}\mathrm{d}x} \right) < 0.$$

因此

$$\mu_1'(r_*) + \mu_2'(r_*) < 0.$$

由中值定理可知, 存在 $r^* \in (r_*, C_0)$, 使得

$$\mu_1(r^*) + \mu_2(r^*) = 0, \quad \mu_1'(r^*) + \mu_2'(r^*) > 0. \qquad \Box$$

引理 6.76　假设 $\beta(x)$ 和 $\theta(x)$ 满足 (6.6.94). 如果 $q > 0$ 充分小, 则存在小的正数 τ_* 和 ε_0, 当 $\tau = \tau_*$, $\varepsilon \leqslant \varepsilon_0$ 时, 在 Γ_1^ε 上存在两个分支点

$$(w(\xi_*, \varepsilon), z(\xi_*, \varepsilon), \eta(\xi_*, \varepsilon)) \text{ 和 } (w(\xi^*, \varepsilon), z(\xi^*, \varepsilon), \eta(\xi^*, \varepsilon)).$$

证明 对 (6.6.93) 的任意正稳态解 $(w(\xi,\varepsilon), z(\xi,\varepsilon), \eta(\xi,\varepsilon)) \in \Gamma^\varepsilon$, 设 $\lambda_1(\xi,\varepsilon)$ 和 $\lambda_1(\xi,\varepsilon)$ 是 (6.6.79) 的特征值且具有引理 6.67 中的性质, 则由抛物方程的 Hopf 分支定理可知, 为了证明结论, 只需分别找到在 $(r_*, 0)$ 和 $(r^*, 0)$ 附近的点 (ξ_*, ε) 和 (ξ^*, ε) 具有下述性质.

(1) $\lambda_1(\xi_*, \varepsilon)$ 和 $\lambda_2(\xi_*, \varepsilon)$ 是一对共轭纯虚根, 满足

$$\lambda_1(\xi_*, \varepsilon) + \lambda_2(\xi_*, \varepsilon) = 0, \quad \lambda_1(\xi_*, \varepsilon)\lambda_2(\xi_*, \varepsilon) > 0,$$

且具有负速度

$$\partial_\xi(\lambda_1(\xi_*, \varepsilon) + \lambda_2(\xi_*, \varepsilon)) < 0;$$

(2) $\lambda_1(\xi^*, \varepsilon)$ 和 $\lambda_2(\xi^*, \varepsilon)$ 是一对共轭纯虚根, 满足

$$\lambda_1(\xi^*, \varepsilon) + \lambda_2(\xi^*, \varepsilon) = 0, \quad \lambda_1(\xi^*, \varepsilon)\lambda_2(\xi^*, \varepsilon) > 0,$$

且具有正速度

$$\partial_\xi(\lambda_1(\xi^*, \varepsilon) + \lambda_2(\xi^*, \varepsilon)) > 0.$$

为了证明 (1) 和 (2), 利用隐函数定理构造 (6.6.79) 中具有下述形式的特征值 λ 和对应的特征函数 (ϕ_1, ϕ_2),

$$\lambda = \varepsilon\nu, \quad (\phi_1, \phi_2) = (1, \varpi) + \varepsilon V, \quad V \in X_1.$$

把 λ 和 (ϕ_1, ϕ_2) 代入 (6.6.79), 可得

$$\mathcal{H}((1, \varpi) + \varepsilon V) + \varepsilon\hat{\mathcal{B}}(\xi,\varepsilon)[(1, \varpi) + \varepsilon V] + \varepsilon\varpi J(\xi,\varepsilon)[(1, \varpi) + \varepsilon V] = 0,$$

其中, $\hat{\mathcal{B}}(\xi,\varepsilon) = \mathcal{B}_{(w,z)}(w(\xi,\varepsilon), z(\xi,\varepsilon), \eta(\xi,\varepsilon))$.

定义算子 $\mathcal{G} : \mathbb{R}^2 \times \mathbb{C}^2 \times X_1 \to Y$

$$\mathcal{G}(\xi,\varepsilon,\nu,\varpi,V) := \mathcal{H}((1,\varpi)+\varepsilon V)+\varepsilon\hat{\mathcal{B}}(\xi,\varepsilon)[(1,\varpi)+\varepsilon V]+\varepsilon\varpi J(\xi,\varepsilon)[(1,\varpi)+\varepsilon V],$$

则特征值问题 (6.6.79) 等价于 $\mathcal{G}(\xi,\varepsilon,\nu,\varpi,V) = 0$. 在 $\mathbb{R}^2$ 和正交补 Y_1 上将其分解为

$$\begin{cases} (\mathcal{I} - Q)\hat{\mathcal{B}}(\xi,\varepsilon)[(1,\varpi)+\varepsilon V] + \nu(\mathcal{I}-Q)J(\xi,\varepsilon)[(1,\varpi)+\varepsilon V] = 0, \\ Q\mathcal{H}(V) + Q\hat{\mathcal{B}}(\xi,\varepsilon)[(1,\varpi)+\varepsilon V] + \nu QJ(\xi,\varepsilon)[(1,\varpi)+\varepsilon V] = 0, \end{cases} \quad (6.6.96)$$

其中, $Q : Y \to Y_1$ 是 L^2-正交投影. 根据 (6.6.96) 的第一个方程和第二个方程的左端, 分别定义映射

$$\mathcal{G}^1 : \mathbb{R}^2 \times \mathbb{C}^2 \times X_1 \to \mathbb{R}^2$$

和

$$\mathcal{G}^2 : \mathbb{R}^2 \times \mathbb{C}^2 \times X_1 \to Y_1.$$

首先寻找满足性质 (1) 的点 (ξ_*, ε). 设 r_* 是引理 6.75 中给出的正数. 因为 $(\mathcal{I} - Q)(u, v) = \left(\oint_\Omega u \mathrm{d}x, \oint_\Omega v \mathrm{d}x \right)$, 由引理 6.68 可知

$$(\mathcal{I} - Q)\hat{\mathcal{B}}(r_*, 0) = \Phi_{(r,s)}(r_*, f(r_*), g(r_*)), \quad (\mathcal{I} - Q)J(r_*, 0) = J(r_*),$$

其中, 矩阵 $\Phi_{(r,s)}(r_*, f(r_*), g(r_*))$ 和 $J(r_*)$ 分别由 (6.6.52) 和 (6.6.86) 给出.

设 ν_1 和 ν_2 是 $M(r_*)$ 的特征值, $(1, \varpi_1)$ 和 $(1, \varpi_2)$ 是对应的特征向量. 因此

$$\mathcal{G}(r_*, 0, v_j, \varpi_j, V_j) = 0,$$

且满足 $V_j = -(Q\mathcal{H})^{-1}(Q\hat{\mathcal{B}}(r_*, 0)[1, \varpi_j] + \nu_j QJ(r_*, 0)[1, \varpi_j])$ $(j = 1, 2)$. 由隐函数定理可知 $\mathcal{G}_{(\nu, \varpi, V)}(r_*, 0, \nu_j, \varpi_j, V_j) : \mathbb{C}^2 \times X_1 \to Y$ 是可逆的. 再由 $\mathcal{G}^j$ $(j = 1, 2)$ 的可微性可得

$$\begin{cases} \mathcal{G}^1_{(\nu, \varpi, V)}(r_*, 0, v_j, \varpi_j, V_j)[\bar{\nu}, \bar{\varpi}, \bar{V}] \\ = \Phi_{(r,s)}(r_*, f(r_*), g(r_*))[0, \bar{\varpi}] + \bar{\nu}J(r_*)[1, \varpi_j] + \nu_j J(r_*)[0, \bar{\varpi}], \\ \mathcal{G}^2_{(\nu, \varpi, V)}(r_*, 0, v_j, \varpi_j, V_j)[\bar{\nu}, \bar{\varpi}, \bar{V}] \\ = \bar{\nu}QJ(r_*, 0)[0, \varpi_j] + Q\hat{\mathcal{B}}(r_*, 0)[1, \bar{\varpi}] + \nu_j QJ(r_*, 0)[0, \bar{\varpi}] + Q\mathcal{H}(\bar{V}). \end{cases}$$

$$(6.6.97)$$

由 (6.6.53) 和 $g'(r_*) > 0$ 可知, $\det \Phi^0_{(r,s)}(r_*, f(r_*), g(r_*))$ 是可逆的. 此外

$$\mathcal{G}_{(\nu, \varpi, V)}(r_*, 0, v_j, \varpi_j, V_j)$$

是可逆的. 因此, 由隐函数定理可知 (6.6.79) 的特征值 $\lambda_j(\xi, \varepsilon)$ 可以表示为

$$\lambda_j(\xi, \varepsilon) = \varepsilon \nu_j(\xi, \varepsilon),$$

其中, $\nu_j(\xi, \varepsilon)$ 是 $(r_*, 0)$ 邻域内的某一光滑函数 $(j = 1, 2)$, 并且 $\nu_j(r_*, 0) = \mu_j(r_*)$. 从而由引理 6.75 可知 (ξ_*, ε) 满足 (1). 类似地, 可找到点 (ξ^*, ε) 满足 (2). □

于是, 可得关于模型 (6.6.1) 正稳态解的 Hopf 分支的主要结果.

定理 6.77　在模型 (6.6.1) 中令 $a = \varepsilon\alpha$, $c = 1/\varepsilon$. 当 $r \in [0, a/k]$ 时, 假设 $\beta(x)$ 和 $\theta(x)$ 满足 (6.6.94), 且 α, k 和 $\min\limits_{x \in \bar{\Omega}} \beta(x)$ 足够大. 若定理 6.62 的假设成立, 则存在正数 ε_0 和 τ_*, 当 $\varepsilon \leqslant \varepsilon_0$, $\tau = \tau_*$ 时, 对一些 $\xi_1 < \xi_* < \xi^* < a/k$, 至少存在两个 Hopf 分支点

$$\left(S(\xi_*), I(\xi_*), \delta(\xi_*) \right), \quad \left(S(\xi^*), I(\xi^*), \delta(\xi^*) \right) \in \Gamma.$$

此时, 如果 δ 位于 $\delta(\xi_*)$ 的一个右邻域或 $\delta(\xi^*)$ 的一个左邻域, 则模型 (6.6.1) 存在周期解.

证明 由变换 (6.6.30) 的正则性以及引理 6.76 可证得定理 6.77. □

注 6.78 在定理 6.73 中, Γ 上的稳态解是渐近稳定的. 但在定理 6.77 中与此完全不同, 若 α, k 和 $\min\limits_{x \in \bar{\Omega}} \beta(x)$ 足够大, 稳定的正稳态解变成了周期解, 从而稳态解在 Hopf 分支点处变得不稳定. 所以, 模型 (6.6.3) 的周期解可以在 Hopf 分支点附近获得.

6.7 小 结

传染病动力学模型研究的核心之一就是寻找使疾病灭绝和蔓延的阈值条件. 现有研究大部分是借助基本再生数 R_0 建立传染病模型的阈值动力学, 即当 $R_0 < 1$ 时疾病灭绝, 当 $R_0 > 1$ 时疾病蔓延且发展成为地方病. 但是, 在实际研究过程中, 情况可能更为复杂, 单一依靠 R_0 无法建立反应扩散传染病模型的阈值动力学.

在 6.2 节中研究具有水平传播的模型 (6.2.3) 时, 引入了统计学再生数 R_d 和基本再生数 R_0, 建立了系统的阈值动力学: 当 $R_d > 1$ 且基本再生数 $R_0 < 1$ 时, 模型 (6.2.3) 有唯一全局渐近稳定无病平衡点 DFE, 即疾病将灭绝 (参见定理 6.3); 当 $R_d > 1$ 且 $R_0 > 1$ 时, 模型 (6.2.3) 至少存在一个地方病稳态解 EE, 即疾病将蔓延 (参见定理 6.8).

在 6.3 节中研究具有水平传播和垂直传播的传染病模型 (6.3.1) 时, 定义了统计学再生数 R_d、垂直传染再生数 R_0^h 和水平传染再生数 R_0^v, 并利用这 3 个参数建立了模型 (6.3.1) 的阈值动力学: 如果 $R_d < 1$, 模型 (6.3.1) 有一个全局渐近稳定的灭绝平衡态 $(0,0)$ (参见定理 6.11). 而当 $R_d > 1$ 时, 模型存在丰富和复杂的动力学: 若 $R_0^h < 1$, 模型 (6.3.1) 有唯一全局渐近稳态解 DFE $(S_1, 0)$ (参见定理 6.13); 如果 $R_0^v < 1$, 模型 (6.3.1) 有唯一全局渐近稳态解 SFE $(0, I_1)$ (参见定理 6.15); 而当 $R_0^h > 1$ 和 $R_0^v > 1$ 时, 模型 (6.3.1) 至少有一个 EE $(S^*(x), I^*(x))$, 意味着传染病将持续存在并蔓延 (参见定理 6.20 和定理 6.24).

另一方面, 当 $R_0 > 1$ 时, Allen 等 [49,50] 证明了模型 (6.1.1) 存在唯一的地方病稳态解 EE. 但是在模型 (6.2.3) 中即使 $R_0 > 1$, 如果 $R_d < 1$, 疾病仍将趋于灭绝 (图 6.3(c) 和图 6.3(d)). 只有在 $R_0 > 1$ 和 $R_d > 1$ 同时成立时, 系统的解才趋于地方病稳态解 EE, 意味着疾病在整个区域蔓延 (图 6.3(e), 图 6.3(f), 图 6.4(e) 和图 6.4(f)).

这些结果说明, 对于传染病动力学模型而言, 应该根据模型的具体情况, 建立相应的阈值参数体系, 从而获得系统的阈值动力学.

在 6.2 节中, 对于传染病模型 (6.3.1), 定理 6.3 和数值模拟 (图 6.1, 图 6.2, 6.3(a), 图 6.3(b), 图 6.4(c) 和图 6.4(d)) 提供了一个完整的关于宿主的随机移动和空间异质性对疾病灭绝的影响机理的刻画. 如果 $R_d > 1$ 且 $R_0 < 1$, 疾病将灭绝. 然而由于感染者的移动和传染率的空间异质性, 基本再生数 R_0 具有复杂结构. 如果传染率空间平均值小于平均死亡率, 感染者移动越快, 疾病越容易灭绝. 如果传染率空间平均值和空间均匀情况下的值相等, 均匀的环境容易使疾病灭绝. 此外, 由定理 6.2 并结合数值模拟结果 (图 6.3(c), 图 6.3(d), 图 6.4(a) 和图 6.4(b)) 可知, 扩散和空间异质性还可以诱导整个种群灭绝. 而定理 6.8 和数值模拟结果 (图 6.1, 图 6.2, 图 6.3(e), 图 6.3(f), 图 6.4(e) 和图 6.4(f)) 表明, 模型 (6.2.3) 预示了疾病暴发的可能. 当感染者的移动不受疾病的影响且生殖能力没有减小时, 模型 (6.2.3) 存在唯一全局渐近稳定的地方病稳态解 EE, 也就是说, 在整个区域内疾病将会蔓延. 从基本再生数 R_0 的性质来看, 如果传染率空间平均值小于平均死亡率, 控制感染者的移动, 可以有效阻止疾病蔓延从而逐步消灭传染病; 如果传染率空间平均值和空间均匀情况下的值相等, 环境的空间异质性越大越容易使疾病蔓延. 这说明宿主的随机游走和空间异质性对疾病蔓延具有明显的影响.

在 6.3 节中, 水平传染再生数 R_0^h 的计算公式 (6.3.4) 表明, 生殖能力降低率 ρ 的增加使得 R_0^h 的值增加 (参见引理 6.12(3)). 因此, 减少 ρ 可以抑制疾病感染风险. 而在空间同质时能得到 R_0^h 的不依赖扩散系数 d_I 的精确表达式 (6.3.6). 但是, 在空间异质情况下, 扩散系数 d_I 对 R_0^h 有明显的影响 (图 6.8(a)). 确切地说, 感染者的随机游走可以减少 R_0^h 的值, 当扩散系数 d_I 趋于无穷大时, R_0^h 的值趋于空间同质情况下的值. 另一方面, 空间异质性越强, R_0^h 的值越大, 感染风险也越大 (图 6.9(a)). 此外, 适当的空间相变可以使 R_0^h 的值小于 1, 从而感染者最终灭绝 (图 6.10(a)). 由此可知, 在异质环境中, 感染者的快速移动可以降低易感者感染疾病风险, 而空间异质性可以增加疾病感染风险.

而垂直传染基本再生数 R_0^v 的计算公式 (6.3.5) 表明, R_0^v 关于生殖能力降低率 ρ 是严格单调递减的, 即生殖能力降低率 ρ 的增加可使 R_0^v 的值减少. 因此, 增大 ρ 可有效抑制 100% 感染. 在空间均匀的情况下, 我们可以得到 R_0^v 的精确表达式, 并且可以看出 R_0^v 的值不依赖扩散系数 d_S. 然而, 在空间异质时, 扩散系数 d_S 影响着 R_0^v (图 6.8(b)). 确切地说, 在空间异质环境中易感者的随机移动加快, R_0^v 的值减小, 100% 感染的风险增强, 当扩散系数 d_S 趋于无穷大时, R_0^v 的值趋于空间均匀情况下的值. 进一步, 空间异质性越强, R_0^v 的值越大, 从而 100% 感染的风险减少 (图 6.9(b)). 而适当的传染率相变可以使 R_0^v 的值小于 1, 从而有可能引起 100% 感染 (图 6.10(b)). 由此可知, 在异质环境中, 如果易感者随机移动加快, 100% 感染的风险增大, 而空间异质性可以促使易感者和感染者共存, 100% 感染风险减小.

此外, 我们发现, 感染者生殖能力适应度 ρ 的增加可以增大感染风险, 从而使得感染者数量增大, 易感者数量减少 (图 6.12). 因此, 必须使用有效措施 (例如人类使用避孕套等 [224]) 控制疾病的垂直传染. 从图 6.13 可以看出, 在中间区域附近, 控制感染者的移动, 感染者数量会显著减少. 而在区域边界附近, 感染者的移动越快疾病就越容易控制. 图 6.14 表明, 在中间区域, 增强传染率异质性可以有效减少感染者的数量; 而在区域边界, 空间异质性较弱时可以减少疾病的入侵. 因此要控制疾病的蔓延或入侵, 在不同的地区需要采取不同的干预措施.

在 6.4 节中, 流感传染病模型 (6.4.4) 的阈值动力学可由基本再生数 R_0 确定: 如果 $R_0 < 1$, 唯一的无病平衡态 DFE 全局渐近稳定, 且不存在地方病平衡点 EE (参见定理 6.28 和图 6.18(a)); 如果 $R_0 > 1$, 至少存在一个一致持久的地方病平衡点 EE (参见定理 6.29 和图 6.18(b)). 有趣的是, 在空间异质情况下, 基本再生数 R_0 的定义与扩散系数无关 ((6.4.12) 和图 6.17).

另一方面, 从图 6.17 和图 6.18 可知空间异质传染率 $\beta(x)$ 对模型 (6.4.21) 的动力学行为的影响. 值得注意的是, 空间同质 (即 $c = 0$) 时, R_0 取得最小值且 $R_0 < 1$, 流感灭绝. 另外, R_0 是 c 的单调递增函数 (图 6.17), 所以存在一个阈值 c^* 可用来确定 R_0 与 1 之间的关系: 如果 $c < c^*$, $R_0 < 1$, 流感灭绝 (图 6.18(a)); 如果 $c > c^*$, $R_0 > 1$, 流感暴发 (图 6.18(b)). 因此, 空间异质性有助于提高流感病毒在模型 (6.4.21) 中的持久性. 换句话说, 空间异质性增加了流感的感染风险, 应引起传染病防控部门的高度重视.

此外, 由图 6.19 可知, 较大的扩散系数 $d(x)$ 有增加感染者 $I(x,t)$ 向边界流行的趋势, 同时也有降低感染者 $I(x,t)$ 在空间中部的流行趋势. 而且随着时间的推移, 扩散对感染者 $I(x,t)$ 的分布的影响也越来越大. 因此, 当流感在一个地区出现和传播时, 人们应尽量改变出行计划, 尽可能待在家里, 以降低扩散系数的值, 从而降低感染风险. 此外, 由图 6.20 我们还发现, 较低的治愈率 $\delta(x)$ 有增加 $I(x,t)$ 的趋势 (图 6.20(a)), 而较高的 $\delta(x)$ 有减少 $I(x,t)$ 的趋势 (图 6.20(c)). 因此, 为了控制流感的传播, 必须提高流感的治愈率.

在 6.5 节中, 基于 Fitzgibbon, Morgan 和 Webb 教授的研究 [141], 我们应用比较原理和特征值方法进一步研究了空间异质性对寨卡疫情的影响机理, 并建立了模型 (6.5.1) 的全局阈值动力学定理. 在文献 [249] 中, Magal, Webb 教授和吴毅湘博士证明了局部基本再生数 R_0 (见 (6.5.29)) 与全局基本再生数 $R_0(x)$ (见 (6.5.4)) 有相同的符号, 并应用单调动力系统理论和渐近自治半流理论, 建立了模型 (6.5.1) 关于 $R_0(x)$ 的全局阈值动力学. 6.5 节中所用方法与文献 [249] 中的研究方法完全不同. 因此, 6.5 节的研究结果也可视为 [141] 研究的补充.

值得一提的是, 在研究巴西里约热内卢的寨卡疫情时, Fitzgibbon, Morgan 和 Webb 教授 [141] 并没有直接研究模型 (6.5.1) 的数值解, 而是研究了

$$
\begin{cases}
\partial_t H_i = \nabla \cdot (\delta_1(x)\nabla H_i) - \lambda(x)H_i + \sigma_1(x)\Lambda(x)V_i, & x \in \Omega,\ t > 0, \\
\partial_t V_u = \nabla \cdot (\delta_2(x)\nabla V_u) + \beta(x)(V_u + V_i) - \sigma_2(x)H_iV_u \\
\qquad\quad -\mu(x)(V_u + V_i)V_u - \mu_1(x)V_u, & x \in \Omega,\ t > 0, \\
\partial_t V_i = \nabla \cdot (\delta_2(x)\nabla V_i) + \sigma_2(x)H_iV_u - \mu(x)(V_u + V_i)V_i \\
\qquad\quad -\mu_1(x)V_i, & x \in \Omega,\ t > 0, \\
\partial_{\mathbf{n}} H_i = \partial_{\mathbf{n}} V_u = \partial_{\mathbf{n}} V_i = 0, & x \in \partial\Omega,\ t > 0, \\
H_i(x,0) = H_{i0}(x) \geqslant 0,\ V_u(x,0) = V_{u0}(x) \geqslant 0, \\
V_i(x,0) = V_{i0}(x) \geqslant 0, & x \in \Omega
\end{cases}
$$

$$\tag{6.7.1}$$

的数值解. 与 (6.5.1) 相比, 模型 (6.7.1) 中增加了项 $\mu_1(x)V_i$ 及 $\mu_1(x)V_u$, 这里 $\mu_1(x)$ 表示与时间无关的媒介死亡率. 显然, 模型 (6.7.1) 比 (6.5.1) 数学分析的难度大幅度增加. 此外, 在实际应用中也很难获取 $\mu_1(x)$ 的值. 6.5 节的研究表明, 模型 (6.5.1) 完全能够很好地拟合里约热内卢的寨卡疫情数据.

此外, 在定理 6.2 中, 我们没有分析 $R_d < 1$ 且 $R_0 > 1$ 时模型 (6.2.3) 的解的动力学行为. 但从数值结果 (图 6.3(c) 和 6.3(d)) 看, 若 $R_d < 1$ 且 $R_0 > 1$, 当 $t \to \infty$ 时, 模型 (6.2.3) 的所有正解 $(S(x,t), I(x,t))$ 都趋于 $(0,0)$. 因此我们猜测只要 $R_d < 1$, 当 $t \to \infty$ 时, 模型 (6.2.3) 的解都趋于 $(0,0)$. 而在定理 6.8 (2) 中, 对于特殊的情况 $d_S = d_I$ 和 $\rho = 1$, 我们给出了当 $R_d > 1$, $R_0 > 1$ 时地方病平衡点 EE 的全局稳定性. 另外, 定理 6.20 也证明了模型 (6.3.1) 至少存在一个地方病稳态解 EE, 在空间均匀情况下, 地方病稳态解 EE 在一定条件下也是全局渐近稳定的. 但是尚不清楚当感染者的扩散受疾病的影响以及感染者生殖能力有所减少 ($d_S \neq d_I$ 和 $\rho < 1$) 时, 地方病平衡点 EE 的唯一性和全局渐近稳定性. 然而, 从数值模拟结果来看, 在上述这些情形下, 系统存在唯一的地方病稳态解 EE 且是全局渐近稳定的 (图 6.3(e), 图 6.3(f), 图 6.4(e) 和图 6.4(f), 以及图 6.11(b) 和图 6.11(d)).

但是, 要从数学上严格证明异质空间中地方病稳态解 EE 的唯一性和稳定性, 依然是一个公开问题.

在 6.6 节中, 定理 6.62 刻画了交叉扩散和空间异质性对传染病模型 (6.6.1) 正稳态解的分支结构. 显然, 若 $\theta(x)$ 为常数或 $\beta(x)$ 为常数, 则 $\Phi(\theta, \beta) = 0$, 即

$$
\fint_\Omega \theta(x)\mathrm{d}x \fint_\Omega \beta(x)\mathrm{d}x = \fint_\Omega \theta(x)\beta(x)\mathrm{d}x.
$$

若 $\theta(x)$ 和 $\beta(x)$ 都是异质的, $\Phi(\theta, \beta) > 0$ 或者 $\Phi(\theta, \beta) \leqslant 0$ 成立. 特别地, 若 $\theta(x) \equiv \beta(x)$ 但不是常数, 则

$$
\fint_\Omega \theta(x)\mathrm{d}x \fint_\Omega \beta(x)\mathrm{d}x = \left(\fint_\Omega \beta(x)\mathrm{d}x\right)^2 < \fint_\Omega \beta^2(x)\mathrm{d}x = \fint_\Omega \theta(x)\beta(x)\mathrm{d}x.
$$

这意味着条件 $\Phi(\theta, \beta) > 0$ 可能成立. 在此情况下, 定理 6.62 表明, 若自然增长率 a 满足 $2a^*/3 < a \leqslant a^*$, Γ 在 $(0, I_*, \delta_*)$ 的分支是次临界的. 如果 a 足够小, 交叉扩散系数中的 c 足够大且因病死亡率 δ 比 $\delta_* > 0$ 小, 若疾病传染率 $\beta(x)$ 和感染者逃离倾向 $\theta(x)$ 满足 $\Phi(\theta, \beta) > 0$, 则空间异质性可以诱导产生一个有界鱼钩形分支 (图 6.28). 也就是说, 空间异质性和交叉扩散可以改变 (6.6.3) 的稳态分布 (参见注 6.63).

而对任意正数 ε 满足 $\varepsilon < \fint_\Omega \theta(x)\mathrm{d}x$ 时, 设 $(\theta - \varepsilon)_+ := \max\{\theta - \varepsilon, 0\}$, 如果 $\theta(x)$ 和 $\beta(x)$ 之间存在某种分离, 使得 $\mathrm{supp}(\theta - \varepsilon)_+ \cap \mathrm{supp}\beta(x) = \varnothing$, 则

$$\fint_\Omega \theta(x)\mathrm{d}x \fint_\Omega \beta(x)\mathrm{d}x > \varepsilon \fint_\Omega \beta(x)\mathrm{d}x \geqslant \fint_\Omega \theta(x)\beta(x)\mathrm{d}x.$$

也就是条件 $\Phi(\theta, \beta) \leqslant 0$ 成立. 而且, $\mathrm{supp}(\theta - \varepsilon)_+$ 给出了一个交叉扩散影响相对较弱的区域, $\mathrm{supp}\beta$ 给出了 S 的有利区域, 而 S 的增加是由于疾病的蔓延. 这时, 空间异质性和交叉扩散不可能改变 (6.6.3) 的稳态分布 (参见注记 6.63). 这与空间异质环境中的交叉扩散合作系统的结果完全不同, 王玉霞和李万同教授 [34, 225, 370] 发现 $\mathrm{supp}(\rho - \varepsilon)_+$ 和 $\mathrm{supp}\,d$ 的分离 (类似于本节的 $\mathrm{supp}(\theta - \varepsilon)_+$ 和 $\mathrm{supp}\,\beta$) 可以产生共存的稳态解. 但是, 在传染病模型 (6.6.3) 中, 我们发现共存的稳态解不是由 $\mathrm{supp}(\theta - \varepsilon)_+$ 和 $\mathrm{supp}\beta$ 的分离产生的, 而是由交叉扩散 $\theta(x)$ 和空间异质性 $\beta(x)$ 共同作用产生的.

值得注意的是, 在 6.6 节中, 我们运用特征值方法和分支理论建立了传染病模型 (6.6.3) 的地方病动力学, 并且给出了地方病稳态解的稳定性条件. 这与前述几节中的基本再生数 R_0 阈值方法完全不同, 因此, 这些方法和结果可以看作是研究传染病动力学尤其是阈值方法的有益补充, 特别是在空间异质的情况下具有更大的应用价值.

参 考 文 献

[1] 王霞, 唐三一, 陈勇, 冯晓梅, 肖燕妮, 徐宗本. 新型冠状病毒肺炎疫情下武汉及周边地区何时复工? 数据驱动的网络模型分析. 中国科学: 数学, 2020, (7): 969–978.

[2] 马知恩, 周义仓, 王稳地, 靳祯. 传染病动力学的数学建模与研究. 北京: 科学出版社, 2004.

[3] 靳祯, 刘权兴, 申红霞, 宋妮, 霍罡, 宋礼. 生物系统中的反应扩散动力学//陆征一, 王稳地. 生物数学前沿. 北京: 科学出版社, 2008.

[4] 王玉文, 史峻平, 侍述军, 刘萍. 常微分方程简明教程. 北京: 科学出版社, 2010.

[5] 叶其孝, 李正元, 王明新, 吴雅萍. 反应扩散方程引论. 北京: 科学出版社, 2011.

[6] 聂华, 吴建华, 王艳娥, 王治国. 反应扩散模型的动力学. 北京: 科学出版社, 2013.

[7] 唐三一, 肖燕妮, 梁菊花, 王霞. 生物数学. 北京: 科学出版社, 2020.

[8] 马知恩, 周义仓, 吴建宏. 传染病的建模与动力学. 北京: 高等教育出版社, 2009.

[9] 肖燕妮, 周义仓, 唐三一. 生物数学原理. 西安: 西安交通大学出版社, 2012.

[10] 魏俊杰, 王洪滨, 蒋卫华. 时滞微分方程的分支理论及应用. 5 版. 北京: 科学出版社, 2012.

[11] 王琪, 王学锋. 几类 Keller-Segel 趋化性模型的稳态解及其定性性质. 中国科学: 数学, 2019, 49(12): 1911–1946.

[12] 彭文伟. 传染病学. 5 版. 北京: 人民卫生出版社, 2001.

[13] 王明新. 算子半群与发展方程. 北京: 科学出版社, 2006.

[14] 马知恩. 传染病动力学的基本知识与发展方向//陆征一, 周义仓. 数学生物学进展. 北京: 科学出版社, 2006.

[15] 王智诚. 非局部时滞反应扩散方程的波前解和整体解. 兰州: 兰州大学, 2007.

[16] 衣凤岐. 半线性偏微分方程的分支理论及其应用. 哈尔滨: 哈尔滨工业大学, 2008.

[17] 王稳地. 传染病入侵动力学分析//陆征一, 王稳地. 生物数学前沿. 北京: 科学出版社, 2008.

[18] 林国. 时滞 Lotka-Volterra 系统的行波解. 兰州: 兰州大学, 2008.

[19] 苏敏. 空间生态传染病模拟研究: 破碎化生境、Allee 效应及空间尺度对传播动态的影响. 兰州: 兰州大学, 2009.

[20] 王术. Sobolev 空间与偏微分方程引论. 北京: 科学出版社, 2009.

[21] 刘亚峰. Allee 效应对不同尺度上捕食者-猎物相互作用的影响. 兰州: 兰州大学, 2009.

[22] 欧阳颀. 反应扩散系统中的斑图动力学. 上海: 上海科技教育出版社, 2010.

[23] 林晔智. 反应扩散系统时空复杂性研究. 温州: 温州大学, 2010.

[24] 刘厚业. 反应扩散系统的振幅方程及其动力学研究. 温州: 温州大学, 2010.

[25] 王明新. 非线性椭圆型方程. 北京: 科学出版社, 2010.

[26] 马天. 偏微分方程理论与方法. 北京: 科学出版社, 2011.

[27] 王金凤. 具有强 Allee 效应捕食-食饵系统的动力学性质分析. 哈尔滨: 哈尔滨工业大学, 2011.

[28] 蔡永丽. 非线性种群系统动力学研究. 温州: 温州大学, 2012.

[29] 管晓娜. 考虑避难的捕食系统时空动力学. 温州: 温州大学, 2012.

[30] 桑梓. 异质性传染病模型的动力学分析和控制措施效果评估. 南京: 南京理工大学, 2012.

[31] 林支桂. 数学生态学导引. 北京: 科学出版社, 2013.

[32] 祝娅娜. 一类反应扩散捕食系统动力学行为研究. 温州: 温州大学, 2013.

[33] 严淑灵. 时滞反应扩散种群系统的动力学行为研究. 温州: 温州大学, 2013.

[34] 王玉霞. 交错扩散和空间非均匀性对正稳态解的影响. 兰州: 兰州大学, 2013.

[35] 连新泽. 反应扩散捕食系统斑图动力学研究及计算机辅助分析. 北京: 中国科学院大学, 2014.

[36] 倪维明. 浅谈反应扩散方程. 数学传播, 2015, 39: 17–26.

[37] 楼元. 空间生态学中的一些反应扩散方程模型. 中国科学: 数学, 2015, 45(10): 1619–1634.

[38] 蔡永丽. 空间传染病模型中若干偏微分方程问题研究. 广州: 中山大学, 2015.

[39] 崔尚斌. 偏微分方程现代理论引论. 北京: 科学出版社, 2016.

[40] 中国疾病预防控制局. 2016 年全国法定传染病疫情概况. http://www.nhc.gov.cn/, 2017.

[41] 中国疾病预防控制中心官网. 2020. www.chinacdc.cn.

[42] Abrams P A, Ginzburg L R. The nature of predation: Prey dependent, ratio dependent or neither. Trend. Ecol. Evol., 2000, 15(8): 337–341.

[43] Aguirre P. A general class of predation models with multiplicative Allee effect. Nonl. Dyn., 2014, 78(1): 629–648.

[44] Aguirre P, González-Olivares E, Sáez E. Three limit cycles in a Leslie-Gower predator-prey model with additive Allee effect. SIAM J. Appl. Math., 2009, 69: 1244–1269.

[45] Ainseba B E, Bendahmane M, Noussair A. A reaction-diffusion system modeling predator-prey with prey-taxis. Nonl. Anal. RWA, 2008, 9(5): 2086–2105.

[46] Allee W C. Animal Aggregations: A Study in General Sociology. Chicago: University of Chicago Press, 1931.

[47] Allee W C. The Social Life of Animals. London: William Heinemann, 1938.

[48] Allee W C, Emerson A E, Park O, Park T, Schmidt K P. Principles of Animal Ecology. Philadelphia: W.B. Saunders Company, 1949.

[49] Allen L J S, Bolker B M, Lou Y, Nevai A L. Asymptotic profiles of the steady states for an SIS epidemic patch model. SIAM J. Appl. Math., 2007, 67(5): 1283–1309.

[50] Allen L J S, Bolker B M, Lou Y, Nevai A L. Asymptotic profiles of the steady states for an SIS epidemic reaction-diffusion model. Discrete Contin. Dyn. Sys. A, 2008, 21(1): 1–20.

[51] Alonso D, Bartumeus F, Catalan J. Mutual interference between predators can give rise to Turing spatial patterns. Ecology, 2002, 83(1): 28–34.

[52] Altes H K, Wodarz D, Jansen V A A. The dual role of CD4 T helper cells in the infection dynamics of HIV and their importance for vaccination. J. Theor. Biol., 2002, 214(4): 633–646.

[53] Amann H. Dynamic theory of quasilinear parabolic systems III: Global existence. Math. Z., 1989, 202(2): 219–250.

[54] Amann H. Hopf bifurcation in quasilinear reaction-diffusion systems//Delay Differential Equations and Dynamical Systems. Berlin, Heidelberg: Springer, 1991: 53–63.

[55] Amarasekare P. Allee effects in metapopulation dynamics. Am. Nat., 1998, 152(2): 298–302.

[56] Anderson R M, May R M. Population biology of infectious diseases: Part I. Nature, 1979, 280: 361–367.

[57] Anderson R M, May R M, Anderson B. Infectious Diseases of Humans: Dynamics and Control. Oxford: Oxford University Press, 1992.

[58] Andrews J F. A mathematical model for the continuous culture of microorganisms utilizing inhibitory substrates. Biotechnol. Bioeng., 1968, 10(6): 707–723.

[59] Arditi R, Ginzburg L R. Coupling in predator-prey dynamics: Ratio-dependence. J. Theor. Biol., 1989, 139: 311–326.

[60] Arino J, Van Den Driessche P. Time delays in epidemic models//Arino O, Hbid M L, Ai E, eds. Delay Differential Equations and Applications. Dordrecht: Springer, 2005: 539–578.

[61] Auger P, Magal P, Ruan S. Structured Population Models in Biology and Epidemiology, Volume 1936. Berlin, Heidelberg: Springer, 2008.

[62] Aziz-Alaoui M A, Daher Okiye M. Boundedness and global stability for a predator-prey model with modified Leslie-Gower and Holling-type II schemes. Appl. Math. Lett., 2003, 16(7): 1069–1075.

[63] Bao X, Li W, Shen W, Wang Z. Spreading speeds and linear determinacy of time dependent diffusive cooperative/competitive systems. J. Differ. Equations, 2018, 265(7): 3048–3091.

[64] Bastos L, Villela D, Carvalho L, Cruz O, et al. Zika in Rio de Janeiro: Assessment of basic reproductive number and its comparison with dengue. Epidem. Infect., 2016, 145(8): 1649–1657.

[65] Baurmann M, Gross T, Feudel U. Instabilities in spatially extended predator-prey systems: Spatio-temporal patterns in the neighborhood of Turing-Hopf bifurcations. J. Theor. Biol., 2007, 245(2): 220–229.

[66] Beddington J R. Mutual interference between parasites or predators and its effect on searching efficiency. J. Anim. Ecol., 1975, 44(1): 331–340.

[67] Berec L, Angulo E, Courchamp F. Multiple Allee effects and population management. Trend. Ecol. Evol., 2007, 22(4): 185–191.

[68] Beretta E, Takeuchi Y. Global stability of an SIR epidemic model with time delays. J. Math. Biol., 1995, 33(3): 250–260.

[69] Berezovskaya F, Karev G, Arditi R. Parametric analysis of the ratio-dependent predator-prey model. J. Math. Biol., 2001, 43(3): 221–246.

[70] Berezovsky F, Karev G, Song B, Castillo-Chavez C. A simple epidemic model with surprising dynamics. Math. Biosci. Eng., 2005, 2(1): 133–152.

[71] Biktashev V N, Brindley J, Holden A V, Tsyganov M A. Pursuit-evasion predator-prey waves in two spatial dimensions. Chaos, 2004, 14: 988.

[72] Blat J, Brown K J. Global bifurcation of positive solutions in some systems of elliptic equations. SIAM J. Math. Anal., 1986, 17(6): 1339–1353.

[73] Brauer F, Castillo-Chavez C. Mathematical Models in Population Biology and Epidemiology. 2nd ed. New York: Springer, 2012.

[74] Britton N F. Aggregation and the competitive exclusion principle. J. Theor. Biol., 1989, 136(1): 57–66.

[75] Britton N F. Essential Mathematical Biology. London: Springer Science & Business Media, 2003.

[76] Brown K J, Dunne P C, Gardner R A. A semilinear parabolic system arising in the theory of superconductivity. J. Differ. Equations, 1981, 40(2): 232–252.

[77] Busenberg S, Cooke K L. Periodic solutions of a periodic nonlinear delay differential equation. SIAM J. Appl. Math., 1978, 35(4): 704–721.

[78] Cai Y, Banerjee M, Kang Y, Wang W M. Spatiotemporal complexity in a predator-prey model with weak Allee effects. Math. Biosci. Eng., 2014, 11(6): 1247–1274.

[79] Cai Y, Cao Q, Wang Z A. Asymptotic dynamics and spatial patterns of a ratio-dependent predator-prey system with prey-taxis. Appl. Anal., 2020. DOI: 10.1080/00036811.2020.1728259.

[80] Cai Y, Ding Z, Yang B, Peng Z, Wang W M. Transmission dynamics of Zika virus with spatial structure—A case study in Rio de Janeiro, Brazil. Phys. A, 2019, 514: 729–740.

[81] Cai Y, Gui Z, Zhang X, Shi H, Wang W M. Bifurcations and pattern formation in a predator-prey model. Int. J. Bifurcat. Chaos, 2018, 28(11): 1850140.

[82] Cai Y, Kang Y, Banerjee M, Wang W M. A stochastic SIRS epidemic model with infectious force under intervention strategies. J. Differ. Equations, 2015, 259(12): 7463–7502.

[83] Cai Y, Kang Y, Banerjee M, Wang W M. A stochastic epidemic model incorporating media coverage. Commun. Math. Sci., 2016, 14(4): 893–910.

[84] Cai Y, Kang Y, Banerjee M, Wang W M. Complex dynamics of a host-parasite model with both horizontal and vertical transmissions in a spatial heterogeneous environment. Nonl. Anal. RWA, 2018, 40: 444–465.

[85] Cai Y, Kang Y, Wang W M. A stochastic SIRS epidemic model with nonlinear incidence rate. Appl. Math. Comp., 2017, 305: 221–240.

[86] Cai Y, Kang Y, Wang W M. Global stability of the steady states of an epidemic model incorporating intervention strategies. Math. Biosci. Eng., 2017, 14(5/6): 1071–1089.

[87] Cai Y, Lian X, Peng Z, Wang W M. Spatiotemporal transmission dynamics for influenza disease in a heterogenous environment. Nonl. Anal. RWA, 2019, 46: 178–194.

[88] Cai Y, Liu W, Wamg Y, Wang W M. Complex dynamics of a diffusive epidemic model with strong Allee effect. Nonl. Anal. RWA, 2013, 14: 1907–1920.

[89] Cai Y, Wang K, Wang W M. Global transmission dynamics of a Zika virus model. Appl. Math. Lett., 2019, 92: 190–195.

[90] Cai Y, Wang W M. Dynamics of a parasite-host epidemiological model in spatial heterogeneous environment. Discrete Contin. Dyn. Sys. B, 2015, 20(4): 989–1013.

[91] Cai Y, Wang W M. Stability and Hopf bifurcation of the stationary solutions to an epidemic model with cross-diffusion. Comp. Math. Appl., 2015, 70(8): 1906–1920.

[92] Cai Y, Wang W M, Wang J. Dynamics of a diffusive predator-prey model with additive Allee effect. Inter. J. Biomath., 2012, 5(2): 1250023.

[93] Cai Y, Wang W M. Fish-hook bifurcation branch in a spatial heterogeneous epidemic model with cross-diffusion. Nonlinear Analysis Real World Applications, 2016, 30: 99–125.

[94] Cai Y, Yuan Y, Lian X, Wang W M. Extinction in a feline panleukopenia virus model incorporating direct and indirect transmissions. Appl. Math. Comp., 2015, 258: 358–366.

[95] Cai Y, Zhao C, Wang W M. Spatiotemporal complexity of a Leslie-Gower predator-prey model with the weak Allee effect. J. Appl. Math., 2013, (3-4): 1–16.

[96] Cai Y, Zhao C, Wang W M, Wang J. Dynamics of a Leslie-Gower predator-prey model with additive Allee effect. Appl. Math. Model., 2015, 39: 2092–2106.

[97] Cai Y, Zhao S, Niu Y, Peng Z, Wang K, He D, Wang W M. Modelling the effects of the contaminated environments on tuberculosis in Jiangsu, China. J. Theor. Biol., 2021, 508: 110453.

[98] Issa B, Camara, Aziz-Alaoui M A. Turing and hopf patterns formation in a predator-prey model with Leslie-Gower-Type functional response. Dyn. Cont. Discrete Impul. Sys., 2009, 16(4): 479–488.

[99] Cantrell R S, Cosner C. Spatial ecology via reaction-diffusion equations. Chichester: John Wiley & Sons, Ltd., 2003.

[100] Cao Q, Cai Y, Luo Y. Nonconstant positive solutions to the ratio-dependent predator-prey system with prey-taxis in one dimension. Discrete Contin. Dyn. Sys. B, 2020. preprint.

[101] Capasso V. Mathematical Structures of Epidemic Systems. Berlin, Heilberg: Springer-Verlag, 1993.

[102] Capasso V, Serio G. A generalization of the Kermack-McKendrick deterministic epidemic model. Math. Biosci., 1978, 42(1): 43–61.

[103] Casagrandi R, Bolzoni L, Levin S, Andreasen V. The SIRC model and influenza A. Math. Biosci., 2006, 200(2): 152–169, 2006.

[104] Chakraborty A, Singh M, Lucy D, Ridland P. Predator-prey model with prey-taxis and diffusion. Math. Comp. Model., 2007, 46(3): 482–498.

[105] Chang L, Duan M, Sun G, Jin Z. Cross-diffusion-induced patterns in an SIR epidemic model on complex networks. Chaos, 2020, 30(1): 013147.

[106] Chen F, Chen L, Xie X. On a Leslie-Gower predator-prey model incorporating a prey refuge. Nonl. Anal. RWA, 2009, 10(4): 2905–2908.

[107] Chen S, Shi J, Wei J. Time delay-induced instabilities and Hopf bifurcations in general reaction-diffusion systems. J. Nonl. Sci., 2013, 23(1): 1–38.

[108] Chen W, Wang M. Qualitative analysis of predator-prey models with Beddington-DeAngelis functional response and diffusion. Math. Comp. Model., 2005, 42(1): 31–44.

[109] Chiu A, Lin Q, Tang E, He D. Willingness to accept a future influenza A (H7N9) vaccine in Beijing, China. Inter. J. Infect. Dis., 2018, 66: 42–44.

[110] Ciliberto S, Coullet P, Lega J, Pampaloni E, Perez-Garcia C. Defects in roll-hexagon competition. Phys. Rev. Lett., 1990, 65(19): 2370–2373.

[111] Courchamp F, Berec L, Gascoigne J. Allee Effects in Ecology and Conservation. Oxford: Oxford University Press, 2008.

[112] Courchamp F, Clutton-Brock T, Grenfell B. Inverse density dependence and the Allee effect. Trend. Ecol. Evol., 1999, 14(10): 405–410.

[113] Courchamp F, Grenfell B, Clutton-Brock T. Population dynamics of obligate cooperators. P. Roy. Soc. Lond. B, 1999, 266(1419): 557–563.

[114] Crandall M G, Rabinowitz P H. Bifurcation from simple eigenvalues. J. Funct. Anal., 1971, 8(2): 321–340.

[115] Crandall M G, Rabinowitz P H. Bifurcation, perturbation of simple eigenvalues, and linearized stability. Arch. Ration. Mech. Anal., 1973, 52(2): 161–180.

[116] Crandall M G, Rabinowitz P H. The Hopf bifurcation theorem in infinite dimensions. Arch. Ration. Mech. Anal., 1977, 67(1): 53–72.

[117] Crowley P H, Martin E K. Functional responses and interference within and between year classes of a dragonfly population. J. N. Am. Benthol. Soc., 1989, 8: 211–221.

[118] Cui J, Tao X, Zhu H. An SIS infection model incorporating media coverage. Rocky Mountain J. Math., 2008, 38(5): 1323–1334.

[119] Cui R, Lou Y. A spatial SIS model in advective heterogeneous environments. J. Differ. Equations, 2016, 261(6): 3305–3343.

[120] Curio E. The Ethology of Predation. New York: Springer-Verlag, 1976.

[121] David S, Ludek B. Single-species models of the Allee effect: Extinction boundaries, sex ratios and mate encounters. J. Theor. Biol., 2001, 218: 375–394.

[122] De Jong M C M, Diekmann O, Heesterbeek H. How does transmission of infection depend on population size. Epid. Model., 1995, 5(2): 84–94.

[123] Deangelis D L, Goldstein R A, O'Neill R V. A model for tropic interaction. Ecology, 1975, 56(4): 881–892.

[124] Dennis B. Allee effects: Population growth, critical density, and the chance of extinction. Nat. Resour. Model., 1989, 3: 481–538.

[125] Diekmann O, Heesterbeek J. Mathematical Epidemiology of Infectious Diseases. Chichester: John Wiley & Sons, Ltd., , 2000.

[126] Diekmann O, Heesterbeek J A P, Metz J A J. On the definition and the computation of the basic reproduction ratio R_0 in models for infectious diseases in heterogeneous populations. J. Math. Biol., 1990, 28(4): 365–382.

[127] Dietz K. Overall population patterns in the transmission cycle of infectious disease agents//Anderson R M, May R M, eds. Population Biology of Infectious Diseases. Berlin, Heidelberg: Springer, 1982: 87–102.

[128] Dixon A F G. Insect Predator-prey Dynamics: Ladybird Beetles and Biological Control. Cambridge: Cambridge University Press, 2000.

[129] Du Y, Lou Y. S-shaped global bifurcation curve and hopf bifurcation of positive solutions to a predator–prey model. J. Differ. Equations, 1998, 144(2): 390–440.

[130] Du Y, Lou Y. Qualitative behaviour of positive solutions of a predator-prey model: Effects of saturation. Proc. Roy. Soc. A, 2001, 131(2): 321–349.

[131] Du Y, Shi J. A diffusive predator-prey model with a protection zone. J. Differ. Equations, 2006, 229(1): 63–91.

[132] Dubey B, Das B, Hussain J. A predator-prey interaction model with self and cross-diffusion. Ecol. Model., 2001, 141(1-3): 67–76.

[133] Ducrot A, Langlais M, Magal P. Qualitative analysis and travelling wave solutions for the SI model with vertical transmission. Commun. Pure Appl. Anal., 2012, 11: 97–113.

[134] Dufiet V, Boissonade J. Dynamics of Turing pattern monolayers close to onset. Phys. Rev. E, 1996, 53(5): 4883–4892.

[135] Ebert D, Lipsitch M, Mangin K L. The effect of parasites on host population density and extinction: Experimental epidemiology with daphnia and six microparasites. Am. Nat., 2000, 156(5): 459–477.

[136] Economou A, Ohazama A, Porntaveetus T, Sharpe P T, Green J. Periodic stripe formation by a Turing mechanism operating at growth zones in the mammalian palate. Nat. Genet., 2012, 44(3): 348–351.

[137] Fan M, Kuang Y. Dynamics of a nonautonomous predator-prey system with the Beddington-DeAngelis functional response. Math. Comp. Model., 2008, 48(11): 1755–1764.

[138] Fan M, Wang K, Li M Y. Global stability of an SEIS epidemic model with recruitment and a varying total population size. Math. Biosci., 2001, 170(2): 199.

[139] Faria T. Stability and bifurcation for a delayed predator-prey model and the effect of diffusion. J. Math. Anal. Appl., 2001, 254(2): 433–463.

[140] Fitzgibbon W E, Langlais M, Morgan J J. A mathematical model of the spread of feline leukemia virus (FeLV) through a highly heterogeneous spatial domain. SIAM J. Math. Anal., 2001, 33(3): 570–588.

[141] Fitzgibbon W E, Morgan J J, Webb G F. An outbreak vector-host epidemic model with spatial structure: The 2015–2016 Zika outbreak in Rio De Janeiro. Theor. Biol. Med. Model., 2017, 14: 7.

[142] Fitzpatrick P M, Pejsachowicz J. Parity and generalized multiplicity. Trans. Amer. Math. Soc., 1991, 326: 281–305.

[143] Fu S, Huang G, Adam B. Instability in a generalized multi-species Keller-Segel chemotaxis model. Comp. Math. Appl., 2016, 72(9): 2280–2288.

[144] Fu S, Liu J. Spatial pattern formation in the keller-segel model with a logistic source. Comp. Math. Appl., 2013, 66(3): 403–417.

[145] Gao D, Lou Y, He D, Perco T C, Kuang Y, Chowell G, Ruan S G. Prevention and control of Zika as a mosquito-borne and sexually transmitted disease: A mathematical modeling analysis. Sci. Rep., 2016, 6: 28070.

[146] Garvie M R. Finite-difference schemes for reaction-diffusion equations modeling predator-prey interactions in MATLAB. Bull. Math. Biol., 2007, 69(3): 931.

[147] Ghergu M, Radulescu V. Turing patterns in general reaction-diffusion systems of Brusselator type. Commun. Contem. Math., 2010, 12: 661–679.

[148] Ghosh P. Control of the Hopf-Turing transition by time-delayed global feedback in a reaction-diffusion system. Phys. Rev. E, 2011, 84(1): 016222.

[149] Gilbarg D, Trudinger N S. Elliptic Partial Differential Equations of Second Order. Berlin, New York: Springer-Verlag, 1983.

[150] Gonzalez-Olivares E, Ramos-Jiliberto R. Dynamic consequences of prey refuges in a simple model system: More prey, fewer predators and enhanced stability. Ecol. Model., 2003, 166(1): 135–146.

[151] Grisvard P. Charactérisation de quelques espaces d'interpolation. Arch. Ration. Mech. Anal., 1967, 25: 40–63.

[152] Grünbaum D. Using spatially explicit models to characterize foraging performance in heterogeneous landscapes. Am. Nat., 1998, 151(2): 97–113.

[153] Guan X, Wang W M, Cai Y. Spatiotemporal dynamics of a Leslie-Gower predator-prey model incorporating a prey refuge. Nonl. Anal. RWA, 2011, 12(4): 2385–2395.

[154] Gunaratne G, Ouyang Q, Swinney H L. Pattern formation in the presence of symmetries. Phys. Rev. E, 1994, 50(4): 2802–2820.

[155] Guo Q, He X, Ni W M. On the effects of carrying capacity and intrinsic growth rate on single and multiple species in spatially heterogeneous environments. J. Math. Biol., 2020, 81: 403–433.

[156] Guo S, Wu J. Bifurcation Theory of Functional Differential Equations. New York: Springer, 2013.

[157] Guo W, Cai Y, Zhang Q, Wang W M. Stochastic persistence and stationary distribution in an SIS epidemic model with media coverage. Phys. A, 2018, 492: 2220–2236.

[158] Guo Y, Hwang H J. Pattern formation (II): The Turing instability. Proc. Amer. Math. Soc., 2007, 135(9): 2855–2867.

[159] Guo Y, Hwang H J. Pattern formation (I): The Keller-Segel model. J. Differ. Equations, 2010, 249: 1519–1530.

[160] Gurney W, Veitch A, Cruickshank I. Circles and spirals: Population persistence in a spatially explicit predator-prey model. Ecology, 1998, 79: 2516–2530.

[161] Hale J K. Theory of Functional Differential Equations. New York: Springer, 1977.

[162] Haque M. A detailed study of the Beddington-DeAngelis predator-prey model. Math. BioSci., 2011, 234(1): 1–16.

[163] Harrison G W. Multiple stable equilibria in a predator-prey system. Bull. Math. Biol., 1986, 48(2): 137–148.

[164] Hassard B D, Kazarinoff N D, Wan Y H. Theory and Applications of Hopf Bifurcation. New York: Cambridge University Press, 1981.

[165] Hassell M P, Varley G C. New inductive population model for insect parasites and its bearing on biological control. Nature, 1969, 223(5211): 1133–1137.

[166] He D, Dushoff J, Day T, Ma J, Earn D J D. Inferring the causes of the three waves of the 1918 influenza pandemic in england and wales. P. Roy. Soc. B, 2013, 280(1766): 20131345.

[167] He X, Zheng S. Global boundedness of solutions in a reaction-diffusion system of predator-prey model with prey-taxis. Appl. Math. Lett., 2015, 49: 73–77.

[168] Heesterbeek J A P, Metz J A J. The saturating contact rate in marriage- and epidemic models. J. Math. Biol., 1993, 31(5): 529–539.

[169] Henry D. Geometric Theory of Semilinear Parabolic Equations. Berlin: Springer-Verlag, 1981.

[170] Hethcote H, Ma Z, Liao S. Effects of quarantine in six endemic models for infectious diseases. Math. Biosci., 2002, 180(1): 141–160.

[171] Hethcote H W. The mathematics of infectious diseases. SIAM Rev., 2000, 42(4): 599–653.

[172] Hochberg M E, Holt R D. Refuge evolution and the population dynamics of coupled host-parasitoid associations. Evol. Ecol., 1995, 9(6): 633–661.

[173] Holling C S. The components of predation as revealed by a study of small-mammal predation of the european pine sawfly. Can. Entomol., 1959, 91: 293–320.

[174] Holling C S. Some characteristics of simple types of predation and parasitism. Can. Entomol., 1959, 91: 385–398.

[175] Hoyle R B. Pattern Formation: An Introduction to Methods. Cambridge: Cambridge University Press, 2006.

[176] Hsu S, Hwang T, Kuang Y. Global analysis of the Michaelis-Menten-type ratio-dependent predator-prey system. J. Math. Biol., 2001, 42(6): 489–506.

[177] Huang G, Takeuchi Y. Global analysis on delay epidemiological dynamic models with nonlinear incidence. J. Math. Biol., 2011, 63(1): 125–139.

[178] Huang J, Xiao D. Analyses of bifurcations and stability in a predator-prey system with Holling type-IV functional response. Acta Math. Appl. Sin., 2004, 20(1): 167–178.

[179] Huang Y, Chen F, Zhong L. Stability analysis of a prey-predator model with Holling typeIII response function incorporating a prey refuge. Appl. Math. Comp., 2006, 182(1): 672–683.

[180] Hutchinson G E. Circular causal systems in ecology. Ann. NY Acad. Sci., 1948, 50(4): 221–246.

[181] Hwang T, Kuang Y. Deterministic extinction effect of parasites on host populations. J. Math. Biol., 2003, 46(1): 17–30.

[182] Hwang T, Kuang Y. Host extinction dynamics in a simple parasite-host interaction model. Math. Biosci. Eng., 2005, 2(743): 51.

[183] Ipsen M, Hynne F, Sørensen P. Amplitude equations for reaction-diffusion systems with a Hopf bifurcation and slow real modes. Phys. D, 2000, 136(1–2): 66–92.

[184] Ives A R, Dobson A P. Antipredator behavior and the population dynamics of simple predator-prey systems. Am. Nat., 1987, 130(3): 431–447.

[185] Ivlev V. Experimental Ecology of the Feeding Fishes. New Haven: Yale University Press, 1961.

[186] Jang J, Ni W M, Tang M. Global bifurcation and structure of Turing patterns in the 1-D Lengyel-Epstein model. J. Dyn. Differ. Equa., 2004, 2(2): 297–320.

[187] Jankovic M, Petrovskii S, Banerjee M. Delay driven spatiotemporal chaos in single species population dynamics models. Theor. Popu. Biol., 2016, 110: 51–62.

[188] Jia Y, Cai Y, Shi H, Fu S, Wang W M. Turing patterns in a reaction-diffusion epidemic model. Inter. J. Biomath., 2018, 11(2): 1850025.

[189] Jin H Y, Wang Z A. Global stability of prey-taxis systems. J. Differ. Equations, 2017, 262(3): 1257–1290.

[190] Jin H Y, Wang Z A. Global dynamics and spatio-temporal patterns of predator-prey systems with density-dependent motion. Europ. J. Appl. Math., 2020. DOI: https://doi.org/10.1017/S0956792520000248.

[191] Kan-on Y. Stability of singularly perturbed solutions to nonlinear diffusion systems arising in population dynamics. Hiroshima Math. J., 1993, 23(3): 509–536.

[192] Kang Y, Castillo-Chavez C. A simple epidemiological model for populations in the wild with Allee effects and disease-modified fitness. Discrete Cont. Dyn. B, 2014, 19(1): 89–130.

[193] Kang Y, Sasmal S K, Bhowmick A R, Chattopadhyay J. Dynamics of a predator-prey system with prey subject to Allee effects and disease. Math. Biosci. Eng., 2014, 11(4): 877–918.

[194] Kar T K. Stability analysis of a prey-predator model incorporating a prey refuge. Commun. Nonlinear Sci., 2005, 10(6): 681–691.

[195] Kareiva P, Odell G. Swarms of predators exhibit "preytaxi" if individual predators use area-restricted search. Am. Nat., 1987, 130(2): 233–270.

[196] Kato T. Perturbation theory for linear operators. Berlin, Heidelberg: Springer Science & Business Media, 1976.

[197] Kaye J N, Cason J, Pakarian F B. Viral load as a determinant for transmission of human papillomavirus type 16 from mother to child. J. Med. Vir., 1994, 44(4): 415–421.

[198] Keller E F, Segel L A. Initiation of slime mold aggregation viewed as an instability. J. Theor. Biol., 1970, 26(3): 399–415.

[199] Keller E F, Segel L A. Model for chemotaxis. J. Theor. Biol., 1971, 30(2): 225–234.

[200] Keller E F, Segel L A. Traveling bands of chemotactic bacteria: A theoretical analysis. J. Theor. Biol., 1971, 30(2): 235–248.

[201] Kermack W O, McKendrick A G. Contributions to the mathematical theory of epidemics–II. the problem of endemicity. P. Roy. Soc. A, 1932, 138: 55–83.

[202] Kim K I, Lin Z, Zhang Q. An SIR epidemic model with free boundary. Nonl. Anal. RWA, 2013, 14: 1992–2001.

[203] Kondo S, Asai R. A reaction-diffusion wave on the skin of the marine angelfish Pomacanthus. Nature, 1995, 376: 765–768.

[204] Kondo S, Miura T. Reaction-diffusion model as a framework for understanding biological pattern formation. Science, 2010, 329(5999): 1616–1620.

[205] Kuang Y. Delay differential equations: With applications in population dynamics. Boston: Academic Press, 1993.

[206] Kuang Y. Rich dynamics of Gause-type ratio-dependent predator-prey system. Fields Inst. Commun., 1999, 21: 325–337.

[207] Kuang Y, Beretta E. Global qualitative analysis of a ratio-dependent predator-prey system. J. Math. Biol., 1998, 36: 389–406.

[208] Kuto K. Stability of steady-state solutions to a prey-predator system with cross-diffusion. J. Differ. Equations, 2004, 197(2): 293–314.

[209] Kuto K. Stability and Hopf bifurcation of coexistence steady-states to an SKT model in spatially heterogeneous environment. Discrete Contin. Dyn. Sys., 2009, 24(2): 489–509.

[210] Kuto K, Yamada Y. Multiple coexistence states for a prey-predator system with cross-diffusion. J. Differ. Equations, 2004, 197(2): 315–348.

[211] Kuussaari M, Saccheri I, Camara M, Hanski I. Allee effect and population dynamics in the Glanville Fritillary butterfly. Oikos, 1998, 82(2): 384–392.

[212] Ladyzhenskaya O, Solonnikov V, Uralceva N. Linear and Quasilinear Equations of Parabolic Type. Providence, RI: AMS, 1968.

[213] Lee J M, Hillen T, Lewis M A. Continuous traveling waves for prey-taxis. Bull. Math. Biol., 2008, 70(3): 654–676.

[214] Lee J M, Hillen T, Lewis M A. Pattern formation in prey-taxis systems. J. Biol. Dyn., 2009, 3(6): 551–573.

[215] Lei J Z. Systems Biology: Modeling, Analysis, and Simulation. New York: Springer, 2020.

[216] Leung A W. Nonlinear Systems of Partial Differential Equations. Hackensack, NJ: World Scientific Publishing Co. Pte. Ltd., 2009.

[217] Levin S A. The problem of pattern and scale in ecology. Ecology, 1992, 73(6): 1943–1967.

[218] Lewis M A, Kareiva P. Allee dynamics and the spread of invading organisms. Theor. Popul. Biol., 1993, 43(2): 141–158.

[219] Li B, Kuang Y. Heteroclinic bifurcation in the Michaelis-Menten-type ratio-dependent predator-prey system. SIAM J. Appl. Math., 2007, 67(5): 1453–1464.

[220] Li C, Wang X, Shao Y. Steady states of a predator-prey model with prey-taxis. Nonl. Anal. TMA, 2014, 97: 155–168.

[221] Li H, Peng R, Wang Z. On a diffusive SIS epidemic model with mass action mechanism and birth-death effect: Analysis, simulations and comparison with other mechanisms. SIAM J. Appl. Math., 2018, 78(4): 2129–2153.

[222] Li J, Ma Z, Blythe S P, Castillo-Chavez C. Coexistence of pathogens in sexually-transmitted disease models. J. Math. Biol., 2003, 47(6): 547–568.

[223] Li M Y, Muldowney J S. A geometric approach to global-stability problems. SIAM J. Math. Anal., 1996, 27(4): 1070–1083.

[224] Li M Y, Smith H L, Wang L. Global dynamics of an SEIR epidemic model with vertical transmission. SIAM J. Appl. Math., 2001, 62(1): 58–69.

[225] Li W, Wang Y, Zhang J. Stability of positive stationary solutions to a spatially heterogeneous cooperative system with cross-diffusion. Electron. J. Differ. Equ., 2012, 223: 1–18.

[226] Li W, Wang Z C. Traveling fronts in diffusive and cooperative Lotka-Volterra system with nonlocal delays. Z. angew. Math. Phys., 2007, 58: 571–591.

[227] Li W, Wang Z C, Wu J H. Entire solutions in monostable reaction-diffusion equations with delayed nonlinearity. J. Differ. Equations, 2008, 245: 102–129.

[228] Li X, Cai Y, Wang K, Fu, Wang W M. Non-constant positive steady states of a host-parasite model with frequency- and density-dependent transmissions. J. Frank. Inst., 2020, 357(7): 4392–4413.

[229] Lian X, Wang H, Wang W M. Delay-driven pattern formation in a reaction-diffusion predator-prey model incorporating a prey refuge. J. Stat. Mech., 2013, 2013(4): P04006.

[230] Lin C S, Ni W M, Takagi I. Large amplitude stationary solutions to a chemotaxis system. J. Differ. Equations, 1988, 72(1): 1–27.

[231] Lin G, Li W, Ruan S. Asymptotic stability of monostable wavefronts in discrete-time integral recursions. Sci. China Math., 2010, 53(5): 1185–1194.

[232] Lin G, Ruan S. Persistence and failure of complete spreading in delayed reaction-diffusion equations. Proc. Am. Math. Soc., 2016, 144: 1059–1072.

[233] Lin Z, Zhu H. Spatial spreading model and dynamics of West Nile virus in birds and mosquitoes with free boundary. J. Math. Biol., 2017, 75(6): 1381–1409.

[234] Lions J L, Peetre J. Sur une classe d'espaces d'interpolation. Pub. Math. Paris, 1964, 19(1): 5–68.

[235] Lipsitch M, Nowak M A, Ebert D, May R. The population dynamics of vertically and horizontally transmitted parasites. P. Roy. Soc. London B, 1995, 260(1359): 321–327.

[236] Lipsitch M, Siller S, Nowak M A. The evolution of virulence in pathogens with vertical and horizontal transmission. Evolution, 1996, 50(5): 1729–1741.

[237] Liu Q, Jin Z. Formation of spatial patterns in an epidemic model with constant. J. Stat. Mech., 2006, 2007(5): P05002.

[238] Liu Q, Wang R, Jin Z. Persistence, extinction and spatio-temporal synchronization of sirs cellular automata models. J. Stat. Mech., 2009, 2009(7): P07007.

[239] Liu S, Beretta E. A stage-structured predator-prey model of Beddington-DeAngelis type. SIAM J. Appl. Math., 2006, 66(4): 1101–1129.

[240] Liu W, Hethcote H W, Levin S A. Dynamical behavior of epidemiological models with nonlinear incidence rates. J. Math. Biol., 1987, 25(4): 359–380.

[241] Liu W, Levin S A, Iwasa Y. Influence of nonlinear incidence rates upon the behavior of SIRS epidemiological models. J. Math. Biol., 1986, 23(2): 187–204.

[242] Lou Y. On the effects of migration and spatial heterogeneity on single and multiple species. J. Differ. Equations, 2006, 223(2): 400–426.

[243] Lou Y, Ni W M. Diffusion, self-diffusion and cross-diffusion. J. Differ. Equations, 1996, 131(1): 79–131.

[244] Lou Y, Ni W M. Diffusion vs cross-diffusion: An elliptic approach. J. Differ. Equations, 1999, 154(1): 157–190.

[245] Ma M, Ou C, Wang Z A. Stationary solutions of a volume-filling chemotaxis model with logistic growth and their stability. SIAM J. Appl. Math., 2012, 72(3): 740–766.

[246] Ma M, Wang Z A. Global bifurcation and stability of steady states for a reaction-diffusion-chemotaxis model with volume-filling effect. Nonlinearity, 2015, 28(8): 2639.

[247] Ma Z, Zhou Y, Wu J. Modeling and Dynamics of Infectious Diseases. Beijing: Higher Education Press, 2009.

[248] Ma Z H, Li W, Zhao Y, Wang W, Zhang H, Li Z Z. Effects of prey refuges on a predator-prey model with a class of functional responses: The role of refuges. Math. Biosci., 2009, 218(2): 73–79.

[249] Magal P, Webb G, Wu Y. On a vector-host epidemic model with spatial structure. Nonlinearity, 2018, 31(12): 5589–5614.

[250] Magal P, Zhao X Q. Global attractors and steady states for uniformly persistent dynamical systems. SIAM J. Math. Anal., 2005, 37(1): 251–275.

[251] Maini P K, Painter K J, Chau H N P. Spatial pattern formation in chemical and biological systems. J. Chem. Soc., Faraday Trans., 1997, 93(20): 3601–3610.

[252] Malchow H, Petrovskii S V, Venturino E. Spatiotemporal Patterns in Ecology and Epidemiology: Theory, Models and Simulation. London: CRC Press, 2008.

[253] Martin R H, Smith H L. Abstract functional-differential equations and reaction-diffusion systems. Trans. Am. Math. Soc., 1990, 321(1): 1–44.

[254] Medvinsky A B, Petrovskii S V, Tikhonova I A, Malchow H, Li B. Spatiotemporal complexity of plankton and fish dynamics. SIAM Rev., 2002, 44(3): 311–370.

[255] Meinhardt H, Klingler M. A model for pattern formation on the shells of molluscs. J. Theor. Biol., 1987, 126(1): 63–89.

[256] Moriya T, Sasaki F, Mizui M, Ohno N, Mohri H, Mishiro S, Yoshizawa H. Transmission of hepatitis C virus from mothers to infants: Its frequency and risk factors revisited. Biomed. Pharmac., 1995, 49(2): 59–64.

[257] Mueller N. The epidemiology of HTLV-I infection. Cancer Causes Control, 1991, 2(1): 37–52.

[258] Mulone G, Straughan B, Wang W D. Stability of epidemic models with evolution. Stud. Appl. Math., 2007, 118(2): 117–132.

[259] Munteanu A, Sole R V. Pattern formation in noisy self-replicating spots. Inter. J. Bifur. Chaos, 2006, 16(12): 3679–3685.

[260] Murray J D. Mathematical Biology I: An Introduction. 3rd ed. New York: Springer, 2002.

[261] Murray J D. Mathematical Biology II: Spatial Models and Biomedical Applications. 3rd ed. New York: Springer, 2003.

[262] Nair H, Brooks W A, Katz M, et al. Global burden of respiratory infections due to seasonal influenza in young children: A systematic review and meta-analysis. Lancet, 2011, 378(9807): 1917–1930.

[263] Newell A, Whitehead J. Finite bandwidth, finite amplitude convection. J. Fluid Mech., 1969, 38: 279–303.

[264] Newman S, Frisch H. Dynamics of skeletal pattern formation in developing chick limb. Science, 1979, 205(4407): 662–668.

[265] Ni W M. Diffusion, cross-diffusion, and their spike-layer steady states. Notices AMS, 1998, 45: 9–18.

[266] Ni W M, Tang M. Turing patterns in the Lengyel-Epstein system for the CIMA reaction. Trans. AMS, 2005, 357(10): 3953–3969.

[267] Nirenberg L. An extended interpolation inequality. Ann. Scuola Norm. Sup. Pisa., 1966, 3(4): 733–737.

[268] Nussbaum R D. Eigenvectors of nonlinear positive operators and the linear krein-rutman theorem//Fadell E, Fournier G, eds. Fixed Point Theory. Berlin, Heidelberg: Springer, 1981: 309–330.

[269] Odum E P. Fundamentals of Ecology. Philadelphia, Pennsylvania: Saunders, 1953.

[270] Okubo A, Levin S A. Diffusion and Ecological Problems: Modern Perspectives. New York: Springer Science & Business Media, 2001.

[271] Ouyang Q, Gunaratne G, Swinney H. Rhombic patterns: Broken hexagonal symmetry. Chaos, 1993, 3: 707.

[272] Ouyang Q, Swinney H L, Li G. Transition from spirals to defect-mediated turbulence driven by a doppler instability. Phys. Rev. Lett., 2000, 84(5): 1047–1050.

[273] Ouyang Q, Swinney H L. Transition from a uniform state to hexagonal and striped Turing patterns., Nature, 1991, 352(6336): 610–612.

[274] Palese P, Young J. Variation of influenza A, B, and C viruses. Science, 1982, 215(4539): 1468–1474.

[275] Pang P Y H, Wang M. Strategy and stationary pattern in a three-species predator-prey model. J. Differ. Equations, 2004, 200(2): 245–273.

[276] Pazy A. Semigroups of Linear Operators and Applications to Partial Differential Equations. New York: Springer, 1983.

[277] Pease C. An evolutionary epidemiological mechanism with applications to type A influenza. Theor. Popul. Biol., 1987, 31(3): 422–452.

[278] Pejsachowicz J, Rabier P J. Degree theory for C^1 Fredholm mappings of index 0. J. Anal. Math., 1998, 76(1): 289–319.

[279] Peña B, Pérez-García C. Selection and competition of Turing patterns. Europhys. Lett., 2000, 51(3): 300–306.

[280] Peng R. Asymptotic profiles of the positive steady state for an SIS epidemic reaction-diffusion model. Part I. J. Differ. Equations, 2009, 247(4): 1096–1119.

[281] Peng R, Liu S. Global stability of the steady states of an SIS epidemic reaction-diffusion model. Nonl. Anal. TMA, 2009, 71(1): 239–247.

[282] Peng R, Shi J, Wang M. Stationary pattern of a ratio-dependent food chain model with diffusion. SIAM J. Appl. Math., 2007, 67(5): 1479–1503.

[283] Peng Y, Song Y, Zhang T. Turing-Hopf bifurcation in the reaction-diffusion equations and its applications. Commun. Nonlinear Sci. Numer. Simulat., 2016, 33: 229–258.

[284] Petrov V, Ouyang Q, Swinney H L. Resonant pattern formation in achemical system. Nature, 1997, 388: 655–657.

[285] Porzio M M, Vespri V. Hölder estimates for local solutions of some doubly nonlinear degenerate parabolic equations. J. Differ. Equations, 1993, 103: 146–178.

[286] Potier-Ferry M. The linearization principle for the stability of solutions of quasilinear parabolic equations, I. Arch. Ration. Mech. Anal., 1981, 77(4): 301–320.

[287] Power A G, Irwin M E. Patterns of virulence and benevolence in insect-borne pathogens of plants. Crit. Rev. Plant Sci., 1992, 11(4): 351–372.

[288] Rabinowitz P H. Some global results for nonlinear eigenvalue problems. J. Funct. Anal., 1971, 7(3): 487–513.

[289] Rao F. Spatiotemporal complexity of a three-species ratio-dependent food chain model. Nonl. Dyn., 2014, 76(3): 1661–1676.

[290] Rao F, Kang Y. The complex dynamics of a diffusive prey-predator model with an Allee effect in prey. Ecol. Complex., 2016, 28: 123–144.

[291] Rosenzweig M L, MacArthur R H. Graphical representation and stability conditions of predator-prey interactions. Am. Nat., 1963, 97(895): 209–223.

[292] Ruan S, Wu J. Modeling spatial spread of communicable diseases involving animal hosts//Spatial Ecology. Florida: CRC Press/Chapman & Hall Boca Raton, 2009: 293–316.

[293] Ruan S, Xiao D. Global analysis in a predator-prey system with nonmonotonic functional response. SIAM J. Appl. Math., 2001, 61(4): 1445.

[294] Ruan S, Xiao D. Stability of steady states and existence of travelling waves in a vector-disease model. Proc. Roy. Soc. Edinburgh, 2004, 134: 991–1011.

[295] Ruxton G D, Gurney W S C, Roos A M. Interference and generation cycles. Theor. Popul. Biol., 1992, 42(3): 235–253.

[296] Samsuzzoha M, Singh M, Lucy D. Numerical study of an influenza epidemic model with diffusion. Appl. Math. Comp., 2010, 217(7): 3461–3479.

[297] Samsuzzoha M, Singh M, Lucy D. Numerical study of a diffusive epidemic model of influenza with variable transmission coefficient. Appl. Math. Model., 2011, 35(12): 5507–5523.

[298] Sapoukhina N, Tyutyunov Y, Arditi R. The role of prey taxis in biological control: A spatial theoretical model. Am. Nat., 2003, 162(1): 61–76.

[299] Scheffer M, Boer Rob J. Implications of spatial heterogeneity for the paradox of enrichment. Ecology, 1995, 76(7): 2270–2277.

[300] Segel L A. Distant sidewalls cause slow amplitude modulation of cellular convection. J. Fluid Mech., 1969, 38: 203–224.

[301] Segel L A, Jackson J L. Dissipative structure: An explanation and an ecological example. J. Theor. Biol, 1972, 37(3): 545–559.

[302] Sekimura T, Madzvamuse A, Wathen A J, Maini P K. A model for colour pattern formation in the butterfly wing of papilio dardanus. Proc. Biol. Sci., 2000, 267(1446): 851–859.

[303] Sen S, Ghosh P, Riaz S S, Ray D S. Time-delay-induced instabilities in reaction-diffusion systems. Phys. Rev. E, 2009, 80(4): 046212.

[304] Shi H, Ruan S. Spatial, temporal and spatiotemporal patterns of diffusive predator-prey models with mutual interference. IMA J. Appl. Math., 2015, 80: 1534–1568.

[305] Shi H, Ruan S, Su Y, Zhang J. Spatiotemporal dynamics of a diffusive Leslie-Gower predator-prey model with ratio-dependent functional response. Inter. J. Bifur. Chaos, 2015, 25(5): 1530014.

[306] Shi J. Persistence and bifurcation of degenerate solutions. J. Funct. Anal., 1999, 169(2): 494–531.

[307] Shi J, Wang X. On global bifurcation for quasilinear elliptic systems on bounded domains. J. Differ. Equations, 2009, 246(7): 2788–2812.

[308] Shi J, Xie Z, Little K. Cross-diffusion induced instability and stability in reaction-diffusion systems. J. Appl. Anal. Comput., 2010, 1(1): 95–119.

[309] Shigesada N, Kohkichi K, Teramoto E. Spatial segregation of interacting species. J. Theor. Biol., 1979, 79(1): 83–99.

[310] Shoop W L. Vertical transmission of helminths: Hypobiosisand amphiparatenesis. Parasit. Today, 1991, 7(2): 51–54.

[311] Skalski G T, Gilliam J F. Functional responses with predator interference: Viable alternatives to the Holling type II model. Ecology, 2001, 82(11): 3083–3092.

[312] Smith H L. Monotone Dynamical Systems: An Introduction to the Theory of Competitive and Cooperative Systems. Providence: American Mathematical Soc., 1995.

[313] Smith H L, Zhao X Q. Robust persistence for semidynamical systems. Nonl. Anal. TMA, 2001, 47(9): 6169–6179.

[314] Smith J E, Dunn A M. Transovarial transmission. Parasit. Today, 1991, 7(6): 146–148.

[315] So W H, Wu J, Zou X. A reaction-diffusion model for a single species with age structure. I. travelling wavefronts on unbounded domains. Proc. R. Soc. Lond. A, 2001, 457: 1841–1853.

[316] Song Y, Jiang H, Liu Q, Yuan Y. Spatiotemporal dynamics of the diffusive Mussel-Algae model near Turing-Hopf bifurcation. SIAM J. Appl. Dyn. Sys., 2017, 16(4): 2030–2062.

[317] Stephen M S. Global regularity of the Navier-Stokes equation on thin three-dimensional domains with periodic boundary conditions. Electron. J. Differ. Equ., 1999, 1999(11): 1–19.

[318] Stephens P, Sutherland W. Consequences of the Allee effect for behaviour, ecology and conservation. Trend. Ecol. Evol., 1999, 14(10): 401–405.

[319] Stewart A D, Logsdon J M, Kelley S E. An empirical study of the evolution of virulence under both horizontal and vertical transmission. Evolution, 2005, 59(4): 730–739.

[320] Su M, Hui C, Zhang Y, Li Z. Spatiotemporal dynamics of the epidemic transmission in a predator-prey system. Bull. Math. Biol., 2008, 70(8): 2195–2210.

[321] Su Y, Wei J, Shi J. Hopf bifurcations in a reaction-diffusion population model with delay effect. J. Differ. Equations, 247(4): 1156–1184.

[322] Sun G. Pattern formation of an epidemic model with diffusion. Nonl. Dyn., 2012, 69(3): 1097–1104.

[323] Sun G. Mathematical modeling of population dynamics with Allee effect. Nonl. Dyn., 2016, 85(1): 1–12.

[324] Sun G, Jin Z, Liu Q, Li L. Chaos induced by breakup of waves in a spatial epidemic model with nonlinear incidence rate. J. Stat. Mech., 2008, 2008(08): P08011.

[325] Sun G, Jin Z, Liu Q, Li L. Pattern formation in a spatial S-I model with non-linear incidence rates. J. Stat. Mech., 2007, 11(11): P11011.

[326] Sun G, Jusup M, Jin Z, Wang Y , Wang Z. Pattern transitions in spatial epidemics: Mechanisms and emergent properties. Phys. Life Rev., 2016, 19: 43–73.

[327] Sun G, Liu Q, Jin Z, Chakraborty A, Li B. Influence of infection rate and migration on extinction of disease in spatial epidemics. J. Theor. Biol., 2010, 264(1): 95–103.

[328] Takeuchi Y, Ma W, Beretta E. Global asymptotic properties of a delay SIR epidemic model with finite incubation times. Nonl. Anal., 2000, 42: 931–947.

[329] Tan Z, Chen S, Peng X, Zhang L, Gao C. Polyamide membranes with nanoscale Turing structures for water purification. Science, 2018, 360(6388): 518–521.

[330] Tang B, Xiao Y, Wu J. Implication of vaccination against dengue for Zika outbreak. Sci. Rep., 2016, 6: 35623.

[331] Tang S, Xiao Y, Yang Y, Zhou Y, Wu J, Ma Z. Community-based measures for mitigating the 2009 H1N1 pandemic in China. PLoS One, 2010, 5(6): e10911.

[332] Tang S, Xiao Y, Yuan L, Cheke R A, Wu J H. Campus quarantine (Fengxiao) for curbing emergent infectious diseases: Lessons from mitigating A/H1N1 in Xi'an, China. J. Theor. Biol., 2012, 295: 47–58.

[333] Tang X, Song Y, Zhang T. Turing-Hopf bifurcation analysis of a predator-prey model with herd behavior and cross-diffusion. Nonl. Dyn., 2016, 86: 73–89.

[334] Tang Y, Zhang W. Heteroclinic bifurcation in a ratio-dependent predator-prey system. J. Math. Biol., 2005, 50(6): 699–712.

[335] Tao Y. Global existence of classical solutions to a predator-prey model with nonlinear prey-taxis. Nonl. Anal. RWA, 2010, 11(3): 2056–2064.

[336] Tao Y, Wang Z A. Competing effects of attraction vs. repulsion in chemotaxis. Math. Model. Meth. Appl. Sci., 2013, 23(1): 1–36.

[337] Tao Y, Winkler M. Large time behavior in a multidimensional chemotaxis-haptotaxis model with slow signal diffusion. SIAM J. Math. Anal., 2015, 47(6): 4229–4250.

[338] Thieme H R. Convergence results and a Poincaré-Bendixson trichotomy for asymptotically autonomous differential equations. J. Math. Biol., 1992, 30(7): 755–763.

[339] Thieme H R, Feng Z. Endemic models with arbitrarily distributed periods of infection I: fundamental properties of the model. SIAM J. Appl. Math., 2000, 61(3): 803–833.

[340] Thieme H R, Feng Z. Endemic models with arbitrarily distributed periods of infection II: Fast disease dynamics and permanent recovery. SIAM J. Appl. Math., 2000, 61(3): 983–1012.

[341] Thieme H R, Zhao X Q. Asymptotic speeds of spread and traveling waves for integral equations and delayed reaction-diffusion models. J. Differ. Equations, 2003, 195(2): 430–470.

[342] Tian C, Zhang L. Delay-driven irregular spatiotemporal patterns in a plankton system. Phys. Rev. E, 2013, 88(1): 012713.

[343] Tian H, Liu Y, Li Y, et al. An investigation of transmission control measures during the first 50 days of the COVID-19 epidemic in China. Science, 2020, 368: 638–642.

[344] Tsyganov M A, Brindley J, Holden A V, Biktashev V N. Quasisoliton interaction of pursuit-evasion waves in a predator-prey system. Phys. Rev. Lett., 2003, 91(21): 218102.

[345] Turing A M. The chemical basis of morphogenesis. Phil. Trans. R. Soc. Lond.-B, 1952, 237: 37–72.

[346] Upadhyay R K, Wang W M, Thakur N K. Spatiotemporal dynamics in a spatial plankton system. Math. Model. Nat. Phenom., 2010, 5(5): 102–122.

[347] Van den Driessche P, Watmough J. Reproduction numbers and sub-threshold endemic equilibria for compartmental models of disease transmission. Math. Biosci., 2002, 180(1): 29–48.

[348] Volterra V. Fluctuations in the abundance of the species considered mathematically. Nature, 1926, 118: 558–560.

[349] Von Hardenberg J, Meron E, Shachak M, Zarmi Y. Diversity of vegetation patterns and desertification. Phys. Rev. Lett., 2001, 87: 198101.

[350] Wang G, Liang X, Wang F. The competitive dynamics of populations subject to an Allee effect. Ecol. Model., 1999, 124(2-3): 183–192.

[351] Wang J, Shi J, Wei J. Dynamics and pattern formation in a diffusive predator-prey system with strong Allee effect in prey. J. Differ. Equations, 2011, 251: 1276–1304.

[352] Wang J, Shi J, Wei J. Predator-prey system with strong Allee effect in prey. J. Math. Biol., 2011, 62: 291–331.

[353] Wang K, Wang W D, Song S. Dynamics of an HBV model with diffusion and delay. J. Theor. Biol., 2008, 253(1): 36–44.

[354] Wang L, Zhao H, Oliva S, Zhu H. Modeling the transmission and control of Zika in Brazil. Sci. Rep., 2017, 7: 7721.

[355] Wang M, Kot M. Speeds of invasion in a model with strong or weak Allee effects. Math. Biosci., 2001, 171(1): 83–97.

[356] Wang Q, Song Y, Shao L. Nonconstant positive steady states and pattern formation of 1D prey-taxis systems. J. Nonl. Sci., 2017, 27(1): 71–97.

[357] Wang W D. Epidemic models with nonlinear infection forces. Math. Biosci. Eng., 2006, 3(1): 267–279.

[358] Wang W D, Zhao X Q. A nonlocal and time-delayed reaction-diffusion model of dengue transmission. SIAM J. Appl. Math., 2011, 71(1): 147–168.

[359] Wang W D, Zhao X Q. Basic reproduction numbers for reaction-diffusion epidemic models. SIAM J. Appl. Dyn. Sys., 2012, 11(4): 1652–1673.

[360] Wang W M, Cai Y, Wu M, Wang K, Li Z. Complex dynamics of a reaction-diffusion epidemic model. Nonl. Anal. RWA, 2012, 13(5): 2240–2258.

[361] Wang W M, Guo Z, Upadhyay R K, Lin Y. Pattern formation in a cross-diffusive Holling-Tanner model. Discrete Dyn. Nat. Soc., 2012, 2012: 828219.

[362] Wang W M, Lin Y, Rao F, Zhang L, Tan Y. Pattern selection in a ratio-dependent predator-prey model. J. Stat. Mech., 2010, 2010(11): P11036.

[363] Wang W M, Lin Y, Wang H, Liu H, Tan Y. Pattern selection in an epidemic model with self and cross diffusion. J. Biol. Sys., 2011, 19(1): 19–31.

[364] Wang W M, Lin Y, Zhang L, Rao F, Tan Y. Complex patterns in a predator-prey model with self and cross-diffusion. Commun. Nonlinear Sci. Numer. Simulat., 2011, 16(4): 2006–2015.

[365] Wang W M, Liu H, Cai Y, Li Z. Turing pattern selection in a reaction-diffusion epidemic model. Chinese Phys. B, 2011, 20(7): 286–297.

[366] Wang W M, Liu Q, Jin Z. Spatiotemporal complexity of a ratio-dependent predator-prey system. Phys. Rev. E, 2007, 75(5): 051913.

[367] Wang W M, Wang W, Lin Y, Tan Y. Pattern selection in a predation model with self and cross diffusion. Chinese Phys. B, 2011, 20(3): 034702.

[368] Wang W M, Zhang L, Wang H, Li Z. Pattern formation of a predator-prey system with Ivlev-type functional response. Ecol. Model., 2010, 221(2): 131–140.

[369] Wang W M, Zhu Y, Cai Y, Wang W J. Dynamical complexity induced by Allee effect in a predator-prey model. Nonl. Anal. RWA, 2014, 16(1): 103–119.

[370] Wang Y, Li W. Fish-hook shaped global bifurcation branch of a spatially heterogeneous cooperative system with cross-diffusion. J. Differ. Equations, 2011, 251(6): 1670–1695.

[371] Wang Y, Li W. Effects of cross-diffusion and heterogeneous environment on positive steady states of a prey-predator system. Nonl. Anal. RWA, 2013, 14(2): 1235–1246.

[372] Wang Y, Li W. Spatial patterns of a predator-prey model with Beddington-DeAngelis functional response. Inter. J. Bifurcat. Chaos, 2019, 29(11): 1950145.

[373] Wang Z C, Li W, Ruan S. Travelling wave fronts in reaction-diffusion systems with spatio-temporal delays. J. Differ. Equations, 2006, 222(1): 185–232.

[374] Wang Z C, Li W, Ruan S. Existence and stability of traveling wave fronts in reaction advection diffusion equations with nonlocal delay. J. Differ. Equations, 2007, 238(1): 153–200.

[375] Wang Z C, Li W, Ruan S. Entire solutions in bistable reaction-diffusion equations with nonlocal delayed nonlinearity. Trans. Amer. Math. Soc., 2009, 361: 2047–2084.

[376] Wang Z C, Li W, Ruan S G. Traveling fronts in monostable equations with nonlocal delayed effects. J. Dyn. Diff. Equa., 2008, 20(3): 573–607.

[377] Webb G F. A reaction-diffusion model for a deterministic diffusive epidemic. J. Math. Anal. Appl., 1981, 84(1): 150–161.

[378] Webster R, Laver W, Air G, Schild G. Molecular mechanisms of variation in influenza viruses. Nature, 1982, 296(5853): 115–121.

[379] Wei J, Winter M. Mathematical Aspects of Pattern Formation in Biological Systems. London: Springer-Verlag, 2014.

[380] Weiss J N, Qu Z, Garfinkel A. Understanding biological complexity: Lessons from the past. FASEB J., 2003, 17(1): 1–6.

[381] Wilson E O, Bossert W H. A Primer of Population Biology. Sunderland: Sinauer Associates, Inc., 1971.

[382] Winder L, Alexander C J, Holland J M, Woolley C, Perry J N. Modelling the dynamic spatio-temporal response of predators to transient prey patches in the field. Ecol. Lett., 2001, 4(6): 568–576.

[383] Winkler M. Aggregation vs. global diffusive behavior in the higher-dimensional Keller-Segel model. J. Differ. Equations, 2010, 248(12): 2889–2905.

[384] Winkler M. Asymptotic homogenization in a three-dimensional nutrient taxis system involving food-supported proliferation. J. Differ. Equations, 2017, 263(8): 4826–4869.

[385] Wu R, Chen M, Liu B, Chen L. Hopf bifurcation and Turing instability in a predator-prey model with Michaelis-Menten functional response. Nonl. Dyn., 2018, 91: 2033–2047.

[386] Wu S, Shi J, Wu B. Global existence of solutions and uniform persistence of a diffusive predator-prey model with prey-taxis. J. Differ. Equations, 2016, 260(7): 5847–5874.

[387] Xiao D, Ruan S. Global dynamics of a ratio-dependent predator-prey system. J. Math. Biol., 2001, 43(3): 268–290.

[388] Xiao D, Ruan S. Global analysis of an epidemic model with nonmonotone incidence rate. Math. Biosci., 2007, 208(2): 419–429.

[389] Xiao Y, Tang S, Wu J. Media impact switching surface during an infectious disease outbreak. Sci. Rep., 2015, 5: 7838.

[390] Xu F, Fu C, Yang Y. Water affects morphogenesis of growing aquatic plant leaves. Phys. Rev. Lett., 2020, 124: 038003.

[391] Yamaguchi M, Yoshimoto E, Kondo S. Pattern regulation in the stripe of zebrafish suggests an underlying dynamic and autonomous mechanism. Proc. Nat. Acad. Sci. USA, 2007, 104(12): 4790–4793.

[392] Yan S, Lian X, Wang W M, Upadhyay R K. Spatiotemporal dynamics in a delayed diffusive predator model. Appl. Math. Comp., 2013, 224: 524–534.

[393] Yan S, Lian X, Wang W M, Wang Y. Bifurcation analysis in a delayed diffusive Leslie-Gower model. Discrete Dyn. Nat. Soc., 2013, 2013: 170501.

[394] Yang L, Dolnik M, Zhabotinsky A, Epstein I. Pattern formation arising from interactions between Turing and wave instabilities. J. Chem. Phys., 2002, 117: 7259–7265.

[395] Yi F, Wei J, Shi J. Bifurcation and spatiotemporal patterns in a homogeneous diffusive predator-prey system. J. Differ. Equations, 2009, 246(5): 1944–1977.

[396] Yosida K. Functional Analysis. New York : Springer–Verlag, 1974.

[397] Zeng X. Non-constant positive steady states of a prey–predator system with cross-diffusions. J. Math. Anal. Appl., 2007, 332(2): 989–1009.

[398] Zhang B, Kula A, Mack K, Zhai L, Ryce A, Ni W M, DeAngelis D L, et al. Carrying capacity in a heterogeneous environment with habitat connectivity. Ecol. Lett., 2017, 20: 1118–1128.

[399] Zhang J, Lou J, Ma Z, Wu J. A compartmental model for the analysis of SARS transmission patterns and outbreak control measures in china. Appl. Math. Comp., 2005, 162(2): 909–924.

[400] Zhang L, Wang Z C, Zhao X Q. Propagation dynamics of a time periodic and delayed reaction-diffusion model without quasi-monotonicity. Trans. Amer. Math. Soc., 2019, 372: 1751–1782.

[401] Zhao S, Bauch C T, He D. Strategic decision making about travel during disease outbreaks: A game theoretical approach. J. R. Soc. Interface, 2018, 15: 20180515.

[402] Zhao S, Lin Q, Ran J, Musa S S, Yang G, Wang W M, Lou Y, Gao D, Yang L, He D. Preliminary estimation of the basic reproduction number of novel coronavirus (2019-nCoV) in China, from 2019 to 2020: A data-driven analysis in the early phase of the outbreak. Inter. J. Infect. Dis., 2020, 92: 214–217.

[403] Zhou P, Xiao D. The diffusive logistic model with a free boundary in heterogeneous environment. J. Differ. Equations, 2014, 256(6): 1927–1954.

[404] Zhou S, Liu Y, Wang G. The stability of predator-prey systems subject to the Allee effects. Theor. Popul. Biol., 2005, 67(1): 23–31.

附 录 预 备 知 识

A 几类重要函数空间

在偏微分方程中, 函数空间具有特殊的重要性. 这里仅介绍本书涉及的几类重要的函数空间. 本节主要资料来源于 [26].

A.1 L^p 空间

令 $\Omega \subset \mathbb{R}^n$ 是一个开子集. 对于实数 $1 \leqslant p < \infty$, 记

$$L^p(\Omega) = \left\{ u : \Omega \to \mathbb{R}^1 \Big| u \text{ 是可测函数且 } \int_\Omega |u|^p \mathrm{d}x < \infty \right\},$$

其范数定义为

$$\|u\|_{L^p} = \left[\int_\Omega |u|^p \mathrm{d}x \right]^{\frac{1}{p}}.$$

由线性泛函分析理论可知, 对任意 $1 < p < \infty$, $L^p(\Omega)$ 是自反 Banach 空间, 并且是可析的, 即 L^p 的对偶空间为

$$\begin{cases} L^p(\Omega)^* = L^q(\Omega), & \dfrac{1}{p} + \dfrac{1}{q} = 1, \quad p, q > 1. \\ L^q(\Omega)^* = L^p(\Omega), & \end{cases}$$

此外, 当 $p = \infty$ 时, 可得

$$L^\infty(\Omega) = \left\{ u : \Omega \to \mathbb{R}^1 | u \text{ 在 } \Omega \text{ 上除零测集外一致有界} \right\},$$

其范数定义为

$$\|u\|_{L^\infty} = \sup_\Omega |u|.$$

$L^\infty(\Omega)$ 是一个不可析的 Banach 空间, 并且是 $L^1(\Omega)$ 的对偶空间, 即

$$L^1(\Omega)^* = L^\infty(\Omega).$$

但是 $L^1(\Omega)$ 不是 $L^\infty(\Omega)$ 的对偶空间. 因此 $L^1(\Omega)$ 与 $L^\infty(\Omega)$ 都不是自反 Banach 空间. L^p 空间也称作 Lebesgue 空间.

A.2 Sobolev 空间

Sobolev 空间是一类重要的函数空间, 记作 $W^{k,p}(\Omega)$, 即

$$W^{k,p}(\Omega) = \left\{ u \in L^p(\Omega) | D^\alpha u \in L^p(\Omega), \forall \, |\alpha| \leqslant k \right\},$$

其中, $k \geqslant 0$ 为整数, $p \geqslant 1$ 为实数, $\alpha = (\alpha_1, \cdots, \alpha_n), \alpha_j \geqslant 0$ 为整数, $|\alpha| = \sum_{j=1}^{n} \alpha_j$, 且

$$D^\alpha = \frac{\partial |\alpha|}{\partial_{x_1}^{\alpha_1} \cdots \partial_{x_1}^{\alpha_1}} \text{ 是 } |\alpha| \text{ 次导数算子.}$$

$W^{k,p}(\Omega)$ 的范数定义为

$$\|u\|_{W^{k,p}} = \left[\int_\Omega \sum_{\alpha \leqslant k} |D^\alpha u|^p \mathrm{d}x \right]^{\frac{1}{p}}.$$

当 $k = 0$ 时, $W^{0,p} = L^p(\Omega)$. 当 $1 < p < \infty$ 时, $W^{k,p}$ 是可析自反的.

$W^{k,p}(\Omega)$ 中的元素具有特征: 若 $u \in W^{k,p}(\Omega)$, 则 u 在 Ω 上几乎处处 k 次可微.

特别地, 当 $p = 2$ 时, $W^{k,p}(\Omega)$ 是 Hilbert 空间, 记为

$$H^k(\Omega) := W^{k,2}(\Omega).$$

其内积定义为

$$\langle u, v \rangle = \int_\Omega \sum_{\alpha \leqslant k} D^\alpha u \cdot D^\alpha u \mathrm{d}x.$$

$W^{k,p}(\Omega)$ 中还有如下一类特殊的闭子空间

$$W_0^{k,p}(\Omega) = \left\{ u \in W^{k,p}(\Omega) | D^\alpha u |_{\partial\Omega} = 0, \forall \, |\alpha| \leqslant k-1 \right\},$$

即 $W_0^{k,p}(\Omega)$ 中的函数 u 直到 $k-1$ 阶导数在边界 $\partial\Omega$ 上为零.

A.3 $C^{k,\alpha}$ 空间

令 $k \geqslant 0$ 为整数, $0 < \alpha < 1$ 为实数, $C^{k,\alpha}$ 空间是由所有 k 次可微并且 k 次导数是 α-Hölder 连续的函数组成的空间, 记为

$$C^{k,\alpha}(\Omega) = \left\{ u \in C^{k,\alpha}(\Omega) : [D^\beta u]_\alpha < \infty, \forall \, |\beta| = k \right\},$$

其中 $C^k(\Omega)$ 是 Ω 上全体 k 次连续可微函数构成的空间, 且

$$[v]_\alpha = \sup_{x,y \in \Omega, x \neq y} \frac{v(x) - v(y)}{|x - y|^\alpha}.$$

$C^{k,\alpha}(\Omega)$ 空间的范数定义为

$$\|u\|_{C^{k,\alpha}} = \|u\|_{C^k} + \sum_{|\beta|=k} [D^\beta u]_\alpha,$$

这里 $\|\cdot\|_{C^k}$ 是 $C^k(\Omega)$ 的范数, 定义为

$$\|u\|_{C^k} = \sum_{|\beta|=k} \sup_\Omega |D^\beta u|_\alpha.$$

通常将 $C^{0,\alpha}(\Omega)$ 记为 $C^\alpha(\Omega)$, 称作 Holder 连续空间. $C^{k,\alpha}(\Omega)$ 是可析 Banach 空间, 但不是自反的.

B　几个重要不等式

在偏微分方程研究中, 不等式的巧妙应用是基本的. 下面直接给出本书要用到的几个基本不等式.

定理 B.1 (Young 不等式[20])　若 $a > 0, b > 0, p > 1, q > 1, \frac{1}{p} + \frac{1}{q} = 1$, 则

$$ab \leqslant \frac{a^p}{p} + \frac{b^q}{q}.$$

特别地, 若 $p = q = 2$, Young 不等式称为 Cauchy 或 Cauchy-Schwarz 不等式.

定理 B.2 (带 ε 的 Young 不等式[20])　若 $a > 0, b > 0, p > 1, q > 1, \varepsilon > 0, \frac{1}{p} + \frac{1}{q} = 1$, 则

$$ab \leqslant \frac{\varepsilon a^p}{p} + \frac{\varepsilon^{-q/p} b^q}{q}.$$

定理 B.3 (Hölder 不等式[20])　设 $p > 1, q > 1, \frac{1}{p} + \frac{1}{q} = 1$ (称 p, q 是互为共轭指数), 若 $f \in L^p(\Omega), g \in L^p(\Omega)$, 则 $f \cdot g \in L^p(\Omega)$, 且

$$\int_\Omega |fg| \mathrm{d}x \leqslant \|f\|_{L^p(\Omega)} \|g\|_{L^q(\Omega)}.$$

特别地, 当 $p = q = 2$ 时, 可得 Schwarz 不等式

$$\int_\Omega |fg| \mathrm{d}x \leqslant \|f\|_{L^2(\Omega)} \|g\|_{L^2(\Omega)}.$$

定理 B.4 (Gronwall 不等式[20])

(1) (微分形式) 设 $\eta(\cdot)$ 是非负连续可微函数 (或非负绝对连续函数), 在 $t \in [0, T]$ 上满足

$$\eta'(t) \leqslant \phi(t)\eta(t) + \varphi(t),$$

其中 $\phi(t)$, $\varphi(t)$ 是非负可积函数, 则当 $t \in [0, T]$ 时

$$\eta(t) \leqslant e^{\int_0^t \phi(s)\mathrm{d}s}\left[\eta(0) + \int_0^t \varphi(s)\mathrm{d}s\right].$$

特别地, 如果在 $t \in [0, T]$ 上 $\eta'(t) \leqslant \phi(t)\eta(t)$ 且 $\eta(0) = 0$, 则 $\eta(t) \equiv 0$.

(2) (积分形式) 设 $\xi(t)$ 是 $[0, T]$ 上的非负可积函数, 当 $t \in [0, T]$ a.e. (almost everywhere, 几乎处处), 存在 $C_1, C_2 > 0$, 使得 $\xi(t) \leqslant C_1 \displaystyle\int_0^t \xi(s)\mathrm{d}s + C_2$ 成立, 则当 $t \in [0, T]$ a.e.

$$\xi(t) \leqslant C_2(1 + C_1 t e^{C_1 t}).$$

如果 $\xi(t) \leqslant C_1 \displaystyle\int_0^t \xi(s)\mathrm{d}s$, 则 $\xi(t) \equiv 0$.

定理 B.5 (Gagliardo-Nirenberg 不等式[267]) 设 $\Omega \subset \mathbb{R}^n$ 是具有光滑边界的有界的区域. 对 $k > 0$ 和 $r \geqslant 1$, 设 $1 \leqslant p, q \leqslant \infty$ 满足 $(n - kq)p < nq$, 当 $u \in W^{k,q}(\Omega) \cap L^r(\Omega)$ 时, 存在正常数 $c_1 = c_1(n, q, k, r, \Omega)$ 和 $c_2 = c_2(n, q, k, r, \Omega)$, 使得

$$\|u\|_{L^p} \leqslant c_1\|D^k u\|_{L^q}{}^\theta\|u\|_{L^r}{}^{1-\theta} + c_2\|u\|_{L^r},$$

其中 $\theta \in [0, 1]$ 且由等式 $\dfrac{1}{p} = \theta\left(\dfrac{1}{q} - \dfrac{k}{n}\right) + \dfrac{1}{r}(1 - \theta)$ 唯一确定.

定理 B.6 (热半群的 L^p-L^q 估计[39,383]) 设 $\{e^{t\triangle}\}_{t \geqslant 0}$ 是 Ω 上的 Neumann 热半群, $\lambda_1 > 0$ 是 $-\triangle$ 具有 Neumann 边界条件的第一非零特征值, 则存在只依赖于 Ω 的常数 $C_1, \cdots, C_4$ 满足

(1) 若 $1 \leqslant q \leqslant p \leqslant \infty$, 当 $u \in L^q(\Omega)$ 时, $\displaystyle\int_\Omega w\mathrm{d}x = 0$, 且

$$\|e^{t\triangle}u\|_{L^p} \leqslant C_1(1 + t^{-\frac{n}{2}(\frac{1}{q} - \frac{1}{p})})e^{-\lambda_1 t}\|u\|_{L^q}, \quad \forall t > 0.$$

(2) 若 $1 \leqslant q \leqslant p \leqslant \infty$, 当 $u \in L^q(\Omega)$ 时,

$$\|\nabla e^{t\triangle}u\|_{L^p} \leqslant C_2(1 + t^{-\frac{1}{2} - \frac{n}{2}(\frac{1}{q} - \frac{1}{p})})e^{-\lambda_1 t}\|u\|_{L^q}, \quad \forall t > 0.$$

(3) 若 $2 \leqslant p < \infty$, 当 $u \in W^{1,p}(\Omega)$ 时,

$$\|\nabla e^{t\triangle}u\|_{L^p} \leqslant C_3 e^{-\lambda_1 t}\|\nabla u\|_{L^q}, \quad \forall t > 0.$$

定理 B.7 (内插不等式[39]) 设 Ω 是可测集, 则当 $1 \leqslant p \leqslant q \leqslant r \leqslant \infty$ 时, $L^p(\Omega) \cap L^r(\Omega) \subset L^q(\Omega)$, 且

$$\|u\|_{L^q} \leqslant \|u\|_{L^p}{}^\theta\|u\|_{L^r}^{1-\theta}, \quad \forall u \in L^p(\Omega) \cap L^r(\Omega),$$

其中 θ 是由等式 $\dfrac{1}{q} = \dfrac{\theta}{p} + \dfrac{1 - \theta}{r}$ 唯一确定的实数 (显然 $0 \leqslant \theta \leqslant 1$).

C　基本定理

C.1　最大值原理

对于椭圆型方程

$$
\begin{cases}
\mathcal{L}u = -\sum_{i,j=1}^{n} a_{ij}(x)\dfrac{\partial^2 u}{\partial x_i \partial x_j} + \sum_{i,j=1}^{n} b_i(x)\dfrac{\partial u}{\partial x_i}, & x \in \Omega, \\
Bu = \partial_{\mathbf{n}} u, & x \in \partial\Omega,
\end{cases}
\tag{C.1}
$$

其中 $\Omega \subset \mathbb{R}^n$ 是有界光滑区域 (例如 $\partial\Omega \in C^{2+\alpha}$), $a_{ij}, b_i \in C(\overline{\Omega})$, $\mathbf{n}$ 是 $\partial\Omega$ 上的单位外法向量, $-\mathcal{L}$ 是 Ω 上的一致椭圆算子.

任给 $P \in \partial\Omega$, 存在闭球 $\mathbf{S}$ 在 P 点与 $\partial\Omega$ 相切, 并且除 P 点外 $\mathbf{S} \subset \Omega$, 则称 $\partial\Omega$ 有内切球性质. 当 $\partial\Omega \in C^{2+\alpha}$ 时, 一定有内切球性质.

定理 C.1 (导数形式的最大值原理, 也称为 Hopf 引理[5])　假设 $\partial\Omega$ 有内切球性质, 有界函数 $c(x) \geqslant 0$, $u \in C^2(\Omega) \cap C(\overline{\Omega})$ 且

$$\mathcal{L}u + c(x)u \leqslant 0 \ (\geqslant 0), \quad x \in \Omega.$$

如果 u 在 $P \in \partial\Omega$ 点处达到最大值 M (或最小值 m), 当 $c(x) \not\equiv 0$ 时, $M \geqslant 0 \ (m \leqslant 0)$. 若 u 不恒为常数且 $\partial_{\mathbf{n}} u|_P$ 存在, 则 $\partial_{\mathbf{n}} u|_P > 0$ (或 < 0).

定理 C.2 (强最大值原理[5])　假设 $c(x) \geqslant 0$ 且有界, $u \in C^2(\Omega) \cap C(\overline{\Omega})$ 满足

$$\mathcal{L}u + c(x)u \leqslant 0 \ (\geqslant 0), \quad x \in \Omega.$$

如果 u 在 Ω 内某点达到它在 $\overline{\Omega}$ 上的最大值 M (最小值 m), 并且当 $c(x) \not\equiv 0$ 时 $M \geqslant 0 \ (m \leqslant 0)$, 则 u 恒为常数.

推论 C.3[5]　设 $c(x) \geqslant 0$ 且有界, $\partial\Omega$ 有内切球性质. 如果 $u(x)$ 满足

$$
\begin{cases}
\mathcal{L}u + c(x)u \geqslant 0, & x \in \Omega, \\
Bu \geqslant 0, & x \in \Omega,
\end{cases}
$$

并且 u 与相应的椭圆边值问题的古典解有相同的光滑性, 则当 $x \in \Omega$ 时, $u(x) \geqslant 0$, $x \in \overline{\Omega}$. 如果 $u(x) \not\equiv 0$, 则 $u(x) > 0$.

推论 C.4[5]　设 $u \in C^2(\Omega) \cap C(\overline{\Omega})$ 满足

$$
\begin{cases}
\mathcal{L}u \geqslant f(x,u), & x \in \Omega, \\
Bu \geqslant 0, & x \in \Omega, \\
u \geqslant 0, u \not\equiv 0, & x \in \overline{\Omega}.
\end{cases}
$$

若 $f \in C^1(\Omega \times \mathbb{R})$, 且 $f(x,0) \geqslant 0$, 则

$$u(x) > 0, \quad x \in \Omega.$$

定理 C.5 (极值原理[243]) 设 $\Omega \subset \mathbb{R}^n$ 具有有界 Lipschitz 边界且 $g \in C(\bar{\Omega} \times \mathbb{R})$.
(1) 假设 $w \in C^2(\Omega) \cap C^1(\bar{\Omega})$ 且

$$\begin{cases} \triangle w(x) + g(x, w(x)) \geqslant 0, & x \in \Omega, \\ \partial_{\mathbf{n}} w \leqslant 0, & x \in \partial\Omega. \end{cases}$$

如果 $w(x_M) = \max\limits_{\bar{\Omega}} w(x)$, 则 $g(x_M, w(x_M)) \geqslant 0$.
(2) 假设 $w \in C^2(\Omega) \cap C^1(\bar{\Omega})$ 且

$$\begin{cases} \triangle w(x) + g(x, w(x)) \leqslant 0, & x \in \Omega, \\ \partial_{\mathbf{n}} w \geqslant 0, & x \in \partial\Omega. \end{cases}$$

如果 $w(x_m) = \min\limits_{\bar{\Omega}} w(x)$, 则 $g(x_m, w(x_m)) \leqslant 0$.
定理 C.6 (Harnack 不等式[230]) 设 $w \in C^2(\Omega) \cap C^1(\bar{\Omega})$ 是

$$\triangle w(x) + c(x)w(x) = 0$$

的正解, 其中 $c \in C(\bar{\Omega})$, 在 $\bar{\Omega}$ 上满足 Newmann 边界条件, 则存在正常数 $C^* = C^*(\|c\|_\infty, \Omega)$, 使得

$$\max\limits_{\bar{\Omega}} w \leqslant C^* \min\limits_{\bar{\Omega}} w.$$

接下来介绍抛物型方程的最大值原理. 令

$$\mathcal{L}_1 u = -\sum_{i,j=1}^n a_{ij}(x,t)\frac{\partial^2 u}{\partial x_i \partial x_j} + \sum_{i,j=1}^n b_i(x,t)\frac{\partial u}{\partial x_i},$$

且假设当 $t > 0$ 时, $\mathcal{L}_1(t)$ 是 Ω 上的一致椭圆型算子. 考虑抛物型方程

$$\begin{cases} \mathcal{L}_t u = \partial_t u + \mathcal{L}u, & (x,t) \in Q_T = \Omega \times (0,T], \\ B_t u = \partial_{\mathbf{n}} u, & (x,t) \in \partial\Omega \times (0,T], \end{cases} \tag{C.2}$$

其中 $a_{ij}, b_i \in C(\bar{Q})$, $-\mathcal{L}_t$ 是 Q_T 上的抛物算子.
定理 C.7 (导数形式的最大值原理, 或称为 Hopf 引理[5]) 假设 $c(x,t) \geqslant 0$ 有界, $u \in C^{2,1}(Q_T) \cap C(\overline{Q}_T)$ 满足

$$\mathcal{L}_t u + c(x,t)u \leqslant 0 \ (\geqslant 0), \quad x \in \Omega.$$

假设存在 $(\bar{x}, \bar{t}) \in \partial\Omega \times [0, T]$, 使得

$$u(\bar{x}, \bar{t}) = \max_{\overline{Q}_T} u(x, t) = M \quad (u(\bar{x}, \bar{t}) = \min_{\overline{Q}_T} u(x, t) = m).$$

且在 Q_T 上 $u < M$ $(u > m)$, 则当 $c(x, t) \not\equiv 0$ 时, $M \geqslant 0$ $(m \leqslant 0)$. 如果 $\partial\Omega$ 有内切球性质, 若 $\partial_{\mathbf{n}} u|_{(\bar{x}, \bar{t})}$ 存在, 则

$$\partial_{\mathbf{n}} u|_{(\bar{x}, \bar{t})} > 0 \ (< 0).$$

定理 C.8 (强最大值原理[5])   假设 $c(x) \geqslant 0$ 有界, $u \in C^{2,1}(Q_T) \cap C(\overline{Q}_T)$ 满足

$$\mathcal{L}_t u + c(x, t) u \leqslant 0 \ (\geqslant 0).$$

若在 $\overline{Q}_T$ 上, $u \leqslant M$ $(u \geqslant m)$, 并且存在 $(x_1, t_1) \in \overline{Q}$, 使得 $u(x_1, t_1) = M$ $(u(x_1, t_1) = m)$, 同时, 当 $c(x, t) \not\equiv 0$ 时, $M \geqslant 0$ $(m \leqslant 0)$, 则在 Q_T 上

$$u(x, t) = M \quad (u(x, t) = m).$$

推论 C.9[5]   设 $\partial\Omega$ 有内切球性质, $h(x, t)$ 在 Q_T 上有界, $u \in C^{2,1}(Q_T) \cap C(\overline{Q}_T)$ 满足

$$\begin{cases} \mathcal{L}_t u + h(x, u) u \geqslant 0, & (x, t) \in Q_T, \\ B_t u \geqslant 0, & (x, t) \in \partial\Omega \times (0, T], \\ u(x, 0) \geqslant 0, & x \in \Omega, \end{cases}$$

则 $u(x, t) \geqslant 0$. 如果 $u(x, 0) \not\equiv 0$, 则 $u(x) > 0$.

C.2   Sobolve 嵌入定理

定理 C.10 (Sobolve 嵌入定理[26])   令 $\Omega \subset \mathbb{R}^n$ 是一个有界开集, 则关于 Sobolev 空间有如下嵌入结果:

(1) 对任意区域 Ω, 有

$$W_0^{1,p}(\Omega) \hookrightarrow \begin{cases} L^q(\Omega), & 1 \leqslant q \leqslant \dfrac{np}{n-p}, n > p, \\ L^q(\Omega), & \forall \, 1 \leqslant q < \infty, n = p, \\ C^\alpha(\Omega), & \alpha = 1 - \dfrac{n}{p}, n < p. \end{cases} \tag{C.3}$$

特别地, 这个嵌入是连续的, 并且下列不等式成立

$$\begin{cases} \|u\|_{L^q} \leqslant C \|Du\|_{L^q}, & 1 \leqslant q \leqslant \dfrac{np}{n-p}, n > p, \\ \|u\|_{L^q} \leqslant C \|Du\|_{L^q}, & 1 \leqslant q < \infty, n = p, \\ \|u\|_{C^\alpha} \leqslant C \|Du\|_{L^q}, & \alpha = 1 - \dfrac{n}{p}, n < p, \end{cases} \tag{C.4}$$

其中, $C = C(n, p)$ 是依赖于 n, p 的常数.

(2) 当 Ω 是 Lipschitz 区域时, 即 $\partial\Omega$ 是 Lipschitz 连续的, 则

$$W^{1,p}(\Omega) \hookrightarrow \begin{cases} L^q(\Omega), & 1 \leqslant q \leqslant \dfrac{np}{n-p}, n > p, \\ L^q(\Omega), & \forall\, 1 \leqslant q < \infty, n = p, \\ C^\alpha(\Omega), & \alpha = 1 - \dfrac{n}{p}, n < p. \end{cases} \tag{C.5}$$

进而有不等式

$$\begin{cases} \|u\|_{L^q} \leqslant C\|Du\|_{W^{1,p}}, & 1 \leqslant q \leqslant \dfrac{np}{n-p}, n > p, \\ \|u\|_{L^q} \leqslant C\|Du\|_{W^{1,p}}, & 1 \leqslant q < \infty, n = p, \\ \|u\|_{C^\alpha} \leqslant C\|Du\|_{W^{1,p}}, & \alpha = 1 - \dfrac{n}{p}, n < p, \end{cases} \tag{C.6}$$

其中 $C = C(n, p)$ 是常数.

注 C.11　由定理 C.10 容易推出关于 $W^{k,p}(\Omega)$ 的嵌入关系

$$W^{k,p}(\Omega) \hookrightarrow \begin{cases} L^q(\Omega), & 1 \leqslant q \leqslant \dfrac{np}{n-kp}, n > kp, \\ L^q(\Omega), & \forall\, 1 \leqslant q < \infty, n = kp, \\ C^{m,\alpha}(\Omega), & 0 \leqslant m + \alpha \leqslant k - \dfrac{n}{p}, n < kp. \end{cases} \tag{C.7}$$

事实上, 对于嵌入

$$W^{k,p}(\Omega) \hookrightarrow W^{k-1,p}(\Omega) \hookrightarrow \cdots,$$

应用定理 C.10 便可得 (C.7). 对于 $W_0^{k,p}(\Omega)$ 也是如此.

C.3　抛物方程 Schauder 理论

定义二阶线性椭圆型算子

$$\mathcal{L}u = \mathcal{L}_1 u + c(x, t)u, \tag{C.8}$$

其中 $a_{ij}, b_i, c \in C^{\alpha, \alpha/2}(\bar{\Omega} \times [0, T])$. 考虑初值问题

$$\begin{cases} \partial_t u + \mathcal{L}u = f(x, t), & (x, t) \in Q_T, \\ \partial_{\mathbf{n}} u = 0, & (x, t) \in \partial\Omega \times (0, T], \\ u(x, 0) = g(x), & x \in \Omega, \end{cases} \tag{C.9}$$

其中 $f \in C^{\alpha, \alpha/2}(\bar{\Omega} \times [0, T])$, $g \in C^{2+\alpha}(\bar{\Omega})$.

定理 C.12 (抛物方程 Schauder 理论[212])　设 $\partial\Omega \in C^{2+\alpha}$, 则问题 (C.9) 存在唯一解 $u(x,t) \in C^{2+\alpha,1+\alpha/2}(\bar{\Omega} \times [0,T])$ 满足

$$\|u\|_{C^{2+\alpha,1+\alpha/2}} \leqslant C(\|f\|_{C^{(\alpha,\alpha/2)}} + \|g\|_{C^{(2+\alpha)}}),$$

其中正常数 C 不依赖 f, g.

C.4　解析半群

定义 C.13[13,39]　设 $\mathcal{T}(t) := \{\mathcal{T}(t)\}_{t\geqslant 0}$ 是 Banach 空间 X 上的一簇有界线性算子, 即对每个 $t \geqslant$ 都有 $S(t) \in L(X)$. 如果 $\mathcal{T}(t)$ 满足条件

(1) 半群性质: $\mathcal{T}(0) = \mathcal{I}$, $\mathcal{T}(t + s) = \mathcal{T}(t) \cdot \mathcal{T}(s)$, $\forall t, s \geqslant 0$;

(2) 强连续性质: $\lim\limits_{t\to 0^+} \mathcal{T}(t)x = \mathcal{T}(0)x$, $\forall x \in X$,

则 $\mathcal{T}(t)$ 称为 X 上的强连续半群 (或 C_0 半群).

定义 C.14[39]　设 $\mathcal{T}(t)$ 是 X 上的强连续半群. 令

$$X_0 = \left\{ x \in X : \lim_{t\to 0^+} \frac{\mathcal{T}(t)x - x}{t} \text{ 在 } X \text{ 中存在} \right\},$$

并定义映射 $\mathcal{A} := X_0 \to X$ 如下

$$\mathcal{A}x = \lim_{t\to 0^+} \frac{\mathcal{T}(t)x - x}{t}, \quad \forall x \in X_0,$$

则称线性算子 $\mathcal{A}$ 为 $\mathcal{T}(t)$ 的无穷小生成元.

对任意实数 κ 和给定的角度 $\theta \in (0, \pi)$, 记

$$\Lambda(k, \theta) = \{\lambda \in \mathbb{C} : \lambda \neq \kappa, |\arg(\lambda - \kappa)| < \theta\}.$$

这是复平面上以 κ 为顶点、张角为 2θ 且关于实轴对称的扇形开区域.

定义 C.15[39]　设 X 是 Banach 空间, 称线性算子 $\mathcal{A} := D(\mathcal{A}) \subseteq X \to X$ 为 X 上的扇形算子, 如果它满足以下两个条件:

(1) 存在实数 κ 和角度 $\theta \in (\pi/2, \pi)$, 使得 $\rho(\mathcal{A}) \supseteq \Lambda(k, \theta)$;

(2) 存在常数 $M > 0$, 使得

$$\|R(\lambda, \mathcal{A})\|_{L(X)} \leqslant \frac{M}{|\lambda - \kappa|}, \quad \forall \lambda \in \Lambda(k, \theta),$$

这里, $R(\lambda, \mathcal{A})$ 满足

$$e^{t\mathcal{A}} = \frac{1}{2\pi i} \int_\Gamma e^{\lambda t} R(\lambda, \mathcal{A}) \mathrm{d}\lambda,, \quad \forall t \geqslant 0. \tag{C.10}$$

易证, 扇形算子是闭算子.

定义 C.16[39]　设 A 是 Banach 空间上的扇形算子, 则称由 (C.10) 和 $e^{0\cdot A} = \mathcal{I}$ 定义的 X 上的有界线性算子族 $\{e^{tA}\}_{t\geqslant 0}$ 为由 A 生成的解析半群.

定理 C.17[39]　设 $\mathcal{L}$ 定义于 (C.8), 则对任意 $1 < p < \infty$, $-\mathcal{L}$ 作为 $L^p(\Omega)$ 上以 $W^{2,p} \cap W_0^{1,p}(\Omega)$ 为定义域的无界线性算子是扇形算子, 从而在 $L^p(\Omega)$ 上生成一个强连续的解析半群 $e^{\mathcal{L}t}$ ($t \geqslant 0$).

定理 C.18 (解析半群的摄动定理[39])　设 $\mathcal{A} := D(\mathcal{A}) \subseteq X \to X$ 是扇形算子, 而线性算子 $\mathcal{B} := D(\mathcal{B}) \subseteq X \to X$ 满足条件: $D(\mathcal{B}) \supseteq D(\mathcal{A})$ 且存在常数 $a, b > 0$ 使得

$$\|\mathcal{B}x\|_X \leqslant a\|\mathcal{A}x\|_X + b\|x\|_X, \quad \forall x \in D(\mathcal{A}),$$

则存在仅与 $\mathcal{A}$ 有关的常数 $\delta > 0$, 使得只要 $a \leqslant \delta$, 则 $\mathcal{A} + \mathcal{B}$ 是扇形算子.

C.5　解的存在性和稳定性

考虑线性齐次方程初值问题

$$\begin{cases} u_t = \mathcal{A}u(t), & t \in (0, T), \\ u(0) = u_0. \end{cases} \tag{C.11}$$

定理 C.19[5]　设 $\mathcal{A}$ 是 Banach 空间 X 中的扇形算子, 则对任意 $u_0 \in X$, 系统 (C.11) 存在唯一解

$$u(t) = e^{\mathcal{A}t}u_0 \in C([0, \infty], X) \cap C^1((0, \infty), X) \cup C((0, \infty), D(\mathcal{A})).$$

定理 C.20 (Fredholm 二择一定理[26])　设 X 是一个 Banach 空间, $\mathcal{L} : X \to X$ 是一个线性紧算子, 则关于 $\mathcal{A} = \mathcal{I} - \mathcal{L}$, 下面两个结论只有一个成立:

(1) 齐次方程 $\mathcal{A}x = 0$ 在 X 中存在非零解 $x \neq 0$;

(2) 对任意 $y \in X$, 方程 $\mathcal{A}x = y$ 在 X 中存在唯一解.

定义 C.21[39]　设 $\mathcal{A} : D(\mathcal{A}) \to X$ 是闭线性算子, 令

$$\mathbf{s}(\mathcal{A}) := \sup\{\mathrm{Re}(\lambda) : \lambda \in \sigma(\mathcal{A})\},$$

称之为 $\mathcal{A}$ 的谱界.

定理 C.22[39]　设 $\mathcal{A} : D(\mathcal{A}) \to X$ 是闭线性算子, $\mathbf{s}(\mathcal{A})$ 为 $\mathcal{A}$ 的谱界, 则对任意 $0 < \epsilon < 1$, 存在相应的常数 $M_\epsilon > 0$ 和 T_ϵ, 使得

$$(1 - \epsilon)e^{\mathbf{s}(\mathcal{A})t} \leqslant \|e^{tA}\|_{L(X)} \leqslant M_\epsilon e^{(\mathbf{s}(A)+\epsilon)t}, \quad \forall t \geqslant T_\epsilon.$$

推论 C.23 (Lyapunov 稳定性定理的线性性质[39])　设 $\mathcal{A} : D(\mathcal{A}) \subset X \to X$ 是扇形算子, $\mathbf{s}(\mathcal{A})$ 为 $\mathcal{A}$ 的谱界, 则

(1) 如果 $s(\mathcal{A}) < 0$, 则线性齐次方程 $u_t = \mathcal{A}u$ 的零解指数阶渐近稳定, 即当 $t \to \infty$ 时, 任意解 $u = u(t)$ 以指数阶速度收敛于零.

(2) 如果 $s(\mathcal{A}) > 0$, 则方程 $u_t = \mathcal{A}u$ 的零解渐近不稳定, 即对任意给定的 ε 和 $M > 0$, 存在向量 $u_0 \in X$, 当 $T > 0$ 时, $\|u_0\| \leqslant \varepsilon$, 而方程 $u_t = \mathcal{A}u$ 以 u_0 为初值的解满足 $\|u(T)\| \geqslant M$.

考虑非线性微分方程初值问题

$$\begin{cases} u_t = \mathcal{A}u(t) + F(t, u), & t > t_0 \\ u(t_0) = u_0. \end{cases} \tag{C.12}$$

假设

(1) $\mathcal{A}$ 是 Banach 空间 X 中的扇形算子, 使得 $\mathcal{A}_1 = \mathcal{A} + a\mathcal{I}$ 的分数幂是有定义的, 且对于 $\alpha \geqslant 0$, 带有图范数 $\|x\|_\alpha = \|\mathcal{A}_1^\alpha x\|_\alpha$ 的空间 $X^\alpha = D(\mathcal{A}_1^\alpha)$ 是有定义的.

(2) 对某个 $\alpha \in [0, 1)$, F 把 $\mathbb{R} \times X^\alpha$ 中的某开集 U 映射到 X, 并且在 U 上 F 关于 t 局部 Hölder 连续, 关于 x 局部 Lipschitz 连续, 即, 若 $(t^*, x^*) \in U$, 存在 (t^*, x^*) 的一个邻域 $\mathbf{V} \subset U$, 使得对于 $(t_1, x_1), (t_2, x_2) \in \mathbf{V}$, 有

$$\|F(t_1, u_1) - F(t_2, u_2)\| \leqslant K(|t_1 - t_2|^\theta + \|u_1 - u_2\|_\alpha),$$

其中, $K > 0, \theta$ 为正常数, $0 < \theta < 1$.

定理 C.24 (局部存在唯一性[169])   假定 A 是 Banach 空间 X 中的扇形算子, $0 \leqslant \alpha < 1$. $F : U \to X, U$ 是 $\mathbb{R} \times X^\alpha$ 中的某个开集, $F(t, x)$ 关于 t 局部 Hölder 连续, 关于 x 局部 Lipschitz 连续. 则对 $\forall (t_0, u_0) \in U$, 存在 $T = T(t_0, u_0) > 0$ 使得在 $(t_0, t_0 + T)$ 上问题 (C.12) 存在唯一解 $u(\cdot)$, 即

$$u(t) = e^{\mathcal{A}(t - t_0)} u_0 + \int_{t_0}^{t} e^{\mathcal{A}(t - s)} F(s, u(s)) \mathrm{d}s.$$

定义 C.25[5]   一个定义在 $[t_0, \infty]$ 上的问题 (C.12) 的解 $\tilde{u}(t)$ 称为在 X^α 中是稳定的, 若对任意的 $\epsilon > 0$, 存在 $\delta > 0$, 使得满足 $\|u(t_0) - \tilde{u}(t_0)\|_\alpha < \delta$ 的任意解 $u(t)$ 在 $[t_0, \infty)$ 上存在, 且对一切 $t \geqslant t_0$, 有

$$\|u(t) - \tilde{u}(t)\|_\alpha < \epsilon.$$

一个定义在 $[t_0, \infty]$ 上的问题 (C.12) 的解 $\tilde{u}(t)$ 称为是吸引的, 若存在 $\eta > 0$, 使得满足 $\|u(t_0) - u(t_0)\|_\alpha < \eta$ 的任意解 $u(t)$, 都有

$$\lim_{t \to \infty} \|u(t) - \tilde{u}(t)\|_\alpha = 0.$$

若 $\tilde{u}(t)$ 既是稳定的又是吸引的, 则称为是渐近稳定的.

定义 C.26 [5] 一个定义在 $[t_0, \infty)$ 上的问题 (C.12) 的解 $\tilde{u}(t)$ 称为在 X^α 中是一致稳定的, 若对任意的 $\epsilon > 0$, 存在 $\delta > 0$, 使得对任意 $t_1 \geqslant t_0$, 满足 $\|u(t_1) - \tilde{u}(t_1)\|_\alpha < \delta$ ($\delta = \delta(\epsilon)$ 与 t_1 无关) 的解 $u(t)$ 在 $[t_1, \infty)$ 上存在, 且对任意 $t \geqslant t_1$, 有

$$\|u(t) - \tilde{u}(t)\|_\alpha < \epsilon.$$

此外, 若对任意 $\epsilon > 0$ 和 $t_1 \geqslant t_0$, 存在与 t_1 和 ϵ 无关的 δ_1 及 $T(\epsilon) > 0$, 使得满足 $\|u(t_1) - \tilde{u}(t_1)\|_\alpha < \delta_1$ 的任意解 $u(t)$, 当 $t \geqslant t_1 + T(\epsilon)$ 时, 有

$$\lim_{t \to \infty} \|u(t) - \tilde{u}(t)\|_\alpha < \epsilon,$$

则称 $\tilde{u}(t)$ 是 (局部) 一致渐近稳定的.

考虑自治方程

$$\begin{cases} u_t = \mathcal{A}u(t) + F(u), & t > t_0 \\ u(t_0) = u_0, \end{cases} \tag{C.13}$$

其中 $\mathcal{A}$ 是 X 中的扇形算子, $F : U \to X$ 是局部 Lipschitz 连续的, F 满足 $F(0) = 0$.

无论方程 (C.13) 是否确定动力系统, 也无论 (C.13) 的解是否全局存在, 都可以引进 Lyapunov 函数 V, 这是 U 上的实值连续函数, 使得对一切 $x \in U$,

$$V_t(x) = \lim_{t \to 0^+} \sup \frac{1}{t} [V(u(t, x)) - V(x)].$$

定义 C.27 [5] 设在某区间 $[0, h]$ (或 $[0, \infty)$) 上 $a(r)$ 是实值连续严格单调递增函数且 $a(0) = 0$, 则称 $a(r)$ 属于 K 类, 记为 $a(r) \in K[0, h]$ (或 $a(r) \in K[0, \infty]$). 若 $a(r) \in K[0, \infty)$ 且 $\lim\limits_{r \to \infty} = \infty$, 则称 $a(r)$ 属于 $K\mathbb{R}$ 类, 记为 $a(r) \in K\mathbb{R}$.

定理 C.28 (Lyapunov 一致渐近稳定性定理[5]) 设 $U = \{u : u \in X^\alpha, \|u\|_\alpha < r\}$ ($0 \leqslant \alpha < 1$), 对任意有界闭集 $B \subset U$, 像集 $F(B)$ 在 X 中有界. 如果方程 (C.13) 在 U 上有 Lyapunov 函数 $V(x)$, 满足

$$V(0) = 0, \ a(\|x\|_\alpha) \leqslant V(x), \quad x \in U,$$

其中, $a(\cdot) \in K[0, r]$, 则方程 (C.13) 的零解是一致稳定的. 如果 $V(x)$ 还满足

$$V_x(x) \leqslant c(\|x\|_\alpha), \quad x \in U,$$

其中, $c(\cdot) \in K[0, r]$, 则方程 (C.13) 的零解是一致渐近稳定的.

定理 C.29 (Lyapunov 全局渐近稳定性定理[5]) 设 $U = X^\alpha$, 对任意有界闭集 $B \subset X^\alpha$, 像集 $F(u)$ 在 B 中有界. 如果方程 (C.13) 在 X^α 上的 Lyapunov 函数 $V(x)$, 满足

(i) $V(0) = 0$;

(ii) $a(\|x\|_\alpha) \leqslant V(x) \leqslant b(\|x\|_\alpha)$;

(iii) $V_x(x) \leqslant -c(\|x\|_\alpha)$,

则 (C.13) 的零解是全局一致渐近稳定的. 这里, $a(\cdot), b(\cdot) \in K\mathbb{R}, c(\cdot) \in K[0,\infty)$.

C.6　Leray-Schauder 度

设 X 是 Banach 空间, $\Omega \subset X$ 是有界开集, $\mathcal{K}: \overline{\Omega} \to X$ 是紧的, $\varphi = \mathcal{I} - \mathcal{K}$, $y_0 \notin \varphi(\partial\Omega)$. 下面我们定义 φ 在 y_0 处的拓扑度 $\deg(\varphi, \Omega, y_0)$.

如果 S 是一个有界闭集, 则 $\varphi(S) = (\mathcal{I} - \mathcal{K})(S)$ 是闭的. 因此 $\varphi(\partial\Omega)$ 是闭的. 当 $y_0 \notin \varphi(\partial\Omega)$ 时, 点 y_0 与 $\varphi(\partial\Omega)$ 之间的距离 $\mathrm{dist}(y_0, \varphi(\partial\Omega)) = \delta > 0$. 取 $0 < \varepsilon < \delta/2$, $\mathcal{K}_\varepsilon$ 是 $\mathcal{K}$ 的一个 ε-逼近, $\mathcal{K}_\varepsilon$ 的像集属于有限维空间 $N_\varepsilon \ni y_0$, 那么 $\varphi_\varepsilon(x) = x - \mathcal{K}_\varepsilon x \neq y_0$ 在 $\partial\Omega$ 上成立.

考虑映射

$$\varphi_\varepsilon|_{N_\varepsilon \cap \overline{\Omega}} : N_\varepsilon \cap \overline{\Omega} \to N_\varepsilon.$$

那么度 $\deg(\varphi, N_\varepsilon \cap \overline{\Omega}, y_0)$ 有定义, 且不依赖于 ε.

定义 C.30 (Leray-Schauder 度[25])　假设 $\Omega \subset X$ 是有界开集, $\mathcal{K}: \overline{\Omega} \to X$ 是紧的, $\varphi = \mathcal{I} - \mathcal{K}$, $y_0 \notin \varphi(\partial\Omega)$. $d(y_0, \varphi(\partial\Omega)) = \delta > 0$. 取 $0 < \varepsilon < \delta/2$, 定义 φ 在 y_0 处的 Leray-Schauder 度为

$$\deg(\varphi, y_0, \Omega) = \deg(\varphi_\varepsilon, y_0, N_\varepsilon \cap \overline{\Omega}).$$

如果映射 $\mathcal{K} = \mathcal{I} - \varphi : \partial\Omega \to \mathcal{K}$ 是紧的, $y_0 \notin \varphi(\partial\Omega)$, 那么度 Leray-Schauder $\deg(\varphi, \Omega, y_0)$ 不依赖于 φ 在 Ω 内的值.

定理 C.31 (同伦不变性[25])　拓扑度 $\deg(\varphi, \Omega, y_0)$ 仅依赖于 $\varphi : \partial\Omega \to X \setminus \{y_0\}$ 的同伦类. 这里的同伦是由形如

$$\varphi(x, t) = x - \mathcal{K}(x, t) \quad (0 \leqslant t \leqslant 1)$$

的映射构成, 其中 $\mathcal{K}_t : \partial\Omega \times [0, 1] \to X$ 是紧的.

定义 C.32 (不动点指数[25])　设 $\varphi : \overline{\Omega} \to X$, 在 $\partial\Omega$ 上, $\varphi \neq 0$, $\varphi \in C^1(\Omega)$, 并且算子 $\mathcal{K} := \mathcal{I} - \varphi$ 是紧的. 假设 $x_0 \in \Omega$ 是 $\varphi = 0$ 的一个孤立解, 且 $\mathcal{A} = \varphi'(x_0)$ 是可逆的. 如果 $\varepsilon > 0$ 很小, 使得在 $\mathbf{B}_\varepsilon(x_0)$ 内方程 $\varphi = 0$ 只有一个解 x_0, 其中 $\mathbf{B}_\varepsilon(x_0)$ 是以 x_0 为球心, ε 为半径的开球. 那么存在 $\varepsilon_0 > 0$, 当 $0 < \varepsilon \leqslant \varepsilon_0$ 时, Leray-Schauder 度 $\deg(\varphi, 0, \mathbf{B}_\varepsilon(x_0))$ 与 ε 无关. 这个常数就称为 φ 在点 x_0 处的指数或零点指数, 也称为 $\mathcal{I} - \varphi$ 在不动点 x_0 处的不动点指数. 通常记为 $\mathrm{index}(\mathcal{I} - \varphi, x_0)$.

令 $\{\lambda\}$ 是 $\mathcal{T}$ 的所有大于 1 的特征值的集合. 由于 $\mathcal{I} - \mathcal{T} = \mathcal{A}$ 是可逆的, 所以, 1 不是 $\mathcal{T}$ 的特征值. 设 λ 是 $\mathcal{T}$ 的一个大于 1 的特征值, 即 $\mathcal{A}$ 的一个负特征值, 则

$$m_\lambda := \dim \left(\bigcup_{i=1}^{\infty} \mathrm{Ker}\,(\lambda \mathcal{I} - \mathcal{T})^i \right)$$

是 λ 的代数重数. 易知, m_λ 是有限数. 又因为 $\mathcal{T}$ 是紧算子, 所以 $\mathcal{T}$ 的大于 1 的特征值最多有有限个.

定理 C.33 (Leray-Schauder 定理[25]) 在上述条件下, 算子 $\mathcal{I} - \varphi$ 在不动点 x_0 处的不动点指数为

$$\mathrm{index}\,(\mathcal{I} - \varphi, x_0) = \deg\Big(\varphi, 0, B_\varepsilon(x_0)\Big) = (-1)^\beta, \quad \beta = \sum_{\lambda > 1} m_\lambda.$$

C.7 隐函数定理

设 X, Y, Z 是三个 Banach 空间. 下面给出本书中用到的两种版本的隐函数定理.

定理 C.34[25] 假设 $U \subset X \times Y$ 是开集, $f : U \to Z$ 连续, 如果 f 关于 x 的 Fréchet 导数 $D_x f(x, y)$ 存在且在 U 内连续, $(x_0, y_0) \in U, f(x_0, y_0) = 0$. 若 $\mathcal{A} = D_x f(x_0, y_0)$ 是 X 到 Z 上的同构, 则

(1) 存在球 $\mathbf{B}_r(y_0) = \{y : \|y - y_0\} < r\}$ 和唯一的连续映射 $u : \mathbf{B}_r(y_0) \to X$, 满足 $u(y_0) = x_0$, 且 $f(u(y), y) = 0$ 在 $\mathbf{B}_r(y_0)$ 内成立;

(2) 如果 $f \in C^1$, 则 $u \in C^1$, 且

$$u_y(y) = -[D_x f(u(y), y)]^{-l} D_y f(u(y), y);$$

(3) 如果 $f \in C^p, p > 1$, 则 $v \in C^p$.

定理 C.35[25] 假设 $f(x, y)$ 在 $(0, 0)$ 的邻域内是 $X \times Y \to Z$ 的 C^p 映射, $p \geqslant 1$, 且满足

(1) $f(0, 0) = 0$;

(2) $\mathrm{Range}\,D_x f(0, 0) = Z$;

(3) $\mathrm{Ker}\,D_x f(0, 0) = X_1$ 在 X 内有闭的补空间, 即 $X = X_1 \oplus X_2$, 那么存在 $\delta, r > 0$, 当 $x_1 \leqslant \delta \ (x_1 \in X_1), \|y\| \leqslant r \ (y \in Y)$ 时, 方程 $f(x_1 + x_2, y) = 0$ 存在唯一解 $x_2 = u(x_1, y) \in C^p$, 且满足 $u(0, 0) = 0$.

C.8 Hopf 分支

设 Ω 是 $\mathbb{R}^n (n \geqslant 2)$ 中具有 C^2 光滑边界 $\partial\Omega$ 的有界集, 或 $\mathbb{R}$ 的一个区间 (a, b). 设 $U(x) = (U_1(x), U_2(x), \cdots, U_n(x))^{\mathrm{T}}$ 为实值 n 维列向量函数, 其中 $x \in \Omega$. 对

于 $n \times n$ 实矩阵光滑函数

$$a(x, \eta, \lambda), a_j(x, \eta, \lambda), a_0(x, \eta, \lambda), \quad (x, \eta, \lambda) \in \overline{\Omega} \times G \times \mathbb{R}, j = 1, \cdots, m,$$
$$b(x, \eta, \lambda), \qquad\qquad\qquad\quad (x, \eta, \lambda) \in \partial\Omega \times G \times \mathbb{R},$$

以及 n 维实列向量光滑函数

$$f(x, \eta, \lambda), \quad (x, \eta, \lambda) \in \overline{\Omega} \times G \times \mathbb{R},$$
$$g(x, \eta, \lambda), \quad (x, \eta, \lambda) \in \partial\Omega \times G \times \mathbb{R},$$

其中, G 是 $\mathbb{R}^n$ 上包含 0 的开集, 且 G 相对于 0 是星形的. 假设 $a(x, \eta, \lambda)$ 是椭圆的, 即

$$\sigma(a(x, \eta, \lambda)) \subset \{z \in \mathbb{C} : \operatorname{Re}(z) > 0\}, \quad (x, \eta, \lambda) \in \overline{\Omega} \times G \times \mathbb{R},$$

其中, $\sigma(\cdot)$ 是谱. 固定 $p > n + 1$, 令

$$\mathcal{V} = \{V \in H^{1,p}(\Omega, \mathbb{R}^n) : V(\Omega) \subset G\}$$

是 Banach 空间 $H^{1,p}(\Omega, \mathbb{R}^n)$ 中的开集. 对给定的 $(V, \lambda) \in \mathcal{V} \times \mathbb{R}$ 和 $U \in H^{2,p}(\Omega, \mathbb{R}^n)$, 定义

$$\begin{cases} \mathcal{A}(V, \lambda)U = -\partial_j(a(\cdot, V, \lambda)\partial_j U) + a_j(\cdot, V, \lambda)\partial_j U + a_0(\cdot, V, \lambda)U, \\ \mathcal{B}(V, \lambda)U = a(\cdot, V, \lambda)\partial_{\mathbf{n}} U + b(\cdot, V, \lambda)\gamma_\partial U, \end{cases}$$

其中, $j = 1, \cdots, n$, $\partial_{\mathbf{n}}$ 是沿 $\partial\Omega$ 的外法向量导数, γ_∂ 是在 $\partial\Omega$ 上的迹算子, 则具有非线性 Newmann 边界条件的拟线性抛物线系统为

$$\begin{cases} \partial_t U + \mathcal{A}(U, \lambda)U = f(\cdot, U, \lambda), & x \in \Omega, t > 0, \\ \mathcal{B}(U, \lambda)U = g(\cdot, U, \lambda), & x \in \partial\Omega, t > 0, \\ U(0) = U_0, & x \in \Omega, t = 0 \end{cases} \tag{C.14}$$

当 $(V, \lambda) \in \mathcal{V} \times \mathbb{R}$ 时, $(\mathcal{A}(V, \lambda), \mathcal{B}(V, \lambda))$ 通常为椭圆形. 若给定初始条件 $U_0 \in \mathcal{V}$, 则系统 (C.14) 存在唯一的最大古典解.

为了研究 Hopf 分支, 假设

$$f(x, 0, \lambda) = g(x, 0, \lambda) = 0, \quad (x, \lambda) \in \overline{\Omega} \times \mathbb{R},$$

则对任意 $\lambda \in \mathbb{R}$, $U = 0$ 是 (C.14) 的平衡点, 将其在点 $(U, \lambda) = (0, \lambda)$ 处线性化, 得到线性椭圆系统

$$\begin{cases} \left(-\mathcal{A}(0, \lambda) + \partial_U f(\cdot, 0, \lambda)\right)V = \mu(\lambda)V, & x \in \Omega, \\ \left(-\mathcal{B}(0, \lambda) + \partial_U g(\cdot, 0, \lambda)\right)V = 0, & x \in \partial\Omega. \end{cases} \tag{C.15}$$

定理 C.36 (Hopf 分支定理[54,116]) 假设 a, a_j, a_0, b, f, g 是 C^∞ 函数, 且

(1) 如果 $\lambda = \lambda_0$, 当 $\omega_0 > 0$ 时, $\mu = \pm\omega_0 i$ 是 (C.15) 的简单特征值;

(2) 当 $\lambda = \lambda_0$ 时, (C.15) 没有形如 $k\omega_0 i$ 的特征值, 其中 $k \in \mathbb{Z} \setminus \{\pm 1\}$;

(3) 设 $\mu(\lambda) = \alpha(\lambda) + i\beta(\lambda)$ 是 (C.15) 在 λ 邻域的唯一特征值, 且满足 $\mu(\lambda_0) = \omega_0 i$ 和 $\alpha'(\lambda_0) \neq 0$,

则 (C.14) 在 $(0, \lambda_0) \in \mathcal{V} \times \mathbb{R}$ 附近有唯一单参数族 $\{\gamma(s) : 0 < s < \varepsilon\}$ 非平凡周期轨道. 更确切地说, 存在 $\varepsilon > 0$ 和 $s \in (-\varepsilon, \varepsilon)$ 到 $(0, \infty) \times \mathbb{R}$ 的 C^∞ 函数 $s \mapsto \left(U(s), T(s), \lambda(s)\right)$, 满足

$$\left(U(0), T(0), \lambda(0)\right) = (0, 2\pi/\omega_0, \lambda 0).$$

对任意 $0 < |s| < \varepsilon$, $\gamma(s) = \gamma(U(s)) = \{U(s, \cdot, t) : t \in \mathbb{R}\}$ 是 (C.14) 的周期为 $T(s)$ 的非平凡周期轨道. 若 $0 < s_1 < s_2 < \varepsilon$, 则 $\gamma(s_1) \neq \gamma(s_2)$, 且存在 $\delta > 0$, 使得对一些 $\lambda \in \mathbb{R}$ 满足

$$|\lambda - \lambda_0| < \delta, \quad \left|T - \frac{2\pi}{\omega_0}\right| < \delta, \quad \max_{t \in \mathbb{R}, x \in \overline{\Omega}} |\tilde{U}(x, t)| < \delta,$$

若 (C.14) 有周期为 $T(s)$ 的非平凡周期轨道 $\tilde{U}(x, t)$, 则对一些 $s \in (0, \varepsilon)$ 和 $\theta \in \mathbb{R}$, $\lambda = \lambda(s)$, $\tilde{U}(x, t) = U(s, x, t + \theta)$.

C.9 局部/全局分支定理

设 X 和 Y 是 Banach 空间, 考虑抽象方程

$$F(\lambda, u) = 0, \tag{C.16}$$

其中, $F : \mathbb{R} \times X \to Y$ 是非线性可微映射.

设 $D_u F$ 是 F 关于变量 u 的 Fréchet 偏导数, $D_{\lambda u} F$ 是关于变量 u 和参数 λ 的混合 Fréchet 偏导数.

给定算子 $\mathcal{A}$, 分别用 $\operatorname{Ker}\mathcal{A}$ 和 $\operatorname{Range}\mathcal{A}$ 表示 $\mathcal{A}$ 的核空间 (零空间) 和值域.

定义 C.37 设 X, Y 为 Banach 空间, $\mathcal{T}$ 是从 X 到 Y 的一个有界线性算子, 如果

(1) $\dim \operatorname{Ker}\mathcal{T} < \infty$;

(2) $\operatorname{Range}\mathcal{T}$ 是闭集且余维数 $\operatorname{codim}\operatorname{Range}\mathcal{T} < \infty$,

称 $\mathcal{T}$ 为 Fredholm 算子, 其 Fredholm 指数定义为

$$\operatorname{index}\mathcal{T} := \dim\operatorname{Ker}\mathcal{T} - \operatorname{codim}\operatorname{Range}\mathcal{T}.$$

定义 C.38 (分支点) 点 (λ_0, u_0) 称为一个分支点 (bifurcation point), 如果 (λ_0, u_0) 的任一邻域都包含方程 $F(\lambda, u) = 0$ 的一个解 (λ, u) 并且 $u \neq u_0$.

C.9.1 分支解的存在性

分支理论中 (至少对 PDE 最有用的) 两个最著名的工作分别是 20 世纪 70 年代 Crandall 和 Rabinowitz[114] 的局部分支理论以及 Rabinowitz[288] 的全局分支理论. 前者适用于非线性 Fredholm 算子, 因而可直接用于反应扩散方程组, 而后者则需将这类方程组转换为抽象方程

$$u - \mathcal{F}(u, \lambda) = 0$$

后才可适用. 这里, $\mathcal{F}$ 是非线性紧算子. 对于复杂方程组特别是具有非线性边界条件的方程组, 后者所需要的这个转换过程可能非常烦琐. 在 20 世纪 90 年代, Fitzpatrick 和 Pejsachowicz[142] 以及 Pejsachowicz 和 Rabier[278] 发展出一套 Fredholm 算子的全局分支理论. 在此基础上, 史峻平和王学锋教授[307] 把这些新结果与 Crandall 和 Rabinowitz 的局部分支理论结合, 得到了新的全局分支理论[11].

为了叙述方便, 并基于本书部分定理证明的需要, 在此, 根据史峻平和王学锋教授的分支理论[11,307], 给出局部分支定理和全局分支定理

定理 C.39 (局部分支定理[11,288,307]) 设 X, Y 为 Banach 空间, V 是 $X \times \mathbb{R}$ 的一个连通开子集. 假设 $\mathcal{F}: V \to \mathbb{R}$ 是一个连续可微的映射且满足

(1) $F(\lambda, u_0) = 0$ 对任意的 $\lambda \in \mathbb{R}$ 成立;

(2) 混合偏导数 $D_{\lambda u} \mathcal{F}(\lambda, u)$ 存在, 且在 (λ_0, u_0) 附近连续;

(3) $D_u \mathcal{F}(\lambda_0, u_0)$ 是一个指数为 0 的 Fredholm 算子, 且 $D_u \mathcal{F}(\lambda_0, u_0)$ 的核空间维数为 1;

(4) $D_{\lambda u} F(\lambda_0, u_0)(w_0) \notin \mathrm{Range}\, D_u \mathcal{F}(\lambda_0, u_0)$, 其中 $w_0 \in X$ 张成 $D_u \mathcal{F}(\lambda_0, u_0)$ 的核空间 (此条件被称为横断条件). 记 Z 为 w_0 张成空间 $\mathrm{span}\{w_0\}$ 在 X 中的闭补空间.

那么, (λ_0, u_0) 处发生分支且以下结论成立:

(i) 存在常数 $\delta > 0$ 和连续函数 $(\psi(s), \lambda(s)) : (-\delta, \delta) : (-\delta, \delta) \to Z \times \mathbb{R}$, 使得 $\lambda(0) = \lambda_0$, $\psi(0) = 0$;

(ii) 如果 $u(s) = u_0 + s w_0 + s \psi(s)$ 且满足 $\mathcal{F}(\lambda(s), u(s)) = 0$, $\forall s \in (-\delta, \delta)$, 则 $(\lambda(s), u(s))$ 是问题 $\mathcal{F} = 0$ 的解;

(iii) 若 $(\lambda, u) \in V$ 是方程 $\mathcal{F} = 0$ 在 (λ_0, u_0) 附近的一个解, 则必有 $u \equiv u_0$ 或者 $(\lambda, u) \in \Gamma(s) := \{(\lambda(s), u(s)) : s \in (-\delta, \delta)\}$.

定理 C.40 (全局分支定理[11,288,307]) 若定理 C.39 的所有条件都满足, 如果任给 $(\lambda, u) \in V$, $D_u F$ 是一个 Fredholm 算子, 则曲线 $\Gamma(s)$ 一定包含在非平凡曲线 $S = \{(\lambda, u) \in V : F(\lambda, u) = 0, u \neq u_0\}$ 的子元 (最大连通子集) C 中. 特别地, C 在 V 上非紧或者 C 包含某个点 (λ_*, u_0), $\lambda_* \neq \lambda_0$.

在研究反应扩散方程的稳态解时, 我们往往关注它们的正性或单调性, 为此我们需要将上述定理中的连通集分成所谓的 "正部" 和 "负部". 在此给出史峻平和王学锋教授[11,307] 在新的 Fredholm 框架下的修正结果.

定理 C.41 (单向分支定理[11,307]) 若定理 C.39 中的所有条件都满足, 记 $\Gamma_{\pm} = \{(u(s), \lambda(s)) : \pm s \in (0, \delta)\}$, 并假设

(1) $D_u \mathcal{F}(\lambda, u_0)$ 关于 λ 连续可微;

(2) 范数 $u \mapsto \|u\|$ 在 $X \setminus \{0\}$ 中连续可微;

(3) 对 $(\lambda, u_0), (\lambda, u) \in V$ 和任意 $k \in (0, 1)$, $(1-k)D_u\mathcal{F}(\lambda, u_0) + (kD_u\mathcal{F}(\lambda, u))$ 是 Fredholm 算子.

记 $\mathcal{C}^{\pm}$ 为 $C^{\pm} \setminus \Gamma_{\mp}$ 子元, 那么 $\mathcal{C}^{\pm}$ 均满足以下条件之一:

(i) 非紧;

(ii) 包含点 $(\lambda_*, u_0) (\lambda_* \neq \lambda_0)$;

(iii) 包含点 $(\lambda, u_0 + z)$, 其中 $z \neq 0, z \in Z$.

C.9.2 分支解的方向

在分支问题研究中, 一个重要的问题是确定分支的方向. 根据史峻平教授的论文[306], 可得下述判定分支解方向的结论.

定理 C.42 (分支方向定理[306]) 如果 λ 是一个实分支参数, $\lambda(s)$ $(s \in (0, \delta))$ 是在分支点 $\lambda(0) = \lambda_0$ 附近的一条分支曲线. 若定理 C.39 的条件满足, 记

$$\lambda'(0) := -\frac{\langle l, D_{uu}\mathcal{F}(\lambda_0, u_0)[w_0, w_0]\rangle}{2\langle l, D_{\lambda u}\mathcal{F}(\lambda_0, u_0)\rangle},$$

其中, $l \in Y^*$ 满足 $\text{Ker}(l) = \text{Rang}\, D_u\mathcal{F}(\lambda_0, u_0)$, 这里 Y^* 是 Y 的对偶空间. 以下结论成立:

(1) 当 $s \in (0, \delta)$ 时, $\lambda'(0) > 0$, 即 $\lambda(s) > \lambda_0$, 则分支方向是超临界的;

(2) 当 $s \in (0, \delta)$ 时, $\lambda'(0) < 0$, 即 $\lambda(s) < \lambda_0$, 则分支方向是次临界的.

C.9.3 分支解的稳定性

非线性方程 $\mathcal{F}(u) = 0$ 的一个解 u_0 可看作是发展方程

$$u_t = \mathcal{F}(u)$$

的一个平衡态. 在 u_0 处线性化问题是

$$u_t = D_u\mathcal{F}(u_0)u. \tag{C.17}$$

定义 C.43[25] 如果 $D_u\mathcal{F}(u_0)$ 的谱都位于左半平面 (即实部小于零), 那么当 $t \to \infty$ 时, $u(t) - u_0$ 以指数衰减到零. 此时称 u_0 是线性稳定的. 如果 $D_u\mathcal{F}(u_0)$ 的谱包含一些实部为正的点, 则称 u_0 是不稳定的.

下面设 $\mathcal{F}(\lambda, u) \in C^p (p > 2)$, 研究定理 C.39 给出的 C^{p-2} 类分支解曲线 $(u_0 + sw_0 + s\psi(s), \lambda(s))$ 的线性稳定性.

定义 C.44 (K-简单特征值[115])　设 $\mathcal{T}_0, \mathcal{K}$ 是 X 到 Y 的有界线性算子, μ_0 称为 $\mathcal{T}_0$ 的一个 K-简单特征值, 如果

(1) $\dim \mathrm{Ker}(\mathcal{T}_0 - \mu_0 \mathcal{K}) = \mathrm{codim}\, \mathrm{Rang}(\mathcal{T}_0 - \mu_0 \mathcal{K}) = 1$;

(2) $\mathrm{Ker}(\mathcal{T}_0 - \mu_0 \mathcal{K}) = \mathrm{span}\{x_0\}$ 时, $\mathcal{K}(x_0) \notin \mathrm{Rang}(\mathcal{T}_0 - \mu_0 \mathcal{K})$.

引理 C.45[115]　设 $\mathcal{K}$ 是 X 到 Y 的有界线性算子, 0 为 $D_u F(\lambda_0, u_0)$ 的一个 $\mathcal{K}$-简单特征值, 则存在开区间 Ξ 包含 λ_0 和 0, 以及连续可微函数 $\gamma : \Xi \to \mathbb{R}$, $\mu : \Xi \to \mathbb{R}$, $v : \Xi \to X$ 和 $w : \Xi \to X$, 使得 $\gamma(\lambda)$ 和 $\mu(\lambda)$ 分别是问题

$$D_u F(\lambda, u_0) v(\lambda) = \gamma(\lambda) \mathcal{K} v(\lambda), \quad \lambda \in \Xi$$

和

$$D_u F(\lambda(s), u(s)) w(s) = \mu(s) \mathcal{K} w(s), \quad s \in \Xi$$

的特征值. 此外还有

$$\gamma(\lambda_0) = \mu(0) = 0, \quad v(\lambda_0) = u_0 = w(0), \quad v(\lambda) - u_0 \in Z, \quad w(\lambda) - u_0 \in Z,$$

其中 Z 的定义见定理 C.39.

定理 C.46[115]　若引理 C.45 的假设成立, γ, μ 由引理 C.45 给出, 则 $\gamma'(\lambda_0) \neq 0$, 在 $s = 0$ 附近, 函数 $\mu(s)$ 和 $-s\lambda'(s)\gamma'(\lambda_0)$ 或者同时为零, 或者同号. 进一步, 有

$$\lim_{s \to 0, \mu(s) \neq 0} \frac{-s\lambda'(s)\gamma'(\lambda_0)}{\mu(s)} = 1.$$

C.10　主特征值问题

设 Ω 是 $\mathbb{R}^n$ $(n \geqslant 1)$ 中具有光滑边界的有界区域, 记 $u(x)$ 在 Ω 上的平均积分为

$$\fint_\Omega u(x) \mathrm{d}x := \frac{1}{|\Omega|} \int_\Omega u(x) \mathrm{d}x.$$

对给定正常数 d 和实函数 $q \in C(\overline{\Omega})$, 设 $d\triangle + q$ 是 $X_1 = L^2(\Omega)$ 中的无界线性算子, 即满足

$$D(d\triangle + q) = H^2_{\mathbf{n}}(\Omega) := \{\varphi \in H^2(\Omega) : \text{在 } \partial\Omega \text{ 上 } \partial_{\mathbf{n}}\varphi = 0\},$$

其中 $D(\mathcal{A})$ 表示算子 $\mathcal{A}$ 的定义域. 若 $\varphi \in H^2_{\mathbf{n}}(\Omega)$, 则

$$(d\triangle + q)\varphi(x) = d\Delta\varphi(x) + q(x)\varphi(x), \quad x \in \Omega,$$

这里 $H^2(\Omega)$ 表示 Ω 上通常的 2 阶 L^2-型 Sobolev 空间. $d\triangle+q$ 在 $L^2(\Omega)$ 上是稠密闭扇形算子, 因此, 在 $L^2(\Omega)$ 中它可以生成一个解析半群 $T(t) = e^{t(d\triangle+q)}$ $(t \geqslant 0)$.

根据 [99,312], 对于算子 $d\triangle + q$ 的谱界, 有下述结果.

定理 C.47 考虑变分问题

$$\lambda^* = -\inf\left\{\int_\Omega (d|\nabla\phi|^2 - q\phi^2)\mathrm{d}x, \ \phi \in H^1(\Omega), \int_\Omega \phi^2\mathrm{d}x = 1\right\}, \qquad (C.18)$$

则 $\mathbf{s}(d\triangle + q) = \lambda^*$, 这里, λ^* 是算子 $d\triangle + q$ 的主特征值, 且其特征函数是严格正的. 特别地, 如果 $q = 0$, 则 $\mathbf{s}(d\triangle) = 0$.

作为定理 C.47 的直接应用, 有下述结论 (参见 [276]).

推论 C.48 令 $T(t) = e^{t(d\triangle+q)}$ $(t \geqslant 0)$ 是由算子 $d\triangle + q$ 在 $L^2(\Omega)$ 中生成的半群. 设 $\lambda^* = \mathbf{s}(d\triangle + q)$, 则对任意的 $\lambda > \lambda^*$, 存在常数 $C > 0$, 使得

$$\|T(t)\|_{L^2(\Omega)} \leqslant Ce^{\lambda t}, \quad t \geqslant 0.$$

给定任意正常数 d 及实函数 $q(x) \in C(\overline{\Omega})$, 设 $\lambda^*(d, q)$ 为特征值问题

$$\begin{cases} d\triangle u + q(x)u = \lambda u, & x \in \Omega, \\ \partial_{\mathbf{n}} u = 0, & x \in \partial\Omega \end{cases} \qquad (C.19)$$

的主特征值. 对 $\lambda^*(d, q)$, 有以下结论[50,99].

定理 C.49 (1) 映射 $d \to \lambda^*(d, q) : C(\bar{\Omega}) \to \mathbb{R}$ 连续且单调递减, 也就是, 若 $d_1 \geqslant d_2$, 则 $\lambda^*(d_1, q) \leqslant \lambda^*(d_2, q)$.

(2) 映射 $q \to \lambda^*(d, q) : C(\bar{\Omega}) \to \mathbb{R}$ 连续且单调递增, 也就是, 若 $q_1 \geqslant q_2$, 则 $\lambda^*(d, q_1) \geqslant \lambda^*(d, q_2)$.

(3) 当 $d \to 0$ 时, $\lambda^*(d, q) \to \max\limits_{x \in \bar{\Omega}} q(x)$.

(4) 当 $d \to \infty$ 时, $\lambda^*(d, q) \to \fint_\Omega q(x)\mathrm{d}x$.

(5) 若 $\int_\Omega q(x)\mathrm{d}x \geqslant 0$, 则对所有的 $d > 0$, $\lambda^*(d, q) > 0$.

(6) 若 $\int_\Omega q(x)\mathrm{d}x < 0$, 则方程 $\lambda^*(d, q) = 0$ 有唯一正根, 记为 d^*. 此外, 若 $0 < d < d^*$, $\lambda^*(d, q) > 0$; 若 $d > d^*$, $\lambda^*(d, q) < 0$.

给定任意正常数 d 及严格正函数 $m \in C(\overline{\Omega})$ 和非负函数 $h \in C(\overline{\Omega})$, 定义

$$\mathcal{R}(d; m, h) = \sup_{\phi \in H^1(\Omega), \phi \neq 0} \left\{ \frac{\displaystyle\int_\Omega h(x)\phi^2\mathrm{d}x}{\displaystyle\int_\Omega (d|\nabla\phi|^2 + m(x)\phi^2)\mathrm{d}x} \right\}. \qquad (C.20)$$

由定理 C.47 和定理 C.49, 可得下述结果.

定理 C.50 $\mathcal{R}(d; m, h)$ 具有如下性质

(1) $\text{sign}(\mathcal{R}(d; m, h) - 1) = \text{sign}(\mathbf{s}(d\triangle + h - m))$.

(2) $\mathcal{R}(d; m, h)$ 关于 d 是严格单调递减函数.

(3) 如果 $\displaystyle\int_\Omega \Big(h(x) - m(x)\Big)\mathrm{d}x \geqslant 0$, 则对所有的 $d > 0$ 有 $\mathcal{R}(d; m, h) > 1$.

(4) 若 $\displaystyle\int_\Omega \Big(h(x) - m(x)\Big)\mathrm{d}x < 0$, 则方程 $\mathcal{R}(d; m, h) = 1$ 有唯一正根 d^*. 此外, 当 $0 < d < d^*$ 时, $\mathcal{R}(d; m, h) > 1$; 当 $d > d^*$ 时, $\mathcal{R}(d; m, h) < 1$.

最后介绍 Krein-Rutman 定理[268], 应用该定理能够得到算子具有正特征值和相应的特征向量具有正性的条件, 这在讨论平衡解的稳定性时极其重要. 在给出主要结论之前, 先给出锥的定义.

定义 C.51 设 $P \subseteq E$ 是 Banach 空间, 如果

(1) 若 $x, y \in P$, 则 $x + y \in P$;

(2) 若 $x \in P, 0 \leqslant \lambda \in \mathbb{R}$, 则 $\lambda x \in P$;

(3) 若 $x \in P$ 且 $x \neq 0$, 则 $-x \notin P$,

则称 P 为 E 中的一个锥. 若 P 是 E 中的一个闭锥, 满足 $\text{int}P$ (P 的内域) $\neq \varnothing$, 则称 P 为 E 中的一个实心锥体.

定理 C.52 (Krein-Rutman 定理[268]) 设 P 是 E 中的一个实心锥体. 若 $\mathcal{A}$ 是 E 上的紧线性算子, 并且关于 P 是强正的, 则

(1) $\mu = \sup\{|\lambda| : \lambda$ 是 $\mathcal{A}$ 的特征值$\} > 0$ 是 $\mathcal{A}$ 的一个简单特征值, 并且 $\mathcal{A}$ 在 $\text{int}\,P$ 恰有一个单位特征向量 v 与 μ 对应, 即存在唯一 $v \in \text{int}\,P$, 使得

$$\mathcal{A}v = \mu v, \quad \|v\| = 1.$$

(2) 如果 η 是 $\mathcal{A}$ 的特征值, $\eta \neq \mu$, 那么 $|\eta| < \mu$, 并且与 η 对应的特征向量不属于 $\text{int}\,P$.

《生物数学丛书》已出版书目